植物学核心理论
及其保护与利用研究

主　编　邢顺林　丁　燕　黄文娟
副主编　宋　丽　张靖楠　李荣峰

中国水利水电出版社
www.waterpub.com.cn
·北京·

内 容 提 要

植物是构成地球上众多生态系统的最基本的成分,它们是生态系统的生产者,它们利用太阳能将无机物转化成其他生物能够利用的有机物,同时将太阳能转化成化学能,供其他生命形式或生命过程利用。

本书对植物学核心理论及其保护与利用进行了研究,主要内容包括植物细胞及基因表达、植物的水分调节、植物资源开发与利用、植物保护研究等。

本书内容丰富,注重理论联系实际,并力求体现出本学科的科学性和系统性,可供从事植物学领域的科技工作者参考。

图书在版编目(CIP)数据

植物学核心理论及其保护与利用研究/邢顺林,丁燕,黄文娟主编. —北京：中国水利水电出版社,2018.1（2024.1重印）

ISBN 978-7-5170-6252-3

Ⅰ.①植… Ⅱ.①邢… ②丁… ③黄… Ⅲ.①植物学 Ⅳ.①Q94

中国版本图书馆 CIP 数据核字(2018)第 011651 号

书　　名	**植物学核心理论及其保护与利用研究** ZHIWUXUE HEXIN LILUN JI QI BAOHU YU LIYONG YANJIU
作　　者	邢顺林　丁　燕　黄文娟　主编
出版发行	中国水利水电出版社 （北京市海淀区玉渊潭南路1号D座 100038） 网址：www.waterpub.com.cn E-mail:sales@waterpub.com.cn 电话：(010)68367658(营销中心)
经　　售	北京科水图书销售中心(零售) 电话：(010)88383994、63202643、68545874 全国各地新华书店和相关出版物销售网点
排　　版	北京亚吉飞数码科技有限公司
印　　刷	三河市天润建兴印务有限公司
规　　格	185mm×260mm　16开本　27.25印张　697千字
版　　次	2018年10月第1版　2024年1月第2次印刷
印　　数	0001—2000册
定　　价	129.00元

凡购买我社图书,如有缺页、倒页、脱页的,本社营销中心负责调换

版权所有·侵权必究

前　言

地球上除苔藓植物和真菌外，有30多万种植物。植物是构成地球上众多生态系统的最基本的成分，它们是生态系统的生产者，它们利用太阳能将无机物转化成其他生物能够利用的有机物，同时将太阳能转化成化学能，供其他生命形式或生命过程利用。因此，植物是构成生态系统的物质基础，同时也为其他各种有机体提供了赖以生存的资源。人类的衣、食、住、行等方面都离不开植物。在农、林业方面，包括粮食作物、糖类作物、油料作物、纤维作物、果品、蔬菜、饮料植物、药用植物、观赏植物、牧草和材用植物等，都来源于植物资源；即使为动物提供的食品、原料，也是间接来源于植物的。

随着近代植物育种工作的迅速发展，栽培植物的优良品种不断涌现和推广，植物资源得到更大的丰富，进一步推动了农、林业生产的发展。但是植物的生命活动是复杂的，对于植物生长发育的机制以及植物在地球上产生和发展的历史，有很多方面我们还知之不多，甚至一无所知。因此，尽管植物学是一门经典的科学，其主要内容早已成型，但其相关理论仍然需要不断地发展和完善。希望读者能够通过本书对植物学相关内容的介绍，增进对植物生理等其他内容的更深一步的了解，并讨论在生命现象的探究中需要进一步探索的问题。

本书安排科学合理，图文并茂，体系完备，本着科学实用的原则，分为16个章节，在第1章至第11章系统地论述了植物学与植物生理学的理论及其生命活动规律等方面的知识，内容包括绪论、植物细胞结构及细胞工程、植物的水分调节、植物的矿质营养、植物光合作用及光合产物运输、植物的呼吸作用及能量转换、植物的生长物质、植物的生长生理、植物的开花生理、植物的成熟与衰老生理、植物的适应性与逆境生理。第12章对园林植物的资源配置展开讨论。第13章主要分析了园林植物的生长发育规律。第14章主要介绍了植物病理学理论中植物病害部分，内容包括植物病害的基础知识、植物病害的诊断以及植物病害防治原理与方法。第15章、第16章为植物资源的开发、利用与保护研究，综合性地介绍了植物资源的利用与保护现状、植物资源的合理利用以及植物资源的保护及其意义。

全书由邢顺林、丁燕、黄文娟担任主编，宋丽、张靖楠、李荣峰担任副主编，并由邢顺林、丁燕、黄文娟负责统稿，具体分工如下：

第6章、第12章第1节～第4节、第13章、第16章：邢顺林（西藏大学）；

第8章、第10章、第11章：丁燕（临汾职业技术学院）；

第2章～第4章：黄文娟（塔里木大学）；

第5章、第12章第5节、第15章：宋丽（黄淮学院）；

第1章、第7章、第9章：张靖楠（郑州大学）；

第14章：李荣峰（百色学院）。

本书选材经过精心考虑，紧扣目前学术研究前沿领域，知识体系清晰，通俗易懂，注重知识与技术的系统性。本着科学实用的原则，对植物及植物生理学核心理论进行研究。本书是编者们多年教学科研成果的结晶,同时还吸收了众多相关著作及最新学术论文成果,引用了一些图表和数据等资料,并得到了众多同行朋友的支持与帮助,在此表示衷心的感谢。对于从事林学、园林、生物技术、农学、园艺、植保、农业资源与环境等相关专业的人员来说能提供一个不错的参考。

由于编者水平所限以及时间仓促,书中难免存在一些不足之处,敬请广大读者和专家给予批评指正。

编 者

2017 年 11 月

目 录

前言

第1章 绪论 ······ 1
  1.1 植物在自然界和人类生活中的作用 ······ 1
  1.2 植物资源的基本特征 ······ 4
  1.3 世界主要植被类型及其分布 ······ 8
  1.4 植物学发展简史及主要分支学科 ······ 12

第2章 植物细胞结构及细胞工程 ······ 17
  2.1 植物细胞的分类及组成 ······ 17
  2.2 植物细胞的形态、结构与功能 ······ 19
  2.3 植物细胞的生长、分化与死亡 ······ 34
  2.4 植物细胞的全能性与细胞工程 ······ 37

第3章 植物的水分调节 ······ 41
  3.1 水分在植物生命活动中的作用 ······ 41
  3.2 植物根系对水分的吸收 ······ 43
  3.3 植物体内水分的运输 ······ 47
  3.4 植物的蒸腾作用 ······ 49

第4章 植物的矿质营养 ······ 58
  4.1 植物必需的矿质元素及其生理作用 ······ 58
  4.2 植物根系对矿质元素的吸收及运输 ······ 65
  4.3 矿质元素在植物体内的运输、分配 ······ 70
  4.4 植物氮、磷、硫素的同化 ······ 72

第5章 植物光合作用及光合产物运输 ······ 81
  5.1 高等植物的光合作用机制 ······ 81
  5.2 光合色素的结构域光化学特性 ······ 98
  5.3 光合作用的产物 ······ 105
  5.4 光合作用的运输与分配 ······ 108
  5.5 光合作用的生态生理 ······ 111

第 6 章　植物的呼吸作用及能量转换 120
6.1　呼吸作用的形式及生理意义 120
6.2　呼吸代谢的途径及调节 124
6.3　呼吸代谢能量的贮存和利用 133
6.4　呼吸作用的指标及影响呼吸作用的因素 135

第 7 章　植物的生长物质 140
7.1　植物生长物质的概念和种类 140
7.2　生长素类 140
7.3　赤霉素类 147
7.4　细胞分裂素类 150
7.5　脱落酸 154
7.6　乙烯 159
7.7　其他天然的植物生长物质 162
7.8　植物激素的相互关系 166

第 8 章　植物的生长生理 170
8.1　植物细胞的生长和分化 170
8.2　种子萌发 173
8.3　植物生长的周期性 179
8.4　植物生长的相关性 181
8.5　外界条件对植物生长的影响 186
8.6　光形态建成 191

第 9 章　植物的开花生理 196
9.1　幼年期与花熟状态 196
9.2　成花诱导生理 196
9.3　成花启动和花器官形成生理 210
9.4　受精生理 215

第 10 章　植物的成熟与衰老生理 220
10.1　种子的发育和成熟生理 220
10.2　果实的生长和成熟生理 224
10.3　植物休眠 229
10.4　植物的衰老生理 233
10.5　器官脱落生理 237

第 11 章　植物的适应性与逆境生理 242
11.1　植物的适应性 242

- 11.2 植物逆境生理概述 ………………………………………………………………… 248
- 11.3 温度逆境与植物抗性 ……………………………………………………………… 250
- 11.4 盐逆境与植物抗性 ………………………………………………………………… 255
- 11.5 水分逆境与植物抗性 ……………………………………………………………… 260
- 11.6 病虫害生理与植物抗性 …………………………………………………………… 267
- 11.7 环境污染伤害生理与植物抗性 …………………………………………………… 270

第 12 章 园林植物的资源配置 ………………………………………………………… 275
- 12.1 园林植物人为分类法 ……………………………………………………………… 275
- 12.2 园林植物(观赏树木和花卉)的配置 …………………………………………… 280
- 12.3 园林植物生长的环境类型 ………………………………………………………… 296
- 12.4 园林植物的选择 …………………………………………………………………… 298
- 12.5 古树名木的养护管理 ……………………………………………………………… 306

第 13 章 园林植物的生长发育规律 …………………………………………………… 312
- 13.1 园林植物生长发育的生命周期 …………………………………………………… 312
- 13.2 园林植物的年生长周期及物候观测 ……………………………………………… 316
- 13.3 园林植物各器官的生长发育及其相关性 ………………………………………… 323
- 13.4 环境因素对园林植物生长发育的影响 …………………………………………… 335

第 14 章 植物病害的诊断与防治 ……………………………………………………… 353
- 14.1 植物病害的发生原因及危害 ……………………………………………………… 353
- 14.2 植物病害的诊断基础 ……………………………………………………………… 356
- 14.3 植物病害的检测技术 ……………………………………………………………… 361
- 14.4 植物病害诊断专家系统 …………………………………………………………… 366
- 14.5 植物病害防治原理 ………………………………………………………………… 371
- 14.6 抗病性品种的利用 ………………………………………………………………… 373
- 14.7 植物检疫 …………………………………………………………………………… 377
- 14.8 植物病害防治方法 ………………………………………………………………… 379

第 15 章 植物资源开发与利用 ………………………………………………………… 390
- 15.1 开发与利用植物资源的意义 ……………………………………………………… 390
- 15.2 我国植物资源开发与利用现状及保护措施 ……………………………………… 391
- 15.3 植物资源开发与利用中存在的主要问题及对策 ………………………………… 397
- 15.4 植物资源的合理开发和利用 ……………………………………………………… 400
- 15.5 扩大植物资源产量的方法与途径 ………………………………………………… 405

第 16 章 植物保护研究 ………………………………………………………………… 410
- 16.1 植物保护的意义 …………………………………………………………………… 410

16.2 植物保护的研究对象 ……………………………………………………………… 411
16.3 植物保护的技术措施 ……………………………………………………………… 412
16.4 植物保护的研究内容 ……………………………………………………………… 414
16.5 植物保护体系的建立与发展 ……………………………………………………… 415
16.6 植物保护的作用和地位 …………………………………………………………… 417
16.7 植物资源保护等级的划分及途径 ………………………………………………… 420
16.8 植物多样性保护对策 ……………………………………………………………… 422

参考文献 ………………………………………………………………………………………… 426

第1章 绪 论

1.1 植物在自然界和人类生活中的作用

植物为人类的日常生活提供了食物和其他物质,同时也与许多有益于人类生存和发展的生态过程密切相关。一方面,人类文化与植物界密切相关,植物在一定程度上影响人类传统文化的产生和形成过程;另一方面,人类文化也在一定程度上影响着生物多样性。地球表面上的植被能够显著影响气候、水资源和土壤的稳定性。

1.1.1 植物界储存着丰富的物质资源

在植物进化过程中,由于长期受到不同环境的影响,植物界形成了无数类型的遗传性状。种类浩瀚的植物界犹如一个庞大的天然基因库,蕴藏着丰富的种质资源,是自然界留给人类的宝贵财富。全球现有植物50多万种,其中高等植物近25万种,经人类长期驯化栽培的有2 000多种,常见的栽培植物仅100多种。正是这为数不多的栽培种类,成为人类社会物质文明的重要基础,也为人类驯化野生植物、改良新品种提供了广阔的遗传基础。但是,尚有众多的种质资源未被人类认识和利用。这些资源的合理利用对于植物引种驯化、品种改良、抗性育种等方面将发挥巨大作用。

1.1.2 植物提供人类生存必需品及丰富资源

植物是人类赖以生存的物质基础,是发展国民经济的物质资源。人类的衣、食、住、行等方面都离不开植物。在农、林业方面,包括粮食作物、糖类作物、油料作物、纤维作物、果品、蔬菜、饮料植物、药用植物、观赏植物、牧草和材用植物等,都来源于植物资源;即使为动物提供的食品、原料,也是间接来源于植物的。随着近代植物育种工作的迅速发展,栽培植物的优良品种不断涌现和推广,植物资源得到更大的丰富,进一步推动了农、林业生产的发展。在工业方面,包括食品工业、油脂工业、制糖工业、制药工业、建筑工业、纺织工业、造纸工业或橡胶工业、酿造工业、涂料工业、化妆品工业,甚至冶金工业、煤炭工业、石油工业等,都需要植物,都与植物息息相关。

我国地域辽阔,跨越热带、亚热带、暖温带、温带、寒温带地区;地形错综复杂,有平原、盆地、丘陵、高原、山地、荒漠以及江、河、湖、海。复杂的自然环境使植物分布变化很大,在我国几乎可以看到北半球覆盖地面的所有植被类型。我国是世界上植物种类最多的国家之一,仅种子植物就有3万种以上,其中不少具有重要经济价值。水稻、小麦在我国已有数千年的栽培历史,品种资源丰富。此外,还有许多原产、特产于我国的植物种类,如桃、梅、柑橘、枇杷、荔枝、茶、桑、大豆、油桐、牡丹、月季、菊花、山茶、杜鹃花、珙桐、兰花、水仙等。有大面积分布的优良用材树种如落叶松、红松等,被誉为活化石的银杏、水杉、银杉更属稀世珍宝。我国拥有数千种中草药,药材资源尤为丰富,杜仲、人参、当归、石斛等均为名贵的药用植物。这些丰富的植物资源为我国的经济发展提供了丰厚的物质基础。

1.1.3 植物可产生生态环境效益

植物生态环境效益主要集中体现在对大气、水体和土壤的保护上。由于工业高速发展,工厂排放的各种有害废气、废水、废渣和农业生产上应用的有毒农药大量进入大气、水体和土壤,越来越严重地污染环境,影响生物的生存和人类的生产和生活。

1. 植物能净化大气、水域、土壤

因为叶片表皮有表皮毛、黏液、油脂等可吸附粉尘、吸收有毒气体、富集有害物质。有些植物具有较高的抗性和吸收、积累污染物的能力,如银桦、拐枣、桑、木麻黄、蓝桉等具有较高的吸收氟的能力,杨树和槐树具有较高的吸收镉的能力。树木对大气污染具有不同程度的净化作用,并有调节气候、减弱噪音、阻止灰尘等效果。草坪也有显著的减尘作用。一些水生植物能吸收、积累重金属和富集其他有毒物质,某些细菌可以转化有毒物质,它们均可用于净化污水,改善水质。

2. 植物能起到水土保持作用

森林对地面的覆盖可以减少雨水在地表的流失和对表土的冲刷,保护坡地,含蓄水源,防止水土流失。由于近代工业的发展,人们为了追逐经济利润,毁林开荒、乱砍滥伐,导致环境破坏、生态失衡、地质灾害频发、水土流失严重。据估计,黄河每年挟带的流沙有16亿吨;长江流域的土壤总侵蚀量已达到24亿多吨,相当于每年毁坏土地约720万亩。1998年,长江流域和东北的松嫩流域发生的特大洪水,在很大程度上是由于中上游的森林生态系统遭到破坏,丧失了水土保持和水源涵养功能,以及中游的湖泊湿地生态系统丧失了水分调节功能。三北防护林、长江中上游防护林工程的实施,已使长江、黄河流域水土流失大为减少。

3. 植物能监测环境污染

环境污染会对植物造成不同程度的危害,甚至使其死亡。如空气中二氧化硫(SO_2)浓度为1~5mg/L时,人才能嗅到;而二氧化硫浓度为0.3mg/L时,植物就会出现症状。

植物受害的程度,随着污染物的性质、浓度和植物种类而有差异。有些植物表现出相当的敏感性,并在植物体上,特别是在叶片上显出可见的症状,因此可以用来监测有毒气体的浓度,指示环境污染的程度。例如,利用唐菖蒲、郁金香和葡萄监测氟化氢,利用百日草、波斯菊、菠菜和胡萝卜监测二氧化硫等,利用波斯菊、桃监测氯气等。

1.1.4 植物能促进自然界物质循环

1. 光合作用

光合作用是植物的叶绿素等光合色素,能够利用太阳光的能量,把简单的无机物(即水和二氧化碳)合成为碳水化合物,从而把太阳能转变成化学能,贮存在有机物里的过程。

由光合作用所合成的碳水化合物,在植物体内能够进一步同化为脂肪和蛋白质等其他各种物质。这些有机物的一部分用于维持植物本身生命活动的消耗,另一部分为动物提供了直接或间接的食物来源,不但如此,它们还是人类最根本的食物来源,以及无数可再生资源的源泉。

实际上,除了植物之外,还有一些菌类也能通过化能合成作用或不放氧的光合作用把二氧化碳转变成有机物。但是,菌类的分布范围、合成原料的量等因素都会对这些合成作用造成一定的限制,使得所合成的有机物总量非常有限,这与绿色植物放氧光合作用所合成的有机物总量相比甚至是可以忽略的。

2. 碳循环

碳是生命的基本元素,绿色植物进行光合作用所需的大量二氧化碳除了地球上的物质燃烧、火山喷发和动植物的呼吸释放外,最主要的还是要依靠生物尸体的分解所产生。如图 1-1 所示为植物在碳循环中所起的作用。绿色植物持续不断的光合作用能产生大量的氧气,补充了大气中因动植物呼吸和物质燃烧及分解对氧气的消耗,使大气中氧气的浓度维持在 21% 左右,保证了生物的生存。

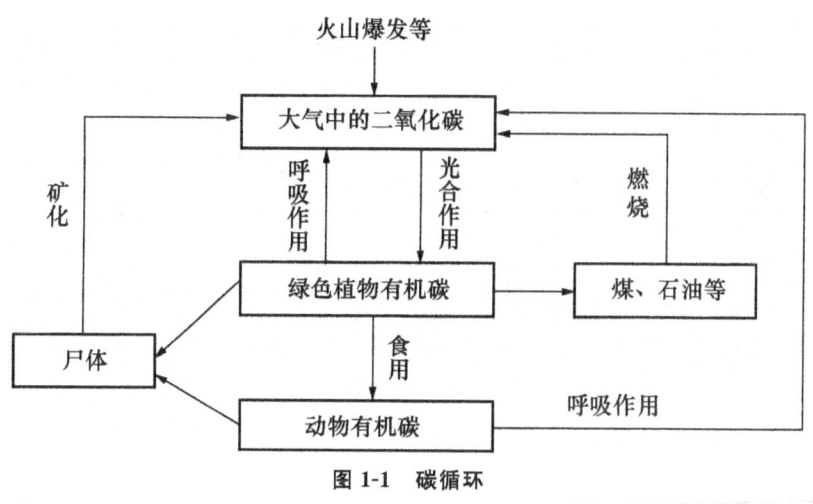

图 1-1 碳循环

现代工业的迅速发展引发了一系列效应,如有机物大量燃烧分解、能源消耗日益增加等,而植物资源的蕴藏量和植物覆盖率逐渐下降,空气中的二氧化碳含量呈增长的趋势。过多的二氧化碳将会扰乱全球气候,引起举世关注的"温室效应"。大气中二氧化碳含量的迅速增加,不但导致全球平均气温的升高,还将使海平面上升,大批物种因此会消失,整个生态系统(ecological system)将受到严重威胁。面临这一严峻形势,加强植物资源的保护与合理开发利用、积极营造森林植被、扩大植物的覆盖率,对于避免二氧化碳平衡遭受破坏所导致的不良后果具有十分重要的意义。绿色植物在光合作用过程中不断释放出氧气,使大气中因呼吸、燃烧等消耗的氧气得到补充和保持平衡。

3. 氮循环

氮素是植物生命活动中不可缺少的重要元素之一,大气中约含 79% 的氮素。这种游离状态的氮素,绿色植物不能直接利用,只有把大气中的游离氮固定转化为含氮化合物才能被植物吸收,这个过程称为生物固氮作用(biological nitrogen fixation)。少数细菌和蓝藻能够进行固氮作用。如豆科植物、细菌、藻类(念珠藻、鱼腥藻)、水生蕨类(满江红、萍等)能将空气中的游离氮固定转化为含氮化合物,成为植物所能吸收利用的氮,这个过程称为生物固氮。

如图1-2所示,绿色植物将碳水化合物与铵盐合成蛋白质,蛋白质通过呼吸或者通过对动、植物尸体的分解,又释放铵离子,这个过程就叫氨化作用。在硝化细菌将氨转变成为能够被植物吸收和利用的硝酸盐的过程叫作硝化作用。也就是将为游离氮转变成化合态氮。反硝化作用则是反硝化细菌使硝酸盐回复成游离氮(N_2)或氧化亚氮(N_2O)重返大气中,即化合态氮转变为游离氮。绿色植物利用吸收的氮素合成蛋白质,建造自己的躯体。动物摄食植物,加工成为动物蛋白质。蛋白质通过呼吸以及动、植物尸体的分解,进行氨化作用,释放出氨气,其中一部分氨成为铵盐,被植物再吸收;另一部分氨经硝化细菌等一系列的硝化作用形成硝酸盐,成为植物吸收的主要氮源。环境中的硝酸盐也可由反硝化细菌的反硝化作用再放出游离氮或氧化亚氮,重返大气中。自然界中的氮素就是这样通过植物的作用而辗转循环的。

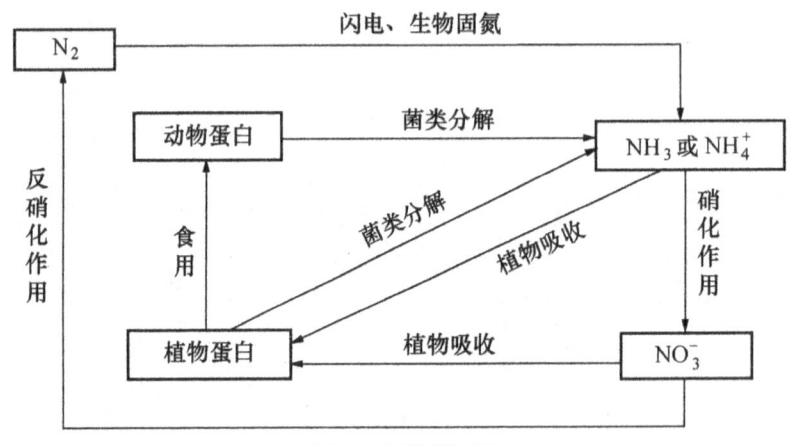

图1-2 氮的循环图

4. 其他物质循环

除碳和氮外,在植物体内还存在氢、氧、磷、硫、钾、镁、钙以及铁、锰、锌、铜、硼、氯、钼等各种微量元素。它们同氮相似,植物吸收之后可通过植物或其他生物以各种途径返回自然界,不断进行物质循环,维持着整个生物界的生存。同时,又使整个自然界,包括生物和非生物,成为不可分割的统一体。

1.2 植物资源的基本特征

植物资源就是指在一定时间、空间、人文背景和经济技术条件下,对人类直接或间接有利用价值植物的总和。其中在市场上出售,具有商品价值的称为经济植物;国家特有、珍稀、濒危物种,或是重要栽培植物的野生原种或近缘属种,具有巨大的科学价值和潜在社会经济价值的称为种质植物;在环境保护、培肥地力和降解环境污染等方面具有重要价值的称为环境植物或生态植物。时间性是指植物的不同生长发育时期其利用途径和价值的差异,"三月茵陈四月蒿,五月砍了当柴烧",说的是茵陈蒿(Artemisia Capillaros Thunb.)只有在早春采收才能药用,晚了就失去了药用价值,这一民间谚语形象地表达了植物资源利用价值的时间性。空间性是指植物在其分布区域内,由于环境条件的变化导致利用价值的差异,如许多名贵传统的药用植物具有明显的地道性,另外植物的某些有用次生代谢产物也会随着环境条件的变化发生量的波动。人文背景是指不同民族、不同地域的人们,在长期的生产生活实践中所积累的利用植物种类及经验与方法的多样性和差异。一般植物的可利用程度是随着人类经济条件和技术水平的改变而发生变化。

1.2.1　植物资源的再生性

野生植物资源的再生性,狭义地讲,是指植物具有不断繁殖后代的能力;广义地讲,不仅指植物具有繁殖后代的能力,而且还包括其自身组织和器官的再生能力。因此,野生植物资源的再生性包括两个方面。

1. 产生新个体的再生性

植物产生新个体是通过不同的繁殖方式实现的,即有性繁殖(sexual reproduction)和无性繁殖(asexual reproduction)。有性繁殖是指亲本产生的两性生殖细胞(配子)经过结合成为受精卵,再由受精卵发育成为新个体的繁殖方式,如种子植物大多数以种子繁殖后代。无性繁殖是指不经过生殖细胞结合,由母体的一部分直接产生子代的繁殖方法。无性繁殖主要包括营养繁殖和孢子繁殖两大类。营养繁殖是许多多年生高等植物常采用的一种繁殖方式,一般可通过变态器官产生新个体,如穿龙薯蓣(Dioscorea nipponica Makino)、莲花等可通过根茎繁殖;天麻、半夏、马铃薯等可通过块茎繁殖;平贝母、小根蒜(Allium macrostemon Bunge)等可通过鳞茎繁殖;东方草莓(Fragaria orientalis Lozinsk.)、鹅绒委陵菜(Potentilla anserina L.)等可通过地上匍匐茎繁殖。另外,植物的茎、叶等器官也可通过扦插、压条等产生不定根,繁殖新个体,如石莲花(Echevaria glauca Hort. ex Baker.)、虎尾兰(Sansevieria trisciata Prain)等可进行叶插;银杏、月季、掌叶覆盆子(Rubus chingii Hu)等可进行茎插;桑、葡萄、蜡梅[Chi-monanthus praecox(L.)Link]等可通过压条进行繁殖。植物也可通过孢子繁殖产生新个体,如苔藓和蕨类植物的繁殖。

2. 组织器官的再生性

植物的组织器官受自然或人为损伤后仍能得以恢复和再生,如茎皮部分剥落后仍能得到自身的修复。杜仲是一种以茎皮入药的植物,过去常采用伐树剥皮法收获,对资源破坏严重。后来改用局部剥皮法,杜仲茎皮剥落后仍能得到自身修复,一生可多次剥取茎皮。再如某些植物的茎和叶基具有发达的居间分生组织,收割利用后仍可向上生长,如韭菜和禾本科植物等。植物组织培养实际上也是利用植物组织或细胞的再生能力进行植物个体的培养。

综上所述,植物具有产生新个体繁殖后代和修复自身组织器官的再生能力。在开发利用过程中,我们可以合理有效地利用植物的再生能力生产更多的产品,并可进行人工繁殖扩大资源量。

1.2.2 植物资源的分散性

自然状态下植物资源的地理分布往往是分散、零星存在的。每类植物资源很少形成单一的优势群落,很少见到各种资源植物集中成片或大面积分布于一处,一般多零星分散于不同的植物群落中。这一特性,给植物资源开发利用带来不少的困难,特别不利于采收和管理。

1.2.3 植物资源的可栽培性

根据野生植物对环境的生态适应原理,只要创造与原产地相似的生境,所有野生植物都可以栽培,现在的栽培植物都是野生植物经过人工驯化培养出来的。当前国内外都很重视引种驯化工作,它不仅可以解决野生植物资源分布零星、不易采收的困难,还可以拯救濒危植物,扩大分布区范围和提高资源产量;不仅可用于发掘和驯化乡土植物,而且可用于引种国外经济价值高的植物,以扩大我国的植物资源。另外,许多分布范围广、生境复杂多样的野生植物资源在长期的适应进化和地理隔离中产生了各种变异单株或变异群体,通过驯化栽培和对具有优良性状的单株或群体的选育研究,可以培育优良品种,提高资源产品的质量和数量。

1.2.4 植物资源的可解体性

植物资源的可解体性是指植物受自然灾害和人为破坏而导致某些植物种类减少以致灭绝的特性。每种植物资源都有其独特的遗传基因,存在于该种植物的种群之中。当该种资源受到自然灾害和人为破坏或不合理开发利用时,就会造成物种世代顺序破裂,从而威胁到该种的生存和繁殖。当种群减少到一定数量时,其遗传基因库便有丧失的危险,从而导致物种解体。物种解体也就是植物资源的解体,植物资源受到破坏后很难得以自然恢复。

1.2.5 植物资源分布的区域性

任何植物都有其固定的分布范围和适生范围,在适生范围内植物发育良好,超出这个范围植物数量减少,甚至消失,这就形成了植物资源分布的区域性。

不同植物的分布区范围有差异。对生态环境要求特殊而严格的种类,分布区一般较窄;反之,对环境要求不严格的种类分布区较宽。如人参只分布在中国东北、朝鲜、俄罗斯远东局部地区的湿润山地,而荠菜广布于除南极以外的所有地区。另外,分布在不同地区的种群大小(资源量)也不同,开发利用的潜力也各异。

生态环境不仅影响野生植物资源的分布,而且影响其有用成分的含量及其结构、功能等特性。如药材的地道性除与其使用历史悠久、质地纯正、行销面广、信誉高等有关外,该药材长期适应分布区域的生态环境,导致其有效成分含量高,并且比较稳定,也是其地道性的重要因素。另外,利用香料、树脂等化学成分的植物也有同样的特点。

野生植物资源分布的区域性是我们合理开发利用各种野生植物资源的重要依据,也是引种驯化变野生为栽培、扩大分布范围和提高资源品质的重要限制因素。

1.2.6 植物资源用途的多样性

植物资源用途的多样性是由植物种类及其功能的多样性决定的,它是我们对野生植物资源进行综合开发、多种经营的重要依据。

从整体上看,大部分野生植物资源是可供直接利用的各种原料植物,但也有相当一部分是非原料性的植物资源,在防风固沙、保持水土、护堤护坡、改良土壤、指示探矿、保护环境和绿化观赏等方面发挥着十分重要的生态效应。

从每个植物种来看,由于植物体内各器官的结构和功能不同,积累的代谢产物也不尽相同,从而使各器官具有不同的用途。如银杏不但树形优美,绿化观赏价值,而且木材优良,可供建筑、家具、雕刻及绘图板等用;其叶可提取黄酮,或加工制成保健饮料银杏茶,具有调节血脂、促进微血管循环和增进人体生理功能的作用,对高血脂、高血压、脑动脉硬化及心脑血管疾病均有很好的预防和辅助治疗作用;其种子俗称白果,可食用亦可入药,有温肺益气、镇咳祛痰的功效。松树的木材、树脂、针叶、种子等也分别具有不同的商品价值。

1.2.7 植物资源采收利用的时间性

植物在生长发育过程中,不仅形态结构发生变化,体积增大,重量增加,而且植物体内的化学成分也在不断变化,导致不同的植物种类和植物器官在不同的生长时期所积累的代谢产物不同,这就决定了植物资源采收利用的时间性。植物资源的采收时间直接关系到目的收获物的产量和品质。如"三月茵陈四月蒿,五月砍了当柴烧",说明茵陈蒿只有在早春采收才能作药用,晚了就失去药用价值。再如小叶章(Calamagrostis angustifolia Kom.)在6月刈割是优良的牧草,晚了就失去饲用价值,只能做苫房草或烧柴了。这些例子说明,为了达到一定的经济目的,必须严格掌握植物资源的采收时期。

采收时期的确定因植物种类、生长发育阶段和所利用的植物器官而不同。掌握采收时期的总原则是,按经济目的要求,选择植物含有效成分最多、产量最高的时期采收,以取得最好的经济效益。例如,利用植物根、块茎、球茎、鳞茎、根状茎等地下器官的种类,应在秋季植株地上部分枯萎时或在早春植物返青前进行采挖,这时植物的养分及有效成分多集中在地下贮藏器官中;对于地上部分枯萎后在野外不易寻找的种类,亦可在枯萎之前或早春刚发芽时采收。利用地上部分营养器官的种类,一般在植物生长最旺盛时期采收,但要视经济目的而定。如桦树(Betula platyphylla Suk.)汁应在春季树液活动最旺盛时期进行采收;辽东楤木[Aralia elata(Miq.)Seem.],蕨菜等野菜需要在芽展开后生长到一定大小,含纤维少的时期采收,因为这一时期产品质量好产量高。利用生殖器官的植物,如果利用花,应在花蕾时期采收;如果利用果实种子,应在果实种子充分成熟时期采收。若果实种子成熟期不一致的,应分期采收。总之,采收时期应服从于经济目的,以获取优质高产的植物原料或产品为目的。

1.2.8 植物资源近缘种化学成分的相似性

植物化学分类学是从分子水平来探索各种植物类群亲缘关系的一门新兴科学。植物化学分类的大量研究表明,植物近缘属种所含的化学成分具有相同或相似性。从生物化学角度来看,植物遗传物质DNA的碱基对排列顺序不仅决定植物的形态、结构和遗传,而且决定植物代谢产物的积累。所以在形态、结构相似的植物中,其代谢产物也有相似性,从而反映出一定的亲缘关系。植物亲缘关系越近,则所含化学成分越相似。如小檗科植物都含有小檗碱,毛茛科植物都含有毛茛苷和木兰碱,忍冬科植物的特征性化学成分为环烯醚类和黄酮类化合物。这一规律的发现为我们进行植物化学分类提供了依据。

在植物资源开发利用过程中,可利用植物近缘属种化学成分相似性的原理,寻找和挖掘具有相似化学成分的新植物资源,这是既省时间又省人力、财力的一条捷径。例如,利血平这种特效降血压药物是从印度蛇根木中提取出来的,但这种植物在我国没有分布,需从国外进口原料或成品药物,价格十分昂贵。为了满足人民群众的需要,我国植物工作者在其同属植物中开展化学研究,找到了含有利血平的原料植物萝芙木。目前萝芙木总碱制剂(降压灵)不仅能满足国内需要,而且还有部分出口,打破了国外对利血平的垄断局面。瓜尔豆是印度、巴基斯坦等地的一种传统田园种植蔬菜和饲料,从该植物种子中分离出半乳甘露聚糖胶,又称瓜尔胶,广泛应用于石油采油、食品、印染工业等。基于生产需求,我国从同科田菁属植物的种子中也分离出了与瓜尔胶类似的田菁胶,同属于半乳甘露聚糖胶类,从而找到了瓜尔胶的国产代用品植物原料,并应用于我国石油采油工业。

1.3　世界主要植被类型及其分布

1.3.1　主要植被类型

除了在极端环境下无植物生长外,地球表面大多数地区都生长着各种不同的植物,它们的有机组合构成了各种各样的群落类型。这些植物群落在地球表面的分布是有一定规律的,它们主要取决于植物自身的遗传特征和所处的环境条件。在环境条件中,气候条件,特别是水、热的时空分布对植物群落分布有着重要的作用。同类型的群落可以出现在气候相似的不同地区,气候不同,群落类型也不同。

1. 热带雨林

一般认为,热带雨林是指耐阴、喜雨、喜高温、结构层次不明显、层外植物丰富的乔木植物群落。热带雨林主要分布于赤道南北纬5°～60°以内的热带气候地区,这里全年高温多雨,无明显的季节区别,年平均温度25℃～30℃,最冷月的平均温度也在18℃以上,极端高温多数在36℃左右。年降水量通常超过2 000mm,有的竟达6 000mm,全年雨量分配均匀,常年湿润,空气相对湿度在90%以上。

热带雨林的植物种类组成特别丰富,大部分是高大乔木,植物生长十分密集;群落结构复杂,树冠不齐,分层不明显;藤本植物及附生植物极其丰富,在阴暗的林下地表草本植物层不茂密,在明亮地带草本较茂盛;树干高大挺直,外枝小,树皮光滑,常具板状根和支持根;茎花现象(即花生在无叶木质茎上)很常见;寄生植物很普遍,高等有花的寄生植物常发育于乔木的根茎上;热带雨林的植物终年发育,由于没有共同的休眠期,所以一年到头都有植物开花结果。

除欧洲外,热带雨林在其他各洲均有分布,而且在外貌结构上也都颇为相似,只是在种类组成上不同。理查斯(P. W. Richards,1952)将世界上的热带雨林分成如下三大群系类型。

(1)印度马来雨林群系

又可称为亚洲的雨林群系,包括亚洲、大洋洲所有的热带雨林。大洋洲的雨林面积较小,而东南亚却占有大面积的雨林。

(2)非洲雨林群系

主要分布在刚果盆地,在赤道以南分布到马达加斯加岛的东岸及其他岛屿。

(3)美洲雨林群系

该群系以亚马孙河河流为中心,向西扩展到安达斯山的低麓,向东止于圭亚那,向南达玻利维亚和巴拉圭,向北则到墨西哥南部及安的列斯群岛。

台湾省南部、海南省、云南省南部河口和西双版纳等地是我国热带雨林的主要分布区。另外,在西藏墨脱县境内也有分布,但以云南省的西双版纳和海南省最为典型。

2. 亚热带常绿阔叶林

常绿阔叶林都发育在湿润的亚热带气候地带。其建群种和优势种的叶子相当大,呈椭圆状且革质,表面没有厚的蜡质层,具光泽,没有茸毛,叶面向着太阳,能反射光线,所以这类森林又称为"照叶林"。其林相比较整齐,树冠呈微波起伏状,外貌呈暗绿色,群落季相变化远不如落叶阔叶林明显。林内没有板状根植物,也没有茎花现象的植物。藤本植物不多,种类亦少,附生植物也大为减少。

常绿阔叶林主要分布在亚热带地区的大陆东岸,另外在南北美洲、非洲、大洋洲也有小面积分布。亚洲除朝鲜、日本有少量分布外,以我国分布的面积最大。

我国的亚热带常绿阔叶林的分布范围从秦岭、淮河以南一直到广东、广西中部,东至黄海和东海海岸,西达青藏高原东缘。我国的亚热带常绿阔叶林区域面积从北纬23°跨越到北纬34°,十分广阔。各地群落的组成和结构有一定的差异。这主要是因为东部和中部的大部分地区受太平洋季风的影响,西南部的地区又受到印度洋季风的影响,南北气候差异明显。

3. 夏绿阔叶林

夏绿阔叶林或落叶阔叶林主要是指由夏季长叶、冬季落叶的乔木组成的森林。夏绿阔叶林分布区的气候四季分明,夏季炎热多雨,冬季寒冷,年降水量为500~1 000mm,而且降水多集中在夏季。因此,季相变化十分明显。树干常有很厚的皮层保护,芽有坚实的芽鳞保护。群落结构较为清晰,通常可以分为乔木层、灌木层和草本层三个层次。林中藤本植物不发达,几乎不存在有花的附生植物,其附生植物基本上都属于苔藓和地衣。夏绿阔叶林具有十分丰富的植物资源。

夏绿阔叶林的分布范围主要是西欧,并向东延伸到苏联欧洲部分的东部。我国的主要分布区在东北和华北地区。此外,日本北部、朝鲜、北美洲的东部和南美洲的一些地区也有分布。

4. 草原

草原是由耐寒的旱生多年生草本植物为主组成的植物群落。它是温带地区的一种地带性植被,适应半干旱和半湿润气候条件。我国草原区的水热条件,大体保持温带半干旱到温带半湿润的指标。

草原植物的生态环境比较严酷,主要是在半干旱和半湿润地区,因此形成了以地面芽为主的生活型。草原植物的旱生结构比较明显,叶面积缩小、叶片内卷、气孔下陷、机械组织和保护组织发达,地下部分强烈发育,根系分布比较浅,雨后可迅速吸水。由于生长、发育受雨水的影响非常大,因此草原群落的季相变化非常明显。

我国的草原可以分为四个类型:草甸草原、典型草原、荒漠草原和高寒草原。

草原在地球上占据着一定的区域,在欧亚大陆,草原从欧洲的多瑙河下游起向东呈连续带状延伸,经过罗马尼亚、苏联和蒙古,进入我国境内内蒙古自治区等地,形成了世界上最为广阔的草原带。在北美洲,草原从北部的南萨斯喀彻温河开始,沿着纬度方向,一直到达得克萨斯,形成南北走向的草原带。此外,草原在南美洲、大洋洲和非洲也都有分布。我国的草原是欧亚草原区的一部分,从东北松辽平原,经过内蒙古高原,直达黄土高原,形成了东北至西南方向的连续带状分布。另外,在青藏高原和新疆阿尔泰山的山前地带以及荒漠区的山地也有草原的分布。

5. 荒漠

荒漠是指超旱生半乔木、半灌木、小灌木和灌木占优势的稀疏植被。荒漠的生态条件极为严酷,夏季炎热干燥,7月平均气温可达40℃,日温差大,有时可达80℃,年降水量少于250mm,在我国的新疆若羌年降水量仅为19mm,水分极度贫乏,多大风和尘暴,物理风化强烈,土壤贫瘠。

荒漠植被的显著特点如下:植被十分稀疏;植物种类十分贫乏,有时100m² 中仅有1~2种植物;植物的生态型或生活型是多种多样的;荒漠植物的叶片极度缩小或退化为完全无叶,植物体被白色茸毛等,以减少水分的丧失和抵御日光的灼烧,有的植物体内有储水组织,在环境异常恶劣时,靠体内的水分维持生存,它们的根系极为发达,以便从广阔的土壤范围内吸收水分;有一些植物在春雨或夏雨期间,迅速生长发育,在旱季或冬季来临之前,完成自己的生活史,以种子、根茎、块茎、鳞茎度过不利的生长季节。

从非洲北部的大西洋岸起,向东经撒哈拉沙漠、阿拉伯半岛的大小内夫得沙漠、鲁卜哈利沙漠、伊朗的卡维尔沙漠和卢特沙漠、阿富汗的赫尔曼德沙漠、印度和巴基斯坦的塔尔沙漠、中亚荒漠和我国的西北及蒙古的大戈壁,形成世界上最为壮观而广阔的荒漠区。此外,在南北美洲和澳大利亚也有较大面积的沙漠。

6. 针叶林

针叶林是寒温带地带性植被,具有比夏绿阔叶林更大陆性(即夏季温凉、冬季严寒)的气候特点。7月平均气温为10℃~19℃,1月平均气温为-20℃~-50℃,年降雨量为300~600mm,其中降雨多集中在夏季。针叶林最明显的特征之一就是外貌十分独特,易与其他森林相区别。针叶林的另一个特征就是其群落结构十分简单,可分为四个层次,即乔木层、灌木层、草本层和苔藓层。

针叶林的主要分布区域在欧洲大陆北部和北美洲,在地球上构成了一条巍峨壮观的针叶林带。此带的北方界线就是整个森林带的最北界线。在我国,针叶林主要分布在东北地区和西南高山峡谷地区,在大小兴安岭、长白山、祁连山、天山和阿尔泰山等西北地区也有少量分布。

7. 冻原

冻原的生长季节很短,每年气温在0℃以上的不过两三个月,最暖月平均温度不超过10℃,最低温度达-55℃,年降水量250mm,土壤非常寒冷,在夏季也只融解到30cm左右,在这之下,称"永冻层"。

冻原植被特点：植物种类组成简单，植物种类的数目通常为100~200种，多是灌木和草本，苔藓和地衣很发达，在某些地方可成为优势种；植物群落结构简单，可分为1~2层，最多有3层；冻原植物全为多年生植物，没有一年生植物，并且多数种类为常绿植物。

在欧亚大陆的冻原区内，从南到北分为四个亚带：森林冻原亚带、灌木冻原亚带、藓类地衣亚带、北极冻原亚带。冻原是寒带植被的代表，在欧亚大陆北部和美洲北部占了很大的面积，形成一个大致连续的地带。我国的冻原仅分布在海拔2100m以上的长白山、海拔3000m以上的阿尔泰山高山地带。

1.3.2 植被分布

地球表面的水热条件等环境要素沿经度或纬度发生递变，从而引起植被沿经度或纬度方向也呈梯度更替的现象，称为植被分布的水平地带性(horizontal zonality)。在山地从山麓到山顶，水热条件等环境要素也发生梯度变化，相应地，植被也形成地带性变化，称垂直地带性(vertical zonality)。水平地带性（包括纬向地带性和经向地带性）与垂直地带性统称为地球植被分布的三向地带性，是植被分布的基本规律。

1. 植被的水平地带性

植被沿着纬度方向有规律地更替称为植被分布的纬向地带性。植被在陆地上的分布，主要取决于气候条件，特别是其中的热量和水分条件及二者实际状况。由于太阳辐射提供给地球的热量有从南到北的规律性变化，因而形成不同的气候带，如热带、亚热带、温带、寒带等。与此相应，植被也形成带状分布，在北半球从低纬度到高纬度依次出现热带雨林、亚热带常绿阔叶林、温带落叶阔叶林、寒温带针叶林、寒带冻原和极地荒漠。

以水分条件为主导因素，引起植被分布由沿海向内陆发生规律性更替，称为植被分布的经向地带性。它和纬向地带性统称为水平地带性。由于海陆分布、大气环流和地形等因素综合作用的结果，从沿海到内陆降水量逐步减少，因此在同一热量带，各地水分条件不同，植被分布也发生明显的变化。如我国温带地区，在空气湿润、降水量大的沿海地区，分布着落叶阔叶林；中部离海较远的地区，降水减少，旱季加长，分布着草原植被；到了西部内陆，降水量更少，气候极端干旱，分布着荒漠植被。

这些分布在"显域地境"上的植被能充分地反映一个地区的气候特点，所以它们是地带性植被(zonal vegetation)，也称显域植被。相对应的是非地带性植被或隐域植被，它们的分布不是固定在某一植被带，而是与特殊的环境条件相联系，如水生植被只要有水环境就可形成，因此普遍分布在世界各地的湖泊、池塘、河流等淡水水域。每一地区既具有地带性植被，也具有非地带性植被。

2. 植被分布的垂直地带性

山体的植被垂直带，是反映山体所处的一定纬度和一定经度的水平地带性的特征，植被垂直地带性是从属于水平地带性的特征，在水平地带性和垂直地带性的相互关系中，水平地带性是基础，它决定着山地垂直地带的系统。

(1) 植被分布的垂直带

某一山体植被垂直带分布,与山体所处的纬度开始到极地为止的水平植被带分布顺序相对应。例如,黄山位于中亚热带地区,其山体植被垂直带的变化,与山体所处纬度开始自南向北植被的纬度地带性变化规律相对应。黄山植被垂直带谱如下:①500～1100m,常绿阔叶林;②900～1250m,常绿落叶阔叶混交林;③1200～1500m,落叶阔叶林;④1400～1750m,山地矮林和山地灌木丛;⑤1600～1840m,山地草甸;⑥<800m,马尾松林;⑦>800m,台湾地区松林。

(2) 植被垂直带与水平带

从植被的垂直分布序列中,我们可以发现植被在垂直方向的成带分布与地球上的植被水平分布顺序有相应性,如图1-3所示。但是它们之间仍存在差异。

①引起纬度带形成的环境因素和引起垂直带形成的环境因素,在性质、数量以及配合状况上是不尽相同的。从赤道到极地和从山麓到山顶,年平均温度都是依次降低的,但是其他气候因素的周期性变化各不相同。光的周期性区别也特别明显。

②纬度带和垂直带的宽度不同。纬度带的宽度以几百千米计,很少是几十千米的;垂直带的宽度是以几百米计,很少是几千米的。

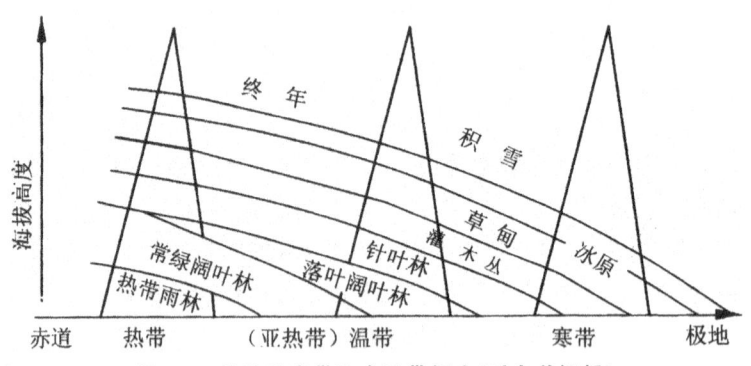

图1-3 植被垂直带和水平带相应(引自姜汉桥)

③纬度带相对不间断,而垂直带则具有较大的间断性。纬度带伸展了很大的距离,绝大部分是连续成片的。而山地垂直带的植被,受山地所处的山河位置、山体形态、海拔高低、中小地形变化及坡度、坡向等因素的影响,常使垂直带的分布界线并不是很均匀,而是在一个较宽的海拔高度范围内变动,垂直带间植被类型的交错和镶嵌过渡现象常常十分明显。

1.4 植物学发展简史及主要分支学科

植物学以植物为研究对象,从不同层次(生态系统、生物群落、居群、个体、器官、组织、细胞、分子)研究植物体的形态、结构和功能,研究植物生长发育的生理与生化基础,研究植物与环境之间的相互关系及相互作用,研究植物多样性的产生和发展的过程与机制。

植物学是随着人类利用植物的生产活动建立和发展起来的。有了人类利用植物的活动,就有植物学知识的萌芽。早期的人类,在接触和采收野生植物的过程中,逐渐积累了有关植物的知识。随着生产的发展,人们开始对植物进行多方面的观察研究,积累了大量的资料,总结并发展形成了植物学科。

1.4.1 植物学发展简史

同其他科学一样,植物科学有一个发生和发展的过程。回顾植物科学的发展史,可以大体分为描述植物学、实验植物学和现代植物学三个主要时期。

1. 描述植物学时期

植物科学的创立和发展是和人类对植物的利用程度密不可分的。自从人类有了利用植物的活动,也就有了植物科学知识的萌芽。例如,在我国和瑞士等国家新石器时代人类的居室里就发现了小麦、大麦、粟、豌豆等多种植物的种子。随着人类生产实践活动的发展,积累的植物学知识不断增多,有关植物学的著作也不断问世。一般认为,植物学的奠基著作是希腊的特奥弗拉斯托(Theophrastus,公元前371—公元前286)所著的《植物的历史》(Historia Plantanum)和《植物本原》(De Causis Plantanum)两本书,这两本书中记载了500多种植物。意大利的塞萨平诺(Caesalpino,1519—1603)根据植物的习性、形态、花和营养器官等性状对植物进行分类,并在《植物》一书中记述了1 500种植物。瑞士的鲍欣(Bauhin,1560—1624)出版了《植物界纵览》一书,并用属和种进行分类,在属名后接"种加词"来命名植物。1672年,英国的格鲁(Grew,1641—1712)出版了《植物解剖学》一书。1677年,荷兰的列文·虎克(Leeuwenhoek,1632—1723)用自制的显微镜进行了广泛的生物观察。1690年,英国的雷(Ray,1627—1705)首次给物种下定义,依据花和营养器官的性状进行分类,并用一个分类系统处理了18 000种植物。在这一历史时期内,农业和林业生产也有了很大发展,即使是在黑暗的宗教统治下,农业技术也发展迅速。

植物科学从创始到不断地积累和发展,其研究内容主要是认识和描述植物,积累植物学的基本资料和发展栽培植物。这个时期植物学的特点主要是采用描述和比较的方法,对植物界的各种类型加以区别,确定这些类别的界限。同时,形成了重要栽培植物的农业格局,形成了粮食作物、药用植物、果树、花卉、蔬菜、各种经济作物的栽培,以及林业经营和牧场管理等生产体系。

2. 实验植物学时期

实验植物学时期有100多年历史,从18世纪至20世纪初。18世纪早、中期,植物学主要还是继续记述新发现的植物种类和建立植物的分类系统,其主要成就是林奈于1735年出版的《自然系统》一书。林奈在这本书中,把自然界分成植物界、动物界和矿物界,并将动物和植物按纲、目、属、种、变种5个等级归类,1753年他发表的《植物种志》一书,对7 300种植物正式使用了双名法进行命名。18世纪后半叶以后取得了许多重要的实验植物学的成就。如瑞士的塞内比尔(Senehier)证明光合作用需要CO_2。瑞士的索绪尔(Saussure)于1804年指出绿色植物可以阳光为能量,利用CO_2和H_2O为原料,形成有机物和放出O_2。英国的布朗(Brown)于1831年在兰科植物细胞中发现了细胞核。德国的施莱登(Schleiden)于1838年发表了《植物发生论》,他指出细胞是植物的结构单位。德国的施旺(Sehwann)于1839年出版了《关于动植物的结构和生长一致性的显微研究》,与施莱登共同建立了细胞学说。德国化学家李比希(Liebig)于1843年出版了《化学在农业和生理学上的应用》,创立了植物的矿质营养学说。1859年,英国伟大的自然科学家达尔文（Darwin）发表的《物种起源》和后来的其他著作,创立了进化论,批判了神创论。他把整个生物界看作是一个自然进化的谱系,直接推动了19世纪植物分类学的发展,使植物分类学开始建立在科学的、反映植物界进化的真实情况的系统发育的基础上,进一步完善了植物界大类群的划分,并促使独立形成了真菌学、藻类学、地衣学、苔藓植物学、蕨类植物学和种子植物分类学等各分支学科。

农业上的育种实践、植物受精生理学说的建立,使植物遗传学得到了迅速发展。1866年,孟德尔（Mendel）的《植物杂交试验》揭示了植物遗传的基本规律。约翰逊（Johannsen）阐明了纯系学说。德弗里斯（De Vries）提出了突变论。特别是美国的摩尔根（Morgan）于1926年在《基因论》这本书中总结了当时的遗传学成就,完成了遗传学理论体系。与此同时,植物生态学也得到了迅速发展。

植物学经过18世纪,尤其是19世纪和20世纪初期的发展,已由描述植物学时期发展到主要以实验方法了解植物生命活动过程的时期。植物学已形成了包括植物形态学、植物分类学、植物生理学/植物解剖学和植物生态学等许多分支学科的科学体系。同时,植物学在这一时期对现代农业体系的形成也作出了重要贡献,促使农业生产技术发生了根本性变化,推动了以品种改良、高产栽培、大量使用农药和化肥以及机械化为标志的现代农业体系的形成。实验植物学时期对生产实践的影响巨大。

这一时期植物科学的发展是和19世纪的三大发现（进化论、细胞学说、能量守恒定律）有密切关系的。显微镜和实验技术的发展,也对植物科学的发展起了重要的作用。

3. 现代植物学时期

现代植物学时期是指从20世纪初至目前这段时间。19世纪科学技术的迅速发展,为20世纪植物科学的巨大变化创造了条件。许多生命过程所显示的运动形式得到了解释,再确认了DNA为遗传的物质基础,阐明了DNA的双螺旋结构之后,分子遗传学带动了植物学和整个生物学的迅速发展。这一时期的最大特点就是运用先进技术从分子水平上研究生命现象。所以,这一时期"可以概括为分子生物学时期"（植物科学,1993）。近二十多年来,分子生物学和近代技术科学,以及数学、物理学、化学及新概念和新技术被引入到植物学领域,植物学科在微观和宏观的研究上均取得了突出成就,在研究的深度和广度上都达到了一个新的水平,如在微观的研究上由于对模式植物拟南芥（Arabidopsis thaliana）和金鱼草（Antirrhinum mopus）的分子生物学的研究,已使植物发育生物学的研究面貌一新,特别是一系列调控基因的发现与克隆,为了解植物发育过程及其调控机制增加了大量新知识。如利用拟南芥已分离到多种影响开花时间的突变体,其中一些基因促进开花,另外有一些基因则抑制开花。近年来在植物发育分子生物学研究中取得的重大突破之一,就是发现了有关花发育中调控各类花器官形成的器官特征基因（organ identify gene）的克隆及其功能分析。在植物生殖生物学的研究上也取得了重大进展,如配子识别、配子分离、配子融合和人工培养合子等均获成功,已可在离体条件下观察受精过程中的变化。同时,在宏观的研究上,如生态学、植物（生物）多样性的研究等领域也取得了重大进展。总之,近二十多年来,特别是近十多年来植物科学发展迅速,其中对植物科学发展影响最大、最深刻的就是分子生物学及其技术。这是现代植物学时期的一个明显特点。

进入21世纪,现代植物科学的发展更加突飞猛进,其发展趋势主要表现在以下3个方面。

第一,现代植物科学的发展已经进入到两极分化与趋同性的阶段,一方面在微观领域进一步探索生物分子水平的结构、过程与机制,以揭示生物界的高度的同一性;另一方面继续在宏观领域生物圈的水平上发展对大气圈、水圈、岩石圈相互作用的认识,且还将会跨出地球,进入外层空间,研究宇宙射线的作用与无重力世界中的生命行为。上述两方面(两极)的研究与发展又相互融合。在这种分化与融合的过程中,人类会进一步深化对植物界的复杂性、多样性与同一性的认识,这些认识将会大大丰富植物科学的内容,而且还会产生一系列新的分支学科,形成现代植物科学的体系。

第二,植物科学中传统的各分支学科彼此交叉渗透,各分支学科间的界限逐渐淡化,而且植物科学也与其他生物学科或非生物学科间进行交叉渗透和相互影响、相互推动。植物科学将在这种广泛的交叉渗透中得到更大的发展。

第三,植物科学的研究(包括微观领域和宏观领域)和所获得的成果将会与解决人类面临的人口增长、粮食和能源短缺、环境污染、生物多样性减少、人类和其他生物的生存环境日益恶化等重大问题更为密切地相互联系,并将会产生重要影响。

1.4.2 植物学主要分支学科

我国现代植物科学体系主要包括以下领域。

1. 发育植物学

发育植物学(developmental botany)被认为是正在形成中的植物发育生物学,包括营养发育、生殖发育及种子萌发和休眠的研究。在高等植物营养发育方面,开展了关于根、茎、叶、生长点分生组织及形成层的分化,培养细胞的脱分化及再分化的研究;在生殖发育方面,开展了关于配子体及配子的发生、花粉不亲和性的分子机制、双受精作用、胚及胚乳的发育、种子贮存蛋白及萌发中核酸和蛋白质的合成等研究;在发育与环境方面,开展了关于光形态发生、向性、温度和光照等环境条件对植物发育的影响等研究;在发育的分子生物学方面,开展了关于发育的决定及与发育有关的基因不同时间及空间特异性表达的调节、细胞异质性的建立、生长素及其他生长调节物质的分子生物学等研究。

2. 结构植物学

结构植物学(structural botany)主要包括植物细胞生物学、解剖学及形态学、电镜及光镜显微技术、组织化学及细胞化学。植物细胞核、染色质的结构及细胞分裂、植物细胞的叶绿体、细胞壁及液泡是结构植物学的研究重点。植物细胞骨架系统的研究成为近年结构植物学的研究热点。近年来,还发展了几个研究领域:一是结合植物组织培养的形态发生;二是花器官形态发生与基因调控的关系;三是结合植物基因工程研究进行基因产物的组织学定位;四是经济植物及特有植物的形态解剖学研究。

3. 环境植物学

环境植物学(environmental botany)包括生态学、自然保护及管理制度、污染及共生生物的研究。其中,植物多样性的研究成为世界性的热点。在自然保护方面,提出了维持基本生态学过程及生命维持系统、保护基因多样性、对物种和生态系统的持续利用的三大目标。

4. 资源植物学

资源植物学(resources botany)涉及内容十分广泛,例如资源植物的调查和资源植物志的编写;资源植物的地理分布和有用物质积蓄量的估算;资源植物有用物质的研究、提取及利用;资源植物化学成分的形成和积累与生态环境及其季节性变化规律的关系;植物化学成分演变与植物系统演化的关系;作为基因库的植物资源的利用和保护等。

5. 系统与演化植物学

系统与演化植物学(systematic and evolutionary botany)包括分类、系统及演化、区系及植物地理学。系统与演化植物学是植物科学中一门经典的分支学科,近年来,由于引入了新概念、新方法而有了飞跃的发展,并逐渐发展成系统学、区系学和物种生物学三个重要分支。系统学也称宏观系统学,以研究种级以上分类群为对象,在研究时必须利用形态、解剖、胚胎、细胞、植物化学、古植物学等多学科所获得的各种性状资料和证据。现在利用分子生物学的资料来研究系统,称为分子系统学。系统植物学被认为是一门无穷的综合学科,因此有时也称为综合分类学。植物区系学包括传统的植物区系地理学、历史植物地理学以及植物区系学最基础的工作"植物志"。物种生物学包括植物界各类群的实验分类学、遗传生态学、细胞分类学、化学分类学。物种生物学作为一门学科,目标和任务就是认识居群和物种的生物学关系及进化关系。

第2章 植物细胞结构及细胞工程

2.1 植物细胞的分类及组成

细胞(cell)是生命活动的基本单位。除病毒外,一切有机体都是由细胞构成的。细胞是一个独立有序的,并且能够进行自我调控的代谢与功能体系。每一个生活的细胞都具有一整套完备的装置以满足自身生命活动的需要,至少是部分地自给自足。同时,生活的细胞还能对环境的变化做出反应,从而使其代谢活动有条不紊地协调进行。在多细胞生物体中,各种组织分别执行特定的功能,但都是以细胞为基本单位完成的。

2.1.1 植物细胞的分类

根据细胞的结构和生命活动的主要方式,可将细胞分为原核细胞(procaryotic cell)和真核细胞(eucaryotic cell)两大类。

1. 原核细胞

原核细胞通常体积很小,直径为 0.2~10μm,没有典型的细胞核,其遗传物质分散在细胞质中,且通常集中在某一区域,但两者之间没有核膜分隔;原核细胞遗传信息的载体为一环状DNA,DNA 不与或很少与蛋白质结合;原核细胞也没有分化出以膜为基础的具有特定结构和功能的细胞器。由原核细胞构成的生物称原核生物(procaryote),原核生物主要包括支原体(mycoplasma)、衣原体(chlamydia)、细菌、放线菌(actinomycetes)和蓝藻等,几乎所有的原核生物都是由单个原核细胞构成。

2. 真核细胞

真核细胞包含的遗传信息量要大得多,真核细胞的 DNA 主要集中在由核膜包被的细胞核中,具有典型的细胞核结构;真核细胞同时还分化出以膜为基础的多种细胞器,真核细胞的代谢活动如光合作用、呼吸作用、蛋白质合成等分别在不同的细胞器中进行,或由几种细胞器协调完成。由真核细胞构成的生物称真核生物(eucaryote),高等植物和绝大多数低等植物均由真核细胞构成。

2.1.2 植物细胞的组成

原生质是构成细胞的生活物质,它是细胞活动的物质基础。原生质有着相似的基本成分,主要有 C、H、O、N、S、P、K、Ca、Mg、Mn、Zn、Fe、Cu、Mo、Cl 等。其中,C、H、O、N 四种元素占 90%以上,它们是构成各种有机化合物的主要成分,除此以外的其他化学元素含量很少或较少,但也非常重要。各种元素的原子或以各种不同的化学键相互结合而形成各种化合物,或以离子形式存在于植物细胞内。

组成细胞的化合物分为有机物和无机物两大类,无机物包括分子质量相对较小的水和无机盐,分子量较大的有机物主要包括核酸、蛋白质、脂类和多糖等物质。

1. 无机物

水是生命之源,水生植物的含水量可以达到鲜重的90%以上,草本植物的含水量为70%~85%,种子(成熟的)含水量为10%~14%,休眠芽为40%,而根尖、嫩梢、幼苗和绿叶的含水量为60%~90%。凡是植株生命活动比较旺盛的组织和细胞,其水分含量都较多。生命活动中各项化学反应和酶促反应都须溶解在水中才能进行;植物的大部分物质及由根吸收的矿质元素也须溶解在水中才能被运输到植物体的各部位;叶片所含水分还可以降低叶温,以免受阳光灼伤。

除水之外,原生质中还含有无机盐及许多呈离子状态的元素,如 Fe、Zn、Mn、Mg、K、Na、Cl 等。这些无机元素可以作为植物细胞结构物质的组成部分,也可以是植物生命活动的调节者和作为酶的活化因子;同时,有些离子可以起电化学作用,在离子的平衡、胶体的稳定和电荷的中和等方面起作用。

植物细胞中的金属离子,可以与一些无机物的阴离子或有机物的阴离子结合成盐,有些难溶的盐类,如草酸钙可以沉淀在液泡中,从而降低草酸对细胞的伤害。

2. 有机化合物

组成植物细胞的有机化合物如下。

(1)蛋白质

在植物的生命活动中,蛋白质是一类极为重要的大分子有机物,蛋白质分子由20种氨基酸组成,由于氨基酸的数量、种类和排列顺序的不同,可以形成各种蛋白质。蛋白质除了作为细胞的主要构成成分外,还参与植物的光合作用、物质运输、生长发育、遗传与变异等过程。另外,作为植物生命活动重要调节者的酶,其绝大多数都是蛋白质(如使物质分解的淀粉酶、脂肪酶和蛋白酶等)。

(2)脂类

凡是经水解后产生脂肪酸的物质均属于脂类,包括油、脂肪、磷脂、类固醇等。脂类的主要构成元素是 C、H、O,但 C、H 含量很高,有的脂类还含有 P、N。在植物体内,脂类除作为构成生物膜的主要成分外,也是重要的贮藏物质。例如,花生等植物的种子中都储存着大量的脂类物质,有些脂类还形成角质,如木栓质和蜡,参与细胞构成。

(3)糖类

糖类是光合作用的同化产物,主要由 C、H、O 元素组成,分子式为 $C_n(H_2O)_m$,故又称为碳水化合物。其功能除参与构成原生质和细胞壁外,还作为细胞中重要的贮藏物质。细胞中最重要的糖可分为如单糖(如葡萄糖、核糖等)、双糖(如蔗糖、麦芽糖等)及多糖(如纤维素、淀粉等)。另外,植物体内有机物运输的主要形式也是糖;植物生命活动所需的能量,也主要是来自糖氧化分解所释放出的能量。

(5)酶

酶是生活细胞产生的具有催化活性的蛋白质,也称为生物催化剂。生物有机体内的一切物质代谢都必须在酶的催化下进行,并受酶的调节和控制。生活细胞的物质代谢是由一系列生物化学反应组成的。这些化学反应在生物体内进行的异常迅速而有秩序。例如,蛋白质、脂肪和糖可在体内迅速水解为相应的产物:氨基酸、脂肪酸、甘油、单糖等。而这些物质在体外需要在强酸条件下沸腾数小时才能分解。在体内的化学反应如此之快,就是因为生物体内存在着一类高效生物催化剂——酶。

⑤核酸。植物细胞都含有核酸,核酸是载有植物遗传信息的一类大分子。核酸由核苷酸构成,单个的核苷酸由1个含氮碱基、1个五碳糖和1个磷酸分子组成,根据所含戊糖的不同,核酸可以分为脱氧核糖核酸(DNA)和核糖核酸(RNA)两大类。其中,DNA分子是基因的载体,它可以通过复制将遗传信息传递给下一代,也可以通过将所携带的遗传信息转录成mRNA,再翻译成蛋白质,通过蛋白质使遗传信息得以表达,从而使生物表现出相应的性状。

2.2 植物细胞的形态、结构与功能

人类对植物细胞的认识及了解不断地随着显微镜发明及显微技术等的不断改进而逐渐加深。特别是新近出现的细胞电子影像技术、细胞数字图像处理技术、视频反差增强显微术、激光扫描共聚焦显微术等,使人们不仅能观察、记录细胞静止和活动的情况,还可通过计算机软件对图像进行处理和分析。例如,进行图像的三维重建等。遗传学、生理学、生物化学和分子生物学的发展及其与细胞生物学的相互渗透,使人们对细胞的研究从超微结构转向物理化学变化在细胞生命活动中的作用,并逐步深入到分子水平,以揭示其结构与功能的关系。细胞化学、放射性示踪技术、细胞分级离心、细胞内注射、细胞培养、X射线衍射与核磁共振等技术的应用,使人们能够充分研究细胞的代谢活动,从分子水平上阐明细胞内各种生命活动。

2.2.1 植物细胞的形态与大小

细胞的形状和大小与细胞的遗传性、所担负的生理功能以及对环境的适应性等都有着密切关系,并且它们还常常会伴随着细胞的生长和分化相应地发生改变。通常,植物细胞都比较小,形状多种多样。不过它们的基本结构大体相同,均由细胞壁和原生质体组成。与动物细胞相比,为了适应生存,植物细胞的细胞膜外具有细胞壁,原生质体中有质体和大液泡,这些特有的结构是植物与动物具有不同生命活动方式的结构基础。

大部分植物的细胞直径非常小,只有10~100μm,要借助显微镜才能看到。但也有少数特殊细胞超出这个范围,甚至用肉眼就可以看到。如棉花种子的表皮毛细胞有的长达70mm;成熟的西瓜果实和番茄果实的果肉细胞,其直径约1mm;苎麻属(*Boehmeria*)植物茎中的纤维细胞长达550mm。可见,不同种类、不同部位的细胞大小存在很大差距。细胞体积越小,相对表面积越大。细胞与外界的物质交换通过表面进行,小体积大面积,有利于细胞与外界进行物质交换。另外,细胞核对细胞质的代谢起着重要的调控作用,而一个细胞核所能控制的细胞质的量有限,因此细胞核所能控制的范围制约着细胞大小。

从形状上看,植物细胞的形状有球状体、多面体、纺锤形和柱状体等(图2-1)。单细胞藻类植物或离散的单个细胞,如小球藻、衣藻,因细胞处于游离状态,不受其他约束,形状常为球形或近于球形。在多细胞植物体中,细胞紧密排列在一起,由于相互挤压,往往形成不规则的多面体。

根据力学计算和实验观察,在均匀的组织中,一个典型的、未经特殊分化的薄壁细胞是十四面体。然而这种典型的十四面体细胞,只有在根和茎的顶端分生组织中和某些植物茎的髓部薄壁细胞中,才能看到类似的形状,这是因为细胞在系统演化中适应功能的变化而分化成不同的形状。高等植物体内的细胞,具有精细的分工,因此它们的形状极具多样性。例如,输送水分和养料的细胞(导管分子和筛管分子)呈长管状,并连接成相通的"管道",以利于物质运输;起支持作用的细胞(纤维),一般呈长梭形,并聚集成束,加强机械支持功能;幼根表面吸收水分的根毛细胞,向外伸出一条细管状凸起(根毛),以扩大细胞与土壤的接触面积。由于不同的细胞执行不同的功能,因而导致它们在形态上有很大差异。此外,除了功能及遗传因素的影响,它们的形状还会受到外界条件的影响。

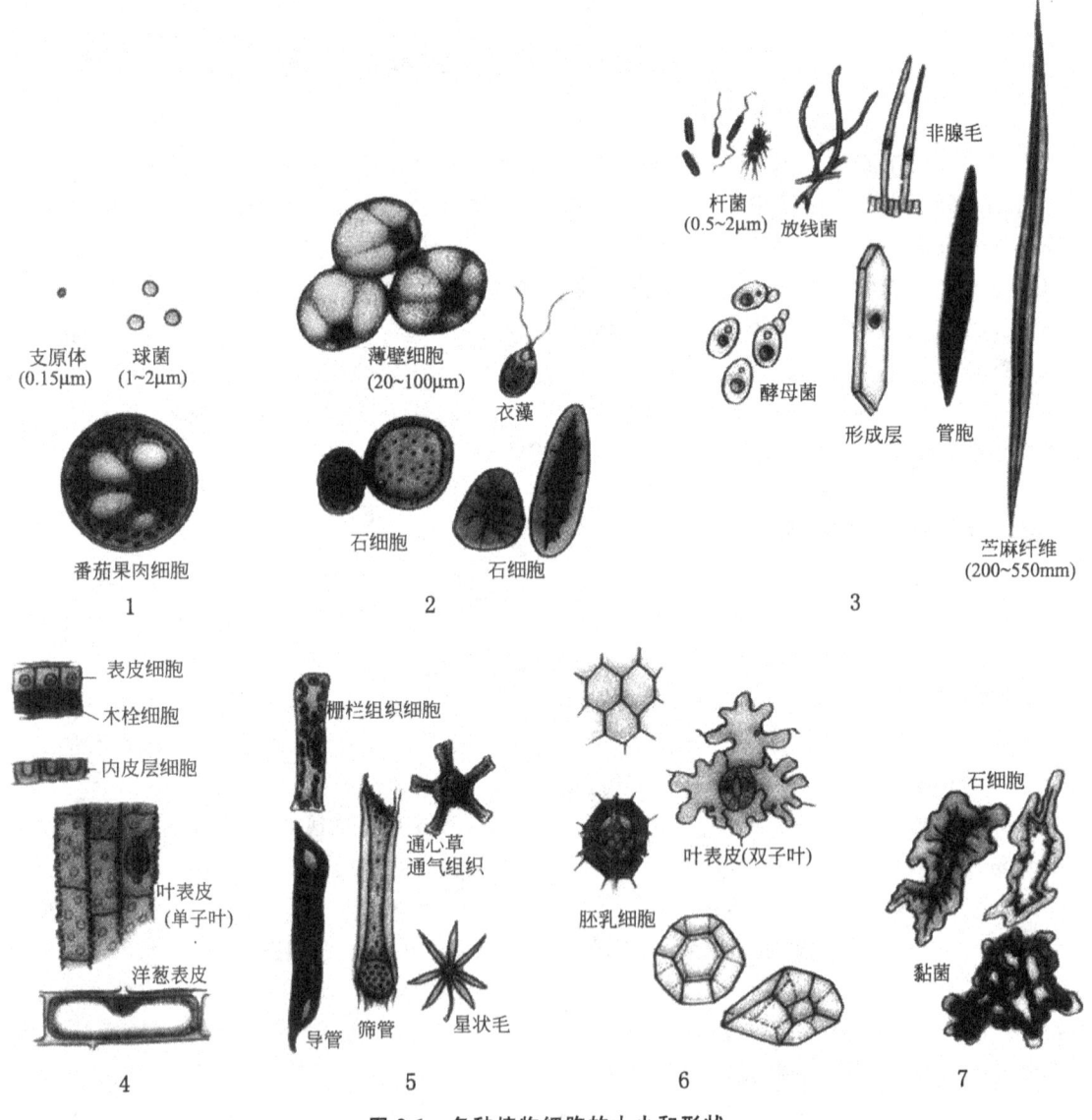

图 2-1 各种植物细胞的大小和形状
1.球形或圆形　2.卵形或椭圆形　3.杆状、线状或梭形　4.方形或长方形
5.长柱状或长管状　6.星状、多角形或多面体形　7.异形或变形细胞

2.2.2 植物细胞的结构与功能

植物细胞由细胞壁和原生质体两部分组成。细胞壁是具有一定硬度和弹性的结构,它构成了细胞的外壳。原生质体由质膜、细胞核、细胞器以及细胞质基质组成。在细胞内部,双层核膜将细胞分成两大结构与功能区域——细胞质与细胞核。在细胞质内,以膜的分化为基础形成的多种细胞器则组成了复杂的细胞内膜系统。从细胞的基本结构体系来看,植物细胞中一些细胞结构和细胞器,如细胞壁、质体和中央液泡(图2-2),是植物细胞与动物细胞的三大区别特征。

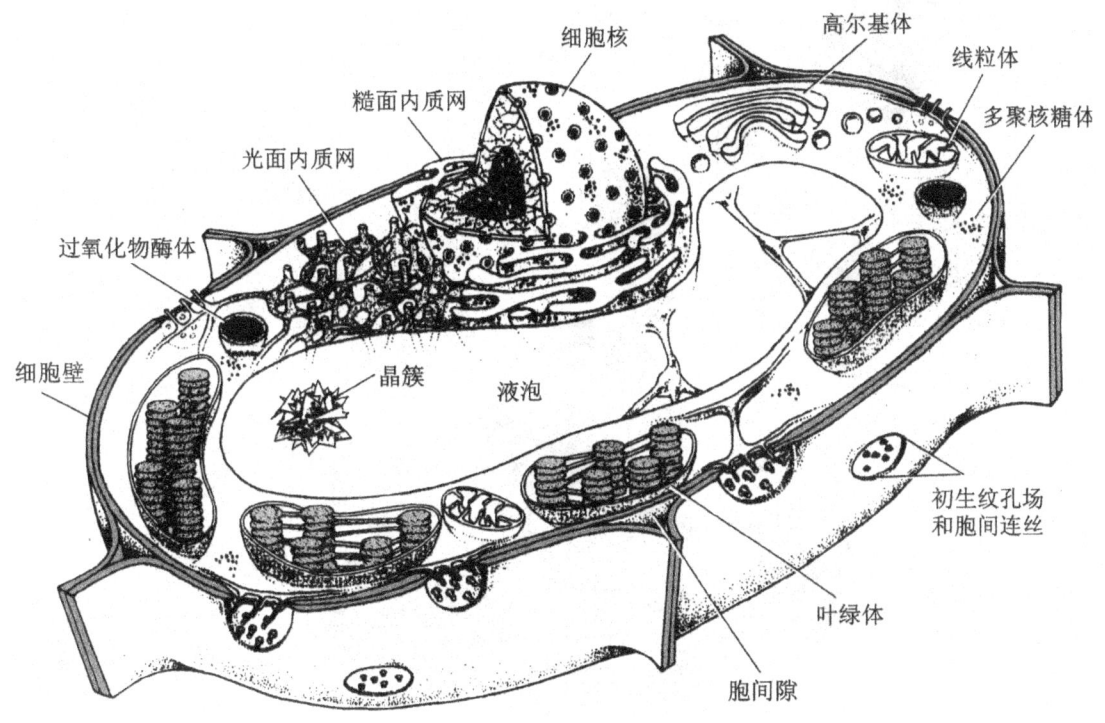

图 2-2 植物细胞结构示意

1. 细胞壁

细胞壁(cell wall)是植物细胞的天然屏障,能支持和保护其中的原生质体,在抵御病原菌入侵上有积极作用。当病原菌侵染时,寄主植物细胞壁内产生一系列抗性反应,如引起植物细胞壁中伸展蛋白积累和木质化、栓质化程度提高,从而抵御病原微生物侵入和扩散;细胞壁还能限制原生质体产生膨压,使细胞维持一定形状;细胞壁具有很高的硬度和机械强度,使细胞对外界机械伤害有较高的抵抗力。过去认为细胞壁是原生质体分泌的无生命结构,后来发现细胞壁中还含有许多具有生理活性的蛋白质,在植物体的吸收、分泌、蒸腾、运输、细胞生长调控、细胞识别等过程中有一定作用。因此,细胞壁并不只是非生活的排出物,而是与原生质体之间存在着有机联系。

细胞壁是包围在植物细胞原生质体外面的结构,能够使细胞保持一定的形态。这是植物细胞与动物细胞的最显著差异。它具有许多特殊的功能,在植物细胞的物质吸收、转运和分泌等生理过程中起重要作用;目前还发现植物细胞壁中的一些寡糖片段或糖蛋白可以作为细胞生长和发育的信号物质,调节和影响植物细胞的增殖与分化过程。

(1)细胞壁的结构

细胞壁按照形成时间及化学成分的不同,可以分为三层,即胞间层(middle lamella)、初生壁(primary wall)和次生壁(secondary wall)(图2-3)。

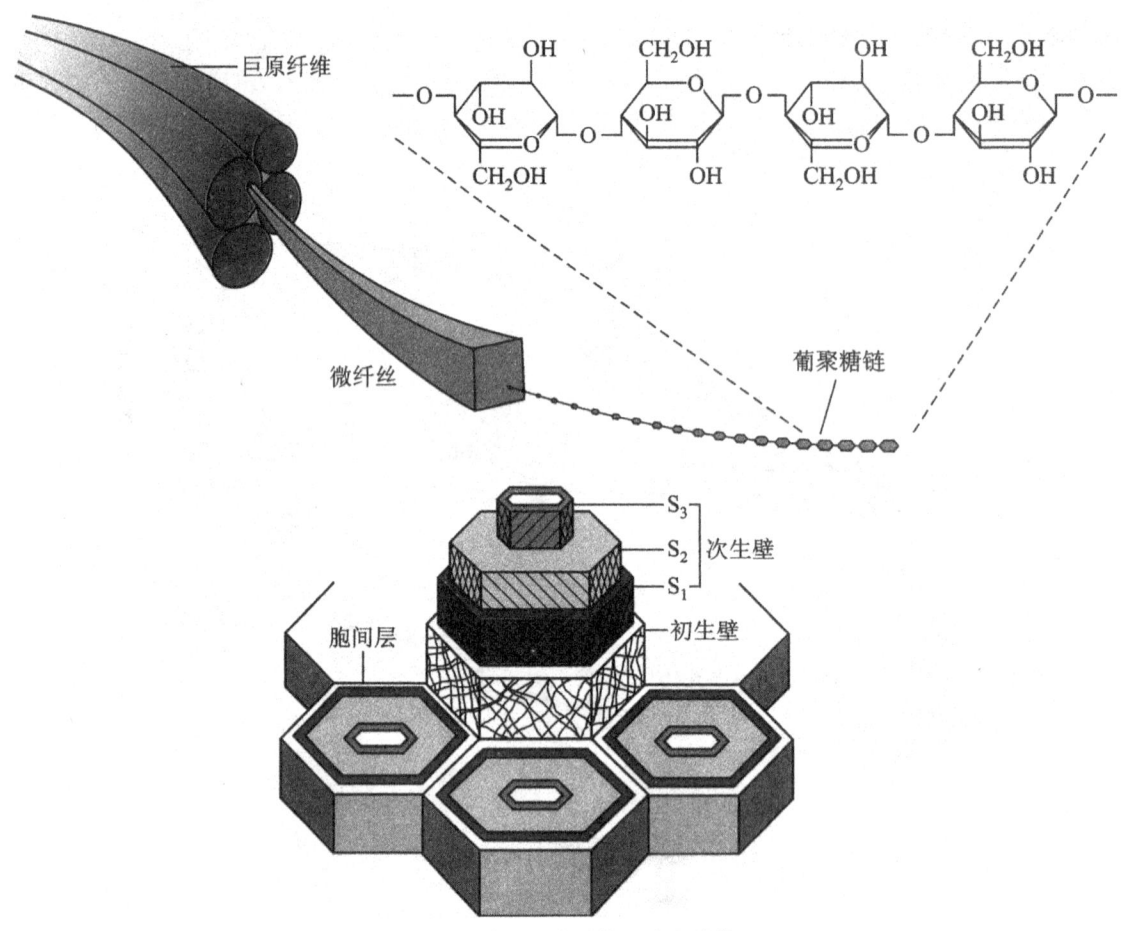

图2-3 植物细胞壁的组成和结构

胞间层又称为中层,位于细胞壁的最外面。它在细胞分裂产生新细胞时形成,主要由果胶类物质组成,这是一种无定形胶质,有很强的亲水性和可塑性,多细胞植物依靠它使相邻细胞黏接在一起。果胶易被酸或酶分解,从而导致细胞分离。胞间层与初生壁的界限往往难以辨明,当细胞形成次生壁后尤其如此。当细胞壁木质化时,胞间层、初生壁、次生壁依次发生木质化。

初生壁是细胞生长过程中形成的。其主要成分为纤维素、半纤维素和果胶,此外还有多种酶类和糖蛋白,在大多数开花植物中,果胶类多糖是初生壁中含量最多的基质成分。活跃分裂的细胞通常只有初生壁,与光合作用、呼吸作用和分泌作用有关的成熟细胞也是如此。这些不具有次生壁的生活细胞可以改变其特化的细胞形态,恢复分裂能力并分化成不同类型的细胞。因此,这些只有初生壁的细胞与植物的愈伤反应和再生作用密切相关。

次生壁是细胞停止生长后,在初生壁内侧继续不均匀加厚形成的壁层,与质膜相邻。次生壁对于那些具有机械支持作用的特化细胞和与水分输导有关的细胞尤为重要。次生壁的纤维素含量大于初生壁,而且缺乏果胶类物质。因此,次生壁更加坚硬,延展性较差,次生壁中也不存在各种酶和糖蛋白,它的基质成分是半纤维素。次生壁通常分为三层,即内层(S_3)、中层(S_2)和外层(S_1),其纤维素微纤丝的排列方向各不相同,这种分层叠加的结构能够大大增加细胞壁的强度。

(2) 细胞壁的化学组成

植物细胞壁中最主要的成分是纤维素(cellulose),与纤维素结合存在于细胞壁中的还有半纤维素、果胶等非纤维素分子的基质。纤维素分子由多个葡萄糖分子脱水缩合而成,60~70个链状的纤维素分子通过在分子间形成大量氢键而聚集成束,形成直径约10nm的微纤丝(microfibre);在微纤丝的某些区域,纤维素分子排列得非常有序,这种有序排列的纤维素分子结构称为微团(micelle),能使纤维素具有晶体性质。大量微纤丝相互交织成网状,构成了细胞壁的基本骨架。半纤维素是由木糖、半乳糖和葡萄糖等组成的多糖,通过氢键与纤维素微纤丝相连;果胶质与半纤维素横向连接,参与细胞壁复杂网架的形成。这些化合物都具有亲水性,这使得细胞壁中一般会含有较多水分,并且一些溶于水中的物质还能够跟随水透过细胞壁。

木质素(lignin)是细胞壁的另一个重要组成分子,除纤维素外,它在细胞壁中含量最多。木质素以共价键与细胞壁多糖交联,大大增加了细胞壁的强度与抗降解力。通常,在那些具有支持作用和机械作用的植物细胞的细胞壁中,含有较多的木质素。在植物保护组织的细胞壁中,通常还含有角质(cutin)、栓质(suberin)和蜡质(wax)等脂肪类物质。例如,表皮细胞的细胞壁表面覆盖着角质,次生保护组织木栓细胞的壁中含有栓质,角质和栓质往往与蜡质结合在一起,这些物质极大地降低了植物体内水分的丧失。不过,需要说明的是,并不是所有的细胞壁上都存在木质素。

植物细胞壁中还含有结构蛋白和酶蛋白等蛋白质物质。伸展蛋白(extensin)是结构蛋白的一种,目前研究较多。它是一种富含羟脯氨酸的糖蛋白,通过形成伸展蛋白网与纤维素交织在一起,成为细胞壁结构的一个重要组分。此外,在细胞壁中还含有纤维素酶、葡糖苷酶、多聚半乳糖醛酸酶、果胶脂酶、过氧化物酶和抗坏血酸氧化酶等数十种水解酶和氧化还原酶。这些酶一方面参与细胞壁中多种结构成分的聚合作用,帮助形成复杂的细胞壁结构;另一方面还参与植物的很多生理代谢活动,并发挥重要作用。

(3) 细胞壁的发生与分层

植物细胞在生长发育过程的不同阶段,因原生质体在新陈代谢过程上的时空有序性,所形成的壁物质在种类、数量、比例以及物理组成上具有明显差异,使细胞壁有了成层现象(lamellation)。对大多数植物细胞而言,在显微水平上,一般可区分出胞间层、初生壁和次生壁三层,如图2-4所示。

①初生壁(primary wall)。初生壁是在细胞生长过程中和停止生长前所形成的壁层,由相邻细胞分别在胞间层两面沉积壁物质而成,是新细胞上产生的第一层真正的细胞壁。在许多类型的细胞中,它是仅有的壁层。在生理上分化成熟后仍有生活原生质体的成熟组织细胞(木射线及木薄壁细胞除外),一般都只有初生壁而无次生壁。初生壁一般较薄,厚度为1~3μm,但也有均匀或局部增厚情况,前者如柿胚乳细胞,后者如厚角组织细胞。初生壁的主要组分为纤维素、半纤维素、果胶质、糖蛋白等。这些成分交联在一起,形成了一种以纤维素为构架物的网络状结构。果胶质使得细胞壁有延展性和韧性,使细胞壁能随细胞生长而扩大。当细胞体积增长超过一定限度后,其初生壁则以填充生长方式进行面积增加。在生长激素和酶等物质作用下,原有的微纤丝网扩张,出现的空隙被新壁物质填充,面积得以扩大。分裂活动旺盛的细胞,进行光合作用、呼吸作用的细胞和分泌细胞等都仅有初生壁。当细胞停止生长后,有些细胞的细胞壁就停留在初

生壁阶段不再加厚。通常初生壁生长时并不是均匀增厚,其上常有初生纹孔场。

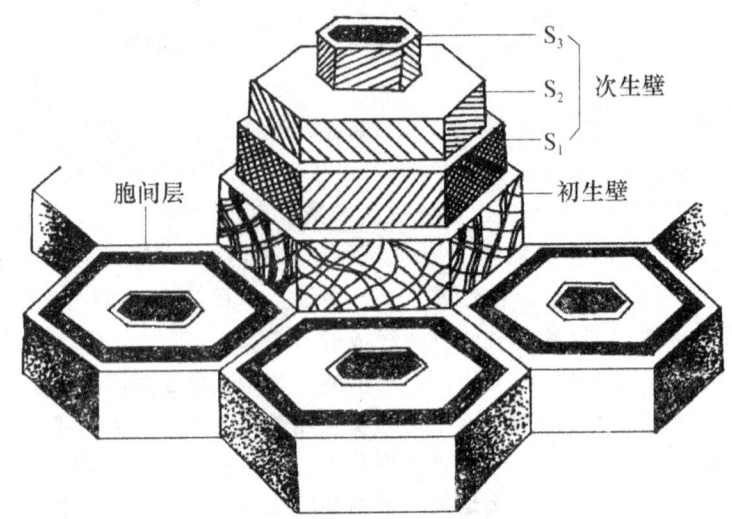

图 2-4　植物细胞壁分层结构示意
S_1、S_2、S_3 代表微纤丝不同走向的三层次生壁

②次生壁(secondary wall)。次生壁是指在细胞体积停止增长、初生壁不再扩大,在初生壁内表面继续发生增厚生长而形成的新壁层。次生壁厚 $5\sim10\mu m$。在植物体中,只是那些在生理上分化成熟后、原生质体消失的细胞,才能在分化过程中产生次生壁,如纤维细胞、导管、管胞等。次生壁通常分三层,即内层(S_3)、中层(S_2)和外层(S_1),各层纤维素微纤丝排列方向不同,这种成层叠加的结构使细胞壁强度增大。这些分层中的中间层通常最厚。次生壁中还含有半纤维素的基质和极少量果胶质,比初生壁更坚韧,几乎没有延伸性。某些细胞的次生壁还添加有木质素,壁更坚硬;有些细胞的表面会添加角质、栓质、蜡质等,加强壁的保护功能。

③胞间层(intercellular layer)。又称中层(middle layer),位于细胞壁最外层,是相邻细胞共有的层次。主要化学成分是果胶质,能使相邻细胞黏连在一起。柔软的果胶质具有可塑性和延伸性,可缓冲细胞受到的压力,又不阻碍细胞体积扩大。胞间层在一些酶(如果胶酶)、酸或碱的作用下会发生分解,使相邻细胞间出现一定空隙,称为胞间隙。西瓜、番茄、柿子等的果实成熟时变软,部分果肉细胞彼此分离,主要原因就是果胶质被果胶酶分解;一些真菌侵入植物体时也分泌果胶酶,以利于菌丝侵入。胞间层一般发生于细胞分裂末期,由积累在赤道板上的壁物质形成。

细胞壁的形成一般发生在细胞分裂末期。在细胞分裂末期的赤道面上,分裂的母细胞先形成成膜体(phragmoplast)。在染色体分向两极时,高尔基器分离出的小泡与微管集合在赤道面上成为细胞板(cellplate)。新的多糖物质沉积在细胞板上逐渐形成以果胶质为主要组分的胞间层。其后,细胞内合成一些纤维素组成微纤丝,沉积在胞间层两侧,就形成了初生壁。当细胞成熟停止生长后,一层层新的纤维素和半纤维素及木质素陆续添加在初生壁上,形成了次生壁。初生壁每添加一层,微纤维排列方向就不同(纵向或横向),形成了不规则的交错网状。这样加厚的结果,使整个植物体的机械支持更强。

由于植物细胞在生理上具有不同的分工,细胞会在形态和结构上发生特化,这其中就包括细胞壁的特化,以使其具有特定的功能。细胞壁的特化常见的有 5 种,即木化(lignification)、栓化

(suberization)、角化(cutinization)、矿化(mineralization)和黏液化(胶化)。

木化：是细胞在代谢过程中产生木质素填充到细胞壁中，以增强细胞壁的硬度，从而提高其机械支持力的一种变化过程。一般越是高大的植物其细胞壁发生木化的细胞相对越多。

栓化：是由木栓质填加到细胞壁中而引起细胞壁失去透水和透气能力的一种变化过程。栓质化的细胞一般分布在植物老根、老茎的最外层。

角化：是由角质浸透到细胞壁中而使细胞透水性变差的一种变化过程。角质化的细胞壁不易透水，有助于减少植物体的水分蒸腾，并防止机械损伤和微生物的侵害。角质化的细胞多分布于植物幼嫩及没有明显加粗变化的器官表面，如叶片、花、果实、幼茎等的表面均有一层角质膜覆盖，且不同植物、不同器官甚至同一器官不同部位的细胞壁角质化程度都会有所不同。

矿化：是由矿质填加到细胞壁中而使细胞壁硬度增大的一种变化。矿质最常见的为钙或二氧化硅(SiO_2)，矿化的细胞多见于茎叶的表皮，尤其是禾本科植物茎叶的表皮，发生矿化的细胞壁硬度增大，从而增加了对植物的机械支持和抗倒伏能力，并可保护植物免受病虫侵害。

黏液化：是指细胞壁中的果胶质和纤维素变成黏液或树胶的一种变化，多见于果实、种子及根尖、根冠细胞的表面。

(4)纹孔与胞间连丝

绝大多数植物体是由许多细胞组成的，细胞壁使各个细胞相对隔离，实现了细胞间的分工，并使各类细胞具有与功能相适应的特定的形态。植物体是一个有机的整体，这是靠细胞间的纹孔(pit)和胞间连丝(plasmodesma)等联络结构实现的。

①纹孔。植物细胞壁的初生壁是不均匀增厚的，有一些非常薄的区域，称初生纹孔场(primary pit field)，相邻细胞原生质体的胞间连丝往往集中在这一区域，以后产生次生壁时，初生纹孔场处往往不被次生壁所覆盖，形成纹孔。纹孔有利于细胞间的沟通和水分的运输。相邻细胞的纹孔常成对存在，称为纹孔对(pit pair)。纹孔具有一定的形状和结构，常见的有单纹孔(simple pit)和具缘纹孔(bordered pit)两种类型。

②胞间连丝。连接相邻细胞间的细胞质细丝，是细胞间物质、信息和能量交流的直接通道，行使水分、营养物质、小的信号分子以及大分子的胞间运输功能。高等植物的活细胞之间，一般都有胞间连丝相连，其数量、分布位置不一，如图2-5所示。细胞的不同侧面，胞间连丝的数量不一，在筛管分子和某些传递细胞之间胞间连丝特别多。

胞间连丝使植物体中的细胞连成一个整体，所以植物体可分成两部分：通过胞间连丝联系在一起的原生质体，称共质体(symplast)；共质体以外的部分，称质外体(apoplast)，包括细胞壁、细胞间隙和死细胞的细胞腔。胞间连丝可在细胞壁形成之后次生发生或被阻断，共质体网络不断重新构建，形成共质体的分区。这种区域化的共质体被认为是调控植物体生长发育进程的基本单位，在基因表达、细胞的生理生化过程、细胞的分裂和分化、形态发生、植物体的生长发育以及植物对环境的反应等诸多方面起着重要作用。

2. 质体

质体(plastid)是植物细胞特有的细胞器，与碳水化合物的合成及贮藏有着密切关系。质体由双层膜包被，内部分化出膜系统和多少均一的基质(stroma)。根据所含色素的不同，可将成熟的质体分为三种类型：叶绿体(chloroplast)、有色体(chromoplast)和白色体(leucoplast)。

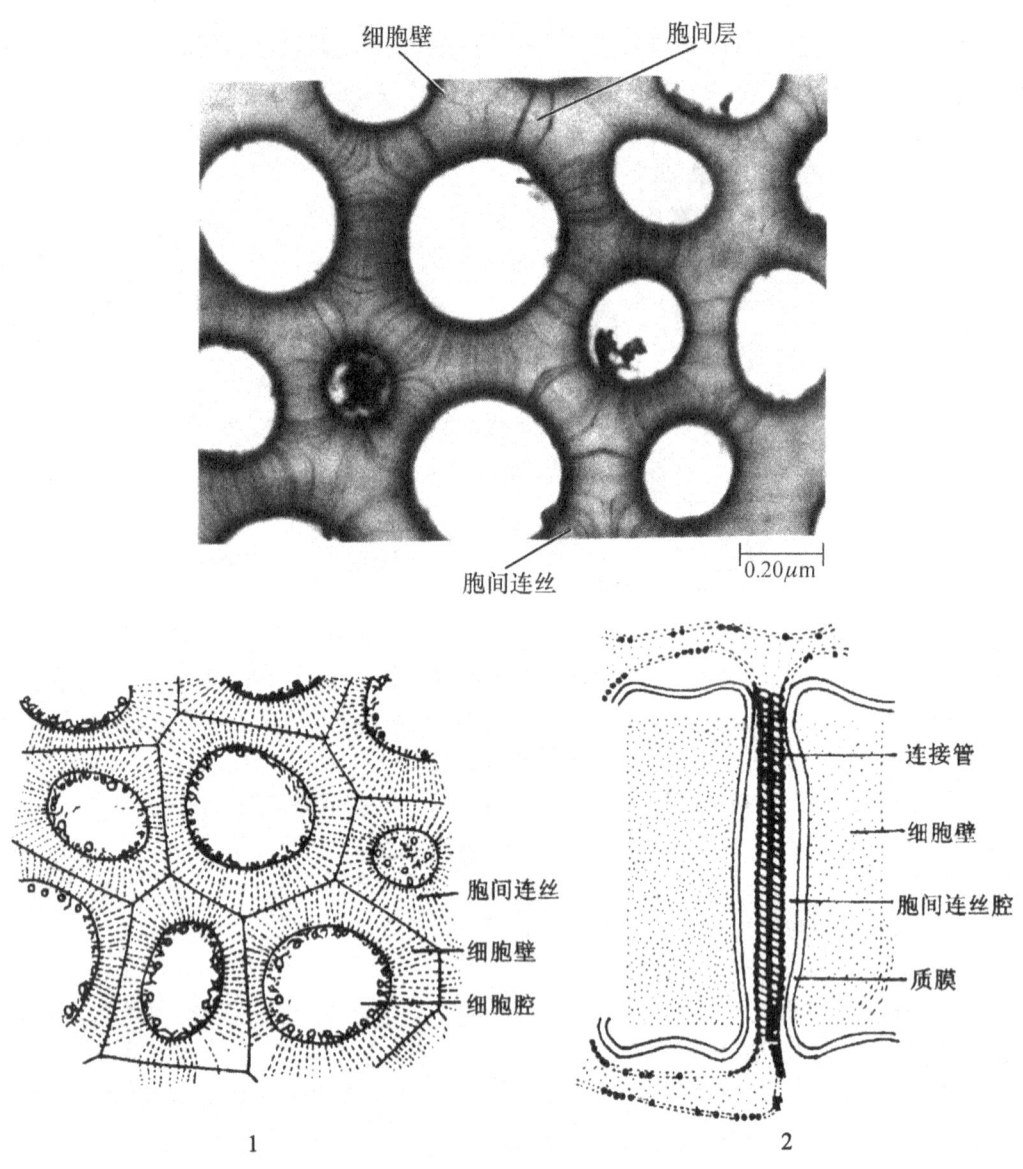

图 2-5 细胞连丝
1.光学显微镜下的胞间连丝　2.胞间连丝的超微结构

(1)叶绿体

叶绿体内含有叶绿素和类胡萝卜素,是进行光合作用的质体,通常存在于植物的叶肉细胞中。其在细胞内的数目、大小和形状因植物种类不同而各异。在高等植物中,叶绿体一般为扁平的椭圆形或卵圆形(图2-6),长轴为 $4\sim10\mu m$,短轴为 $2\sim4\mu m$。一个叶肉细胞通常含有 $40\sim50$ 个叶绿体,并都以其表面积较大的一面与细胞壁平行。

叶绿体由三部分构成,即叶绿体膜(chloroplast membrane)、类囊体(thylakoid)和基质,如图2-6所示。叶绿体膜由双层单位膜即外膜和内膜组成,膜间为 $10\sim20nm$ 宽的电子密度低的空隙,称为膜间隙(intermembrane space)。类囊体是由单层膜构成的扁平囊状结构。在某些部位,许多圆盘状的类囊体叠置成垛,形成基粒(grana),组成基粒的类囊体通常称为基粒类囊体(granum thylakoid);基粒之间通过基质类囊体(stroma thylakoid)相连。叶绿体色素和与光合作用有关的酶位于基粒的膜上或基质中,它们相互配合分别完成光合作用中不同的反应。

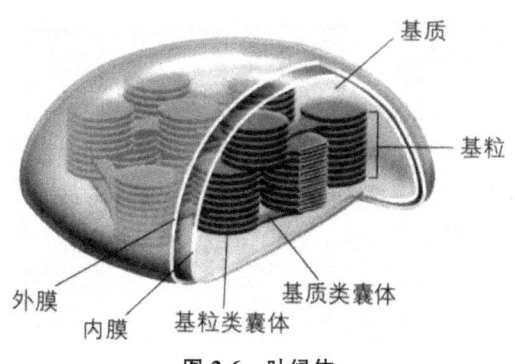

图 2-6　叶绿体

(2) 有色体

有色体是仅含有类胡萝卜素的质体。许多植物的花、老叶、果实和根呈黄色、橙色或红色就是细胞中含有有色体的缘故。当叶绿体中的叶绿素和内膜结构解体,同时积累大量类胡萝卜素时,叶绿体就转化成有色体,这就如同我们在叶片衰老和果实成熟时看到的现象。有色体能够积累淀粉和脂质,在果实和花中常常有吸引昆虫或其他动物进行异花授粉和种子传播的作用。

(3) 白色体

白色体是不含色素的质体,普遍存在于植物的贮藏细胞中。一些白色体能够合成和贮存淀粉,另一些白色体具有合成和贮存脂肪和蛋白质的能力。

3. 液泡

液泡(vacuole)是植物细胞特有的由一层液泡膜(tonoplast)包被的细胞器,液泡中央充满了细胞液(cell sap)。成熟植物生活细胞的显著特征是具有一个大的中央液泡,这也是植物细胞与动物细胞在结构上的明显区别之一。幼小的植物细胞(分生组织细胞),具有许多小而分散的液泡,在电子显微镜下才能看到它们。随着细胞的生长,液泡也长大,相互并合,最后在细胞中央形成一个大的中央液泡,它可占据细胞体积的 90% 以上。此时,细胞质的其余部分,连同细胞核一起,被挤成紧贴细胞壁的一个薄层(图 2-7)。有些细胞成熟时,也可以同时保留几个较大的液泡。

液泡中的细胞液含有很多种无机物和有机物。其主要成分是水,其他成分因植物种类和生理形态而变化,通常液泡中含有各种盐和糖,一些液泡中含有可溶性蛋白;当液泡中某些物质的浓度很高时就会形成结晶,草酸钙晶体是最常见的一类晶体,其形态各异;液泡中还常含有花青素,其显色状况与细胞液的 pH 有关,通常酸性时呈红色,中性时则呈紫色,碱性时呈蓝色,从而使花瓣、果实或叶片在特殊条件下可显现不同的颜色。细胞液往往呈弱酸性,但部分植物(如柠檬)的果实具有强烈的酸味,这主要是因为其细胞的细胞液酸性较高。

液泡的扩大直接导致了植物细胞生长过程中细胞体积的增大,并且液泡直接导致细胞膨压的产生,使组织保持一定的硬度。液泡还是细胞代谢产物的贮藏场所,其中贮藏着种子中的贮藏蛋白和景天酸植物的苹果酸,以及细胞质中的尼古丁、生物碱等某些有毒的次生代谢产物。

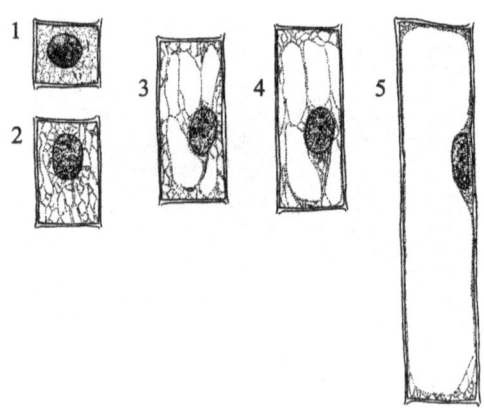

图 2-7 液泡的发育
1.分生细胞 2.细胞内开始出现小液泡
3、4.小液泡汇集成较大液泡 5.细胞中央形成一个大液泡

液泡中的代谢产物不仅对植物细胞本身具有重要的生理意义,而且植物液泡中丰富而多样的代谢产物是人们开发利用植物资源的重要来源之一。

4．细胞质膜

质膜又称细胞膜(cell membrane),是包围在原生质体表面、紧贴细胞壁的一层薄膜结构。质膜很薄,只有 6～10nm,在光学显微镜下较难识别。当外界溶液浓度高于细胞液浓度时,细胞内水分向细胞外渗出,使原生质体失水而收缩,质膜与细胞壁发生分离,这种现象称为质壁分离(plasmolysis)。这时候就会观察到质膜是一层光滑的薄膜。

在电子显微镜下,用四氧化锇固定的细胞膜具有非常明显的"暗—明—暗"三条带的结构:两侧两条暗带,主要成分是蛋白质;中间夹一条明带,主要成分是脂类。一般把这三层结构构成的一层生物膜称为单位膜(unit membrane)。

20 世纪 70 年代,Jon Singer 和 Garth Nicolson 提出了膜结构的流动镶嵌模型(liquid-globular protein fluid mosaic model)(图 2-8)。这一模型能较好地解释膜的各种成分是如何组合装配并完成其功能的,至今仍得到广泛支持。

该模型认为,①在磷脂双分子层中镶嵌着许多球状蛋白,它们有的结合在膜的内、外表面,有的横向贯穿于整个磷脂双分子层中,并且这种结构不是一成不变的,构成膜的磷脂和蛋白质均具有流动性,可以在同一平面上自由移动,使膜的结构处于不断变化的状态。②膜中的蛋白质大多是特异酶类,在一定条件下具有"识别""捕捉"和"释放"某些物质的能力;膜蛋白通过对物质的透过起主动的控制作用,从而可以使质膜表现出对不同物质具有不同的透过能力,即"选择透性",控制细胞与外界环境的物质交换。这种特性使细胞能从周围环境中不断取得所需要的水分、无机盐和其他物质,阻止有害物质进入。同时,也把代谢废物排到细胞外,但又不使内部有用的成分流失,从而保证了细胞具有一个适宜而又相对稳定的内环境。这也是进行正常生命活动所必需的前提条件。

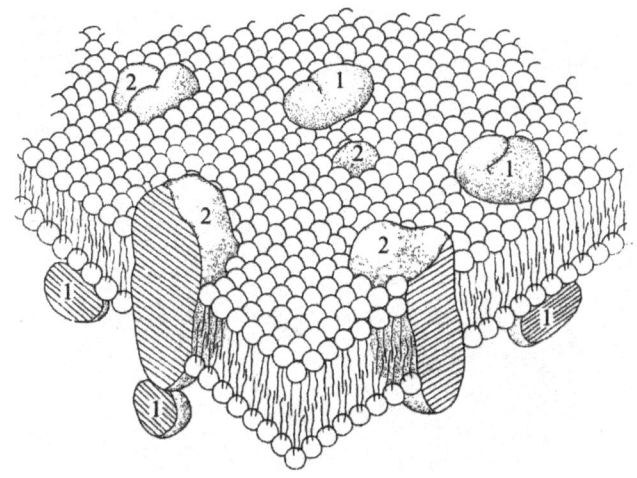

图 2-8 膜结构的流动镶嵌模型
1.外在蛋白质；2.内在蛋白质

5.细胞质与细胞器

真核细胞质膜以内、胞核以外的原生质称为细胞质。细胞质又可以进一步分为细胞质基质（matrix）和细胞器（organelle）。

光学显微镜下可以观察到，细胞质基质是细胞质内一种呈透明、黏稠状并且能流动的胶状物质。在细胞质基质中主要含有酶类和细胞质骨架结构，参与中间代谢反应，并与细胞形态的维持和物质的运输有关。

在电子显微镜下可以观察到，细胞器被膜包围且具有一定的形态结构，它们分布于细胞质中，行使各自特定的功能。除了叶绿体与液泡外，植物细胞中比较重要的细胞器还有线粒体、内质网、高尔基体、溶酶体、微体、核糖体及细胞骨架等。

(1)线粒体

线粒体（mitochondrion）是动、植物细胞中普遍存在的一种细胞器，除了细菌、蓝藻和厌氧真菌外，生活细胞中都有线粒体。线粒体与细菌的大小相似，是比较大的细胞器，呈球状、二棒状或短杆状，一般直径为 $0.5\sim 1.0\mu m$，长为 $1\sim 2\mu m$。在电子显微镜下，线粒体是由两层膜包裹而成的封闭的囊状结构，其内部为基质（图 2-9）。内膜向中心腔内折入，形成凸起，称为嵴（cristae）。细胞中线粒体的数目以及线粒体中嵴的多少，与细胞的生理状态有关。当细胞代谢旺盛，能量消耗多时，细胞就具有较多的线粒体，其内有较密的嵴；反之，代谢较弱的细胞，线粒体较少，内部嵴也较稀疏。在内膜与嵴的内表面上均匀分布着许多电子传递粒，能催化 ATP 的合成。

线粒体的主要功能是细胞进行呼吸作用的场所，它具有 100 多种酶，分别位于膜上和基质中，其中绝大部分参与呼吸作用。细胞内的糖、脂肪和氨基酸的最终氧化是在线粒体内进行的，释放的能量能透过膜转运到细胞的其他部分，提供各种代谢活动的需要。因此，线粒体被比喻为细胞中的"动力工厂"。

(2)内质网

内质网（endoplasmic reticulum，ER）是分布在细胞质中由一层膜构成的网状管道系统。管道以各种形式延伸和扩张,成为各类管、泡、腔交织的状态。在电镜下,内质网为二层平行膜,中间夹有一个窄的腔。

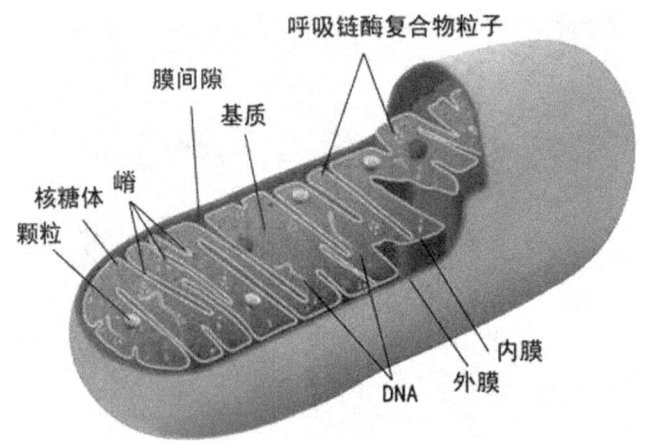

图2-9 线粒体的显微结构

根据结构与功能的不同内质网可分为光面和糙面两种类型(图2-10)。光面内质网(smooth endoplasmic reticulum,sER)的膜上没有核糖体颗粒,主要与蛋白质的合成、修饰、加工和运输有关。糙面内质网(rough endoplasmic reticulum,rER)的膜上附有核糖体颗粒,其与脂类与糖类的合成有密切关系。

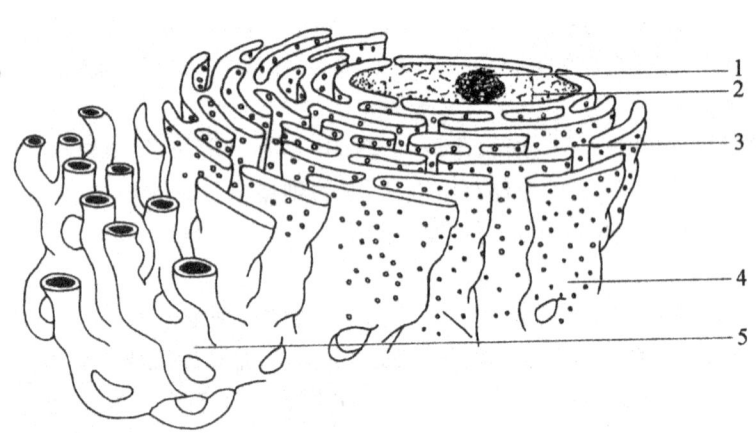

图2-10 内质网的显微结构
1.核仁 2.细胞核 3.核糖体 4.糙面内质网 5.光面内质网

内质网具有制造、包装和运输代谢产物的作用。其特化或分离出的小泡能够形成液泡、高尔基体、圆球体及微体等细胞器。

(3)高尔基体

高尔基体(Golgi apparatus)也叫高尔基复合体,是意大利学者高尔基(C. Golgi)于1898年在猫神经细胞中首先发现的。几乎所有动、植物细胞中都有高尔基体(图2-11)。植物细胞中生长和分泌旺盛的细胞内含有大量的高尔基体。

在植物细胞中,高尔基体的功能如下:合成纤维素、半纤维素等多糖类物质;将多糖或糖蛋白以高尔基小泡的形式运输到细胞的某些部位,形成细胞壁物质或分泌到细胞外面去;为含有水解酶的初级溶酶体的形成提供场所。

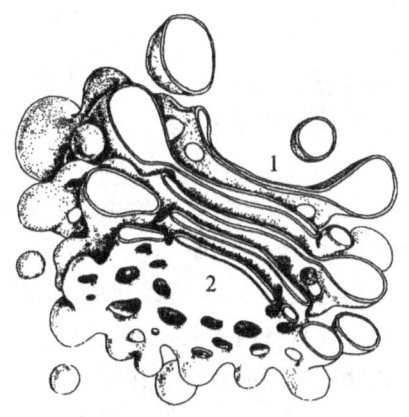

图 2-11 高尔基体显微结构
1.输出面　2.输入面

(4)溶酶体

溶酶体(lysosome)是单层膜包裹的、富含多种水解酶的细胞器,一般直径为 0.25～0.3μm。

溶酶体的功能如下:含有多种水解酶,如酸性磷酸酶、蛋白酶、核酸酶等,可催化多糖、蛋白质、脂质以及 DNA、RNA 等的降解;消化细胞中的贮藏物质;分解细胞中受到损伤或失去功能的部分结构,使组成这些结构的物质重新被细胞所利用;参与导管、纤维等细胞原生质体的分解。植物细胞中还有其他含有水解酶的细胞器,如液泡、圆球体、糊粉粒等。种子植物的导管、纤维等细胞在发育成熟过程中的原生质体解体消失,与溶酶体的作用有一定的关系。这样,溶酶体对于细胞内贮藏物质的利用,以及消除细胞代谢中不必要的结构和异物都有很重要的作用。植物细胞中还有其他含有水解酶的细胞器,如液泡、圆球体、糊粉粒等,因此有人认为植物细胞中的溶酶体应是指能发生水解作用的所有细胞器,而不是指某一特殊的形态结构。

(5)微体

微体(microbody)是单层膜包裹的球状小体。其大小、形状类似溶酶体,二者的区别在于含有不同的酶。

微体有两种类型:过氧化物酶体(peroxisome)和乙醛酸循环体(glyoxysome)。前者存在于高等植物叶肉细胞内,与叶绿体、线粒体共同参与光呼吸;后者存在于油料植物种子和大麦、小麦种子的糊粉层及玉米的盾片中,能在种子萌发时将子叶等贮藏的脂肪转化为糖。

(6)核糖体

核糖体(ribosome)是无膜包被,直径为 17～23nm 的小颗粒。它由大、小两个亚基组成,主要成分是约 60% 的核糖核酸(ribonucleic acid,RNA)和 40% 的蛋白质。核糖体分布在粗面内质网上或分散在细胞质中,叶绿体、线粒体基质中及核仁、核质内也有核糖体。

核糖体是合成蛋白质的主要场所。在蛋白质合成旺盛的细胞中,多个核糖体结合在一个 mRNA 分子上形成念珠状的复合体,称多聚核糖体(polysome 或 polyribosome),可提高蛋白质的合成效率。核糖体被誉为"生命活动的基本粒子",在生长旺盛、代谢活跃的细胞中特别多。

(7)细胞骨架

细胞骨架(cytoskeleton)是真核细胞的细胞质内普遍存在的蛋白质纤维网架系统,包括微丝(microfilament,MF)系统、微管(microtubule,MT)系统和中间纤维(intermediate filament,IF)系统。

微丝是由肌动蛋白(actin)、肌球蛋白(myosin)和肌动蛋白结合蛋白组成的实心纤维,直径约7nm。微丝除了有支架作用外,还具有收缩功能,它参与细胞质流动、染色体运动、叶绿体运动、胞质分裂、物质运输以及与膜有关的一些重要生命活动,如内吞作用和外排作用等。

微管是由球状的微管蛋白(tubulin)聚合装配成的中空长管状纤维,平均外径为24nm。微管多分布于细胞壁、质膜内侧和细胞核、线粒体、高尔基体小泡的周围。微管在细胞周期不同时期执行不同的功能,它的分布与排列也发生变化,可以利用免疫荧光显微术观察细胞内微管的动态变化。微管在维持细胞形状、控制细胞壁内微纤丝方向、细胞内物质运输和分泌、细胞分裂面的确定、染色体运动及构成纤丝和鞭毛等方面有重要作用。

中间纤维是一类主要由角蛋白组成的直径介于微管和微丝之间(8~11nm)的中空管状纤维。一般认为,中间纤维在细胞质中起支架作用,并与细胞核的定位、细胞分化有关。中间纤维的功能至今了解得很少,有待于进一步研究。

6. 细胞核

细胞核(nucleus)是细胞内最大的细胞器,是细胞遗传与代谢的调控中心。大多数细胞具一个核,也有具多核的,如花粉囊壁的绒毡层细胞常有两个核,乳汁管细胞则具多核。

在幼期细胞中,细胞核常位于细胞中央,占细胞相对体积的1/3~1/2,其直径7~10μm。随着细胞长大,它常被增大的液泡挤向细胞一侧。在成熟的细胞内,细胞核的直径为35~50μm,但其占细胞的相对体积却减小了。细胞核呈圆球形、椭圆形或不规则形,大小各异,主要由核膜(nuclear envelope)、染色质(chromatin)、核仁(nucleolus)及核基质(nuclear matrix)组成(图2-12)。

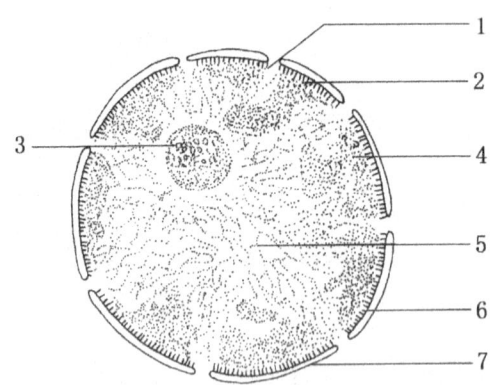

图 2-12 细胞核结构
1.核孔 2.核纤层 3.核仁 4.染色质
5.核基质 6.核周间隙 7.核膜

(1)核膜

核膜是细胞核与细胞质之间的界膜,包括双层核膜、核孔复合体和内层核膜下的核纤层

(riuclear lamina)。

核膜由内、外两层平行但不连续的单位膜构成,包括核膜和核膜以内的核纤层两部分。外核膜(outer nuclear membrane)面向细胞质,外面附有核糖体,与内质网相通。内核膜(inter nuclear membrane)表面光滑,没有核糖体颗粒,与染色质相连。两层核膜之间为核周间隙(perinuclear space)。内、外核膜在某些部位相互融合形成环状开口,称为核孔(nuclear pore)。核孔上有一种复杂的结构,称为核孔复合体,可以通过被动扩散和主动运输两种方式调控蛋白质进入细胞核内,以及将 RNA、核糖体蛋白转运出细胞核。因此,核孔是控制细胞核与细胞质之间物质交换的通道。

在核内膜与染色质之间,紧靠内膜一侧有一层网络状纤维蛋白质,为核纤层(nuclear lamina),它由核纤层蛋白(lamin)组成。核纤层与中间纤维、核骨架相互连接,形成贯穿于细胞核与细胞质的骨架结构体系。因此,也有人认为核纤层不属于核被膜的结构组分。

(2)染色质

染色质(chromatin)是真核细胞的间期核中 DNA、组蛋白(histone)、非组蛋白(nonhistone)以及少量 RNA 所组成的线性复合结构,是分裂间期中细胞核内遗传物质存在的形式。早期,细胞核中的物质能被碱性染料强烈着色,因而称为染色质。此后,人们认识到染色质是由 DNA、组蛋白、非组蛋白及少量的 RNA 组成的线性复合结构,仅存在于细胞分裂间期的细胞核内。而在细胞进行有丝分裂或减数分裂过程中,染色质聚缩形成棒状的染色体(chromosome)。按其形态表现和染色性能,间期染色质可区分为常染色质和异染色质两种类型。

(3)核仁

核仁是细胞核中椭圆形或圆形的颗粒状结构,没有膜包围。核仁的大小、形状和数目随生物的种类、细胞类型和生理状态而异。在同一有机体中,核仁的大小和数目与细胞中蛋白质合成能力有关,不具蛋白质合成能力的细胞,如休眠细胞,核仁很小;蛋白质合成能力旺盛的细胞,如分泌细胞,核仁很大。一般细胞核有核仁 1~2 个,也有多个的。核仁中有大量固体物质,蛋白质占干重的 80%,RNA 占 10% 左右,DNA 较少,脂类含量极少,还有碱性磷酸酶、ATP 酶等酶系。

在光学显微镜下,核仁折光率较强,呈致密的匀质球体。细胞有丝分裂时,核仁消失,分裂完成后,两个子细胞中分别产生新的核仁。核仁含有蛋白质和 RNA,还有少量 DNA,为合成核糖体 RNA 的模板。因此,蛋白质合成旺盛的细胞往往有较大或较多的核仁。

(4)核基质

核基质过去被称为核液(nuclear sap),并认为是富含蛋白质的透明液体,染色质和核仁等都浸浮于其中。Coffey 等人(1974)用核酸酶与高盐溶液对细胞核进行处理,将染色质进行抽提后,发现核内仍残留有纤维蛋白的网架结构,称之为核基质(nuclear matrix)。其组分大致有:①非组蛋白性蛋白,占 96%;②少量 RNA 和 DNA,分别占 0.5% 和 0.8%;③1.6% 的磷脂,0.9%的糖类。核基质在形态结构上为一种精细的三维网络结构,它与 DNA 的复制与转录以及与染色体的构建相关。其基本形态与胞质骨架很相似,又与胞质骨架体系有一定的联系,故有研究者称之为核骨架(nuclear skeleton)。

总之,细胞核内确实存在着一个主要以非组蛋白的纤维蛋白构成的网架系统,它与核纤层和核孔有结构上的联系。核骨架为细胞核内组分提供了结构支架,使核内的各项活动得以有序地进行,可能对 DNA 复制、基因表达、染色体构建等起重要作用。

2.3 植物细胞的生长、分化与死亡

种子植物由单细胞的合子成长为亿万个细胞构成的成年植株经过了一系列复杂而又规律的细胞分裂、生长、分化和死亡等过程。这对于保证有机体的整体性,维持有机体的协调统一的生理功能和对内外环境变化的适应能力,顺利完成全部生命过程有着重要的意义。

2.3.1 植物细胞的生长

细胞生长(cell growth)是指细胞体积和重量不可逆地增加,其表现形式为细胞鲜重和干重增长的同时,细胞发生纵向的延长或横向的扩展。细胞生长是植物个体生长的基础,常常受到一些条件的限制。例如,它要受到细胞核控制能力的限制,即必须维持一定的核、质比例;要受到细胞表面积的限制,即维持合适的体积与表面积之比;还会受到细胞内代谢速率和环境条件等的影响。

植物细胞的生长包括原生质体生长和细胞壁生长两个方面。原生质体生长过程中最为显著的变化是液泡化程度的增加,原生质体中原来小而分散的液泡逐渐长大,具体如图2-13所示,合并成为中央大液泡,细胞质的其余部分则变成一薄层紧贴于细胞壁,细胞核也移至侧面。此外,原生质体中的其他细胞器在数量和分布上也发生着各种复杂的变化,比如内质网增加,并由稀疏变为密集的网状结构;质体也由幼小的前质体逐渐发育成各种质体。细胞壁的生长包括表面积的增加和壁的加厚,其生长过程受原生质体生物化学反应的严格控制,原生质体在细胞生长过程中不断分泌壁物质,使细胞壁随原生质体长大而延伸,同时壁的厚度和化学组成也发生变化,细胞壁(初生壁)厚度增加,并且由原来含有大量的果胶和半纤维素转变成有较多的纤维素和非纤维素多糖。

植物细胞的生长是有一定限度的,当体积达到一定大小后,便会停止生长。细胞最后的大小,随植物的种类和细胞的类型而异,这说明生长受遗传因子的控制。但细胞生长的速度和细胞的大小也会受环境条件的影响,例如当营养条件良好、温度适宜、水分充足时,细胞生长迅速,体积亦较大,在植物体上反映出根、茎生长迅速,叶宽而肥嫩,植株高大;反之,如果水分缺乏、营养不良、温度偏低时,则细胞生长缓慢,而且体积较小,叶小而薄,在植物体上反映出生长缓慢,植株矮小。

细胞增大的程度和方式决定了细胞的体积和形状。植物细胞的增大导致外面的细胞壁也必须随之扩大。根据细胞壁扩张的角度不同,植物细胞的增大可分为三种类型。

①顶点生长(tip growth)。即细胞的生长只局限在顶端,如花粉管和根毛的生长。

②全面生长(surface growth)。细胞各个壁的生长速度大致相等。

③不均匀生长(heterogeneous growth)。即细胞壁各区域生长速度不等,从而造成细胞的各种不同形状。

协同生长(symplastic growth)是指一群细胞作为组织的一部分进行生长,而且不破坏胞间连丝。它是一种特殊形式的全面生长,但各点的生长速度并不相等。距离纹孔较远的部分生长快,距离较近的部分生长慢,这样可使通过纹孔贯穿的胞间连丝依旧保持联络。细胞壁的不同位

点生长速度不等,使某些植物的器官产生回旋转头运动。

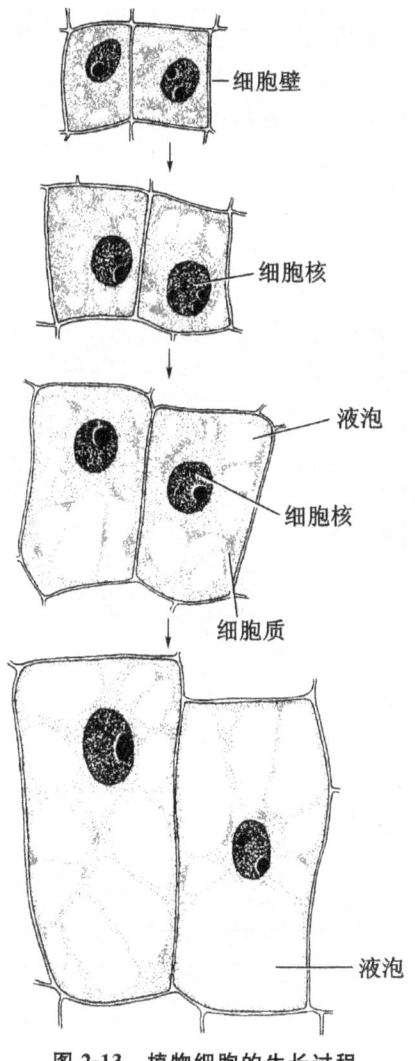

图 2-13 植物细胞的生长过程

生活的成熟细胞是有寿命的,必然会走向衰老、死亡。死亡的细胞常被植物排出体外(如脱皮等)或留在体内,并由植物体产生的新细胞承担其原有功能。

2.3.2 植物细胞的分化

细胞分化(cell differentiation)是指在多细胞的有机体内,细胞经过分类、生长,发生的形态、结构和功能上的特化。植物的进化程度越高,植物体结构越复杂,细胞分工就越细,细胞的分化程度也越高。在多细胞植物体中和单细胞植物中都存在着细胞分化。细胞分化使多细胞植物体中的细胞功能趋于专门化,有利于提高各种生理功能的效率,是进化的表现。

1. 细胞分化的实质

多细胞有机体由多种多样的细胞构成,这些细胞都是由受精卵分裂产生的细胞后代增殖而来,不同的细胞具有不同的结构和功能。在个体发育过程中,细胞在形态、结构和功能上发生改变的过程称为细胞分化(cell differentiation)。通过细胞分裂和分化,同样来源于分生组织的细胞发育为形态、结构和功能各异的细胞类型,具体如图2-14所示。

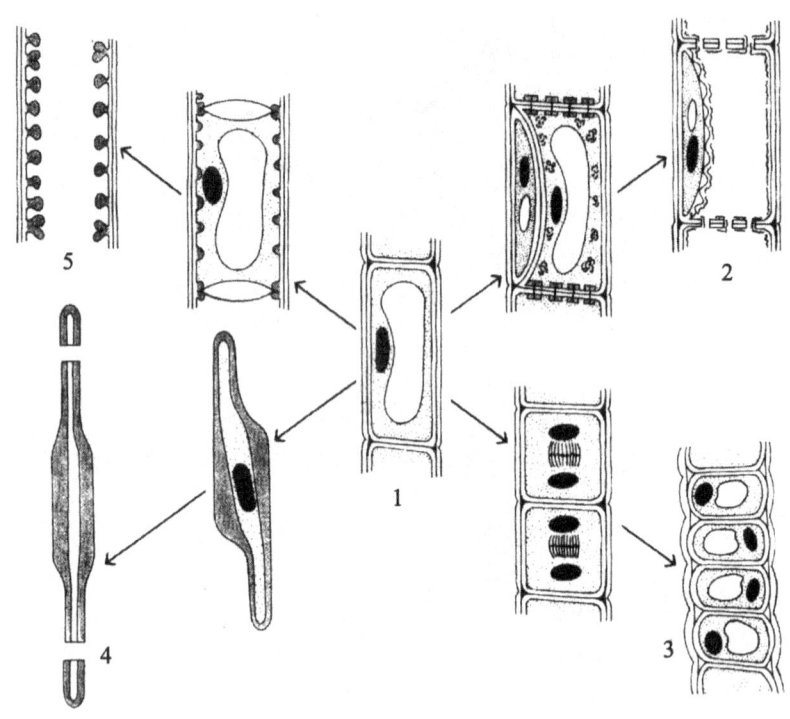

图 2-14　细胞分化示意(引自 Raven,2005)
1.分生组织细胞　2.筛管分子和伴胞　3.薄壁组织细胞　4.纤维　5.导管分子

在个体发育过程中,细胞分裂和细胞分化有着严格的程序和规律。细胞分化过程的实质是基因按一定程序选择性的活化或阻碍。也就是说,细胞分化是基因有选择地表达的结果。不同类型的细胞专门活化细胞内某种特定的基因,使其转录形成特定的信使核糖核酸,从而合成特定的酶和蛋白质,使细胞之间出现生理生化的差异,进一步出现形态、结构的分化。虽然发育生物学已发展到细胞和分子水平,但从一个简单的受精卵如何发育为具有高度复杂性的胚胎,尚未完全研究清楚,这是生物学中有待解决的一个重要问题。

2. 分化过程

植物细胞分化过程中的变化包括细胞液泡化并逐步形成大的中央液泡,细胞核被挤到细胞的边缘,位于细胞壁和液泡之间;细胞质被挤成薄薄的一层;不同细胞的质体分别发育为叶绿体、白色体和有色体;具分泌功能的细胞出现了丰富的高尔基体。细胞壁也发生了一定的变化,相邻细胞之间的细胞壁在部分胞间层处形成了细胞间隙;有些细胞壁发生次生变化。

细胞为什么会分化？为什么具有相同遗传信息的细胞会发育成生理功能和形态构造截然不

同的各种成熟细胞？如何去控制细胞的分化使其更好地为人类所利用？这是植物生物学领域最令人感兴趣的问题之一。从植物形态学、细胞学、植物生理学、生物化学、分子生物学和生物信息学等不同角度对细胞分化进行研究,逐渐认识到细胞分化的实质是基因的差异表达(differential expression),在不同的细胞中产生不同的结构蛋白以执行不同的功能。

2.3.3　植物细胞的死亡

多细胞生物个体发育过程中,经常进行着细胞分裂、生长和分化,也不断发生着细胞有选择地死亡,这对保证有机体的生存,保持有机体对内外环境变化的适应能力,维持正常发育有重要意义。

细胞死亡有两种形式,一种是坏死(necrosis),是细胞受到某些外界因素的激烈刺激,如机械损伤、毒性物质的毒害,而出现的非正常死亡；另一种是程序性细胞死亡(programmed cell death)或称细胞凋亡(apoptosis),是指细胞在一定生理或病理条件下,遵循自身程序,主动结束其生命过程,是正常的生理性死亡,是基因程序性表达的结果。

2.4　植物细胞的全能性与细胞工程

近代细胞生物学与分子生物学的研究表明,生命的特征属性来自细胞,而细胞是由无生命的分子所组成的。从分子水平来看,生物机体中物质的转化以及伴随的能量变化,各种化学组分在时空上的相互关系,以及驾驭这一切的遗传信息的传递均服从无生命的物质运动所遵循的物理、化学的基本定律。那么,生命的特征属性究竟从何而来？这是一个值得深思的问题。

虽然细胞是由许多无生命的有机化合物组成的,但细胞并不是包容所有物质,而是对物质进行选择性的摄取。在物质进化过程中,只有特定生物分子的集聚才导致生命的出现。构成细胞的最重要的物质之一——DNA,是可以自体复制的重要物质,但当它单独存在时却不能复制；RNA可以转录,单独存在时也同样不能转录,不能表现出生命特征属性。复制和转录都是由蛋白质和酶实现的。翻译过程也是由核酸和蛋白质共同完成的。所以,只有核酸和蛋白质与其他分子积聚在脂类物质构成的半透膜内形成细胞,即只有它们组成细胞这样特殊的物质结构形式时,才能表现出完整的生命活动。

2.4.1　植物细胞的全能性

植物细胞的全能性是进行植物细胞工程和基因工程研究的重要理论基础。广义的细胞全能性(totipotancy)指一个细胞发育成一个完整有机个体的潜能或特性。植物细胞的全能性指具有完整细胞核的细胞,在适宜的条件下能够分化发育成完整植株的潜在能力。具有完整细胞核的植物细胞具有形成完整植株所必需的全部遗传信息,在生长发育过程中不同器官或组织细胞的基因表达有很大的差异,这种差异是遗传信息表达调控机制发生变化的结果,而不是遗传信息发生不可逆的消失或钝化。

将离体培养的植物细胞或组织诱导分化成完整植株的过程称为植物细胞全能性的表达。不同细胞基因的差异表达导致细胞生长发育和形态功能的差异,并造成细胞全能性表达的差异。在整体植株中,卵细胞的全能性表达最强,受精卵经过细胞分裂、分化直接形成种胚,并萌发生长成植株。茎尖或根尖分生组织细胞和形成层细胞的全能性次之,它们分别能形成茎叶、根和其他组织或器官。少数植物已分化为成熟的器官,如落地生根叶片,叶肉细胞的全能性可直接表达,使其分化生长成新的植株。对绝大多数植物而言,非分生组织细胞难以在整体植株上表达细胞的全能性,必须将它们与整体植株分离后,在适宜的培养条件下诱导细胞脱分化和再分化,才能使细胞的全能性得到表达,并发育成完整植株。离体培养细胞的全能性表达经历3个阶段,即植物细胞的脱分化与植物感受态细胞的发生,细胞分化的诱导或细胞的决定作用,以及组织、器官的形态分化和发育。

1958年,Steward等利用胡萝卜根,切取一块已经停止分裂的韧皮薄壁组织,在人工培养基上培养,最终产生了具有根、茎、叶的完整植株。后来,Vasil和Hildebrandt用烟草组织培养的单个细胞培育出了可育的完整植株。1969年,Nitsch将烟草的花粉培育出完整的单倍体植株。1978年,Steward又用悬浮培养的胡萝卜单个细胞培养成可育的植株,如图2-15所示。上述以及后来的许多实验证明了已分化的植物体细胞仍然保留有全能性。每个细胞都来自受精卵,所以带有与受精卵相同的遗传信息,这就是细胞全能性的基础。在完整植株中,细胞保持着潜在的全能性,由于细胞在体内受到内在环境的束缚,相对稳定,一旦脱离母体,在适宜的营养和外界条件下,就会表现出全能性,发育为完整的植株。

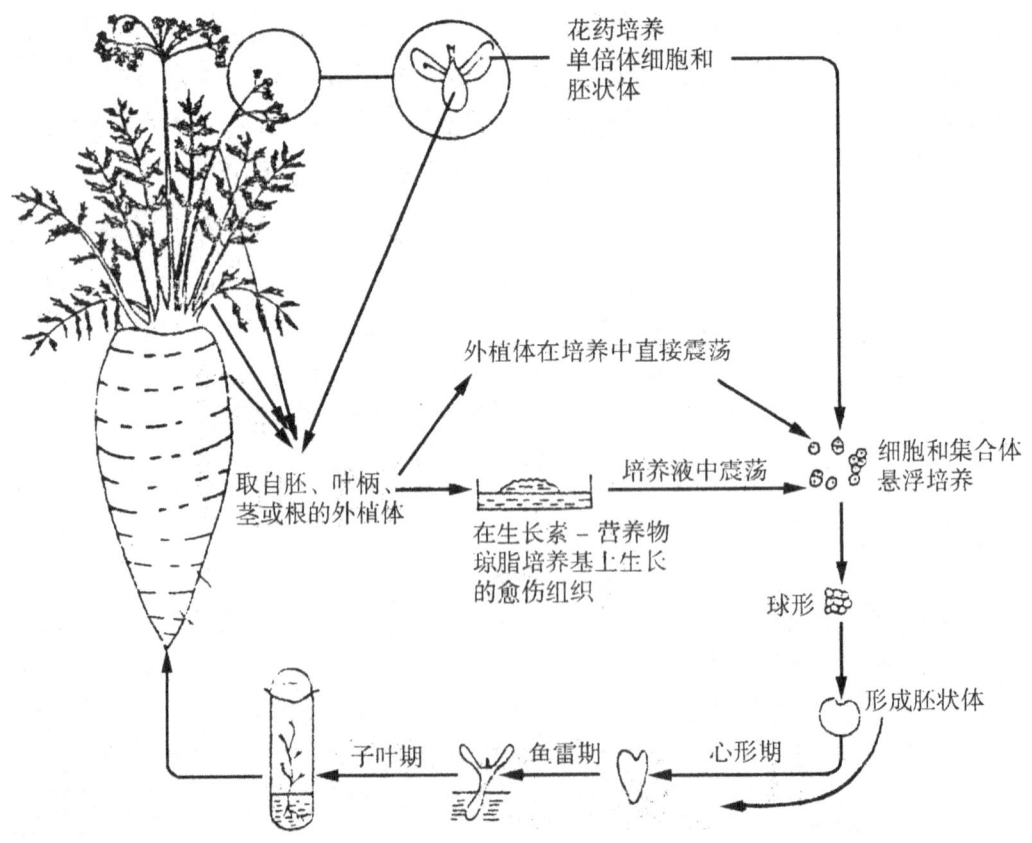

图2-15 植物体内细胞产生完整植株示意

Guha 等(1964,1966)获得了曼陀罗的花粉胚和单倍体植株;Srivastava 等(1973)和 Sethi 等(1976)分别从寄生植物罗氏核实木胚乳和黑种草胚乳三倍体组织中获得了胚状体。此后,又有多种植物的离体培养获得了胚状体。Raghavan(1978)概括指出,任何植物活细胞(不管是二倍、单倍、还是三倍的)都具有产生胚状体的潜能。

至今已从 1 000 多种植物的各种类型的组织和细胞,甚至原生质体,诱导出胚胎和完整植株。实践的发展已经超出了 White 对细胞全能性的定义范围。如上所述,植物活细胞不但能形成胚状体,而且能发育为完整植株。

近 20 多年来,随着分子生物学的崛起以及它对生物学其他学科的辐射和渗透,使得细胞全能性的概念也随之扩展和延伸。全能性意味着每一个细胞中包含着产生一个完整有机体的全部基因,在适当的条件下,一个细胞能够形成一个全新的有机体(Sinnoit,1960;曹宗巽等,1980)。

与此同时,郑光植等(1980)利用培养细胞进行次生代谢物生产方面也取得了较大进展。郑光植等(1980,1981)认为,任何植物的离体细胞在人工培养下都具有它们"母体"植物的那种合成药用成分的能力——培养细胞的药物生物合成的全能性。这种见解从培养细胞的营养代谢角度提出了拓展细胞全能性概念的问题。

正因为如此,在细胞水平上进行的任何遗传操作,通过细胞培养和植株再生,最终可以将细胞的遗传修饰变成植物的遗传修饰,从而改变了整个植物的遗传特性。此外,植物细胞的全能性使得它们能够在培养条件下无限地分裂和增殖,人类可以利用植物细胞大量培养的方法,使它们像微生物一样,在生物反应器中生产有用化合物。

1984 年,国际组织培养协会对细胞全能性做出新的定义:细胞全能性是细胞的某种特征,有这种能力的细胞保留形成有机体所有细胞类型的能力。这个从更基本的意义上做出的新定义,既适合植物的情况,也适合动物的情况,因为那时动物体细胞培养能否获得完整个体尚未得到证实。就植物而言,该定义实际上已具有更丰富的内涵。它不但包含了培养细胞再生植株的情况(分化各种类型的细胞,这些细胞以一定的形式"组装"成植株),而且包含了培养细胞生产次生代谢物的情况(只分化某类型细胞或未出现分化,但分化为其他类型细胞的能力仍"保留"着)。所以,这个根据实践的发展而给出的新定义,更具有普遍意义。

综上所述,植物细胞全能性的研究经历了理论假设、组织培养试验、细胞生物学观测和分子生物学机制探讨等发展阶段,使得上千种植物的细胞可以在人工培养条件下进行新陈代谢和生长发育,从而为细胞工程的研究和应用奠定了坚实的基础。现在不仅可以通过培养离体细胞或组织实现种苗大量繁殖和生产有用的次生代谢产物,而且能够对细胞进行遗传操作。至此,给细胞全能性做下述描述更为合适,每个植物活细胞都具有该物种的生命特征属性,在合适的离体培养条件下,可以展现这些特征属性。

2.4.2 细胞工程

生命是物质运动的一种状态,不管是低级或高级形态都显示出与无生命物质明显不同的特点。随着科学发展的不断深化,目前比较公认的生命基本特征是:新陈代谢(metaboljsm)、应激性(irritability)和自体复制(autoduplication)。植物有机体是由细胞组成的。细胞具有精密的结构,是生命活动的基本单位,它是一个独立有序的、能够进行自我调控的代谢与功能体系,是展现生命特征属性的基本单位。

植物体的全部活细胞都是由合子细胞分裂产生的,每个细胞都包含着整套遗传基因。但是由于受到整体植株、具体器官或组织环境的束缚,一个已分化成熟的细胞中,通常仅有5%~10%的基因处于活化状态,大部分遗传信息不再表达,致使植株中不同部位的细胞仅表现出一定的形态和功能,即只表现出部分的生命特征属性。但它们的遗传潜力并未消失,一旦脱离原器官或组织的束缚,在一定的营养和环境条件下培养,就可实现全能性,展现该物种的生命特征属性。植物离体培养的大量实践证实了这一点。

1. 培养细胞具备新陈代谢特性

从理论上说,细胞只要能够在培养条件下存活,就说明它具有新陈代谢特性。因为"一旦新陈代谢停止,生物体就会瓦解"。从实际来看,细胞的基本代谢确实都在进行。此外,绿色细胞在合适的条件下具有光自养能力;固氮植物的细胞在合适的条件下具有固氮特性;培养细胞(cultured cell)也具有该物种的"药物生物合成的能力"。上述情况说明培养细胞不但具备初生代谢能力,而且具有次生代谢特性。

2. 培养细胞具备应激性

当细胞切离母体培养于人工条件下,就表现出应激性。非绿色细胞脱离自养的母体之后,应变出对人工的营养配方和环境条件的适应,以异养方式生存并发展;脱离母体时的切割损伤以及应激于培养条件而出现的脱分化,并在合适的条件下再分化,这是植物细胞应激性的典型表现。

3. 培养细胞可以展现自体复制特性

离体条件下生长的细胞,经过细胞的分裂实现了细胞的脱分化和再分化;大量体细胞杂交成功的例子,证明了培养细胞具有可融合的特性。培养细胞既可分裂,又可融合,而且具有再生完整植株的能力。由此证明,培养细胞可以展现自体复制的特征属性。

综上所述,培养细胞具有生命基本特征属性,在合适的条件下,这些特征属性均可展现出来。但必须指出的是,培养细胞新生命的起点不是合子而是体细胞,不依合子胚的图式发育,展现植物生命特征属性时会发生一些偏离,更经常表现为直接出现器官分化;胚状体常缺少胚柄结构;培养细胞的变异率远高于自然变异率等。值得注意的是,这种"偏离"往往具有一定的规律性。

细胞工程原理的研究任务就在于,以培养细胞展现生命基本特征为核心内容,揭示培养细胞展现各个生命特征属性的规律性。使植物细胞工程理论越来越完善,植物细胞工程技术越来越具有实践性和可操作性。

第3章 植物的水分调节

3.1 水分在植物生命活动中的作用

人类的生活离不开水,植物的一切生命活动也离不开水。水是维持植物生存的一个重要先天环境条件,植物的生长发育、新陈代谢和光合作用等一切正常生命活动,都必须在细胞含有一定量水分的状况下才能进行,否则植物的正常生命活动就会受到阻碍,甚至停止。所以说,没有水就没有生命。

3.1.1 植物体内的含水量和水分存在的状态

水分在植物体内的作用与其含量多少和存在状态有关。

水是植物体的重要组成部分,其含量常常是控制生命活动强弱的决定因素。不同植物的含水量差异很大,同一植物在不同环境中的含水量也具有明显区别,即使是在植物体内,不同组织器官的含水量也具有较大差别。

一般植物组织的含水量占鲜重的75%~90%,水生植物(水浮莲、满江红、金鱼藻等)的含水量可达鲜重的90%以上,西瓜、番茄、黄瓜约90%,草本植物的含水量为70%~85%,木本植物的含水量稍低于草本植物。幼嫩根尖、幼茎、幼叶等的含水量可达60%~90%,休眠芽为40%,风干的种子为10%~14%,在干旱环境中生长的低等植物(地衣、藻类)仅占6%左右。凡是生长在阴蔽、潮湿环境中的植物,它们的含水量比生长在向阳、干燥环境中的要高一些。这样使细胞原生质呈溶胶状态,以保证各种生理生化过程正常进行,如活跃生长的根尖、茎尖。随着含水量减少,原生质胶体由溶胶变成凝胶状态,细胞生命活动随之减弱,如休眠种子。如果细胞失水过多,就能引起原生质胶体破坏而导致细胞死亡。

植物体内水分的存在状态有两种:自由水和束缚水。自由水是指不被原生质胶粒吸附,能在体内自由移动,并起溶剂作用的水。自由水能参与各种代谢活动,其数量决定了植物的代谢强度。束缚水是指被原生质胶体颗粒紧密吸附的或存在于大分子结构空间的水。它们在体内不能移动,不起溶剂作用,不参与代谢活动,与植物抗逆性有关。束缚水和自由水的划分是相对的,它们之间并没有明显的界限。

植物细胞内的水分存在状态经常处在动态变化之中,随着代谢的变化,自由水与束缚水的比值也相应发生变化。自由水可直接参与植物的生理代谢过程。当自由水相对含量高时,原生质处于溶胶状态,代谢活动旺盛、生长较快,但植物抵抗不良环境的能力差。当自由水相对含量低时,其原生质胶体呈凝胶状态,代谢活动减弱、生长缓慢,但植物抵抗不良环境的能力强。例如,越冬植物的组织内自由水与束缚水的比值降低,束缚水相对含量提高,作物生长极慢,但抗寒性很强;休眠种子里所含的水基本上是束缚水,以致不表现出明显的生理代谢活动,其抗逆性也很强。

3.1.2 水在植物生命活动中的生理作用

水在植物生命活动中的生理作用是指水分直接参与植物原生质组成、重要的生理生化代谢和生长发育过程。

1. 水分是植物细胞原生质的主要成分

植物细胞原生质的含水量一般为70%~90%,呈溶胶状态,代谢作用可以正常进行,如根尖、茎尖等一些代谢活跃的组织,其含水量常在90%以上。如果含水量减少,原生质便可能由溶胶状态变为凝胶状态,生命活动减弱,如休眠的种子。细胞失水过多,会使原生质破坏而导致细胞死亡。

2. 水是植物代谢过程中的重要原料

水是光合作用的原料。在呼吸作用及许多有机物的合成和分解过程中都有水分子参加,没有水,这些重要的生理生化过程都不能进行。植物细胞的正常分裂和生长,也需要有足够的水分。

3. 水是植物对物质吸收和运输的溶剂

水是极性分子,是自然界中能溶解物质最多的良好溶剂。植物体内的各种生理生化过程,如矿质元素的吸收、运输,气体交换,光合产物的合成、转化和运输以及无机离子的吸收和运输都需要以水作为介质才能进行。

4. 水能使植物保持固有的姿态

植物细胞内含有大量的水分,可产生静水压,使细胞维持一定的紧张度,保持植物的固有形态,使枝叶、花朵伸展挺拔,气孔张开,有利于植物充分捕获光能、气体交换和传粉受精。同时,使植物根系在土壤中进行生长和吸收,维持植物正常生命活动。

5. 细胞分裂和延伸生长都需要足够的水

植物细胞的分裂和延伸生长都需要充足的水分,生长需要一定的膨胀,缺水可使膨压降低甚至消失,植物生长受到抑制,植株矮小。

3.1.3 水在植物生命活动中的生态作用

水在植物生命活动中的生态作用就是通过水分子的特殊理化性质给植物生命活动营造一个有益的环境。

1. 水是植物体温调节器

水的汽化热和比热较高,导热性较强,有利于植物在强阳光下散发热量和在寒冷环境中保持体温。在烈日暴晒下,通过蒸腾作用失散水分可以降低体温,使植物不容易受到高温的伤害。

2.水对植物生存微环境的调节作用

水分可以增加大气湿度、改善土壤及其表面大气温度,达到调节植物周围环境小气候的作用。在作物栽培中,利用水来调节作物周围小气候是农业生产中行之有效的措施。例如,早春寒潮降临时给秧田灌水可以保温抗旱;盛夏给大田喷雾(水)或给水稻灌"跑马水"可以改变作物周围的湿度,降低大气温度,减少或消除午休现象。

3.2 植物根系对水分的吸收

植物根系在地下形成一个庞大的网状结构,其表总面积是地上部分的几十倍,它们在土壤中的分布范围很广。因此,根系是植物特别是陆生植物吸水的主要器官。

3.2.1 根部吸水的区域

根系是陆生植物吸水的主要器官,根系吸水主要在根尖进行。根尖可分为根冠、分生区、伸长区和根毛区四部分(图3-1),由于前三个区域细胞原生质浓,对水分移动阻力大,吸水能力较弱。根毛区具有很多根毛,根毛细胞壁的外层由果胶质覆盖,黏性较强,亲水性较大,有利于与土壤胶体颗粒黏着和吸水,加上根毛区的输导组织发达,对水移动阻力小,水分转移速度快,因此根毛区吸水能力最强。植物吸水主要靠根尖,因此在移栽植物时尽量不要损伤细根,以免引起植株萎蔫和死亡。

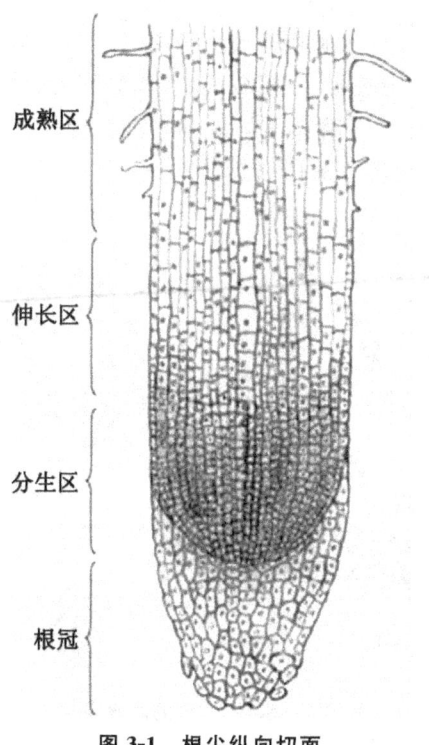

图 3-1 根尖纵向切面

3.2.2 根系吸水方式、途径及其动力

植物根系吸水有被动吸水和主动吸水两种方式。无论哪种方式,都依赖于细胞的渗透性吸水。当水分运输到根细胞表面时,从根的表皮到内皮层,水分运输有3条途径:质外体途径、共质体途径和跨膜途径。

1. 被动吸水

植物由于蒸腾失水而产生的蒸腾拉力所引起的吸水过程称为被动吸水。

当植物进行蒸腾作用时,水分便从叶子的气孔和表皮细胞表面蒸发到大气中去,其水势降低,失水的细胞便从邻近水势较高的叶肉细胞吸水,接近叶脉导管的叶肉细胞向叶脉导管、茎的导管、根的导管和根毛区细胞吸水,最后根毛区细胞从土壤中吸水,这样便形成了一个由低到高的水势梯度,把茎部、根部导管的水拉向叶,并促使根部的细胞从周围土壤中吸水。这种因蒸腾作用产生的吸水力量,称为"蒸腾拉力"。在蒸腾旺盛的季节被动吸水是植物吸水的主要动力。

由于在光照下,蒸腾着的枝叶可通过被麻醉或死亡的根吸水,甚至一个无根的带叶枝条也可照常吸水。可见,根在被动吸水过程中只为水分进入植物提供了一个通道。

2. 主动吸水

由于植物根系的生长活动而引起的吸水过程称为主动吸水,主动吸水的表现为根压,此过程与地上部分的活动无关。根压是指植物根系生理活动促使液流从根部上升的压力。根压促使根部吸进的水分,沿着导管输送到地上部分。土壤中的水分又源源不断地补充到根部,这样就形成了根系的吸水过程。根压可以由吐水和伤流现象证明。

小麦、油菜等植物在土壤水分充足、土温较高、空气湿度大的早晨,从叶尖或叶缘水孔溢出水珠的现象称为吐水(图3-2)。在夏天晴天的早晨,经常看到作物叶尖和叶缘有吐水现象。吐水的多少可作为判断作物苗期是否健壮的依据。

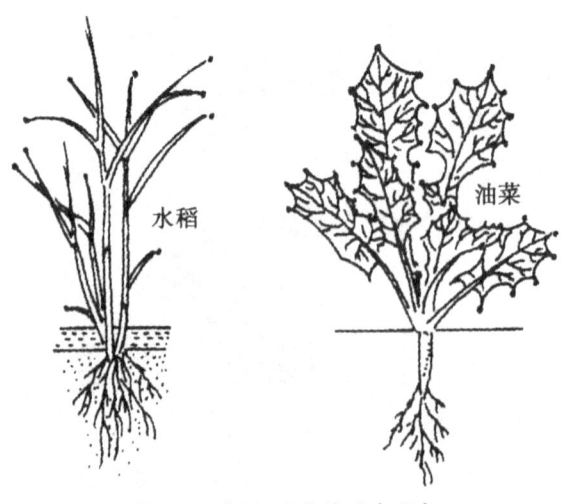

图 3-2 水稻、油菜的吐水现象

从受伤或折断的植物组织伤口处溢出液体的现象,称为伤流(bleeding)。从伤口流出的汁液称为伤流液(bleeding sap)。其中除含有大量水分之外,还含有各种无机物、有机物和植物激素等。因此,伤流液的数量和成分,可作为根系活动能力强弱的生理指标。

伤流是由根压引起的。葫芦科植物伤流液较多,稻、麦等较少。同一种植物,根系生理活动强弱、根系有效吸收面积的大小都直接影响根压和伤流量。伤流中含有各种无机离子、氨基酸类、可溶性糖、植物激素(细胞分裂素、脱落酸等)。无机离子是根系从土壤中吸收的,而有机物则主要是由根系合成或转化而来。因此,根系伤流量及其成分可以反映根系生理活性的强弱。在农业生产上,吐水现象亦可作为植物根系生理活性的指标。

根压的产生与水的吸收途径有关。从根的表皮到内皮层,水分的运输有3条途径:质外体途径(apoplastic pathway)、共质体途径(symplast pathway)和跨膜途径(transmembrane pathway)。

质外体途径是水分通过由细胞壁、细胞间隙及中柱内的木质部导管组成的连续体系的移动,它不包含细胞质,对水分运输的阻力很小,速度快。共质体途径是水分通过胞间连丝从一个细胞到另一个细胞的移动,它对水分运输的阻力大,速度慢。

上述两条途径的水分运输是不跨膜的微集流,其驱动力是静水压梯度。在根中内皮层细胞的横向壁及径向壁上有一栓质化加厚带,称为凯氏带(Casparian strip),其中充满着蜡质的疏水物质——栓质素(suberin),水不能透过。凯氏带把根中的质外体分成两个不连续的部分,迫使水分和溶液通过跨膜途径两次穿越内皮层细胞的质膜进入中柱,其驱动力是总的水势梯度。根中水分运输过程是通过根表皮、皮层的质外体空间、跨膜途径、共质体网络、内皮层细胞的质膜(跨膜途径)、质外体空间(导管)途径。因此,可以把根系看成一个渗透计(osmometer),内皮层通道细胞就是一个具有选择透性的膜,它通过水势梯度对根中的水分运转起控制作用。

土壤溶液在根内沿质外体向内扩散,其中的离子则通过主动吸收进入共质体中,这些离子通过连续的共质体系到达中柱内的活细胞,然后释放到导管(vessel)中,引起离子积累,其结果是,内皮层以内的质外体渗透势降低,而内皮层以外的质外体水势较高,水分通过渗透作用透过内皮层细胞,到达中柱的导管内。这样造成的水分向中柱的扩散作用,在中柱内就产生了一种静水压力,即由于水势梯度引起水分进入中柱后产生的一种压力,这就是根压。只要离子主动吸收存在,那么这种水势差就能维持,根压也就能够存在。

根部的根压对导管中的水有一种向上的驱动作用。这种驱动力对幼小植物体水分转运可能起到一定的动力作用,但对高大的植物(如乔木),仅靠根压显然是不够的,因为一般植物的根压不超过0.1MPa,但在早春树木未吐芽和蒸腾很弱时则起重要作用。

根压的产生除了由于渗透作用(渗透论)外,也有人认为呼吸作用所产生的能量参与根系的吸水过程。当外界温度降低时、氧分压下降、呼吸作用抑制剂存在时,根压、伤流或吐水会降低或停顿。

应当指出,以上所说的主动吸水并不是植物根系主动吸收水的本身,而是依靠水势梯度被动地将水吸进导管,也就说真正的动力是水势差。

主动吸水和被动吸水在植物吸水过程中所占的比例,因植物生长状况、植株高度,特别是蒸腾速率的强弱而异。通常强烈蒸腾的和高大的植株以被动吸水为主。只有植株幼苗和春季叶片未展开的落叶树木、蒸腾速率很低的植株,主动吸水才成为根系的主要吸水方式。

3.2.3 根系吸水阻力

根系的主动吸水和被动吸水均需克服土壤阻力、根—土界面阻力(interfacial resistance)及根的径向阻力(axial resistance)和轴向阻力(radial resistance),而这些阻力会随着根系生长、分布状况及土壤水分变化而变化。土壤变干时根系发生收缩,而使根—土界面水流连续性受到破坏,使根—土界面阻力大为增加。这些阻力的存在及土壤变干时的阻力增加,有利于缓冲木质部水势的变化与波动,但有碍于根系吸水。根系内皮层阻力增加可能有两种原因。

①凯氏带的存在,这使水分由质外体转至共质体时阻力增大。
②溶质在内皮层附近发生累积,水向内渗透速度变慢。
在湿土中,这种效应很小,随着土壤变干,这种效应增强。

用压力探针(pressure probe)测定玉米幼苗根系切面细胞层水流,证明质外体水流在径向水分移动中占主导作用,但共质体途径的作用由外向内依次增加,由开始占2%的比例增加到23%,这是由于从外向内细胞膜对水透性增加的缘故,但增加的原因尚不清楚。目前的研究认为,根系吸水轴向阻力较小,而径向阻力较大。

3.2.4 影响根系吸水的因素

根系自身因素、土壤因素及影响蒸腾的大气因素均影响根系吸水。大气因子影响蒸腾作用而间接影响根系吸水;土壤因子对根系吸水的影响是直接的。这里主要讨论根系自身因素和土壤因素的影响。

1. 根系自身因素

根系的有效性决定了根系密度总表面积及根表面的透性,而透性又随着根龄和发育阶段而变化。根系密度(root density)通常指单位体积土壤内根系长度,单位为 cm/cm^3。根系密度越大,根系占土壤体积比例越大,吸收的水分就越多。据测定,高粱根系密度从 $1cm/cm^3$ 增加到 $2cm/cm^3$ 时,吸水能力大为增加。

根表面透性不同对根系吸水有显著影响,有人认为限制性表面实际为内皮层。根的透性随着年龄、发育阶段及环境条件不同而差别较大。典型根系由新形成的尖端到完全成熟的次生根组成,次生根失去了它们的表皮层和皮层,被一层栓化组织包围,显然这些不同结构的根段对水的透性大不相同。植物根系遭受严重土壤干旱时透性大大下降,恢复供水后这种情况还可持续若干天。

2. 土壤条件

根系通常从土壤中吸取水分,所以土壤条件和水分状况直接影响根系吸水。土壤因子对根系吸水的影响体现在不同的方面。

(1)土壤中可用水分

对于植物而言,土壤中的水分分为可利用水分和不可利用水分。可被植物根系吸收利用的水分,主要是存在于土壤颗粒间隙中的毛细管水;透雨或漫灌时短暂停留于土壤粗颗粒间的重力水,植物不能长期利用;吸附在土壤颗粒表面以及一些有机胶体、无机胶体上的吸湿水,植物无法利用。当土壤中只剩下无效的吸湿水时,如不及时供水,植物将干枯而死。

根系能否从土壤中吸水不但受水分存在状态影响,另外还与细胞液与土壤溶液的水势差值存在着极大关系。只要土壤溶液水势高于细胞水势,根系就能吸水。一般土壤溶液的水势在 -0.01MPa 左右,而植物细胞液水势大多低于此值,因此可以从土壤中吸水。盐碱地或施肥太浓,土壤溶液水势太低会引起细胞脱水,导致植物萎蔫(wilting),即细胞失去紧张状态,叶片和嫩枝下垂。轻度萎蔫是可以恢复的,而当土壤溶液水势达 $-1.0 \sim -2.0$MPa 时就会发生永久萎蔫,这时候植株就无法恢复正常状态了。

(2) 土壤通气状况

根系通气良好,代谢活动正常,吸水旺盛。通气不良,若短期处于缺氧和高 CO_2 的环境中,也会使细胞呼吸减弱,影响主动吸水。若长时间缺氧,导致植物进行无氧呼吸,产生和积累较多的酒精,使根系中毒,以至吸水能力减弱。植物受涝而表现缺水症状,就是这个原因。

(3) 土壤温度

土壤温度对根系的生理活动和根系生长有着直接影响,进而对根系吸水影响很大。在适宜范围内根系吸水随土壤温度升高而增多。但土温太高会抑制根系生长并加快根的老化,导致吸水功能衰退。土温太低,根系代谢减弱,水分和原生质的黏滞性增加,吸水能力明显下降。一些喜温作物,如棉花、黄瓜等,气温较高时土温骤降,会出现萎缩现象,这主要是土温剧变影响根部吸水的结果。因此,在中午气温高、蒸腾强的时候浇水是非常不适合的。

(4) 土壤溶液浓度

土壤溶液浓度过高会降低土壤水势。若土壤水势低于根系水势,植物不能吸水,反而要丧失水分。一般情况下,土壤溶液浓度较低,水势较高,在不低于 -0.1MPa 的情况下,对根吸水影响不大。但当施用化肥过多或过于集中时,可使根部土壤溶液浓度急速升高,阻碍了根系吸水,引起"烧苗"。盐碱地土壤溶液浓度太高,植物吸水困难,形成一种生理性干旱。如果土壤溶液含盐量超过 0.2%,就不能用于灌溉植物。

3.3 植物体内水分的运输

3.3.1 水分运输的途径

植物根系从土壤吸收水分,通过茎转运到叶子和其他器官,水分在整个植物体内运输的途径为:土壤溶液→根毛→皮层薄壁细胞→中柱鞘→根部导管和管胞→茎的导管→叶柄导管→叶脉导管→叶肉细胞→叶细胞间隙→气孔下腔附近的叶肉细胞细胞壁→蒸腾作用散失到空气中。这构成了土壤—植物—大气的连续系统。

水的运动,在不同部位采用不同的方式。水在土壤和植物体中的运动以集流方式进行,而从叶向大气运动时则以水蒸气形式通过扩散方式进行,水分进入植物体和细胞时还要涉及跨膜的渗透方式和通过水孔蛋白的微集流方式。因此,水分从土壤经植物体到大气的运动要经历扩散、集流、渗透等过程,每一过程都有不同的驱动力。

图 3-3 标明了水分从根向地上部运输的途径。这一途径可分为两个部分。

①经过维管束中的死细胞(导管或管胞)和细胞壁与细胞间隙,即所谓的质外体部分。

②与活细胞有关,属短距离径向运输,包括根毛→根皮层→根中柱及叶脉导管→叶肉细胞→叶肉细胞间隙。沿导管或管胞的长距离运输中,水分主要通过死细胞,阻力小,运输速度快。径向运输距离短,但运输阻力大,因为水分要通过生活细胞,这一部分是水分运输的制约点。

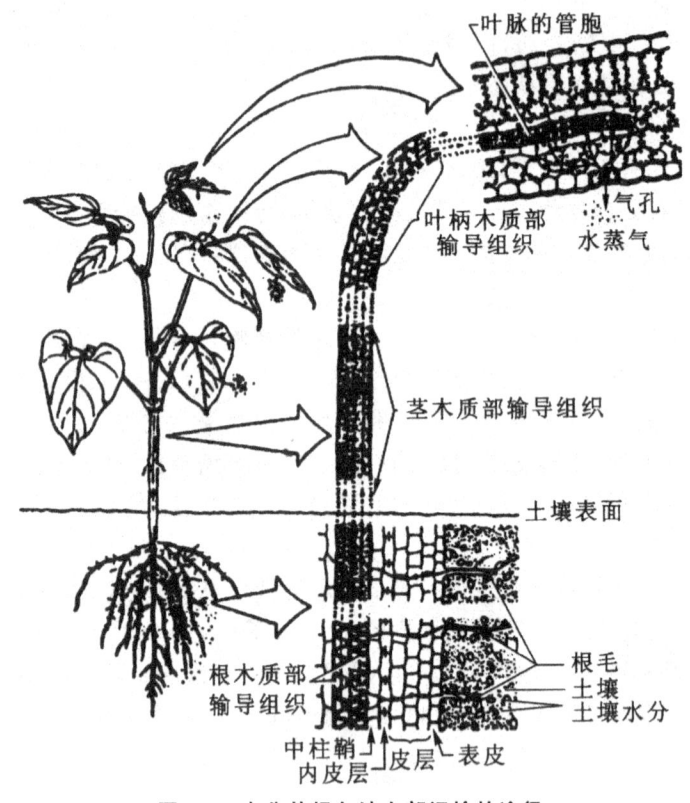

图 3-3 水分从根向地上部运输的途径

3.3.2 水分沿导管或管胞上升的动力

水分移动时方向是从高水势区向低水势区,土壤、植物与大气之间的水势差是植物体内水分运输的根本原因。水分沿导管或管胞上升的动力有两种:①植株下部的根压;②植株上部的蒸腾拉力。

根压能使水分沿导管上升,但根压一般不超过 0.2MPa,至多只能使水分上升 20.4m。因此,对于一些较矮的植物,根压就是水分运输的主要动力之一。然而,许多树木的高度远远超过 20.4m,同时蒸腾旺盛时根压很小,所以水分上升的主要动力不是根压。只有多年生树木在早春叶片未展开或树木落叶后以及蒸腾速率很低的夜晚,根压对水分上升才有较大的作用。

一般情况下,蒸腾拉力才是水分上升的主要动力。蒸腾拉力是由于叶肉细胞蒸腾失水而降低的水势所引起的。叶片由于蒸腾作用不断失水,水势下降,叶片与根系之间形成水势梯度。根部的水分可顺着水势梯度源源不断地沿导管上升。蒸腾作用不断进行,使叶肉细胞的水分不断地扩散到大气中去。蒸腾作用越强,失水越多,导管中水上升的力量就越大。

蒸腾作用产生的强大拉力把导管中的水往上拉,但蒸腾拉力如何牵引水分子上升呢?导管中的水柱如何克服重力的影响形成连续水柱而不中断呢?目前通常用爱尔兰人狄克逊(H·H·Dixon)提出的内聚力学说(或称蒸腾—内聚力—张力学说)来解释。该学说认为,连续水柱的形成离不开两个力:水分子间的内聚力和水柱的张力。相同分子之间有互相吸引的力量,称为内聚力,而水分子的内聚力很大,一般大于30MPa。水柱的张力指的是植物叶片蒸腾失水后,便向下部导管吸水,所以导管水柱一端总是受到向上的拉力,而水柱本身由于重力的作用使水柱下降。这样,一个向上的拉力和一个向下的重力共同作用于导管水柱上就会产生张力(0.5~3.0MPa)。由于水分子的内聚力远大于水柱张力,同时水分子与导管(或管胞)壁的纤维素分子间还有强大的附着力,因而维持了输导组织中水柱的连续性,使得水分不断上升。但由于导管水溶液中溶解有气体,当水柱张力增大时,溶解的气体会从水中逸出形成气泡。那么,水柱是否会因气泡而中断呢?实验发现,当气泡在某一些导管管腔中形成后,大水柱中断,但植物还可以通过一些途径横向进入相邻的导管分子而绕过气泡,形成一条旁路,从而保持水柱的连续性。同时,水分上升也不需要全部木质部参与作用,只需部分木质部的输导组织畅通即可。到了夜间,蒸腾作用减弱,导管中水柱的张力跟着降低,逸出的水蒸气或气泡又可重新进入溶液,解除对水流的阻挡。

3.4 植物的蒸腾作用

植物生命活动过程中一直处于吸水和失水的动态平衡中。植物吸收的水分蒸腾作用(transpiration)是指水分以气体状态通过植物体的表面从体内散失到大气的过程。蒸腾作用是蒸发的一种特殊形式,是指植物体内的水分以气体状态向外界散失的过程。但它与物理学的蒸发(vaporization)不同,蒸发是单纯的物理过程;而蒸腾作用是一个生理过程,要受到植物体结构和气孔行为的控制和调节。

3.4.1 蒸腾作用的生理意义

植物蒸腾作用散失了大量的水分,但它对于植物也有重要的意义。

1. 水分转运

蒸腾作用所产生的蒸腾拉力是植物吸收和运输水分的主要动力。特别是高大的乔木,如果没有蒸腾作用,由蒸腾拉力引起的吸水过程便不能产生,植株较高部分将无法获得水分。

2. 物质运输

蒸腾作用促进木质部汁液中物质的运输。土壤中与根系吸收的矿质盐类和根系中合成的有机物可随着蒸腾作用被运输和分配到植物体的各部分,满足生命活动的需要。

3. 调节体温

蒸腾作用能降低植物体和叶片的温度,这是因为水的汽化热高,水分在蒸腾过程中可以散失掉大量的辐射热,防止植物的体温和叶温过高,使植物免受高温的伤害。

4.促进光合

蒸腾作用有利于气体交换,促进光合作用。因为叶片的结构决定了气孔张开有利于从空气中吸收和同化 CO_2,叶片进行蒸腾作用、促进光合作用的同时,也不得不增加了水分从气孔中的排出,即加剧了蒸腾作用。

虽然蒸腾作用在植物生命活动中具有重要的生理意义,但过度蒸腾,气孔往往收缩,使蒸腾减缓,叶温上升反而加剧,会造成植物水分亏缺,影响植物的正常生长,甚至危及生命。因此,有时需要采取措施抑制蒸腾,以维持植物体内的水分平衡。

3.4.2 蒸腾作用的方式和度量

1.蒸腾作用的方式

植物的各个部分都有潜在的对水分的蒸发作用,按照蒸腾部位的不同可以分为3种。

(1)整体蒸腾

幼小植物体的表面都能蒸腾。

(2)皮孔蒸腾

长大的植物茎枝上的皮孔可以蒸腾,但只占全蒸腾量的0.1%。

(3)叶片蒸腾

叶片的蒸腾可以分为角质蒸腾和气孔蒸腾两种。顾名思义,角质蒸腾就是通过角质层进行的蒸腾;气孔蒸腾就是通过气孔的蒸腾。虽然水分不易通过角质层本身,但角质层中间含有吸水能力强的果胶,同时角质层也有孔隙,可使水分通过。角质蒸腾和气孔蒸腾在叶片蒸腾中所占的比重,与植物的生态条件和叶片年龄有关,实质上和角质层厚薄有关。生长在潮湿地方的植物的角质蒸腾往往超过气孔蒸腾;幼嫩的叶片角质层不发达,其角质蒸腾可占总蒸腾的30%~50%,一般植物成熟叶片的角质蒸腾,仅占总蒸腾量的5%~10%。因此,气孔蒸腾是中生和旱生植物成熟叶片蒸腾作用的主要方式。

2.蒸腾作用的度量

常用的衡量蒸腾作用的定量指标如下。

(1)蒸腾速率

蒸腾速率(transpiration rate)指植物在单位时间内、单位叶面积通过蒸腾作用散失的水量。常用单位为 $g·m^{-2}·h^{-1}$、$mg·dm^{-2}·h^{-1}$。大多数植物白天的蒸腾速率是 $15\sim250g·m^{-2}·h^{-1}$,夜晚是 $1\sim20g·m^{-2}·h^{-1}$。

(2)蒸腾比率

植物每消耗1kg水所形成干物质的量(g),或者说在一定时间内干物质的累计量与同期所消耗的水量之比,称为蒸腾比率,也称为蒸腾效率,常用单位为 $g·kg^{-1}$。野生植物的蒸腾比率是 $1\sim8g·kg^{-1}$,而大部分作物的蒸腾比率是 $2\sim10g·kg^{-1}$。

(3)蒸腾系数

植物制造1g干物质所消耗的水量(g)称为蒸腾系数(或需水量),它是蒸腾比率的倒数。一般野生植物的蒸腾系数是 125～1 000,而大部分作物的蒸腾系数是 120～700,植物不同蒸腾系数也有一定差异(表 3-1)。

表 3-1　几种主要农作物的蒸腾系数(需水量)

作物	蒸腾系数	作物	蒸腾系数
水稻	211～300	油菜	277
小麦	257～774	大豆	307～368
大麦	217～755	蚕豆	230
玉米	174～406	马铃薯	167～659
高粱	204～298	甘薯	248～264

一般而言,蒸腾系数越小,表示该植物利用水分的效率越高。

3.4.3　气孔蒸腾

气孔(stoma)是植物叶片表皮组织上由两个保卫细胞所围成的小孔,是植物叶片与外界进行气体交换的主要门户,影响植物的蒸腾、光合作用和呼吸作用。O_2、CO_2 和水蒸气共用气孔这个通道。气孔的开闭是一个自动的反馈调节系统,当气孔蒸腾旺盛,叶片水分发生亏缺时,或土壤供水不足,气孔开度减少甚至完全关闭;当供水良好时,气孔张开。当白天阳光和水源充足时,植物进行光合作用需要从空气中获取大量的 CO_2 时,气孔张开以满足光合作用对 CO_2 的需要。夜晚植物停止光合作用,无须获取 CO_2 时,气孔关闭以避免水分散失。

1. 气孔的结构

气孔由于保卫细胞壁不均匀加厚以及细胞微纤丝排列的形状会进行吸水膨胀或失水收缩运动。肾形气孔保卫细胞微纤丝呈放射状排列,当保卫细胞的液泡吸水,细胞膨压增大时,外壁向外扩展,并通过微纤丝将拉力传递到内壁,将内壁拉离开来,气孔就张开。哑铃形保卫细胞微纤丝也呈放射状排列,吸水膨胀时,两端薄壁部分膨大,使气孔张开(图 3-4)。

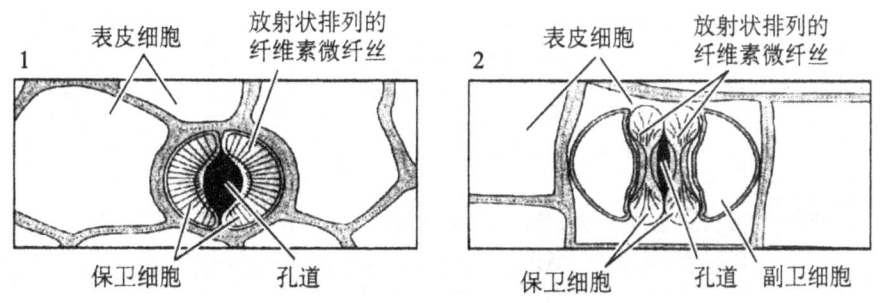

图 3-4　保卫细胞结构示意图(引自王三根,2013)
1. 肾形气孔保卫细胞微纤丝的放射状排列
2. 哑铃形气孔保卫细胞微纤丝的放射状排列

叶面上气孔的大小、数目和分布因植物种类和生长环境而异(表3-2)。气孔一般长7~40μm,宽3~12μm。通常每平方毫米的叶面有气孔100~500个。气孔主要分布于叶片,裸子植物和被子植物的花序、果实,尚未木质化的茎、叶柄、卷须、荚果上也有气孔存在。大部分植物叶的上、下表皮都有气孔分布,但不同类型植物的叶上、下表皮气孔数目不同。单子叶植物叶的上下表皮都有气孔分布,双子叶植物主要分布在下表皮。莲、睡莲等水生植物气孔都分布在上表皮。一般禾谷类植物如玉米、水稻、小麦等,其叶的上、下表面都有气孔分布,且数目较为接近,双子叶植物如番茄、马铃薯等,气孔主要分布在叶下表皮,而水生植物如睡莲、浮萍的气孔,只分布在叶上表皮。气孔的分布是植物长期适应生存环境的结果。

表3-2 不同类型植物的气孔数目和大小

植物类型	气孔数/叶面积(mm)	气孔口径(μm) 长	气孔口径(μm) 宽	气孔面积占叶面积(%)
阳性植物	100~200	10~20	4~5	0.8~1.0
阴性植物	40~100	15~20	5~6	0.8~1.2
禾本科植物	50~100	20~30	3~4	0.5~0.7
冬季落叶树	100~500	7~15	1~6	0.5~1.2

研究发现,气孔密度对环境CO_2浓度很敏感,CO_2浓度升高时,气孔密度降低。据统计,19世纪以来,由于工业化与城市化的进程加快,大气CO_2浓度从280μmol/mol增至350μmol/mol以上,使气孔密度下降了40%。

气孔蒸腾分两步进行:第一步是水分在叶肉细胞壁表面进行蒸发,水汽扩散到细胞间隙和气室中;第二步是这些水汽从细胞间隙、气室扩散到大气中。

叶片上气孔的数目虽然很多,但是所占面积比较小,一般只有叶面积的1‰~2‰,但蒸腾量比同面积的自由水面高出50倍,有时甚至可达100倍。经过气孔的蒸腾速率要比同面积的自由水面快得多,因为气体通过小孔扩散的速度不与小孔的面积成正比,而与小孔的周长成正比,所以孔越小,其相对周长越长,水分子扩散速度越快。这是因为在小孔周缘处扩散出去的水分子相互碰撞的机会少,所以扩散速度就比小孔中央水分子扩散的速度快,这种现象称为边缘效应(图3-5)。

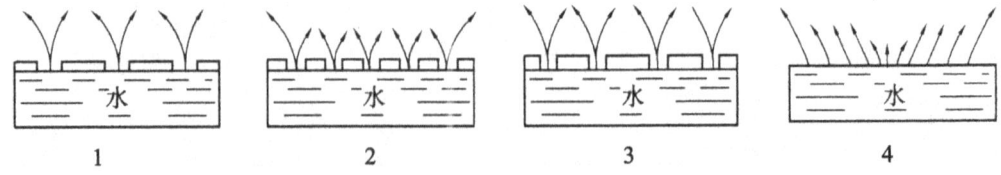

图3-5 水分通过多孔的表面和自由水面蒸发情况的图解(引自贾东坡,2015)
1.小孔分布很稀 2.小孔分布很密 3.小孔分布适当 4.自由水面

2.气孔的运动

气孔开度对蒸腾有着直接的影响。现在一般用气孔导度(stomatic conductance)表示,其单位为 mmol/(m² · s),也有用气孔阻力(stomatic resistance)表示的,它们都是描述气孔开度的量。在许多情况下气孔导度使用与测定更方便,因为它直接与蒸腾作用成正比,与气孔阻力成反比。

气孔运动实质上是由于两个保卫细胞内水分得失引起的体积或形状变化,进而导致相邻两壁间隙的大小变化。气孔运动与保卫细胞特点密切相关,与其他表皮细胞相比,保卫细胞具有如下特点。

①细胞体积很小并有特殊结构,有利于膨压迅速而显著地改变,相比而言,表皮细胞大而无特别形状。

②细胞外壁上有横向辐射状微纤束与内壁相连,便于对内壁施加作用。

③保卫细胞壁厚薄不均等,肾形保卫细胞具有较薄的外壁以及较厚的内壁。

④细胞质中有一整套细胞器,而且数目较多。

⑤叶绿体具明显的基粒构造,其中常有淀粉积累,淀粉的变化规律是白天减少,夜晚增多,表皮细胞无叶绿体。

大多数植物气孔一般白天张开,夜间关闭,此即气孔运动。构成植物细胞壁的纤维素微纤丝沿伸长的保卫细胞横向周围缠绕,从正面可见这些微纤丝好像是从气孔中心区辐射出来,分布在壁的表面。由于这些微纤丝的放射状分布,当保卫细胞吸水膨大时,其直径不能增加多少,而保卫细胞的长度可以增加,特别是沿其外壁增加,同时向外膨胀,微纤丝牵引内壁向外运动,如此气孔即张开(Mauseth,1988)。许多学者认为保卫细胞吸水后内壁分开与其加厚有关。Donald Aylor 等(1973)用气孔模型(图 3-6)和数学模拟表明辐射状微纤丝束在气孔打开中的作用比内壁加厚更重要,并且辐射状微纤丝束在禾本科植物保卫细胞中的作用与在双子叶植物中同等重要。禾本科植物气孔中,当两端膨大时,使中部分开。只有当保卫细胞处于膨胀状态时,气孔保卫细胞才呈哑铃形。气孔的开关受到保卫细胞膨压的调节,保卫细胞体积比其他表皮细胞小得多,只要有少量的渗透物质积累,即可使其渗透势明显下降,水势降低,促进吸水,改变膨压。气孔的运动是一个相当复杂的过程,在同一叶片上有时会出现一些气孔开放而相邻气孔部分关闭的现象,称为气孔块化开闭(stomatal heterogeneity,patchy stomatal conductance),这样的气孔称为斑驳气孔(patchy stomata)。

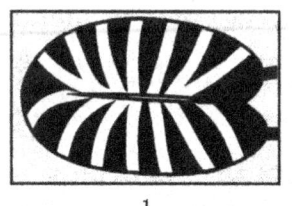 

1   2

图 3-6 气孔模型(引自 Donald Aylor,1973)
1."松弛"状态的气球有着类似微纤束的辐射带   2.充气状态

3.气孔的运动机制

关于气孔运动的机制,主要有以下 4 种学说(假说)。

(1)淀粉-糖转化学说

保卫细胞中有一种淀粉磷酸化酶,在 pH 小于 7 时,催化淀粉分解为葡萄糖;当 pH 等于或大于7时,催化葡萄糖合成淀粉。

保卫细胞中有叶绿体,在光照下可进行光合作用,消耗CO_2,引起保卫细胞pH增高至7,促使淀粉磷酸化酶水解淀粉为可溶性糖,保卫细胞水势下降,从周围细胞吸取水分,保卫细胞膨大,气孔张开。在黑暗中,保卫细胞光合作用停止,而呼吸作用继续进行,呼吸产生的CO_2积累,使保卫细胞pH下降至5左右,促使淀粉磷酸化酶将可溶性糖转化成淀粉,保卫细胞水势升高,细胞失水,气孔关闭。这就是经典的"淀粉-糖转化学说"的主要内容,在20世纪70年代以前,该学说一直占统治地位。

该学说可以解释光和CO_2对气孔开闭的影响,也符合观察到的淀粉白天消失、晚上出现的现象。然而近几年来的研究发现,早晨气孔刚开放时,淀粉明显消失,而葡萄糖却未相应增多。还有人认为,淀粉水解需要消耗磷酸,并不能使保卫细胞渗透势发生变化。这些表明,用这个学说解释气孔运动还有一定的局限性。

(2)无机离子吸收学说

无机离子吸收学说又称K^+泵学说。在20世纪60年代末,人们发现气孔运动和保卫细胞积累K^+有着非常密切的关系。研究表明,保卫细胞质膜上有ATP质子泵,在光照下,保卫细胞叶绿体通过光合磷酸化产生ATP,活化了质膜H^+-ATP酶,在分泌H^+到保卫细胞外的同时,驱使K^+主动吸收到保卫细胞中,K^+浓度增高,与此同时还伴随着等电量负电荷的Cl^-进入,以维持保卫细胞的电中性。这时保卫细胞中积累较多的K^+和Cl^-,水势下降,吸收水分,气孔张开。在黑暗中,光合作用停止,H^+-ATP酶因得不到所需的ATP而停止做功,K^+移向周围细胞,并伴随着阴离子的释放,导致保卫细胞水势升高,水分外移,从而使气孔关闭。

(3)苹果酸生成学说

20世纪70年代初以来,人们发现苹果酸在气孔运动中起着一定作用。在光照下,细胞中的淀粉通过糖酵解作用产生的磷酸烯醇式丙酮酸(PEP),在PEP羧化酶的作用下,与HCO_3^-结合形成草酰乙酸,并进一步将苹果酸还原酶(NADPH)还原为苹果酸。

$$PEP+HCO_3^- \xrightarrow{PEP羧化酶} 草酰乙酸+磷酸+$$

$$草酰乙酸+NADPH \xrightarrow{苹果酸还原酶} 苹果酸+NADP+(或NAD^+)$$

苹果酸作为渗透物进入液泡,降低细胞水势,促使保卫细胞吸水,气孔张开。当叶片转入黑暗处,此过程发生逆转。研究证明,保卫细胞内淀粉和苹果酸之间存在一定的数量关系。

苹果酸代谢学说把淀粉-糖转化学说与无机离子吸收学说结合在一起,较为合理地解释了光为什么能够诱导气孔开放,以及CO_2浓度降低与pH升高为什么促使气孔张开等问题,如图3-7所示。近期研究证明,保卫细胞内淀粉和苹果酸之间存在一定的数量关系,即淀粉、苹果酸与气孔开闭有关,与糖无关。

(4)玉米黄素假说

20世纪90年代,Quinones和Zeiger等根据一些有关保卫细胞中玉米黄素(玉米黄质,zeaxanthin)与调控气孔运动的蓝光反应在功能上密切相关的实验结果,提出了玉米黄素假说,认为由于光合作用而积累在保卫细胞中的类胡萝卜素——玉米黄素可能作为蓝光反应的受体,参与气孔运动的调控;玉米黄素是叶绿体中叶黄素循环(xanthophyll cycle)的三大组分之一,叶黄素循环在保卫细胞中起着信号转导的作用。气孔对蓝光反应的强度取决于保卫细胞中玉米黄素的含量和照射的蓝光总量,而玉米黄素的含量则取决于类胡萝卜素库的大小和叶黄素循环的调节。

气孔对蓝光反应的信号转导是从玉米黄素被蓝光激发开始的,蓝光激发的最可能的光化学反应是玉米黄素的异构化,引起其脱辅基蛋白(apoprotein)发生构象改变,以后可能是通过活化叶绿体膜上的 Ca^{2+}-ATPase,将胞基质中的钙泵进叶绿体,胞基质中钙浓度降低,又激活质膜上的 H^+-ATPase,不断泵出质子,形成跨膜电化学势梯度,推动钾离子的吸收,同时刺激淀粉的水解和苹果酸的合成,使保卫细胞的水势降低,气孔张开。因此,蓝光通过玉米黄素活化质膜质子泵是保卫细胞渗透调节和气孔运动的重要机制。

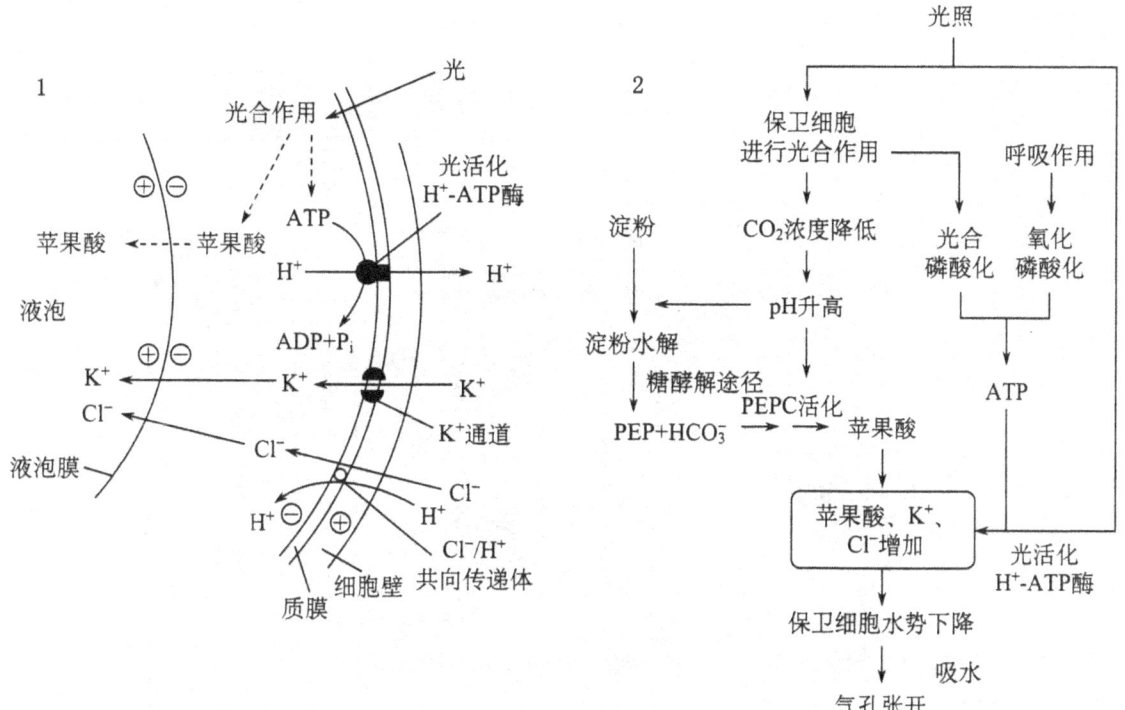

图 3-7 光下气孔开启的机制
1. 苹果酸渗透过程　2. 苹果酸代谢过程

3.4.4　影响蒸腾作用的因素

图 3-8 表示水汽和 CO_2 从气孔扩散到大气的途径与阻力。水蒸气从气孔下腔通过气孔扩散到大气中的速率,取决于气孔下腔内水蒸气向外扩散的力量和扩散途径的阻力。扩散力与气孔下腔内外的蒸汽压差有关,气孔下腔内蒸发面积大,蒸汽压差就大,蒸腾速率也就高;反之则低。而扩散途径阻力包括气孔阻力和扩散层阻力,气孔阻力主要受气孔开度影响,气孔频度、孔径和开度大,内部阻力小,蒸腾快。扩散层阻力主要取决于扩散层的厚薄,扩散层厚,气孔阻力大,蒸腾速率低;反之则高。

1. 影响蒸腾作用的内部因素

气孔的构造特征是影响气孔蒸腾的主要内部因素。气孔下腔体积大,内蒸发面积大,水分蒸发快,可使气孔下腔保持较高的相对湿度,因而提高了扩散力,蒸腾较快。有些植物(如苏铁)气孔内陷,气体扩散阻力增大;有些植物内陷的气孔口还有表皮毛,更增大了气孔阻力,有利于降低气孔蒸腾。

叶片内部面积(指内部细胞间隙的面积)增大,细胞壁的水分变成水蒸气的面积就增大,细胞间隙充满水蒸气,叶内外蒸气压差大,有利于蒸腾。因此,叶片内部面积比外表面积越大时,蒸腾强度也越大。这些差别,随植物种类不同而异;就是同一植物,生长在不同环境中,它们的差别也不一样。一般来说,蒸腾旺盛的旱生植物的叶片内部面积是外部面积的20~30倍,中生植物是12~18倍,阴生植物则仅为8~10倍。

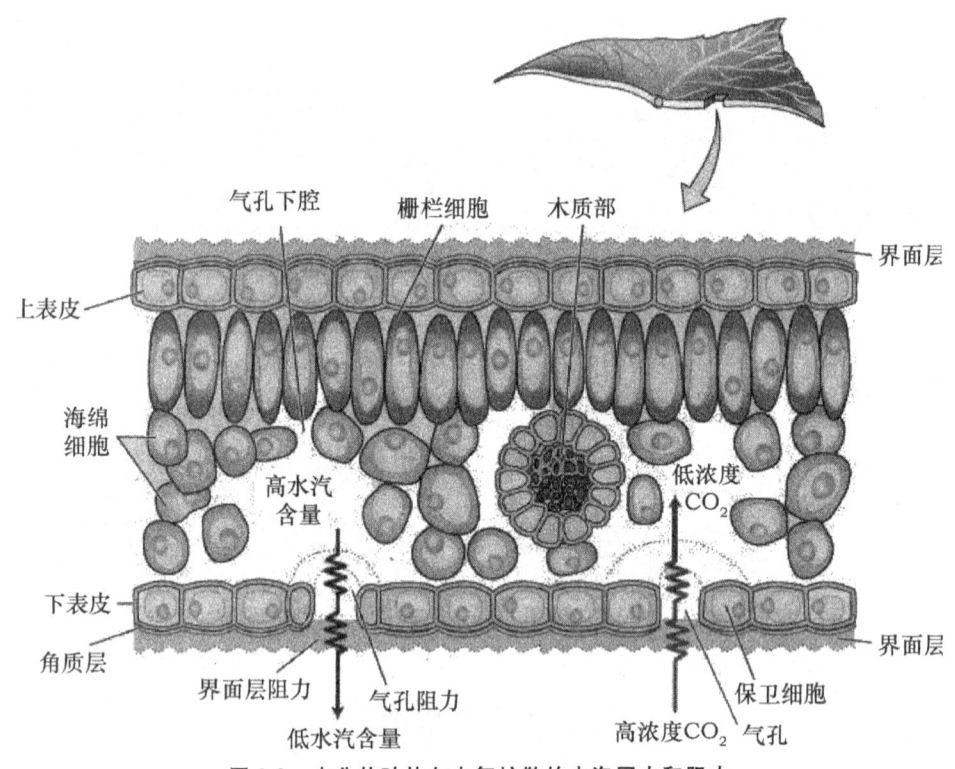

图3-8 水分从叶片向大气扩散的水汽压力和阻力

叶面蒸腾强弱与供水情况有关,而供水多少则取决于根系大小与生长分布。根系发达,深入地下,吸收容易,供给根系的水也就充足,间接有助于蒸腾。

2.影响蒸腾作用的环境因素

影响蒸腾作用的环境因素如下。

(1)温度

在一定范围内温度升高蒸腾加快,因为在较高的温度下,水分子汽化及扩散加快。

(2)光照

光照是影响蒸腾作用的最主要外界条件。加强光照,蒸腾加快,因为光可促进气孔的开放,并提高大气与叶面的温度,一般叶温比气温高2℃~10℃。

(3)空气相对湿度

空气相对湿度对蒸腾的强弱影响极大。空气相对湿度越小,在靠近气孔下腔的叶肉细胞的细胞壁表面水分不断转变为水蒸气,因此气孔下腔的相对湿度高于空气湿度,保证了蒸腾作用顺利进行。反之,蒸腾受到抑制。

(4)风

风对蒸腾的影响比较复杂。一定速度的风可以吹散气孔外的蒸汽扩散层,并带来相对湿度较小的空气。这样既减小了扩散的外阻力,又增大了气孔内外的蒸汽压差,提高了蒸腾速率。但强风则抑制气孔蒸腾,因为强风会引起保卫细胞失水,使气孔开度减小或关闭,也使叶片温度降低,增大了气孔阻力,因而蒸腾速率下降。

(5)土壤条件

植物地上部分蒸腾的持续进行依赖于根系向土壤不断地吸水,且蒸腾失水量与根系吸水量在正常情况下是等量的。因此,各种影响根系吸水的土壤条件,如土壤温度、土壤通气状况、土壤溶液的浓度等,均可间接影响蒸腾作用。

第4章 植物的矿质营养

4.1 植物必需的矿质元素及其生理作用

不同种类植物体内的矿质元素含量不同,同一植物的不同组织或器官的矿质元素含量也不同,甚至生长在不同环境条件下的同种植物,或不同年龄的同种植物体内矿质元素含量也会有所不同。一般水生植物矿质元素含量只有干重的1%左右;中生植物占干重的5%~15%;盐生植物最高,有的可达45%以上。同一土壤条件生长的不同植物,所含矿质元素也不同,如禾本科植物硅含量较高,十字花科植物富含硫元素,而豆科钙元素含量较高。同一植物不同器官的矿质含量差异也很大,一般木质部约为1%,种子约为3%,草本植物茎和根为4%~5%,叶则为10%~15%。此外,植株年龄越大,矿质元素含量越高。

4.1.1 植物必需的矿质元素

自然界已有上百种元素,其中绝大部分元素都是可测的,已知可以检测到70余种元素存在于不同的植物体内,但这些元素并不都是植物正常生长发育所必需的,元素的必需性也不取决于植物体内的含量。所谓必需元素(essential element)就是对植物生长发育必不可少的元素。植物在其生命活动过程中,不断与外界环境进行物质交换。从外界环境进入植物体内的元素可能是植物进行生命活动所必需的,也可能并不具备任何生理功能。

灰分中大量存在的矿质元素不一定是植物必需的。国际植物营养学会采纳 Arnon 和 Stout(1939)提出的认定植物必需元素的三条标准如下。

①缺乏该元素,植物生长发育受阻,不能完成其生活史。

②除去该元素,植物会表现出专一的缺素症,这种缺素症可用加入该元素的方法预防或恢复正常。

③该元素的生理作用是直接的,而不是由于培养介质的物理、化学或微生物条件改变而引起的间接效果。

目前已经确定17种元素为植物的必需元素。根据植物对元素需求量的差异,把这17种元素分为大量元素和微量元素两大类。

大量元素(major elements)又称大量营养元素(macronutrients),是指植物需求量较大、含量占植物体干重的0.1%或以上的矿质元素,包括碳(C)、氢(H)、氧(O)、氮(N)、磷(P)、钾(K)、钙(Ca)、镁(Mg)和硫(S)共9种(表4-1)。

表 4-1 植物体内的大量元素及含量

元素	化学符号	占干重比例（%或 mg/kg）	在植物中的浓度（mmol/kg DW）
氢	H	6	60000
碳	C	45	40000
氧	O	45	30000
氮	N	1.5	1000
钾	K	1.0	250
钙	Ca	0.5	125
镁	Mg	0.2	80
磷	P	0.2	60
硫	S	0.1	30
硅	Si	0.1	30

微量元素(minor elements or trace elements)又称微量营养元素(micronutrients)，指的是植物需求量很少、含量一般占植物干重0.01％或以下的矿质元素，包括铁(Fe)、锰(Mn)、硼(B)、锌(Zn)、铜(Cu)、钼(Mo)、氯(Cl)、镍(Ni)8种，它们分别于1860年、1922年、1923年、1926年、1931年、1938年、1954年、1987年被确认为植物必需元素(表4-2)。如果缺乏该类元素，植物不能正常生长；若稍有过量，对植物反而造成毒害，甚至导致植物的死亡。

表 4-2 植物体内的微量元素及含量

元素	化学符号	占干重比例（%或 mg/kg）	在植物中的浓度（mmol/kg DW）
氯	Cl	100	3.0
铁	Fe	100	2.0
硼	B	20	2.0
锰	Mn	50	1.0
钠	Na	10	0.4
锌	Zn	20	0.3
铜	Cu	6	0.1
镍	Ni	0.1	0.002
钼	Mo	0.1	0.001

有些元素虽不是所有植物的必需元素，但却是某些植物的必需元素，如硅是禾本科植物的必需元素。还有一些元素能促进植物的某些生长发育，被称为有益元素，常见的有钠、硅、钴、硒、钒、稀土元素等。

4.1.2 植物体内必需矿质元素的主要生理作用

植物必需矿质元素的生理功能包括一般生理功能和各种矿质元素的具体生理功能。失调症指由于缺少或过多使用矿质元素,使植物形态发生的不良变化。

1. 植物体内必需矿质元素的一般生理功能

总体来说植物体内必需矿质元素的生理作用有以下几个方面。

一是细胞结构物质的组成成分,例如碳、氢、氧、氮、磷、硫等是组成糖类、脂类、蛋白质和核酸等有机物的组分。

二是作为能量转换过程中的电子载体,如铁和铜离子在呼吸和光合电子传递中作为不可或缺的电子载体的作用。

三是作为酶、辅酶的成分或激活剂等,参与或调节酶的催化活性,从而调节植物的生长发育。大量元素和微量元素都有这一功能。

四是起电化学作用,例如某些金属元素能维持细胞的渗透势,影响膜的透性,保持离子浓度的平衡和原生质的稳定,以及电荷的中和等,如钾、镁、钙等元素。有些大量元素同时具备上述的2~3个作用,大多数微量元素只具有酶促功能。

五是作为活细胞的重要渗透物质调节细胞的膨压,如钾离子、氯离子等在细胞渗透压调节中的重要作用。

六是参与能量转换及促进有机物质的运输和分配,如磷、钾、硼等元素。

2. 大量元素的生理功能及失调症

(1) 氮

根系从土壤中吸收的主要是铵态(NH_4^+)氮或硝态(NO_3^-)氮,也可吸收一部分有机氮,如尿素等。氮在植物体内的含量只占干重的1%~3%,尽管含量少,但对植物生命活动起着重要作用。

氮的主要生理作用如下。

①氮是构成蛋白质的主要成分,占蛋白质含量的16%~18%,细胞膜、细胞质、细胞核、细胞壁中都含有蛋白质,各种酶也都以蛋白质为主体。氮也是核酸、磷脂的主要成分,而这三者又是原生质、细胞核和生物膜的重要组分。

②氮是植物激素(如生长素、细胞分裂素)、核酸、核苷酸、磷脂、维生素(B_1、B_2、PP等)、许多辅酶和辅基(如NAD^+、$NADP^+$、FAD)的成分,它们对生命活动起调节作用。

③氮是叶绿素的成分,与光合作用有密切关系。

由此可见,氮在生命活动中占有首要地位,称为生命元素。

缺氮时,由于蛋白质等合成减少,植物生长矮小、细弱、缺绿、分枝分蘖减少,花、果少且易脱落,导致产量降低。因氮在体内可移动,老叶中的氮化物分解后运到幼嫩组织中重复利用,所以缺氮时,植物叶片发黄是由下逐渐向上发展的。缺氮时,糖类较少用于合成蛋白质等含氮化合物,这可使茎木质化。另外,较多的糖类可被用于花色素苷的合成,因而某些植物(如番茄、玉米的部分品种)的茎、叶柄、叶基部呈紫红色。

(2) 钾

钾在土壤中以 KCl、K_2SO_4 等盐类形式存在,在土壤溶液或水中解离成 K^+ 而被植物根系吸收。被植物吸收后,部分在原生质中处于吸附状态。与氮、磷相反,钾不参与重要有机物的组成。植物钾主要集中在生命活动最活跃的部位,如生长点、幼叶与形成层等。

钾有促进蛋白质合成的作用,钾充足时,植物体内合成蛋白质较多,从而使可溶性氮减少。钾与蛋白质在植物体中的分布是一致的,如在生长点、形成层等蛋白质丰富的部位,钾离子含量也较高。富含蛋白质的豆科植物的籽粒中钾的含量比禾本科植物高。钾与糖类的合成及运转密切相关。大麦和豌豆幼苗缺钾时,淀粉和蔗糖合成缓慢,从而导致单糖大量积累;而钾肥充足时,蔗糖、淀粉、纤维素和木质素含量较高,葡萄糖积累则较少。钾也能促进糖类物质被运输到储藏器官中,所以在富含糖类的储藏器官,如马铃薯块茎、甜菜根和谷物籽粒中钾含量较多。此外,韧皮部汁液中含有较高浓度的 K^+,约占韧皮部阳离子总量的 80%。从而推测 K^+ 对韧皮部运输也有作用。因此,钾在碳水化合物代谢、呼吸作用及蛋白质代谢中起重要作用。

钾供应充分时,糖类合成加强,纤维素和木质素含量提高,茎秆坚韧,抗倒伏。由于钾能促进糖分转化和运输,使光合产物迅速运到块茎、块根或种子,促进块茎、块根膨大,种子饱满,故栽培马铃薯、甘薯、甜菜等作物时施用钾肥,增产显著。但是过量的钾肥会影响植物对氮、钙、镁、硼的吸收,引起植物生长缓慢,叶片失去弹性,果实表面粗糙,品质下降。

钾供应不足时,植物细胞溶质势降低,极容易失去水分,离叶脉较远的叶缘、叶尖逐渐失水枯死焦碎,叶脉间有坏死斑点;由于叶片水分布不匀,生长不均衡,常发生弯曲或皱缩变形现象;茎秆柔弱易倒伏,生长缓慢,抗旱性和抗寒性均差;根系发育差,果实、块根、块茎小,籽粒秕瘦。

钾很容易从成熟的器官移向幼嫩器官,因此当植株缺钾时,症状首先出现在老叶上。

由于植物对氮、磷、钾的需求量大,且土壤中通常缺乏这三种元素,所以在农业生产中经常需要补充这三种元素,因此氮、磷、钾被称为"肥料三要素"。

(3) 钙

植物根系从土壤中吸收 Ca^{2+}。钙离子进入植物体后,一部分仍以离子状态存在,另一部分形成难溶的盐(如草酸钙),还有一部分与有机物(如植酸、果胶酸、蛋白质)相结合。

钙是植物细胞壁胞间层中果胶酸钙的成分;钙离子是生物膜骨架卵磷脂分子中磷酸与蛋白质羧基间联结的桥梁,具有稳定膜结构的作用;钙可与植物体内的草酸形成草酸钙结晶,消除过量草酸对植物的毒害;钙对植物抗病有一定作用,低钙可引起植物多种生理病害;钙也是一些酶的活化剂,如 ATP 水解酶、磷脂水解酶等。

由于钙在植株内不能转移,缺素症状首先出现在生长点和其他幼嫩组织上,如根尖、顶芽和幼叶等。缺钙时,细胞壁分解,组织变软,胞内和维管组织中积累褐色物质,影响运输,表现为顶芽坏死,叶缘向上卷曲枯焦,上部叶尖常呈钩状、变形、缺绿,根系生长差,常常变黑并腐烂,植株生长缓慢。严重缺钙会引起许多蔬菜、水果的生理病害,如大白菜干心病、番茄和辣椒的脐腐病、芹菜的黑心病,果实顶腐病、苦痘病、水心病、裂果病等。胞质溶胶中的钙与可溶性的蛋白质形成的钙调素在代谢中起着"第二信使"的作用。

钙是一个不易移动的元素,缺时,病症首先出现在上部的幼嫩部位,幼叶呈淡绿色,叶尖出现典型的症状,随后坏死。如大白菜缺钙时,心叶呈褐色。

钙过量会影响植物对硼、锰、铁、锌等的吸收,导致植物落叶,树势衰弱。另外,土壤中钙过量会造成土壤 pH 升高而呈中性或碱性,对适宜生长在偏酸性土壤中的植物有较大影响。

(4)镁

镁以离子状态(Mg^{2+})被吸收进入植物体,它在体内一部分与有机物结合,另一部分仍以游离的离子状态存在。

镁主要存在于幼嫩器官和组织中,植物成熟时则集中于种子。镁是叶绿素的组成成分之一,缺乏镁,叶绿素合成受阻,叶脉仍保持绿色而叶肉变黄,有时呈红紫色。镁是光合作用和呼吸作用中许多酶如RUBP羧化酶、乙酰CoA合成酶的活化剂。镁能促进氨基酸的活化,有利于蛋白质的合成,镁能活化磷酸激酶,可促进碳水化合物的合成和相互转化;镁还促进一些维生素的合成,如维生素A和维生素C。在叶片衰老脱落时,镁移动到种子、果实等储藏器官中去。在光合作用和呼吸过程中,镁可以活化各种磷酸变位酶和磷酸激酶。同样,镁也可以活化DNA和RNA的合成过程。

缺镁时,植物从老叶开始脉间叶肉失绿变黄,且边缘和叶尖叶肉首先变黄,但叶脉仍保持绿色。使植物生长缓慢,严重时,禾本科植物叶基出现斑点。双子叶植物叶片出现褐色或紫红色斑点,甚至整个叶片坏死。由于镁在植物体内易移动,缺镁症状首先出现在下部老叶上。土壤中钾肥施用过多,也会影响植物对镁的吸收而导致缺镁。

镁与钾和钙存在拮抗作用。酸性土壤中,镁过剩易导致缺钾、缺钙。碱性土壤中,镁过剩会影响植物对硼、锰、锌的吸收,导致缺硼、缺锰和缺锌。

(5)磷

植物体内磷(P)的含量一般为干重的0.1%~0.5%,根系以磷酸盐的形式($H_2PO_4^-$、HPO_4^{2-}、PO_4^{3-})吸收,其中,$H_2PO_4^-$最容易吸收,HPO_4^{2-}其次,PO_4^{3-}最难吸收,所处环境的pH决定着这3种离子的数量。

磷是核酸和磷脂的重要组分,参与生物膜、原生质和细胞核的构成;也参与植物体内的物质和能量代谢活动;并促进糖类物质的运输;磷不足会导致糖运输能力下降,造成花色素积累。

充足的磷能使植物生长良好,抗性增强;磷不足会影响各种代谢过程,包括蛋白质和核酸合成。缺磷植株生长缓慢,在谷类作物中分蘖受影响;果树新梢生长缓慢,芽发育不良。缺磷果树的果实和种子形成受阻,因此不仅产量低,而且品质差。缺磷症状也是先出现在老叶,使叶片呈暗绿色。

(6)硫

根系以硫酸根(SO_4^{2-})形式从土壤中吸收硫。硫的主要生理作用:①硫是半胱氨酸、胱氨酸和甲硫氨酸等含硫氨基酸的组分,这些氨基酸是所有蛋白质的组成成分,所以硫元素参与原生质的合成;②半胱氨酸-胱氨酸系统直接影响细胞中的氧化还原电位;③硫是CoA、硫胺素、生物素的构成成分,与糖类、蛋白质、脂肪代谢密切相关。植物缺硫时,蛋白质含量显著减少,幼叶缺绿,叶片发红,植株矮小。

3.微量元素的生理功能及失调症

(1)氯

植物吸收氯的形式为Cl^-,为易移动元素,1974年被定为植物必需元素。氯在光合作用中参与水的光解,根和叶的细胞分裂需要氯的参与,Cl^-还与K^+等一起参与细胞渗透势的调节,如与K^+和苹果酸一起调节气孔开闭。氯在光合作用水裂解过程中起着活化剂的作用,促进氧的释放。根和叶的细胞分裂需要氯;氯能降低细胞水势,提高原生质的水合度,调节气孔开张;氯对抑制病害有一定作用。

缺氯时植株叶小,叶尖干枯、黄化,最终坏死;根尖粗,生长慢。番茄缺氯时,首先叶片尖端出现凋萎,之后叶片失绿呈青铜色,逐渐由局部遍及全叶而坏死,根系生长不良,表现为根细而短,侧根少,还表现不结果。

氯过量会出现叶缘似烧伤、早熟性发黄及叶片脱落等症状。根据作物对氯的敏感程度可将其分为耐氯作物和忌氯作物。耐氯作物包括大麦、玉米、甜菜、菠菜、番茄和一些棕榈科植物;忌氯作物包括果木、烟草、菜豆、马铃薯、柑橘、莴苣和一些豆科作物。

(2) 铁

土壤中的植物主要吸收氧化态的铁,铁进入植物体内之后就处于较为固定的状态而不易被转运,铁离子在植物体内以二价(Fe^{2+})和三价(Fe^{3+})两种形式存在。铁是许多酶的辅基,如细胞色素、细胞色素氧化酶、过氧化物酶和过氧化氢酶等。在这些酶中铁可以通过Fe^{3+}和Fe^{2+}之间的价态变化,在呼吸作用电子传递中起重要作用。光合链中的铁硫蛋白和铁氧还蛋白都是含铁蛋白,它们都参与了光合作用中的电子传递。铁也是固氮酶中铁蛋白和钼铁蛋白的金属成分,在生物固氮中起作用。

植物在生长发育过程中缺铁时,由于叶绿素合成受阻而导致叶片发黄。近年来,发现铁对叶绿体构造的影响比对叶绿素合成的影响更大,如眼藻虫(euglena)缺铁时,在叶绿素分解的同时叶绿体也解体。华北果树的"黄叶病"也是植物缺铁所致。

铁是不易重复利用的元素,因而缺铁最明显的症状是植物局部叶肉开始发黄,后逐渐由黄转白。严重缺铁时,叶脉也变成黄色,植株上部叶全部变黄。

土壤中铁含量较多,但在碱性土壤或石灰质土壤中,铁易形成不溶性的化合物而使植物缺铁。一般不会出现铁元素过量的情况,如果铁过剩,会影响磷和锰在植物体内移动。

(3) 硼

硼是高等植物特有的必需元素,而动物、真菌与细菌均不需要硼。硼能与游离状态的糖结合,使糖带有极性,从而使糖容易跨越质膜,促进糖的运输。植株各器官间硼的含量以花器官中最高,花中又以柱头和子房为高。硼与花粉形成、花粉管萌发和受精有密切关系。果树花期喷硼,可促进花粉发芽,加快受精速度,提高坐果率。硼能促进根尖和茎尖生长,促进分生组织分化;硼能提高豆科作物根瘤菌的固氮能力。

不同植物对硼的需要量不同,油菜、花椰菜、萝卜、苹果、葡萄等需硼较多,需注意充分供给;棉花、烟草、甘薯、花生、桃、梨等对硼的需要量中等,要防止缺硼;水稻、大麦、小麦、玉米、大豆、柑橘等需硼较少,若发现这些作物出现缺硼症状,说明土壤缺硼已相当严重,应及时补给。

缺硼时茎尖生长点生长受抑制,严重时枯萎,甚至死亡;花、果脱落严重,发育不良,呈现"花而不实""畸形果"现象。安徽、江苏等省甘蓝型油菜的"花而不实"就是因为植株缺硼的原因。黑龙江省小麦不结实也是由缺硼引起的。

硼过量时,成熟叶片叶尖或叶缘出现褐色干枯,叶背出现斑点,严重时茎枯至整株死亡。

(4) 锰

锰主要以Mn^{2+}形式被植物吸收。由于锰离子可以多种不同化合价的形式存在,因此是植物细胞中与氧化还原、电子传递等过程密切相关的元素。锰是糖酵解和三羧酸循环中某些酶的活化剂,因此锰能提高呼吸速率。锰是硝酸还原酶的活化剂,植物缺锰会影响它对硝酸盐的利用,使硝酸不能还原为氨,影响氨基酸和蛋白质的合成。锰是形成叶绿素和维持叶绿素正常结构的必需元素。锰也是许多酶的活化剂,如RNA聚合酶、柠檬酸脱氢酶、苹果酸脱氢酶、脂肪酸合酶、硝酸还原酶等。锰参与光合作用,是光合放氧复合体的主要成员,水的光解放氧需要 Mn^{2+} 的参与。

植物缺锰时不能形成叶绿素,叶片失绿而叶脉保持绿色,叶缘皱缩,严重时出现杂色斑点,但叶不萎蔫。症状先在新叶上出现,如燕麦"灰斑病"、豌豆"杂斑病"。

锰含量过高时对植物有毒害,产生氧化锰沉淀,使老叶中出现褐色斑点。过量锰则拮抗植物对铁的吸收,曾发现菠萝和水稻等作物因此受害。

(5) 锌

锌以 Zn^{2+} 形式被植物吸收。锌是叶绿素生物合成的必需元素。锌的主要生理作用如下。

①锌是许多酶的组分或活化剂,如谷氨酸脱氢酶、碳酸酐酶、超氧化物歧化酶等需要锌作为其必需成分。

②锌可参与叶绿素合成或防止其降解。

③锌与吲哚乙酸合成有关。

缺锌时植物体内的生长素合成过程受到抑制,呼吸和光合作用均会受到影响,从而导致植物生长受阻,植株表现节间伸长停滞,春季呈现明显的小叶病和簇叶病,如苹果、桃、梨等果树缺锌时叶片小而脆,且丛生在一起,叶上还出现黄色斑点,用锌肥可解除病症。

在锌矿和垃圾堆附近易发生锌中毒,锌含量过量导致植物叶片萎蔫、脱落。高锌会抑制植物对磷和铁的吸收。

(6) 铜

在通气良好的土壤中,铜多以 Cu^{2+} 形式被吸收,而在潮湿缺氧土壤中,多以 Cu^+ 形式被吸收。铜的主要生理作用如下。

①铜是一些氧化还原反应中酶或蛋白质(如细胞色素氧化酶、质体蓝素、多酚氧化酶、抗坏血酸氧化酶、超氧化物歧化酶)的关键成分。

②铜参与光合作用,是光合链中质体蓝素(PC)的成分。

因植物所需铜很少,所以一般不存在缺铜问题。植物缺铜时,叶片生长缓慢,呈现蓝绿色,并有坏死斑点,叶片卷缩或畸形。缺铜也会导致叶片栅栏组织退化,气孔下面形成空腔,使植株即使在水分供应充足时也会因蒸腾过度而发生萎蔫。禾本科作物缺铜时,植株还丛生,严重时不抽穗,或穗萎缩变形。果树缺铜时,叶、花和果实均易褪色,果实易裂果。

铜过量会抑制根的生长,使根尖变得粗短呈分枝状或鸡爪状。过量的铜还会影响植物对铁的吸收,从而出现缺铁症状,叶片失绿黄化。

(7) 镍

镍是大多数植物生长所必需的微量元素。植物以 Ni^{2+} 的形式吸收镍。镍元素直到 1987 年才被确定为植物所必需的微量元素。镍是脲酶、氢酶的金属辅基,对植物氮代谢和正常生长有重要作用。镍也是固氮菌脱氢酶的组分。

缺镍时,植物体内由于积累尿素而对植物产生毒害,叶尖黄化坏死,不能完成生活史。有些植物,如大麦,在缺镍条件下收获的种子不能萌发。

镍过量时,叶片失绿,脉间出现褐色坏死,根系生长受阻,呈暗褐色。

(8) 钼

钼以钼酸盐(MoO_4^{2-})的形式被植物吸收,为不易移动元素。钼是硝酸还原酶的组成成分。豆科植物根瘤菌的固氮过程必需有钼的参与,钼是固氮酶的成分,增施钼肥可增进大豆、花生等豆科植物根瘤菌的固氮作用，N_2 的还原是在固氮酶的催化下进行的，而固氮酶是由铁蛋白和铁钼蛋白组成的。钼是硝酸还原酶的成分，使硝酸根还原为氨，促进氨基酸和蛋白质合成。

缺钼时，植物呈现缺氮症状，植株生长缓慢，叶片失绿，且有大小不一的黄色和橙黄色斑点；严重缺钼时，叶缘萎蔫，叶片向内扭曲呈杯状，老叶变厚、焦枯，以致死亡。缺钼症状最先出现在老叶或茎中部的叶片，并向幼叶及生长点发展。常见病害有花椰菜的"鞭尾病"，柑橘的"黄斑病"。缺钼发生在酸性土壤上，常常伴随锰和铝的毒害。在酸性土壤上施用石灰可防止缺钼。禾谷类作物在缺钼时籽粒皱缩或不能形成籽粒。

茄科植物对钼过量较敏感，过量时致使小枝呈金黄色，后变红黄色。

4.2　植物根系对矿质元素的吸收及运输

4.2.1　根系吸收矿质元素的区域

有关植物根系吸收矿质元素主要区域的问题，是植物生理学家经常争论的问题。有实验表明，植物根尖顶端能够积累大量的离子，而根毛区积累的离子数则较少，但该部位的木质部已分化完全，所吸收的离子能较快地运出。根尖顶端虽有大量离子积累，而该部位无输导组织，离子不易运出(图 4-1)。综合离子累积和运输的结果，确定根尖的根毛区为植物根部吸收矿质元素的主要部位，这一点与植物根系吸收水分的主要部位基本一致。

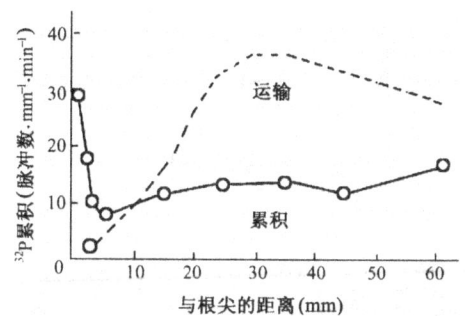

图 4-1　大麦根尖不同区域 ^{32}P 的累积和运输(引自李合生，2002)

4.2.2　根系吸收矿质元素的特点

1. 根系吸收矿质营养与吸收水分的关系

无机盐只有溶于水后才能被根所吸收，并随水流一起进入根部的自由空间，所以以往人们总认为矿质元素和水分成正比例一起进入植物体。后来的研究发现事实并非如此。例如，在溶液培养时，若营养液浓度低，则根系吸收矿质元素相对多，营养液浓度会越来越低；相反，当营养液浓度较高时，根系吸收水分相对多，结果使营养液浓度越来越高。实际上，吸水主要是因蒸腾而引起的被动过程，而吸收无机盐则主要是经载体运输、消耗能量的主动吸收过程，其吸收离子数量因外界溶液浓度而异,所以吸水量和吸盐量不成比例。

2.根系对离子吸收具有选择性

植物根系对离子吸收的选择性表现在以下两个方面。

(1)对同一溶液中的不同矿盐离子吸收具有选择性

这与植物生长所需有关。例如,水稻可以吸收较多的硅,但却以较低的速率吸收钙和镁;而番茄则以很高的速率吸收钙和镁,却几乎不吸收硅。如给作物施用 $NaNO_3$,作物对 NO_3^- 的吸收大于对 Na^+ 的吸收;又如同是一价阳离子的 K^+ 和 Na^+,非盐生植物(甜土植物)可能对 K^+ 的吸收高于对 Na^+ 的吸收,但盐生植物则可能对 Na^+ 的吸收高于对 K^+ 的吸收。

(2)对溶液中组成同一矿盐的不同阴阳离子间的吸收具有选择性

这也与植物生长所需有关。如土壤追施 $(NH_4)_2SO_4$ 肥时,根系选择吸收 NH_4^+ 的量较多,土壤中 SO_4^{2-} 和 H^+ 增多,导致 pH 下降,土壤变酸,这类盐称生理酸性盐。施用 $NaNO_3$ 时,根吸收 NO_3^- 多于 Na^+,在吸收 NO_3^- 时,NO_3^- 与根细胞表面的 HCO_3^- 交换,结果使土壤中 OH^- 增多,使土壤 pH 升高,因此称这类盐为生理碱性盐。而施 NH_4NO_3,根系对 NH_4^+ 和 NO_3^- 的吸收量相当,土壤 pH 基本不变,这类盐称生理中性盐。可见根对离子的吸收具有选择性,所以在农业生产中,不宜长期单一地在土壤中施用某一类化肥,否则可能使土壤酸化或碱化,从而破坏土壤结构。要科学合理用肥。

3.单盐毒害与离子拮抗

将植物培养在某一单盐溶液中(即溶液中只含有单一盐类),不久植株即呈现不正常状态甚至枯死,这种现象称为单盐毒害(toxicity of single salt)。无论该种单盐是必需营养元素或非必需营养元素,都可导致植物受到单盐毒害,而且在溶液浓度很低时植物就会受害。如将小麦的根浸入钙、镁、钾等任何一种单盐中,根系都会停止生长,分生区细胞壁黏液化,细胞被破坏,最后死亡。

若在单盐中加入少量其他元素,单盐毒害就会减弱或消除,这种离子间能相互消除毒害的现象,称为离子拮抗。如在 KCl 溶液中加入少量 $CaCl_2$,就不会产生毒害(图 4-2)。

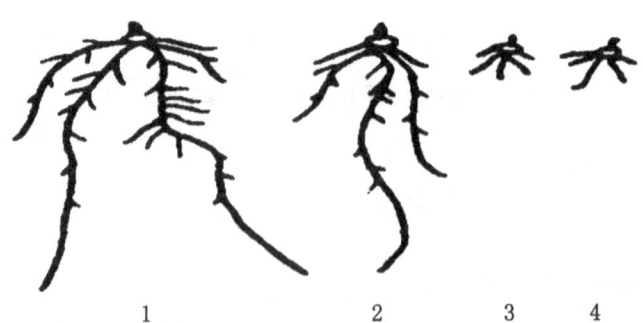

图 4-2 小麦根在单盐溶液和盐混合液中的生长情况
1. $NaCl+KCl+CaCl_2$ 2. $NaCl+CaCl_2$ 3. $CaCl_2$ 4. $NaCl$

所以,植物只有在含有适当比例的多盐溶液中才能正常生长,这种溶液称为平衡溶液。对海藻来说,海水就是平衡溶液;对陆生植物来讲,土壤溶液一般也是平衡溶液。

4.2.3 根系吸收矿质元素的过程

1. 离子被吸附在根系细胞表面

根部呼吸产生的 CO_2 与 H_2O 作用生成 H^+ 和 HCO_3^-，然后与土壤中正负离子（如 K^+、Cl^-）交换，后者就可以被吸附在根表面，这种细胞交换吸附离子的形式，称为交换吸附。交换吸附是不需要能量的，吸附速度很快。在根部细胞表面，这种吸附与解吸附的交换过程不断进行。具体有以下三种情况。

(1) 通过土壤溶液间接进行

土壤溶液在此充当"媒介"作用，根部呼吸释放的 CO_2 与土壤中的 H_2O 形成 H_2CO_3，H_2CO_3 从根表面逐渐接近土粒表面，土粒表面吸附的阳离子如 K^+ 与 H_2CO_3 的 H^+ 进行离子交换，H^+ 被土粒吸附，K^+ 进入土壤溶液形成 $KHCO_3$，当 K^+ 接近根表面时，再与根表面的 H^+ 进行交换吸附，K^+ 即被根细胞吸附（图 4-3 之 1）。K^+ 也可能连同 HCO_3^- 一起进入根部。在此过程中，土壤溶液好似"媒介"根细胞与土粒之间的离子交换联系起来。

(2) 通过直接交换或接触交换（contact exchange）进行

这种方式要求根部与土壤颗粒的距离小于根部及土壤颗粒各自所吸附离子振动空间直径的总和。在这种情况下，植物根部所吸附的正负离子即可与土壤颗粒所吸附的正负离子进行直接交换（图 4-3 之 2）。

(3) 通过根系分泌物进行

有些矿物质为难溶性盐类，植物主要通过根系分泌有机酸或碳酸对其逐步溶解而达到吸附和吸收目的。

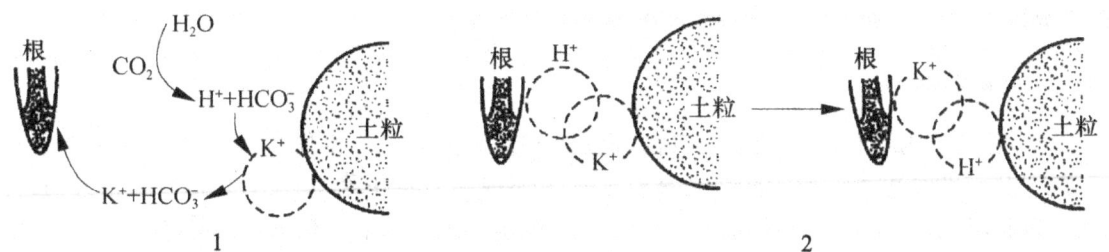

图 4-3　根细胞与土粒的离子交换
1. 通过土壤溶液和土粒进行离子交换　2. 接触交换

2. 离子进入根内部

离子从根表面进入根内部有质外体途径和共质体途径两种途径。

(1) 质外体途径

质外体又称非质体（apoplast）或自由空间（free space），是指植物体内由细胞壁、细胞间隙、导管等构成的允许矿质元素、水分和气体自由扩散的非细胞质开放性连续体系。质外体的大小无法直接测定，但可由表观自由空间（apparent free space，AFS）或相对自由空间（relative free space，RFS）间接衡量，RFS 的计算方法如下。

$$RFS(\%) = \frac{自由空间体积}{根组织总体积} \times 100\%$$

$$= \frac{进入组织自由器官的溶质数(\mu mol)}{外液溶质浓度(\mu mol/mL) \times 组织总体积(mL)} \times 100\%$$

离子经质外体运送至内皮层时,由于有凯氏带存在,离子(和水分)最终必须经共质体途径才能到达根内部或导管。这使得根系能够通过共质体主动转运及对离子选择性吸收控制离子运转。不过,在根幼嫩组织,内皮层尚未形成凯氏带前,离子和水分可经质外体到达导管。此外,在内皮层中有个别胞壁不加厚的通道细胞,可作为离子和水分的通道。

(2)共质体途径

离子由质膜上的载体或离子通道运入细胞内,通过内质网在细胞内移动,并由胞间连丝进入相邻细胞。进入共质体内的离子也可运入液泡而暂存起来。溶质经共质体的运输以主动运输为主,也可进行扩散性运输,但速度较慢。

3. 离子进入导管

离子经共质体途径最终从木质部薄壁细胞进入导管,关于其进入机制目前有两种观点:一种是离子以被动扩散方式从导管周围薄壁细胞随水分流入导管,因为有实验表明,木质部中各种离子的电化学势均低于皮层或中柱内其他生活细胞中的电化学势。另一种是离子通过主动转运方式从导管周围薄壁细胞进入导管,因为也有实验指出,离子向木质部转运在一定时间内不受根部离子吸收速率的影响,但可被ATP合成抑制剂抑制。

4.2.4 土壤条件对矿质吸收的影响

植物对矿质元素的吸收是一个与呼吸作用密切相关的生理过程,因此凡是能影响呼吸作用的外界因子,都能影响根对矿质元素的吸收。

1. 土壤温度

在一定范围内,随着土壤温度的升高,根系吸收矿质元素的速率提高,因为温度影响根系呼吸作用,从而影响其主动吸收,温度过高或过低,吸收速度都会下降(图4-4)。温度适当升高,可促进呼吸作用和作物生长代谢,根主动吸收矿盐量增多;温度过低时,根系代谢弱,酶活性低,呼吸强度下降,主动吸收慢,细胞质黏性增大,离子进入或扩散运输困难,土壤中离子扩散速率降低。

2. 土壤通气状况

由于呼吸作用为根系的吸收作用提供能量,所以土壤通气状况直接影响根系的吸收。通气良好时土壤含氧量较高,有利于根系呼吸、生长,促进根系对离子的主动吸收。当然,土壤含氧量过高也不利于根系的正常生理代谢活动,进而会对矿质吸收产生负面影响。土壤板结或积水而造成通气性差时,则根系生长缓慢,呼吸减弱,从而影响根系对矿质元素的吸收。通气不良,土壤中的还原性物质增多,还对根系产生毒害作用。在多数情况下,土壤处于较为缺氧的状态,因此各种改善土壤通气状况的措施(如增施有机肥料以改善土壤结构、加强中耕松土等)均能增强植物根系对矿质元素的吸收。

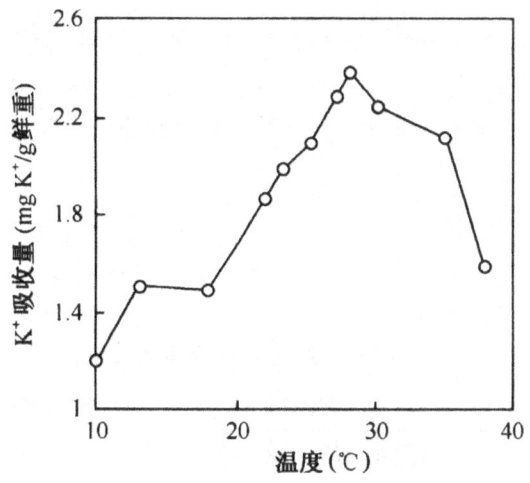

图 4-4　温度对小麦幼苗吸收钾的影响

3. 土壤溶液浓度

在土壤溶液浓度较低时,根系吸收矿质元素的速度随着矿质元素浓度的增大而增大。但当土壤溶液中矿质元素含量达到一定浓度时,再增加这些元素的浓度,根系吸收矿质元素的速率也不会提高。如果过度施用此矿素肥只会造成浪费,引起水分的反渗透,根系吸水困难,严重时会引起根组织甚至整个植株失水而出现所谓"烧苗"现象。

4. 土壤酸碱度

pH 对根系吸收矿质有直接影响,也有间接影响。在一定的 pH 范围内,一般阳离子的吸收速率随土壤 pH 升高而加速,而阴离子的吸收速率则随土壤 pH 增高而下降(图 4-5)。pH 直接影响原生质的带电性,从而影响根对离子的吸收。在酸性土壤环境中,根组织活细胞膜及胞质内构成蛋白质的氨基酸的氨基处于带正电状态,根细胞易吸收外界溶液中的阴离子;而在碱性环境中,氨基酸的羧基多发生解离而处于带负电状态,根细胞易吸收外部的阳离子(图 4-6)。

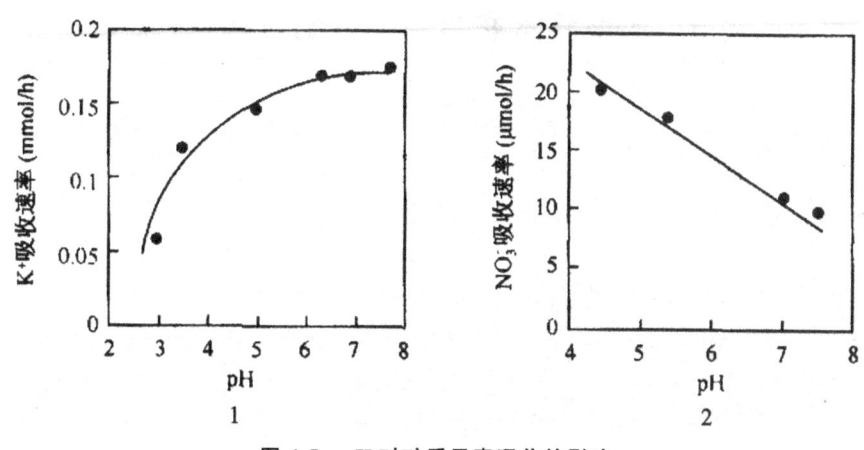

图 4-5　pH 对矿质元素吸收的影响

1. pH 对燕麦吸收 K^+ 的影响　2. pH 对小麦吸收 NO_3^- 的影响

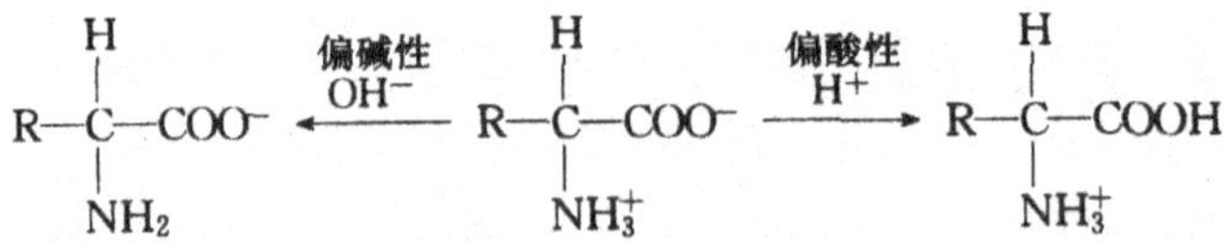

图4-6　不同pH条件下氨基酸带电情况示意

总之,植物正常吸收矿质元素需要在适宜的pH条件下进行,但不同植物对土壤pH的要求不同。大多数植物最适宜生长的pH范围为6~7,但有些植物(如茶、马铃薯、烟草等)适合于较酸的土壤环境,有些植物(如甘蔗、甜菜等)适于较碱的土壤环境(表4-3)。

表4-3　一些作物生育的最适pH

作物名称	最适pH	作物名称	最适pH
马铃薯	4.8~5.4	芹菜	6.0~6.5
胡萝卜	5.3~6.0	柑橘	5.0~7.0
甘薯、烟草、花生、水稻、小麦、大麦、玉米	5.0~6.0	苹果、桃、梨、杏、紫葡萄、甘蔗、棉花	6.0~8.0
大豆、甘蓝、荔枝、番茄、西瓜	6.0~7.0	茶	5.0~5.5

5. 土壤含水量

土壤水分过少,矿质元素的溶解释放减少,蒸腾速率降低,养分向上运输受阻。所以,我们可以通过降低或增加土壤的含水量来控制或促进植物对矿质元素的吸收,从而达到控制或促进植物生长的目的。农业生产上"以水调肥,以水控肥"就是这个道理。

影响土壤中矿质离子吸收的因素除以上主要因素外,还有其他一些因素。如有些离子之间存在着相互抑制和相互促进关系;土壤中一些有毒物质毒害根系,会降低或停止根系对矿盐的吸收,如土壤施入未腐熟的有机质,微生物活动时会产生抑制根系呼吸的硫化氢、有机酸、Fe^{2+}等还原性物质,抵制根系的呼吸、生长,引起根系的腐烂,从而降低根系对矿素的吸收。

4.3　矿质元素在植物体内的运输、分配

根系吸收的矿质元素,除了有一部分留在根内被利用外,其余大部分被运输到地上各部位;叶片吸收的矿质元素也会被运送到根系等植物体其他部分。在植物生长发育过程中,或某种元素缺乏时,矿质元素同样会在植物体不同部位之间进行再分配。

4.3.1　矿质元素在植物体内的运输

1. 矿质元素在植物体内的运输形式

根系吸收的氮素多数是硝酸根离子(NO_3^-)的形式,其中一部分在根部被还原并用于各种氨基酸(如天冬氨酸、天冬酰胺、谷氨酸、谷氨酰胺,以及少量丙氨酸、缬氨酸和蛋氨酸)及含氮有机

化合物,然后以氨基酸或其他有机物的形式随蒸腾流被运往地上部。磷素主要以正磷酸盐形式运输,但也有一些在根部转变为有机磷化合物(如甘油磷脂酰胆碱、己糖磷酸酯等)而向上运输。硫的主要运输形式是硫酸根离子,但也有少数以甲硫氨酸及谷胱甘肽等形式运送。金属元素以离子如 K^+、Ca^{2+} 等形态运输,非金属元素既可以离子也可以小分子有机物的形式运输。

2. 矿质元素在植物体内的运输途径和速度

根系吸收的矿质元素在体内的径向运输,主要通过质外体和共质体两条途径运输到导管,然后随蒸腾流一起上升或顺浓度差而扩散。

通过木质部—韧皮部隔离法(图 4-7)结合放射性同位素示踪研究证明,矿质元素在木质部向上运输的同时,也可横向运输。叶片吸收的矿质元素可向上或向下运输,其主要途径是韧皮部。此外,矿质元素还可从韧皮部活跃地横向运输到木质部,然后向上运输。因此,叶片吸收的矿质元素在茎部向下运输以韧皮部为主,向上运输则是通过韧皮部与木质部。

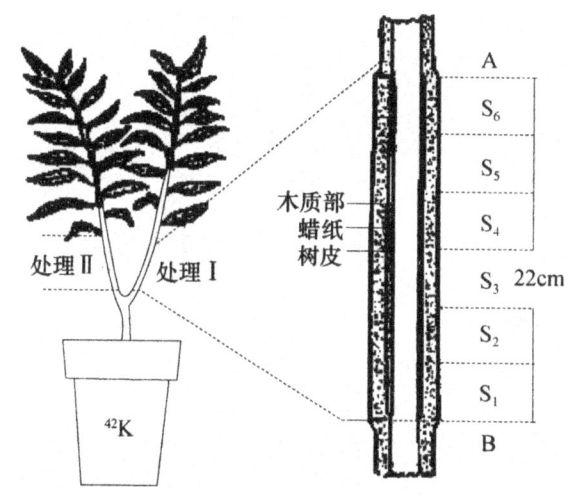

图 4-7 放射性 ^{42}K 向上运输的试验($S_1 \sim S_6$ 表示不同部位)

植物种类、植物生育期以及环境条件等因素都对矿质元素在植物体内的运输速率有不同程度的影响,其运输速率一般为 30~100cm/h。

4.3.2 矿质元素在植物体内的分配

矿物质在植物体内的分配以离子是否参与体内离子循环而异。矿物质进入植物体后,有些元素(如氮、磷、镁)主要以形成不稳定的化合物被植物利用,这些化合物不断分解,释放出的离子可转移到其他部位而被再利用。有些元素(如钾)在植物体内始终呈离子状态。上述两类元素是属于参与循环的元素,或称为可再利用元素。另有一些元素(如钙、铁、锰、硼)在细胞中一般形成难溶解的稳定化合物,是不能参与循环的元素,或称不可再利用元素。

参与循环的元素在植物的生长发育过程中,往往优先分配给代谢较旺盛的部位,如生长点、嫩叶、果实、种子及地下贮藏器官等。植物缺乏这类元素时,较老的组织或器官因这类元素被转运至较幼嫩的组织或器官而最先出现缺素症状。

不参与循环的元素则相反,它们被植物转运至地上部分后即被固定而不能移动。所以,器官越老含量越高。因此,植物缺乏这类元素时症状最先出现在幼嫩的部位,如 Ca 和 Fe 等。

矿质元素除在植物体内进行运转和分配外,也可从体内排出。叶片中的养分(矿质元素、糖类等)可因雨、雪、雾、露而损失。这种现象多发生在植物衰老时期或衰老器官中。

被根系吸收并经木质部运输至植物各器官和组织(主要是生长部位或代谢活动较为旺盛的部位)的矿质元素,其中一部分与体内的同化物合成有机物质,如氮参与合成氨基酸、蛋白质、核酸、磷脂、叶绿素等,磷参与合成核苷酸、核酸、磷脂等,硫参与含硫氨基酸、蛋白质、辅酶 A 等的合成;另一部分不参与有机化合物合成的矿质元素,有的作为酶的活化剂,如 Mg^{2+}、Mn^{2+}、Zn^{2+} 等,有的作为渗透物质,调节植物细胞的渗透势及水分的吸收,如 K^+、Cl^- 等。

已参加到生命活动中的矿质元素,经过一个时期后也可分解并运到其他部位被重复利用。必需元素被重复利用的情况不同,N、P、K、Mg 易重复利用,其缺乏症状从下部老叶开始。Cu、Zn 可在一定程度上重复利用,S、Mn、Mo 较难重复利用,Ca、Fe 不能重复利用,其症状首先出现于幼嫩的茎尖和幼叶。N、P 可多次重复利用,能从衰老部位转移到幼嫩的叶、芽、种子、休眠芽或根茎中,待来年再利用。

4.4 植物氮、磷、硫素的同化

植物所吸收的矿质养料在体内进一步转变为有机物的过程称为矿质养料的同化(assimilation)。

4.4.1 植物体内氮素的同化

空气中含有近 78% 的氮气(N_2),但植物却无法直接利用这些分子态氮,只有某些微生物(包括与高等植物共生的固氮微生物)才能直接同化利用分子态氮以合成含氮有机化合物。由于土壤母质中不含氮素,生物固氮实质上是土壤中有机与无机氮化合物最终的主要来源。

实际上,土壤中总氮的 90% 是有机态氮。有机氮化合物主要由动植物和微生物遗体分解产生,其中小部分形成氨基酸、酰胺、尿素等而被植物直接吸收,大部分则通过土壤微生物转化为无机氮化合物(主要是 NH_4^+ 和 NO_3^-)后被植物吸收,但吸收的 NH_4^+ 和 NO_3^- 必须在体内同化成有机氮化合物才能被植物进一步加以利用。

1. 硝酸盐的代谢还原

植物从土壤中吸收的硝酸盐必须经代谢性还原(metabolic reduction)才能被利用,因为蛋白质的氮呈高度还原状态,而硝酸盐的氮却呈高度氧化状态。

一般在土壤条件下,大多数植物吸收的氮素是 NO_3^-。NO_3^- 进入细胞后首先在硝酸还原酶(nitrate reductase,NR)的作用下还原成 NO_2^-,NO_2^- 进一步在亚硝酸还原酶(nitrite reductase,NiR)的作用下还原成铵。在 NO_3^- 的还原过程中,每形成一分子的 NH_4^+ 需要 8 个电子(图 4-8)。

(1)硝酸还原酶

硝酸还原酶催化硝酸盐还原为亚硝酸盐,反应式如下。

$$NO_3^- + NAD(P)H + H^+ \xrightarrow{NR} NO_2^- + NAD(P)^+ + H_2O$$

在 NR 催化的反应中,大多数植物还原所需的一对电子由 NADH 提供,某些植物既可由 NADPH 提供,也可以由 NADH 提供。电子从 NADPH 经 FAD、细胞色素 b_{557} 传至 Mo,最后还原 NO_3^- 为 NO_2^-。其过程见图 4-9。

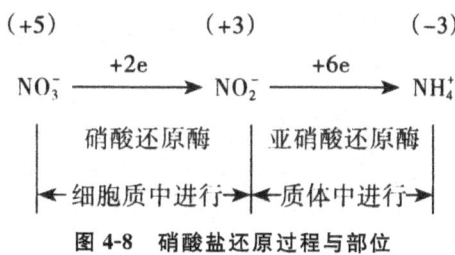

图 4-8 硝酸盐还原过程与部位

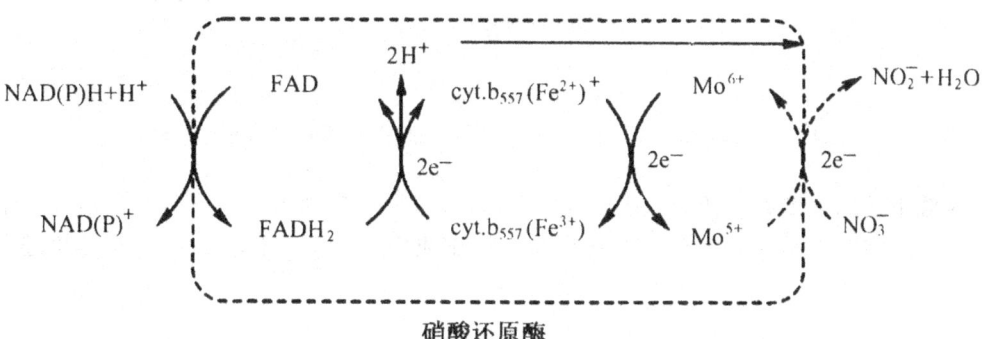

图 4-9 硝酸还原酶催化反应示意

硝酸还原酶是一种可溶性的钼黄素蛋白(molybdoflavoprotein),它由黄素腺嘌呤二核苷酸(FAD)、血红素(亚铁原卟啉)和钼复合蛋白(Mo-Co)组成,单体分子质量为 100kDa。高等植物中的硝酸还原酶结构为同源二聚体(homodimer),分子质量为 200kDa。图 4-10 为硝酸还原酶的大致结构。大部分硝酸还原酶在还原硝酸盐时的供氢体是 NADH,而在非绿色组织(如根组织)中的硝酸还原酶则可以 NADH 或 NADPH 为氢供体。

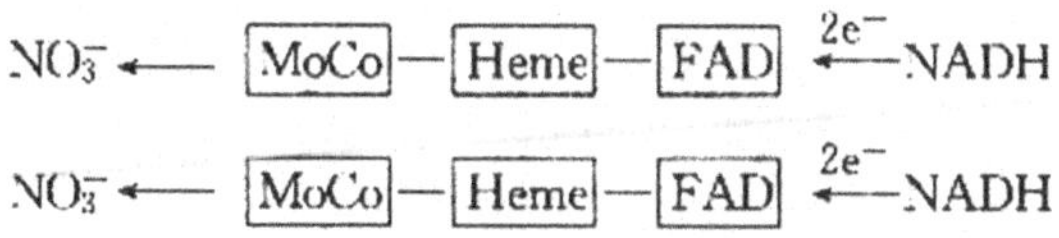

图 4-10 硝酸还原酶的二聚体结构模型及电子
传递顺序示意(引自 Taiz 和 Zeiger,2006)

(2)亚硝酸还原酶

亚硝酸还原酶(NiR)催化 NO_2^- 还原为 NH_3,其反应式为:

$$NO_2^- + 6Fd_{red} + 8H^+ \xrightarrow{NiR} NH_4^+ + 6Fd_{ox} + 2H_2O$$

亚硝酸还原酶为单条肽链,分子质量 63kDa,其辅基包括一个血红素和一个 4Fe-4S 簇。图 4-11 为亚硝酸还原酶催化反应的大致过程。

(3)硝酸盐在根和叶片中还原

植物的根细胞和叶肉细胞都含有还原硝酸盐的酶系,因此该过程既可在根中进行,也可在叶中进行。通常绿色组织中硝酸盐的还原比非绿色组织活跃,这可能是由于这一过程需大量消耗还原态氢供体的缘故,所以绝大多数硝酸盐的还原一般都在绿色组织中进行。当植物吸收较少量的硝酸根时,大部分硝酸根在根组织中被还原;而当植物吸收大量硝酸根时,则大部分被转运至叶片中被还原。

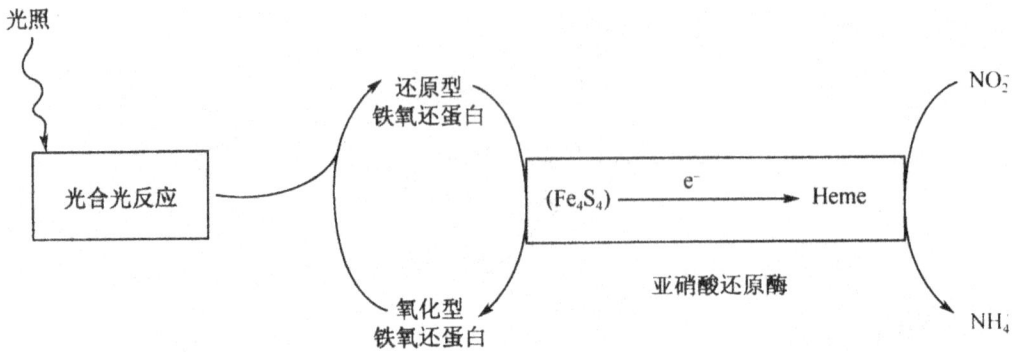

图 4-11 亚硝酸还原酶催化的反应过程示意(引自 Taiz 和 Zeiger,1998)

通常温带植物大多利用其根系还原硝酸根,而热带和亚热带植物则更多利用其绿色组织还原硝酸根。在绿叶中硝酸盐(NO_3^-)的还原是在细胞质中进行的(图 4-12)。当硝酸盐进入叶肉

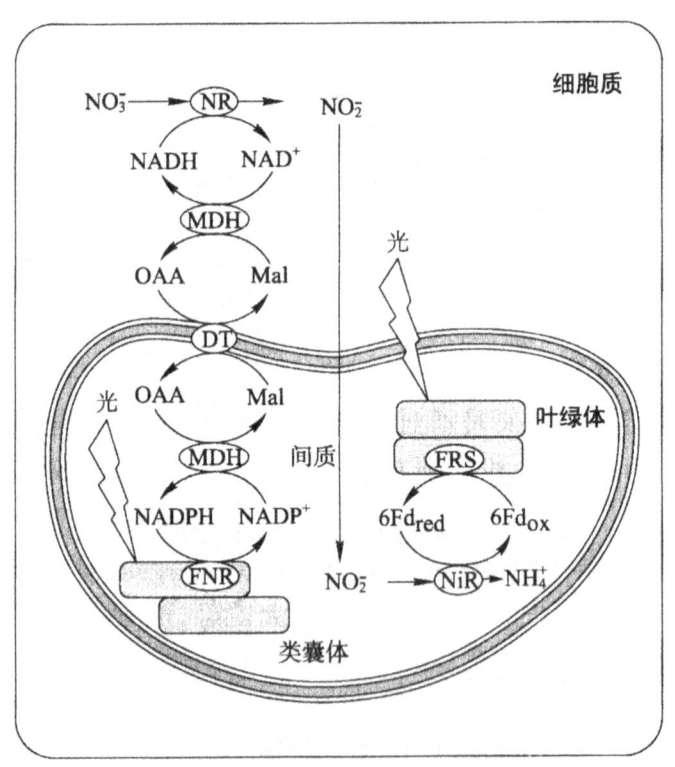

图 4-12 叶中的硝酸盐还原(引自王忠,2009)

DT—双羧酸转运器　FNR—铁氧还蛋白 $NADP^+$ 还原酶
MDH—苹果酸脱氢酶　FRS—铁氧还蛋白还原系统　OAA—草酰乙酸
Mal—苹果酸　Fd_{red}—还原态铁氧还蛋白　Fd_{ox}—氧化态铁氧还蛋白

细胞后,细胞质中的硝酸还原酶利用 NADH 作为供氢体将硝酸还原为亚硝酸,而生成 NADH 时的氢供体为苹果酸,是经苹果酸脱氢酶催化将 NAD^+ 还原生成的。NO_3^- 还原形成 NO_2^- 后被运到叶绿体,叶绿体内存在的 NiR 利用光合反应生成的还原型 Fd 作为电子供体将 NO_2^- 还原为 NH_4^+。

硝酸盐在根中的还原与叶中基本相同(图 4-13),NO_3^- 通过硝酸转运器进入细胞质,被硝酸还原酶还原为 NO_2^-,但电子供体 NADH 来源于糖酵解。形成的 NO_2^- 再在质体中被亚硝酸还原酶还原为 NH_4^+。

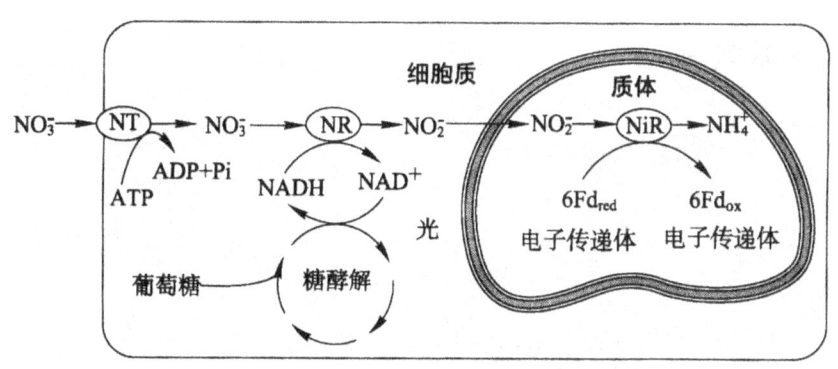

图 4-13 根中的硝酸盐还原(引自王忠,2009)
NT—硝酸转运器　NR—硝酸还原酶　NiR—亚硝酸还原酶

2.氨的同化

植物吸收的氨态氮(或由硝酸盐还原产生的氨态氮)必须迅速同化为有机物。因为高浓度的氨态氮对植物是有害的,其能使光合磷酸化或氧化磷酸化解偶联,并能抑制光合作用中水的光解,而游离氨可能对呼吸作用中的电子传递系统有抑制作用。只有少数植物,如秋海棠等,可以在中央大液泡中积累氨态氮。

氨的同化作用可将游离的氨迅速同化为氨基酸等有机物,铵的同化在根、根瘤和叶部都可以进行。氨的同化包括谷氨酰胺-谷氨酸循环途径、谷氨酸脱氢酶途径和氨基交换作用。

(1)谷氨酰胺-谷氨酸循环途径

氨的同化最初主要是通过谷氨酰胺-谷氨酸循环进行的(图 4-14),在此循环中的两种重要的酶分别是谷氨酰胺合成酶(glutamine synthetase,GS)和谷氨酸合酶(glutamate synthase,GOGAT)。

谷氨酰胺合成酶普遍存在于各种植物的所有组织中,对氨有很高的亲和力(K_m 为 $10^{-5} \sim 10^{-4} mol \cdot L^{-1}$),能迅速将植物组织中的氨同化,以防止氨累积而造成毒害。谷氨酰胺合成酶催化的反应如下:

$$L\text{-谷氨酸} + ATP + NH_3 \xrightarrow[Mg^{2+}]{GS} L\text{-谷氨酰胺} + ADP + Pi$$

谷氨酸合酶有两种形式,分别是以 NAD(P)H 为电子供体的 NAD(P)H-GOGAT 和以还原态 Fd 为电子供体的 Fd-GOGAT。两种形式的 GOGAT 均可催化如下反应:

$$L\text{-谷氨酰胺} + \alpha\text{-酮戊二酸} + [NAD(P)H \text{ 或 } Fd_{red}] \xrightarrow{GOGAT} 2L\text{-谷氨酸} + [NAD(P)^+] \text{ 或 } Fd_{red}$$

在绿色组织中,GOGAT 定位于叶绿体,GS 在叶绿体和细胞质中都有;在非绿色组织(特别是根)中,GS 和 GOGAT 都定位于质体。

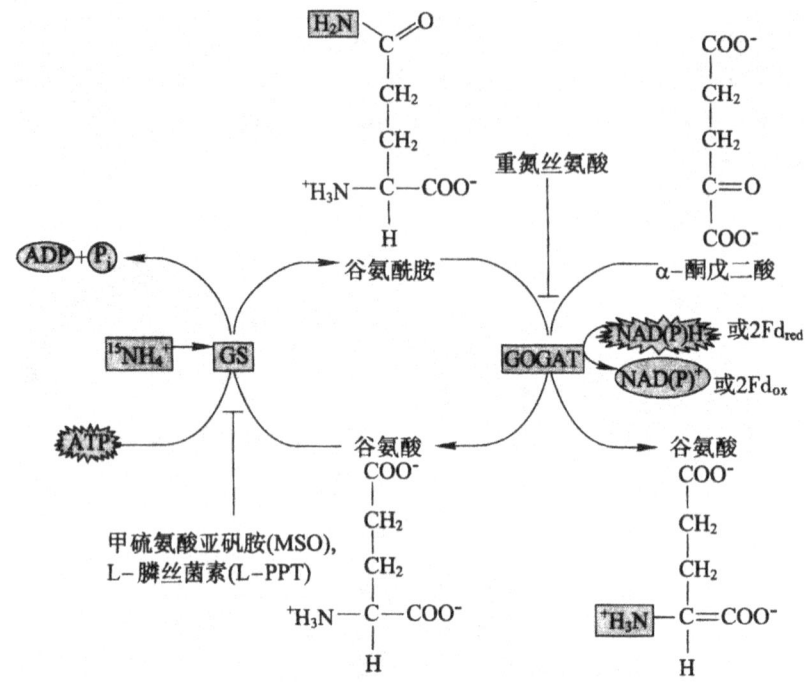

图 4-14　谷氨酰胺-谷氨酸循环示意(引自 Buchanan 等,2000)

(2)谷氨酸脱氢酶途径

谷氨酸脱氢酶(glutamate dehydrogenase,GDH)也参与氨的同化过程,催化氨与 α-酮戊二酸结合生成谷氨酸,GDH 催化下列反应:

$$\alpha\text{-酮戊二酸} + NH_3 + NAD(P)H + H^+ \xrightleftharpoons{GDH} L\text{-谷氨酸} + NAD(P)^+ + H_2O$$

谷氨酸脱氢酶在植物同化氨的过程中不是十分重要,由于 GDH 对 NH_3 的亲和力很低,其 K_m 值在 10^{-3} mol/L 的数量级(即毫摩尔水平),但 GDH 在谷氨酸的降解中有重要作用。

(3)氨基交换作用

当氨被同化形成谷氨酸和谷氨酰胺后,通过氨基转移过程可合成其他氨基酸,催化此类反应的酶称为氨基转移酶(aminotransferase)。例如,天冬氨酸氨基转移酶(aspartate aminotransferase,AAT)催化以下反应:

$$\text{谷氨酸} + \text{草酰乙酸} \xrightarrow{AAT} \text{天冬氨酸} + \alpha\text{-酮戊二酸}$$

所有氨基转移酶催化的反应过程均以磷酸吡哆醛(维生素 B_6)为辅基。氨基转移酶广泛存在于各种组织细胞的细胞质、叶绿体、线粒体、乙醛酸循环体、过氧化物酶体中。存在于叶绿体中的氨基转移酶的作用特别重要,因为光合作用碳代谢过程中的许多中间产物都可与氨基转移过程相配合而大量合成各种氨基酸。

通过上述各种作用,氨最终进入氨基酸,参与蛋白质及核酸等含氮物质的代谢(图 4-15),并进一步在植物的生长发育中发挥作用。

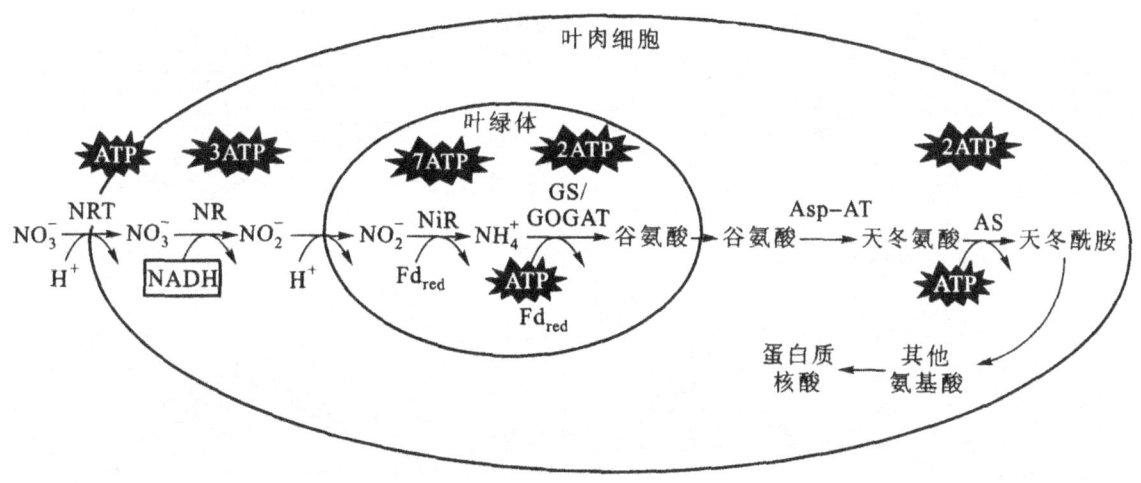

图 4-15 叶片氮同化过程（引自 Taiz 和 Zeiger，2006）

3. 生物固氮

在一定条件下，氮气（或游离氮）转变成含氮化合物的过程称为固氮（nitrogen fixation），固氮有自然固氮和工业固氮之分。人为的在高温、高压下将分子氮还原成氨的过程被称为工业固氮，而自然界也存在多种自然固氮过程。自然固氮过程所固定的分子氮的总量远大于人为的工业固氮所固定的总氮量。自然固氮总量的10%左右是利用闪电过程的极端条件完成的，而其余约90%则主要是通过生活在海洋、湖泊、土壤等环境中的微生物完成的。生物固氮（biological nitrogen fixation），就是某些微生物把大气中的游离氮转化为含氮化合物（NH_3 或 NH_4^+）的过程。生物固氮的规模非常宏大，它对农业生产和自然界中氮素平衡都有重要的意义。

（1）固氮微生物

生物固氮主要是由两类原核微生物来完成的。一类是自生固氮微生物，包括多种细菌和蓝绿藻等，大部分固氮微生物属于此类。另一类是与作为宿主的植物共生的微生物，如与豆科植物共生的根瘤菌、与非豆科植物共生的放线菌、与水生蕨类红萍（亦称满江红）共生的蓝藻（鱼腥藻）等，这类微生物仅占固氮微生物的一小部分。其中以根瘤菌与豆科植物的共生固氮对作物生产最为重要。

（2）固氮根瘤菌的形成

豆科植物根部根瘤的形成是植物与根瘤菌互作的复杂过程（图 4-16）。在土壤环境中缺乏可利用氮源时，豆科植物根系分泌类黄酮物质，此类物质一方面具有使根瘤菌朝植物根系发生向化性运动的作用，同时类黄酮物质还诱导根瘤菌合成结瘤因子（nod factor，NF）。

某些豆科植物（如苜蓿和豌豆等）细胞分裂首先发生在内皮层（inner cortex），最终形成柱状根瘤（cylindrical nodule）或称分生根瘤（meristematic nodule），其特点是根瘤的基部（近轴端）为衰老的细胞，顶端（远轴端）为非侵染的小细胞，两部分中间为侵染的和非侵染的成熟细胞（图 4-17 之 A）。另一些豆科植物（如大豆和菜豆等）细胞分裂首先发生在外皮层（outer cortex），最终形成球形（spherical）根瘤，其特点是根瘤组织细胞同时发育完成，处于相同发育阶段。因此，成熟的根瘤没有分生组织（图 4-17 之 B）。

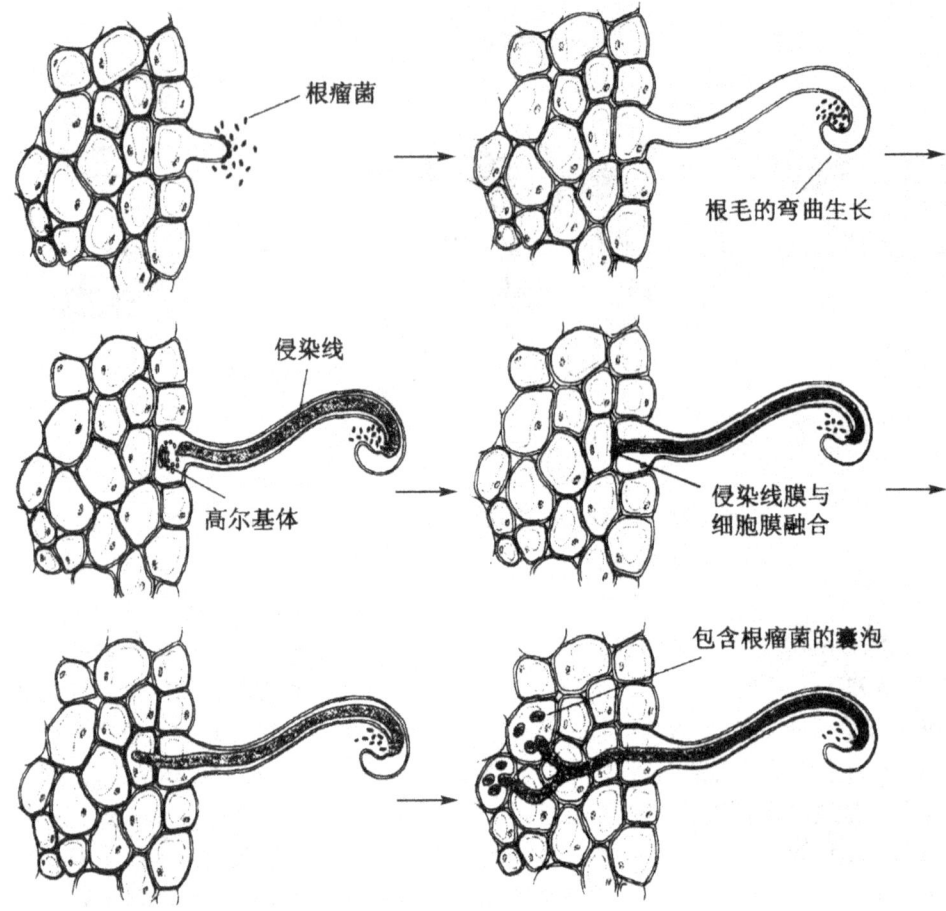

图 4-16 根瘤菌侵染豆科植物根的过程示意（引自 Taiz 和 Zeiger，2006）

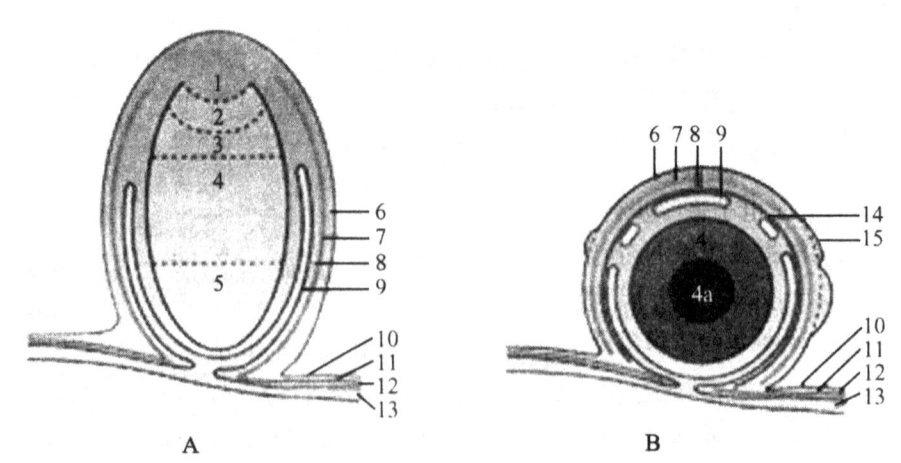

图 4-17 两种类型根瘤图解（引自 Buchanan et al.，2000）
A. 柱状根瘤　B. 球状根瘤
1.根瘤分生组织　2.侵入生长和细胞侵入区　3.侵染细胞扩大区　4.含有类菌体的成熟区
5.含有类菌体的衰老区　6.外皮层　7.根瘤内皮层　8.内皮层　9.根瘤维管束　10.根外表皮
11.根皮层　12.根内皮层　13.根维管束　14.根瘤厚壁组织　15.木栓形成层　4a.衰老起始区

(3)固氮酶

固氮微生物能够固氮,主要是由于固氮酶(nitrogenase)作用的结果。固氮酶是一种酶的复合体,由铁蛋白(Fe protein)和钼铁蛋白(Mo Fe protein)两部分构成,两者都是可溶性蛋白质,任何一部分单独都不具有固氮酶的活性。

铁蛋白是固氮酶较小的部分,由两个相对分子质量为30kDa的相同亚基组成,相对分子质量为64kDa,含有一个4Fe4S原子簇,对固氮酶还原分子态氮过程中的电子传递负责。钼铁蛋白由4个亚基构成,其分子质量为180~235kDa。钼铁蛋白含有2个钼原子和不同数量的FeS簇。在固氮酶催化的反应过程中(图4-18),由铁氧还蛋白提供的电子首先传递给固氮酶的铁蛋白组分,处于还原态的铁蛋白接着在水解ATP的同时将固氮酶的钼铁蛋白还原,然后钼铁蛋白再将电子传递至分子态氮使后者被还原。

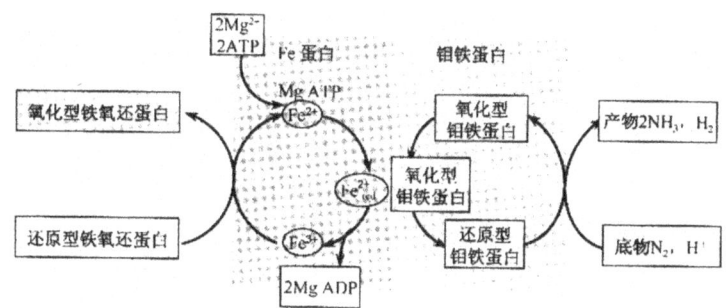

图4-18 固氮酶催化的反应过程示意(修改自Taiz和Zeiger,2006)

4.4.2 植物体内磷素的同化

植物吸收的磷酸盐(HPO_4^{2-})少数仍以离子状态存于体内,大部分同化为有机物。磷的最主要同化过程是与ADP作为底物而合成生命活动的主要能量形式ATP。ATP中的磷可被直接用于各种含磷化合物的合成,如磷酸化的糖类物质和蛋白质、磷脂、核苷酸等。在种子中无机磷以肌醇六磷酸盐(植酸盐)的形式贮存,以满足种子萌发时对无机磷及矿质元素的需要。

发生在叶绿体的光合磷酸化和线粒体的氧化磷酸化过程是植物同化磷元素的主要途径。除此之外,发生在细胞质的糖酵解过程也是磷被同化的重要途径。

4.4.3 植物体内硫素的同化

植物吸收的硫主要是硫酸根(SO_4^{2-})形式,除了植物根系自土壤中吸收硫酸根离子外,植物叶片通过气孔也可能吸收少量SO_2(进入植物体内溶于水后也以SO_4^{2-}形式存在),反应过程为:

$$SO_4^{2-}+ATP+8H^+ \xrightarrow{+8e^-} S^{2-}+ADP+Pi+4H_2O$$

植物合成含硫有机物的第一步是将SO_4^{2-}还原合成半胱氨酸,而在此之前SO_4^{2-}首先要被活化。硫酸根的活化是其与ATP作用而形成腺苷磷酸硫酸(adenosine-5′-phosphosulfate,APS),催化此反应的酶为ATP硫酸化酶。

$$SO_4^{2-}+ATP \xrightarrow{ATP硫酸化酶} APS+PPi$$

APS 还可被进一步活化形成 3′-磷酸腺苷磷酸硫酸(3′-phosphoadenosine-5′-phosphosulfate,PAPS)。之后,PAPS 在细菌、真菌等微生物中的主要代谢途径是被依次还原为亚硫酸(SO_3^{2-})和硫化物(S^{2-})。在植物中的另一种途径是 APS 或 PAPS 先被转化为与酶结合的硫代磺酸(R-SO_3^-),再被还原为硫代硫化物(R-S^-)。形成的硫代硫化物或硫化物与乙酰丝氨酸作为底物合成半胱氨酸。

第5章 植物光合作用及光合产物运输

5.1 高等植物的光合作用机制

光合作用(photosynthesis)是指绿色植物利用光能,同化 CO_2 和 H_2O,制造有机物并释放 O_2 的生物过程。光合作用是植物体内最重要的生命活动过程,也是地球上最重要的化学反应过程。光合作用的反应机制较为复杂,反应过程不仅包含电子传递、能量转换的过程,还包括物质转换的过程。根据反应过程是否需要光可将光合作用分为光反应和暗反应两个阶段;根据能量转换的角度可将光合反应分为3个阶段:光能的吸收、传递和转换阶段(原初反应);电能转变为活跃的化学能(电子传递与光合磷酸化);活跃的化学能转变为稳定的化学能(碳同化)。前两个阶段属于光反应,后一个阶段属于暗反应。

5.1.1 原初反应

原初反应(primary reaction)是进行光合作用的第一步,主要是利用光合色素分子进行光能吸收、传递与转换,反应速度非常快,可在皮秒(ps, 10^{-12} s)至纳秒(ns, 10^{-9} s)内完成,且与温度无关,可在 -196℃(77K,液氮温度)或 -271℃(2K,液氦温度)下进行。由于反应速度快,散失的能量少,其量子效率接近1。

光化学反应的实质是由光引起的反应中心色素分子与电子受体和电子供体之间的氧化还原反应。类囊体膜上的光合色素根据功能又可分为天线色素(antenna pigment)和反应中心色素(reaction center pigment, P)两类(图5-1)。天线色素,又称聚光色素(light harvesting pigment),没有光化学活性,能吸收光能,并能把吸收的光能传递到反应中心色素,即只起传递光能的作用。绝大部分叶绿素a和全部的叶绿素b、胡萝卜素、叶黄素等都属于此类。天线色素位于光合膜上的色素蛋白复合体上。反应中心色素是具有光化学活性,能够接受光能引起的光化学反应的少数特殊状态的叶绿素a分子。它不但能够捕获光能,还能将光能转换为电能(称为"陷阱")。

在原初反应过程中,天线色素分子吸收的光能传递到反应中心后,使反应中心色素激发而成为激发态(P^*),作为原初电子供体(primary electron donor)释放电子给原初电子受体(primary electron acceptor, P^+),同时留下"空穴"成为"陷阱"(trap)。反应中心色素分子被氧化而带正电荷(P^+),原初电子受体被还原而带负电荷(P^-)。这样,反应中心发生了电荷分离。电荷分离可以进一步进行,反应中心色素分子失去电子后又可从次级电子供体(secondary electron donor, D)那里获得电子,于是反应中心色素恢复原来状态(P),而次级电子供体却被氧化(D^+)。这就发生了氧化还原反应,完成了光能转变为电能的过程。此过程可以归纳为如图 5-2 所示的模式。

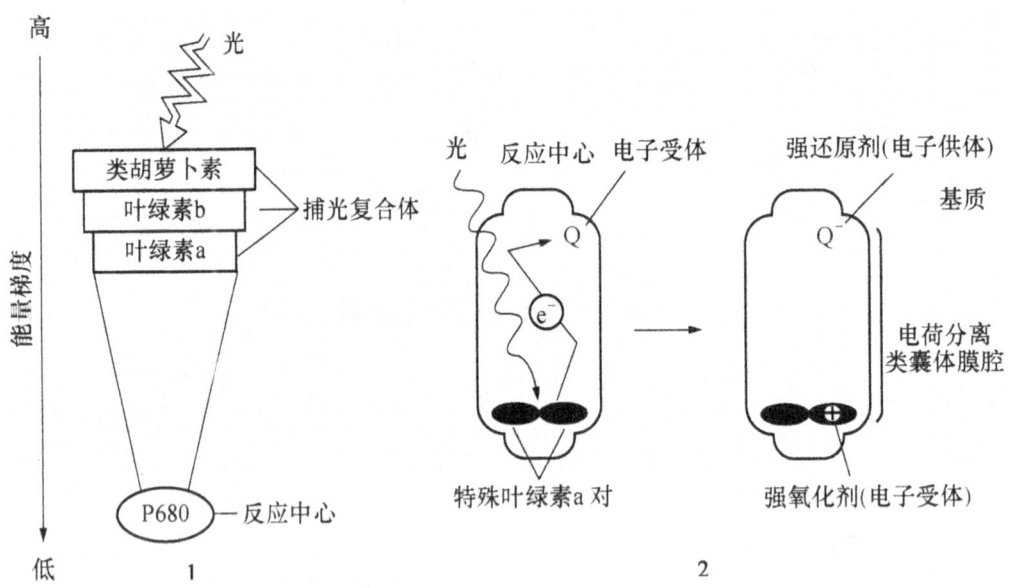

图 5-1 光能经天线色素吸收后传递到反应中心(引自蔡永萍,2014)
1.光电子传递 2.电荷分离

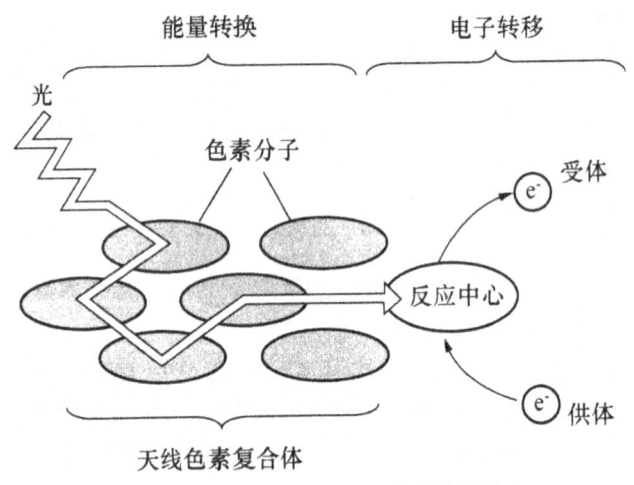

图 5-2 光合作用中能量转换的基本模式

5.1.2 电子传递

反应中心色素分子受光激发而发生电荷分离,将光能转变为电能,产生的电子经过一系列电子传递体的传递,引起水的裂解放氧和 $NADP^+$ 的还原,并通过光合磷酸化形成 ATP,把电能转化为活跃的化学能。

1.光系统

量子产额(quantum yield)是指每吸收一个光量子后释放的 O_2 分子数或固定 CO_2 分子数。20 世纪 40 年代,爱默生(Emerson)以绿藻为材料,研究不同光波的量子产额,发现光合作用最有效的光是红光(波长 650~680nm)和蓝光(400~460nm),当照射波长大于 685nm 的远红光时,虽然光量子仍被叶绿素大量吸收,但量子产额急剧下降,这种现象被称为红降(red drop)(图 5-3)。

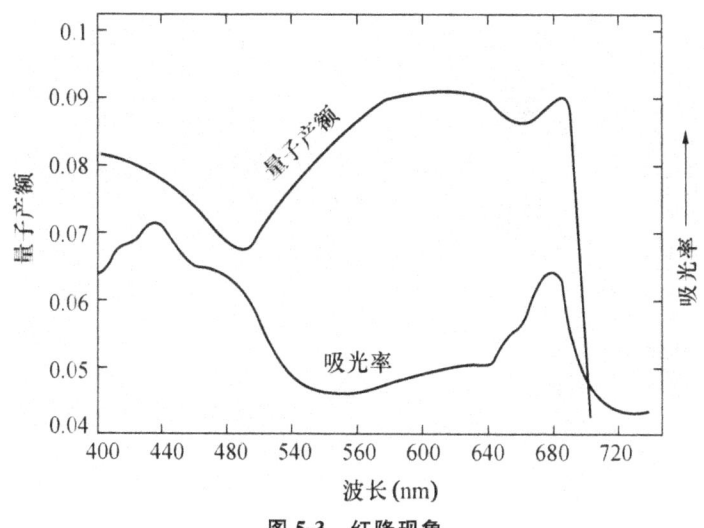

图 5-3 红降现象

1957 年,爱默生等又观察到,在 710nm 远红光条件下,如补充 850nm 红光,则量子产额大增,并且比这两种波长光单独照射时的总和还要大。后来,人们把两种波长的光协同作用而增加光合效率的现象称为双光增益效应(enhancement effect)或爱默生效应(Emerson effect)(图 5-4)。

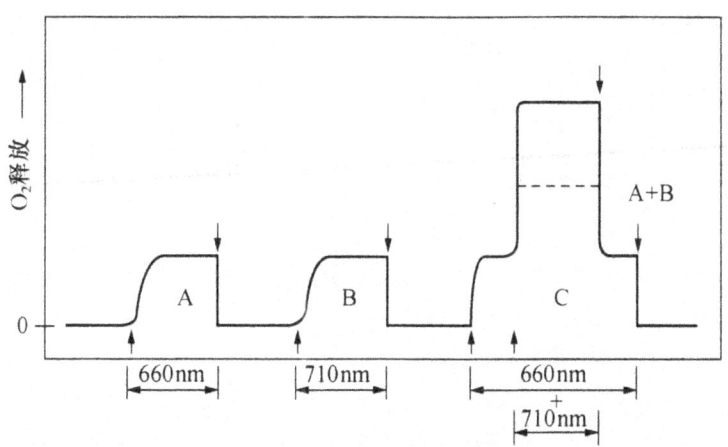

图 5-4 双光增益效应示意

爱默生效应表明光合作用可能有两个光化学反应接力进行,后研究证实光合作用确实存在两个光系统。一个是吸收短波红光(680nm)的光系统Ⅱ(photosystemⅡ,PSⅡ),另一个是吸收长波红光(700nm)的光系统Ⅰ(photosystemⅠ,PSⅠ),两个光系统以串联的方式协同作用。PSⅠ的颗粒较小,位于类囊体的外侧,原初电子受体是叶绿素分子(A_0);PSⅡ的颗粒较大,位于类囊体膜的内侧,原初电子受体是去镁叶绿素分子(Pheo)。

2. 光合电子传递链

光合电子传递链是指定位在光合膜上的,由多个电子传递体组成的电子传递的总轨道。

现在被广泛接受的是由希尔(R. Hill)等在1960年提出并经后人修正与补充的"Z"方案("Z"scheme),即电子传递是在两个光系统串联配合下完成的,电子传递体按氧化还原电位高低排列,使电子传递链呈侧写的"Z"形(图5-5)。PSⅠ和PSⅡ以串联方式通过质体醌(plastoquinone,PQ)、细胞色素 Cyt $b_6 f$ 复合体、质蓝素(plastocyanin,PC)、铁氧还蛋白(ferredoxin,Fd),最后将电子从水传递到 $NADP^+$ 使其还原成 NADPH。其中,PSⅠ和PSⅡ的反应中心是两处逆电势,即 P_{680} 至 P_{680}^*,P_{700} 至 P_{700}^*,这种逆电势梯度的"上坡"电子传递均由捕光色素复合体吸收光能后推动,而其余电子传递都是顺电势梯度进行的自发"下坡"运动。

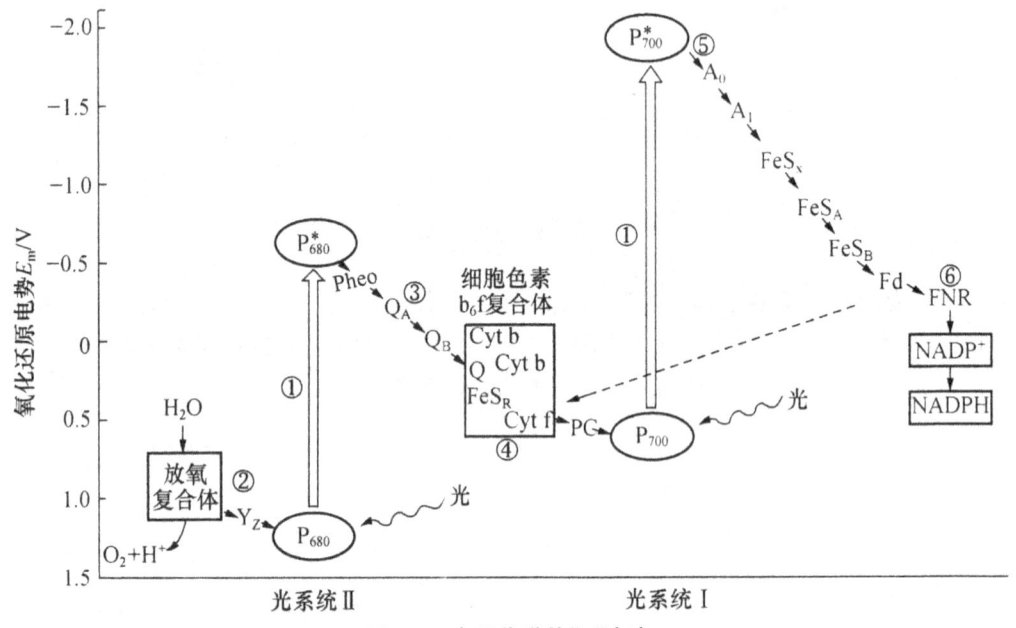

图 5-5 电子传递的"Z"方案

光合电子传递体位于类囊体膜上,是由PSⅠ、PSⅡ和细胞色素 Cyt b_6/f 复合体等单位组成的,它们的排列及电子和质子传递步骤见图5-6。

(1)PSⅠ

PSⅠ含有11~13种多肽、1 000个左右的叶绿素a、几个胡萝卜素、2个维生素 K_1(叶醌)和3个4Fe4S中心。PSⅠ的核复合体是由多条蛋白多肽亚基组成的。PsaA、PsaB和PsaC三条多肽组成反应中心多肽。其中PsaA和PsaB是PSⅠ光反应中心的基本多肽结构,组成跨膜的对弥异二聚体结构,除 F_A/F_B 外,所有电子载体都结合在这个异二聚体上,如图5-7所示。

PSⅠ的作用中心色素分子最大吸收高峰值在700nm,称为 P_{700}。其主要特征是 $NADP^+$ 的还原,当PSⅠ的 P_{700} 被光激发后,把电子供给铁氧还蛋白,然后传递给 $NADP^+$ 将其还原为

NADPH+H$^+$。PSⅠ的颗粒较小，直径1.1nm，分布在类囊体膜的外侧。PSⅠ的光反应是长波光反应。

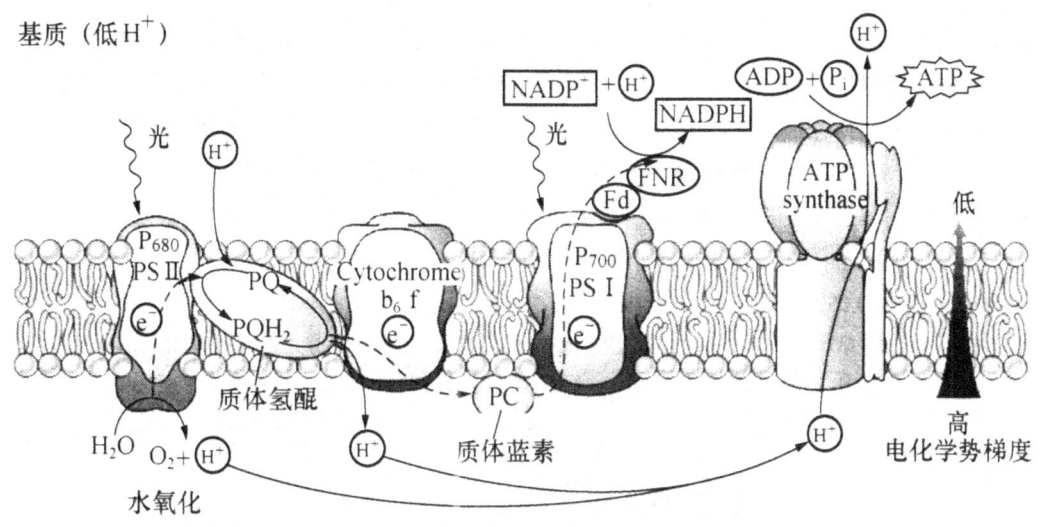

图 5-6　PSⅡ、Cyt b$_6$f、PSⅠ和 ATP 合酶中的电子和质子传递途径
实线代表质子传递；虚线代表电子传递

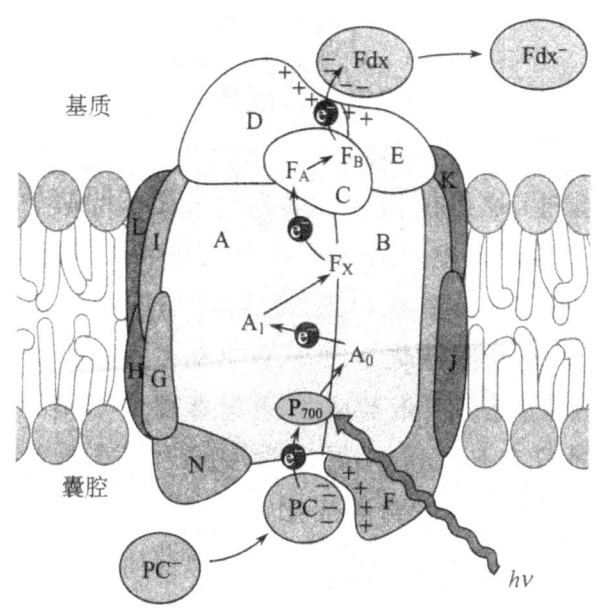

图 5-7　PSⅠ反应中心的结构模型

(2) PSⅡ

PSⅡ是光合电子传递链上第一个多亚基的蛋白复合体，有20多种多肽，多数为膜内在蛋白，包括 PSⅡ的天线蛋白、PSⅡ反应中心蛋白、与水的裂解和氧气形成相关的蛋白质及维持该

复合体所必需的蛋白质等。

PSⅡ的作用中心色素分子吸收高峰值在680nm,称为P_{680}。其主要特征是水的光解和氧气释放,并将电子传递给PSⅠ。PSⅡ的颗粒较大,直径为17.5nm,分布在类囊体膜的内侧。

PSⅡ反应中心由D_1和D_2及CP_{43}和CP_{47}等核心蛋白以及P_{680}等色素分子组成,电子传递体主要结合在D_1和D_2上,天线蛋白CP_{47}和CP_{43}与叶绿素分子结合,围绕P_{680},能够较快地把吸收的光能传至PSⅡ反应中心,所以被称为中心天线或"近侧天线"。PSⅡ反应中心的核心部分是D_1和D_2两条多肽。P_{680}、去镁叶绿素(pheophytin,Pheo)和特殊的质体醌(plastoquinone,Q_A、Q_B),都结合在D_1和D_2上。在PSⅡ的外层是光合色素与蛋白质结合构成的PSⅡ聚光色素复合体(PSⅡ light harvesting pigmentc omplex,LHCⅡ)(图5-8)。

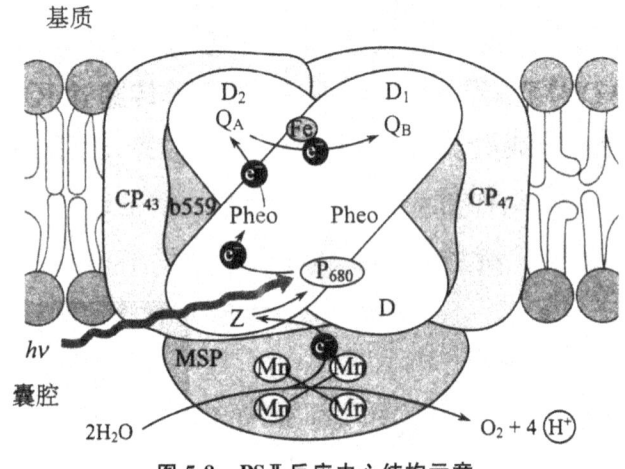

图5-8　PSⅡ反应中心结构示意

（3）PSⅡ的水裂解放氧

即在光照下,离体的叶绿体类囊体能将含有高铁的化合物（如高铁氰化物）还原为低铁化合物,并释放氧。希尔是第一个用离体叶绿体做试验,把光合作用的研究深入到细胞器的水平的人。

$$2H_2O + 4Fe^{3+} \xrightarrow{光} 4Fe^{2+} + O_2 + 4H^+$$

水的裂解是植物光合作用重要的反应之一,PSⅡ的一个重要功能是进行水裂解(water splitting)放氧。在类囊体腔一侧有3条外周多肽,其中一条多肽为锰稳定蛋白(manganese stablizing protein,MSP),它们与Mn^{2+}、Ca^{2+}、Cl^-一起参与氧的释放,称为放氧复合体(OEC),参与水的裂解和氧的释放。水裂解放氧是水在光照下经过PSⅡ的OEC作用,产生H^+和电子,并释放O_2到类囊体腔内,整个反应如下:

$$2H_2O \xrightarrow{光子} O_2 + 4H^+ + 4e^-$$

法国的学者P. Joliot在20世纪60年代观察到,给已经适应黑暗条件的叶绿体以非常短暂脉冲强光照射,发现闪光后放氧量是不均等的。第一次闪光后无O_2产生,第二次闪光释放少量O_2,第三次闪光释放O_2最多,第四次闪光O_2次之。以后每4次闪光出现一次放氧高峰,之后的照射都产生氧气并逐渐达到稳定的氧气释放量(图5-9)。

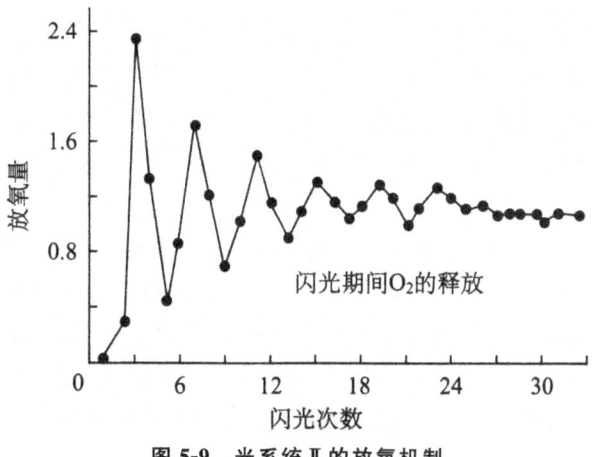

图 5-9 光系统 Ⅱ 的放氧机制

目前用水氧化的 S 态转换机制解释了上述现象。图 5-10 中不同状态的 S 代表了 OEC 中不同氧化状态的含锰蛋白。按照氧化程度从低到高的顺序，将不同状态的含锰蛋白分别称为 S_0、S_1、S_2、S_3 和 S_4，即 S_0 不带电荷，S_1 带 1 个正电荷，依次到 S_4 带有 4 个正电荷。每一次闪光将 S 状态向前推进一步，直至 S_4。然后，S_4 从 2 个 H_2O 中获取 4 个 e^-，并回到 S_0。其中，S_0 和 S_1 是稳定状态，S_2 和 S_3 可在暗中退回到 S_1，S_4 不稳定。由于在叶绿体暗适应后，有 3/4 的含锰蛋白处于 S_1，1/4 处于 S_0，因此最大的放氧量在第三次闪光时出现。后人的试验进一步证明，2 个 H_2O 中的 H^+ 分别在 $S_0 \rightarrow S_1$，$S_2 \rightarrow S_3$，$S_3 \rightarrow S_4$ 转变时释放。水中的 O_2 被释放，而 H^+ 进入类囊体腔中，提高了类囊体腔中的 H^+ 浓度。

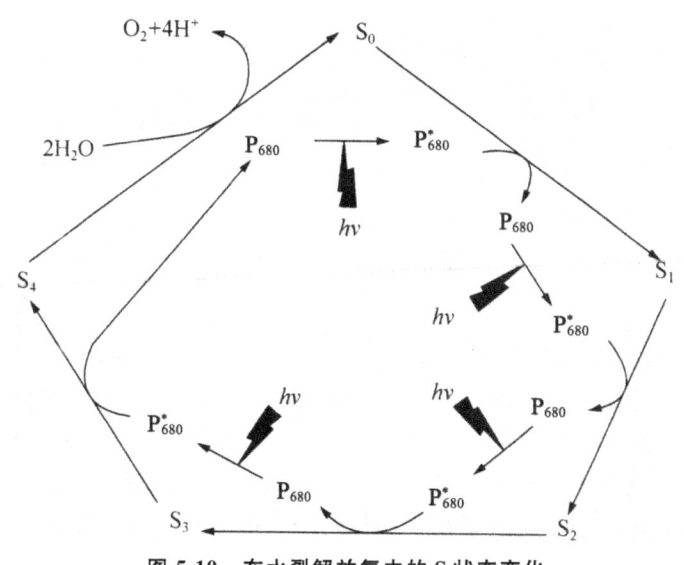

图 5-10 在水裂解放氧中的 S 状态变化

3. 光合电子传递途径

根据电子传递到铁氧还蛋白后的去向，光合电子传递还可以分为 3 种类型。

(1)非环式电子传递

非环式电子传递(noncyclic electron transport)是指水光解放出的电子经 PSⅡ和 PSⅠ两个光系统,最终传给 NADP$^+$ 的电子传递,这种途径方式一般占总电子传递的 70%。这是一个开放的电子传递途径,每传递 4 个电子,需要分解二分子 H_2O,释放 1 个 O_2,还原 2 个 NADP$^+$,需要吸收 8 个光子,量子产额为 1/8,同时转运 8 个 H$^+$ 进类囊体腔。

(2)环式电子传递

环式电子传递(cyclic electron transport)是将 P_{700} 产生的电子传给 Fd,经质体醌(PQ)、Cyt b_6/f 和 PC 等传递体返回到 P_{700} 而构成的闭合回路,故称为环式电子传递途径,如图 5-11 所示。环式电子传递不涉及水的光解和氧化,也不形成 NADPH,但有 H$^+$ 的跨膜运输,每传递 1 个电子需要吸收 1 个光量子。研究表明,环式电子传递途径能够引起跨膜质子梯度的形成,合成 ATP。在植物需要较多 ATP 的情况下,这条电子传递途径具有重要的意义。

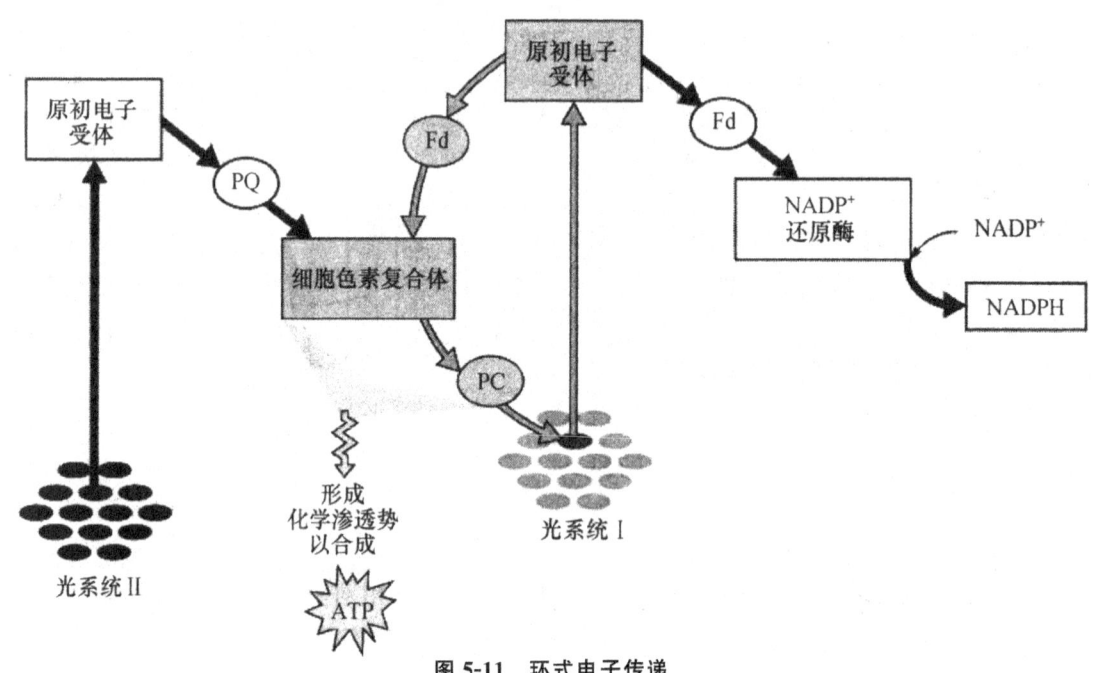

图 5-11 环式电子传递

(3)假环式电子传递

假环式电子传递(pseudocyclic electron transport)指水光解放出的电子经 PSⅡ和 PSⅠ两个光系统,最终传给 O_2 的电子传递途径。它是梅勒(Mehler)提出的,故亦称为梅勒反应(Mehler's reaction)。该途径与非环式电子传递途径的区别只是最终的电子受体是 O_2,而不是 NADP$^+$。O_2 得到一个电子生成超氧阴离子自由基($O_2^-·$),它是一种活性氧,可对光合机构造成伤害,是光合细胞产生 O_2^- 的主要途径。这一过程主要在强光下 NADP$^+$ 供应不足或 NADPH 过剩的情况下发生。

5.1.3 光合磷酸化

叶绿体在光合电子传递的同时,利用电子传递过程释放的能量将无机磷(Pi)和 ADP(腺苷二磷酸)合成ATP(三磷酸腺苷)的过程称为光合磷酸化(photophosphorylation)。光合磷酸化与光合电子传递是偶联在一起的,电子传递一旦停止,光合磷酸化就不能进行。因而光合磷酸化也相应分为3种类型,即非环式光合磷酸化(noncyclic photophosphorylation)、环式光合磷酸化(cyclic photophosphorylation)和假环式光合磷酸化(pseudocyclic photophosphorylation)。非环式光合磷酸化与假环式光合磷酸化均被DCMU所抑制,而环式光合磷酸化则不被DCMU抑制。非环式光合磷酸化是叶绿体形成ATP的主要形式。

非环式光合磷酸化是指电子在非环式光合电子传递链中传递的同时,伴随有ATP合成的过程。该过程有两个光系统参与,既有O_2的释放,也有$NADP^+$的还原。非环式光合磷酸化仅为含有基粒片层的放氧生物所特有,在光合磷酸化中占主要地位。其反应式为:

$$ADP+Pi+NADP^++H_2O \xrightarrow{\text{光、叶绿体}} ATP+\frac{1}{2}O_2+NADPH+H^+$$

环式光合磷酸化只由PSⅠ和Z形光合电子传递链的部分电子传递体组成,没有PSⅡ的参与,不涉及水的光解,不伴随$NADP^+$的还原和O_2的释放,但有ATP合成的过程。环式光合磷酸化是非光合放氧生物光能转换的唯一形式,可起着补充ATP不足的作用,主要在基质片层内进行。其反应式为:

$$ADP+Pi \xrightarrow{\text{光、叶绿体}} ATP+H_2O$$

假环式光合磷酸化既放氧又吸氧,还原的电子受体最后又被氧所氧化,该反应过程一般只在特定逆境下才可能发生,如NADPH的氧化受阻,则有利于其进行。其反应式为:

$$ADP+Pi+H_2O \xrightarrow{\text{光、叶绿体}} ATP+O_2^-+4H^+$$

1. ATP酶

叶绿体类囊体膜上的ATP酶(ATPase)也称ATP合酶(ATP synthase)或CF_1-CF_0复合体。它与线粒体、细菌膜上的ATPase结构十分相似,都由两个蛋白复合体组成:一个是突出于膜表面的亲水性的CF_1,另一个是埋置于膜内的疏水性的CF_0(图5-12)。

大量研究表明,光合磷酸化与电子传递是通过ATP合酶联系在一起的。ATP合酶是一个较大的亚基单位的复合物,其功能是利用质子浓度把ADP和Pi合成为ATP,故名ATP合酶。它也将ATP的合成与电子传递和H^+跨膜转运偶联起来,故又称为偶联因子(coupling factor)。

2. 光合磷酸化的机制

光合磷酸化虽然有的反应底物、产物包括类型有一些差异,但其反应原理是完全相同的。在整个光合磷酸化机制研究的过程中,共出现了4种观点,包括化学学说、化学渗透学说、质子区域化学说、蛋白质构型变化学说(结合改变机制)。目前普遍接受化学渗透学说和蛋白质构型变化学说。

(1)化学渗透学说

1961年英国人Mitchell提出的化学渗透假说(chemiosmotic hvpothesis)。光合电子传递过程中,在PSⅡ,水被光解产生4个电子和4个质子,质子进入类囊体腔,4个电子经2次传递给2分子PQ后,2分子PQ又从基质中获得4个H^+,形成2分子PQH_2。PQH_2将电子传递给Cyt b_6f复合体时,将质子释放到类囊体腔内。随着光合链的电子传递,H^+不断在类囊体腔内积累,于是产生了跨膜的质子浓度差和电势差,两者合称为质子动力势(proton motive force,pmf),即推动光合磷酸化的动力。当 H$^+$ 沿着浓度梯度返回到基质时,在 ATP 合酶的作用下,将 ADP 和 Pi 合成 ATP(图 5-13)。

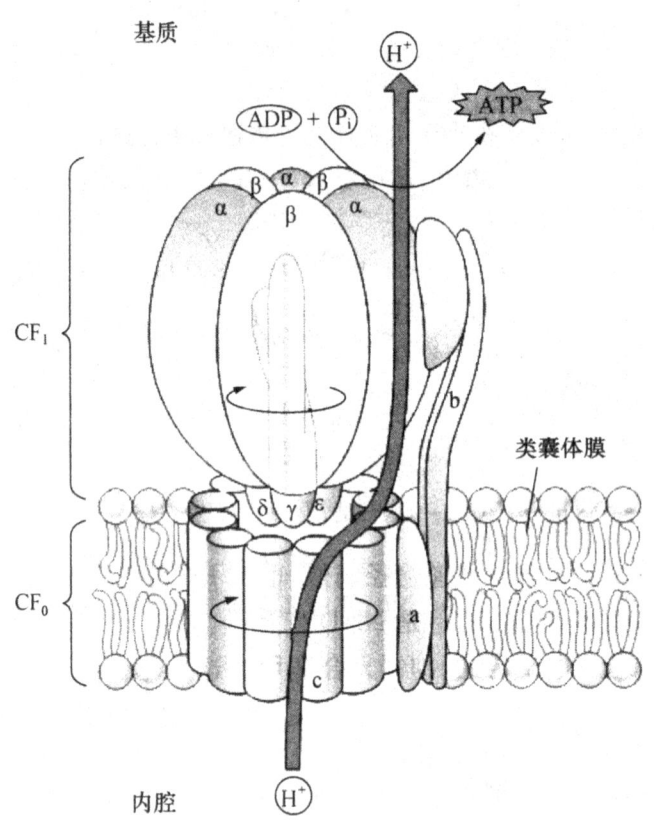

图 5-12　ATP 合酶的结构

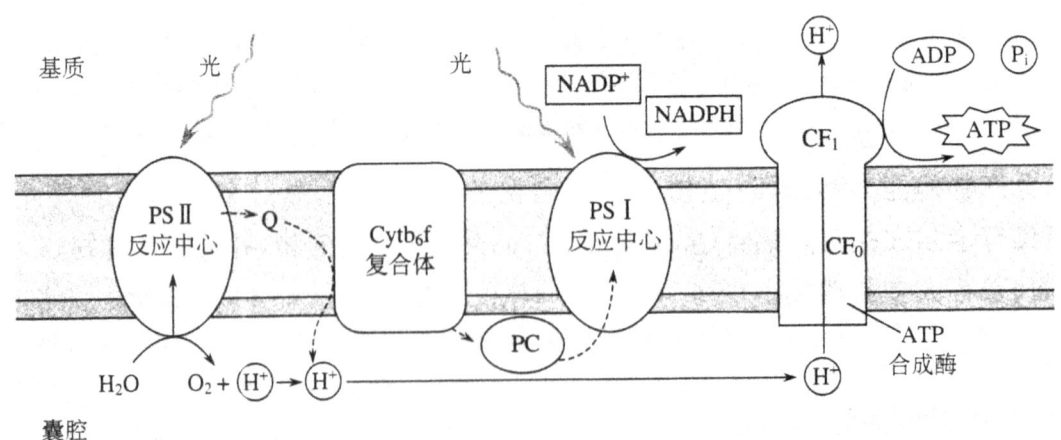

图 5-13　光合膜上电子与质子的传递及 ATP 的生成

化学渗透假说强调膜结构的完整性,如果膜不完整,质子能自由跨过膜,则无法在膜内外两侧形成质子动力势,就会发生解偶联现象。

(2)蛋白质构型变化学说

美国学者 Boyer(1993)提出,是 H^+ 浓度梯度引起 CF_1 上亚基的转动、变构而催化 ATP 合成的。当 H^+ 穿过 CF_0 通道时,可以推动 CF_1 上的 3 个 α/β 亚基与 γ 亚基轴心的相对旋转变构,同时生成磷酸酐键,即将 ADP 和 Pi 合成 ATP(图 5-14)。

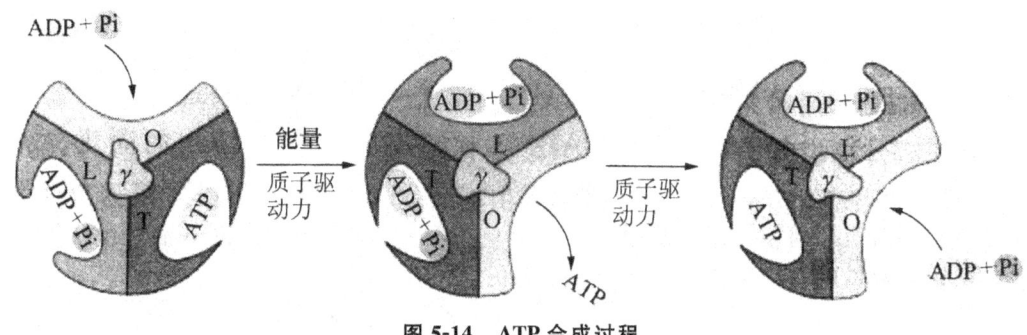

图 5-14　ATP 合成过程

通过电子传递和光合磷酸化,将光能转变成活跃的化学能,即形成 ATP 和 NADPH,两者都用于 CO_2 同化作用,因此把叶绿体在光下形成的 ATP 和 NADPH 合称为同化力(assimilatory power)。

5.1.4　光合碳同化

二氧化碳同化是光合作用中的一个重要过程。从能量转换角度讲,碳同化是将光反应所生成的 ATP 和 NADPH 中的活跃的化学能,转换为贮存在糖类中稳定的化学能的过程。目前发现,高等植物的碳同化有 3 条循环:即卡尔文循环(也称 C_3 途径,C_3 pathway)、C_4 途径(C_4 pathway)和景天酸代谢途径(crassulacean acid metabolism,CAM)。其中 C_3 途径是最基本的途径,因为只有 C_3 途径是将 CO_2 同化为碳水化合物的最终途径,另外两条途径只起固定、转运 CO_2 的作用。

1.卡尔文循环

因为卡尔文循环中 CO_2 的受体是一种戊糖(核酮糖二磷酸),故又称为还原戊糖磷酸途径(reductive pentose phosphate pathway,RPPP)。这个途径中 CO_2 被固定形成的最初产物是一种三碳化合物,故又称为 C_3 途径。卡尔文循环独具合成淀粉等光合产物的能力,是所有植物光合碳同化的基本途径,是放氧光合生物同化 C_3 的共有途径。只具有卡尔文循环,按照 C_3 途径固定、同化 CO_2 的植物,称为 C_3 植物(C_3 plant),如稻、麦、棉、油、茶等大多数植物。

C_3 途径大致可分为 3 个阶段,即羧化阶段、还原阶段和 RuBP 再生阶段。

(1)羧化阶段

羧化阶段也称 CO_2 的固定阶段。RuBP 作为 CO_2 的受体,在核酮糖-1,5-二磷酸羧化酶(ribulose-1,5-bisphosphate carboxylase,RuBPCase 或 RuBP 羧化酶)催化下,与 CO_2 形成不稳定的六碳过渡态化合物,水解生成 2 分子的磷酸甘油酸(PGA)。这是 CO_2 从无机物变成有机物的固定阶段,由于 CO_2 变成有机酸的羧基,故称为羧化。该反应为负自由能变化,不需要消耗能量。

$$\underset{\text{RuBP}}{\begin{array}{c}CH_2O(P)\\|\\C=O\\|\\H-C-OH\\|\\H-C-OH\\|\\CH_2O(P)\end{array}} + CO_2 + H_2O \xrightarrow[Mg^{2+}]{RuBP\text{ 羧化酶}} 2\underset{\text{PGA}}{\begin{array}{c}COOH\\|\\H-C-OH\\|\\CH_2O(P)\end{array}}$$

(2) 还原阶段

还原阶段(reduction phase)是一个吸收能量的过程，光反应中形成的还原力 ATP 和 NADPH 主要在这一阶段被利用。还原阶段分两步反应，第一步反应是 3-磷酸甘油酸被 ATP 磷酸化，在 3-磷酸甘油酸激酶(3-phosphoglycerate kinase)催化下，形成 1,3-二磷酸甘油酸(1,3-diphosphoglyceric acid, DPGA)。第二步反应是 DPGA 在 3-磷酸甘油醛脱氢酶(3-phosphoglyceraldehyde dehydrogenase)作用下被 NADPH 还原，形成 3-磷酸甘油醛(3-phosphoglyceraldehyde, PGAld)，这就是 CO_2 的还原阶段。

反应 1

$$\underset{\text{PGA}}{\begin{array}{c}{}^*COOH\\|\\HCOH\\|\\CH_2O(P)\end{array}} + ATP \xrightarrow{3\text{-磷酸甘油酸激酶}} \underset{\substack{1,3\text{-二磷酸甘油酸}\\(DPGA)}}{\begin{array}{c}{}^*C\!\!\!\underset{\backslash}{\overset{\diagup O}{=}}\!\!\!O(P)\\|\\HCOH\\|\\CH_2O(P)\end{array}} + ADP$$

反应 2

$$\underset{\text{DPGA}}{\begin{array}{c}{}^*\overset{O}{\underset{||}{C}}-O(P)\\|\\HCOH\\|\\CH_2O(P)\end{array}} + NADPH + H^+ \xrightarrow{3\text{-磷酸甘油醛脱氢酶}} \underset{3\text{-磷酸甘油醛(PGAld)}}{\begin{array}{c}{}^*CHO\\|\\HCOH\\|\\CH_2O(P)\end{array}} + NADP^+ + Pi$$

(3) RuBP 再生阶段

利用已形成的 3-磷酸甘油醛经一系列的相互转变，最终再生成核酮糖-1,5-二磷酸(RuBP)。光合作用刚开始时，叶绿体中 RuBP 浓度较低，无法持续维持 CO_2 固定过程进行。因此，CO_2 的受体——RuBP 的再生便成为 C_3 途径能否持续运转的关键所在。再生阶段的主要反应是 GAP 经过 C_4 糖、C_5 糖、C_6 糖和 C_7 糖等多种糖的转化，形成 5-磷酸核酮糖，再消耗 1mol ATP，在磷酸核酮糖激酶的催化下发生磷酸化作用形成 RuBP。

综上所述，C_3 途径以光反应形成的 ATP 和 NADPH 为能源，固定和还原 CO_2。每同化 1 分子 CO_2，要消耗 3 分子 ATP 和 2 分子 NADPH。还原 3 分子 CO_2 可输出 1 个三碳糖分子(PGAld)。若按每同化 $1mol \cdot L^{-1} CO_2$ 贮能 478kJ，每水解 $1mol \cdot L^{-1}$ ATP 和氧化 $1mol \cdot L^{-1}$ NADPH 可分别释放能量 32kJ 和 217kJ 计算，通过 C_3 途径同化 CO_2 的能量转换效率为 90%

[即 478/(32×3+217×2)]，其能量转换效率是非常高的。该循环以 RuBP 开始，以 RuBP 结束（图 5-15）。

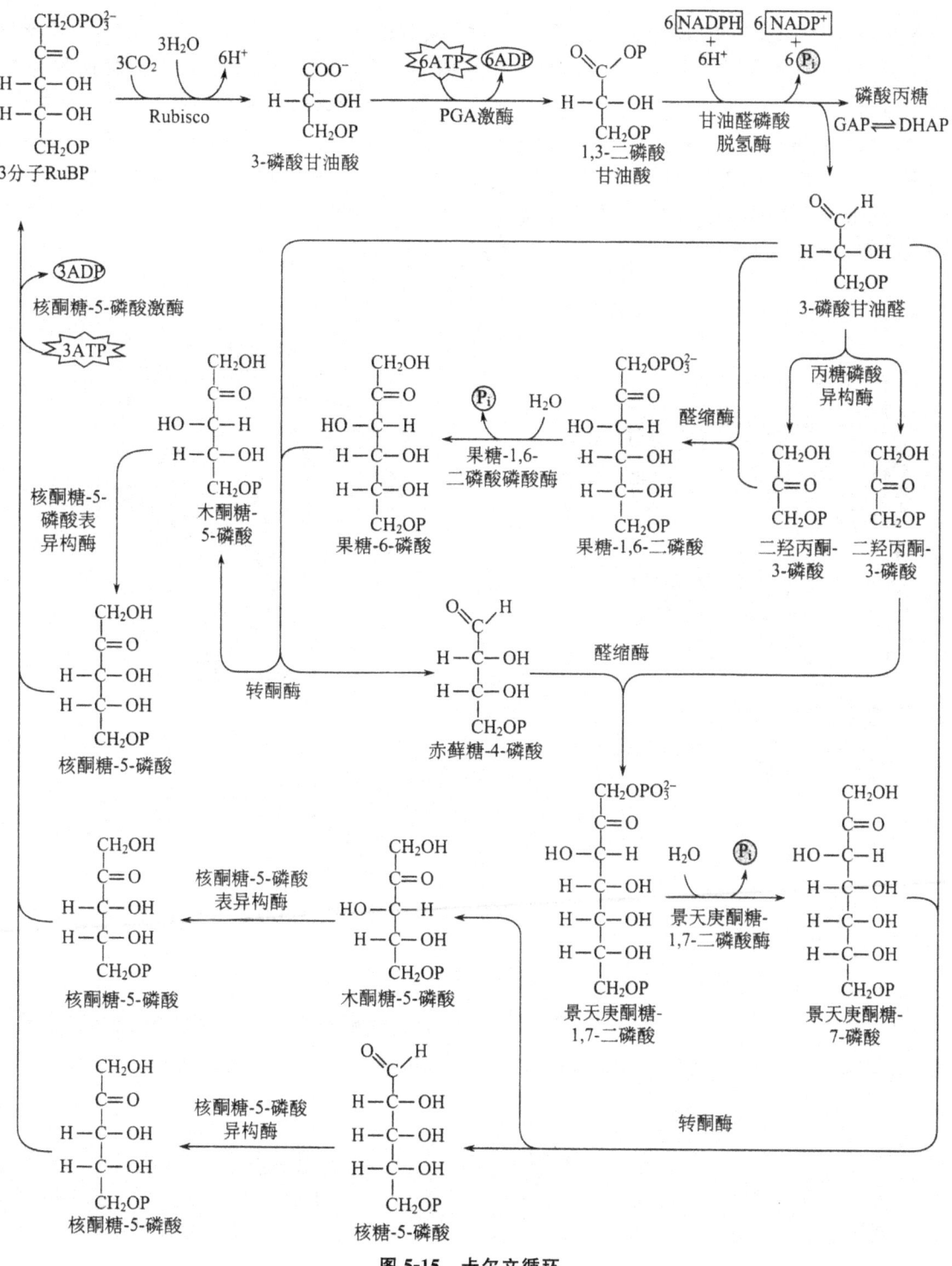

图 5-15　卡尔文循环

2. C₄途径

20世纪60年代中期,哈奇(M·D·Hatch)和斯莱克(C·R·Slack)研究证实,在一些光合效率高的植物中,如玉米、甘蔗等,其光合固定CO_2后的第一个稳定性产物是C_4-二羧酸,由此发现了另一条CO_2的同化途径,由于这条途径CO_2固定的最初形成产物是C_4化合物,故称为C_4途径,也称为C_4-二羧酸途径或Hatch-Slack循环。具有这种碳同化途径的植物称为C_4植物。至今已发现禾本科、莎草科、苋科、藜科、大戟科、马齿苋科、菊科等22科的1 700多种C_4植物。大多数C_4植物具有"花环"解剖结构特点——在叶脉周围有一圈含叶绿体的维管束鞘细胞(bundle sheath cell, BSC),其外面又环列着叶肉细胞。而C_3植物的BSC内不含叶绿体,外围的叶肉细胞分布无规则(图5-16)。

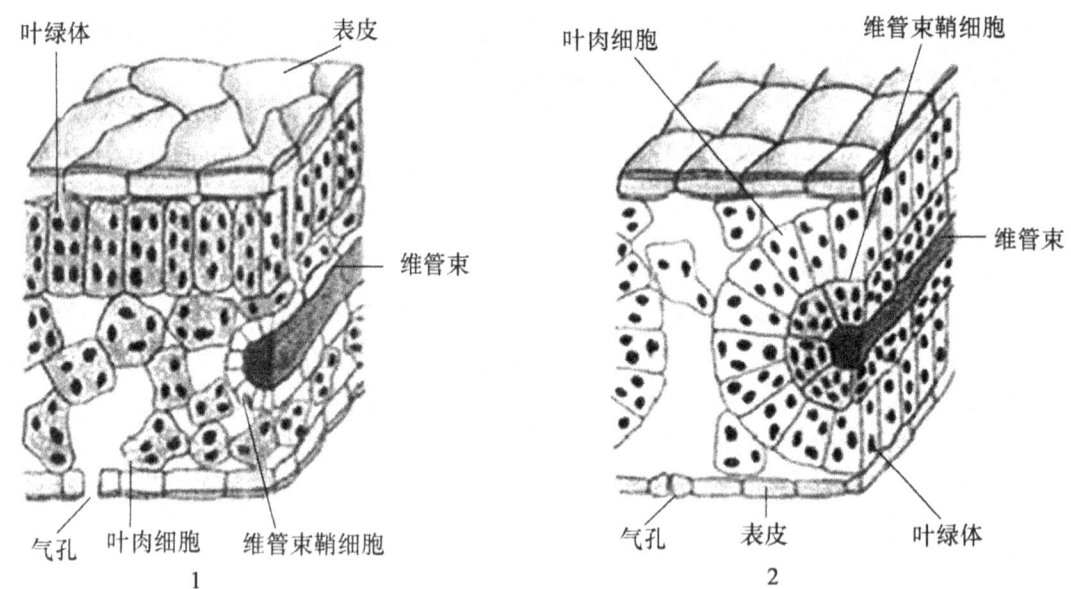

图5-16 C_3和C_4植物叶片结构的比较
1. C_3植物叶片 2. C_4植物叶片

C_4植物的光合碳同化先后在叶肉细胞和维管束鞘细胞中进行,其过程大致可分为4个阶段(图5-17)。

(1)CO_2固定

C_4途径的CO_2受体是磷酸烯醇式丙酮酸(PEP),它在磷酸烯醇式丙酮酸羧化酶(PEP羧化酶)的催化下,固定CO_2形成草酰乙酸(OAA)。其反应式为:

$$\begin{matrix} CH_2 \\ \| \\ C-O(P) \\ | \\ COOH \end{matrix} + CO_2 + H_2O \xrightarrow{PEP羧化酶} \begin{matrix} COOH \\ | \\ C=O \\ | \\ CH_2 \\ | \\ COOH \end{matrix} + Pi$$

PEP   OAA

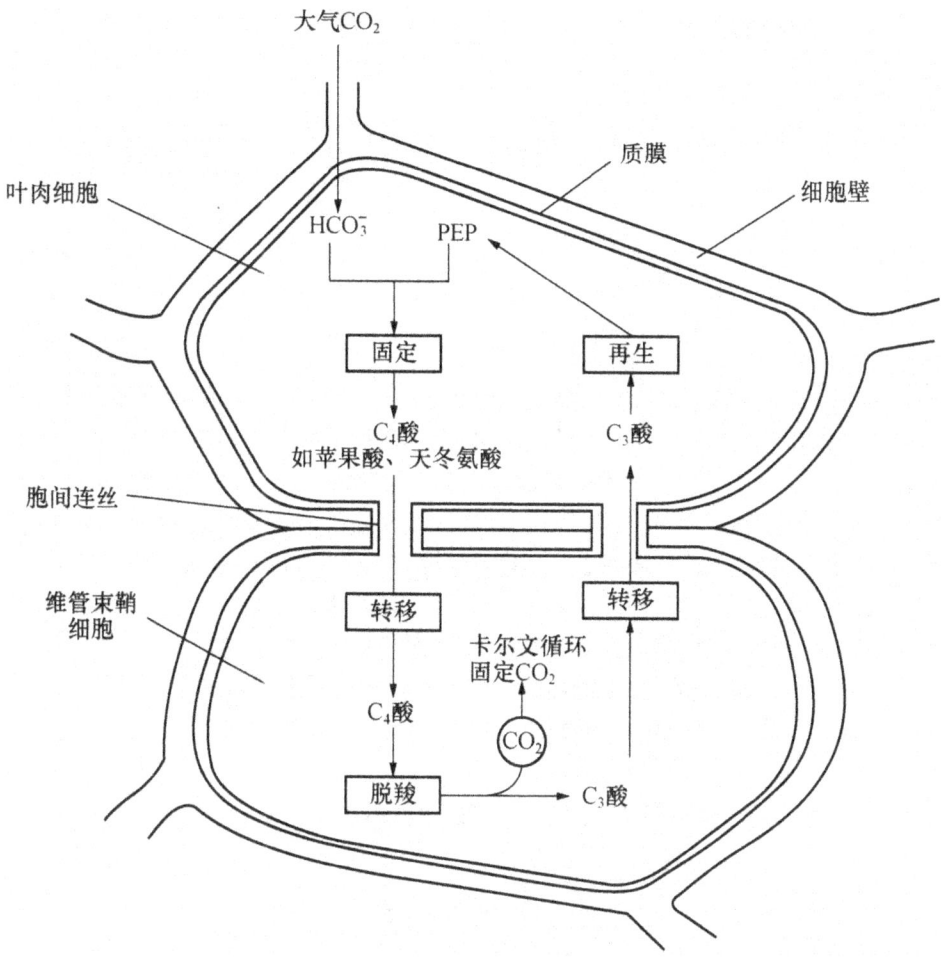

图 5-17 C₄ 植物光合碳同化途径示意

与 C₃ 途径不同的是,催化此反应的 PEPC 分布在叶肉细胞的细胞质中,因此在 C₄ 途径中,固定 CO₂ 的最初反应不是在叶绿体中而是在叶肉细胞的细胞质中进行。PEP 羧化酶也是一种光调节酶。

(2) CO_2 还原

OAA 运入叶绿体,在 NADPH 苹果酸脱氢酶的催化下,还原为苹果酸(malic acid, Mal)。也可由天冬氨酸转氨酶催化转变为天冬氨酸(aspartic acid, Asp)。反应式为:

$$\begin{array}{c} COOH \\ | \\ C=O \\ | \\ CH_2 \\ | \\ COOH \\ OAA \end{array} + NHDPH + H^+ \longrightarrow \begin{array}{c} COOH \\ | \\ CHOH \\ | \\ CH_3 \\ | \\ COOH \\ Mal \end{array} + NADP^+$$

```
COOH           COOH              COOH          COOH
|              |                 |             |
C=O      +     CH₂       ——→    CHNH₂    +    CH₂
|              |                 |             |
CH₂            CH₂               CH₂           CH₂
|              |                 |             |
COOH           CHNH₂             COOH          C=O
               |                               |
               COOH                            COOH

OAA             Glu               ASP          α-Ket
```

(3) CO_2 转移与脱羧反应

C_4 植物叶肉细胞与维管束鞘细胞之间有大量胞间连丝,生成的这些苹果酸或天冬氨酸通过胞间连丝运到维管束鞘细胞中。四碳二羧酸在维管束鞘细胞中脱羧,释放 CO_2 进入叶绿体中参加卡尔文循环,经过再次固定,还原而形成磷酸丙糖。

根据运入维管束鞘的 C_4 二羧酸的种类、参与脱羧反应的酶类及脱羧发生的部位,C_4 途径又分 3 种亚类型:依赖 NADP 的苹果酸酶(NADP malic enzyme)的苹果酸酶型(NADP-ME 型);依赖 NAD 的苹果酸酶(NAD malic enzyme)的天冬氨酸型(NAD-ME 型);具有 PEP 羧激酶(PEP carbo xykinase)的天冬氨酸型(PEP-CK 型)。

①NADP-苹果酸酶型。维管束鞘细胞的叶绿体中,由 NADP-苹果酸酶催化,苹果酸脱酸,生成丙酮酸(pyruvate,Pyr)。丙酮酸运回到叶肉细胞的叶绿体中,再生 PEP,反应如图 5-18 所示。

$$Mal + NADP^+ \longrightarrow Pry + NADPH + CO_2$$

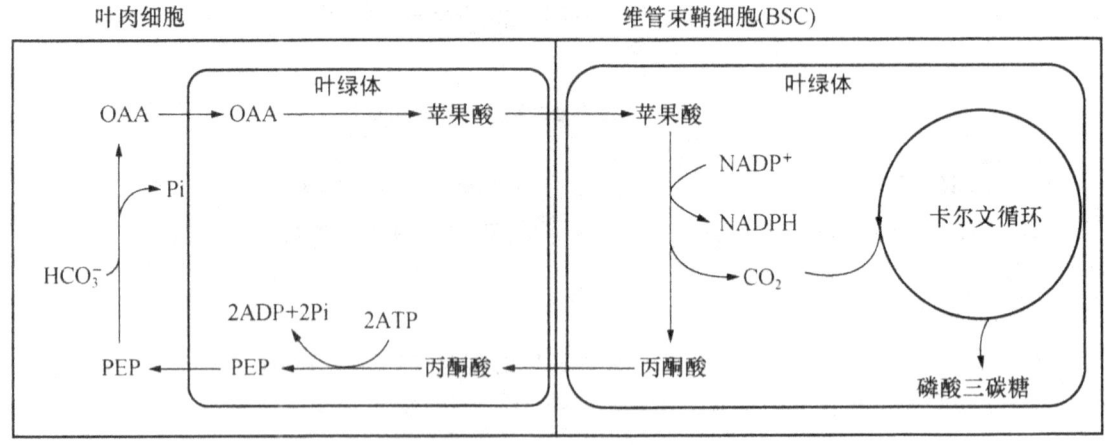

图 5-18 NADP-苹果酸酶型示意

②NAD-苹果酸酶型。由叶肉细胞进入维管束鞘细胞中的 C_4 二羧酸为天冬氨酸,在维管束鞘细胞的线粒体中,天冬氨酸先由转氨酶催化为 OAA,再在 NAD-苹果酸脱氢酶作用下还原成苹果酸。由 NAD-苹果酸酶催化苹果酸氧化脱羧形成丙酮酸并释放 CO_2。丙酮酸转化为丙氨酸后运回叶肉细胞,再形成 PEP,反应如图 5-19 所示。

$$Mal + NAD^+ \longrightarrow Pry + NADPH + CO_2$$

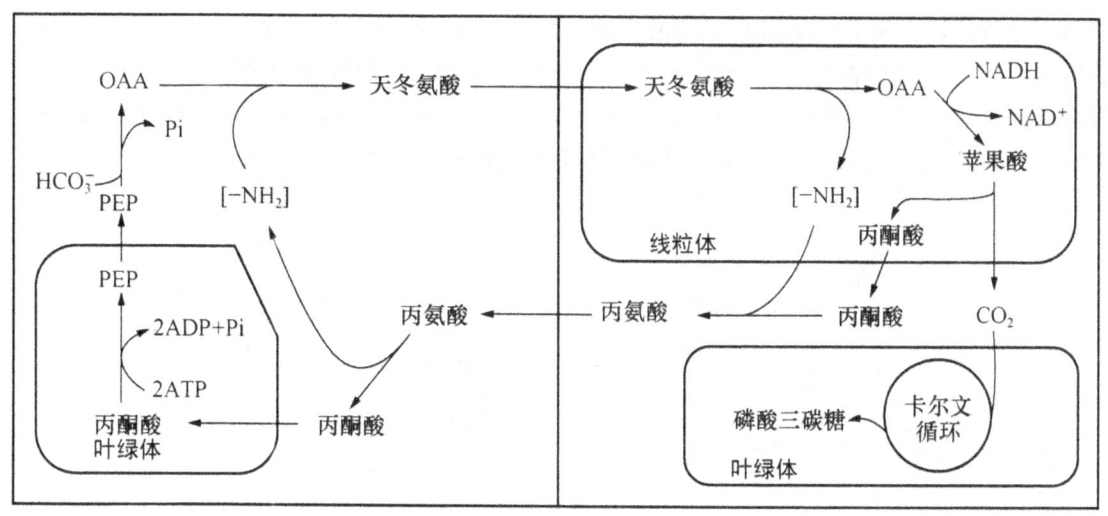

图 5-19 NAD-苹果酸酶型示意

③PEP-羧激酶型。由叶肉细胞进入维管束鞘细胞中的 C_4 二羧酸为天冬氨酸,在维管束鞘细胞胞质中转变为 OAA,然后 OAA 进入维管束鞘细胞的叶绿体中经 PEP 羧激酶的催化,氧化脱羧形成 PEP 并释放 CO_2,再在 PEP 羧激酶催化下生成 PEP 并释放 CO_2,而被再固定,如图 5-20 所示。

$$OAA + ATP \longrightarrow PEP + ADP + CO_2$$

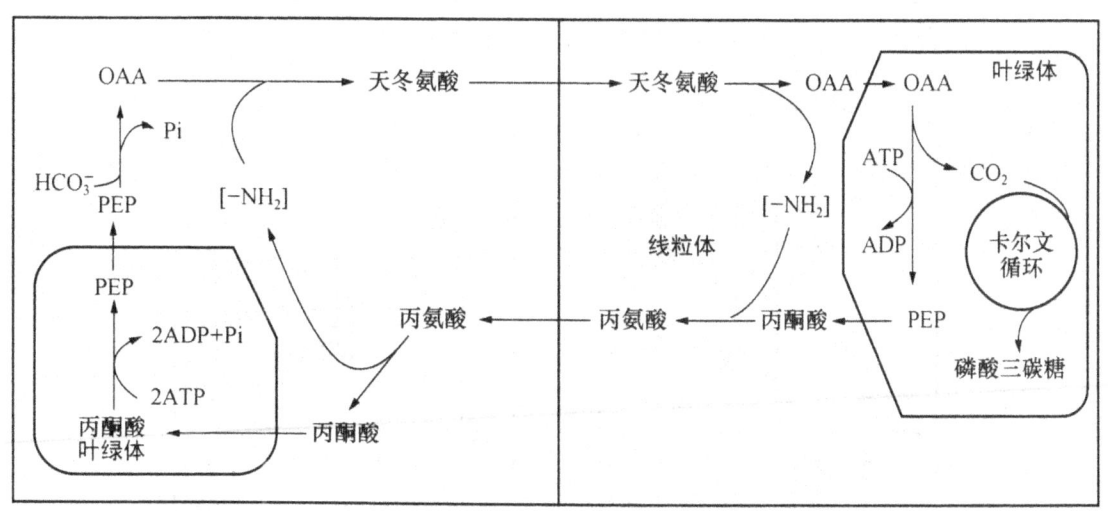

图 5-20 PEP-羧激酶型示意

(4) PEP 的再生

C_4 酸脱羧产生的 C_3 被运回到叶肉细胞中,转变成为 PEP。

3. 景天酸代谢途径

景天科植物,如景天、落地生根等的叶子,有特殊的 CO_2 同化方式。夜间气孔开放,吸收 CO_2,在 PEP 羧激酶作用下与 PEP 结合形成 OAA,OAA 在 NADP-苹果酸脱氢酶作用下进一步还原为苹果酸,苹果酸增加,细胞液 pH 下降。白天气孔关闭,液泡中的苹果酸转移到细胞质基质,在 NADP-苹果酸酶作用下,氧化脱羧,释放 CO_2,通过卡尔文循环形成淀粉;苹果酸脱羧形成的丙酮酸可以转变成 PEP 再还原成磷酸丙糖,最后合成淀粉。所以植物体在白天苹果酸减少,淀粉增加;在夜间有机酸含量高,而糖类含量下降。这种有机酸合成日变化的代谢类型最早发现于景天科植物,所以称为景天酸代谢(crassulacean acid metabolism,CAM)途径(图 5-21)。仙人掌、菠萝等植物叶片的有机酸含量,也有同样的变化,所以这些植物通称为景天酸代谢植物(CAM plant)。

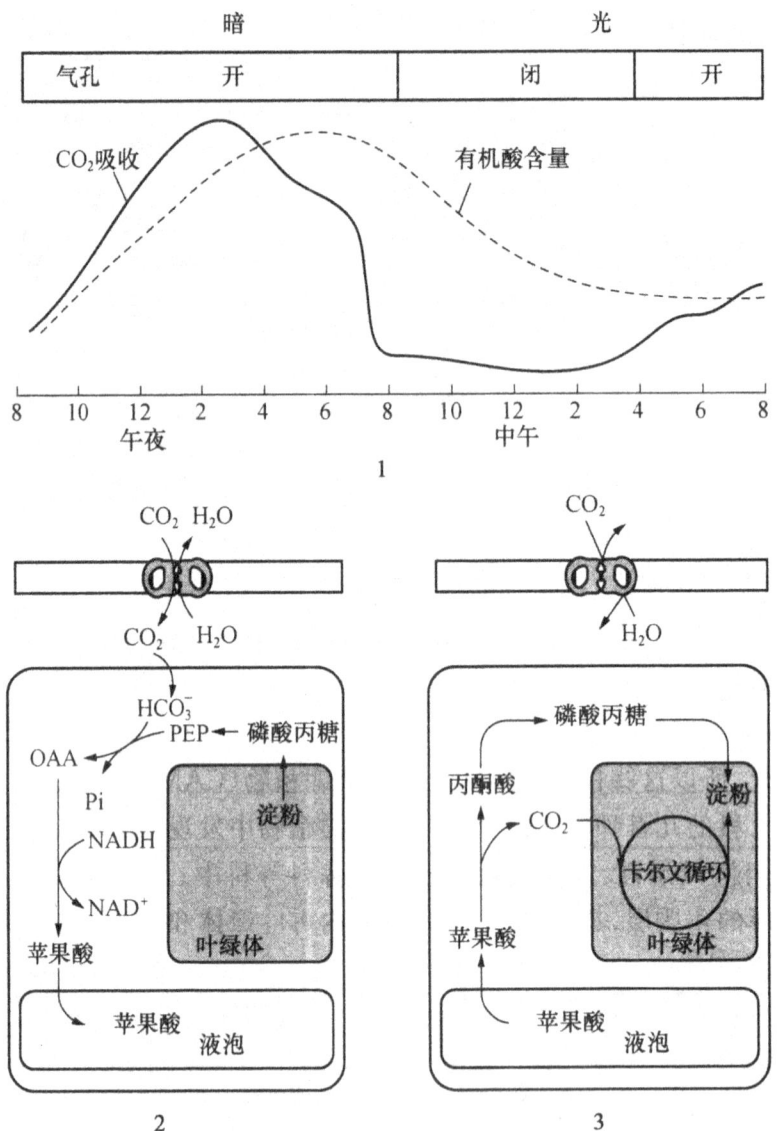

图 5-21　景天酸代谢途径示意
1. CO_2 和有机酸变化曲线　2.夜间代谢　3.白天代谢

5.2　光合色素的结构域光化学特性

在光合作用过程中吸收光能的色素统称为光合色素(photosynthetic pigments),主要有叶绿素、细菌叶绿素(bacteriochlorophyll)、类胡萝卜素和藻胆素几个大类。高等植物含有叶绿素和类胡萝卜素,它们绝大部分都位于叶绿体中。光合细菌则含有细菌叶绿素和类胡萝卜素。藻胆素仅存在于藻类中。

5.2.1 叶绿体色素的结构与性质

1. 叶绿素

植物的叶绿素包括 a、b、c、d 4 种,高等植物的叶绿素主要有叶绿素 a 和叶绿素 b 两种,叶绿素 c、d 存在于藻类中。叶绿素 a 呈蓝绿色,叶绿素 b 呈黄绿色,它们不溶于水,但能溶于乙醇、丙酮、乙醚、氯仿等有机溶剂。由于叶绿素与蛋白质结合得很牢,需要经过水解作用才能被提取出来,故通常用含有少量水的有机溶剂[如 80% 丙酮,或 95% 乙醇,或丙酮、乙醇、水(4.5:4.5:1)的混合液]来提取叶绿素。

叶绿素分子含有 4 个吡咯环,它们和 4 个甲烯基(—CH=)连接成一个大环,叫作卟啉环。镁原子以 2 个共价键和 2 个配位键与卟啉环的氮原子结合,居于卟啉环的中央。其中,卟啉环中的镁原子可被 H^+、Cu^{2+}、Zn^{2-} 置换。用酸处理叶片,H^+ 易进入叶绿体,置换镁原子形成去镁叶绿素,使叶片呈褐色。去镁叶绿素易与铜离子结合,形成铜代叶绿素,颜色比原来更稳定。人们常根据这一原理用醋酸铜来保存绿色植物标本。

叶绿素 b 与叶绿素 a 的区别,仅在于第二个吡咯环上的—CH_3 为—CHO 所取代,见图 5-22。

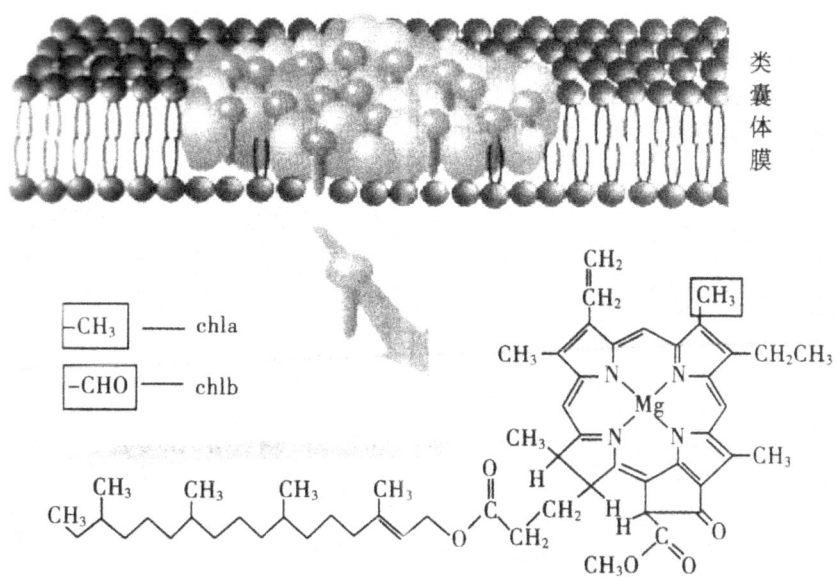

图 5-22 叶绿素的分子结构及在类囊体膜上的存在方式

2. 类胡萝卜素

类胡萝卜素分子都含有一条共轭双键的长链。类胡萝卜素是一类由 8 个异戊二烯单位组成的含有 40 个碳原子的化合物,不溶于水,能溶于有机溶剂。

在它的两端各具有一个对称排列的紫罗兰酮环,见图 5-23,不溶于水而溶于有机溶剂。胡萝卜素是不饱和的碳氢化合物,分子式是 $C_{40}H_{56}$,有 α-、β- 及 γ-胡萝卜素 3 种同分异构体,叶子中常见的是 β-胡萝卜素。在一些真核藻类中还含有 ε-类胡萝卜素。叶黄素是由胡萝卜素衍生的醇类,分子式是 $C_{40}H_{56}O_2$。胡萝卜素呈橙黄色,叶黄素呈黄色。一般情况下,叶片中叶绿素与类胡萝卜素的比值约为 3∶1,所以正常的叶子呈绿色;而在叶片衰老过程中,叶绿素较易降解,而类胡萝卜素比较稳定,所以叶片呈黄色。

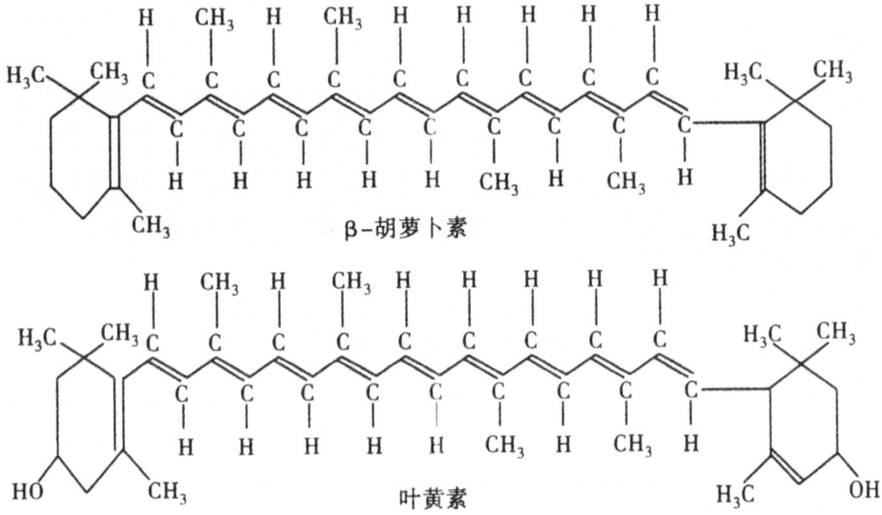

图 5-23 类胡萝卜素的分子结构

叶黄素与胡萝卜素的区别是紫罗兰酮环的第四位碳上加氧(即由—OH 代替—H)而成的。类胡萝卜素具有吸收和传递光能及保护叶绿素免受光氧化的功能。

3. 藻胆素

藻胆素(phycobilin)是藻类植物主要的光合色素,有藻红素、藻蓝素、别藻蓝素等,常与蛋白质结合为藻胆蛋白(phycobiliprotein)。藻胆素的 4 个吡咯环形成直链共轭体系,不含镁和叶绿醇链,具有收集和传递光能的作用,如图 5-24 所示。

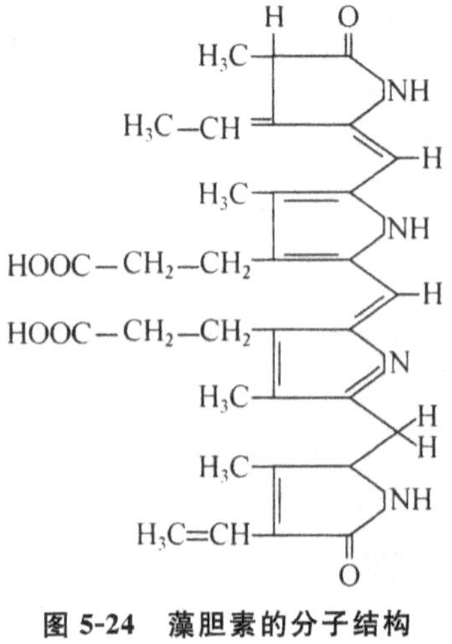

图 5-24 藻胆素的分子结构

藻胆素主要有藻红蛋白(吸收450~570nm的光而呈红色)、藻蓝蛋白(吸收490~610nm的光呈青色)和别藻蓝蛋白(吸收650~670nm的光呈蓝色)3类。它们的生色团与蛋白质以共价键牢固地结合。藻胆素的4个吡咯环构成直链共轭体系,不含镁和叶绿醇链,具有收集和传递光能的作用。

5.2.2 叶绿素的吸收光谱

太阳辐射到地面的光,波长为300~2 600nm,对光合作用有效的可见光的波长在400~700nm(图5-25)。当光束通过三棱镜后,白光被分成红、橙、黄、绿、青、蓝、紫七色连续光谱。如果把光合色素溶液放在光源和分光镜之间,由于光合色素有很强的吸光能力,使有些波长的光被溶液吸收而出现暗带,这种光谱就是光合色素的吸收光谱(absorption spectrum)。

如果把叶绿体色素溶液放在光源和分光镜的中间,可以发现叶绿素吸收光波的最强吸收区有两个:一个在波长为640~660nm的红光部分,另一个在波长为430~450nm的蓝紫光部分,如图5-26所示。

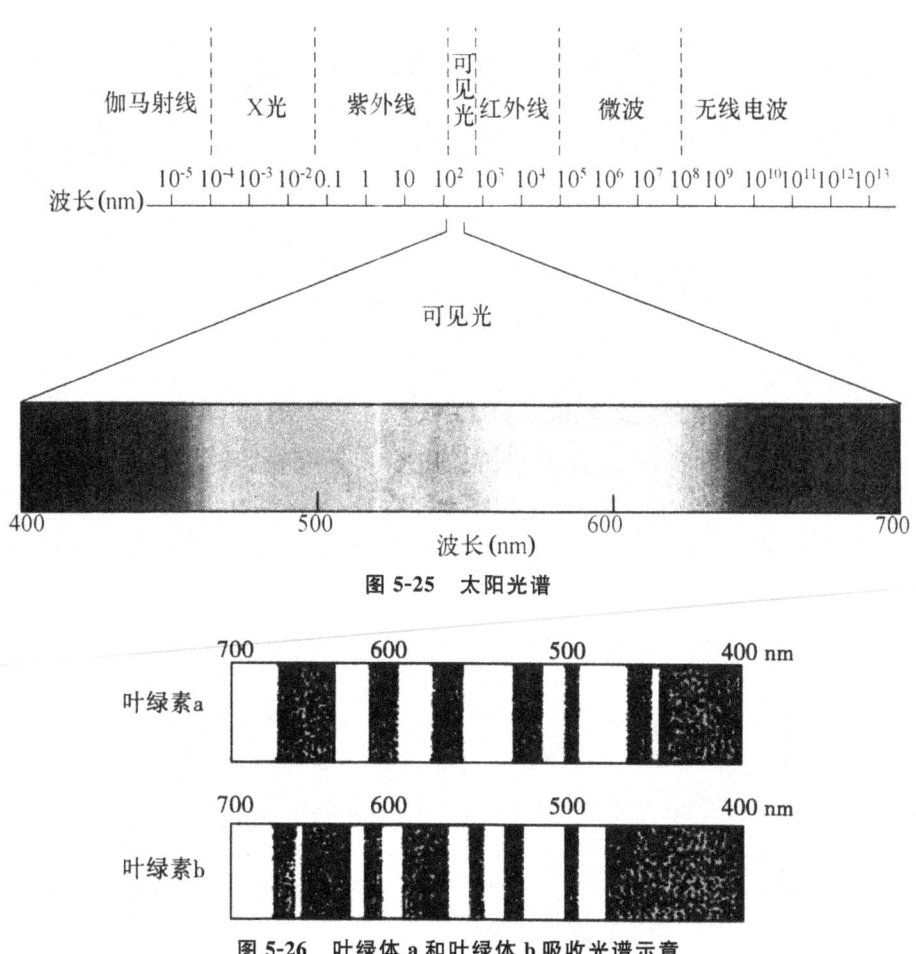

图5-25 太阳光谱

图5-26 叶绿体a和叶绿体b吸收光谱示意

叶绿素a和叶绿素b由于在分子结构上的差异导致它们的吸收光谱也略有不同,叶绿素a在红光部分的吸收带比叶绿素b要宽些,且偏向长光波方面;在蓝紫光部分偏向短光波方面。

类胡萝卜素和藻胆素的吸收光谱与叶绿素的差别较大。类胡萝卜素吸收红光、橙光与黄光，最大吸收带在 400~500nm 的蓝紫光部分，且吸收强度较叶绿素吸收蓝紫光强得多，这也是类胡萝卜素有保护叶绿素免受光氧化功能的原因之一。藻胆色素的吸收光谱与类胡萝卜素恰好相反，主要吸收红橙光和黄绿光。藻红蛋白和藻蓝蛋白两者吸收光谱的差异也较大，藻红蛋白的最大吸收峰在绿光和黄光部分，而藻蓝蛋白的最大吸收峰在橙红光部分。植物体内不同光合色素对光波的选择吸收是植物在长期进化中形成的对生态环境的适应，这使植物可利用各种不同波长的光进行光合作用（图5-27）。

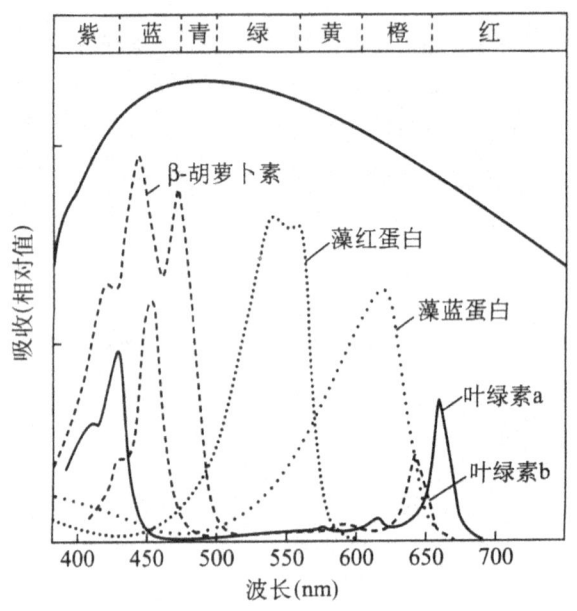

图 5-27　主要光合色素的吸收光谱

5.2.3　叶绿素的荧光现象和磷光现象

通常叶绿素分子处于最稳定的、能量最低的状态——基态（ground state）。当它吸收光子后，会引起原子结构内电子的重新排列，从而上升到不稳定的高能状态——激发态（excited state）。

叶绿素溶液经日光等复合光照时，其在透射光下呈绿色，反射光下呈红色。叶绿素溶液反射光为红色的现象称为叶绿素的荧光现象。当叶绿素分子吸收光子后，就由基态上升到激发态。激发态的叶绿素分子是极不稳定的，其跃迁到能级更高的外层轨道上的电子总有返回到基态的趋势。当该电子回到基态时，多余的能量就要释放，有的以热的形式释放，有的以光的形式消耗。从第一单线态回到基态所发射的光称为荧光，处在三线态的叶绿素分子回到基态时所发出的光称为磷光，见图 5-28 所示。

由于叶绿素分子吸收的光能有一部分消耗于分子内部的振动上，发射出的荧光的波长总是比吸收光的波长要长一些，叶绿素溶液在透射光下呈绿色，而在反射光下呈红色。在叶片或叶绿体中发射荧光很弱，肉眼难以观测出来，耗能很少，一般不超过吸收能量的 5%，因为大部分能量用于光合作用。在实验室中提取的色素溶液，由于缺少能量受体或电子受体，在照光时色素会发射很强的荧光。目前可用荧光仪检测到生活叶片中的叶绿素荧光，成为研究不同环境胁迫下光合作用中心是否受损的一种重要手段。

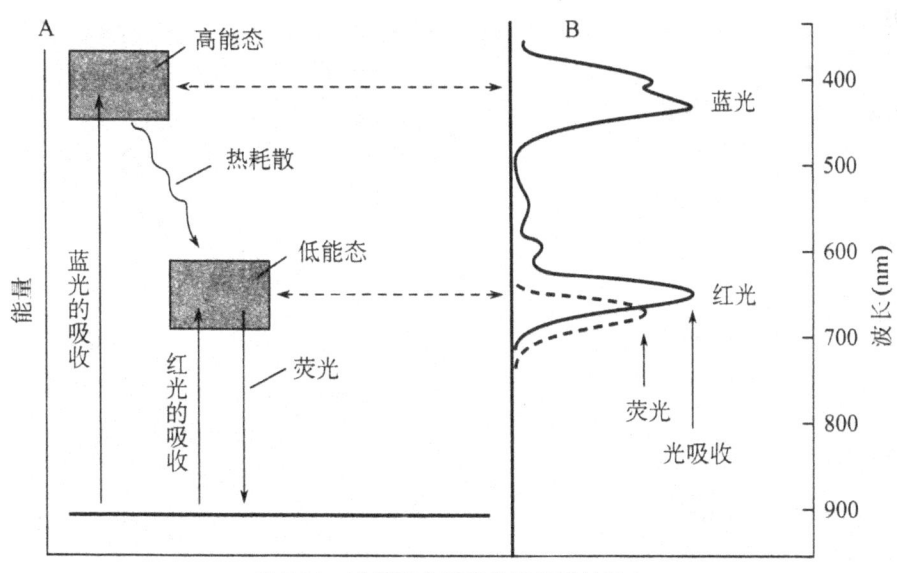

图 5-28 叶绿素分子吸收能量后的转变

5.2.4 叶绿素的生物合成及降解

叶绿素在植物体内与其他物质一样,不断地合成,同时也在不断地分解,代谢速度很快。叶绿素的生物合成过程十分复杂,其中某些步骤迄今尚未明确。现知谷氨酸是合成叶绿素的起始物质,经转化成 δ-氨基酮戊酸(ALA),2 分子 ALA 合成含吡咯环的胆色素原,4 分子胆色素原经多步反应,聚合成为原卟啉 IX。原卟啉 IX 与镁结合形成 Mg-原卟啉,再经甲基化、环化和乙烯还原反应,转变为单乙烯基原叶绿素酸酯,再经光照还原,转化为叶绿素酸酯 a,然后与叶绿醇结合即成叶绿素 a。叶绿素 a 氧化即形成叶绿素 b,如图 5-29 所示。

叶绿素的降解是由完全不同的酶促反应完成的。首先是在叶绿素酶(chlorophyllase)作用下将叶绿醇尾除去;再由镁脱螯合酶(dechelatase)将镁除去;之后再由依赖于氧的加氧酶将卟啉结构打开,形成四吡咯;四吡咯进一步形成水溶性的、无色的产物。这些代谢产物被输出衰老的叶绿体并进入液泡。叶绿素的代谢产物并不被循环使用,但与叶绿素结合的色素蛋白却可以被循环重复使用。

5.2.5 叶绿素蛋白复合体

叶绿体中所有的叶绿素都位于类囊体膜上(叶绿体膜上没有叶绿素,但有少量类胡萝卜素),并以非共价键排列在特定的蛋白质上,以色素蛋白复合体的形式插入类囊体膜。一个蛋白质的多肽链上常可结合多个叶绿素分子。叶绿素的疏水叶绿醇尾部可能位于蛋白质和膜脂间,而其亲水的卟啉头部可能位于蛋白质内。叶绿素分子传递能量的效率很高,要达到这个高效率,需要色素分子间有适当的距离和适当的相互角度,即有序排列,而类囊体膜上的蛋白质提供了叶绿素排列的基本骨架,因此叶绿素的这种空间排列保证了能量按一定方向高效传递。

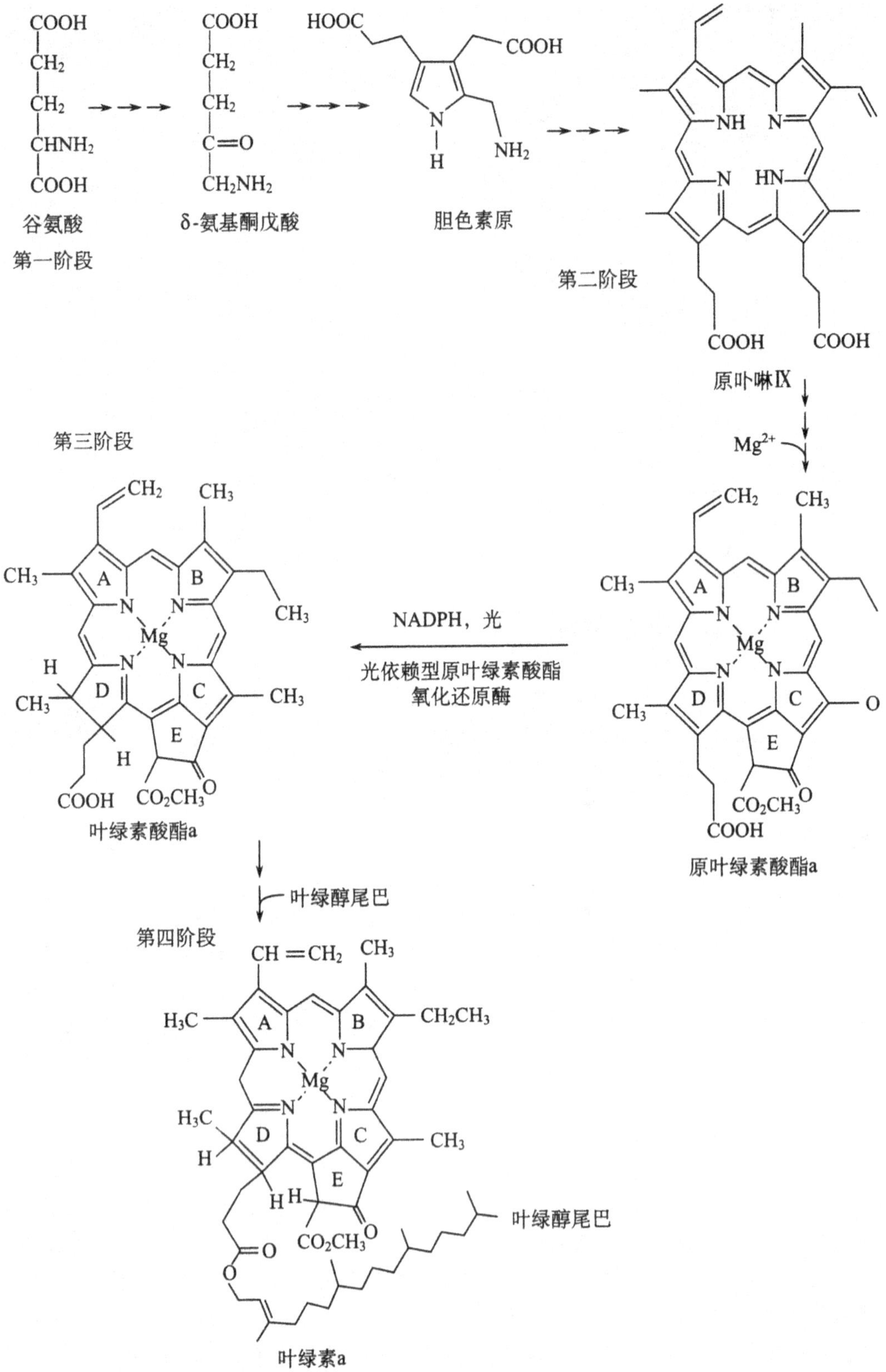

图 5-29 叶绿素 a 的生物合成途径

叶绿素蛋白复合体按所含叶绿素分类,可分为叶绿素 a 蛋白复合体和叶绿素 a/b 蛋白复合体两类。

1. 叶绿素 a 蛋白复合体

叶绿素 a 蛋白复合体主要包括:PSⅠ及其天线色素和 PSⅡ及其天线色素,又分别称为 CPⅠ和 CPa。CPⅠ的相对分子质量为 $1.1×10^5$,结合了叶绿素总量的 30%,无叶绿素 b。每一个 CPⅠ分子约含有 100 个叶绿素分子。CPa 结合了大约叶绿素总量的 10%。叶绿素 a 蛋白复合体具有一些共同性质,即都结合叶绿素 a,含有 β-胡萝卜素;都是高疏水性的与反应中心紧密联系的蛋白;相对分子质量一般都高于叶绿素 a/b 复合体,蛋白质都由叶绿体基因编码。

2. 叶绿素 a/b 蛋白复合体

叶绿素 a/b 蛋白复合体又称聚光复合体或捕光色素蛋白复合体(light harvesting complex,LHC),是类囊体膜上最丰富的蛋白复合体。LHC 结合了叶绿素 a 总量的 50% 和所有的叶绿素 b,LHC 不参与光化学反应,只起传递光能的作用。

叶绿素 a/b 蛋白复合体的共同性质是:结合叶绿素 a 和 b;相对分子质量为 $2×10^4 \sim 3×10^4$,蛋白质都由核基因编码;光诱导合成,在黑暗中生长的植物缺乏叶绿素 a/b 复合体;叶绿素 a/b 蛋白复合体具有某些共同的氨基酸序列,在结构上有共性。叶绿素 a/b 蛋白复合体分为 LHCⅠ和 EHCⅡ两类,LHCⅠ为 PSⅠ的天线,LHCH 为 PSⅡ的天线,它们又可分为多种类型。

LHCⅠ至少具有两种不同的色素蛋白复合体,一种具 730nm 的低温荧光,称为 LHCⅠ-730,另一种具 680nm 的低温荧光,称为 LHCⅠ-680。它们可能具有不同的叶绿素组成。

LHCⅡ有 LHCⅡa(又称 CP29)、LHCⅡb、LHCⅡc(又称 CP26)和 LHCⅡd(又称 CP24)。LHCⅡb 是最早发现的叶绿素 a/b 蛋白复合体,是叶绿素 a/b 蛋白复合体的主要类型,因此在许多文献中将 LHCⅡb 称为 LHCⅡ,而将 LHCⅡa、LHCⅡc 和 LHCⅡd 称为 CP29、CP26 和 CP24。

植物中大约有 50% 的叶绿素是和 LHCⅡ结合的。它是 PSⅡ的主要天线,主要分布在类囊体的垛叠区。LHCⅡ的单体含有 12 个叶绿素分子(7 个叶绿素 a 与 5 个叶绿素 b),2 个类胡萝卜素分子。其主要功能是进行光能的吸收和传递,提高捕光面积和捕光效率。此外,LHCⅡ在光能分配的调节及光保护反应中也具有重要的作用。自然状态下有生理活性的 LHCⅡ是三聚体。

5.3 光合作用的产物

C_3 途径是碳同化过程的最基本途径。在光合碳还原循环中,含有各种中间产物,这些中间产物都可以从循环中游离出来,形成光合作用的产物,如碳水化合物、蛋白质、脂肪、有机酸等。但为了保证光合碳还原循环的正常运转,游离的产物应是三碳倍数的化合物。光合作用的初级产物(中间产物)是丙糖磷酸(TP)。它可以在叶绿体中合成淀粉等光合产物(photosyntheticyield),也可以通过"Pi 运转器"输送出叶绿体外,合成蔗糖等光合产物。蛋白质、脂肪和有机酸(包括乙醇酸等)也是光合作用的产物。由此可见,光合产物形成的途径是多方面的。

5.3.1 光合作用的直接产物

不同植物光合直接产物的种类和数量是有差别的。大多数高等植物的光合产物是淀粉,例如棉花、烟草、大豆等。而洋葱、大蒜等植物的光合产物是葡萄糖和果糖,不形成淀粉;小麦、蚕豆等主要是蔗糖。

植物的生育期和环境条件也影响光合产物的形成。一般成熟叶片主要形成碳水化合物,幼龄叶片除碳水化合物之外,还形成较多的蛋白质。强光和高浓度 CO_2 有利于蔗糖和淀粉的形成,而弱光则有利于谷氨酸、天冬氨酸和蛋白质的形成(图 5-30)。

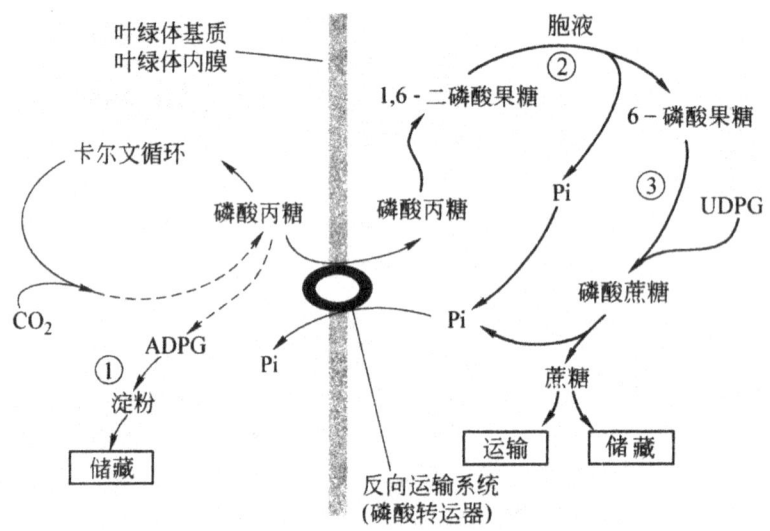

图 5-30 蔗糖与淀粉的合成

5.3.2 淀粉与蔗糖的合成

淀粉和蔗糖是光合作用的主要终产物。光合碳代谢形成的磷酸丙糖去向直接决定了有机碳的分配。磷酸丙糖或继续参与卡尔文循环的运转,或者滞留在叶绿体内,并在一系列酶作用下合成淀粉;或者通过位于叶绿体被膜上的磷酸丙糖转运器(triose phosphate translocator,TPT)进入细胞质,再在一系列酶作用下合成蔗糖。合成的蔗糖或者临时储藏于液泡内,或者输出光合细胞,经韧皮部装载通过长距离运输运向库细胞。因此,了解光合细胞中碳水化合物间的相互转化及其调节机制,对阐明光合产物的运输机制和调节具有重要的理论意义。

1.淀粉的合成

光合产物淀粉是在叶绿体内合成的。催化淀粉合成的途径有两条:一条称 ADP-葡萄糖(ADPG)途径;另一条为淀粉磷酸化酶催化的途径。然而,植物体内淀粉磷酸化酶主要催化淀粉降解代谢。因此,这里主要介绍 ADPG 途径。C_3 途径合成的磷酸丙糖(TP)、FBP、F6P,可转化为 G6P、G1P,在 ADPG 焦磷酸化酶(ADPG pyrophosphorylase)作用下使 G1P 与 ATP 作用生成 ADPG,然后淀粉合成酶(starch synthase)催化 ADPG 分子中的葡萄糖转移到 α-1,4-葡聚糖引物(麦芽糖、麦芽三糖)的非还原性末端,再由分支酶(branching enzyme)催化 α-1,6-糖苷键形

成具 α-1,6-糖苷键的分支葡聚糖链。

$$G1P + ATP \xrightarrow{\text{ADPG 焦磷酸化酶}} ADPG + PPi$$

$$(\text{葡萄糖})_n + ADPG \xrightarrow{\text{淀粉合成酶}} (\text{葡萄糖})_{n+1} + ADP$$

分支酶对淀粉合成具有以下两方面意义。

①使淀粉的 α-1,4-糖苷键连接的直链变为含有 α-1,6-糖苷键连接的支链,使葡聚糖的分子量不断增大,以便让有限的细胞空间能容纳更多的具有能量的物质。

②α-1,6-糖苷键的导入使葡聚糖的非还原性末端增加,这有利于 ADPG 焦磷酸化酶和淀粉合成酶的催化反应,能在短时间内催化合成更多的淀粉。

2. 蔗糖的合成

蔗糖的合成是在细胞质内进行的。光合中间产物磷酸丙糖通过叶绿体被膜上的磷酸丙糖转运器进入细胞质。在细胞质中,DHAP 在磷酸丙糖异构酶作用下转化为 GAP,两者处于平衡状态,然后 DHAP 和 GAP 在醛缩酶催化下形成果糖-1,6-二磷酸(F-1,6-BP)。F-1,6-BP 的 C1 位上的磷酸由果糖-1,6-二磷酸酯酶(FBPase)水解形成 F6P。这一步反应是不可逆的,也是调节蔗糖合成的第一步反应。F6P 在磷酸葡萄糖异构酶和磷酸葡萄糖变位酶作用下,形成 G6P 和 G1P,此 3 种磷酸己糖处于动态平衡状态。然后由 G1P 和 UTP 合成蔗糖所需的葡萄糖供体 UDPG 和 PPi,反应是由 UDPG 焦磷酸化酶(UDP glucose pyrophosphory lase,UGP)催化,这一步反应虽然是可逆的,但由于焦磷酸可被用于驱动位于液泡膜上的质子泵,可促使该反应向有利于蔗糖合成的方向进行。UDPG 和 F6P 结合形成蔗糖-6-磷酸(S6P)。催化该反应的酶是蔗糖磷酸合成酶(sucrose phosphate synthase,SPS),它是蔗糖合成途径中一个重要的调节酶。蔗糖合成的最后一步反应是 S6P 由蔗糖磷酸酯酶(sucrose phosphate phosphatase)水解形成蔗糖。

$$UDPG + F6P \xrightarrow{\text{蔗糖磷酸合成酶}} \text{蔗糖磷酸} + UDP$$

$$\text{蔗糖磷酸} + H_2O \xrightarrow{\text{蔗糖磷酸酯酶}} \text{蔗糖} + Pi$$

5.3.3 蔗糖与淀粉合成的调节

1. 光对酶活性的调节

在淀粉合成中,叶绿体的 ADPG 焦磷酸化酶是合成葡萄糖供体 ADPG 的关键酶。当照光时,随着光合磷酸化的进行,Pi 参与 ATP 的形成,Pi 浓度降低,ADPG 焦磷酸化酶活性增加;暗中,Pi 浓度升高,酶活性下降。此外,照光时,C_3 途径运转,其中间产物 PGA、PEP、F6P、FBP 及 TP 等都对 ADPG 焦磷酸化酶有促进作用。光照同样也激活 SPS,促进蔗糖的合成。

2. 代谢物对酶活性的调节

细胞质中蔗糖合成的前体是 F6P,F6P 可在 PPi-F6P 激酶催化下合成 F-2,6-BP。Pi 促进 PPi-F6P 激酶而抑制 F-1,6-BP 磷酸(酯)酶活性,TP 则抑制前者的活性。当细胞质中 TP/Pi 低时,则可通过促进 F-2,6-BP 的合成而抑制 F-1,6-BP 的水解,F6P 含量降低,从而抑制蔗糖的合成。当细胞质合成的蔗糖磷酸水解并装入筛管运向其他器官时,则由于 Pi 的浓度升高,有利于叶绿体内 TP 的运出，从而使细胞质中 TP/Pi 比值升高。而叶绿体中 TP/Pi 比值降低，这样便促进了细胞质中蔗糖合成，抑制了叶绿体中淀粉的合成。

5.4 光合作用的运输与分配

叶片是光合产物的主要制造器官，合成的光合产物不断地运至根、茎、芽、果实和种子中去，用于这些器官的生长发育和呼吸消耗，或者作为储藏物质而积累下来。而储藏器官中的光合产物也会在一定时期被调运到其他器官，供生长所需要。光合产物的运输与分配，无论对植物的生长发育，还是对农作物的产量和品质的形成都是十分重要的。

5.4.1 光合产物运输的形式

叶片制造的光合产物有糖类、脂肪、蛋白质和有机酸等。但蔗糖是光合产物运输的主要形式。利用蚜虫吻刺法（图 5-31）和同位素示踪法（图 5-32）测知，蔗糖占筛管汁液干重的 73% 以上，是输导系统中的主要有机物质。以蔗糖作为主要运输形式有以下优点：①蔗糖是非还原性糖，分子小、移动性大，具有很高的稳定性，其糖苷键水解需要很高的能量。②蔗糖的溶解度很高，在 0℃ 时，100mL 水中可溶解蔗糖 179g，100℃ 时溶解 487g。③蔗糖的运输速率很高。少数植物除蔗糖以外，韧皮部汁液还含有棉子糖、水苏糖、毛蕊花糖等，它们都是蔗糖的衍生物（图 5-33）。有些植物含有山梨醇、甘露醇。另外，筛管汁液中还含有微量的氨基酸、酰胺、植物激素、有机酸、多种矿质元素等，其中 K^+ 较多。

图 5-31 用蚜虫吻刺法收集筛管汁液的过程（引自张继澍，2006）

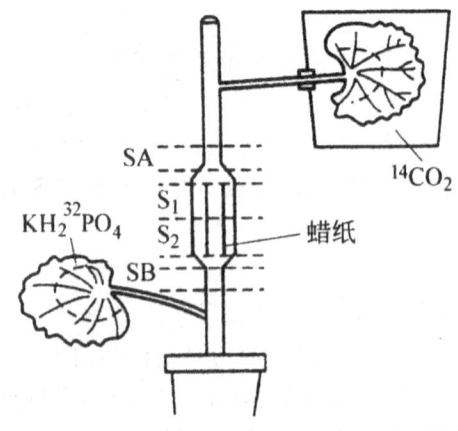

图 5-32 天竺葵茎中标记的 $^{14}CO_2$ 与 $KH_2^{32}PO_4$（引自张继澍，2006）

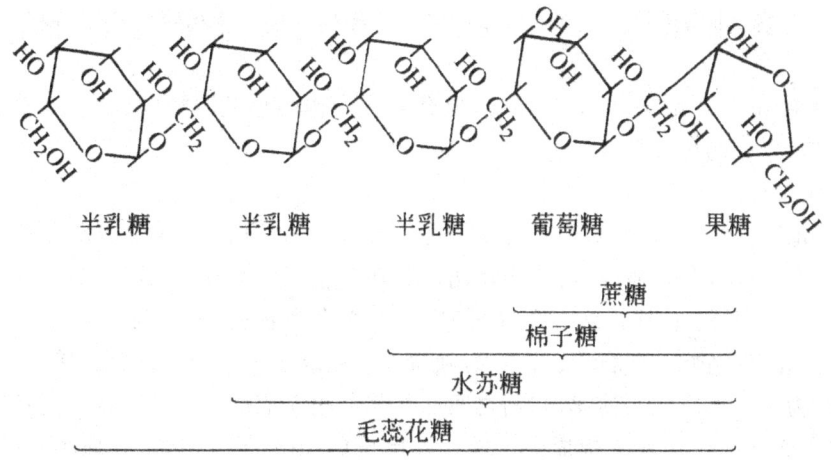

图 5-33 韧皮部中运输的几种糖及糖醇的结构(引自张继澍,2006)

5.4.2 光合产物运输的方向与速度

光合产物运输的方向取决于制造的器官(源,source)与需要光合产物的器官(库,sink)的相对位置。总的来说,光合产物运输的方向是由源到库,但由于库的部位不同,方向会不一致。光合产物进入韧皮部以后,可以向上运往正在生长的顶端、幼叶或果实,也可以向下运往根部或地下贮存器官,并且可以同时进行双向运输(bidirectional transport)或横向运输。用 $^{14}CO_2$ 及 $KH_2^{32}PO_4$ 分别施入天竺葵(*Pelargonium hortorum*)茎的两端不同的叶片上,并将中间茎部的一段树皮与木质部分开,隔以蜡纸。经过 12～19h 光合作用后,测定各段的 ^{14}C 和 ^{32}P 的放射性。结果发现韧皮部中均含有相当数量的 ^{14}C 和 ^{32}P。当纵向运输受阻时,横向运输会加强。

光合产物运输的速度一般为 $0.2\sim2m\cdot h^{-1}$。不同植物或不同生长势的植物个体,其光合产物的运输速度不一样,生长势大的个体运输速度快。利用同位素示踪技术,测得光合产物的运输速度一般约为 $100cm\cdot h^{-1}$。不同植物运输速度各异,如大豆为 $84\sim100cm\cdot h^{-1}$,南瓜为 $40\sim60cm\cdot h^{-1}$。生育期不同,运输速度也不同,如南瓜幼苗时为 $72cm\cdot h^{-1}$,较老时 $30\sim50cm\cdot h^{-1}$。运输速度还受环境条件的影响,如白天温度高,运输速度快;夜间温度低,运输速度慢。成分不同,运输速度也有差异,如丙氨酸、丝氨酸、天冬氨酸较快;而甘氨酸、谷酰胺、天冬酰胺较慢。

5.4.3 光合产物的分配

植物体内光合产物分配的总规律是由源到库,即由某一源制造的光合产物主要流向与其组成源—库单位中的库。

1. 光合产物的源和库

早期的源和库的概念是指制造光合产物和接纳光合产物的组织与器官,后来人们有所发展,将此用于作物产量形成的分析。

(1)源

或称代谢源(metabolic source),指能够制造并输出光合产物的组织、器官或部位。如绿色植物的功能叶,种子萌发期间的胚乳或子叶,春季萌发时二年生或多年生植物的块根、块茎、种子等。

(2)库

或称代谢库(metabolic sink),指消耗或储藏光合产物的组织、器官或部位。如植物的幼叶、根、茎、花、果实、发育的种子等。

(3)源—库单位

在同一株植物,源与库是相对的。在某一生育期,某些器官以制造输出光合产物为主,另一些则以接纳为主。前者为代谢源,后者为代谢库。随着生育期的改变,源库的地位有时会发生变化。如一片叶片,当幼叶不到全展叶的30%时,只有光合产物的输入,为代谢库;长到全展叶的30%~50%时,光合产物既有输出又有输入;随着叶片继续长大,而只有输出,转变为代谢源。源制造的光合产物主要供应相应的库,它们之间在营养上相互依赖,也相互制约。相应的源与相应的库,以及二者之间的输导系统构成一个源—库单位(source-sink unit)。如小麦抽穗后顶部3片叶的光合产物优先供应籽粒,下部叶片的光合产物主要供应根系。在玉米中,由于源、库相对位置的不同出现了根叶组、茎叶组和穗叶组等。随着生育期的改变,源与库之间的相对位置也会发生相应的变化,构成新的源—库单位。

2. 光合产物分配的特点

光合产物的分配主要有以下几个特点。

(1)优先供应生长中心

所谓生长中心是指生长快、代谢旺盛的部位或器官。作物的不同生育期各有明显的生长中心,这些生长中心既是矿质元素输入的中心,也是光合产物的分配中心。如水稻、小麦分蘖期的蘖节、根和新叶,抽穗期的穗子,都是当时的生长中心。不同的生育期有不同的生长中心。

(2)就近供应,同侧运输

叶片制造的光合产物首先分配给距离近的生长中心,且向同侧分配较多(图5-34)。一个库的光合产物来源主要靠它附近的源叶来供应,随着源库间距离的加大,相互间供求程度就逐渐减弱。一般来说,上位叶光合产物较多地供应籽实、生长点;下位叶光合产物则较多地供应给根。

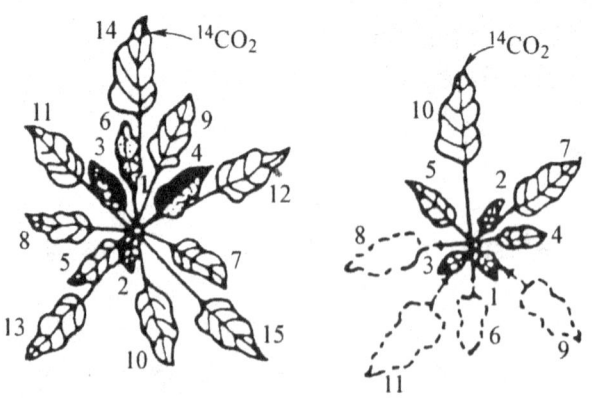

图5-34 光合产物在韧皮部中的同侧运输和横向运输(引自 K. W. Joy,1964)

叶片从顶端向下数,数字越大表示叶龄越大。明暗度示放射性强度。

在甜菜植株第14叶饲喂$^{14}CO_2$,4h后示^{14}C在叶中的分布除去一侧成熟叶片,仅保留未成熟幼叶,然后将$^{14}CO_2$饲喂第10叶,结果在两侧所有叶均有^{14}C分布。

大豆开花结荚时,叶片光合产物主要供应本节位的花荚,很少运到相邻的节位。只有该节位花荚去掉或本节位花荚养料有结余时,才运向别的花荚。

在果树上,果实获得的光合产物也主要来源于附近的叶片,这样运输的距离最近,并且叶片光合产物主要供应同侧邻近果实,很少横向运输到对侧,这可能与维管束的走向有关。利用同位素示踪技术对甜菜进行的实验也得到了类似的结果。

(3) 功能叶之间无光合产物供应关系

就不同叶龄来说,幼叶顶部光合机构先发育成熟,但产生光合产物往往较少,不向外运输,仍需要输入光合产物,供自身生长用。一旦叶片长成,合成大量的光合产物,就向外运输,此后不再接受外来光合产物。即已成为"源"的叶片之间没有光合产物的分配关系,直到最后衰老死亡。如给功能叶遮光处理,功能叶也不会输入光合产物。

5.4.4 光合产物的再分配与再利用

植物体除了已构成细胞壁的物质外,其他成分无论是有机物还是无机物都可以被再分配再利用,即转移到其他组织或器官去。当叶片衰老时,大部分的糖和 N、P、K 等都要撤离,重新分配到就近的新生器官,营养器官的内含物向生殖器官转移。如小麦叶片衰老时,叶内 85% 的 N 和 90% 的 P 都要转移到穗部。对于生长中心需要的物质来说,一是直接来源于当时根吸收的矿质营养和叶片制造的光合产物以及自身的光合产物;二是来源于某些大分子分解成的小分子物质或无机离子,即再分配再利用的部分。

同化物再分配的途径除了走原有的输导系统、质外体与共质体外,细胞内含物如核等可以解体后再撤离,也可不经解体直接穿壁转移,直至全部细胞撤离一空。如葱、蒜细胞在衰亡过程中,原生质体不用分解成小分子就可穿壁转移。

光合产物再分配这一特点可以在生产上加以利用。例如,我国北方农民为了避免秋季早霜危害或提前倒茬,在预计严重霜冻来临之前,将玉米连根带穗提前收获,竖立成垛,茎叶中的光合产物仍能继续向籽粒中转移,这称为"蹲棵",这样可以增产 5%~10%。

再如,某些植物未授粉时,花朵鲜艳且开放时间较长,一旦授粉或受精,花瓣中的原生质体迅速解体,光合产物转移到合子,导致花瓣褪色脱落,而子房迅速膨大。通过这种光合产物的再分配再利用,可以使籽粒饱满、块根、块茎充实,营养充足,提高产量和品质。

5.5 光合作用的生态生理

植物的光合作用是在植物体内部和外部条件的相互影响下进行的,表示光合作用的指标主要有光合生产率和光合速率。

5.5.1 光速率的测定

光合速率(photosynthetic rate)是指单位时间、单位绿色叶面积吸收 CO_2 的量或释放 O_2 的量。常用的单位有 $\mu mol \cdot CO_2 \cdot m^{-2} \cdot s^{-1}$ 和 $\mu mol \cdot O_2 \cdot dm^{-2} \cdot h^{-1}$。一般测定光合速率的方

法都没有把叶片的呼吸作用考虑在内,所以测定的结果实际上是光合作用减去呼吸作用的差数,称为表观光合速率(apparent photosynthesis rate)或净光合速率(net photosynthesis rate,Pn)。

5.5.2 影响光合作用的因素

植物的光合作用是在植物体内部(叶龄、叶片结构)和外部条件(光照强度、光照时间、二氧化碳、温度、水分、矿质营养、光合作用的日变化)的相互影响下进行的。

1. 叶龄

叶片的光合速率与叶龄密切相关。随叶龄增长出现"低—高—低"的规律。新长出的嫩叶由于叶组织发育不健全,气孔尚未完全形成或开度小,细胞间隙小;叶绿体小,片层结构不发达,光合色素含量低,捕光能力弱,光合酶尤其是Rubisco的含量与活性低,呼吸作用旺盛等原因,因而使表观光合速率较低。随着幼叶的成长,叶绿体的发育,叶绿素含量与Rubisco酶活性的增加,光合速率不断上升;当叶片生长至面积和厚度最大时,光合速率通常也达到最大值。功能期之后,随着叶片衰老,叶绿素含量与Rubisco酶活性下降,以及叶绿体内部结构的解体,光合速率下降。

2. 叶片结构

叶的结构如叶厚度、栅栏组织与海绵组织的比例、叶绿体和类囊体的数目等都对光合速率有影响。它们受遗传因素和环境因素的共同作用。

C_4植物的叶片光合速率通常要大于C_3植物,这与C_4植物叶片具有花环结构等特性有关。许多植物的叶组织中有两种叶肉细胞,靠腹面的为栅栏组织细胞;靠背面的为海绵组织细胞。栅栏组织细胞细长,排列紧密,叶绿体密度大,叶绿素含量高,致使叶的腹面呈深绿色,且其中Chla/b比值高,光合活性也高,而海绵组织中情况则相反。生长在光照条件下的阳生植物(sun plant)叶栅栏组织比阴生植物(shade plant)发达,因而阳生叶有较高的光合速率。

3. CO_2

CO_2是光合作用的原料之一,环境中CO_2浓度的高低直接影响光合速率。

大气中的CO_2浓度为0.036%,一般都不能满足植物光合作用的需求,所以CO_2经常是光合作用的限制因子,随着CO_2浓度增加,光合速率增加,但达到一定程度时,再增加CO_2浓度,光合速率不再增加,这时环境中的CO_2浓度称为该植物的CO_2饱和点(CO_2 saturation point)。当到达CO_2饱和点时,光合速率到达最大,这时的光合速率反映了光合电子传递和光合磷酸化的活性,被称为光合能力。在CO_2饱和点以下,随着CO_2浓度降低,光合速率降低,当CO_2浓度降低到一定数值,植物光合作用吸收的CO_2量与呼吸作用和光呼吸释放的CO_2量达到动态平衡时,环境中的CO_2浓度叫CO_2补偿点。

不同植物的CO_2饱和点与补偿点不同,特别是C_3植物和C_4植物有较大的区别。一般C_4植物的CO_2饱和点比C_3植物低。C_4植物的CO_2补偿点也比C_3植物低。

CO_2浓度和光强度对植物光合速率的影响是相互联系的。植物的CO_2饱和点是随着光强度的增加而提高的;光饱和点也是随着CO_2浓度的增加而升高。

4. 矿质营养

矿质元素影响植物的光合面积、光合时间和光合能力,因此矿质营养直接或间接地影响光合作用。N、P、S、Mg 是叶绿体结构中组成叶绿素、蛋白质和片层膜的成分,其中 N 对光合作用的影响最为显著;Cu、Fe、S、Mn、Cl 参与电子传递和光合放氧过程;而 K、P、B 对光合产物的运输和转化起促进作用;K、Ca 影响气孔开闭而控制 CO_2 的进出,从而对光合作用产生间接影响。因此,在一定范围内,增加矿质元素有利于光合作用的进行和有机物的积累,故农业生产中合理施肥能够增加产量。

5. 光照强度

光照强度可用照度计测定,其单位是勒克斯(lx)。夏天中午全日照时约 10 万 lx;阴天 1 万～2 万 lx;雨天数千勒克斯。

叶片在暗中不进行光合作用,只有呼吸作用释放 CO_2。在光照条件下,随着光照强度的增强,光合速率相应提高,当达到某一光强度时,叶片的光合速率与呼吸速率相等,此时净光合速率为零,这时的光照强度称为光补偿点(light compensation point)。在低光范围内,光合速率随光照强度的增强而呈直线增加(图 5-35 曲线 A);但超过一定光强度后,光合速率增加幅度减缓(图 5-35 曲线 B);当达到某一光强时,光合速率就不再增加,这种现象称为光饱和现象(light saturation)。此点以后的阶段称饱和阶段(图 5-35 曲线 C)。开始达到光饱和时的光照强度称为光饱和点(light saturation point,LSP)。此时的光合速率达到最大值。达到光饱和点前,光合速率主要受光强制约,而光饱和点后 CO_2 的扩散与固定速率则是主要限制因素。曲线的斜率大,表明植物吸收与转换光能的色素蛋白复合体可能较多,利用弱光的能力强。

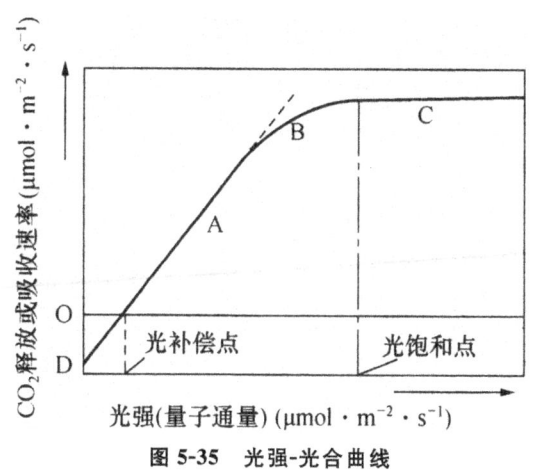

图 5-35 光强-光合曲线

光补偿点和光饱和点是植物需光特性的两个主要指标。一般来说,光补偿点高的植物其光饱和点往往也高。例如,草本植物的光补偿点与光饱和点通常高于木本植物,阳生植物的光补偿点和光饱和点高于阴生植物(图 5-36)。C_4 植物的光饱和点高于 C_3 植物:一般光照下,C_4 植物没有明显的光饱和现象,这是由于植物同化 CO_2 消耗更多的同化力,而且可充分利用较低浓度的 CO_2。而 C_3 植物的光饱和点仅为全光照的 1/4～1/2,因此在高温高光强下,C_3 植物光合速率到一定程度时不再增加,出现光饱和现象,而 C_4 植物仍保持较高的光合速率。

6. 光照时间

对放置于暗中一段时间的材料(叶片或细胞)照光,起初光合速率很低或为负值,光照一段时间后,光合速率才逐渐上升并趋于稳定。从开始照光至光合速率达到稳定水平的这段时间,称为光合滞后期(lag phase of photosynthesis)或称光合诱导期(图 5-37)。一般植物叶片的光合滞后期为 30~60min。产生光合滞后期的原因主要是由于光合碳同化酶的活化、光合碳同化中间产物的积累和叶片气孔的开放都需要一定的时间。许多参与催化光合碳同化的酶例如 RuBP 羧化酶/加氧酶(Rubisco)和二磷酸果糖磷酯酶(FBPase)等,在黑暗中活性很低,它们的活化都需要光。尽管它们的活化很快,但也不是可以立即完成的。此外,在黑暗中气孔基本上是关闭的(景天酸代谢的肉质植物例外),只有当叶片被照光后,气孔才逐渐开放。因此,光诱导气孔开启所需时间是叶片滞后期延长的主要因素。

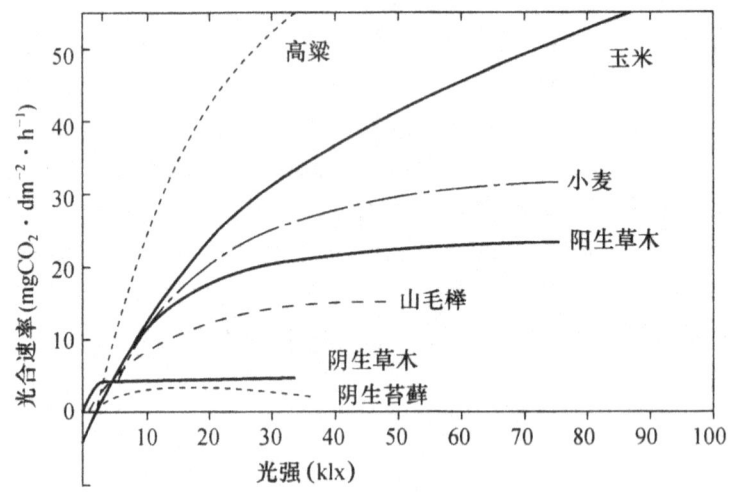

图 5-36 不同植物的光强-光合曲线

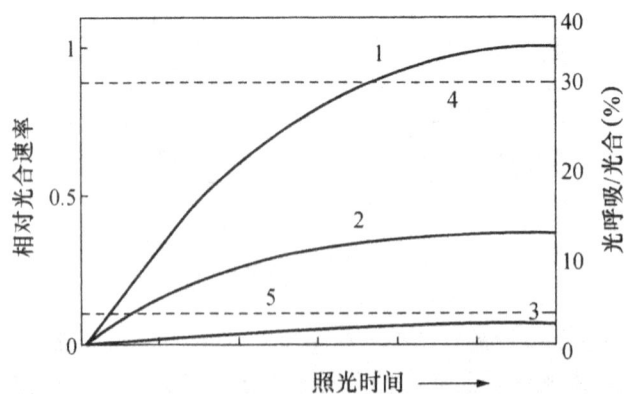

图 5-37 C_3 植物与 C_4 植物的光合、光呼吸以及光呼吸/光合随照光时间的变化
1. 表观光合速率 2. C_3 植物光呼吸速率 3. C_4 植物光呼吸速率
4. C_3 植物光呼吸/光合比值 5. C_4 植物光呼吸/光合比值

7. 温度

光合作用的温度三基点因植物种类而异(表5-1)。一般植物可以在10℃~35℃下进行正常光合作用,在35℃以上时光合速率就开始下降。

白天温度较高,日光充足,有利于光合作用的进行;夜间温度较低,可降低呼吸消耗。因此,在一定温度范围内,较大的昼夜温差有利于光合产物的积累。

表5-1 在自然的CO_2浓度和光饱和条件下不同植物净光合作用的温度三基点(℃)

	植物种类	最低温度	最适温度	最高温度
草本植物	热带C_4植物	5~7	35~45	50~60
	C_3农作物	-2~2	20~30	40~50
	阳生植物(温带)	-2~0	20~30	40~50
	阴生植物(温带)	-2~0	10~20	约为40
	CAM植物(夜间固定CO_2)	-2~0	5~15	25~30
	春天开花植物和高山植物	-7~-2	10~20	30~40
木本植物	热带和亚热带绿阔叶乔木	0~5	25~30	45~50
	干旱地区硬叶乔木和灌木	-5~-1	15~35	42~55
	温带冬季落叶乔木	-3~-1	15~25	40~45
	常绿针叶乔木	-5~-3	10~25	35~42

从表5-1可知,C_4植物的热限较高,可达50℃~60℃;C_3植物的热限较低,一般在40℃~50℃。乳熟期小麦遇到持续高温,尽管外表上仍呈绿色,但光合功能已严重受损。产生光合作用热限的原因:一是由于膜脂与酶蛋白的热变性,使光合器官损伤,叶绿体中的酶钝化;二是由于高温刺激了光暗呼吸,使表观光合速率迅速下降(图5-38)。

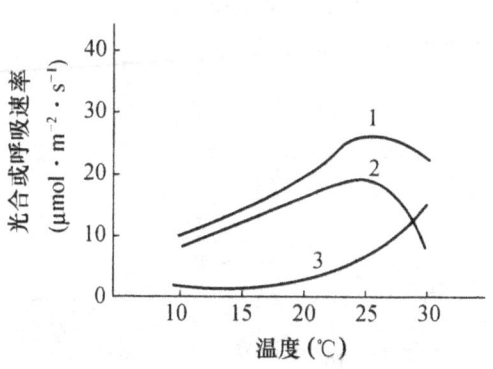

图5-38 小麦在不同温度下光合与呼吸速率
1. 总光合速率 2. 净光合速率 3. 呼吸速率

低温抑制光合作用的原因主要是低温下光合酶活性低,CO_2同化减慢,淀粉和蔗糖合成减少,同化力合成受限。此外,膜脂发生相变,叶绿体超微结构被破坏。而温度过高,酶钝化,光合结构受损,光呼吸和暗呼吸加强,净光合速率下降。

8.水分

水是光合作用的原料,没有水光合作用无法进行。但是与CO_2相比用于光合作用的水只占蒸腾失水的1%,因此缺水对光合作用的影响主要是间接原因。表现为:缺水会影响细胞生长并抑制蛋白质的合成,使光合面积减小;缺水会使光合产物输出变慢,光合产物在叶片中积累,对光合作用产生反馈抑制作用。

水分过多时也会对光合作用产生不利影响。水分较多时,表皮细胞吸收过多水分导致膨胀,挤压保护细胞,导致气孔关闭,CO_2的吸收受到影响,限制了光合作用;土壤水分过多时,通气状况较差,根系有氧呼吸受到阻碍,限制了根系生长,间接影响光合作用。

在水分轻度亏缺时,供水后尚能使光合能力恢复,倘若水分亏缺严重,供水后叶片水势虽可恢复至原来水平,但光合速率却难以恢复至原有程度(图5-39)。

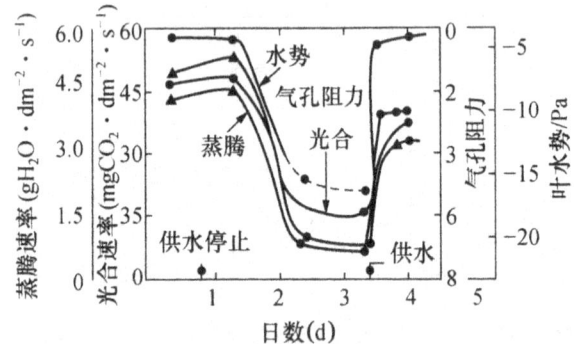

图5-39 向日葵在较严重亏缺水分后光合速率的变化

9.光合作用的日变化

外界的光强、温度、水分、CO_2浓度等每天都在不断变化,因此光合作用也呈现明显的日变化(图5-40)。

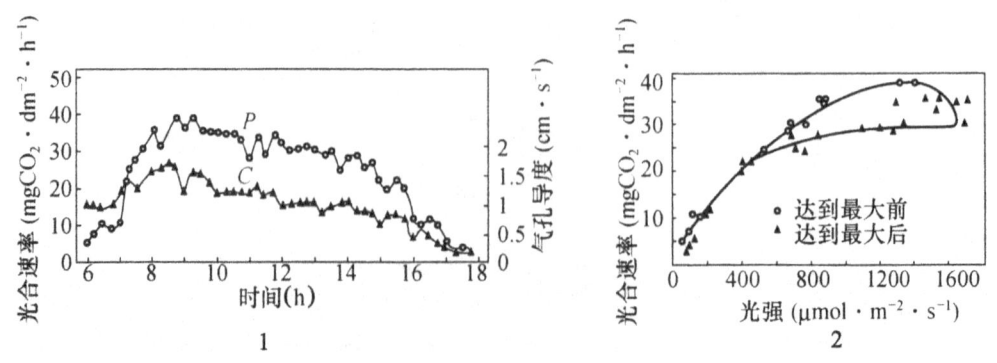

图5-40 水稻光合速率的日变化
1.光合速率(P)和气孔导度(C)平行变化 2.由A图数据绘制的光合速率与光强的关系

如图 5-41 所示,开花期测定新疆高产棉花的光合作用日变化,12:30 光合速率达到最高峰值后下降,14:00～15:00 进入低谷后回升,呈双峰曲线。这种光合速率中午下降的程度随土壤含水量的降低而加剧。这就是光合作用"午休"现象。一般认为中午大气相对湿度较低,导致气孔关闭是引起"午休"现象的主要原因。

光合作用的"午休"是植物干旱时普遍发生的现象,也是植物对环境缺水的一种适应方式。但由于光合作用"午休"造成的损失可达光合生产的 30%,因此在生产上应适时灌溉,选用抗旱品种等,增强光合能力,避免或减轻光合作用"午休"现象,提高作物产量。

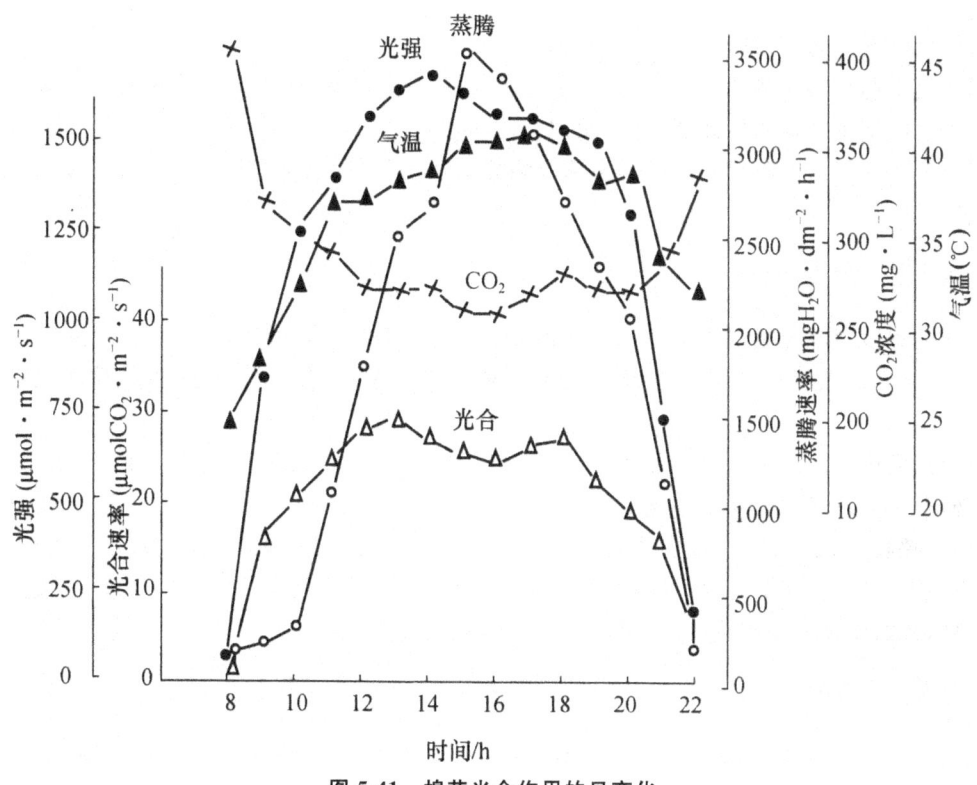

图 5-41　棉花光合作用的日变化

5.5.3　利用光合作用提高作物产量

通常把植物光合作用所积累的有机物中所含的化学能占光能投入量的百分比作为光能利用率(efficiency for solar energy utilization,Eu)。

$$Eu = \frac{单位面积上的植物产量折合热能}{单位土地面积在生育期所接受的日光能} \times 100\%$$

如果把到达叶面的日光全辐射能定为 100%,那么经过若干难免的损失之后,最终转变为贮存在碳水化合物中的光能最多只有 5%。多数作物光能利用率的最大值为 3%～5%。如水稻 3%～4%,玉米 4%～15%。实际生产中作物光能利用率远低于此值,即使是高产田也只有 1%～2%,而一般低产田的光能利用率只有 0.5% 左右。目前生产上作物光能利用率低的原因主要有:①漏光损失,作物生长初期,生长缓慢,叶面积小,日光能大部分漏射到地面而损失。据估计,一般稻、麦田间平均漏光损失达50%以上。②环境条件不良。作物生长期间,经常会遇到不适于生长发育和光合作用不良的环境条件,如干旱、水分胁迫、温度过低或过高、矿质营养缺乏及病虫害的影响等,导致光合利用率大大降低。

由于植物的经济产量决定于光合面积、光合时间、光合速率、呼吸消耗和光合产物分配5个方面。因此,在生产上主要可通过延长光合时间、增加光合面积和提高光合速率等途径来提高植物的光能利用率及产量。

1. 延长光合时间

延长光合时间的方法如下。

①提高复种指数。是通过轮种、间种和套种等栽培技术,在一年内巧妙地搭配各种作物,从时间上和空间上更好地利用光能,缩短田地空闲时间,减少漏光率。

②补充人工光照。在小面积的温室或塑料棚栽培中,当阳光不足或日照时间过短时,还可用人工光照补充。

2. 减少有机物质消耗

正常的呼吸消耗是植物生命活动所必需的,生产上应注意提高呼吸效率,尽量减少浪费型呼吸。如C_3植物的光呼吸消耗光合作用同化碳素的1/4左右,是一种浪费型呼吸,应加以适当限制。

目前降低光呼吸主要从两方面入手:一是利用光呼吸抑制剂抑制光呼吸。例如,乙醇酸氧化酶的抑制剂α-羟基磺酸盐类化合物,可抑制乙醇酸氧化为乙醛酸。用100mg/L $NaHSO_3$喷洒大豆,可抑制呼吸32.2%,平均提高光合速率15.6%,2,3-环氧丙酸也有类似效果。二是增加CO_2浓度(CO_2/O_2)比值,使Rubisco的羧化反应占优势,光呼吸得到抑制,光能利用率就能大大提高。另外,及时防除病虫草害,也是减少有机物消耗的重要措施。

3. 增加光合作用面积

光合作用面积是对产量影响最大、同时又是可控制的一个因子。生产上常用叶面积系数(leaf area index,LAI),即作物叶面积与土地面积的比值来衡量密植是否合理,作物群体发育是否正常。在一定范围内,作物LAI越大,光合产物积累越多,产量越高。但LAI也不是越大越好,不少研究认为,在目前生产水平下,水稻的最大LAI为7左右,小麦为6左右,玉米为6~7,可能获得较高产量(图5-42)。

在生产上,通过合理密植或改变株型等措施能够增加光合作用面积。

(1) 合理密植

合理密植是指使作物群体得到合理发展,群体具有最适的光合面积和最高的光能利用率,并获得高产的种植密度。因此,合理密植是提高植物光能利用率的主要措施之一。种得过稀,个体发展较好,但群体得不到充分发展,光能利用率低;种得过密,下层叶片受到光照少,在光补偿点以下,变成消费器官,光合生产率减弱,也会减产。

(2) 改变株型

改善株型能增加密植程度,改善群体结构,增大光合面积,耐肥不倒伏,充分利用光能,提高光能利用率。

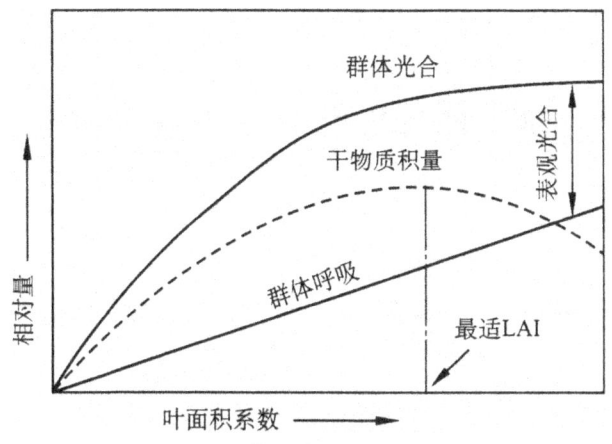

图 5-42　LAI 与群体光合作用和呼吸作用的关系

4. 提高经济系数

经济系数又称为收获指数。作物产量的增加有赖于收获指数的提高。如现代六倍体小麦与原始二倍体小麦相比,其高产的主要原因是其收获指数较高。提高收获指数应从选育优良品种、调控器官建成和有机物运输分配、协调"源、流、库"关系入手,使尽可能多地同化产物运往收获器官。在粮油作物后期田间管理上,为防止叶片早衰,加强肥水时,要防徒长贪青,否则光合产物大量用于形成营养器官,经济系数下降,会造成减产。棉花适时打顶,也有提高经济系数的效果。

5. 提高光合速率

光合作用效率是指作物通过光合作用制造的有机物中所含有的能量与光合作用中吸收的光能的比值。水稻、小麦、大豆等 C_3 植物的光呼吸很显著,消耗光合作用刚刚合成的有机物总量的 20%~27%;而甘蔗等 C_4 植物的光呼吸消耗很小,只有 2%~5%,甚至更少。为了提高水稻等 C_3 植物的光合作用效率,要设法降低它们的光呼吸。目前降低光呼吸主要从两方面入手:一是利用光呼吸抑制剂抑制光呼吸。二是增加 CO_2 浓度,提高 CO_2/O_2 的比例。CO_2 是光合作用的原料,空气中的 CO_2 浓度只有 $350\mu L \cdot L^{-1}$ 左右,与光合作用最适 CO_2 浓度(约 $1000\mu L \cdot L^{-1}$)相差甚远,因此增加空气中的 CO_2 浓度,光合速率就会提高。大田作物间的 CO_2 浓度目前虽然还难以人工控制,但可通过增施有机肥料,实行秸秆还田,促进微生物分解有机物释放 CO_2 以及深施碳酸氢铵(含有 50% CO_2)等措施,也能提高冠层内的 CO_2 浓度。在大棚和玻璃温室内,可通过 CO_2 发生器(燃烧石油),或石灰石加废酸的化学反应,或直接施放 CO_2 气体进行 CO_2 施肥,促进光合作用,抑制光呼吸。在生产上保证田间通气良好,则可更好地为作物供应 CO_2,有利于光合速率的提高。

第 6 章 植物的呼吸作用及能量转换

6.1 呼吸作用的形式及生理意义

植物呼吸作用集物质代谢与能量代谢为一体,是植物生长发育得以顺利进行的物质、能量和信息的源泉,没有呼吸就没有生命。因此,研究呼吸作用的物质能量转变和调控过程及呼吸作用的生理功能,具有非常重要的意义。

6.1.1 呼吸作用的概念

呼吸作用(respiration)是所有生物的基本生理功能。呼吸作用是生物氧化的过程,是生物体将细胞内的有机物通过有控制的步骤逐步氧化分解,并释放能量的过程。根据呼吸过程中是否有氧气参与,可将植物呼吸作用分为有氧呼吸和无氧呼吸两类。通常情况下,有氧呼吸是植物呼吸作用的主要形式。

1. 有氧呼吸

呼吸作用是指活细胞内的有机物在一系列酶的参与下,逐步氧化分解成简单物质并释放能量的过程。依据呼吸过程中是否有氧参与,可将呼吸作用分为有氧呼吸(aerobic respiration)和无氧呼吸(anaerobic respiration)两大类型。

有氧呼吸是指活细胞利用分子氧(O_2),将某些有机物质彻底氧化分解释放 CO_2,同时将 O_2 还原为 H_2O,并释放能量的过程(图 6-1)。在正常情况下,有氧呼吸是高等植物进行呼吸的主要形式。

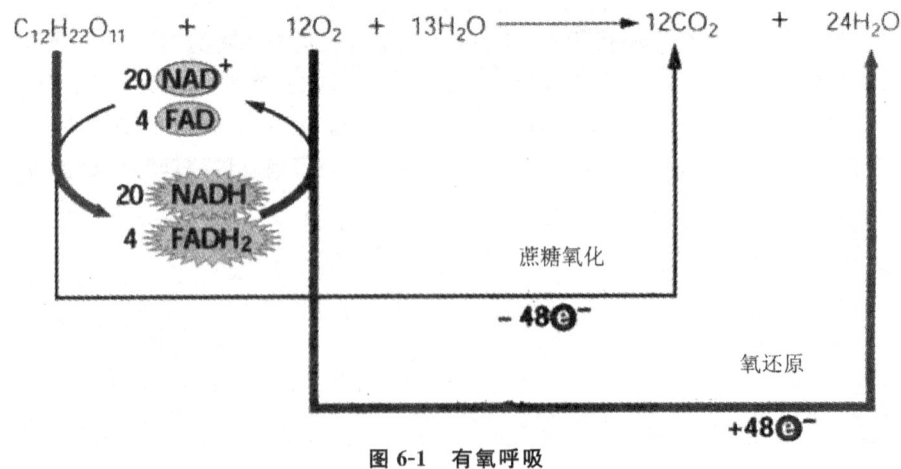

图 6-1 有氧呼吸

呼吸作用中被氧化的有机物称为呼吸底物或呼吸基质(respiratory substrate)，如碳水化合物、有机酸、蛋白质、脂肪等。呼吸代谢主要包括底物的降解和能量产生两大阶段(图 6-2)。呼吸底物的氧化过程是通过一系列酶促反应，逐步地和有控制地进行的。有一些基本的呼吸代谢途径是大多数生物所具有的，如糖酵解、三羧酸循环以及氧化磷酸化等途径。

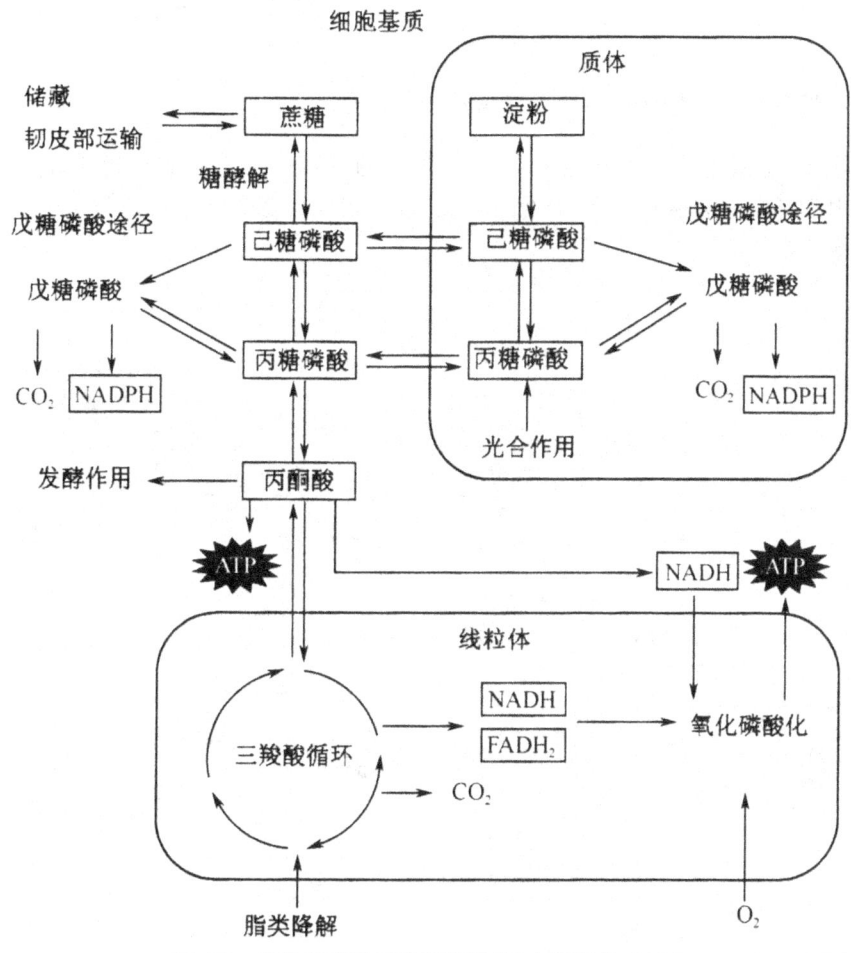

图 6-2　植物呼吸代谢途径概貌(引自潘瑞炽，2004)

2. 无氧呼吸

无氧呼吸是指活细胞在无氧条件下，将某些有机物分解成不彻底的氧化产物(酒精、乳酸等)，同时释放能量的过程。微生物的无氧呼吸统称为发酵。例如，酵母菌的无氧呼吸，将葡萄糖分解产生酒精，此过程称为酒精发酵，其反应式如下：

$$C_6H_{12}O_6 \longrightarrow 2C_2H_5OH + 2CO_2 + 能量 \quad \Delta G'_0 = -226 kJ/mol$$

乳酸菌在无氧条件下产生乳酸，此过程称为乳酸发酵，其反应式如下：

$$C_6H_{12}O_6 \longrightarrow 2CH_3CHOHCOOH + 能量 \quad \Delta G'_0 = -197 kJ/mol$$

无氧呼吸底物氧化降解不彻底，乙醇、乳酸等发酵产物中还含有较丰富的能量，释放能量比有氧呼吸少得多。从发展的观点来看，有氧呼吸是由无氧呼吸进化而来的。现今高等植物在缺氧情况下(如水涝)仍保留无氧呼吸能力，是植物适应生态多样性的表现。

6.1.2 呼吸作用的生理意义

呼吸作用和生命是紧密联系在一起的。一般将呼吸作用的强弱作为衡量生命代谢活动强弱的重要指标,细胞死亡则呼吸停止。呼吸作用在植物生活中的生理意义主要归纳为以下 4 个方面。

1. 呼吸作用为重要有机物质的合成提供原料

呼吸作用中,产生一系列不稳定的中间产物,为进一步合成其他物质提供原料(蛋白质、核酸、脂类)。因为呼吸与有机物合成、转化密切相关,为代谢中心。呼吸代谢与主要物质代谢的联系可归纳为图 6-3。

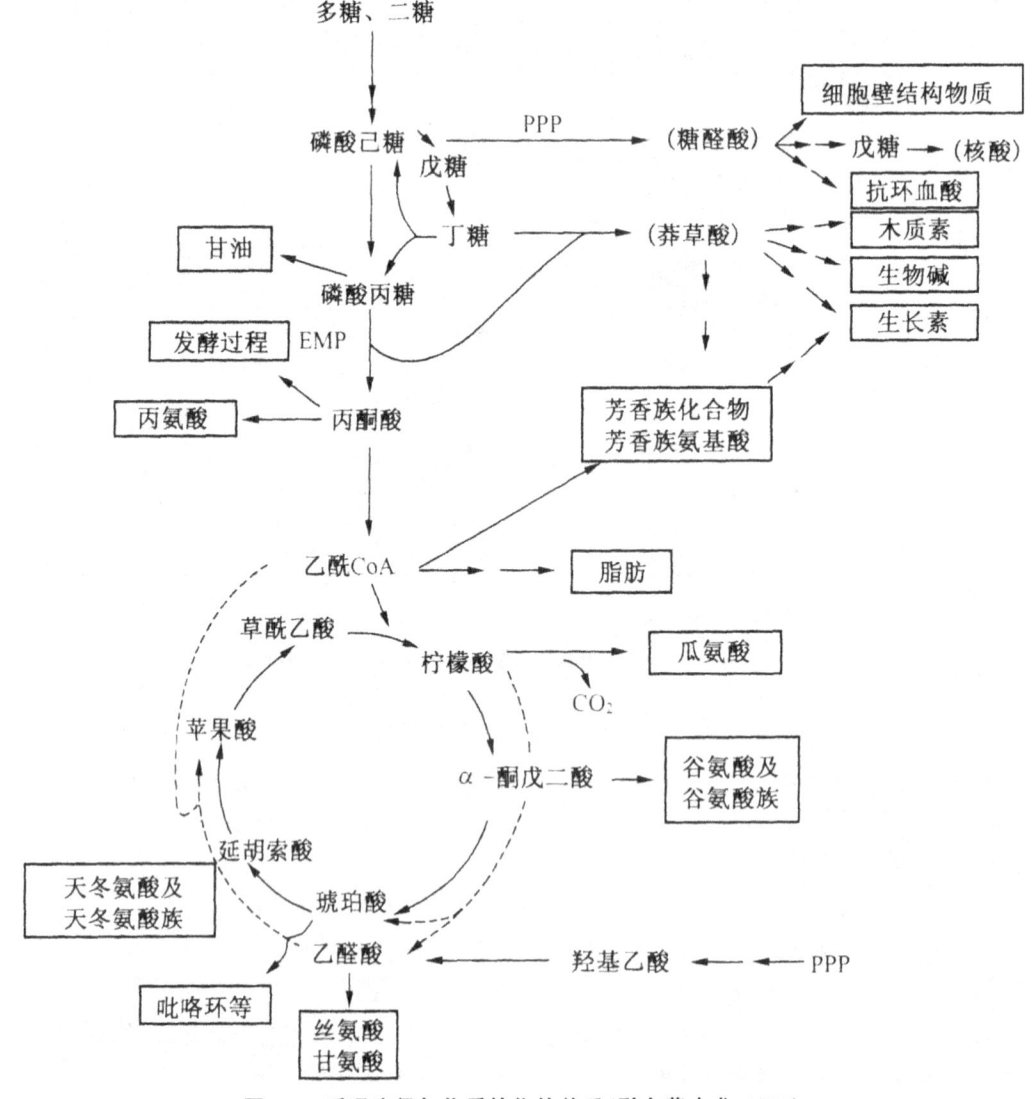

图 6-3 呼吸途径与物质转化的关系(引自薛应龙,1987)

(1) 氨基酸合成

植物体内氨基酸的生物合成主要依赖于 TCA 循环中有机酮酸的加氨作用。首先形成谷氨酸和天冬氨酸,再在转氨酶催化下通过转氨作用以及其他转化作用形成多种多样的氨基酸,进而合成各种蛋白质。

(2) 细胞壁结构物质的形成

呼吸代谢的中间产物与细胞壁的结构物质的形成有着密切联系,除纤维素外,大部分细胞壁结构物质都与 PPP 的中间产物密切相关,如戊糖可进一步转化为半纤维素、果胶物质等,通过莽草酸形成的苯丙氨酸和酪氨酸可以进一步合成木质素等。另外,PPP 中间产物戊糖是合成核酸的原料。赤藓糖-4-磷酸和 EMP 中间产物磷酸烯醇式丙酮酸可以合成莽草酸,进而合成其他重要物质。

(3) 脂肪代谢

研究证明,脂肪的合成和降解都与呼吸途径紧密相连。脂肪降解过程所形成的甘油和脂肪酸可进一步转化为糖或被彻底氧化。其中甘油经磷酸化作用形成 α-磷酸甘油,然后脱氢形成磷酸丙糖,再逆糖酵解过程转变成蔗糖或经丙酮酸进入 TCA 循环-呼吸链彻底氧化生成 H_2O 和 CO_2;脂肪酸则经氧化作用形成乙酰 CoA,再进入乙醛酸循环。而脂肪合成则与 PPP($NADPH+H^+$)密切相关。

(4) 萜类的合成

萜类(terpene)或类萜(terpenoid)是由异戊二烯(isoprene)组成的。萜类种类是根据异戊二烯数目而定,如单萜中的樟脑,倍半萜中的薄荷醇,双萜中的赤霉素,三萜中的固醇,四萜中的胡萝卜素和多萜中的橡胶等。

(5) 植物激素合成

植物激素中 IAA 合成的前体是色氨酸,乙烯合成的前体是蛋氨酸,它们都是由 TCA 循环中间产物形成的氨基酸转化而成的。PPP 通过中间代谢产物莽草酸还能形成其他生长素类物质,如反肉桂酸和对香豆酸等。

2. 呼吸作用为生命活动提供能量

生物体生命活动所需要的能量,最终来源于光合作用合成的有机物中所贮存的太阳能。有机物中贮存的能量要转变为被生命所利用的形式必须经过呼吸作用来实现。在呼吸作用过程中,有机物被分解,释放出的能量一部分转变为热能散失,另一部分转化为高能化合物分子中活跃的化学能(图 6-4)。活跃的化学能是生命可利用的能量形式,其中 ATP 是最重要的高能化合物,也是最重要的能量载体。当 ATP 在酶的作用下分解时,便释放出能量,用于植物体的各项生命活动,如细胞分裂、有机物合成和运输、矿质元素的吸收等。

3. 呼吸作用提高抗逆与抗病能力

当植物被病原菌侵染时,植物通常通过呼吸作用急剧增强,氧化毒素以清除毒素或转变成其他无毒物质参加到物质代谢过程中。旺盛的呼吸有利于伤口愈合等。

4. 呼吸作用为代谢活动提供还原力

在呼吸底物降解过程中形成的 NADH、NADPH 等可为脂肪和蛋白质的生物合成以及硝酸盐还原等过程提供还原力。

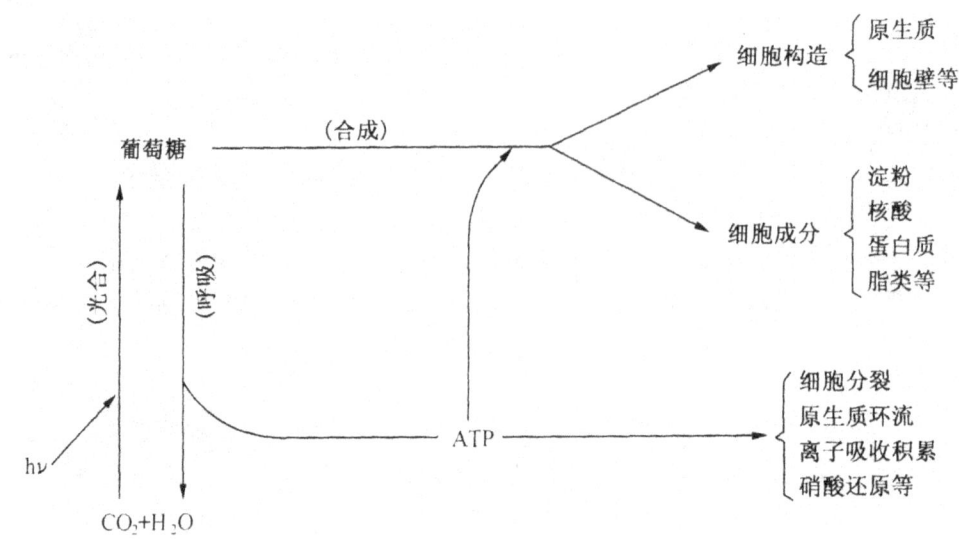

图 6-4　植物对呼吸作用产生的能量的利用（引自肖甫，1993）

6.2　呼吸代谢的途径及调节

　　研究发现，植物呼吸代谢并不是只有一种途径，不同的植物、同一植物的不同器官或组织在不同生育时期或不同环境条件下，呼吸底物的氧化降解可通过不同的途径。1965 年，汤佩松提出呼吸代谢多条路线观点，阐明了代谢与其他生理功能之间控制和被控制的相互制约的关系。即基因通过酶控制代谢，调控植物的形态结构和生理功能；在一定的限度内，代谢类型、生理功能和环境条件也调控基因的表达（图 6-5）。

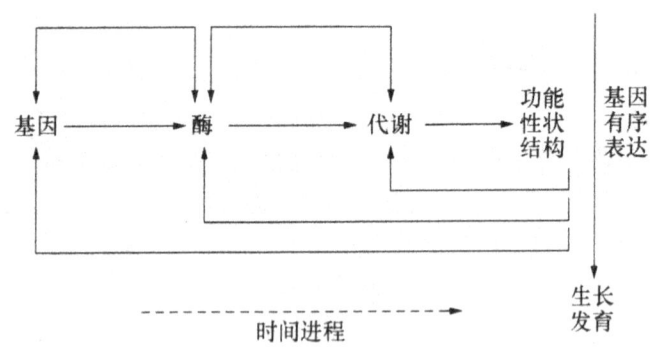

图 6-5　呼吸代谢的控制与被控制的观点示意（引自梁峥和梁厚果，1998）

6.2.1　植物呼吸代谢的途径

　　植物呼吸代谢途径主要包括糖酵解途径（又称 EMP 途径）、三羧酸循环（TCA 循环，也叫 Krebs 循环、柠檬酸循环）、戊糖磷酸途径和氧化磷酸化，如图 6-6 所示。蔗糖、磷酸丙糖、果聚糖及其他糖类、脂类(主要是三酰甘油)、有机酸、蛋白质等呼吸底物在不同位置进入不同的途径进行呼吸代谢。

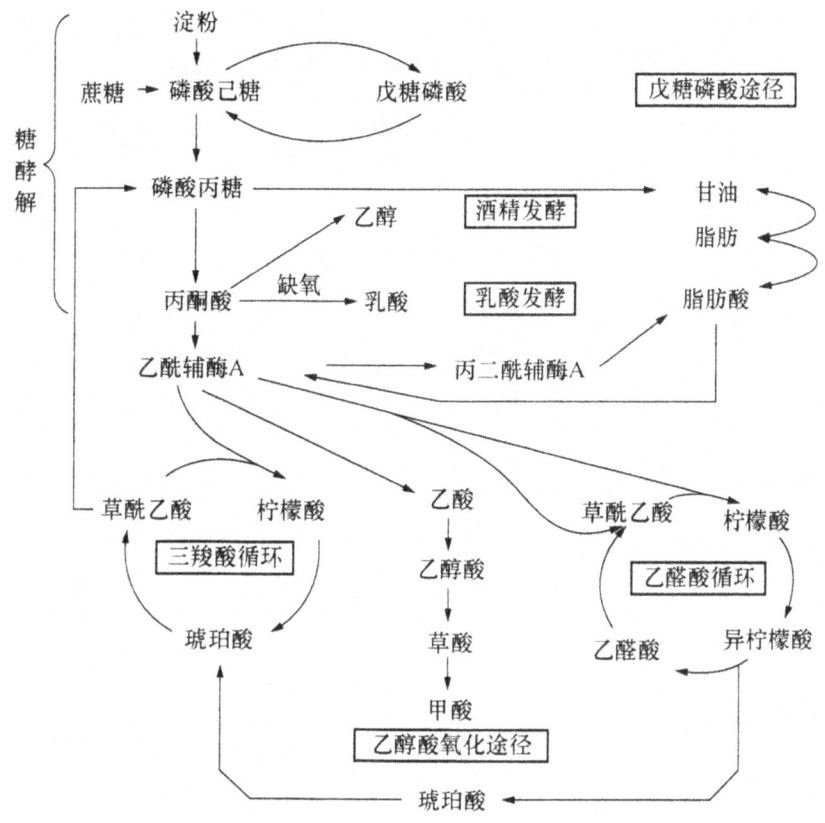

图 6-6 植物体内主要呼吸代谢途径相互关系示意(引自李合生,2012)

1. 糖酵解途径

糖酵解(glycolysis)是指将己糖在无氧状态下降解为丙酮酸,并释放能量的过程。糖酵解途径又称为 Embden-Meyerhof-Parnas 途径,简称 EMP 途径(EMP Pathway)。它普遍存在于动物、植物、微生物的所有细胞中。

参与糖酵解反应的酶都存在于细胞质中,所以糖酵解是在细胞质中进行的。糖酵解包括一系列化学反应,具体有己糖活化;1,6-二磷酸果糖裂解成 2 分子的三碳糖;3-磷酸甘油醛氧化脱氢形成磷酸甘油酸,再经脱水脱磷酸形成丙酮酸,并伴随有 ATP 和 NADH＋H$^+$ 的生成(图 6-7)。每一步都有特定酶催化。

糖酵解是有氧呼吸和无氧呼吸必须经历的共同阶段。糖酵解过程中糖分子的氧化分解是在没有氧分子的参与下进行的,其氧化作用所需的氧是来自水分子和被氧化的糖分子。在缺氧情况下,EMP 途径形成的 NADH 用于还原丙酮酸为乙醇或乳酸,走无氧呼吸途径;如果 O$_2$ 充足,NADH 可在线粒体中氧化,而丙酮酸进入三羧酸循环彻底氧化分解成 CO$_2$ 和 H$_2$O。

糖酵解是一个由复杂物质转变为简单物质的过程,其中还包括氧化还原和能量转化过程。以葡萄糖为呼吸底物,糖酵解总反应式如下:

$$C_6H_{12}O_6 + 2NAD^+ + 2ADP + 2Pi \longrightarrow 2CH_3CHOHCOOH + 2NADH + 2H^+ + 2ATP + 2H_2O$$

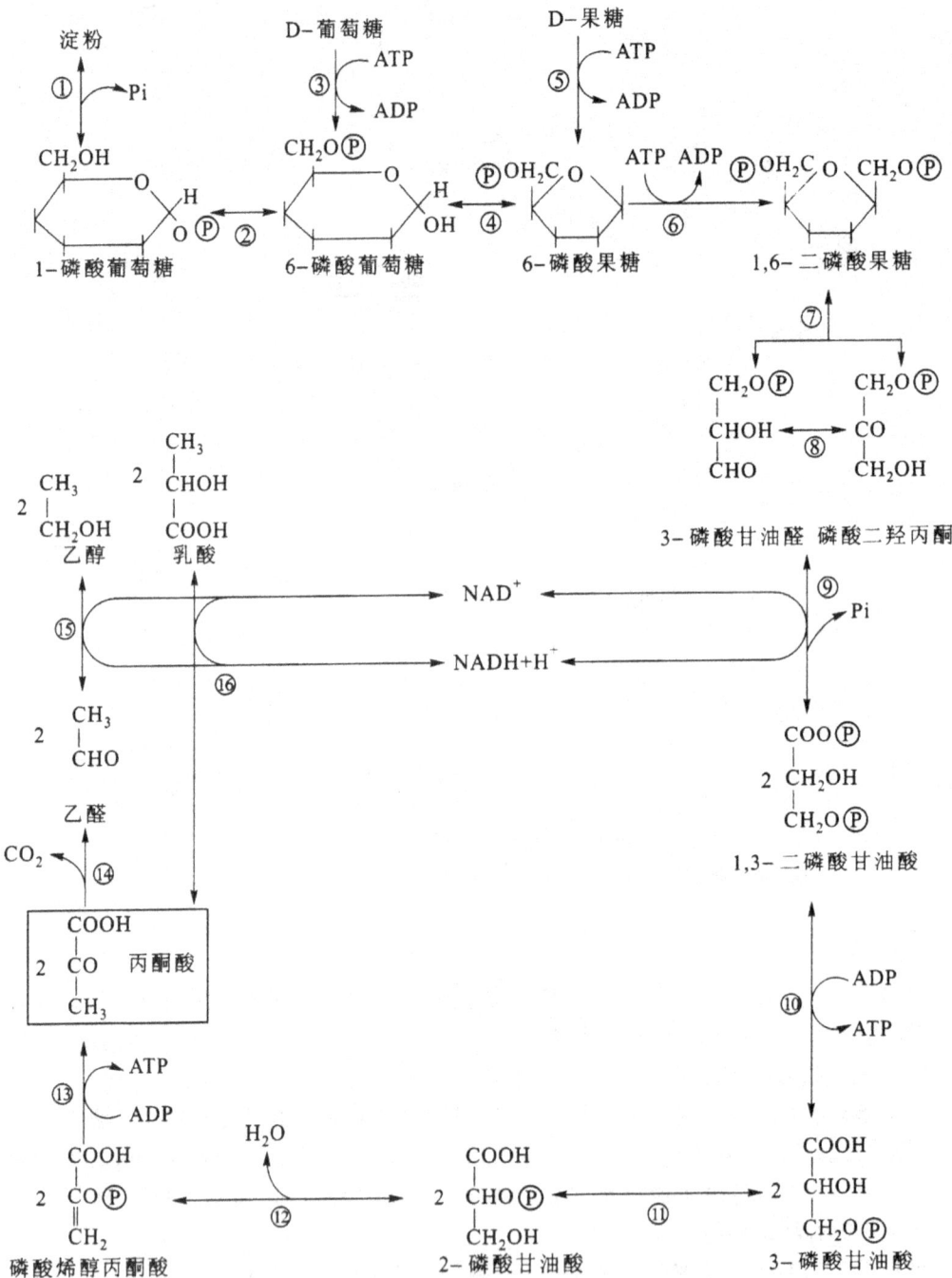

图 6-7 糖酵解途径的生化过程（引自李合生，2012）
①淀粉磷酸化酶 ②磷酸葡萄糖变位酶 ③己糖激酶 ④磷酸己糖异构酶
⑤果糖激糖 ⑥磷酸果糖激酶 ⑦醛缩酶 ⑧磷酸丙糖异构酶 ⑨3-磷酸甘油醛脱氢酶
⑩磷酸甘油酸激酶 ⑪磷酸甘油酸变位酶 ⑫烯醇化酶
⑬丙酮酸激酶 ⑭丙酮酸脱羧酶 ⑮乙醇脱氢酶 ⑯乳酸脱氢酶

2.三羧酸循环

三羧酸循环(tricarboxylic acid cycle,TCA),指的是糖酵解完成之后生成的丙酮酸在有氧条件下进入线粒体,通过一个包括三羧酸和二羧酸的循环而逐步氧化分解,最终形成 H_2O 和 CO_2 的过程。该循环又称 Krebs 环(Krebs cycle),普遍存在于动物、植物、微生物细胞中。

三羧酸循环也是一个由复杂物质转变为简单物质的过程,同时还伴随着氧化还原和能量转化过程(图 6-8)。

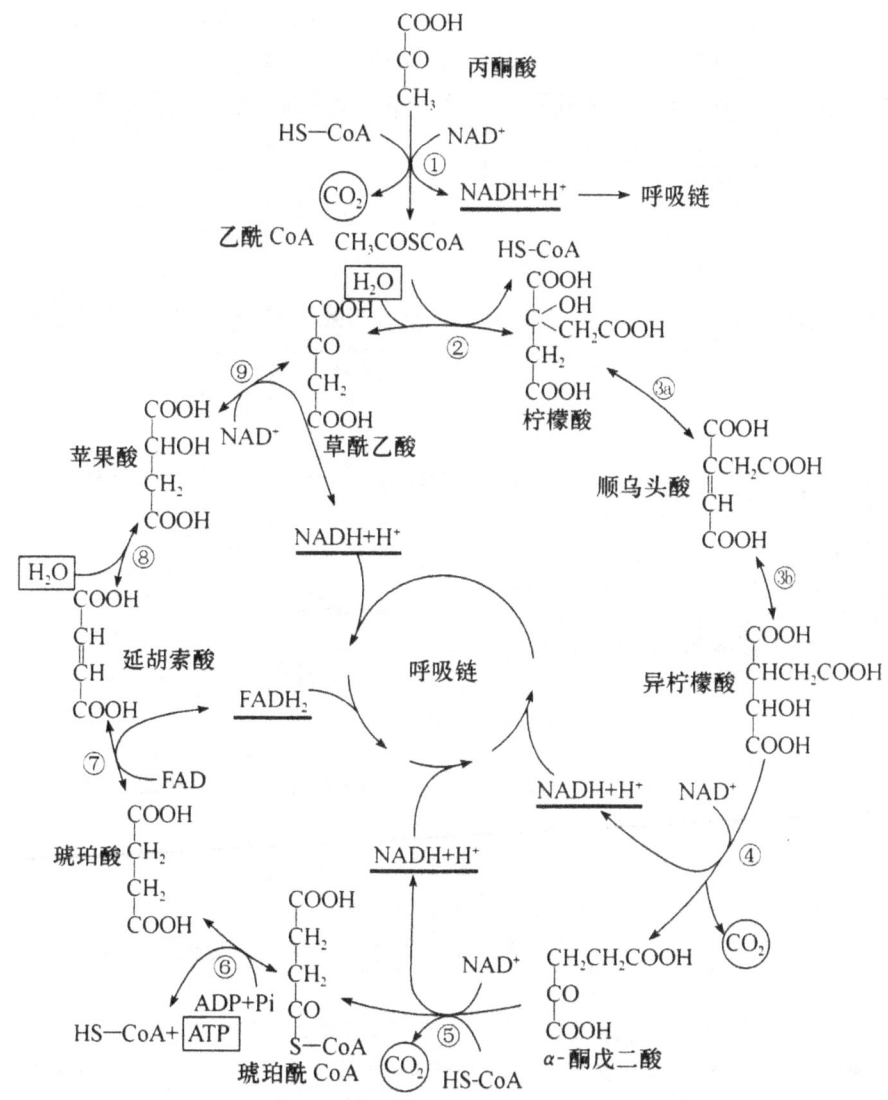

图 6-8 三羧酸循环(引自张立军和刘新,2011)
除①、②、⑦、⑧反应外,其他反应均是可逆的。
参与各反应的酶:①丙酮酸脱氢酶(多酶复合体);②柠檬酸合成酶(亦称缩合酶);
③、④顺乌头酸酶;⑤异柠檬酸脱氢酶;⑥脱羧酶;⑦α-酮戊二酸脱氢酶(多酶复合体);
⑧琥珀酸硫激酶;⑨琥珀酸脱氢酶;⑩延胡索酸酶;⑪苹果酸脱氢酶

三羧酸循环是在线粒体内膜所包围的基质中进行的,其中含有 TCA 循环中各反应的全部酶。由于 1 分子葡萄糖产生 2 分子丙酮酸,所以 TCA 循环的总反应式可归纳为:

$2CH_3CHOHCOOH + 8NAD^+ + 2FAD + 2ADP + 2Pi + 4H_2O \rightarrow 6CO_2 + 8NADH + 8H^+$

三羧酸循环必须在有氧条件下才能进行,但循环中并没有分子氧的直接参与。循环中脱下的 NADH 和 $FADH_2$ 是通过呼吸链电子传递才将氢交给分子氧生成水。因此,从化学过程看,高等植物的有氧呼吸应该是糖酵解、三羧酸循环和呼吸链三段的总和。

3. 戊糖磷酸途径

戊糖磷酸途径(pentose phosphate pathway,PPP),又称己糖磷酸途径(hexose monophosphate pathway,HMP)。经此代谢途径,葡萄糖就可以不通过糖酵解和三羧酸循环而进行分解。

戊糖磷酸途径是指葡萄糖在细胞质内进行的直接氧化降解的酶促反应过程(图 6-9)。

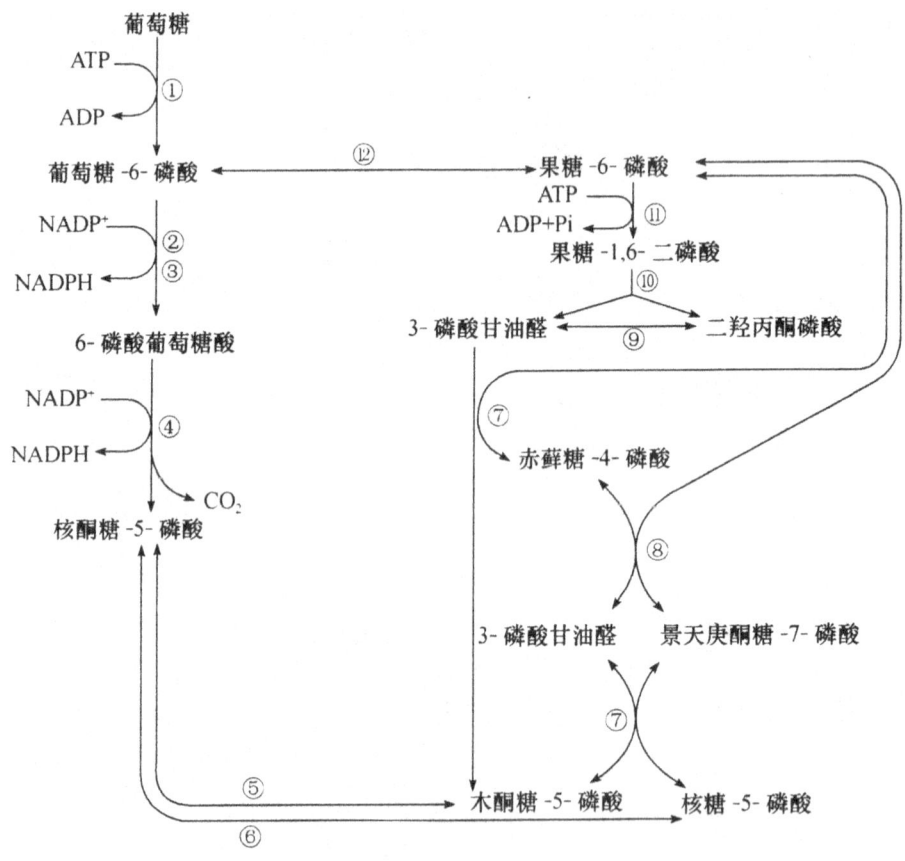

图 6-9　戊糖磷酸途径示意(引自张立军和刘新,2011)

①己糖激酶　②葡萄糖-6-磷酸脱氢酶　③6-磷酸葡萄糖酸脱氢酶　④木酮糖-5-磷酸表异构酶　⑤核糖-5-磷酸异构酶　⑥转酮醇酶　⑦转醛醇酶　⑧转羟乙醛基酶　⑨磷酸丙糖异构酶　⑩醛缩酶　⑪磷酸果糖酯酶　⑫磷酸己糖异构酶

该途径可分为以下两个阶段:

第一个阶段是氧化阶段,即从 6mol 葡糖-6-磷酸(G6P)开始,经两次脱氢氧化及脱羧后,放出 6mol CO_2 和生成 6mol 核酮糖-5-磷酸（Ru5P）。

$$6G6P+12NADP^++6H_2O \longrightarrow 6CO_2+12NADPH+12H^++6Ru5P$$

第二个阶段是非氧化阶段，由 6mol 核酮糖-5-磷酸经 C_3、C_4、C_5、C_7 等糖，然后转变成 5mol 葡糖-6-磷酸。

$$6Ru5P+H_2O \text{ 能荷}=\frac{ATP+0.5[ADP]}{[ATP]+[ADP]+[AMP]}5G6P+Pi$$

以上两个阶段的反应表明，经过 6 次的循环反应之后，1mol G6P 被分解成 6mol CO_2，其总反应式如下：

$$G6P+12NADP^++7H_2O \text{ 能荷}=1.06CO_2+12NADPH+12H^++Pi$$

4. 乙醛酸循环

油料种子萌发时，贮藏的脂肪首先分解为甘油和脂肪酸。脂肪酸经 β-氧化分解为乙酰 CoA，在乙醛酸循环体（glyoxysome）生成琥珀酸、乙醛酸、苹果酸和草酰乙酸等酶促反应过程，称为乙醛酸循环（glyoxylic acid cycle，GAC），素有"脂肪呼吸"之称。

GAC 从脂肪酸 β-氧化产物乙酰 CoA 与草酰乙酸缩合为柠檬酸，柠檬酸异构化形成异柠檬酸，异柠檬酸又在异柠檬酸裂解酶（isocitratlyase）催化下，裂解为琥珀酸和乙醛酸。在苹果酸合成酶（malate synthase）催化下，乙醛酸与另一分子乙酰 CoA 结合生成苹果酸。苹果酸脱氢，重新形成草酰乙酸，可以再与乙酰 CoA 缩合为柠檬酸，从而形成一个循环。其反应结果是由 2 分子乙酰 CoA 生成 1 分子琥珀酸和 1 分子 $NADH+H^+$（图 6-10），反应式如下：

$$2CH_3CO{\sim}SCoA+NAD^+ \longrightarrow \begin{matrix}CH_2COOH\\|\\CH_2COOH\end{matrix} + 2CoASH + NADH + H^+$$

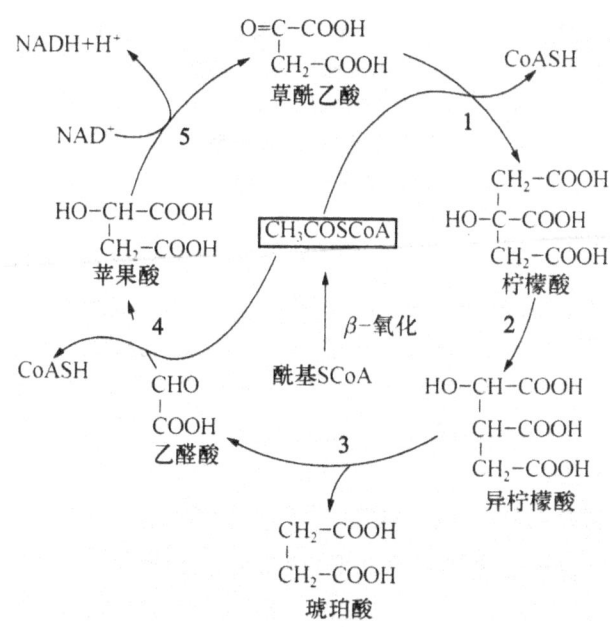

图 6-10　乙醛酸循环

1.柠檬酸合成酶　2.乌头酸酶　3.异柠檬酸裂解酶　4.苹果酸合成酶　5.苹果酸脱氢酶

异柠檬酸裂解酶与苹果酸合成酶是乙醛酸循环中两种特有的酶类。水稻盾片中就分离出了乙醛酸循环中的这两个关键酶——异柠檬酸裂解酶和苹果酸合成酶。

乙醛酸循环途径中产生的琥珀酸可转化为糖(图 6-11)。动物和人类细胞中没有乙醛酸体,无法将脂肪酸转变为糖。植物和微生物有乙醛酸体,在一些种子发芽中起着把脂肪转化为糖的作用。淀粉种子萌发时不发生乙醛酸循环,油料植物种子(花生、油菜、棉籽等)萌发时存在着能够将脂肪转化为糖的乙醛酸循环。可见,乙醛酸循环是富含脂肪的油料种子所特有的一种呼吸代谢途径。

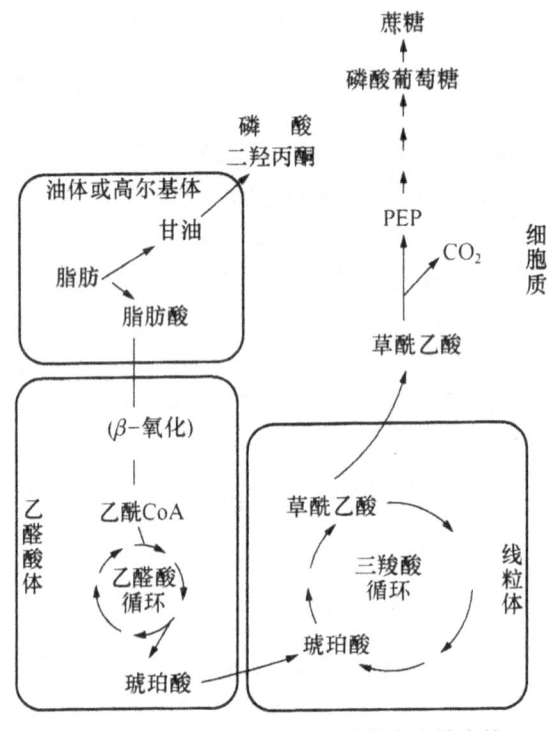

图 6-11 油类种子萌发时脂肪转变为糖类的代谢途径示意(引自曾广文,2000)

5. 乙醇酸氧化途径

乙醇酸氧化途径(glycolic acid oxidation pathway,GAOP)是水稻根系特有的糖降解途径。它的主要特征是具有关键酶——乙醇酸氧化酶(glycolate oxidase)。水稻一直生活在供氧不足的淹水条件下,当根际土壤存在某些还原性物质时,水稻根中的部分乙酰 CoA 不进入 TCA 循环,而是形成乙酸,然后乙酸在乙醇酸氧化酶及多种酶类催化下依次形成乙醇酸、乙醛酸、草酸、甲酸及二氧化碳,并且每次氧化均形成 H_2O_2,而 H_2O_2 又在过氧化氢酶(catalase,CAT)催化下分解释放氧,可氧化水稻根系周围的各种还原性物质(如 H_2S、Fe^{2+} 等),从而抑制土壤中还原性物质对水稻根的毒害,以保证根系旺盛的生理功能,使水稻能在还原条件下的水田中正常生长发育。

上述几条途径在代谢上相互衔接,在空间上相互交错,在时间上相互交替,既分工又合作,构成不同的代谢类型,执行不同的生理功能(图 6-12)。

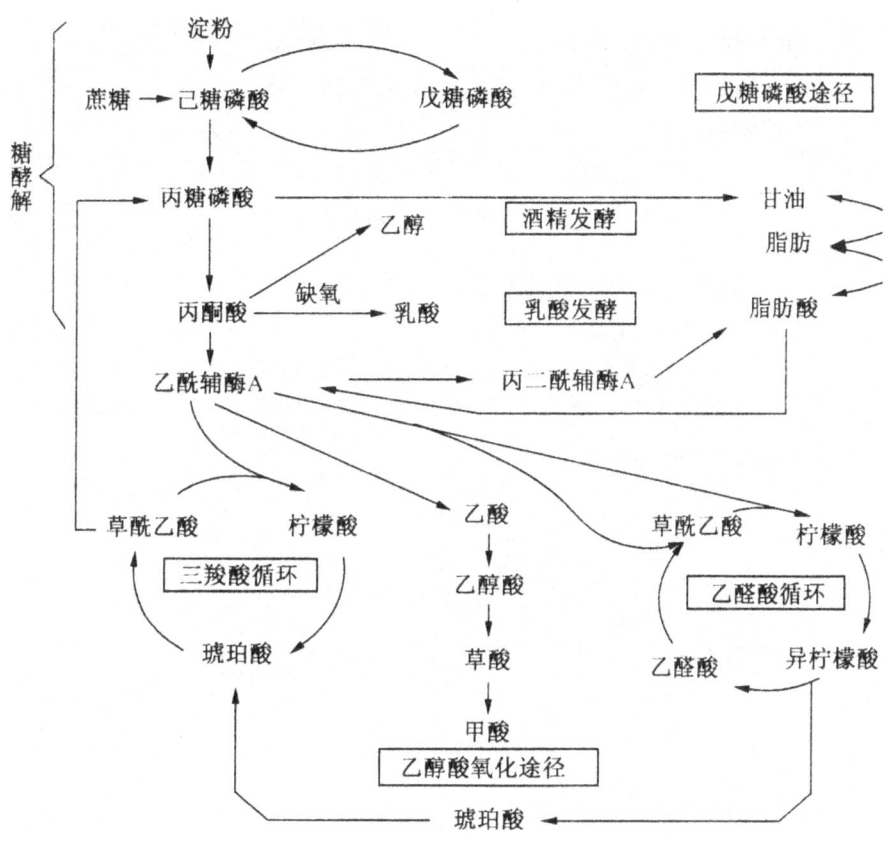

图 6-12　植物体内主要呼吸代谢途径相互关系示意(引自李合生,2002)

6.2.2　呼吸作用的调节

呼吸作用在正常情况下生成的产物和能量既能满足植物生活的需要,又不致过多浪费,这有赖于植物具有一套灵敏有效的调节控制系统。呼吸作用由一系列酶促反应组成,因此呼吸作用中酶活性的调节是最重要的调控方面。

1. 巴斯德效应

巴斯德效应是指氧抑制乙醇发酵现象,是由法国微生物学家 Pasteur 发现而得名。低氧有利于发酵、高氧抑制发酵,植物组织也发现有这种现象。这种糖的有氧氧化对糖酵解的抑制作用称为巴斯德效应。

其主要原因是 EMP 和 TCA 竞争(ADP 和 Pi),在有氧条件下产生较多 ATP,使 ADP 和 Pi 减少。减少对 EMP(ADP 和 Pi)的供应。

有氧氧化产生 ATP,柠檬酸反馈抑制磷酸果糖激酶和己糖激酶,由于 ADP 下降,底物水平磷酸化受阻,总结果是有氧呼吸抑制了无氧呼吸。

2. 能荷调节

在生物细胞内存在苷酸 AMP-ADP-ATP,称为腺苷酸库,这三种腺苷酸之间可以转化,如

ADP 与 Pi 或高能中间物(1,3-DPGA)偶联产生 ATP。另外,ATP 可以转化为 ADP 和 Pi,在许多合成反应中 ATP 转化为 AMP 和 PPi,在细胞中这三种物质在某一时间的相对量控制着代谢活动。Atkinson 于 1968 年提出能荷概念,认为能荷是细胞中高能磷酸状态一种数量上的衡量,能荷的大小说明生物体内 ATP-ADP-AMP 系统能量状态。能荷的大小决定 ATP 和 ADP 的多少。定义:

$$能荷 = \frac{ATP + 0.5[ADP]}{[ATP]+[ADP]+[AMP]}$$

能荷=1.0,表示细胞中 AMP、ADP 全都转化成 ATP 状态(系统中可利用高能键数量最大);能荷=0.5,表示细胞中 AMP、ATP 全都转化成 ADP 状态(系统中含有一半高能磷酸键);能荷=0,表示细胞中 ATP、ADP 全都转化成 AMP 状态(系统中完全不存在高能键化合物)。

Atkinson 还证明高能荷抑制生物体内 ATP 生成,促进 ATP 利用;反之,低能荷促进合成代谢,抑制分解代谢。如图 6-13 所示。

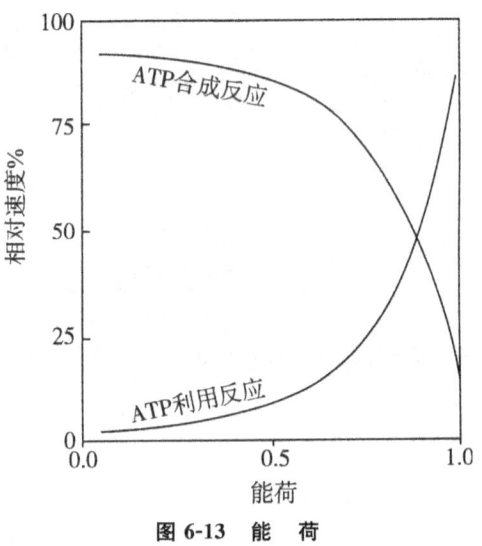

图 6-13 能 荷

从图 6-13 可以看出两条曲线的相交处能荷为 0.9,这些分解代谢与合成代谢将生物体内能荷数量控制在相当狭窄的范围内,所以细胞中能荷像 pH 一样是可以缓冲的。据测大多数细胞中能荷在 0.80~0.95。能荷可对一些酶进行变构调节,例如磷酸果糖激酶和磷酸果糖酯酶催化的反应,能荷可对 EMP、TCA 和氧化磷酸化等途径进行调节。

3. NADH/NAD 比值的调节

无 O_2 条件下进行的 EMP 途径产生 $NADH+H^+$,使 NADH/NAD 比值增加,在乳酸或乙醇发酵时,用于丙酮酸还原,促进 EMP 途径。有 O_2 条件下丙酮酸氧化,$NADH+H^+$ 进入呼吸链使 $NADH/NAD^+$ 比值下降。不产生乳酸或乙醇,使发酵过程减慢。

4. pH 的调节

pH 对酶的催化反应有明显的影响。每种酶都有一定的最适 pH(表 6-1)。许多酶在细胞中作用时由于反应平衡的变化,可能会离开它的最适 pH,而微小的 pH 变化对酶催化的速度将有很大影响。在一个固定的 pH 中,许多代谢过程的速度是互相制约和相互调节的。因此,pH 变化后,代谢途径间的相对平衡也会有相应的变化。

表 6-1　几种呼吸酶类的最适 pH

酶	来源	最适 pH
异柠檬酸脱氢酶(NAD^+ 专一性)	豌豆	7.6(异柠檬酸 $1mmol \cdot L^{-1}$)、6.9(异柠檬酸 $50mmol \cdot L^{-1}$)
苹果酸酶($NADP^+$ 专一性)	小麦胚	7.3
丙酮酸脱羧酶	小麦胚	6.0
乙酰 CoA 脱羧酶	小麦胚	9.0
PEP 羧化酶	花生	7.9～8.3
RuBP 羧化酶	玉米	7.8

6.3　呼吸代谢能量的贮存和利用

生物体中能量的取得首先是通过光合作用把日光的辐射能转变为化学能,储藏于有机物中,然后通过呼吸作用把储藏在各种有机物中的化学能释放出来加以利用。有机物在氧化降解过程中所产生的能量,一部分形成 ATP 供给各种生理活动所需,另一部分则以热的形式放出以维持体温。

6.3.1　呼吸代谢能量的贮存

植物呼吸代谢中释放的能量,一部分以热能散失于环境中,其余部分则以高能键的形式贮存起来。真核细胞中 1mol 葡萄糖经 EMP-TCA 循环、呼吸链彻底氧化后共生成 36mol ATP。

植物体内的高能键主要是高能磷酸键,其次是硫酯键。高能磷酸键以 ATP 中的高能磷酸键最为重要。生成 ATP 有两种方式:一是氧化磷酸化,为主要方式;二是底物水平的磷酸化,次要方式。氧化磷酸化在线粒体内膜上的呼吸链和 ATP 合酶复合体中完成,需要 O_2 参加。底物水平磷酸化在细胞质基质和线粒体基质中进行,没有 O_2 参加,只需要代谢物脱氢(或脱水),其分子内部所含能量的重新分布,生成高能键,接着高能磷酸基转移到 ADP 上,生成 ATP。

$$NADH + H^+ + 3ADP + 3Pi + \frac{1}{2}O_2 \longrightarrow NAD^+ + 4H_2O + 3ATP$$

$$FADH_2 + 2ADP + 2Pi + \frac{1}{2}O_2 \longrightarrow FAD + 3H_2O + 2ATP$$

硫酯键可通过底物氧化脱羧生成,并可转化成高能磷酸键生成 ATP。像 TCA 循环中,α-酮戊二酸的氧化脱羧,生成的琥珀酰 CoA 中,具有高能硫酯键,然后在琥珀酰 CoA 硫激酶作用下,硫酯键断裂释放能量,由鸟苷二磷酸(GDP)接受,再通过鸟苷三磷酸(GTP)传递给 ADP 生成 ATP。

$$琥珀酸\text{-}S\text{-}CoA + GDP + Pi \longrightarrow 琥珀酸 + CoASH + GTP$$

$$GTP+ADP\mu GDP+ATP$$

总的来看,在 EMP 中 1mol 葡萄糖可产生 2mol NADH。作为高等植物和真菌来说,在胞基质中形成的 NADH 很容易穿过线粒体外膜进入膜间隙,在内膜的外表面被外 NADH 脱氢酶催化直接进入呼吸链(不需要穿梭系统),其脱下的氢原子(电子)经 UQ 进入细胞色素途径,P/O 比为 2,生成 2mol ATP。这样,EMP 中生成的 2mol NADH 经氧化磷酸化后,只能生成 4mol ATP,加上底物水平磷酸化净生成的 2mol ATP,共计生成 6mol ATP。在 TCA 循环中,1mol 葡萄糖或 2mol 丙酮酸,可产生 8mol NADH,被内 NADH 脱氢酶催化脱氢氧化,经氧化磷酸化可产生 24mol ATP。另外,2mol FADH$_2$ 被琥珀酸脱氢酶催化脱氢氧化,经氧化磷酸化后产生 4mol ATP。加上底物水平磷酸化生成的 2mol ATP,TCA 循环共计产生 30mol ATP。因此,真核细胞中 1mol 葡萄糖经 EMP-TCA 循环-呼吸链彻底氧化之后共生成 36mol ATP。

6.3.2 呼吸代谢能量的利用

呼吸作用产生的能量除了以热能形式散失外,其余能量被植物生长发育直接利用。其中以 ATP 形式贮存的能量,当 ATP 分解成 ADP 和 Pi 时,就把贮存在高能磷酸键中的能量再释放出来。1 分子蔗糖完全氧化为 CO_2 时约形成 60 分子 ATP,具体分布如表 6-2 所示。

表 6-2 蔗糖经过糖酵解和三羧酸循环完全氧化时生成 ATP 的最高量(引自 Buchanan,2000)

代谢途径	底物	产物	ATP 产生量
糖酵解	1 蔗糖	4 丙酮酸	
	4ADP+Pi	4ATP	4
	4NAD+(细胞质)	4NADH	
三羧酸循环	4 丙酮酸	12CO_2	
	4ADP+Pi	4ATP	4
	16NAD$^+$(线粒体)	16NADH	
	4FAD	4FADH$_2$	
氧化磷酸化	12O_2	24H_2O	
	4NADH	4NAD$^+$	6
	16NADH	16NAD$^+$	40
	4FADH$_2$	4FAD	6
总计			60

注:按照 1 个线粒体 NADH 氧化产生 2.5 个 ATP,1 个细胞质 NADH 氧化产生 1.5 个 ATP,1 个 FADH$_2$ 产生 1.5 个 ATP 计算。

在活体内,合成 ATP 所需自由能大约是 50kJ·mol^{-1},每摩尔蔗糖有氧呼吸氧化生成的 ATP 贮存约 3010kJ·mol^{-1} 自由能。按每摩尔蔗糖有氧氧化释放出自由能 5 760kJ·mol^{-1} 计算,则绿色植物有氧呼吸过程蔗糖分解时,能量利用率约为 52%,其余能量以热的形式散失。原核生物的能量利用率比真核细胞要高一些。

6.4 呼吸作用的指标及影响呼吸作用的因素

6.4.1 呼吸作用的指标

衡量呼吸作用强弱、快慢的生理指标有两个,即呼吸速率(呼吸强度)和呼吸商。

1. 呼吸速率(呼吸强度)

呼吸速率是衡量呼吸作用强弱快慢的指标,呼吸速率又称呼吸强度。呼吸速率是最常用的生理指标,是以植物的单位重量(鲜重、干重或原生质)在单位时间内所释放 CO_2 或所吸收 O_2 的量来表示。如吸收 $O_2 \mu L \cdot g^{-1}$ 鲜重(干重) $\cdot h^{-1}$,释放 $CO_2 \mu L \cdot g^{-1}$ 鲜重(干重) $\cdot h^{-1}$。

植物呼吸速率随植物的种类、年龄、器官和组织的不同有很大差异。一般来说,凡生长快的植物比生长慢的植物高;高等植物比低等植物高;喜光植物比耐阴植物高;草本植物比落叶乔木高。另外,同一植物不同器官呼吸强度也是不同的。生长旺盛的幼嫩器官(根尖、茎尖、嫩根、嫩叶)的呼吸强度高于生长缓慢衰老的器官(老根、老茎、老叶);生殖器官高于营养器官。如大麦种子仅 $0.003 \mu mol\ O_2 \cdot g^{-1}$ 鲜重 $\cdot h^{-1}$,而番茄根尖达 $300 \mu mol\ O_2 \cdot g^{-1}$ 鲜重 $\cdot h^{-1}$。

2. 呼吸商

呼吸商(respiratory quotient,RQ)又称呼吸系数(respiratory coefficient),是指植物组织在一定时间内,释放 CO_2 与吸收 O_2 的数量(体积或物质的量)比值。

$$呼吸商 = 释放 CO_2 的量 / 吸收 O_2 的量$$

一般呼吸底物不同,RQ 也不同。

当呼吸底物是糖类(如葡萄糖)且完全氧化时呼吸商等于 1。

$$C_6H_{12}O_6 + 6O_2 \longrightarrow 6CO_2 + 6H_2O \quad R.Q. = \frac{6\text{mol } CO_2}{6\text{mol } O_2} = 1.0$$

呼吸底物是脂类、蛋白质时,由于脂类、蛋白质比糖还原程度高,即在脂类、蛋白质分子中氢对氧的比例大,故它们在生物氧化时需要更多的氧,其呼吸商小于 1。如油料种子萌发初期,脂肪酸在胚乳中转化或呼吸氧化时,棕榈酸(十六烷酸)转变为蔗糖,其呼吸商为 0.36。

$$C_{16}H_{32}O_2 + 11O_2 \longrightarrow C_{12}H_{22}O_{11} + 4CO_2 + 5H_2O \quad R.Q. = \frac{4\text{mol } CO_2}{11\text{mol } O_2} = 0.36$$

呼吸底物是一些含氧多于糖类的有机酸,其呼吸商可大于 1,以苹果酸为例,R.Q. = 1.33。

$$C_4H_6O_5 + 3O_2 \longrightarrow 4CO_2 + 3H_2O \quad R.Q. = \frac{4\text{mol } CO_2}{3\text{mol } O_2} = 1.33$$

需要指出的是,呼吸商的大小与呼吸底物的性质关系密切,故可根据呼吸商的大小来推测呼吸作用的底物及其种类的改变。然而,植物材料的呼吸商往往来自多种呼吸底物的平均值。

另外,呼吸商的大小还与环境的供氧状态有关,同样是糖类作呼吸底物,在缺氧条件下,以无氧呼吸为主,如糖类发生酒精发酵呼吸商就远大于 1;当呼吸进程中形成不完全氧化产物(如有机酸)时,吸收的氧多于放出的二氧化碳,呼吸商就小于 1。

6.4.2 影响植物呼吸的因素

1. 呼吸作用的内部影响因素

呼吸过程是一个非常复杂的过程,受到许多方面的影响。植物的种类、年龄、器官的不同以及多种环境因素都会影响呼吸的过程。

(1)植物种类不同,呼吸速率不同

植物的呼吸速率一般与其原产地生态环境及生长速率有关。一般情况下,生长较快的植物呼吸速率较高,生长较慢的植物呼吸速率较低。如小麦的呼吸速率就比仙人掌快得多。

(2)同一植株不同器官和组织,呼吸速率有所不同

一般幼嫩组织和器官因原生质含量高,处在分裂、生长旺盛时期,其呼吸速率高,如根尖、茎尖、形成层、浸种后的种胚等;生殖器官比营养器官呼吸速率高,如花比叶高3~4倍。而生殖器官中雌、雄蕊的呼吸速率又比花瓣、萼片高,特别是雌蕊呼吸速率最高,可比花瓣高18~20倍。受伤组织高于正常组织。

(3)植物处于不同生理状态其呼吸速率不同

染病植株和创伤植株呼吸速率高于正常植株,这与合成抗病物质和提供能量有关。正常叶片的呼吸速率高于饥饿叶片,向阳叶的呼吸速率高于遮阴叶,这与呼吸底物含量有关。很明显,呼吸过程中底物充足,则呼吸速率高。

当植物的组织成熟后,它的呼吸一般保持稳定或随年龄的增加而逐渐降低。例如,花在衰老过程中呼吸速率逐渐降低。

2. 呼吸作用的外部影响因素

(1)温度

温度对呼吸作用的影响主要是因为温度对呼吸酶的影响。呼吸作用有温度三基点,即最低温度、最适温度和最高温度。呼吸作用的最适温度是指能较长时间维持高呼吸水平的温度,而不是指呼吸速率最高时的温度。所以当超过最适温度时,在短时间内呼吸速率还会升高,但时间延长后呼吸速率就会急剧下降。

一般来说,大多数植物呼吸作用的最适温度为25℃~35℃,最高温度为35℃~45℃。由于呼吸作用的最适温度总是高于光合作用的最适温度,因此当温度较高而光照不足时,植物体的消耗超过积累,对植物的生长不利。

温度系数,即由温度每升高10℃引起呼吸速率增加的倍数。在0℃~35℃生理温度范围内,植物呼吸作用的温度系数为2~2.5。

(2)氧气

氧是有氧呼吸途径运转的必要因素,也是呼吸电子传递系统中的最终电子受体,氧浓度的变化对呼吸速率、呼吸代谢途径都有影响。

氧气是有氧呼吸的必要条件,大气中含氧量为21%,其变化幅度很小,植物地上部分一般不会受到缺氧的影响。增加空气中氧含量,呼吸作用并不随之增加,当氧含量达到70%~100%时,能使植物中毒,这可能与活性氧代谢形成自由基有关。土壤中氧含量随土壤水分和土壤板结

程度而变，土壤中氧含量低于5%时，根系正常呼吸受到影响。作物受涝致死，主要原因在于无氧呼吸过久。

但也有少数植物在缺氧情况下，仍保留无氧呼吸能力。如水稻能生活在供氧不足的淹水条件下，是因为水稻根系有乙醇酸氧化酶，进行乙醇酸氧化途径，压低了酒精发酵；另外，水稻有发达的通气组织从地上部运输氧到根系，保证根系维持一定的有氧呼吸。柳树这类耐涝植物对缺氧则是另一种适应机制，在呼吸中利用 NO_3^- 作为 e^- 的受体，以适应氧含量的不足，柳树受涝时可提高对 NO_3^- 的吸收，补充氧的不足。

在一定范围内，氧浓度的增加会促进呼吸速度的增加，当在缺氧条件下逐渐增加氧浓度，无氧呼吸会逐步减弱直到消失，一般把无氧呼吸停止进行的最低氧含量（10%左右）称为无氧呼吸的消失点（anaerobic respiration extinction point）（图6-14）。人们正是利用这个现象，在贮藏苹果时，调节外界氧浓度到无氧呼吸的消失点附近，使有氧呼吸减至最低限度，但不刺激糖酵解，这样果实中的糖类分解得最慢，有利于贮藏。

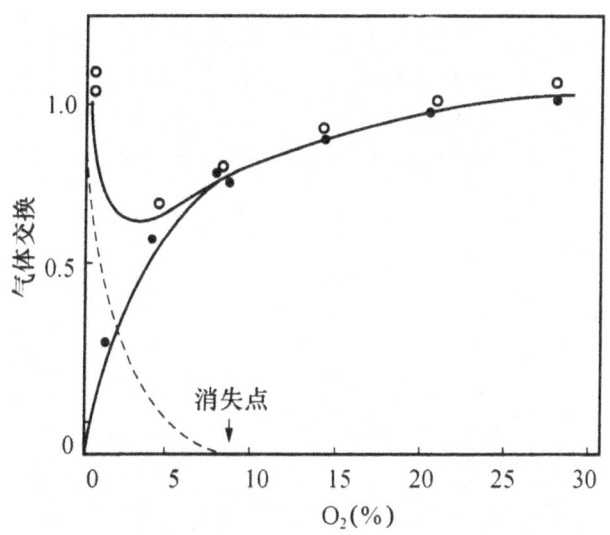

图 6-14　苹果在不同氧分压下的气体交换（引自王忠，2000）
实心点为耗氧量；空心点为释放量；
虚线为无氧条件下 CO_2 的释放；消失点表示无氧呼吸停止

细胞内氧浓度在10%～20%，无氧呼吸不进行，全部进行有氧呼吸。在氧浓度较低的情况下，呼吸速率与氧浓度成正比，呼吸速率随氧浓度的增大而增强，但氧浓度增至一定程度，对呼吸作用就没有促进作用了，这一氧浓度称为氧饱和点（oxygen saturation point）。氧饱和点与温度密切相关，一般是温度升高，氧饱和点也提高。氧浓度过高，对植物有毒害，这可能与活性氧代谢形成自由基有关。

(3) 二氧化碳

二氧化碳是呼吸作用的终产物。当外界环境中二氧化碳浓度增高时，呼吸速率会降低。实验证明，二氧化碳浓度升高至1%～10%时，呼吸作用明显受到抑制。

大气中二氧化碳含量是一定的，不会有很大幅度的变化，因此不会对呼吸作用产生什么影响。但土壤中由于根系和微生物的呼吸活动，会产生大量二氧化碳，加上深层土壤通气不良，积累的二氧化碳可达4%～10%,甚至更高。所以适时中耕,促进土壤空气和大气的气体交换,对于根系的生长活动是很有必要的。

同样,可以利用二氧化碳浓度升高会抑制呼吸作用来保存果蔬。将果蔬贮藏在密闭环境里,并适当降低温度可减缓其呼吸速率,延长贮藏时间;不过要注意二氧化碳浓度不可超过10%,否则果实会中毒变坏。

(4)光

植物叶在光下的呼吸速率是和其光合作用有关的。遮阴部分的叶的呼吸速率通常比直射光下的叶的呼吸速率要低。这可能是由于光下的叶可以提供更多的糖用于呼吸。光呼吸现象也是光下呼吸增加的原因。此外,光照引起的温度升高也可能增加呼吸的速率。

(5)水分

整体植物的呼吸速率一般随植物组织含水量的增加而升高。

对于植物器官来说,其呼吸情况比较复杂。干燥的植物器官,如植物干燥的种子、干果等,呼吸很低,但当其吸水后呼吸会迅速增加(图6-15);而含水量高的肉质器官,如水果、块根、块茎等,随本身含水量及所处环境湿度的降低,呼吸反而升高,因为这些器官在失水时,为保持自身的水分会通过分解自身的物质,如淀粉、脂肪转化为可溶性糖,增加自身细胞液的浓度以降低水势,而可溶性糖是呼吸作用的基质,使呼吸升高,故肉质器官贮藏在干燥的环境中或受干旱接近萎蔫时呼吸速率有所增加,过一段时间后,可溶性糖逐渐减少至消耗殆尽,则呼吸速率会下降乃至停止。

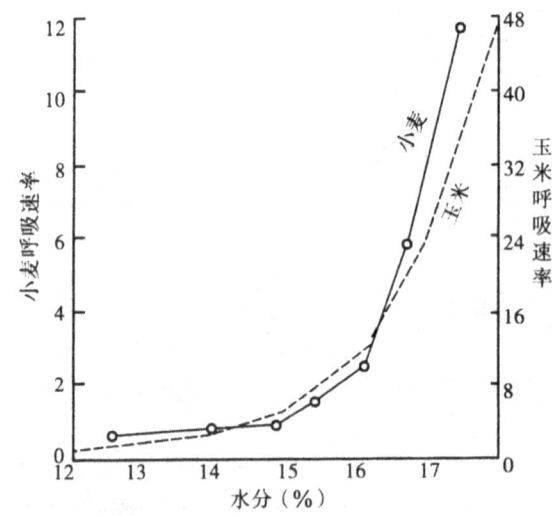

图6-15 含水量不同的小麦和玉米种子呼吸速率比较(CO_2 mg/100g 种子·小时)

(引自邹秀华和周爱芹,2014)

(6)机械损伤和病原菌侵染

机械损伤会显著加快组织的呼吸速率。主要有以下两个原因:第一,组织中氧化酶与其底物原来有隔离,受损使隔离破坏,酚类化合物迅速被氧化,耗氧量增加;第二,机械损伤会引起某些细胞转变为分生组织状态,形成愈伤组织去修补伤处,这些细胞活动旺盛,呼吸速率很高。鉴于以上情况,在采收、包装、运输、贮藏水果蔬菜时,要尽可能注意防止机械损伤。

病原菌侵入区及其邻近处呼吸速率升高数倍。有证据表明,在某些感病植物体内,PPP途径加强。但原因还不清楚。

影响呼吸作用的外界因素除上述原因外,呼吸底物(可溶性糖)的含量多少也会使呼吸作用加强或减弱;一些矿质元素(如P、Fe、Cu、Mn等)也对呼吸作用有重要影响。

第7章 植物的生长物质

7.1 植物生长物质的概念和种类

在植物整个生长发育过程中,除了需要大量的水分、矿质元素和有机物质作为细胞生命的结构物质和营养物质外,还需要一类微量的所谓生长物质来调控植物体内的各种代谢,以适应外界环境条件的变换。对植物细胞而言,各种外界环境条件下的变化就是多种多样的刺激信号,其中植物激素就是一种重要的胞间和胞内化学信号,当不同的激素分子进入靶细胞后,就会通过不同的细胞信号转导途径,最终引起一系列的生理生化变化和形态反应。

植物生长物质(plant growth substances)是指具有调节植物生长发育功能的一些生理活性物质,包括植物激素和植物生长调节剂。

植物激素(plant hormones 或 phytohormones)是指在植物体内合成的,可以移动的,对生长发育产生显著作用的微量($1\mu mol/L$ 以下)有机物质。

植物激素的研究可追溯到1758年 D·du Monceau 的发现:木本植物茎的环割区上方的凸起部位会形成根。为解释该现象,J·Sachs 于1860年提出,植物中存在特定的器官形成物质。1872年,Ciesielski 对根尖控制根的伸长与向重力性进行了研究。然而,植物激素研究真正的开端源于 C·Darwin(1880)所做的向光性实验,约半个世纪后 F·W·Went(1928)的燕麦胚芽鞘试验是植物激素研究史上的一个里程碑。几乎与此同时,H·Fitting 正式将"激素"一词引进到植物生理学知识中。

对动物而言,激素是在独立的器官或组织中合成、在血液中被运输至某个特定的靶细胞并且以浓度变化的方式控制生理反应。但是,植物激素与动物激素有着显著的差异。首先,植物激素的合成常常不是仅存在于某个单独的器官中,而更多地表现出分散性。其次,植物激素不仅能够运输到靶部位发挥作用,还表现出直接作用于其合成的组织或细胞。另外,植物激素的作用不仅依赖其浓度变化的方式,也依赖于靶细胞对激素的敏感性。

7.2 生长素类

7.2.1 生长素类的发现、分布和化学结构

生长素(auxin)是最早被发现的植物激素。C·Darwin 的工作标志着植物激素研究的开端,其成果记录在与儿子 F·Darwin 合著的 *The Power of Movement in Plants* 一书中。Darwin 父子研究了金丝雀虉草(Phalaris canariensis)胚芽鞘朝着从窗口射入房间的光线方向弯曲生长,即

向光性现象。禾本科植物的胚芽鞘同茎均能响应单侧光的刺激,朝着光源的方向生长。除去胚芽鞘的顶端或将顶端遮光,能使向光性消失。Darwin 认为茎尖存在感受向光性的信号,并且"当幼苗受单侧光照射时,某种影响因素从上部传递到下部,并引起下部弯曲"。

1928 年荷兰学者 Went(当时他作为研究生在其父亲的实验室里工作)用琼脂收集自燕麦胚芽鞘尖端输出的生长物质,然后把琼脂切成小块,放在去顶胚芽鞘的一侧,该胚芽鞘即使在黑暗中也会向没有琼脂块的一侧弯曲,其弯曲程度在一定限度内与收集的生长物质的量呈正相关。Went 工作的重要性表现在以下两方面。

①证实了胚芽鞘顶端存在调节物质。

②建立了提取和定量分析活性物质的方法,即大家现在所熟知的"燕麦弯曲测试法"。

其中的活性物质被称为"auxin",即生长素,该词源于希腊词"auxein",表示"生长或增加"的意思。

Went 的研究促进了活性物质的提取工作,1934 年 Kögl 和 Haagen-Smit 首先从人尿中提取出了吲哚乙酸(indole-3-acetic acid,IAA)。几乎与此同时,IAA 也从酵母抽提物中得到分离。1942 年,Haagen-Smit 等从碱性水解的玉米粉和未成熟的玉米子粒中分别提取了 IAA。此后发现,IAA 遍布高等植物界。

IAA 是高等植物体内最主要的生长素,其分子式为 $C_{10}H_9O_2N$,相对分子质量 175.19,化学结构包括吲哚核和乙酸侧链。

天然生长素类:

吲哚-3-乙酸(IAA)　　4-氯-3-吲哚乙酸(4-Cl-IAA)

苯乙酸(PAA)　　吲哚-3-丁酸(IBA)

IAA 在植物根、茎、叶、花、果实及种子、胚芽鞘中都有,其含量为 10~100ng/g FW。此外,几种天然存在的吲哚衍生物,如吲哚-3-乙醇、吲哚-3-乙醛和吲哚-3-乙腈,也表现出生长素的活性,它们均是合成 IAA 的前体物质,可能是通过转化为 IAA 而发挥作用。

IAA 的发现推动科学家化学合成了具有 IAA 效应的一系列物质。

化学合成生长素类:

萘乙酸(NAA)　　2-甲基氧-3,6-二氯苯甲酸

2,4-二氯苯氧乙酸（2,4-D）　　2,4,5-三氯苯氧乙酸（2,4,5-T）

其中，吲哚丁酸（indole-3-butyric acid，IBA）、萘乙酸（naphthalene acetic acid，NAA）和2,4-二氯苯氧乙酸（2,4-dichlorophenoxy acetic acid，2,4-D）已广泛应用于农业生产。最初人们认为IBA是一种化学合成物质，但1989年从玉米和其他植物的种子和叶片中提取了出来。1986年在豆类种子中发现了IAA的一种氯化类似物——4-氯-3-吲哚乙酸（4-chloro-3-indole acetic acid，4-Cl-IAA）。此外，1990年报道苯乙酸（phenylacetic acid，PAA）具有生长素的活性。IBA、4-Cl-IAA和PAA的结构和生理活性均类似于IAA，因此也属于天然的生长素类。

7.2.2 生长素在植物体内的存在状态及运输方式

植物体内生长素含量很低，一般每克鲜重含10~100ng。生长素在各种器官中都有分布，但较集中在生长旺盛的部位（如胚芽鞘、芽和根尖端的分生组织、形成层、受精后的子房、幼嫩种子等），而在趋向衰老的组织和器官中则甚少。主要规律呈现从胚芽鞘尖端到基部，生长素浓度逐渐下降，从胚芽鞘基部到根尖端，生长素浓度又逐渐上升，但根尖中生长素浓度仍比胚芽鞘尖端的低（图7-1）。

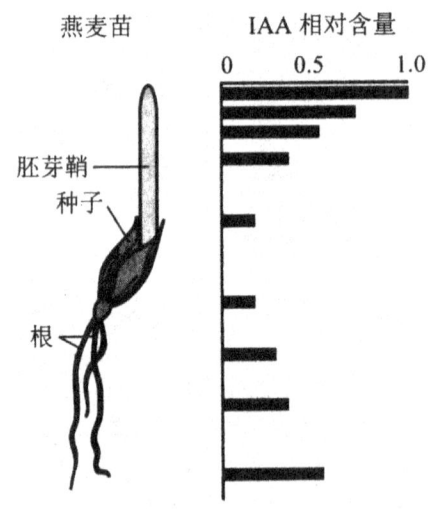

图7-1　黄化燕麦幼苗中生长素的分布示意

植物激素一般以两种状态存在于植物体内，一种是游离态，另一种是结合态，两者区别在于是否有共价键结合的分子。没有与其他分子共价键结合的生长素称为游离态生长素（free auxin），而与其他小分子或大分子有机物相结合的生长素称为结合态生长素（bound auxin）。与小分子共价结合的如IAA与天冬氨酸结合为吲哚乙酰天冬氨酸（indole acetyl aspartic acid），与肌醇结合为吲哚乙酰肌醇（indole acetyl inositol），与葡萄糖结合为吲哚乙酰葡萄糖（indole acetyl glucose)等。

| 吲哚乙酰葡萄糖 | 吲哚乙酰天冬氨酸 | 吲哚乙酰肌醇 |

游离态生长素具有生物活性,而结合态生长素不具有生物活性。结合态生长素通过酶解、水解或自溶作用可释放出游离态生长素,因此结合态生长素和游离态生长素之间可以相互转换。

在高等植物中,生长素有两种运输方式:一种和其他同化产物一样,通过韧皮部运输,运输速率为1~2.4cm/h,运输方向取决于两端有机物浓度差等因素;另一种仅局限于胚芽鞘、幼茎、幼根的薄壁细胞之间短距离单方向的极性运输(polar transport)。极性运输是生长素特有的运输方式,是指顶端合成的生长素只能从植物的形态学上(顶)端向下(基)端运输,而不能由形态学下端向上端运输(图7-2)。生长素在根中的运输则是由根基(根与茎结合)部向顶部(根尖)运输。

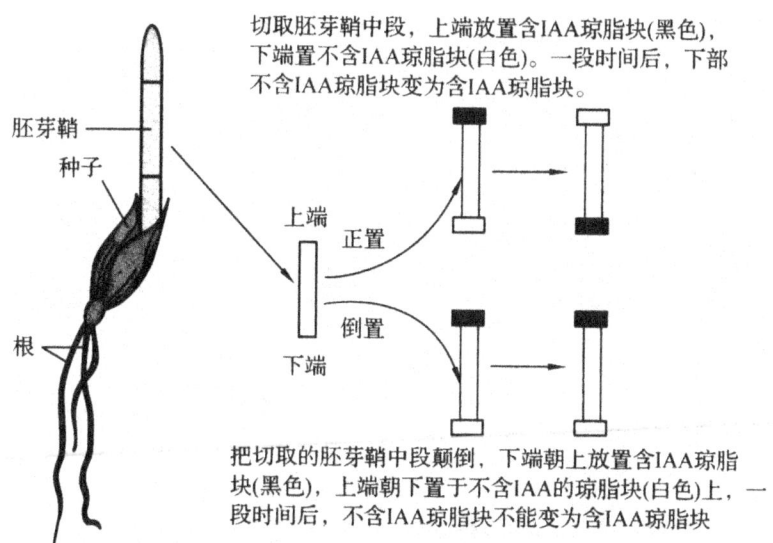

图 7-2　证明生长素极性运输的实验示意

人工合成的生长素类化学物质,在植物体内也表现出极性运输,且活性越强,极性运输也越强。生长素极性运输是一种逆浓度梯度的主动运输过程,因为缺氧会严重阻碍生长素的运输。TIBA 和 NPA 等能抑制生长素的极性运输。

7.2.3　生长素的生物合成

生长素在植物体内的合成部位主要是叶原基、嫩叶和发育中的叶子。成熟叶片和根尖也产生生长素，但数量甚微。目前认为生长素生物合成有色氨酸和非色氨酸两条途径，并且色氨酸和非色氨酸途径可能并存于植物体内。

1. 色氨酸途径

色氨酸途径是植物体内生长素主要的生物合成途径，其生物合成前体为色氨酸(tryptophan)。色氨酸转变为生长素时，其侧链要经过转氨作用、脱羧作用和两个氧化步骤。色氨酸途径包括以下 4 条支路(图 7-3)。

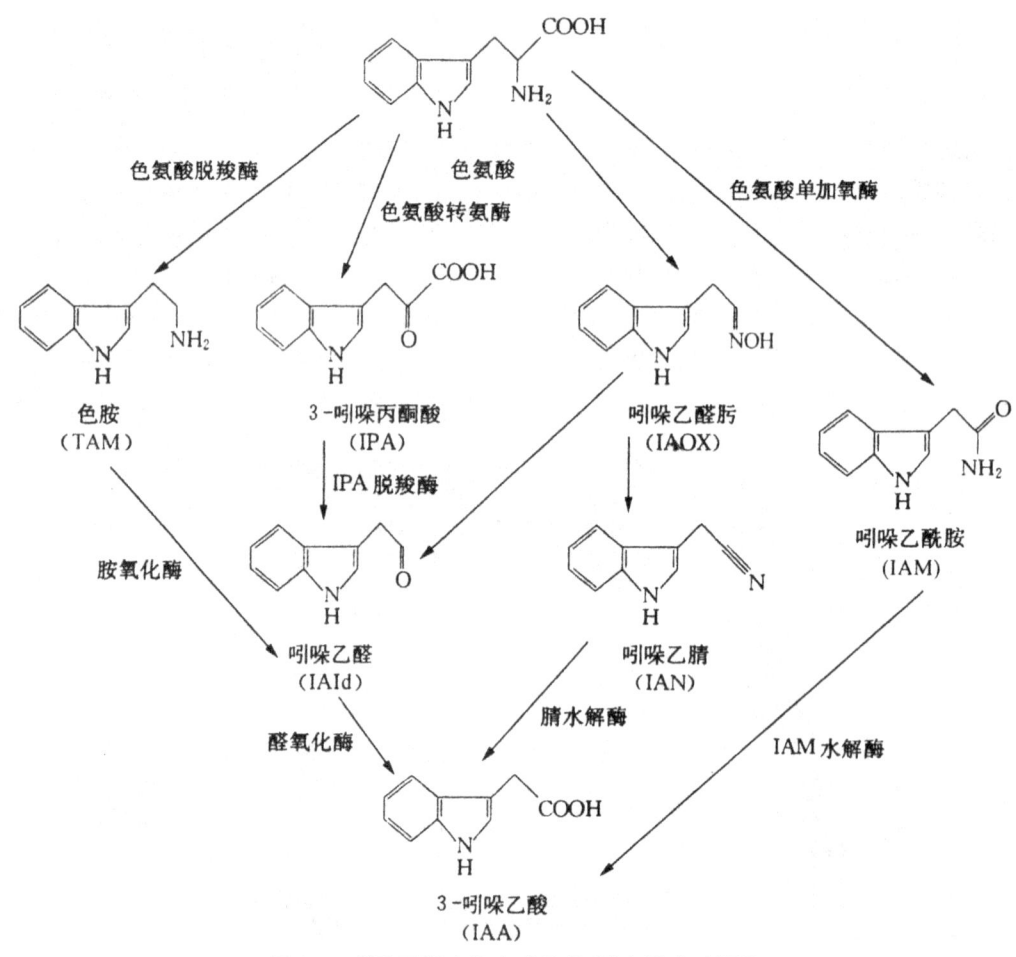

图 7-3 吲哚乙酸生物合成途径(引自王忠，2000)

(1) 吲哚丙酮酸途径

色氨酸通过转氨作用，形成吲哚丙酮酸，再脱羧形成吲哚乙醛，后者经过脱氢变成吲哚乙酸。本途径发现于缺乏色胺途径的植物中，但在番茄、大麦、烟草等植物中本途径和色胺途径共存。

(2) 色胺途径

色氨酸脱羧形成色胺，再氧化转氧形成吲哚乙酸，最后形成吲哚乙酸。本途径在植物中占少数。在大麦、燕麦、烟草和番茄枝条中同时存在吲哚丙酮酸途径和色胺途径。

(3) 吲哚乙腈途径

许多植物，特别是一些十字花科植物中存在着吲哚乙腈，在体内腈水解酶作用下，将吲哚乙腈转化为吲哚乙酸。已发现葫芦科、豆科和蔷薇科含有腈酶相似的基因和酶活性,表明该途径可能广泛存在于植物中。

(4) 吲哚乙酰胺途径

在一些病原菌如假单胞杆菌和农杆菌中,色氨酸先在色氨酸单加氧酶的催化下转变为吲哚乙酰胺,然后经吲哚乙酰胺水解酶水解转变为 IAA。以前一直认为该途径是细菌特有的途径,但随着检测技术的不断改进,IAM 在很多植物如烟草、拟南芥、玉米、水稻中检测到。在水稻细胞中还检测到吲哚乙酰胺水解酶的活性,这些均表明植物中也可能存在吲哚乙酰胺介导的 IAA 的合成途径。

2. 非色氨酸途径

人们利用玉米和拟南芥色氨酸营养缺陷型突变体的研究证明,IAA 的合成存在一条独立于 Trp 的途径。在玉米橘红色籽粒突变体中,这条途径可能是由吲哚-3-甘油磷酸转变为 IPA,再形成 IAA 的。该途径在正常植物体内的功能尚不清楚。

7.2.4　生长素的生物降解

生长素的降解主要有两条途径:酶促降解和光氧化。

1. 酶促降解

生长素的酶促降解可分为脱羧降解和不脱羧降解(图 7-4)。催化脱羧降解的酶是吲哚乙酸氧化酶(IAA oxidase),它是一种含铁的血红蛋白,广泛分布于高等植物。后来利用同位素标记实验发现了其他两条 IAA 氧化降解途径,其中一条途径是直接将 IAA 氧化为羟吲哚-3-乙酸(oxindole-3-acetic acid, oxIAA),另一条途径是首先将 IAA 氧化为中间产物二氧吲哚-3-乙酰天冬氨酸(dioxindole-3-acetylaspartate),相对于脱羧降解来说,这两条降解途径也被称为非脱羧降解途径。其降解物仍然保留 IAA 侧链的两个碳原子。

2. 光氧化

IAA 的光氧化降解产物和酶氧化产物相同,都为亚甲基氧代吲哚及其衍生物和吲哚醛。水溶液中的 IAA 照光后很快分解,在有植物细胞色素(核黄素或紫黄质)存在的情况下,其光氧化作用将大大加速。这种情况表明,在自然条件下很可能是植物体内的色素吸收光能促进了 IAA 的氧化。

在田间对植物施用 IAA 时,上述两种降解过程能同时发生。而人工合成的生长素类物质,如 NAA、2,4-D 等则不被 IAA 氧化酶降解,有较大的稳定性,能在植物体内保留较长的时间。所以,在大田中一般不施用 IAA 而是施用人工合成的生长素类调节剂。

7.2.5　生长素的生理作用

1. 促进细胞的伸长和分裂

生长素的主要生理作用是能够促进细胞的伸长生长。因生长素能促进细胞壁纤维素松弛,并能促进细胞吸水及核酸和蛋白质的合成,故是细胞伸长期不可或缺的物质。

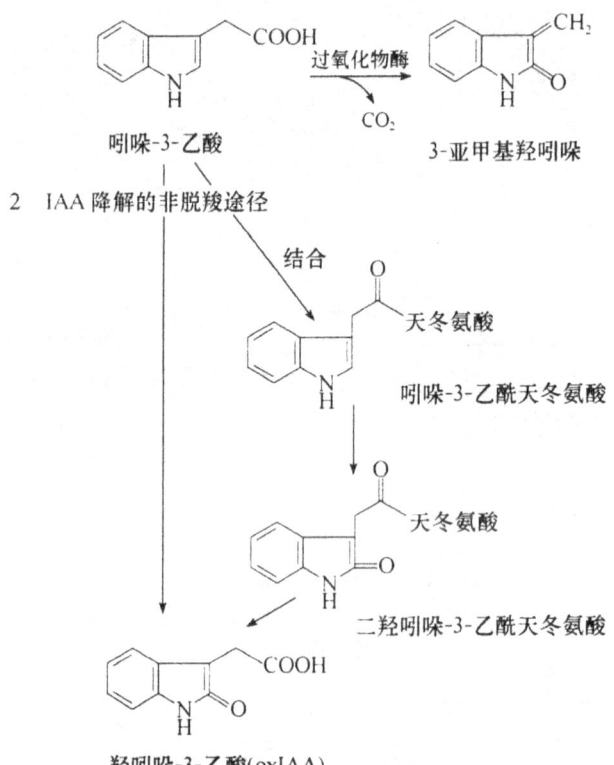

图 7-4　IAA 的酶促降解
1.脱羧途径,支径　2.两条非脱羧途径,主径

生长素促进伸长生长有一明显特点,即低浓度促进生长,高浓度抑制生长。不同植物、器官对生长素敏感程度不同,双子叶植物比单子叶植物敏感,根比茎、叶敏感(图 7-5)。植物的顶端优势、向性生长运动等都与生长素促进器官、组织伸长生长有关。

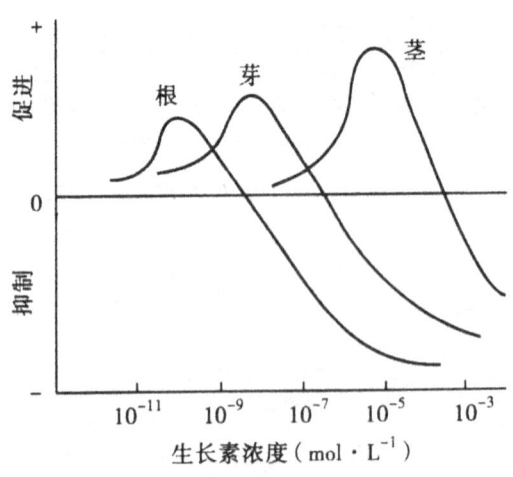

图 7-5　不同营养器官对 IAA 不同浓度的反应

2. 引起顶端优势

在顶芽产生的生长素通过极性运输转移到植株下部,使侧芽附近的生长素浓度升高,抑制侧芽发育。切去顶芽以除去生长素的来源,对侧芽的抑制就会消失。生产上通过打顶、摘心等措施来消除顶端优势,促进侧枝生长;也通过抹芽、修剪等手段以维持顶端优势,促进主茎生长。

3. 促进单性结实和果实发育

生长素具很强的吸引与调动养分的作用。如受精子房中的 IAA 含量最高,从而促进葡萄糖等养分运向该处,并引起子房及其周围组织的膨大,加速果实的发育。未受精的雌蕊如能及时获得 IAA,能诱导植物无籽果实的形成。因此在生产上,常用 2,4-D(1~10mg/L)诱导一些果实如番茄、茄子、辣椒、无花果及西瓜等的单性结实。

4. 诱导雌花分化

较高浓度的生长素会诱导乙烯合成,从而产生相应的生理反应。用 0.01%NAA 溶液处理黄瓜幼苗,可提早开雌花,雌、雄花比例比不处理的高近 3 倍。

7.3 赤霉素类

7.3.1 赤霉素的发现及化学结构

赤霉素是在研究水稻恶苗病的过程中被发现的。患恶苗病的水稻植株异常徒长的现象是由赤霉菌(Gibberella fujikuroi)的分泌物所引起的。1938 年,日本的薮田贞次郎等成功地从水稻赤霉菌的分泌物中分离出这种可以引起稻苗徒长的物质,并定名为赤霉素(Gibberellin,GA)。至今已经报道了 126 种赤霉素,分别简称 GA_1,GA_2,GA_3,…,GA_{126}。赤霉素在植物界中普遍存在。

所有的赤霉素在化学结构上都有共同的基本结构,即赤霉烷,由 4 个碳环组成。在赤霉烷环上由于双键、羟基的数目和位置不同,形成了各种赤霉素。依含碳原子数目的不同,又可分为 C_{19} 和 C_{20} 两类赤霉素。C_{19} 类赤霉素的生理活性高于 C_{20} 类赤霉素。常用的赤霉素是 GA_3。

赤霉烷环　　　　　　　　GA_3(赤霉酸)　　　　　　　　GA_{53}

GA 广泛分布在各种植物、真菌和细菌中,与 IAA 类似,GA 较多存在于植株生长旺盛的部位,如茎端、嫩叶、根尖、果实和种子中。每个器官或组织都含有两种以上的 GA,而且 GA 的种类、数量和状态(游离态或结合态)都因植物发育时期而异。

7.3.2 赤霉素在植物体内的存在状态及运输

赤霉素有游离态赤霉素(free gibberellin)和结合态赤霉素(conjugated gibberellin)之分。结合态赤霉素是赤霉素和其他物质(如葡萄糖)结合形成赤霉素葡萄糖酯和赤霉素葡萄糖苷,无生理活性,是一种赤霉素储藏和运输的形式。在植物不同发育时期,结合态赤霉素和游离态赤霉素可以相互转化。如在种子成熟时,游离态赤霉素不断地转化为结合态赤霉素而储藏起来;而在种子萌发时,结合态赤霉素通过水解或蛋白酶分解释放出具有生物活性的游离态赤霉素,从而发挥其生理作用。

赤霉素在植物体内的运输没有极性,可以双向运输。根尖合成的 GA 通过木质部向上运输,而叶原基产生的赤霉素则通过韧皮部向下运输,其运输速度与光合产物的运输速度相同。不同植物中 GA 的运输速度差异很大,如矮生豌豆是 5cm/h,豌豆是 2.1mm/h,马铃薯是 0.42mm/h。

7.3.3 赤霉素的生物合成

在生殖器官中赤霉素含量可达 $10\mu g/g$ 鲜重,但在茎、根等营养器官中赤霉素含量仅为 $1\sim 10 ng/g$ 鲜重,故不易提取大量产品,而且其结构又复杂,难以人工合成。所以,现在人工生产的赤霉素主要是通过赤霉菌的液体培养方法提取的。赤霉素合成的前体物质是甲羟戊酸,由甲羟戊酸经过一系列转化后生成内根-贝壳杉烯和 GA_{12}-7-醛。GA_{12}-7-醛是各种 GA 的前身,由此分支可形成各种 GA。

赤霉素在高等植物体内主要是在生长中的种子、果实、幼茎和幼根中合成的。赤霉素在高等植物中生物合成的位置至少有三处:发育着的果实(或种子)、正在伸长的茎端和根部。赤霉素在细胞中的合成部位是质体、内质网和细胞质溶胶等。

赤霉素的生物合成可分为三个步骤(图 7-6):首先,在质体进行。由牻牛儿基牻牛儿基焦磷酸(GGPP)转变为内根-贝壳杉烯。其次,在内质网中进行。内根-贝壳杉烯转变为 GA_{12}-醛,接着转变为 GA_{12} 或 GA_{53},依赖于 GA 的 C-13 是否羟基化。最后,在胞质溶胶中进行。GA_{12} 和 GA_{53} 转变为其他 GA。这些转变是在 C_{20} 处进行一系列氧化。在 13 羟基途径中产生 GA_{20}。GA_{20} 氧化为活化的 GA_1,如果 C-3 羟基化则成为 GA_4,最后 GA_{20} 和 GA_1 的 C-2 羟基化,则分别形成不活化的 GA_{29} 和 GA_8。

7.3.4 赤霉素的生物降解

赤霉素的失活代谢有 3 种方式:①通过 2-β-羟化反应,使活性赤霉素及活性赤霉素前体不可逆地失去生物活性;②形成糖基结合物,使赤霉素失活;③外施赤霉素进入植物体后,发生缓慢的酶降解而失活。

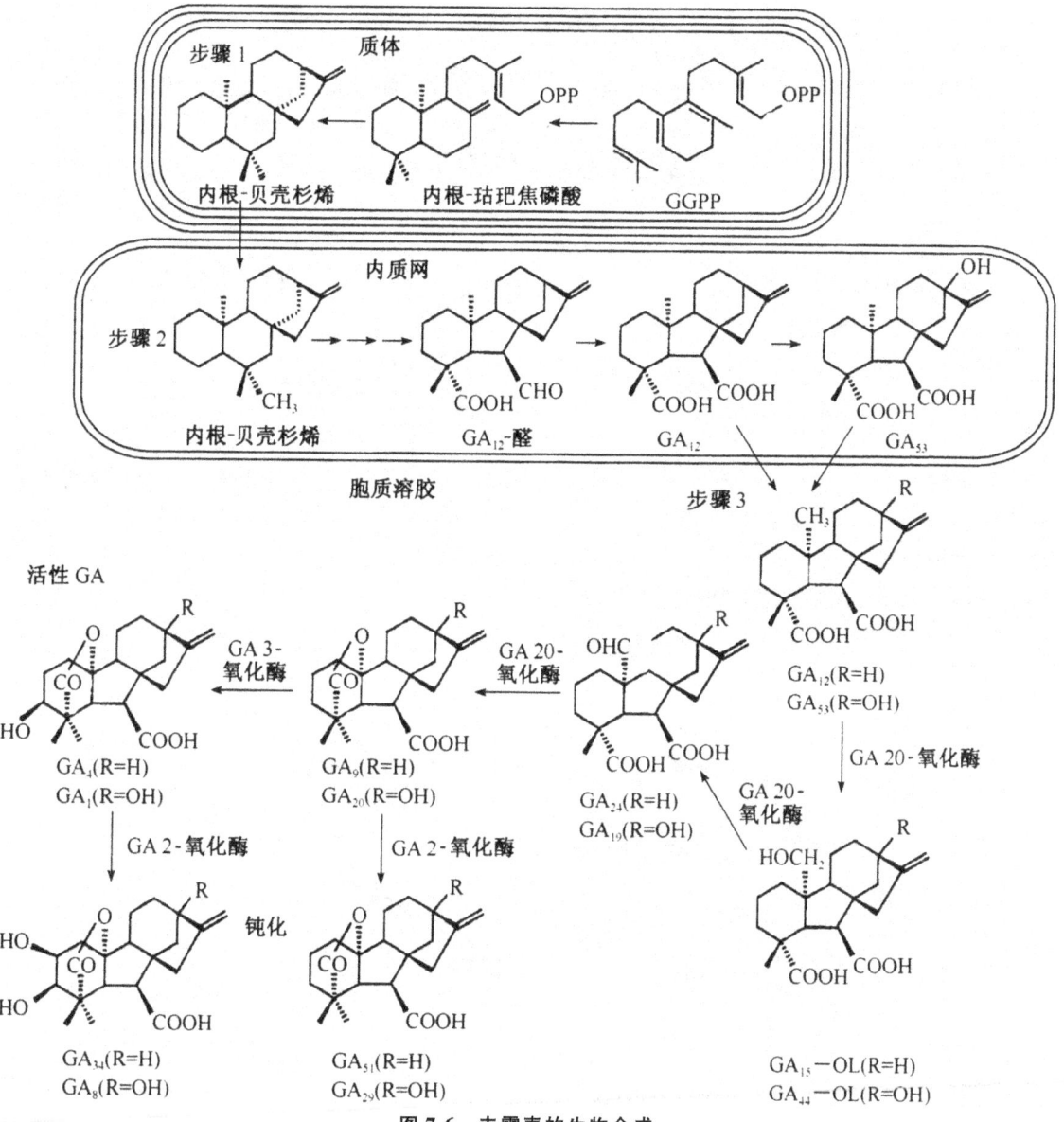

图 7-6 赤霉素的生物合成

7.3.5 赤霉素的生理作用

1. 促进细胞分裂和茎的伸长

赤霉素能显著促进许多植物(如玉米、豌豆、油菜等)的节间伸长。分析3个遗传型品系油菜的赤霉素平均含量(包括 GA_1 和 GA_3)可以看出,矮化品系只有正常品系的36%,而高秆品系却是正常品系的3倍。外源施加赤霉素处理矮生植物能使植株长高也早已得到证实。一般认为,赤霉素促进节间伸长的作用主要是促进细胞伸长,但对细胞分裂与分化也有促进作用。赤霉素促进细胞伸长和生长素促进细胞伸长的机制有所不同。

2. 促进开花、坐果,控制性别分化,诱导无籽果实

某些植物开花需要适宜光周期和低温春化诱导,否则不能正常开花,而赤霉素可代替光照和低温诱导这些植物开花,且效果明显。

赤霉素能控制性别分化,主要是促进雄花的比例。如对于雌雄异花同株的植物,用赤霉素处理后,雄花的比例增加。对雌雄异株植物的雌株,如用赤霉素处理,也会开出雄花来,赤霉素在这方面的效应与生长素和乙烯相反。赤霉素对不定根的形成起抑制作用,这与生长素也不同。

赤霉素能诱导葡萄、草莓、番茄等单性结实,即形成无籽果实。如用200~500mg/L的赤霉素喷洒花后一周的玫瑰香葡萄,无核率可达60%~90%。巨峰葡萄花前5~7d及花后10d分别用12.5mg/L和25mg/L的GA_3处理,无核率可达96%~100%。

3. 促进种子发芽

赤霉素能促进种子萌发,主要是通过促进多种水解酶的作用,如α-淀粉酶、β-淀粉酶、蔗糖酶等,这些酶促进贮藏物质分解,提供种子萌发时所需要的物质和能量(图7-7)。例如,以赤霉素处理大麦种子,其糊粉层内的α-淀粉酶在8h就显著增加,而β-淀粉酶的mRNA含量在1h内就显著增加,在20h内其含量比对照可增加50倍。

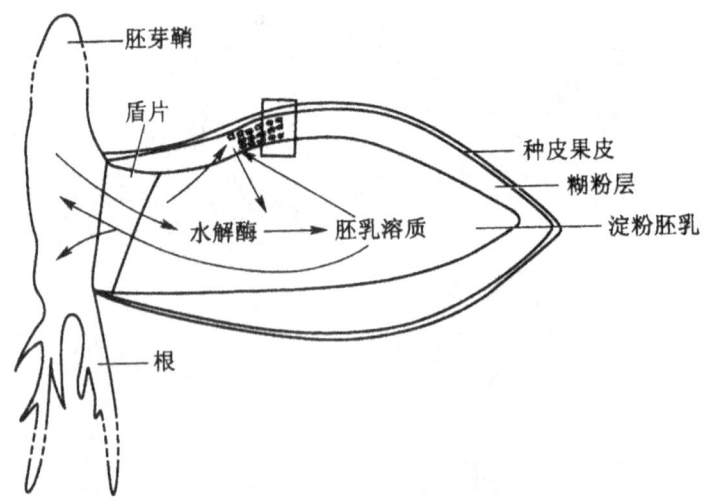

图7-7 大麦子粒中赤霉素的作用

7.4 细胞分裂素类

7.4.1 细胞分裂素的发现及化学结构

细胞分裂素的发现源于烟草髓部的组织培养,Skoog和崔激发现在培养基中加入酵母提取液可促进烟草髓组织的细胞分裂,研究证实是DNA的降解产物N_6-呋喃甲基腺嘌呤完成这一作用的,故称为激动素(kinetin)。激动素的这一发现促进了从植物分离天然细胞分裂素的研究。后来,从甜玉米中分离到了一种类似物质,为N_6(4-羟基-3-甲基-反-2-丁烯基氨基)嘌呤,亦称玉

米素(zeatin)，具有促进细胞分裂的作用。相继又发现了异戊烯基腺嘌呤、异戊烯基腺苷等。于是，现在人们把具有与激动素相同生理活性的所有物质统称为细胞分裂素(cytokinin，CTK)。下面是几种细胞分裂素的分子结构。从化学结构上讲，细胞分裂素是腺嘌呤(即氨基嘌呤)的衍生物。

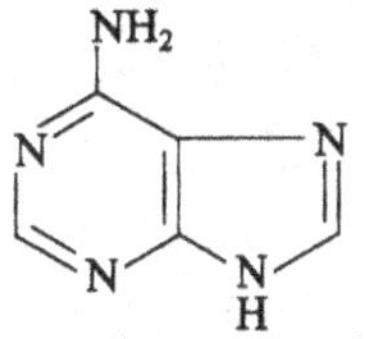

腺嘌呤(Ade) 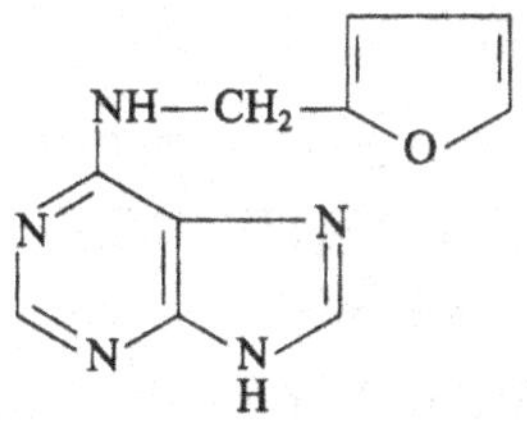　　激动素(KT)　　玉米素(Z)
　　　　　　(N_6-呋喃甲基腺嘌呤)

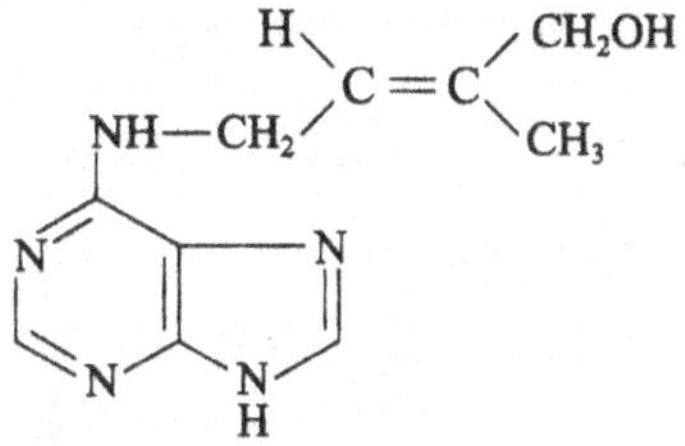

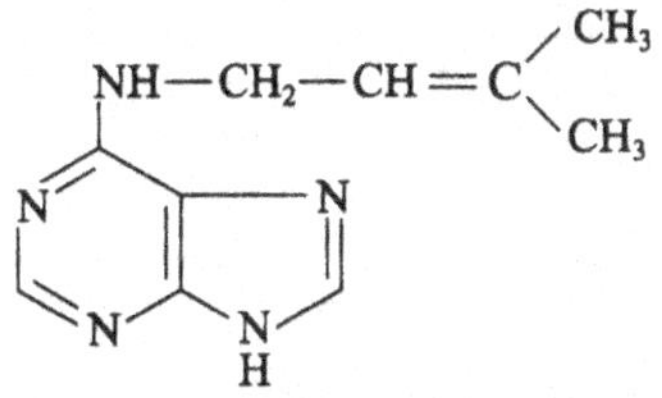

异戊烯基腺嘌呤 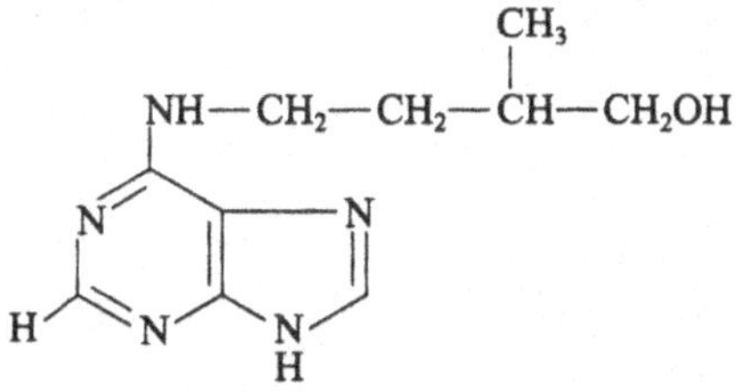　　二氢玉米素

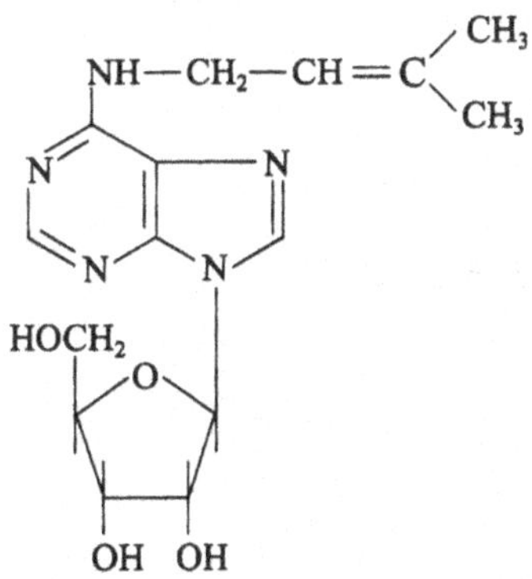

异戊烯基腺苷([9R]iP) 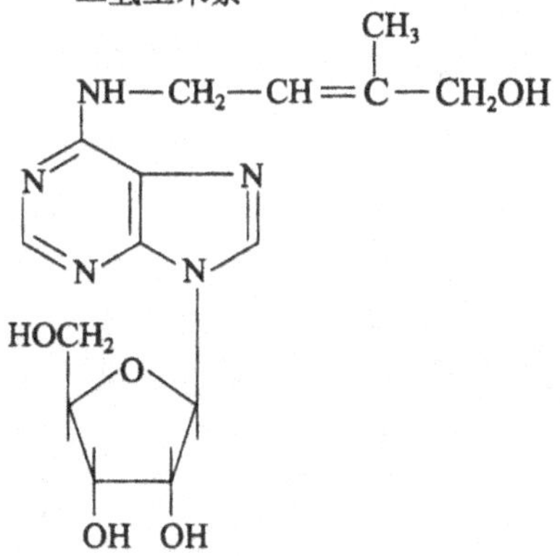　　玉米素核苷(ZR)

7.4.2　细胞分裂素在植物体内的存在形式及运输方式

细胞分裂素分布于细菌、真菌、藻类和高等植物中。在高等植物体内含量甚微，只有1~1 000ng/g 干重，但却普遍存在于各个器官和组织中，特别富存于进行细胞分裂的组织器官，如根尖、茎尖、生长着的果实、未成熟和萌发的种子等。但这些含有细胞分裂素的器官并不是都能合成细胞分裂素的，目前普遍认为根尖是合成细胞分裂素的主要场所，但根不是细胞分裂素唯一的合成部位。

细胞分裂素有两种存在形式，即游离型和结合型。玉米素、二氢玉米素和异戊烯基腺嘌呤以及它们的核苷酸衍生物均属于游离型。已知的结合型细胞分裂素多为"CTK-O-葡萄糖苷"，可作为一种贮藏形式存在于种子内，这种结合类型在代谢上具有高度的稳定性，保护侧链不被氧化，还能与氨基酸结合等。结合型细胞分裂素需转化为游离型才能发挥生理作用，结合型也可能是细胞分裂素特殊的运输形式。

细胞分裂素在植物体内的运输无极性。根部处合成的分裂素可通过木质部运到地上部,地上部合成的分裂素也可通过韧皮部向下运输。

7.4.3 细胞分裂素的生物合成

细胞分裂素的生物合成是在细胞的微粒体中进行的。植物的冠瘿细胞也可以合成细胞分裂素。因为引起冠瘿的致瘤农杆菌中的 T-DNA 基因可以引起细胞分裂素和生长素的生物合成。

细胞分裂素生物合成的第一步是在甲戊烯转移酶(IPT 酶)催化下,把二甲烯丙基二磷酸(DMAPP)的异戊烯基转移到腺苷部分,与植物的 ATP/ADP 或细菌的 AMP 分别合成异戊烯腺苷-5′-三磷酸(iPTP)/异戊烯腺苷-5′-二磷酸(iPDP)或异戊烯腺苷-5′-磷酸(iPMP),它们经过水解酶转变为反式玉米素(图 7-8)。

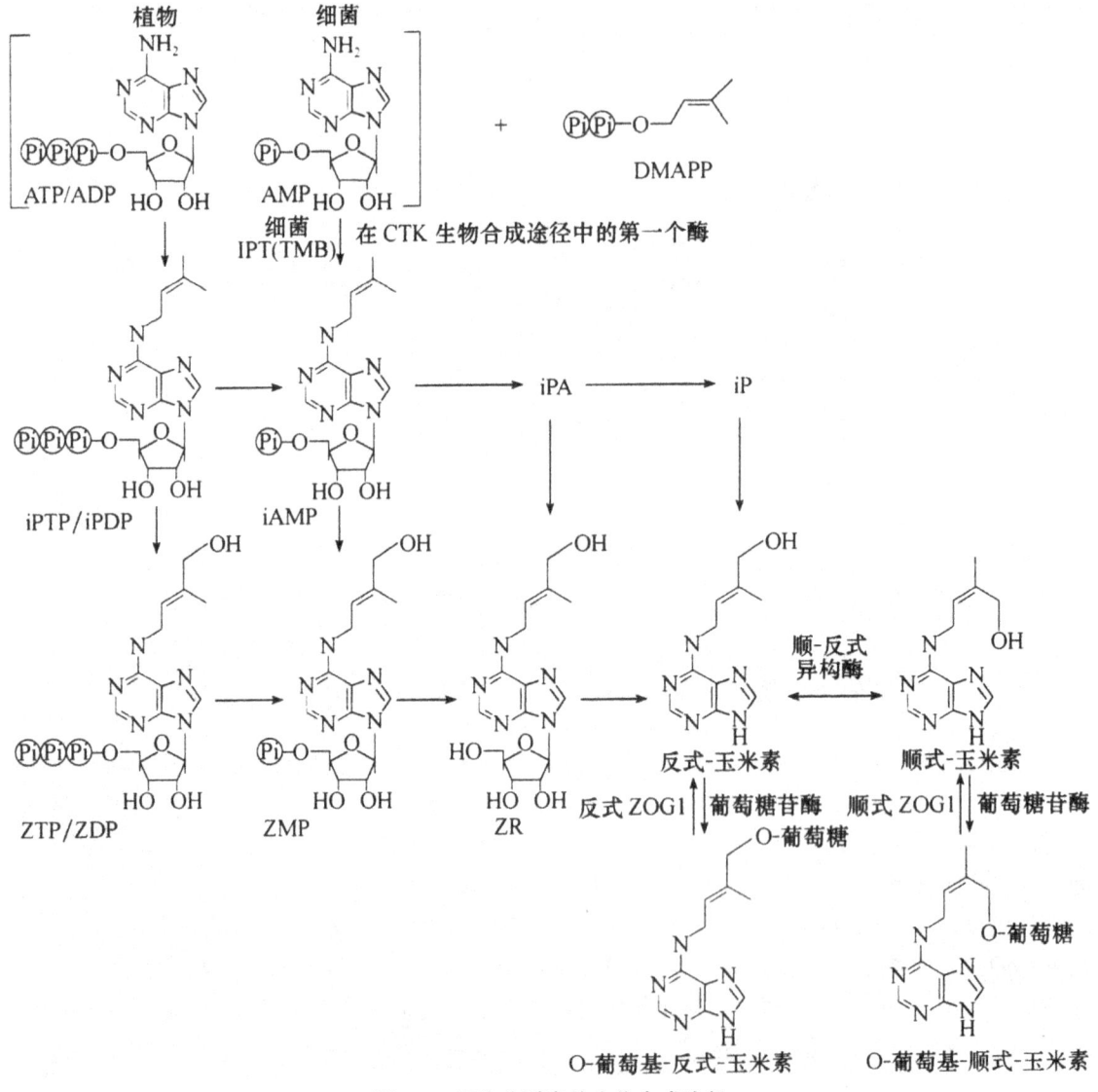

图 7-8 细胞分裂素的生物合成途径

7.4.4 细胞分裂素的生物降解

植物组织中细胞分裂素的降解主要是通过细胞分裂素氧化酶催化进行的。此酶已从许多高等植物组织中获得,它以 O_2 为氧化剂,催化玉米素、iP 或它们的核糖基衍生物等细胞分裂素 N6 上的不饱和侧链裂解,从而释放出游离腺嘌呤或游离腺嘌呤核苷,结果使细胞分裂素彻底失去生物活性(图 7-9)。不同植物组织,甚至同一组织的不同发育期,细胞分裂素降解作用的强弱有很大的差异,这表明细胞分裂素氧化酶可能通过调控细胞分裂素的水平来影响植物的生长发育。

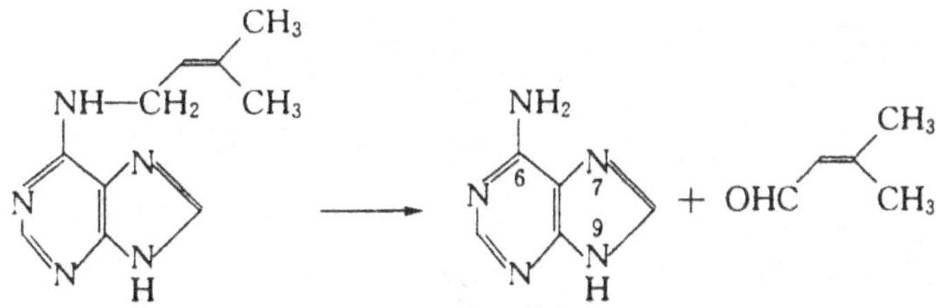

图 7-9 细胞分裂素氧化酶催化 iP 的氧化分解

7.4.5 细胞分裂素的生理作用

细胞分裂素的生理作用也极其广泛。它表现为促进细胞分裂,诱导芽分化,消除顶端优势,促进侧芽生长,抑制叶绿素降解,延缓衰老及促进营养物质运输等。

1. 调控根和地上部细胞分裂

植物的细胞分裂主要发生在茎尖、根尖等分生组织细胞,CTK 参与了对顶端分生组织发育的调控。将拟南芥的 CKO 基因转入烟草中过表达,结果显著降低了茎尖分生组织内的 CTK 水平,抑制了细胞的分裂速度,但相反的是,却促进了根系的生长,表明 CTK 对茎尖和根尖生长的调控性质有所不同。分析原因可能是 CTK 作用的剂量效应所致,因为 CTK 主要在根尖合成,所以根内的 CTK 水平非常高,超过了最适剂量而产生抑制,CKO 基因过表达可以降低 CTK 的作用强度,从而起到促进根系生长的作用。

2. 促进芽的分化和细胞扩大

在植物组织培养中,细胞分裂素和生长素的相互作用控制着愈伤组织根、芽的形成。当培养基中 CTK/IAA 的比值高时,愈伤组织形成芽;当 CTK/IAA 的比值低时,愈伤组织形成根;如二者的比值适中时,则愈伤组织保持生长而不分化。

CTK 可促进一些双子叶植物如菜豆、萝卜的子叶或叶圆片扩大。其原因主要是它能促进细胞的横向扩大,同时也能使茎增粗(图 7-10)。

3. 打破种子休眠

需光种子如莴苣和烟草等,在黑暗中不能萌发,用细胞分裂素则可代替光照打破这类种子的休眠,促进其萌发。

4. 延缓叶片衰老

离体的叶片会很快失绿变黄,涂上细胞分裂素保持鲜绿的时间显著延长。说明细胞分裂素有延缓叶片衰老的作用,同时也说明了细胞分裂素在组织中一般不易移动(图 7-11)。由于 CTK 具有保绿及延缓衰老等作用,故可以用来处理水果和鲜花,以达到保鲜、保绿的目的。

图 7-10　细胞分裂素对萝卜子叶膨大的作用
左边的子叶用合成的细胞分裂素 6-苄基氨基-9-(四氢吡喃-2-基)
嘌呤(100mg/L)处理(叶面涂施),右边的是对照

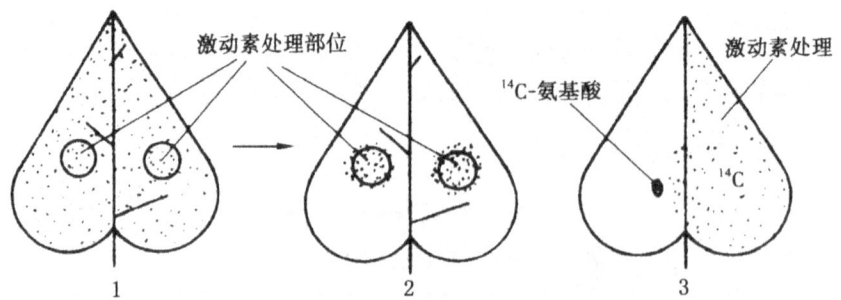

图 7-11　激动素的保绿作用及对物质运输的影响
1. 离体绿色叶片,圆圈部位为激动素处理区;
2. 几天后叶片衰老变黄,但激动素处理区仍保持绿色,黑点表示绿色;
3. 放射性氨基酸被移动到激动素处理的一半叶片,黑点表示 ^{14}C-氨基酸的部位

7.5　脱落酸

脱落酸(abscisic acid, ABA)是指能引起芽休眠、叶子脱落和抑制生长等生理作用的植物激素,是人们在研究与休眠、脱落和种子萌发等生理过程有关的生长抑制物质时发现的。

7.5.1　脱落酸的发现及化学结构

1964 年,美国的 Addicott 等从未成熟的棉桃中分离出一种物质,它可以促使棉桃的早熟脱落和最终脱落,故称脱落素Ⅱ(在这之前,还有人发现了一种促进棉花落叶的物质)。几乎在同时,英国的 Wareing 等也从槭树叶片中分离出一种物质,它可以导致芽的休眠,故称休眠素。后来证实脱落素Ⅱ和休眠素是同一种物质,统称为脱落酸(abscisic acid,ABA)。

ABA 是以异戊二烯为基本单位的倍半萜羧酸,化学名称为 6-(1′-羟基-2′,6′,6′-三甲基-4′-氧代-2′-环已烯-1′基)-3-甲基-2-顺-4-反-戊二-烯酸。易溶于甲醇、乙醇、丙酮中,但难溶于石油醚和水中。由于含有一个不对称碳原子(1′位),故可形成两种旋光异构体——(＋)ABA 和(－)-ABA。它们具有不同的生理活性。脱落酸主要在根冠和衰老的叶片中合成,但分布在各器官和组织中,其含量大多为每克鲜重含 10~50ng。

脱落酸的分子结构如下:

7.5.2 脱落酸在植物体内的存在形式及运输

脱落酸存在于全部维管植物中,包括被子植物、裸子植物和蕨类植物。苔类和藻类植物中含有一种化学性质与脱落酸相近的生长抑制剂,称为半月苔酸(lunularic acid)。此外,在某些苔藓和藻类中也发现存在脱落酸。高等植物各器官和组织中都有脱落酸,其中以将要脱落或进入休眠的器官和组织中较多。在干旱、寒冷或盐胁迫等逆境条件下,植物体内脱落酸含量会迅速增加。脱落酸在不同植物体内含量相差很大,一般陆生植物含量较高,如温带谷类作物通常含 50~500μg/kg,鳄梨的中果皮与团花种子含量分别高达 10mg/kg 和 11.7mg/kg;而水生植物的脱落酸含量很低,一般为 3~5μg/kg。

脱落酸在植物体内有两种存在形式,即游离型和结合型。游离型脱落酸可与细胞内的单糖或氨基酸以共价键结合而失去活性。而结合型的脱落酸又可水解重新释放出脱落酸,因而结合型脱落酸是脱落酸的贮藏形式。但植物因干旱所造成的脱落酸迅速增加并不是来自结合型脱落酸的水解,而是植物重新合成的。

脱落酸运输不具极性。在菜豆叶柄切段中,用标记的^{14}C-脱落酸追踪发现,脱落酸向基运输的速度是向顶运输速度的 2~3 倍。脱落酸主要以游离形式运输,也有部分以脱落酸糖苷的形式运输。脱落酸在植物体的运输速度较快,在茎或叶柄中的运输速率约为 20mm/h。

脱落酸因其化学合成品的价格极其昂贵,迄今仍不能应用于农业生产。人们一直在探索用微生物发酵生产脱落酸。目前,已确认至少有 5 个属,即尾孢菌属、长喙壳属、镰刀菌属、丝核菌属与灰孢霉属的 7 种真菌能产生脱落酸。Marumo 等(1982)发现葡萄灰孢霉菌(*Botrytis cinerea*)产生脱落酸,成为脱落酸大规模发酵生产的理想菌种。目前,日本 TORAY 公司和成都生物研究所已能利用此菌规模化发酵生产脱落酸。

7.5.3 脱落酸的生物合成

脱落酸的生物合成主要有两条途径:一是 C_{15} 的直接途径,由甲瓦龙酸(MVA)生成法呢基焦磷酸(FPP)，再形成脱落酸，即 MVA→FPP→ABA。这一途径是否存在于高等植物中，目前证据尚不充分。二是 C_{40} 的间接途径，脱落酸由类胡萝卜素如紫黄质(violaxanthin)裂解形成。

李义和 Walton(1990)发现干旱中的黄化菜豆叶片内，有 3 种叶黄素的含量下降伴随着脱落酸含量的上升，这 3 种叶黄素分别是全反式紫黄质(all-*trans*-violaxanthin)、9-顺式紫黄质(9-*cis*-violaxanthin)和 9'-顺式新黄质(9'-*cis*-neoxanthin)。9'-顺式新黄质是脱落酸直接的未裂解前体，因此 9'-顺式新黄质的裂解反应在脱落酸合成过程中起限速作用，催化此反应的酶存在于叶绿体中。在干旱等胁迫条件下，该酶的合成量或活性增加，使黄质醛(xanthoxin,XAN)形成加快，脱落酸大量合成。另外，研究还表明，脱落酸醛只是脱落酸直接前体的一种。总之，目前普遍认为高等植物体内脱落酸合成的主要途径是 C_{40} 的间接途径(图 7-12)。

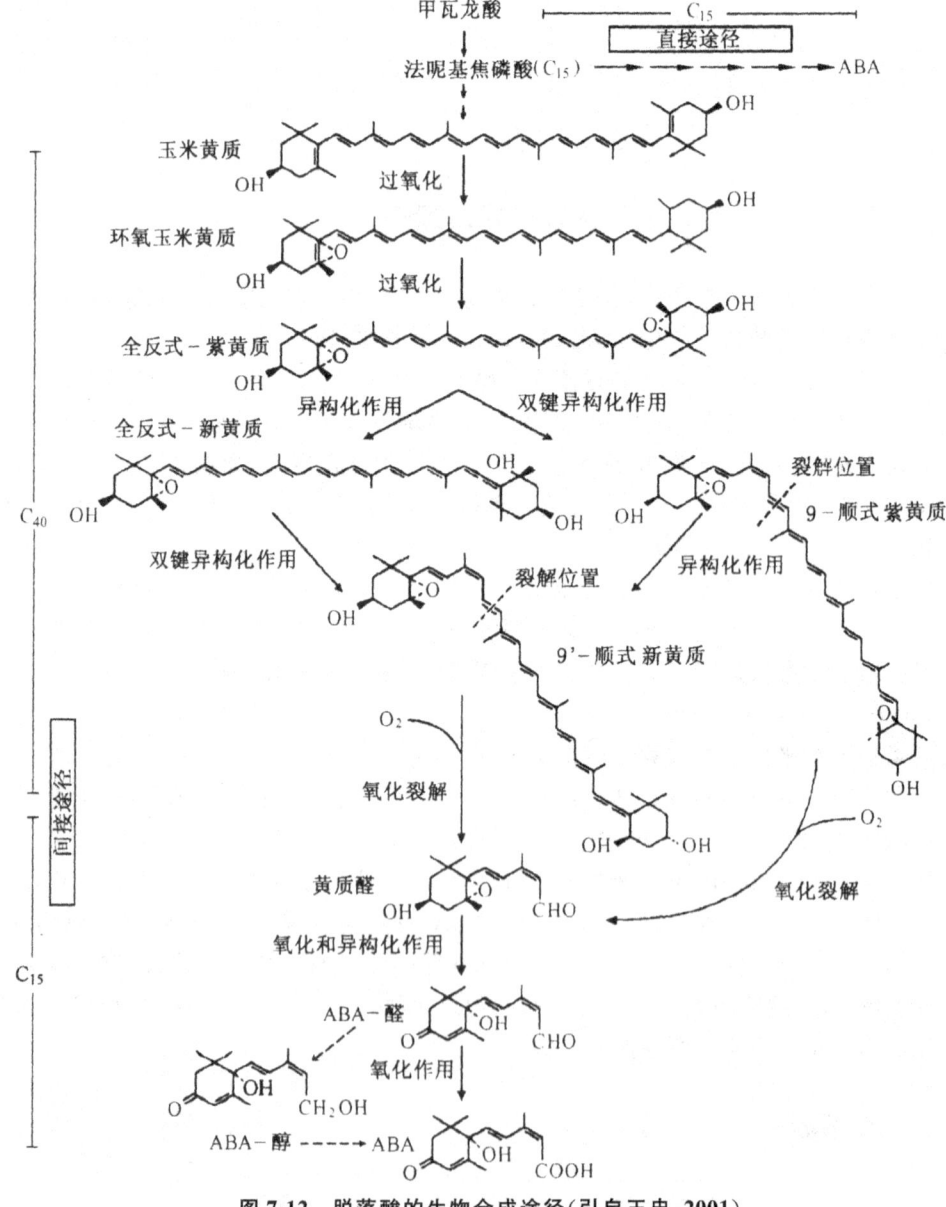

图 7-12　脱落酸的生物合成途径(引自王忠，2001)

从以上可以看出,甲瓦龙酸代谢在植物激素生物合成过程中起重要的作用,因在不同条件下,它的中间产物——异戊烯基焦磷酸(IPP)能形成赤霉素、细胞分裂素、脱落酸和类胡萝卜素(图 7-13)。因此,甲瓦龙酸在植物激素生物合成过程中的代谢方向对植物的生长发育及对环境的适应具有重要意义。

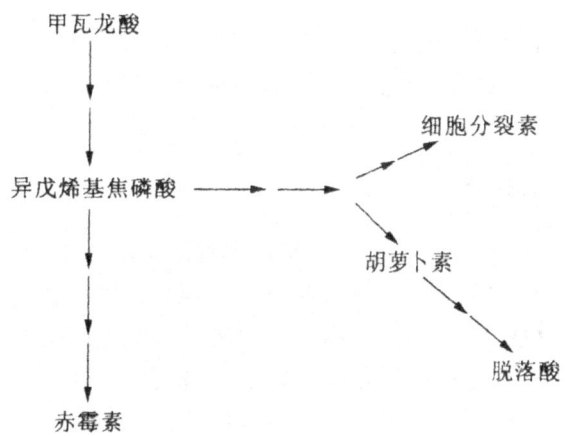

图 7-13 赤霉素、细胞分裂素和脱落酸三者之间的合成关系(引自潘瑞炽,2001)

7.5.4 脱落酸的生物降解

植物体内脱落酸的代谢具有多条途径,而脱落酸的降解主要通过两条途径进行(图 7-14):一是氧化降解途径。脱落酸在单加氧酶作用下,首先氧化成略有活性的红花菜豆酸(PA),之后进一步还原为完全失去活性的二氢红花菜豆酸(DPA),DPA 在成熟菜豆中的浓度比脱落酸的浓度高出 100 倍。二是结合失活途径。脱落酸和糖或氨基酸结合形成没有活性的结合态脱落酸,其中主要是脱落酸葡糖酯(ABA-GE)和脱落酸葡糖苷,它们是脱落酸在筛管或导管中的运输形式。游离态脱落酸定位于胞质溶胶,结合态 ABA-GE 则累积于液泡中。游离态脱落酸和结合态

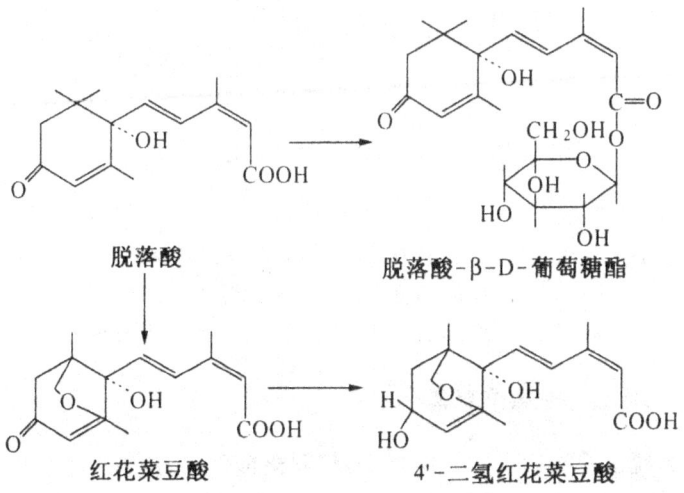

图 7-14 脱落酸氧化降解和结合态脱落酸形成的过程(根据曾广文等,2000 年修改)

脱落酸在植物体中可相互转变。在正常条件下，游离态脱落酸极少，而环境胁迫时大量结合态脱落酸转变为游离态，但胁迫解除后则重新形成结合态脱落酸。

7.5.5 脱落酸的生理作用

虽然脱落酸是在研究棉桃脱落的过程中发现的，并且长期以来认为脱落酸是一种抑制型激素，但现在已经认识到控制植物器官脱落的内源激素是乙烯与生长素，并且脱落酸是一种具有多种生理功能的内源激素。

1. 脱落酸对基因表达的调控

当植物受到渗透胁迫（osmotic stress）时，其体内的脱落酸水平会急剧上升，同时出现基因的表达产物。倘若植物体并未受到干旱、盐渍或寒冷引起的渗透胁迫，而只是吸收了相当数量的脱落酸，其体内也会出现这些基因的表达产物。近几年来，已从水稻、棉花、小麦、马铃薯、萝卜、番茄、烟草等植物中分离出10多种受脱落酸诱导而表达的基因，这些基因表达的部位包括种子、幼苗、叶、根和愈伤组织等。

脱落酸可改变某些酶的活性，如脱落酸能抑制大麦糊粉层中α-淀粉酶的合成，这与RNA合成抑制剂——放线菌素D的抑制情况相似（图7-15）。有人认为，脱落酸阻碍了RNA聚合酶的活性，致使DNA到RNA的转录不能进行。

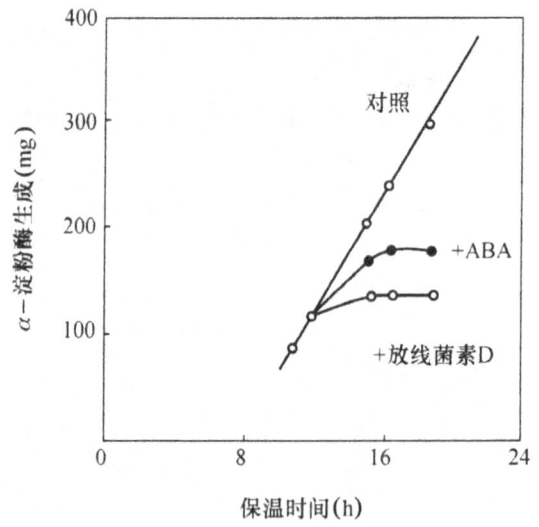

图7-15 脱落酸及放线菌素D对大麦糊粉层α-淀粉酶合成的抑制作用
糊粉层在0.1μmol/LGA溶液中保温11h，此时加入5μmol/LABA或10μg/L放线菌素D，加入后2.5h、5h、10h测定α-淀粉酶合成

2. 促进叶片衰老，间接导致器官脱落

脱落酸最初作为脱落诱导因子被分离出来，将脱落酸溶液涂抹于去除叶片的棉花外植体叶柄切口上，几天后叶柄就开始脱落（图7-16），此效应十分明显。而此后的实验证明，脱落酸仅在几种植物中促进器官脱落，导致器官脱落的主要激素是乙烯。然而，脱落酸明显参与叶片衰老过

程,脱落酸可能通过促进衰老,间接增加乙烯的合成,从而促进器官脱落。

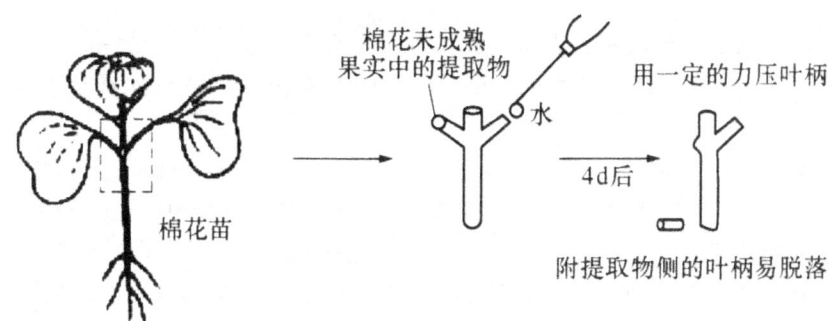

图 7-16　脱落酸促进叶柄脱落实验

3.促进气孔关闭

脱落酸在气孔关闭中起主导作用。在干旱、水涝或盐渍等条件下,植物体内的脱落酸都明显增加。例如,小麦正常叶片的脱落酸含量为 $44\mu g/kg$ 鲜重,在干燥气流中使叶片萎蔫 4h,脱落酸含量就会上升到 $257\mu g/kg$ 鲜重。脱落酸的上升使保卫细胞内的 K^+、Cl^- 和 Ca^{2+} 等的浓度都发生了很大变化,从而使气孔关闭,降低了叶片的蒸腾速率。

4.增强植物抗逆性

脱落酸也称"抗逆激素""应激激素"。植物进入任何一种不适应生长发育的恶劣逆境,都会产生脱落酸,通过抑制自身代谢进入休眠来度过逆境。如极度干旱或干热风环境下,植物体内脱落酸含量会升高,科尼什(K·Comish,1986)测得干旱时叶片保卫细胞中的脱落酸含量可达到正常水分条件下含量的 18 倍。脱落酸可引起气孔关闭、降低蒸腾,这是脱落酸重要的生理效应之一。生产上,脱落酸可作为植物抗蒸腾剂使用。

5.影响开花

当用脱落酸溶液喷施短日植物黑醋栗、牵牛、草莓及藜属等植物的叶片时,可使植株在长日照条件下开花。但用脱落酸处理毒麦、菠菜等长日植物,则明显地抑制开花。

此外,脱落酸还抑制地下匍匐茎的伸长生长,促进马铃薯等的块茎形成。

7.6　乙　烯

乙烯是一种不饱和烃,是各种植物激素中分子结构最简单的一种。根据乙烯的生理作用,人们又称乙烯为"成熟激素"或"性别激素"。

7.6.1　乙烯的发现及化学结构

乙烯是唯一被发现的气体激素。乙烯(ethylene,Eth)的发现可以追溯到 20 世纪初。在研究青绿柠檬成熟的过程中,人们就推测"煤炉气"中的乙烯有加快果实成熟的作用。1935年前后,Gane等证实了乙烯是果实成熟时的产物,它可以促使果实自身的成熟。20世纪60年代后,气相色谱的引入推进了乙烯生物合成及其生理作用的研究,人们对乙烯的生物合成及多种生理作用的研究有了进一步的认识。20世纪60年代后,乙烯是一种植物激素这个观点便得到了公认。

乙烯是最简单的烯烃,结构简式为$CH_2\!=\!CH_2$,相对分子质量只有28,是一种轻于空气的气体。在植物的根、茎、叶、花、果实和种子中都有乙烯存在,但其含量只在$0.1 \sim 10 nL/g \cdot h$的范围内。乙烯在成熟的组织及正在分裂生长中的组织里则含量较高。几乎在所有的不良环境条件下(如切割、病害、旱害、涝害、低温、高温等),植物体的各部分都具有合成乙烯的能力。乙烯的合成前体是蛋氨酸(甲硫氨酸)。乙烯的前身是1-氨基环丙烷-1羧酸(ACC)。有人认为,ACC也具有植物激素的作用。乙烯与苹果、梨、香蕉等果实的成熟密切相关。在幼嫩的果实组织中乙烯含量很低,当果实成熟时,乙烯的形成迅速增加,使呼吸代谢加强,引起果实果肉内有机物的强烈转化,最后达到可食状态。

7.6.2 乙烯的运输方式

乙烯在植物体内易于移动,并遵循虎克扩散定律。此外,乙烯还可穿过被电击死的茎段。这些都证明乙烯的运输是被动的扩散过程,但其生物合成过程一定要在具有完整膜结构的活细胞中才能进行。一般情况下,乙烯就在合成部位起作用。乙烯的前体ACC可溶于水,因而推测ACC可能是乙烯在植物体内远距离运输的形式,通过木质部运输。

7.6.3 乙烯的生物合成

乙烯的生物合成场所为细胞的液泡膜内表面,并需要完整的膜结构,其合成过程如图7-17所示。

蛋氨酸是乙烯生物合成的前体物质,它在ATP的参与下转变为S-腺苷蛋氨酸(SAM),然后在ACC合成酶的催化下转变为ACC,后者在ACC氧化酶的催化下形成乙烯。

在植物组织内,蛋氨酸的水平很低,要维持正常的乙烯产生量,需要硫的再循环。在SAM转变为ACC时,形成的$5'$-甲硫基腺苷(MTA)再循环生成蛋氨酸。

ACC除了合成乙烯外,还可以转变为没有生理活性的N-丙二酰-ACC(MACC),这是个不可逆反应,因此MACC的生成具有调节乙烯生物合成的作用。

7.6.4 乙烯的生物降解

在植物组织中,乙烯可分解为CO_2和乙烯氧化物(ethylene oxide)等气体代谢物,也可形成可溶性代谢物,如乙烯乙二醇(ethylene glycol)和乙烯葡萄糖复合体等。乙烯分解代谢的作用是除去乙烯或使乙烯钝化,使植物体内的乙烯含量处于适合植物体生长发育所需要的水平。

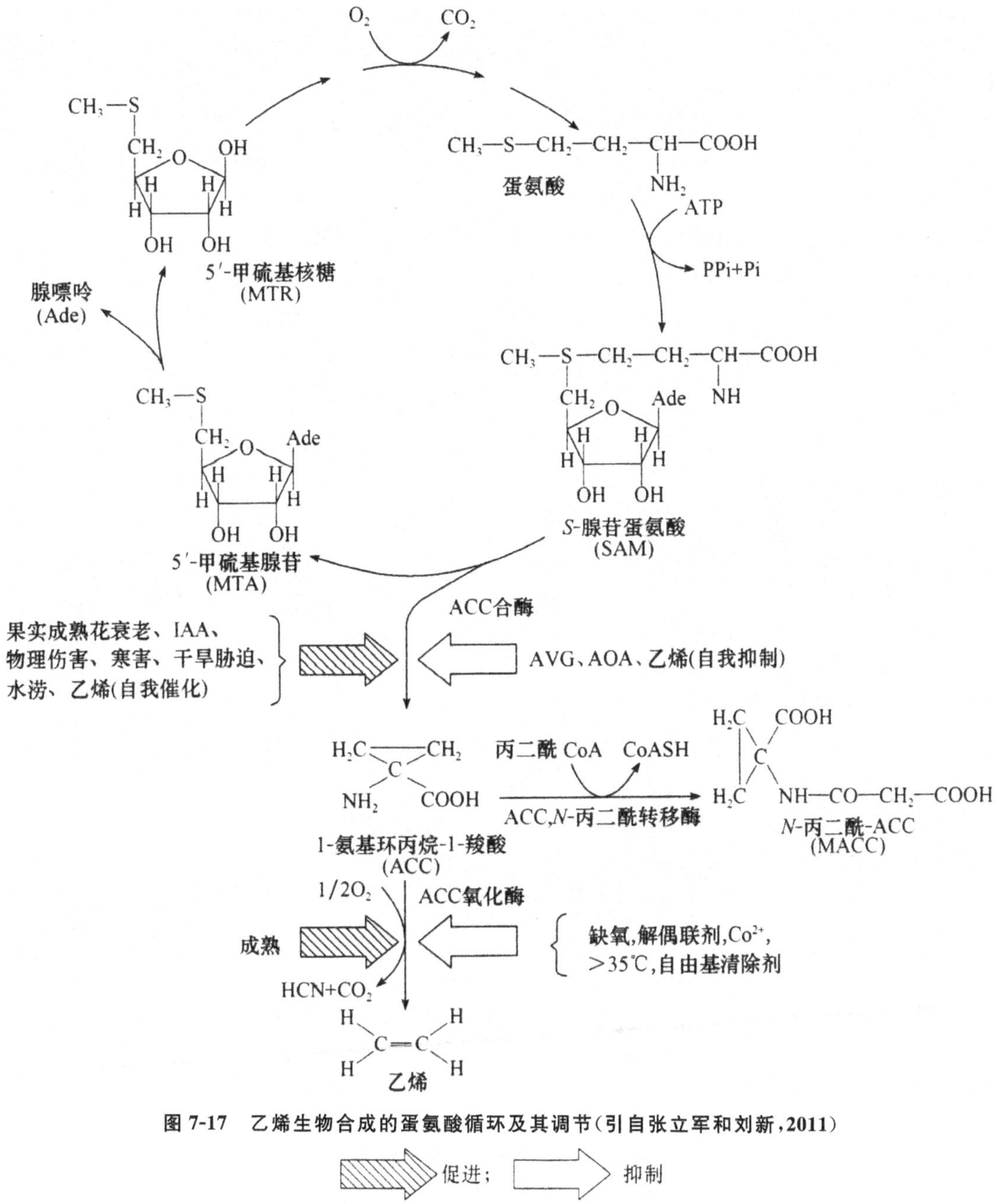

第7章 植物的生长物质

图 7-17 乙烯生物合成的蛋氨酸循环及其调节（引自张立军和刘新，2011）

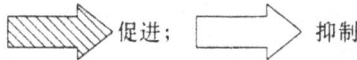 促进；　　　 抑制

7.6.5 乙烯的生理作用

用乙烯催熟香蕉、苹果等果实，或用除去乙烯、阻止乙烯形成等方式去延缓果实的成熟，在生产上都已广泛应用。在植物基因工程中，将 ACC 酶的反义 RNA 基因转化番茄细胞，转基因番茄的乙烯含量降低，延长了果实的储存期。

叶片脱落由叶柄离层组织所控制，叶片衰老时，离层细胞的细胞壁在纤维素酶和果胶酶的作用下开始降解。乙烯对植物器官的脱落有极显著的促进作用,而生长素可以抑制脱落的发生。但高浓度的生长素可通过诱导乙烯的产生来促进脱落,一些生长素的类似物被用作脱叶剂。乙烯对花和果实的脱落具有与叶片相似的调节作用。

乙烯还能调节茎的伸长生长。乙烯可以抑制茎的生长,促进茎或根的横向增粗及茎的横向生长。这就是乙烯对植物生长影响所特有的"三重反应"。三重反应是乙烯的典型的生物学效应,由于在不同的乙烯体积分数下所表现的反应有明显差异(图 7-18 之 1),所以可作为乙烯生物鉴定的方法。同时,乙烯还能使叶柄产生偏上性生长,即植物茎叶部分如置于乙烯气体环境中,叶柄上侧细胞生长速度大于下侧细胞生长速度,叶柄向下弯曲呈水平方向,使叶片下垂(图 7-18 之 2)。乙烯还可促进许多植物(如花生及一些杂草)种子的萌发,促进某些植物(如菠萝)的开花,也能促进块茎、块根休眠的解除,促进某些植物(如橡胶树)次生物质的分泌等。

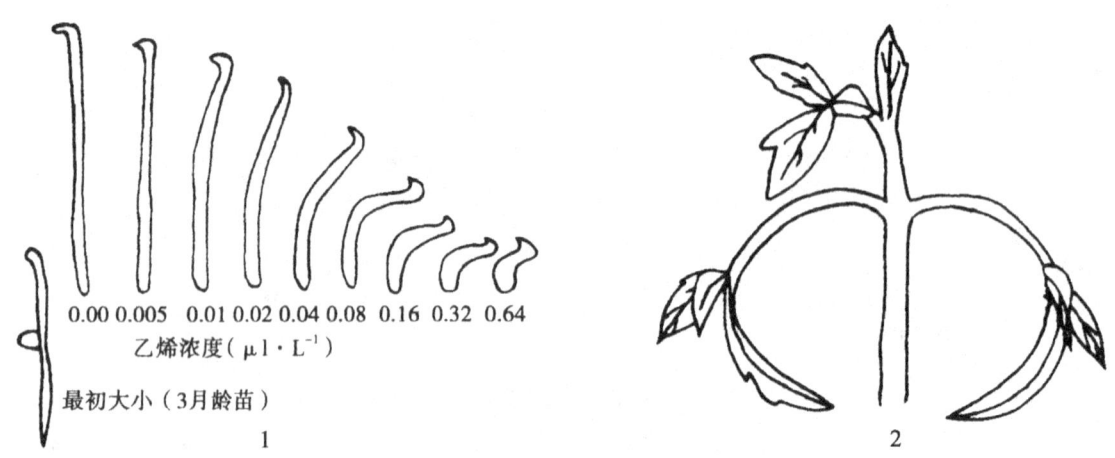

图 7-18 乙烯的"三重反应"(1)和偏上生长(2)
1. 不同乙烯浓度下黄化豌豆幼苗生长的状态 2. 用 10μL/L 乙烯处理 4h 后
番茄苗的形态,由于叶柄上侧的细胞伸长大于下侧,使叶片下垂

7.7 其他天然的植物生长物质

除上述六大类植物激素外,植物尚含有多种微量天然有机化合物,以极低的浓度调节植物生长发育过程。其中主要有多胺类、水杨酸类、茉莉酸类、多肽类和独脚金内酯类等。

7.7.1 多胺类

多胺(polyamine)是广泛存在于微生物、动物和植物中的生物活性物质,指含有 2 个以上氨基的脂肪族含氮碱(表 7-1),其中以腐胺、亚精胺和精胺分布最广。

多胺由精氨酸和赖氨酸生物合成而来。此外,亚精胺和精胺的生物合成涉及 SAM,SAM 也是乙烯生物合成的中间物质。在植物细胞中,多胺常常与羟基肉桂酸、香豆酸和咖啡酸等酚类化合物相结合。这些结合形式可以与游离多胺一样行使重要的生理功能。

表 7-1 高等植物中的游离二胺和多胺

胺类名称	化学结构	分布
精胺(spermine)	$NH_2(CH_2)NH(CH_2)_4NH(CH_2)_3NH_2$	普遍存在
亚精胺(spoermidine)	$NH_2(CH_2)NH(CH_2)_4NH_2$	普遍存在
腐胺(putrescine)	$NH_2(CH_2)_4NH_2$	普遍存在
鲱精胺(agmatine)	$NH_2(CH_2)_4NHC(NH_2)(=NH)$	普遍存在
尸胺(cadaverine)	$NH_2(CH_2)_5NH_2$	豆科

在正常的细胞内 pH 条件下,多胺带有多个正电荷,即为多价阳离子,因此易与多价阴离子的核酸和质膜的磷脂相结合。这种结合特性很可能影响到大分子物质的合成与/或活性,并可能改变膜的透性。

精胺还可以稳定体外的 DNA,使其不易热变性。多胺具有稳定核酸和核糖体的功能,能促进核酸和蛋白质的生物合成,是原核生物和真核生物乃至培养的哺乳动物细胞所必需的生长因子,因而具有促进生长的作用。其次,多胺和乙烯会竞争 S-腺苷甲硫氨酸,因此多胺可抑制乙烯的生成,具有延缓某些植物组织衰老的作用。此外,多胺还能维持渗透压平衡、稳定燕麦原生质体、影响胡萝卜组织培养中细胞的分裂和胚胎发生、提高植物抗逆性。

7.7.2 水杨酸类

水杨酸(salicylic acid,SA)即邻羟基苯甲酸。通常认为植物体内的反式肉桂酸先经 β-氧化产生苯甲酸,再经邻羟基化即产生 SA,或者由反式肉桂酸先邻羟基化产生邻香豆酸,后者再经 β-氧化产生 SA。但同位素示踪技术证明植物体内反式肉桂酸是通过苯甲酸到 SA 的,并且其限速步骤是 β-氧化。植物体内有游离态 SA 和 SA-β-O-D-葡糖苷两种存在形式。

水杨酸类(SAs)具有多种生理作用。在切花的瓶插液中加入阿司匹林(aspirin,即乙酰水杨酸,可转化为 SA),能够延缓花瓣的衰老而延长切花的寿命。这可能是由于 SA 阻断了 ACC 向乙烯的转化,因而减少了 ETH 的生成。SA 还能诱导长日照植物浮萍属在非诱导条件下开花,但这种效应并不是专一的,有关的酚类物质也能诱导这些植物开花,且在营养组织和被诱导组织中 SA 的含量基本相同,因此 SA 不太可能是内源的开花诱导信号。

水杨酸和乙酰水杨酸的分子结构如下:

水杨酸
(邻羟基苯甲酸)

乙酰水杨酸

内源 SAs 的一个重要生理作用来自对乌独百合(*Sauromatum guttatum*)产热的研究。在此过程中,乌独百合的花可达 70cm 高,开花当天,其佛焰苞展开,上部的佛焰花序中细胞色素呼吸途径的大部分转向为抗氰的交替呼吸途径,电子流通过交替途径释放的能量主要以热的形式释放出来,开始产热,午后时佛焰花序的温度可以高出环境温度14℃左右,挥发出刺激性的胺和吲哚类物质,引诱昆虫传粉。早在1937年,Adriaan van Herk在其博士论文中首次把引起乌独百合产热的物质称为"产热素"。直至1987年,才确定所谓产热素就是SA。现已知,在上部和下部佛焰花序开始产热之前,内源SA浓度有大幅度的增加。

SAs最受关注的效应是其与植物的抗病性相关。研究表明,SAs处理对烟草花叶病毒(tobacco mosaic virus,TMV)易感的烟草(*N. tabacum* 'xanthin')叶片,能诱导病程相关蛋白(pathogenesis related proteins,PRs)的积累,并增强其对TMV侵染的抗性。在抗TMV的烟草栽培品种'Xanthin'中,内源SA水平在接种TMV的叶片内能增加40倍左右,在同一植株的其他未感染叶片内增加10倍左右,但在易感品种'Xanthin'中没有这种规律。在抗性品种中,接种叶和非接种叶内SA含量的急剧增加与PR蛋白基因的表达相吻合。因此,内源SA可能在激活PR蛋白基因以及建立过敏反应和系统获得性抗性(SAR)的信号转导途径中扮演着关键的角色。

7.7.3 茉莉酸类

1971年茉莉酸(jasmonic acid,JA)从真菌Botryodiploidi theobromae培养液中被分离鉴定,并作为一种植物生长抑制剂。其后发现JA(JAs)化合物遍布植物界(包括藻类)。其中,1977年从南瓜的未成熟种子中提取了西葫芦酸(cucurbic acid);20世纪80年代初期,在苦艾、蚕豆与菜豆等多种植物中均检测到JA和茉莉酸甲酯(methyl iasmonate,MeJA)。

如图7-19所示,(-)JA和(-)MeJA是植物组织中最主要的JAs化合物,其中MeJA是茉莉等植物的芳香油组分。它们的立体异构体(+)-7-iso-JA和(+)-7-iso-MeJA也是植物体内的活性成分。体外实验表明,(+)-7-iso-JA不稳定,酸、碱和热处理下均会发生异构化,生成9∶1的(-)JA和(+)-7-iso-JA的混合物。高等植物及真菌体内除上述高生物活性的成分外,还发现存在30种与JA结构有关的化合物。其中,一部分显然是JA的代谢产物。JA在C-1位置上还能与葡萄糖或氨基酸结合而产生多种结合态JA。

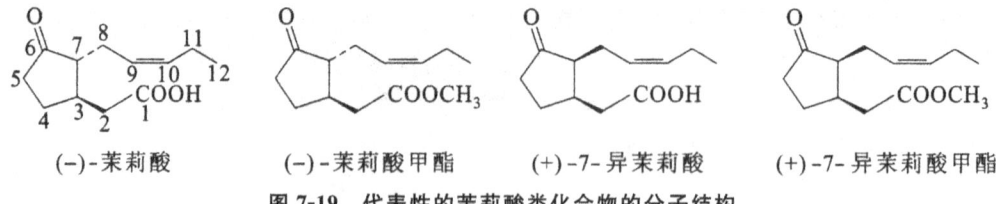

(-)-茉莉酸　　(-)-茉莉酸甲酯　　(+)-7-异茉莉酸　　(+)-7-异茉莉酸甲酯

图7-19　代表性的茉莉酸类化合物的分子结构

JA以α-亚麻酸(α-linolenic acid)为前体合成而来。亚麻酸为组成细胞膜成分的C_{18}不饱和脂肪酸。玉米、小麦及茄子等多种植物的子叶和叶片都能利用亚麻酸合成JA。JA分布于植物体内的各部分,在生长部位如茎端、嫩叶、未成熟果实及根尖等处含量较高。通常,JA在植物的韧皮部中运输,也可能在木质部及细胞间隙运转。MeJA由JA转化而来,由于其具有可挥发性,在植物受到伤害及其他胁迫情况下释放出来,可作为植株间交流信息的气态信号分子。

外源JA能够抑制水稻、小麦和莴苣幼苗的生长,并能抑制种子和花粉的萌发,以及能延缓根的生长等。JA 能诱导果实的成熟和色素的形成,这是由于 JA 诱导 ACC 氧化酶而促进了乙烯形成。在发育的生殖器官中 JA 含量相对较高的现象说明,JA 可能参与花、果实和种子形成的调节。此外,用 JA 处理叶片能抑制与光合作用相关的一些核基因和叶绿体基因的表达,从而抑制光合作用。MeJA 还可以提高水稻对低温(5℃~7℃,3d)和高温(46℃,24h)的抗性。

JA 在植物对昆虫和病害的抗性中发挥重要的调控作用。JA 可以刺激渗压素(osmotin)和硫堇(thionin)等一些抗真菌蛋白的合成,并诱导查耳酮合成酶、苯丙氨酸解氨酶等基因的表达。JA 还能诱导针对特定昆虫的蛋白酶抑制剂的形成。用外源 JA 处理番茄植株,可明显增强其抗病能力。

最近发现,MeJA 能促进水稻、小麦和高粱等禾本科植物的成熟颖花的开放。用 4nmol/L MeJA 浸泡和喷施稻穗,在 0.5~2h 内即表现出显著促进颖花开放的效果,该效应对不育系水稻更为明显。因此,JA 类化合物对调节杂交稻制种中父母本花期不遇具有潜在的应用价值。此外,JA 及 MeJA 还参与植物卷须盘绕过程的信息传递。

7.7.4 独脚金内酯

独脚金内酯(strigolactones,SLs)的发现最早源于人们对寄生植物种子萌发刺激物的寻找。SLs 可能广泛存在于所有丛枝真菌宿主植物及寄生植物宿主的根系中,包括被子植物、裸子植物、蕨类植物(如裸蕨 Psilotophytes 和石松类 Lycopods)及苔藓植物中。SLs 并不局限于根部,在茎和叶中也有分布,不过含量较根部低很多。

SLs 是一类倍半萜烯化合物,其分子骨架结构含有 4 个环,由一个三环(A、B、C 环)内酯通过烯醇醚键与一个 γ-丁烯羟酸内酯(D 环)连接而成,主要在植物的根部合成。不同 SLs 化合物之间的区别主要在于 A 环和 8 环饱和度的差异及取代基的不同。SLs 可以通过细胞质内的甲羟戊酸和质体中的甲基赤藻糖醇磷酸盐(methyl erythritol phosphate,MEP)两条独立的途径合成,而植物利用类胡萝卜素作为 SLs 合成的初始前体是一个非常普遍的现象,这表明 SLs 主要通过 MEP 途径合成。

腋芽在叶腋形成以后能否继续发育成分枝,涉及一个复杂的网络调控。近期的研究表明,SLs 不仅参与了植物分枝的形成,而且在这个过程中处于核心地位;生长素和细胞分裂素对植物分枝的影响涉及对 SLs 生物合成及信号转导途径的调控。

SLs可以在非常低的浓度时诱导丛枝真菌菌丝产生大量分枝，进而增加菌丝与宿主植物根系接触的机会。而宿主植物根系也可以通过SLs来探测土壤中植物营养元素的可获得性，从而调控植株的形态建成。SLs在刺激寄生植物的种子萌发中发挥重要的作用。刚成熟的寄生植物种子是不能萌发的，必须经过后熟过程解除休眠后，才能在宿主植物根系分泌的SLs作用下开始萌发。寄生植物种子通过感受SLs的存在，来判断周围是否有合适的宿主植物，从而决定是否启动萌发过程。在促进寄生植物种子萌发的过程中，SLs可能是作为乙烯生物合成的诱导因子(elicitor)，而真正起作用的是乙烯。

7.7.5 植物肽激素

植物肽激素参与调控很多植物生理反应，包括防御反应、细胞增殖、自交不亲和的识别、分生细胞的维持等。目前公认的植物肽激素包括系统素(系统肽，systemin)、植物硫肽素(phytosulfokine，PSK)、SCR/SP11和CLV3。

1991年，美国Rvan研究组首次从番茄叶片发现一种由18个氨基酸组成的小肽，命名为番茄系统素(tomato systemin，TomSys)。番茄系统素的前体是一个由200个氨基酸组成的多肽，称为番茄原系统素(tomato prosystemin)，其羧基末端经剪切加工形成系统素。系统素作为系统性防御反应的信号分子能够诱导受伤叶片和一定范围之内的未受伤叶片产生蛋白酶抑制剂(proteinase inhibitors)等一些防卫蛋白，使植物产生系统防卫反应，提高植物的抗虫性。

日本科学家于1996年从培养过石刁柏细胞的培养基中分离出两个小肽，PSK-α和PSK-β。它们仅由4～5个氨基酸组成，即硫化色氨酸-异亮氨酸-硫化色氨酸-苏氨酸-谷氨酰胺[Tyr(SO$_3$H)-Ile-Tyr(SO$_3$H)-Thr-(Gln)]，从而命名为植物硫肽素。PSK对未分化的胚性细胞(embryogenic cell)和失去形成体胚能力的非胚性细胞(non-embryogenic cell)的细胞增殖都有促进效应。极低浓度(nmol/L)的PSK即能显著促进多种离体培养细胞的增殖，包括石刁柏、拟南芥、水稻、玉米、胡萝卜和百日菊。

7.8 植物激素的相互关系

7.8.1 植物激素代谢的相互关系

各种植物激素之间的代谢通过前体物质、代谢酶的种类和含量以及诱导条件等因素相互影响。典型的例子是在GAs合成途径中，于GA$_{12}$-7-醛合成之前，催化贝壳杉烯转化为贝壳杉烯酸的连续3步氧化反应，均由依赖于细胞色素P450的单加氧酶催化，而ABA氧化降解途径中经8′-羟化作用生成PA也包括一个依赖于细胞色素P450的反应。细胞色素P450单加氧酶抑制剂嘧啶醇或PP$_{333}$不仅能够阻止GAs合成，使异戊二烯原料更多地被用于ABA合成，而且能够使ABA向PA的氧化作用受阻。所以，施用这类生长延缓剂不仅会抑制内源GAs水平的升高，还会增加植物内源ABA含量。

IAA对ETH合成有促进作用。黄化豌豆上胚轴切段的伸长生长可被低浓度的IAA促进，

但超过 10^{-6} mol/L 时,组织内开始产生 ETH,伸长生长受到抑制,横向膨大加强,且 IAA 浓度越高,ETH 合成越多,这与 IAA 促进 ACC 合酶活性有密切关系。而 ETH 会抑制 IAA 的生物合成,促进 IAA 氧化酶的活性,使生长素的含量下降。

生长素在根中可通过上调 IPT5 和 IPT7 基因的表达促进细胞分裂素的合成。CTKs 通过对 IAA 氧化酶的调节来影响 IAA 的代谢。在烟草愈伤组织中,低浓度的激动素促进 IAA 氧化酶及过氧化物酶的某些同工酶的产生,但高浓度的激动素对这些同工酶反而有抑制作用。施用较高浓度的激动素于不同植物均可增加其 IAA 含量,这可能是激动素对 IAA 氧化酶的抑制所引起的。此外,GA_3 处理能增加很多植物的 IAA 含量,其原因是 GA_3 促进了 IAA 合成,并抑制了结合态 IAA 的形成。CTKs 和 ABA 都可促使 GA 转变为束缚型。ETH 促进 ABA 的生物合成。

甲瓦龙酸是 GAs、CTKs 和 ABA 合成的前体物质。它的中间产物——异戊烯基焦磷酸(IPP)在不同条件下,会分别转变为 GAs、CTKs 和 ABA,同时也形成类胡萝卜素。一般情况是,IPP 在长日下形成 GAs,在短日下形成 ABA。

ETH 合成途径中的中间产物 SAM 也是多胺合成的前体。因此,在多种植物组织内,ACC 与多胺的生物合成表现出互相抑制现象。这对植物有双重影响:一方面降低(或提高)ETH 产量,另一方面提高(或降低)多胺含量,而多胺本身具有与 ETH 相反的生理作用。

生长素和赤霉素均能促进豌豆茎的伸长。最近研究发现,在豌豆茎的伸长过程中,需要有正常水平的 IAA 来维持活性赤霉素(GA_1)的水平。此外,研究还发现,IAA 能抑制赤霉素的失活步骤,如 GA_{20} 向 GA_{29}、GA_1 向 GA_8 的转化。催化 GA_{20} 生成 GA1 的酶由 LE 基因(又叫 PsGA3ox1)编码,孟德尔的豌豆长茎品种具有 LE 基因,而短茎品种含 le 基因(最近被命名为 le-1)。研究发现,对豌豆苗的去顶处理可以显著降低 LE mRNA 水平,而恢复补充 IAA 则能提高 LE mRNA 水平。催化 GA_{20} 向 GA_{29}、GA_1 向 GA_8 的转化这两步失活途径的酶是由基因 Ps-GA2ox1 编码,该基因的 mRNA 水平因去顶处理而升高及施用 IAA 而降低,上述结果从代谢角度阐明,IAA 从促进合成与抑制降解两个方面维持着 GA_1 的水平。

BRs 可通过提高乙烯生物合成中的限速酶——ACC 合酶 5 的稳定性而增加拟南芥黄化苗中乙烯的生物合成,CTKs 能增强此效应。生长素通过对 CPD 基因的诱导表达而增加 BR 含量。

7.8.2 植物激素生理作用的相互关系

植物激素的作用具有多效性。任何一类植物激素可影响到生长发育的多个过程。反之,多数情况下植物生长发育的某个过程受到多种激素的调节。因此,植物生长发育的任何阶段都不可能是某一种激素单独作用,而是由多种激素相互作用的结果。

IAA 不是唯一控制顶端优势的因子,CTK 在顶端优势的调控中能够拮抗 IAA 的作用。无论是向茎尖还是直接向腋芽施用 CTK,都能解除大多数植物的顶端优势。具有强顶端优势的番茄突变品系的内源 CTK 的含量均会显著低于正常品系。一般认为,根部合成并向上运输的 CTK 在腋芽部位对抗 IAA 的作用,从而促进腋芽生长。IAA 与 CTK 的浓度比值决定顶端优势的强弱,通常植株顶部的比值高,侧芽的生长受到抑制;而基部的比值相对较低,侧芽的生长不受抑制或受抑程度很轻。

CTKs 和生长素在调控根的发育过程中也是相互拮抗的,CTKs 控制分生细胞分化的速度,因此控制分生区的大小,外源CTKs可降低分生区的大小(图7-20)。而生长素控制细胞的分裂,外源生长素可增加分生区的大小。细胞分裂和细胞分化之间的平衡受到这两种激素的调控。外源CTKs能诱导根中SHY2基因的转录,细胞分裂素响应的转录因子ARR1能直接激活SHY2基因的表达。激活的SHY2能抑制生长素的信号,负调控生长素的输出载体蛋白PIN基因,使生长素重新分布,促进细胞分化。而生长素介导SHY2蛋白的降解,维持PIN基因的活性,促进细胞分裂。SHY2蛋白一方面负调控生长素的信号转导,另一方面负调控依赖于生长素的IPT基因的表达,进而负调控细胞分裂素的合成。

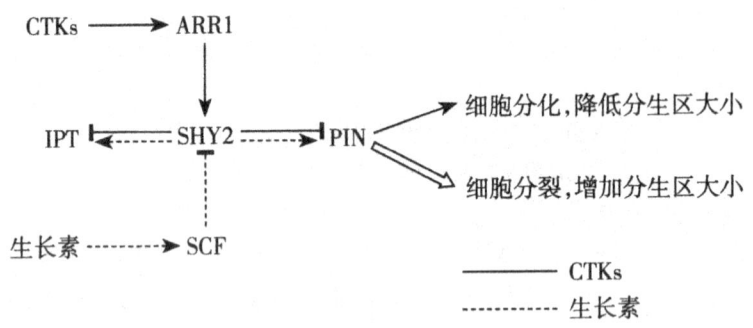

图7-20　CTKs和生长素在调控根的发育过程中相互拮抗的模式(仿绘自Moubayidin等,2009)

IAA和GA_3相互控制木质部和韧皮部内木质素的合成,木质素是维管系统中的重要组成物质。据R·Aloni(1990)报道,使用高浓度IAA与低浓度GA_3混合液能诱导锦紫苏茎部产生韧皮部短纤维,其木质素含有较高的丁香醇成分;改用高浓度GA_3与低浓度IAA混合液则促进韧皮部长纤维的合成,其木质素的丁香醇成分也相应减少。

ABA和CTK对气孔运动的调节表现出相反的效应。如上所述,ABA可能是根部向叶片传送"旱情"的信号物质,引起气孔关闭以降低蒸腾。王永银等(1996)进一步用鸭跖草分析发现,不定根出现后,叶片下表皮中的iPA和ZR等CTK含量显著增加,提示形成的不定根中合成了CTK,并运输到叶片以促使气孔开放。因此,根系向上传递的土壤水分状况的信息基于正负两方面,其具体形式很可能是ABA和CTK。

研究表明,BR能与生长素协同作用以调控某些生长效应,如细胞伸展和分裂、根的向地性、侧根形成等。BL能明显刺激IAA诱导的乙烯合成。

在叶片和花果脱落中,离层细胞对ETH的敏感性则受位于离层的远轴端与近轴端所含有的生长素相对浓度的影响。当远轴端的生长素浓度较高而近轴端较低时,离层对ETH的敏感性小,叶片保持不落。但当远轴端及近轴端生长素浓度差异减小或逆转时,离层细胞对ETH的敏感性增加,叶片容易脱落。生长素促进ETH合成,ETH抑制叶片中生长素合成及干扰生长素从叶片向叶柄运输。这些作用都与促进叶片脱落有关。

研究表明,植物激素对生长发育的调控具有顺序性。例如,种子的发育过程伴随着各种激素水平的消长。对大多数植物的种子而言,CTK水平在胚发育早期总是最高的,此时细胞分裂的速率也最高。当种子进入快速生长期时,CTK水平下降,同时GA和IAA水平上升,而此时ABA几乎检测不到。当胚发育开始进入后期,GA和IAA水平开始下降,ABA水平却开始上升。在成熟期种子的体积和干重达到最大时,ABA水平也达到顶峰。这表明,ABA在胚成熟阶段发挥重要的生理效应,而 GA 和 IAA 则在胚和种子生长阶段发挥作用。

此外,植物激素的相互作用还表现在 CTK/IAA 比值控制组织培养中愈伤组织的分化、GA/ABA 对 α-淀粉酶基因表达的调控及 GA/ETH(IAA)对瓜类性别分化的调控等方面。

总之,植物激素生理作用之间既相互抑制,又相互促进。ABA 可以抑制 GA 对莴苣种子萌发的促进作用,而 CTK 又可以克服 ABA 对种子萌发的抑制作用,从而又维持了 GA 对种子萌发的促进作用。

第8章 植物的生长生理

8.1 植物细胞的生长和分化

植物生长(plant growth)是通过细胞分裂、细胞伸长及原生质体、细胞壁的增长而实现的。植物分化(differentiation)是指来自同一合子或遗传上同质的细胞转变为形态上、功能上、化学结构上异质的细胞的过程,即植物细胞、组织和器官在形态结构、生理代谢功能方面发生的质的变化。植物生长和分化是同时进行的,植物生长、分化的基本单位是细胞,但各个器官之间既相互依存又相互制约,同时植物形态建成还受到环境因素特别是光的影响,并具有特殊的运动方式。

8.1.1 细胞分裂期

植物根和茎的顶端分生组织细胞及侧生分生组织(形成层)细胞处在不断分裂的过程中。处于分裂阶段的分生细胞,原生质稠密,细胞体积小,细胞核大,无液泡或小而少,细胞壁薄,合成代谢旺盛,束缚水/自由水比值较大,细胞亲水力高。这些分生细胞长到一定阶段要发生分裂形成两个新细胞。通常把母细胞分裂结束形成子细胞到下一次细胞再分裂成两个子细胞之间的时期称为细胞周期(cell cycle)。细胞周期包括分裂间期(interphase)和分裂期(mitotic stage,M期)两个阶段(图 8-1)。分裂间期可分为 DNA 复制前期(G_1 期)、DNA 复制期(S 期)和DNA 复制完成到有丝分裂开始之前的 G_2 期。有丝分裂期(M 期)可分为前期、中期、后期、末期。

在细胞周期进行过程中,发生了极为复杂的生理生化变化,其中最显著的变化是核酸和蛋白质含量的变化,尤其是 DNA 含量的变化。从图 8-2 可以看出,洋葱根尖分生组织中的 DNA,在分裂间期的初期,每个细胞核的 DNA 含量还较少。只有当达到分裂间期的中期,也就是当细胞核体积增到最大体积一半的时候,DNA 含量才急剧增加,并维持在最高水平,然后才开始进行有丝分裂。到分裂期的中期以后,因为细胞核分裂为两个子细胞核,所以细胞核的 DNA 含量大大下降,一直到末期。

此外,细胞周期及各个分期的长短,因植物种类和所处的条件不同而异。温度可通过影响酶的活性和生化反应的速率而影响细胞分裂的速率,如向日葵根端细胞的细胞周期,在一定温度范围内,温度越高,细胞周期及各个分期越短;温度越低,细胞周期及各个分期则越长。

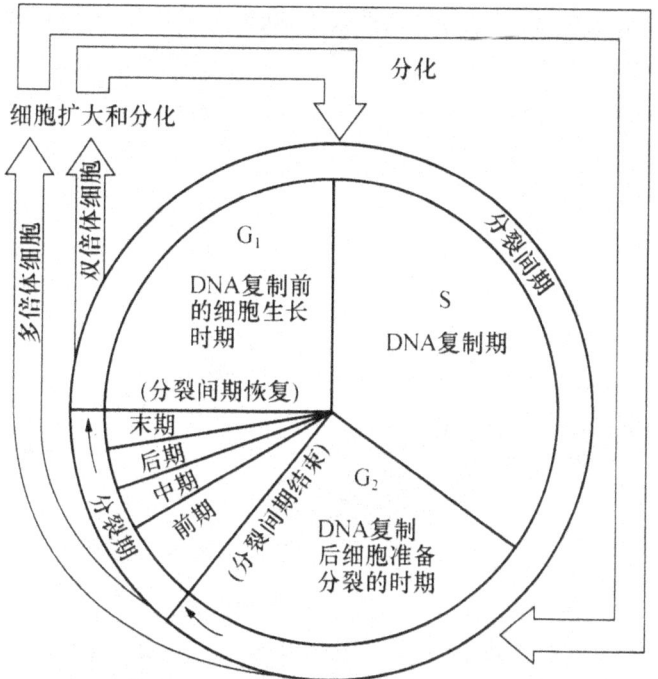

图 8-1 细胞周期示意(参照 Salisbury 和 Ross,1992)

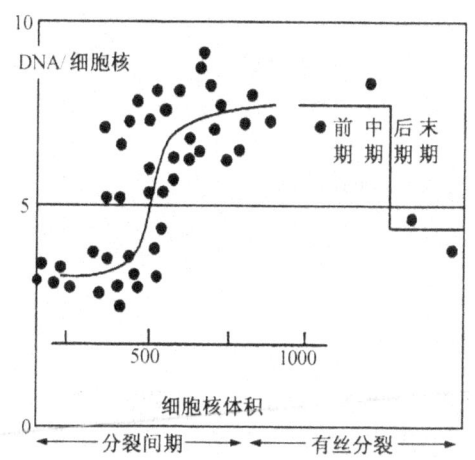

图 8-2 洋葱根尖分生组织每个细胞的 DNA 含量(引自曾广文等,2000)

细胞核体积以 μm^3 表示,DNA 含量是相对量

8.1.2 细胞的伸长期

在分生组织中,除少数细胞仍保留分裂能力外,其余大多数细胞则逐渐转入伸长阶段。在细胞伸长阶段,细胞的体积显著增加,包括细胞壁的增长和原生质的增加。分生组织细胞皆为薄壁细胞,分裂后形成的子细胞开始伸长时,即为初生壁的形成期,随着细胞伸长,细胞壁各种成分的含量显著增加(图 8-3),原生质的含量也显著增加,包括核酸、蛋白质等的合成加强。由分生组织形成的新细胞,没有液泡,进入伸长阶段后,细胞中出现小液泡,然后小液泡逐渐增大并合并成

一个大液泡。细胞形成液泡后,可进行渗透性吸水,随着水分的进入,细胞体积显著增大。

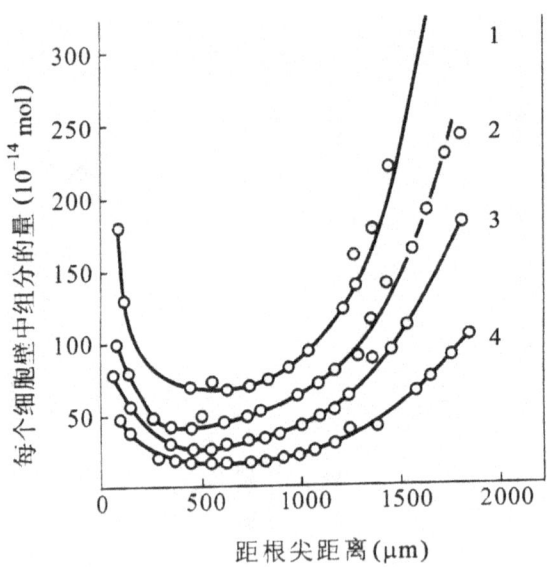

图 8-3　距洋葱根尖不同距离细胞的细胞壁组分含量
1.果胶质　2.半纤维素　3.非纤维多糖　4.纤维素

伸长期细胞在大量吸水、体积增大过程中,液泡的渗透势变化不大,这主要是大量可溶糖、矿质元素和有机酸等进入液泡,使渗透势保持稳定。同时,由于细胞壁可塑性增加,使细胞压力势降低,也导致细胞保持较低的水势,因此伸长期的细胞有较强的吸水能力。在细胞伸长期如果水分不足,细胞伸长生长就会减慢。

植物激素对细胞伸长具重要的调节作用,IAA 和 GA 能明显促进细胞伸长,ABA 和 ETH 则起着抑制细胞伸长的作用。

8.1.3　细胞分化期

细胞分化(cell differentiation)是指由分生组织细胞转变为形态结构和生理功能不同的细胞群的过程。进入分化期的细胞在形态、结构与生理功能等方面发生明显变化,因而形成了执行不同功能的各种组织细胞。因此,个体发育是通过细胞分化过程实现的。细胞分裂和分化有着严格的程序和规律。细胞分化过程的实质是基因按一定程序选择性的活化或阻遏,也就是说,细胞分化是基因有选择性地表达的结果。

一般情况下,细胞的分化都要经过下列 4 个过程:①诱导细胞分化信号的产生和感受;②分化细胞特征基因的表达;③分化细胞结构和功能基因的表达;④前述基因表达的产物导致分化细胞结构和功能的特化。

虽然目前尚不清楚在细胞分化发育的时间和空间上,是什么具体因素在决定基因表达的模式,但人们从细胞的体外培养实验中,已经获得了一些相关信息。

植物激素对细胞分化有重要作用。在植物组织培养中,由愈伤组织分化为根和芽,是由细胞分裂素与生长素含量的比值决定的。CTK/IAA 比值低时,促进根的形成;CTK/IAA 比值高时,促进芽的形成;两种激素含量相当时,则愈伤组织不分化,继续形成新的愈伤组织。此外,植物激素在维管组织分化中起重要作用。

值得注意的是,不同植物或植物的不同组织在被诱导分化时,对激素的种类和浓度有不同的要求。例如,在一般情况下,进行胚状体诱导时,应降低(或除去)生长素类激素,特别是2,4-D的浓度。烟草、水稻可在无激素的培养基中分化出胚状体,而小麦、石刁柏、颠茄则要在适当浓度的生长素和较高浓度的激动素时才能分化出胚状体。这就说明激素可能在不同的细胞或组织中以不同的方式起作用。

8.1.4 程序性细胞死亡

在生物的整个发育过程中,都存在着细胞的自然死亡现象,这些细胞的自然死亡过程是由细胞内业已存在的、由基因编码的程序所控制的过程,被称为程序性细胞死亡(programmed cell death,PCD)。PCD不同于一般的细胞衰老死亡或细胞坏死,它是在个体发育中的主动性细胞自杀过程,是一种特殊类型的细胞衰老过程,是细胞分化的最后阶段。

PCD存在于发育细胞中,可由蛋白酶和一些其他特殊结构功能蛋白质的主动合成而造成细胞的自杀性死亡;也可由外界信号(如射线、化学刺激物、病原菌等)引发,但可能被特异的存活因子阻断。

在植物体内,PCD是由核基因和线粒体基因共同参与调控的。PCD的分子生物学显著特征就是细胞染色质DNA片段化(fragmentation),这也是确定PCD的重要实验判断依据。目前认为,细胞染色质DNA片段化是由细胞内一种Ca^{2+}或Mg^{2+}依赖性核酸内切酶活化和表达的结果。在特定位点上,将DNA双链中的一条链切开,促使双链解离、断裂,形成长度约为185bp整数倍的片段。暗示这种核酸内切酶的作用位点可能是核小体与核小体之间的连接链,因为缠绕一个核小体的DNA链的长度为180~200bp。在某些情况下,也可产生接近3000bp长度的片段。目前,对这种核酸内切酶尚缺乏充分了解,可能有不同性质的核酸内切酶参与了这一过程。

8.2 种子萌发

种子萌发(seed germination)是指在适宜的环境条件下,种子从吸水到胚根突破种皮期间所发生的一系列生理生化变化过程。种子萌发受内部生理条件和外部环境条件影响。内部生理条件主要是种子的休眠和种子的生活力。成熟的种子,在适当条件下,便开始萌发,逐渐形成幼苗。

8.2.1 种子萌芽前休眠的破除

种子休眠(seed dormancy)是指活种子在适宜的萌发条件(温度、水分和氧气等)下仍不能发芽的现象。种子休眠是植物在长期系统发育过程中形成的抵抗不良环境条件的适应性,是调节种子萌发的最佳时间和空间分布的有效方法,具有普遍的生态意义,但给农业生产也造成了一定的困难。

种子休眠是影响发芽率的主要因素之一,主要有生理性休眠、抑制物质和硬实种子3种类型。种子休眠的时间长短因作物种类和品种不同差异很大,不同作物种子破除休眠的方法不尽相同。表 8-1 是破除种子休眠的几种常用方法。

表 8-1　几种作物种子休眠的破除方法

作物	休眠破除方法
水稻	播前晒种 2～3d;40℃～50℃,7～10d;机械去壳;0.1mol·L^{-1} HNO$_3$ 浸 16～24h;3% H$_2$O$_2$ 浸 24h;赤霉素处理
大麦	播前晒种 2～3d;39℃ 4d;低温预措;针刺胚轴(先撕去胚部稃壳);1.5% H$_2$O$_2$ 浸 24h;赤霉素处理
小麦	播前晒种 2～3d;40℃～50℃数天;低温预措;针刺胚轴;1% H$_2$O$_2$ 浸 24h;赤霉素处理
玉米	播前晒种;35℃发芽
棉花	播前晒种 3～5d;去壳或破损种皮;硫酸脱绒(92.5%工业用硫酸);赤霉素处理
花生	40℃～50℃ 3～7d;乙烯处理
油菜	挑破种皮;低温预措;变温发芽(15℃～20℃,每昼夜在 15℃保持 16h,25℃ 8h)
各种硬实	日晒夜露;通过碾米机,机械擦伤种皮;温汤浸种或开水烫种(如田菁用 96℃ 3s);切破种皮;浓硫酸处理(如甘薯用 98% H$_2$SO$_4$ 处理 4～8h;苕子用 95% H$_2$SO$_4$ 处理 5～9min);红外线处理
马铃薯(块茎)	切块或切块后在 0.5%硫脲中浸 4h;1%氯乙醇中浸 30min;赤霉素处理
甜菜	20℃～25℃浸种 16h;25℃浸 3h 后略使干燥,在潮湿状态下于 25℃中保持 33h;剥去果帽(果盖)
菠菜	0.1% KNO$_3$ 浸种 24h;剥去果皮;砂床发芽
莴苣	赤霉素处理;PEG 引发破除热休眠

8.2.2　种子萌发的条件

完成休眠期的种子仅具备了萌发的内在条件,还必须在适宜环境条件下才能萌发。种子萌发所需环境条件是足够的水分、充足的氧气和适宜的温度。有些种子还需要光照。

1. 水分

吸水是种子萌发的首要条件。种子吸水后,可使种皮膨胀软化,增强氧气透性,增强胚的呼吸,使胚易于突破种皮;原生质从凝胶状态转变为溶胶状态,使代谢加强,各种酶由钝化转为活化状态,利于胚乳转化为可溶性物质,供幼小器官生长之用。水分可促进可溶性物质运输到正在生长的幼芽、幼根,供呼吸需要或形成新细胞结构的有机物。因此,充足的水分是种子萌发的必要条件。

在萌发过程中,种子吸水的程度和速率与种子成分、温度以及环境中水分的有效性有关。一般淀粉和油料种子吸水达风干重的 30%～70%即可发芽,蛋白质含量高的种子吸水要达风干重的 110%以上才能发芽,这是因为蛋白质有较大的亲水性。

2. 氧气

种子萌发是一个非常活跃的生长过程。旺盛的物质代谢和物质运输等需要有氧呼吸作用来保证它的能量供应。在农业生产中,土壤板结、水分过多会导致土壤通气不良而导致种子进行无氧呼吸,长时间的无氧呼吸消耗过多的贮藏物,同时产生大量酒精,致使种子中毒,影响种子萌发,故应及时松土、排水、播种深度要适当。

3. 温度

种子萌发也是一个生理生化变化的过程,是在一系列酶参与下进行的,而酶的催化与温度有密切关系,所以种子要在一定温度条件下才能发芽。不同植物的种子萌发,对温度的要求与它们原产地生态条件有密切关系。不同作物种子萌发的温度三基点不同,这与它们的原产地不同有关。一般原产北方的作物(如小麦)需要温度较低,原产南方的作物(如水稻、玉米)需要温度较高。

4. 光

根据光对种子萌发的影响可将种子分为中光种子、需光种子、需暗种子3类。有些植物种子的萌发需要光,在暗中不能萌发或萌发率很低,这类种子称为需光种子,如烟草、莴苣、胡萝卜等。而中光种子,这类种子只需要水、温、氧的条件满足就能够萌发,萌发不受光照的影响。另一类种子萌发受光的抑制,在黑暗下易萌发,称为嫌光种子或需暗种子,如瓜类、茄子、番茄、洋葱、苋菜等。

需光种子中研究最多的是莴苣种子。在研究莴苣种子萌发时,发现种子萌发与光的波长有关。吸足水分的莴苣种子放在白光下能促进种子萌发;用波长为 660nm 的红光照射种子时,也会促进萌发;若用波长 730nm 的远红光照射种子,则抑制种子萌发;而且红光照射后,再用远红光处理,萌发也受到抑制,即红光作用被远红光所逆转(图 8-4,表 8-2)。这一现象与光敏色素有关。

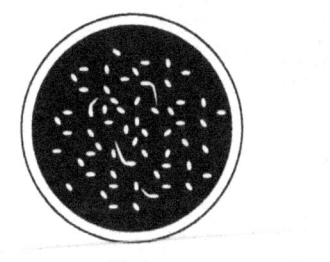 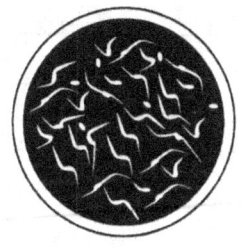 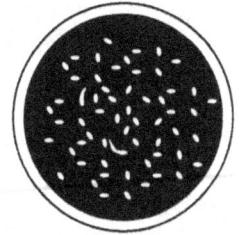

黑暗　　　　　　　　　红光　　　　　　　　　远红光

图 8-4　莴苣种子在黑暗、红光(R)和远红光(FR)下的萌发(引自 Kendrick and FranKland,1976)

表 8-2　红光(R)和远红光(FR)对莴苣种子萌发的控制(引自 Bothwick 等,1952)　　单位:%

照光处理	种子萌发率	照光处理	种子萌发率
R	70	R+FR+R+FR+R	76
R+FR	6	R+FR+R+FR+R+FR	7
R+FR+R	74	R+FR+R+FR+R+FR+R	81
R+FR+R+FR	6	R+FR+R+FR+R+FR+R+FR	7

R:照 660nm 红光 1min;FR:照 730nm 远红光 4min,26℃。

8.2.3 种子萌发的生理生化变化

1. 种子的吸水

种子的吸水可分为3个阶段：第一阶段是急剧吸水阶段，是依赖于原生质胶体吸胀作用的物理过程。第二阶段是种子吸水滞缓阶段，是细胞利用已吸收的水分进行代谢作用。到第三阶段由于生理、生化变化及生长需要，重新大量吸水，这时的吸水是与代谢作用相连的渗透性吸水(图8-5)。

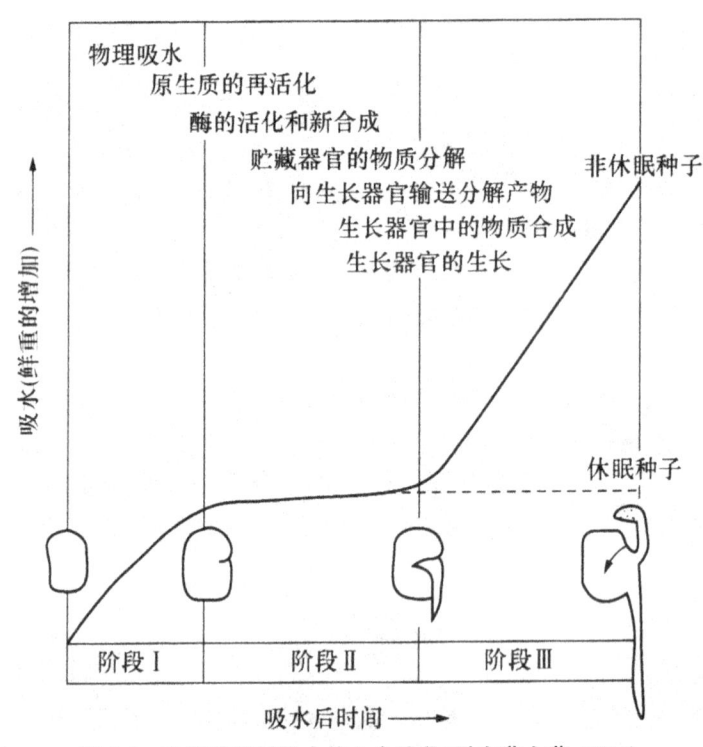

图 8-5　种子萌发时吸水的 3 个阶段(引自蔡永萍，2014)

2. 呼吸作用的变化和酶的形成

种子萌发过程中呼吸作用的变化与吸水过程相似，也分为3个阶段：迅速升高阶段、平稳阶段和再次迅速增加阶段(图8-6)。种子吸水的第一阶段，呼吸作用也迅速增加，这主要是由已经存在于干种子中并在吸水后活化的呼吸酶及线粒体系统完成的。吸水的第二阶段是吸水的停滞期，呼吸作用也停滞在一定水平，一方面是因为干种子中已有呼吸酶及线粒体系统已经活化，而新的呼吸酶及线粒体还没有大量形成；另一方面此时胚根还没有突破种皮，氧气的供应也受到一定限制。吸水的第三阶段，呼吸作用又迅速增加，因为胚根突破种皮后，氧气供应得到改善，而且此时生长的胚轴细胞合成了新的线粒体和呼吸酶系统。

种子萌发吸水的阶段Ⅰ和阶段Ⅱ，CO_2 的产生大大超过 O_2 的消耗，RQ>1；吸水的阶段Ⅲ，O_2 的消耗则大大增加。这说明种子萌发初期的呼吸作用主要是无氧呼吸，而随后进行的是有氧呼吸。

种子萌发过程中酶的来源有两种：一种是从已存在的束缚态酶释放或活化形成的酶；另一种是通过核酸诱导下合成的蛋白质形成新的酶。

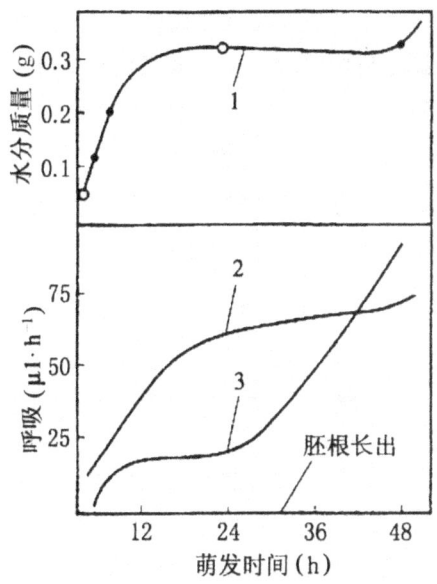

图 8-6 豌豆种子萌发时吸水和呼吸的变化(引自李合生,2002)
1.种子吸水过程的变化　2.CO_2 的变化　3.O_2 吸收的变化

3. 核酸的变化

成熟胚中已储存有萌发过程中做模板的 tuRNA,它是在种子发育期间形成,称为储存 mRNA。在萌发过程中还有新的 mRNA 合成。DNA 合成往往与后期萌发阶段有关。

4. 有机物的转变

种子中储存着大量淀粉、脂类和蛋白质,而且不同植物种子中,三种有机物的含量不同。常以含量最多的有机物为依据,将种子分为淀粉种子(淀粉较多)、油料种子(脂类较多)和豆类种子(蛋白质较多)。在种子萌发时,这些有机物在酶作用下被水解为简单有机物,并运送到正在生长的幼胚中,供幼胚生长需要。

整个萌发过程经历储藏物质淀粉、脂肪、蛋白质等有机物一系列的水解、运输和重建等代谢转变过程(图 8-7)。因此,种子内储藏的有机物质越多,越有利于种子萌发、幼胚生长,因此在播种前要选择粒大饱满的种子。

8.2.4　种子的预处理与种子萌发的调节

播种活力高的种子,获得健壮、整齐的幼苗,是获得较好的田间生产性能和高产的重要保证。对活力偏低的种子,可以通过播种前的预处理,提高其活力,改善其田间成苗状态。

对种子进行渗透调节处理(osmotic treatment)可以缩短播种至出苗所需的时间,提高幼苗的整齐度。所谓渗透处理,一般是利用一定浓度的聚乙烯二醇(PEG)溶液对种子进行处理。种子在 PEG 溶液中吸水后开始萌动,进而引发细胞中的生理生化过程。可是由于 PEG 溶液具有一定的渗透势,因而可以控制水分进入细胞中的量,使萌发过程进行到一定程度后就停留在某一阶段而不能完成萌发的整个过程,这样所有种子的萌发最终都将停留在相同的阶段。一旦重新吸水后,所有种子都从相同阶段继续完成萌发过程,这样所产生的幼苗就具有较高的整齐度。

此外,内源激素的变化对种子萌发起着重要的调节作用。以谷类种子为例,种子吸胀吸水后,首先导致胚(主要为盾片)细胞形成GA,GA扩散至糊粉层,诱导α-淀粉酶、蛋白酶、核酸酶等水解酶产生,使胚乳中的储藏物质降解(图8-8)。细胞分裂素和生长素在胚中形成,细胞分裂素

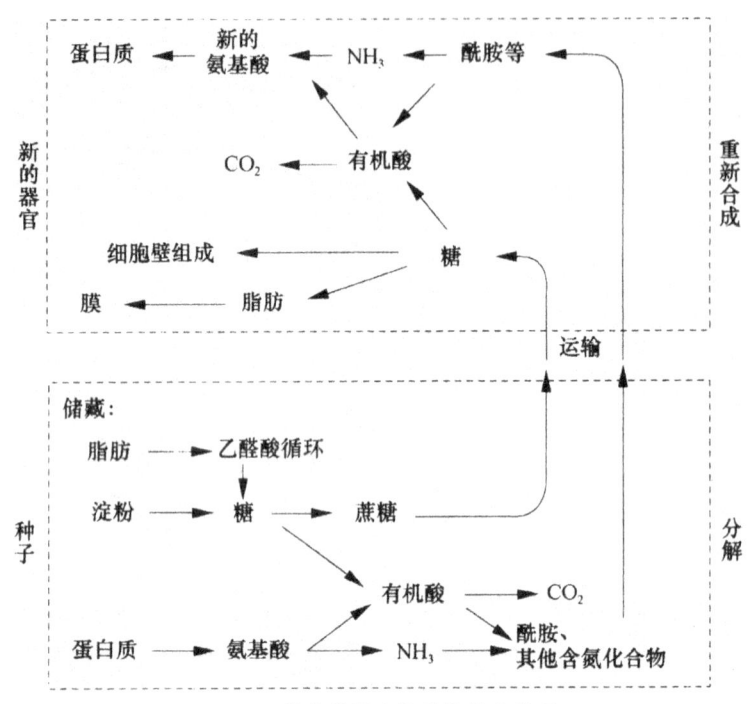

图 8-7 萌发种子中物质的转化情况

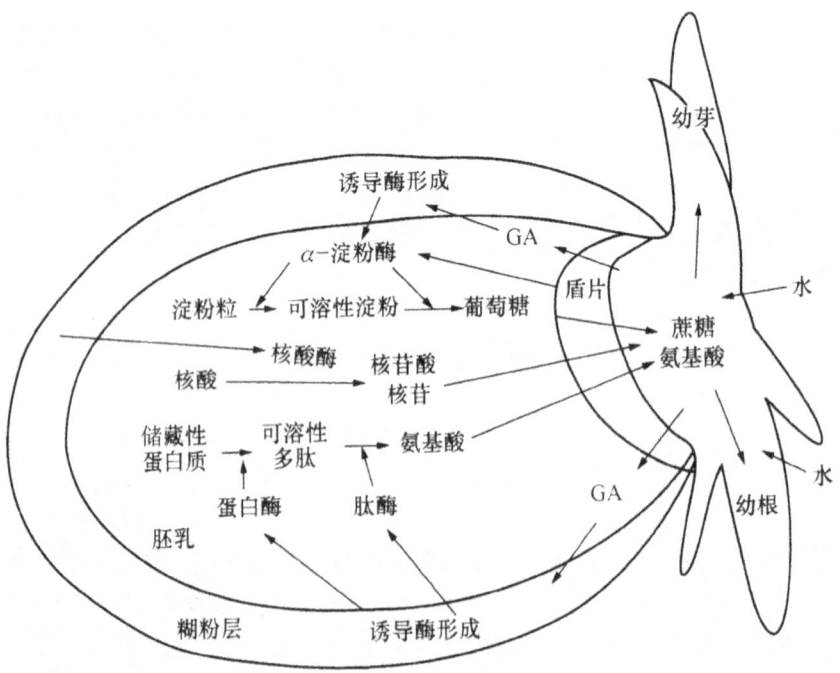

图 8-8 谷类种子萌发时胚中产生的 GA 诱导水解酶的产生和胚乳储藏物质的分解
(以淀粉、蛋白质和核酸为例)

刺激细胞分裂,促进胚根、胚芽的分化与生长;而生长素促进胚根、胚芽的伸长,以及控制幼苗的向重力性生长。

8.3 植物生长的周期性

种子萌芽后,经过顶端(根尖、茎尖)及侧生(形成层)分生组织细胞的分裂、伸长和分化,表现出根、茎、叶等营养器官的生长,开花、传粉、受精后,进入生殖生长阶段,形成种子和果实。根、茎、叶、种子和果实等器官及整株植物表现出特有的节奏。此外,植株和器官的生长速率还会随昼夜和季节发生有规律的变化,这些现象被称为植物生长的周期性。

8.3.1 植物的生长曲线和生长周期

根、茎、叶、种子和果实等器官及一年生的整株植物,在整个生长过程中,生长速率都表现出"慢—快—慢"的特点,即开始时生长缓慢,以后逐渐加快,达到最高速度后又减慢,以致最后停止。植物体或个别器官所经历的"慢—快—慢"的整个生长过程,称为生长大周期(grand period of growth)。

以一年生植物玉米的株高对生长时间作图,所得到的玉米生长曲线(growth curve)呈"S"形,若以生长速率(rate of growth)对生长时间作图,所得到的生长速率曲线则呈抛物线形。

由图8-9可见,这条"S"形生长曲线可细分为4个时期。

①生长停滞期(growth lag phase),图中的0~18d,细胞处于分裂时期和原生质积累期,生长比较缓慢。

②对数生长期(logarithmic growth phase),图中的18~45d,细胞体积随时间而成对数增大,细胞越多,生长越快。

③直线生长期(linear growth phase),图中的45~55d,生长继续以恒定的速率(最高速率)进行。

④衰老期(senescence phase),图中的55~90d,细胞成熟和衰老,生长速率下降。

掌握植物一生生长速率的变化规律,有利于促进或控制植物的生长。农作物的前期生长缓慢,有延迟期,在农业生产上,可以采取以肥水及其他农业措施来促进营养体的生长,达到早发快长的目的。而作物生长的中期是生长直线上升或指数增长期,任何促进或控制植物生长的措施都必须在生长速率达到最高前施用,才能有效。如要促进作物稳定生长,需要及时供应肥水;如要防止作物过度生长,则需要控制肥水供应或使用矮壮素等措施。

8.3.2 植物生长的温度周期性

自然条件下,温度的变化表现出日温较高、夜温较低的周期性。植物的生长按温度的昼夜周期性发生有规律的变化,被称为植物生长的温周期性(thermoperiodicity of growth),或植物生长的昼夜周期性。树木的株高、直径、树冠和材积的生长都表现出昼夜周期性。一般来说,在夏季,植物的生长速率白天较慢,夜晚较快;而在冬季,植物的生长速率白天较快,夜晚较慢。

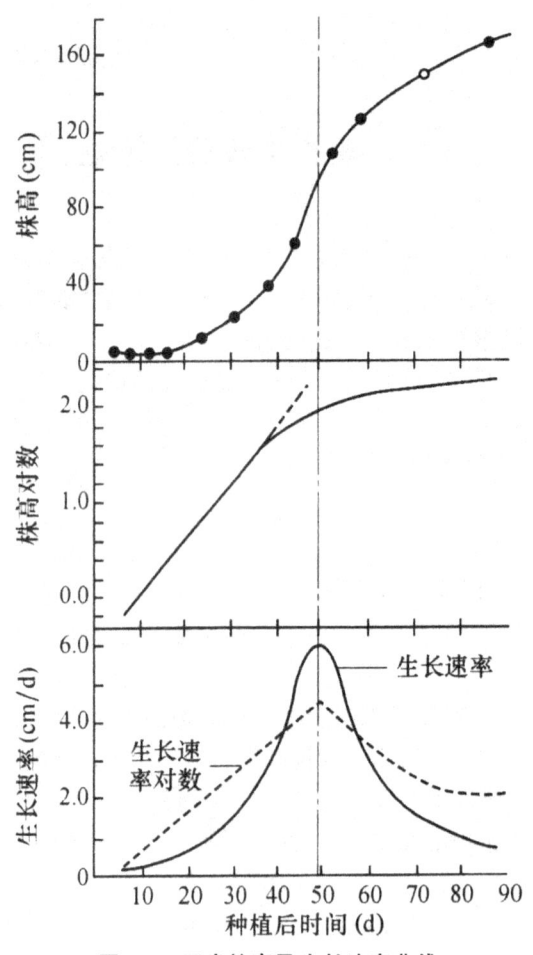

图 8-9 玉米株高及生长速率曲线

植物生长昼夜周期性的形成原因,主要是夏季白天温度高、光照强,蒸腾量大,植株易缺水,强光抑制植物细胞的伸长;晚上温度降低,呼吸作用减弱,物质消耗减少,积累增加。较低的夜温还有利于根系的生长以及细胞分裂素的合成,从而有利于植物的生长。但在冬季,夜晚温度太低,植物的生长受到抑制甚至停止。

8.3.3 植物生长的季节周期性

植物在一年中的生长速率,随季节变化而发生有规律的变化,称为植物生长的季节周期性(seasonal periodicity of growth),即春发、夏茂、秋落、冬眠。这是因为一年四季中,光照强度、温度和水分等影响植物生长的外界因素是不同的。

生长的季节性变化是建立在体内代谢活动的基础之上的。当秋天来临时,日照长度缩短,这个信号被叶片感受后,经信号转导产生一系列代谢变化,导致植物对冬季的气候产生种种生理上的适应,如物质从叶片转移到根、茎和芽中储藏起来,体内糖分与脂肪等物质的含量提高,组织含水量下降,原生质转为凝胶状态,植物抗性增强;生长素、细胞分裂素、赤霉素由游离态转变为束缚态,脱落酸等抑制生长的激素逐渐增加,体内代谢活动大大降低,生长停止,进入休眠状态。进入第二年春季后,内源激素发生变化,休眠逐渐解除,恢复生长。

植物的生长习性使植物体内营养物质生产、分配、再分配和再利用,有着一个动态的变化。多年生木本植物尤为明显。春、夏季节,植物主要依靠当时光合作用生产的有机物供应茎、叶、花和果实的生长,秋季将营养物质储藏到根、茎和芽中,次年又利用它们供生长之用。所以,从植物体内物质分配、利用和储藏以及不同器官的生长状况,也可以看出植物生长的季节周期性变化(图 8-10)。

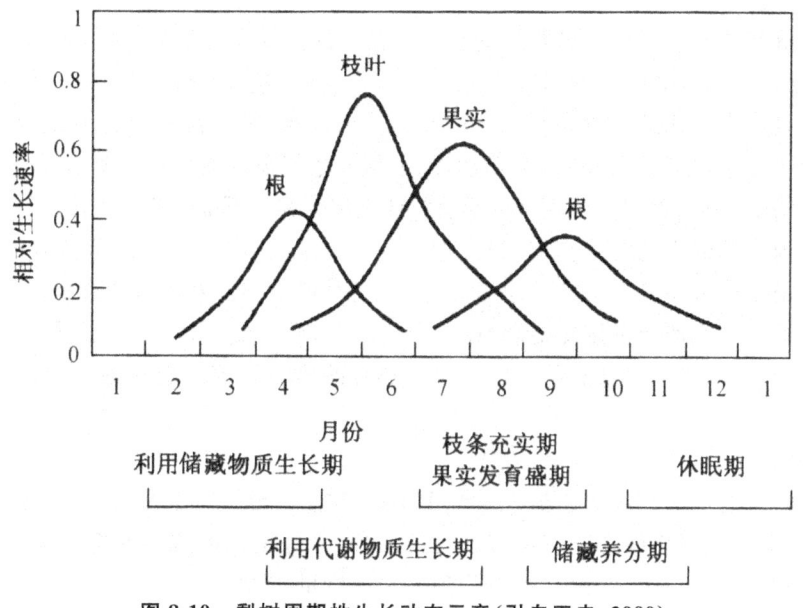

图 8-10　梨树周期性生长动态示意(引自王忠,2000)

此外,植物的年轮也是植物生长季节周期性的一个具体表现。年轮是由于形成层在不同季节所形成的次生木质部在形态上的差异而形成的。在同一圈年轮中,由于春、夏季的气温适于树木生长,形成层的活动旺盛,所形成的木质部细胞较大,细胞壁较薄,因而木材质地疏松,被称为"早材";到了秋、冬季,由于气候逐渐干冷,形成层活动逐渐减弱以至停止,所形成的木质部细胞小,细胞壁厚,木材质地紧密,颜色较深,被称为"晚材"。前一年的晚材和第二年的早材界限分明,此即年轮线。

植物生长的季节周期性是植物对环境周期性变化的适应。当气温逐渐降低时,植物生长的速率逐渐下降,对低温的抵抗能力逐渐增强,有利于越冬。

8.4　植物生长的相关性

高等植物是由各种器官组成的统一整体,各种器官虽然在形态结构及功能上不同,但它们的生长是相互依赖又相互制约的,称为相关性(correlation)。植物生长的相关性包括地下部和地上部的相关性、主茎和侧枝的相关性、营养生长和生殖生长的相关性等。

8.4.1 地上部和地下部的相关性

1. 根下部和地上部的相关表现

地下部是指植物体的地下器官,包括根、块茎、鳞茎等,而地上部是指植物体的地上器官,包括茎、叶、花、果等。植物的地上部分和地下部分各处在不同的外部环境中,地上部分所处的环境可以使植物获得充足的阳光、空气,而地下部分可从土壤中吸取足够的水分和矿质元素,两者之间通过维管束进行营养物质与信息物质的交换。根部的活动和生长有赖于地上部分所提供的光合产物、生长素(IAA)和维生素B_1等;而地上部分的生长和活动则需要根系提供水分、矿质盐、部分氨基酸以及根中合成的植物激素(CTK、GA、ABA)等,通过物质的交换使两部分的生长相互依存,缺一不可。一般而言,植物根系发达,地上部分才能很好地生长。所谓"壮苗必须先壮根""根深叶茂"和"本固枝荣"等民谚深刻地说明植物地上部分和地下部分相互促进协调生长的关系。

地下部与地上部的生长还存在相互制约的一面,主要表现在对水分、营养等的争夺,地上部分与地下部分由于供求关系上出现的矛盾,导致它们对水分和营养物质的竞争,使二者表现出一定的相互制约关系。生产上常用根冠比(root/top ratio,R/T 比)来表示地上部分和地下部分的相关性。所谓根冠比,即地下部分的质量与地上部分的质量比值。影响根冠比的环境条件主要有以下几点。

(1)土壤水分

土壤水分缺乏对地上部的影响远比对地下部的影响要大。这是因为,虽然根和地上部的生长都需要水分,但由于根生活在土壤中容易得到水分,而地上部的水分要靠根来供应,所以缺水时地上部会更缺水,这时地上部的生长会受到一定程度的抑制,根的相对质量增加,而地上部的相对质量减少,根冠比增加。当土壤水分较多时,由于土壤通气性不良,根的生长受到一定程度的影响,而地上部由于水分供应充足而保持旺盛生长,因而根冠比下降。水稻生产上出现"旱长根、水长苗",就是这个道理。

(2)氮肥

矿质元素氮是由根吸收并运送到地上部的,当土壤中氮素缺乏时,地上部比地下部更缺氮,因而地上部的生长受到抑制,根冠比增加;当土壤中氮肥充足时,有利于地上部蛋白质的合成,茎叶生长旺盛,同时消耗较多糖类,使运送到地下部的糖类减少,因而根的生长受到抑制,根冠比下降。

(3)磷肥

增施磷肥使根冠比变大,减少磷肥供应使根冠比变小。其原因是:磷在碳水化合物的运输中起着重要作用,促进叶内光合产物向根系运输,有利于根系生长,使根冠比增大。在农业生产上,对于甘薯、甜菜等以根部为收获物的作物,调整根冠比对产量形成至关重要。一般在生长前期保证水和氮肥供应,使地上部分生长良好,形成较大的光合面积,要求根冠比为 0.2。到生长后期,减少氮肥供应,增施磷肥、钾肥,使根冠比在 2 左右,可获得稳产、高产。

(4)光照

光照不足时,植物叶片制造的光合产物向下输送减少,影响根部生长,而对地上部分的生长相对影响较小,所以根冠比降低。在一定范围内,光强提高,光合产物增多,这对根与冠的生长都有利。但在强光下,植物易发生光抑制,同时空气中相对湿度下降,植株地上部蒸腾增加,组织中水势下降,茎叶的生长易受到抑制,因而使根冠比增大。

(5)温度

通常植物根部的活动与生长所需要的温度比地上部分低些,故在气温低的秋末至早春,植物冠部的生长处于停滞期时,根系仍有生长,根冠比因而加大;但当气温升高,地上部分生长加快时,根冠比就下降。这种情况在冬小麦越冬和次年返青中得以证实。

(6)修剪与整枝

合理的修剪或整枝有减缓根系生长而促进地上部分生长的作用,短期内增加根冠比。但随着地上部分的迅速生长,一段时间后根冠比下降。这是因为修剪和整枝刺激了侧芽和侧枝的生长,使大部分光合产物或储藏物用于新梢生长,对根系的供应相对减少。因此,修剪可以促进地上部分的生长,抑制地下部分的生长,修剪越重,表现越明显。

(7)中耕与移栽

中耕引起部分断根,短期内降低根冠比,并抑制地上部分生长。但由于断根后,根部代谢库的减少,使地上部分对断根后根系的供应相对增加。同时,中耕又增加了土壤通气性,促进了侧根与新根的生长,因此随后的效应是增加根冠比。苗木、蔬菜移栽时也有暂时伤根,以后又促进发根的类似情况。

(8)生长调节剂

整形素、矮壮素、缩节胺、三碘苯甲酸、PP$_{333}$等生长抑制剂或生长延缓剂对茎的顶端或亚顶端分生组织的细胞分裂和伸长有抑制作用,使节间变短,可增大植物的根冠比。赤霉素、油菜素内酯等生长促进剂,能促进叶菜类如芹菜、菠菜、苋菜等茎叶的生长,使根冠比降低,从而提高作物产量。

2. 地下部和地上部之间的信息传递

植物的地下部和地上部之间除了经常进行的物质能量交流之外,还存在着类似于动物神经系统那样的信息传递系统。例如,当植物根系受到干旱胁迫时,根部会产生化学信号物质ABA,其中ABA被认为是一种逆境信号,在水分亏缺时,根系快速合成ABA并通过木质部蒸腾流运输到地上部分,调节地上部分的生理活动,如缩小气孔开度,抑制叶的分化与扩展,以减少蒸腾来增强对干旱的适应性。同时,地上部的变化又会反馈信息,沿着维管束传至地下部,即根系从地上部获得影响其生长的化学信号IAA。根系合成的CTK及氨基酸等,在根冠间的信息传递中也起到一定的作用(图8-11)。还有研究指出,植物根冠间有电波信号的传递,相互影响其生理功能的表达。

8.4.2 主茎与侧枝的相关性

植物的顶芽长出主茎,侧芽长出侧枝,通常主茎生长很快,而侧枝或侧芽则生长较慢或潜伏不长。这种由于植物的顶芽生长占优势而抑制侧芽生长的现象,称为顶端优势(apical dominance 或 terminal dorminance)。顶端优势的现象普遍存在于植物界,但各种植物表现不尽相同。木本植物针叶树,如桧柏、杉树等,主茎生长很快,侧枝从上到下的生长速度不同,距茎尖越近,被抑制越强,整个植株呈宝塔形。草本植物如向日葵、玉米、高粱、烟草、黄麻等顶端优势很强,只有主茎顶端被切除,邻近的侧枝才加速生长(图8-12)。当然也有些植物的顶端优势不显著或较弱,如核桃、榆树、水稻、小麦等。顶端优势现象在根中也存在,主根根尖的存在能抑制侧根生长。

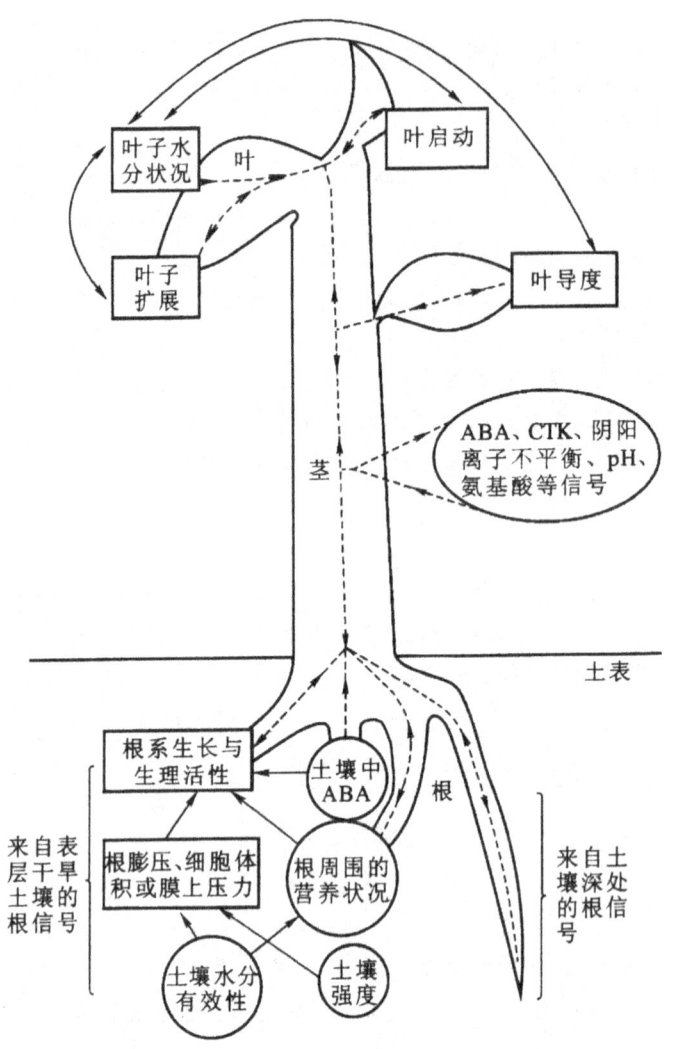

图 8-11　土壤干旱时根中化学信号的产生以及根冠间的相关性(引自 W. J. Davies 等,1991)
←---→代表化学信号的传递,圆圈代表土壤作用,矩形代表植物生理过程

产生顶端优势的原因有多种解释,但一般认为与营养物质的供应和内源激素的调控有关。

1. 激素抑制假说

1934 年 K. V. Thimann 和 F. Skoog 提出的"生长素假说",认为顶端优势是由于生长素对侧芽的抑制作用而产生的。植物顶端形成生长素,通过极性运输到侧芽,侧芽对生长素的敏感性比顶芽强,从而使侧芽生长受到抑制。距离顶芽越近,生长素浓度越高,对侧芽的抑制作用越强。其最有力的证据是,植物去除顶芽后,可导致侧芽的生长;使用外源的生长素可代替植物顶端的作用,抑制侧芽的生长。另外,施用生长素运输抑制剂,或对主茎作环割处理,阻止生长素的运输,可导致处理部分下方的侧芽生长。

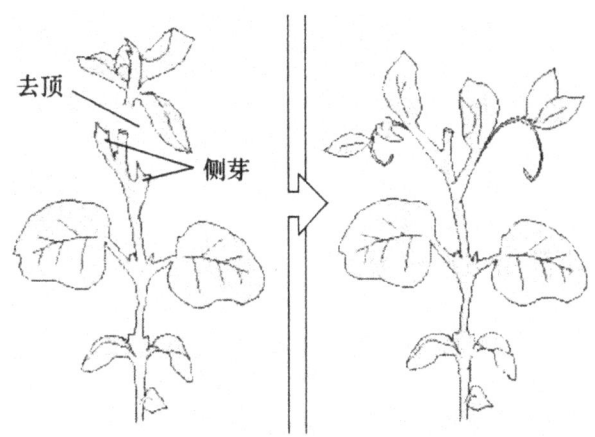

图 8-12　棉花顶端存在对侧芽的抑制现象

2. 营养转移假说

K·Goebel 于 1900 年提出的"营养学说",认为顶芽构成营养库,垄断了大部分的营养物质,而侧芽因缺乏营养物质而生长受到抑制。其依据是:顶芽分生组织比侧芽分生组织先形成,具有竞争优势,能优先利用营养物质并优先生长;从形态解剖结构看,侧芽与主茎之间没有维管束的连接,不易得到充分的营养供应,而顶芽由于输导组织发达,因而竞争营养的能力强;用亚麻实验表明,缺乏营养时侧芽生长受抑制,而营养充分时侧芽则生长。

8.4.3　营养生长与生殖生长的相关性

植物的营养生长(vegetative growth)是指根、茎、叶等营养器官的生长。植物的生殖生长(reproductive growth)是指花、果实、种子等生殖器官的形成与生长。营养生长和生殖生长是植物生长周期中的两个不同阶段,通常以花芽分化作为生殖生长开始的标志。植物的营养生长与生殖生长之间是相互协调和相互制约的。

生殖器官生长所需的养料,大部分是由营养器官提供的,因此营养器官生长的好坏直接关系到生殖器官的生长发育。若营养生长过旺,会消耗较多的养分,影响生殖器官的生长发育。如水稻、小麦前期肥水过多,造成茎、叶徒长,会延迟幼穗的分化,显著增加空瘪粒;后期肥水过多,则造成贪青迟熟,影响粒重。又如果树、棉花等,若枝叶徒长,会造成不能正常开花结实,严重的甚至落花落果。相反,生殖器官的生长也会抑制营养器官的生长。如自然状态下,番茄开花结实后,营养器官的生长就日渐减弱,最后衰老死亡;如果不断摘除花、果实,则营养器官就可继续旺盛生长(图 8-13)。

根据开花结实次数的不同,可以把植物分为两大类:一次开花植物和多次开花植物。一次开花植物的特点是营养生长在前,生殖生长在后,一生只开一次花。开花后,营养器官所合成的有机物,主要向生殖器官转移,营养器官逐渐停止生长,随后衰老死亡。水稻、小麦、玉米、高粱、向日葵、竹子等植物均属此类。然而,有些一次开花植物在条件适宜时,开花结实后并不引起全部营养体的死亡。如南方的再生稻,在早稻收割后,稻茬上再生出的分蘖仍能开花结实。多次开花植物如棉花、番茄、大豆、四季豆、瓜类以及果树等,这类植物的特点是营养生长与生殖生长有所重叠。生殖器官的出现并不会马上引起营养器官的衰竭,在开花结实的同时,营养器官还可继续生长。不过通常在盛花期以后,营养生长速率降低。

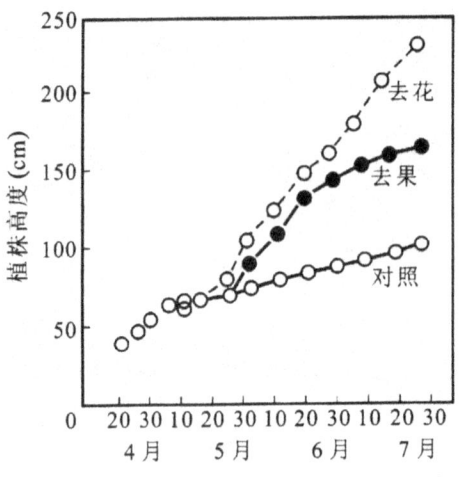

图 8-13 疏花、疏果对番茄植株生长的影响

此外,果树生产上的大小年现象也是营养生长和生殖生长不平衡造成的。在果实丰收的大年,大量正在发育的种子和果实消耗了营养体过多的养分,导致当年的花芽分化少或发育不良。翌年,开花结果少,形成了小年。在小年由于结果少,营养物质充足,分化的花芽多,下一年又形成了大年。此外,GA 对花芽的分化也有抑制作用,在大年由于大量的幼果产生较多的 GA,GA 扩散出来也会抑制当年的花芽分化,使下一年成为小年。

在农业生产上,可根据收获对象是营养器官还是生殖器官采取相应的措施,协调营养生长与生殖生长的关系,获得优质高产。如以营养器官为收获物的作物(麻类、烟草、蔬菜、用材林等),通过加强肥水管理,促进营养生长;采取摘除花序等措施,抑制生殖生长,以获得高产。对于以果实和种子为收获物的经济林,可通过各种管理措施,协调好营养生长和生殖生长的关系,如整形修剪、适时适度的疏花、疏果,以获得稳产、高产。生产实践中总结出的"满树花、半树果,半树花、满树果"就是这个道理。

8.5 外界条件对植物生长的影响

植物的生长除受内部因素(包括基因、激素、营养等)的影响外,还受外界条件的影响。影响植物生长的外界条件主要包括温度、水分和光照。

8.5.1 温度对植物生长的影响

植物的各项生理活动、生化反应,都必须在一定的温度条件下才能进行。温度升高,生理生化反应加快,生长发育加速,反之,反应速度变慢,发育迟缓。当温度低于或高于植物所能忍受的温度范围时,生长、发育受阻,植物开始受害甚至死亡。温度的变化能引起环境中其他因子,如湿度、土壤肥力等的变化,而环境诸因子(综合体)的变化则能影响植物的生长发育,最终影响植物的产量和质量。

1. 温度对植物生长发育的影响

任何一种植物均要在一定范围的温度,条件下才能生长发育,而在这个温度范围内,各种温度值对植物的作用效果不同,其中有最低温度点、最适温度点和最高温度点,称为温度的三基点(图8-14)。最低温度点是植物能忍受,尚能生长发育的最低温度,又称为最低的临界温度;最适温度点是植物最适宜生长发育的温度条件;最高温度点是指植物所能忍受,还能生长发育的最高温度,又称最高的临界温度。在最适温度点的范围内,植物生长发育得最好;超过了最适温度范围,随着温度的升高或降低,植物的生命活动降低,生长发育减慢;如果温度超过植物所能忍受的最低或最高温度的范围,植物生长发育就停止,甚至出现伤害,最终导致死亡。不过在最适温度条件下虽然植物的生长速度最快,但这个温度对于植株的健壮生长并不是最适宜的,因为生长最快时营养物质消耗也快,如果合成的有机物跟不上需要,生长的植物就比较细长柔弱。因此,在生产实践上如要获得健壮的植株,常常要求比最适温度略低的温度,这个温度称为协调最适温度。各种植物的三基点范围是不同的,不同植物种类种子萌发的温度也有所差异,如表8-3所示。

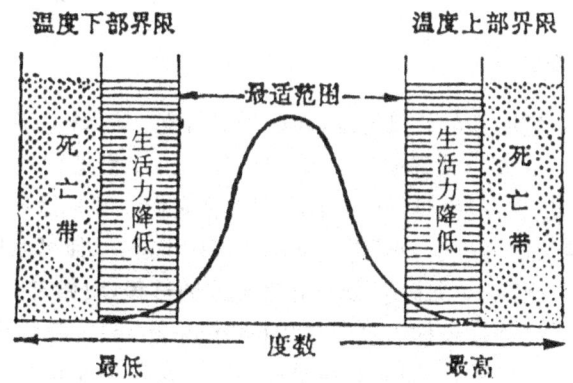

图8-14 植物对温度的适应范围(仿云南大学等)

表8-3 一些作物种子萌发的温度 单位:℃

名称	最低温度	最适温度	最高温度
小麦	4	25	32
玉米	8～9	33	44
水稻	8～12	25～35	38～42
亚麻	2	21～25	28～30
向日葵	5～10	28	37～44
黄瓜	15～18	31～37	44～50

不同种类植物生长所要求的温度范围是不一样的,这与它们原产地的气候条件有关。例如,

原产于温带的植物,温度三基点分别为5℃、25℃～30℃、35℃～40℃,原产于热带或亚热带植物的温度三基点约比温带植物偏高5℃;原产于寒带或高山的植物可以在0℃或0℃以下生长,最适温度很少超过10℃。不同种类植物,其种子萌发的温度也有差异。

同一植物生长要求的温度范围还因发育阶段不同而异。例如,多数一年生植物,从种子萌发、营养生长到开花结果,其最适温度逐渐上升,这种要求正好与春天到秋天的温度变化相适应。植物的不同器官对温度的要求也有不同,一般根生长的温度三基点比芽低。例如,苹果根系生长为10℃、13℃～26℃、28℃,而地上部的均高于这些温度。

除了对温度的绝对要求外,植物的正常生长还要有一定的昼夜温差,通常在白天气温较高,夜间温度较低的周期变化中,植物的营养生长最好。例如,番茄植株在日温为26℃、夜温为20℃时,比昼夜25℃恒温条件下生长得更快。这是因为白天适当高温有利于光合作用的进行,夜间适当低温可减弱呼吸作用,降低营养消耗、净积累增多,有利于生长;而且较低的夜温有利于根的生长和细胞分裂素的合成,因而提高了植株的生长率。植物对这种昼夜温度周期性变化的反应,称为生长的温周期现象(thermoperiodicity)。

有些植物的种子,在一般情况下不会萌发,只有在0℃左右低温处理数周后才会萌发。这种对种子进行低温湿处理促使种子萌发的过程称为层积作用(stratification)。一些植物对低温有一定的适应和锻炼能力,例如在夏季时略低于0℃的温度会冻死叶和芽,而经过秋季植株逐渐产生抗性,可抵御-50℃的低温。短日植物用0℃左右的低温处理,可增强植物的抗寒性。

2. 温度对植物成花的诱导

一些植物必须经过一定时间的低温处理,才能诱导开花。例如,许多北方的果树,需要经历200～1 000h的低温,才能在夏季很好地生长和开花结果;一年生植物冬小麦与二年生植物胡萝卜等一般在秋季播种萌发,越冬后初夏开花结实,假如把它们在春季播种,当年就不能开花,若在春季播种之前,先对发芽后的冬小麦种子进行低温处理后再栽种,便可照样在初夏抽穗开花。这种低温(最好是0℃～2℃)刺激植株发育、促进花芽形成的过程,叫做春化阶段,而使植物通过春化阶段的这种低温刺激和处理过程称为春化作用(vernalization)。春化作用所要求的温度范围与时间长短,随植物种类和品种的不同而有一定的差异。这种特性是在植物系统发育中形成的并与其地理分布有关。对大多数需要春化作用的植物来说,1℃～7℃常是有效的温度范围,春化时间从4d到8周不等。品种间也有差别,如冬性小麦春化温度为0℃～3℃,作用时间40～45d;半冬性小麦为3℃～6℃,作用时间为10～15d;春性小麦为8℃～15℃,作用时间为5～8d。通常春化处理时间延长时,从播种到开花的时间会缩短,反之则会延长。

春化作用进行的时期,各种植物也有所不同。冬小麦、科里麦可在种子萌发或植株营养生长的任何时期进行;甘蓝、胡萝卜等须在绿色苗期进行;萝卜、白菜等可在种子萌发时进行。植物体中感受春化低温诱导的部位是芽内的分生组织。春化时要有糖类和水分的参与,并且要在有氧条件下进行。干种子是不能通过春化作用的。

目前对春化作用的机制还了解得不多。实验表明,在春化过程中,冬小麦植株体内的RNA、可溶性蛋白、游离酸(尤其是脯氨酸)的含量均有增加,代谢加速;春化处理过的冬小麦种子的呼吸速率比未处理的要高,赤霉素的含量也明显增多。孟繁静等人发现冬小麦、春小麦、油菜等在春化处理中,体内的类玉米赤霉烯酮与春化作用有关。近来分子生物学研究揭示,低温能诱导新蛋白质合成,其中大多属于植物体内适应性反应产生的胁迫蛋白,另有少数是对植物发育可能起控制作用的特异蛋白质。Tomita(1973)认为这些特异蛋白质可能是一种酶,称为春化酶(vernalase),在植物营养生长和生殖发育之间起着部分开关的作用。虽然有人报道,经低温处理的二年生植物天仙子,嫁接到未经春化的天仙子植株上,能诱导后者开花,推测春化作用的效应可通过嫁接而传递给未春化的植株,并将该诱导物质命名为春化素(vernalin),但这种物质尚未被分离鉴定。此外,也有春化效果不能通过嫁接传递的实验报道。可见春化作用的机制尚有待继续研究。春化作用机制的阐明对于农业生产上调节作物播种期、控制开花以及引种栽种等,可提供应用的理论基础。

8.5.2 水分对植物生长的影响

水是原生质的重要组成部分。原生质平均含水量80%～90%。富含蛋白质和脂类的叶绿体和线粒体也含有50%的水分,肉质果实含水量高达85%～95%,新伐木材含水约50%,成熟种子含水量最少,为10%～15%,某些含油高的种子,仅含5%～7%的水分。

水是生物化学反应的必要介质,细胞内各种代谢活动都是在水溶液中进行。根系从土壤中吸收的矿质元素都是以水溶液状态被吸收的。植物与环境间气体交换也是以水溶液状态出入细胞,植物体内的物质运输以液流方式进行。

植物生长是建立在各种代谢活动的协调统一基础上实现的。生长,包括细胞分裂和伸长都必须有足够的水分供应。风干种子不吸水不能萌发,幼苗缺水,水解酶活性提高,物质分解作用加强,合成作用及各种代谢活动受阻,不能正常生长,植株矮小。

水分过多会加速茎、叶生长,延缓细胞分化,机械组织不发达,茎、叶柔软,易倒伏。生产上应调节好土壤含水量和通气状况,以使作物处于良好的水分吸收和消耗的平衡中,获得健壮的植株。

8.5.3 光照对植物生长的影响

植物个体发育过程起始于种子萌发,结束于种子形成,在整个过程中都离不开光受体的作用。种子的萌发,幼苗胚芽鞘、中胚轴生长,幼叶展开,或下胚轴生长,弯钩伸直,两片子叶的张开和扩展,叶片表面气孔的形成和活动,幼苗维管束的分化,表皮毛的形成,植株地上部形态建成,根的生长和根冠比的调节,叶绿体的发育,光合活性的调控,储藏淀粉、脂肪的降解,硝酸盐还原,蛋白质、核酸的合成,光周期控制花芽分化,叶片等器官衰老的调节,都与光敏色素有关。

1. 光与种子萌发

根据光对种子萌发的影响,可将种子分为3种类型,一是中性种子,萌发时对光无严格要求,在光下或暗中均能萌发,大多数栽培植物属于这种类型;二是需光种子,萌发时需要光,又称喜光种子(light favored seed),如烟草、莴苣等;三是嫌光种子,萌发时见光受到抑制,黑暗则促进,如西瓜、苋菜等,又称喜暗种子(dark favored seed)。

需光种子的萌发受红光(660nm)促进,被远红光(730nm)抑制。例如,莴苣种子是典型的需光种子,在红光下促进萌发的效果可被紧接着的远红光照射所抵消(或逆转),如果用红光与远红光多次交替照射处理,种子萌发状况则取决于最后一次照射的是红光还是远红光(表8-4)。业已明确,光对种子萌发的影响与光敏色素有关。

表 8-4　红光(R)和远红光(FR)对莴苣种子萌发的控制

照光处理	种子萌发率(%)
R	70
R+FR	674
R+FR+R	676
R+FR+R-FFR	781
R+FR+R+FR+R	7
R+FR+R+FR+R+FR	70
R+FR+R+FR+R+FR+R	674
R+FR+R+FR+R+FR+R+FR	676

Toole 报道,已知超过 200 种植物种子的萌发与远红光吸收型的光敏色素(Pfr)反应有关。其中大约一半的种子只需红光吸收型的光敏色素(Pr)向远红光吸收型(Pfr)转换一次,即给予一次短时红光便可萌发;另 1/4 的种子需要反复照光维持 Pfr 在适宜的水平上,以抵消在黑暗中转换为 Pr 所减少的量。其余的 1/4 则可为长时间的强光抑制萌发。Pr 与 Pfr 两种类型光敏色素在干燥种子中都很稳定,故种子萌发对光的需求主要决定于该种子在母体内成熟过程中能形成多少 Pfr 型光敏色素。光打破种子休眠只发生在种子吸胀之后,感受光的部位只限于胚根和胚轴细胞(指双子叶植物)。

目前对于种子照光后光敏色素与几种植物激素的关系有很多报道。有人认为,红光照射后形成的光敏色素的活性形式 Pfr 可能通过引起 GA、CTK 合成或破坏 ABA,从而破除光休眠。例如,用光能促使发芽的种子一般也可用 GA 促使其萌发,GA 在促进萌发上的作用与 Pfr 十分相似。20 世纪 80 年代有关 GA 克服光休眠的直接证据来自利用突变体的研究。如一个 GA 亏缺的拟南芥突变体,在水中即使照光也不发芽,但在光下用 $1\mu mol \cdot L^{-1} GA_{4+7}$ 处理,或在暗中用 $100\mu mol \cdot L^{-1} GA_{4+7}$ 处理时,就可以发芽。这表明 GA 可以克服遗传障碍,代替种子的需光要求。拟南芥种子萌发之所以对光有要求,可能是光能诱导一种或一种以上 GA 的形成。

2. 光与营养生长

十字花科植物拟南芥是研究植物光形态建成发生过程的模式植物,它在幼苗阶段具有两种截然不同的发育路线,即光形态发生和暗形态发生(skotomorphogenesis)。前者的植株下胚轴短、子叶扩展、叶绿体分化明显。而后者则恰恰相反,下胚轴长、具顶端钩,子叶不展开,质体不分化。

幼苗发育对光有明显要求,如禾谷类作物种子萌发后,盾片与胚芽鞘基部之间的中胚轴对光非常敏感,微弱的红光即可阻止其伸长,故中胚轴长度常随种子入土深度而异。胚芽鞘出土后的伸长受光抑制,而光却促进了叶的生长,并使其由卷曲状态转为展开状态以利于光合作用。又如某些双子叶植物种子萌发后,在幼茎(下胚轴)的顶端形成弯钩,直至把幼叶或子叶推出土层,弯钩见光后即展开变直,同时叶片扩展长大,叶柄伸长以利于光合作用。当幼叶或子叶具有光合功能后,幼茎的伸长进一步受抑制。红光、远红光、蓝光都有明显的抑制效应。

实验指出,用不同波长而能量相同的光照射在黑暗中生长的黄化幼苗,可以看到红光照射消除黄化现象,只需较弱的短时间的红光就能起作用,而这种作用可被远红光所抵消。红光可以促进黄化菜豆幼苗弯钩张开,因为红光通过 Pfr 抑制弯钩中的乙烯形成,Pfr 还可促进叶片扩大、叶绿体发育和叶柄延长。蓝紫光有抑制生长的作用,而紫外光的抑制作用更显著。高山大气稀薄,紫外光容易透过,因此高山植物就长得特别矮小。由于光对植物生长产生明显的作用,掌握这种影响规律,对指导生产具有实践意义。在农业生产上,低温下塑料薄膜覆盖育秧利用浅蓝色塑料薄膜比无色的好,因其可大量透过 400~500nm 波长的蓝紫光,抑制秧苗生长,使苗矮壮;同时可吸收大量的 600μm 波长的橙光,使膜内温度升高,有利于秧苗生长,这两个特点的综合结果达到秧苗健壮生长的目的。

在播种密度上,要防止过密,以免光照不足而引起作物的黄化现象。黄化现象是指植物在黑暗中或光照不足时,植株茎节细长而柔弱,机械组织不发达,茎端呈"钩"状弯曲,叶片小而不展,缺乏叶绿素而呈黄色,同时根系发育不良。但在蔬菜栽培中有时利用黄化现象,用遮光、培土等方法,使生产的蔬菜鲜嫩而富于汁液。例如,利用培土方法栽培韭黄和蒜黄。

3. 光与气孔开启

光是影响气孔开闭最重要的外界因子。光诱导的气孔反应依赖于保卫细胞中 3 种光受体——叶绿素、隐花色素和光敏色素的共同作用。用饱和的红光($250\mu mol \cdot m^{-2} \cdot s^{-1}$)照射鸭跖草叶片,维持保卫细胞叶绿体和叶肉细胞正常的光合作用,在连续的强红光背景下,30s 蓝闪光($250\mu mol \cdot m^{-2} \cdot s^{-1}$)立即引起气孔导度增加,15min 后达到最大值。

4. 光与细胞器的形成

细胞器的形成也受到光的调节,如被子植物必须在光下才能形成叶绿体,否则只能分化不富含原片层体的黄化质体而无类囊体膜系统。同时,也不能形成叶绿素,只能积累原脱植基叶绿素。只有在光下随着叶绿素的形成才能出现完善的类囊体膜系统而发育成叶绿体。在这个转变过程中,光敏色素起了主要作用。光敏色素还控制着膜上捕光叶绿素 a/b 蛋白复合体、二磷酸核酮糖(RuBP)羧化酶、磷酸烯醇式丙酮酸羧化酶等的形成。

种子成熟和萌发时,细胞内的线粒体也同叶绿体一样发生形态结构上的转变。随种子的脱水和成熟,其膜结构和呼吸酶类消失,代谢活跃的线粒体为贮存形式的原线粒体所代替;当种子萌发并在光的触发和光敏色素控制下,才能重新转变为结构完善和代谢活跃的线粒体。

8.6 光形态建成

光是影响植物生长发育的所有环境因素中最重要的因素之一。光不仅作为光合作用的能量来源,而且还作为一种重要的环境信号调节植物基因的表达、影响酶的活性及植物形态建成等各个代谢环节,以便植物更好地适应外界环境。植物在光照下,叶片展开、叶绿体发育完善、叶绿素生物合成、叶色转绿,能正常进行光合作用,植物苗壮生长。通常将依赖光控制细胞的分化、结构和功能的改变,最终汇集成组织和器官的建成,称为光形态建成(photoinorphogenesis),即光控制植物生长、发育和分化的过程。与之相对应,植物在暗下会形成明显不同于植物在光下的特征,即表现出叶片黄化、卷曲,茎细而长,顶芽呈弯钩状,机械组织不发达等,称为黄化现象,也称为暗形态建成(skotomorphogenesis)(图8-15)。

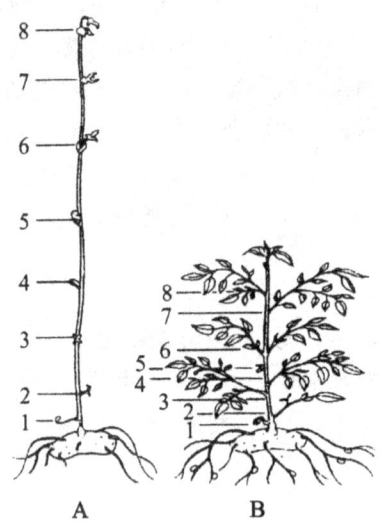

图 8-15 光对马铃薯形态建成的影响
A.黑暗中生长的幼苗 B.光下生长的幼苗
图中 1~8 为两株植物对应生长部位

8.6.1 植物的光受体

在光形态建成过程中,光是作为一种信号在起作用。光信号通过光受体激活一系列生理生化代谢过程,最终导致植物形态结构特征的建成。光形态建成是低能反应,所需能量比光合作用光补偿点的能量还低 10 个数量级。光以信号的方式影响植物的生长发育,与信号的有无、信号的性质(即波长)密切相关。植物在长期适应环境的过程中,依靠不同的光受体来感测不同波长、不同方向、不同强度的光。目前已知植物体内至少存在以下 3 种光受体。

①光敏色素,感受红光和远红光。

②隐花色素或称蓝光/紫外光-A 受体(crytochrome 或 blue/UV-Areceptor),感受蓝光和近紫外光(紫外光 A)。

③紫外光-B 受体(UV-B receptor),感受较短波长的紫外光(紫外光 B)。

其中光敏色素是发现最早、研究最为深入的一种光受体。

8.6.2 光敏色素

1.光敏色素的发现及其结构

除真菌外,各种植物中都有光敏色素的分布。其中尤以黄化苗中含量为多(可高出绿色苗含量的 20~100 倍)。光敏色素在植物体内各器官的分布不均匀,禾本科植物胚芽鞘尖端、黄化豌豆苗的弯钩、含蛋白质丰富的各种分生组织等部位含有较多的光敏色素。

光敏色素是20世纪50年代发现的一种光受体。该受体为具有两个光转换形式的单一色素，其交替接受红光和远红光照射时可发生存在形式的可逆转换，并通过这种转换来控制光形态建成。光敏色素的单体由一个生色团（发色团，chromophore）及一个脱辅基蛋白（apoprotein）组成，其中前者分子量约为612kD，后者约为120kD。光敏色素生色团由排列成直链的4个吡咯环组成，因此具共轭电子系统，可受光激发。其稳定型结构为红光吸收型（Pr），Pr吸收红光后则转变为远红光吸收型（Pfr），而Pfr吸收远红光后又可变为Pr。其中，Pfr为生理活化型，其水溶液为黄绿色，Pr为生理钝化型，其水溶液为蓝绿色。

现已知燕麦胚芽鞘脱辅基蛋白的分子量为124kD，其一级结构含1 128个氨基酸，其中含酸性和碱性氨基酸较多，因此带较多负电荷。燕麦胚芽鞘脱辅基蛋白一级结构N端321位处的半胱氨酸以硫醚键与生色团相连。生色团与脱辅基蛋白紧密相连，当生色团形式改变时也引起脱辅基蛋白结构的改变。燕麦胚芽鞘脱辅基蛋白的二级结构有α-螺旋、β-折叠、β-转角、无轨线团等。在二级结构基础上，再形成三级结构。四级结构则为两个脱辅基蛋白单体聚合成二聚体。

2. 光敏色素的生物合成与理化性质

光敏色素的Pr型是在黑暗条件下合成的，其合成过程可能类似于脱植基叶绿素的合成过程，因为二者都具有4个吡咯环。光敏色素理化性质中最重要的是其光化学特性。光敏色素的Pr和Pfr对小于800nm的各种光波都有不同程度的吸收且有许多重叠，但Pr的吸收峰为660nm，Pfr的吸收峰为730nm。在活体中，Pr和Pfr是平衡的，这种平衡取决于光源的光波成分。

Pr与Pfr除吸收红光与远红光而发生可逆转换外，Pfr在暗中也可自发地逆转为Pr（此为热反应），或被蛋白酶水解。Pr与Pfr之间的光化学转换包含光反应和暗反应，其中暗反应需要水，故干种子不具光敏色素反应。

3. 光敏色素在植物光形态建成方面的生理作用

目前已知光敏色素可调节种子萌发、茎的伸长、气孔分化、叶绿体和叶片运动、花诱导、花粉育性等生理过程。根据红光是否可诱导某个反应、紧随其后的远红光可否逆转红光诱导的反应可判断该反应是否为光敏色素所控制。

根据光敏色素参与调控生理过程的反应时间的长短，可将其作用分为快反应和慢反应两种情形。

（1）快反应

从光敏色素吸收光子到诱导出形态变化的反应迅速，反应时间以分秒计，反应可以逆转。如光对转板藻叶绿体转动的影响非常迅速。在转板藻属绿藻的每个细胞里，都有一个大的、板状的叶绿体，叶绿体通过自身的微妙的倾斜，对射入光线发生反应。在暗淡或中等强度光照下，叶绿体以其宽阔的表面迎着光线；而在强光照射时，它却转而以其边缘对着光线，以避免在强光下过度暴露而发生伤害。

（2）慢反应

光敏色素吸收光子到诱导出形态变化的反应缓慢，反应时间以小时或天计，反应一旦终止，不能逆转。如光对种子萌发、开花、幼苗弯钩张开等的影响。

4. 光敏色素的作用机制

关于光敏色素对光形态建成的调控机制主要有两种假说。一种是膜假说，由Hendricks和

Borthwick(1967)提出。主要内容是:光敏色素位于膜上,当其发生光化学转换时,Pfr 直接与膜发生物理作用,从而改变膜的透性、膜上酶的分布,进一步影响跨膜离子流动和酶的活性,最终引起植物形态建成的变化。这一机制可用于解释快反应,如含羞草叶片运动、转板藻叶绿体运动、棚田效应等。

棚田效应(Tanada effect)是指红光可诱导离体绿豆根尖的膜产生少量正电荷,因此可使之黏附在带负电荷的玻璃表面,远红光照射可逆转该现象。

另一种是基因调节假说。Mohr(1966)认为光敏色素接受红光后,Pfr 经过一系列过程,最终通过调节某些基因的表达(主要是调节其转录)而发挥调控植物形态建成的作用。基因调节假说有助于解释光敏色素作用的慢反应。

光敏色素可以调节许多酶或蛋白质的活性。迄今已知这样的酶或蛋白质有 60 多种,它们包括:光合作用中的 Rubisco、PGAK、FBPase、SBPase、Ru-5-PK、PEPC、PPDK 及叶绿素脱辅基蛋白等;核酸及蛋白质代谢中的有关酶如 RNA 聚合酶、RNAase 等;与中间代谢及 CaM 调节有关的靶酶,如 PGAld 脱氢酶、NAD 激酶、一些氧化酶、淀粉酶、NR、NiR 等;与次生物质合成有关的酶如 PAL 等;信息传递物质如 G-蛋白、光敏色素本身(自我反馈调节)等。

8.6.3 隐花色素

1. 隐花色素的发现及其结构

隐花色素(cryptochrome)是植物体内吸收蓝光(波长 400~500nm 的光)和近紫外光(UV-A,波长 320~400nm 的光)的一类光受体。其广泛存在于单子叶植物、双子叶植物、苔藓、蕨类和藻类中。在拟南芥中已发现根据隐花色素作用光谱,可判断某反应是否受蓝光及 UV-A 控制。隐花色素作用光谱中,在 440~460nm 时有最大作用,在 420nm 和 480nm 处各有一"小肩"和一"陡肩"(图 8-16)。

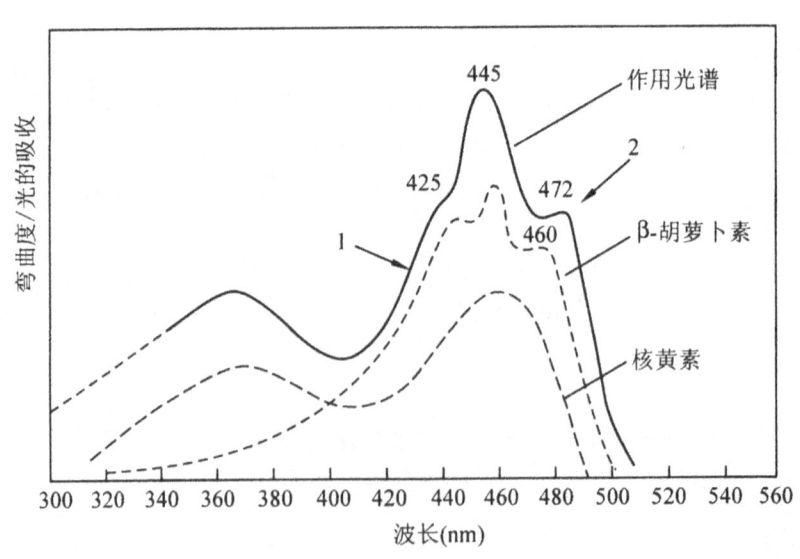

图 8-16 隐花色素作用光谱
1. 小肩　2. 陡肩

真菌中无光敏色素,但具有隐花色素,其他植物中也都有隐花色素。大部分植物中的隐花色素分子量为 70~80kD,其蛋白结构的 N 末端具有与光裂解酶类似区域,但它不具有 DNA 修复活性,其中结合有黄素及蝶呤所组成的生色团,末端具有一个可变的 DAS 区域,对隐花色素的功能起重要的调节作用(图 8-17)。

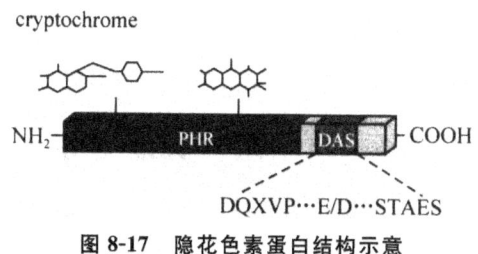

图 8-17　隐花色素蛋白结构示意

2. 隐花色素的生理作用

蓝光和 UV-A 通过隐花色素所控制的光形态建成被称为蓝光效应(blue-light effect)。目前,在拟南芥植物中已研究发现至少两种同工蛋白,即隐花色素 1(CRY1)和隐花色素 2(CRY2)。隐花色素具有去黄化、控制植物开花、调节植物"生物钟"等生理功能。

8.6.4　紫外光 B 受体

UV-B 受体是植物体内吸收 UV-B(波长 280~320nm)的光受体。该受体的化学属性尚不清楚。UV-B 通过该受体对植物形态建成发挥一定作用,如诱导黄化玉米苗胚芽鞘和高粱第一节间形成花青苷;诱导欧芹悬浮培养细胞积累黄酮类物质(可能通过诱导 PAL 起作用)等。另外,UV-B 对植物细胞有一定伤害作用,花青苷和黄酮类物质的产生可能是植物对 UV-B 伤害的一种适应。

第 9 章 植物的开花生理

9.1 幼年期与花熟状态

大多数植物在开花之前要达到一定年龄或是达到一定生理状态,然后才能在适宜的外界条件下开花,植物开花前必须达到的生理状态称为花熟状态(ripeness to flower state)。植物在达到花熟状态之前的生长阶段称为幼年期(juvenile phase)。处于幼年期的植物,即使满足其成花所需的外界条件也不能成花。已经完成幼年期生长的植物,也只有在适宜的外界条件下才能开花。因此,同类植物总是在特定的季节开花,季节的主要特征表现为温度高低和日照长短。

植物开花与温度和日照长度密切相关。许多植物总是在特定的季节开花,这与它们在进化中长期适应外界环境的周期性变化有关。因此,幼年期、温度和日照长短就成了控制植物开花的三个重要因素。

植物种类不同,其幼年期的长短也不同。草本植物的幼年期一般比较短,只有几天或几周。木本植物的幼年期因种类的不同而异,短的只有几年,长的可达几十年,如紫薇、月季等幼年期只有一年,桃、李、杏则为 3~5 年,银杏的幼年期则长达 20~30 年;往往木本植物在完成幼年期以后还要经历一个"始花"阶段,完成一系列生理生化过程后才进入"成熟态"植株的开花阶段(即木本植物的阶段转换),一些木本植物一旦成熟可持续年年开花,一些植物则没有幼年期,在种子形成过程中已经具备花原基,如花生种子的休眠芽中已经出现花原基。

在植物完成幼年期的营养生长阶段,进入花熟状态后,其茎尖分生组织就具有感受适宜环境刺激的能力而被诱导成花,花芽分化就是植物由营养生长转入生殖的标志。

9.2 成花诱导生理

9.2.1 春化作用

植物发育到一定阶段,要求一定的低温才能诱导花器官形成的现象叫春化现象。低温诱导或促使植物花器官形成的作用叫春化作用。春化作用是某些高等植物成花转变的重要环节,被认为是植物在低温诱导下促使其相关基因的表达,从而导致生理状态转变的一种受遗传控制的生理过程。

1.春化作用的类型

春化作用是温带地区植物发育过程中表现出来的特征。需要春化作用的植物经过低温处理,春播后才能顺利开花,但这些植物经过低温春化后,往往还要在较高温度和长日照条件下才能开花。成花受低温影响的植物,主要有部分冬性一年生植物(如冬小麦、冬黑麦、冬大麦等)、大多数二年生植物(如萝卜、胡萝卜、白菜、芹菜、甜菜、荠菜和天仙子等)及一些多年生草本植物(如狼尾草、多花黑麦草等牧草)。因此,根据植物对低温的要求,春化作用类型大致可以分为以下两种。

(1)相对低温型

植物开花对低温的要求是相对的,低温处理可促进开花,未经低温处理的植株也能开花,但开花过程明显延迟。一般冬性一年生植物属于此种类型,这类植物在种子吸胀以后就可感受低温。这类植物一般冬性越强,要求的春化温度越低,春化的时间也越长。

根据原产地的不同,可将小麦分为冬性、半冬性和春性品种3种类型(表9-1)。我国华北地区的秋播小麦多为冬性品种,黄河流域一带的多为半冬性品种,而华南一带的则多为春性品种。

表9-1 各种类型小麦通过春化需要的温度及时间

类型	春化温度范围(℃)	春化时间(d)	主要适宜播种地区
冬性小麦	0~3	40~50	北方秋播用,南方不可用
半冬性小麦	3~6	10~15	黄河流域一带播用
春性小麦	8~15	5~8	南方秋播,北方春播

相对低温型的植物通过春化时,要求低温持续的时间也不同。在一定期限内,春化的效应随低温处理时间的延长而增加(图9-1)。

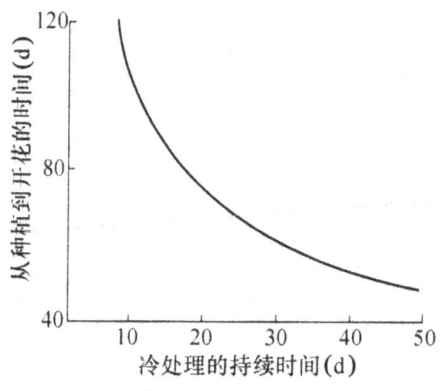

图9-1 冬黑麦种子低温处理时间对开花的影响

(2)绝对低温型

植物开花对低温的要求是绝对的、专性的。这种植物若不经低温处理,就不能开花,二年生和多年生草本植物多属于这种类型。这类植物通常在营养体达到一定大小时才能感受低温,经过低温春化后,往往还要在长日照和适宜温度条件下才能开花(图9-2)。因此,春化过程只对植物开花起诱导作用。

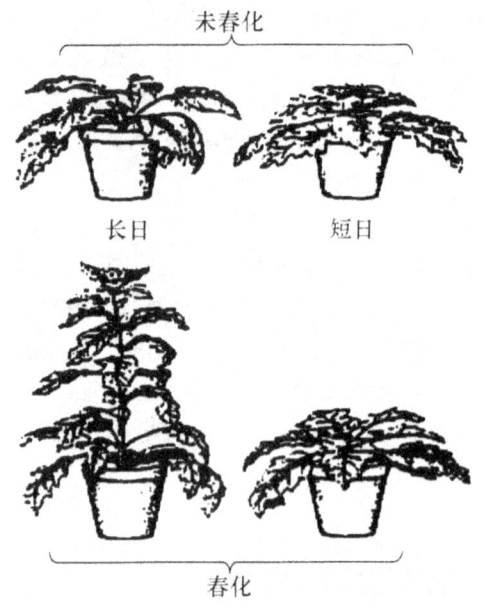

图 9-2　天仙子成花诱导对低温和长日照的要求

2.春化作用的条件

(1)低温和低温持续的时间

试验证明,秋播作物春播时不能开花或延迟开花,是因为秋播作物为了开花需要一定的低温条件。低温是春化作用的主要条件之一,但植物种类或品种不同,对低温要求的范围及低温持续的时间也不一样。对大多数要求低温的植物而言,最有效的春化温度为1℃～7℃。但只要有足够的持续时间,-1℃～9℃范围内都同样有效(图 9-3)。

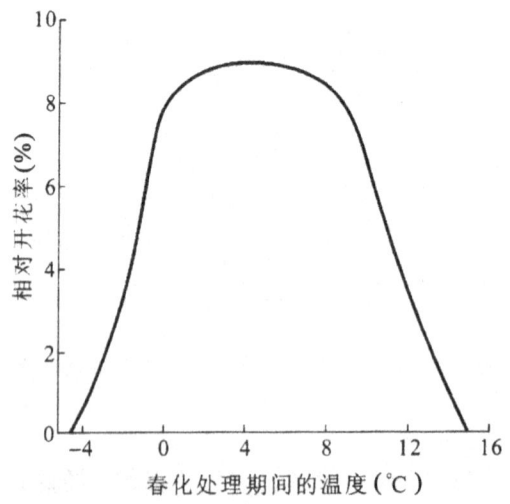

图 9-3　冬黑麦相对开花反应与春化期间温度的关系

不同类型的冬性植物通过春化时要求低温持续的时间也不一样,春化效应在一定期限内随低温处理时间的延长而增加(图 9-4,图 9-5)。有些植物只要经过几天或长至 2 周的低温处理后,其开花过程就受到明显促进,如1~2d的低温处理就明显促进芹菜的开花。而强冬性植物通常需要1~3个月的低温诱导才能通过春化。

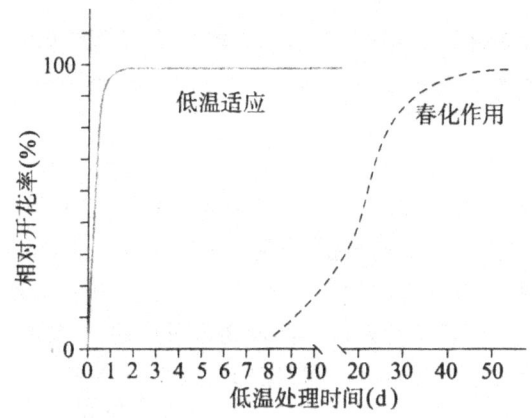

图9-4　低温处理时间与春化作用的关系(引自Sung和Amasino,2005)

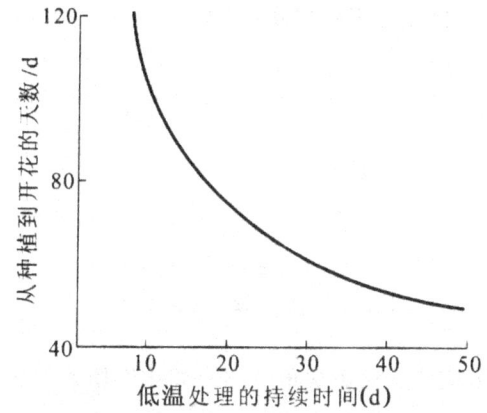

图9-5　冬黑麦种子低温处理时间对开花的影响

(2)水分

如果植物以种子形式通过春化作用,就需要种子中含一定的含水量,比如冬小麦已萌动的种子,含水量低于40%,就不能通过春化作用。而干种子对低温没有反应,因此植物不能以干种子形式通过春化。

(3)氧气

充足的氧气是萌动种子通过春化作用的必需条件。在缺氧条件下,即使水分充足,萌动的种子也不能通过春化。此现象说明了春化作用与有氧呼吸有关,即低温对花原基形成的诱导,需要有氧呼吸提供能量。

(4)养分

春化作用需要足够的养分,将冬小麦种子去掉胚,将胚培养在含蔗糖的培养基上,可通过春化作用;反之,培养基中无蔗糖,即不提供营养成分,种子没有养分供给,则不能通过春化作用。

(5)光照

一般将需要春化才能开花的植物在春化之前进行充足的光照对其通过春化起促进作用,这可能与充足的光照储备了足够的营养物质有关。绝大多数植物在春化完成之后,还必须经长日照诱导才能开花。

某些植物的春化作用与光周期效应有时可以相互替代或影响,如甜菜是长日植物,但若将其春化时间延长,则可在短日条件下开花;冬性禾谷类的某些植物用短日照处理,可以部分或全部代替低温春化,这种现象称为短日春化现象(short day vernalization)。

3.春化效应的分子机制

春化作用尽管已被研究了几十年,但对春化作用的机制还是了解甚少。这里重点介绍 Melchers 和 Lang(1965)提出的假说。他们根据二年生植物天仙子的嫁接试验和高温解除春化的试验认为,春化作用至少由两个阶段组成:第一阶段是在春化作用结束前,将植物移动到不适宜春化的高温条件下,在低温下转变成不稳定的中间产物就可以解除,这种现象称为去春化作用。缺氧也有解除春化作用的效应。第二阶段是不稳定的中间产物再在低温下转变为热稳定物质,即能诱导植物开花的春化作用的最终产物,从而促进春化植物的开花。不稳定的中间产物如果遇到高温则可被破坏或钝化,不能生成最终产物,也就不能促进春化植物的开花。所以,若在春化过程中遇到高温则不能完成春化或出现去春化现象(图9-6)。

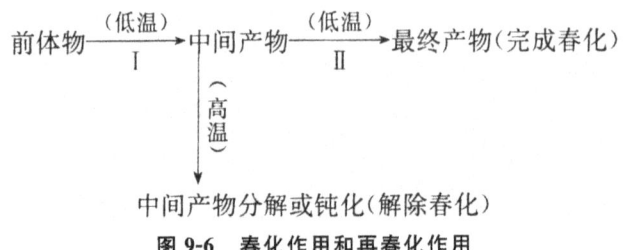

图 9-6 春化作用和再春化作用

近年来,不少研究者试图从分子遗传学角度阐明春化作用的机制。试验表明,在植物的纯化过程中,低温促进开花的效应是低温影响某些特定基因表达的结果。Sung 和 Amasino(2005)根据低温春化、高温脱春化的关系,以及通过分子生物学手段从拟南芥中获得的与春化密切相关的基因 VRN2(VERNALIZATION 2)、VRN1(VERNALIZATION 1)和 VIN3(VERNALIZATION INSENSITIVE 3)及其功能,提出了春化与基因表达之间的模式(图9-7)。

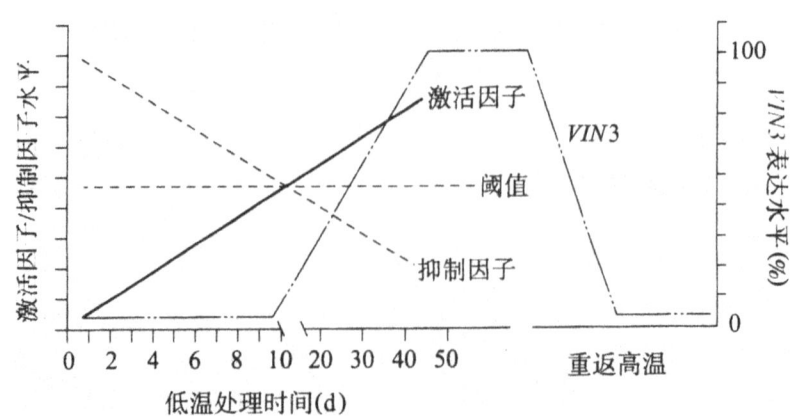

图 9-7 春化、脱春化与 VIN3 诱导表达的关系(修改自 Sung 和 Amasino,2005)

VRN2、VRN1分别编码转录抑制子——PcG(polycomb group)蛋白和植物特有的DNA结合蛋白,其表达均不受低温的诱导;而受低温诱导表达的VIN3编码具有Cys4-His-Cys3特征结构的锌指蛋白(PHD-finger,plant homeodomain finger)。

其次,对拟南芥不同生态型和突变体的研究表明,开花抑制基因(FLOWERING LOCUS C, FLC)可能是春化反应的关键基因。在拟南芥非春化植株的顶端分生组织中,FLC强烈表达,但低温处理后,FLC表达水平就减弱。低温处理时间越长,FLC表达越弱。低温抑制FLC表达,最终使植物转向生殖生长。最近,人们通过对春化相关基因的克隆与功能分析,发现春化基因通过对FLC染色质组蛋白的修饰,改变FLC染色质的空间结构,进而抑制FLC基因的表达,促进植物开花。

4. 春化作用的生理生化变化

植物在春花过程中,虽然形态上并无明显的变化,但体内的生理过程却发生了各种各样的变化。一般表现为蒸腾作用增强,水分代谢加快,叶绿素含量增多,光合、呼吸速率加快,核酸、蛋白质含量及酶、激素水平等的显著变化。

用赤霉素处理可使一些要求低温或长日的植物在非诱导状态下开花。很多要求低温的莲座叶丛植物在缺乏低温下可用赤霉素促花,表明赤霉素有代替低温的作用。例如,许多植物,如冬小麦、油菜、燕麦等经低温处理后体内赤霉素的含量明显增加,用赤霉素合成抑制剂处理冬小麦会抑制春化作用;一些需春化的一二年生长日植物如油菜、天仙子、白菜、胡萝卜等不经低温处理则呈莲座状,不能抽薹开花,如外施赤霉素则能开花(图9-8)。这些都说明赤霉素与春化作用有关,甚至有人认为赤霉素就是春化过程中形成的春化素。但研究结果表明,长日植物(LDP)在短日照下也可用赤霉素促花,例如落地生根(长—短日植物LSDP)在短日照下施用赤霉素可迅速诱导开花,可是在长日照下施用则否,表明赤霉素有代替长日照的效应。施用赤霉素不能使短日植物(SDP)在长日照下开花。但当SDP在短日照中诱导成花时,赤霉素能促进花的发育,可见赤霉素无代替短日照效应。有时对于某些SDP,赤霉素抑制开花,这与环境条件有关。

9.2.2 光周期

在一天24h的循环中,白天和黑夜长度总是随着季节不同而发生有规律的交替变化。一天中白天和黑夜的相对长度,称为光周期。地球上不同纬度的温度、雨量、日照长度等随季节发生着有规律的变化。经过长期的适应,植物的生长发育形成了温周期性和季节周期性。在各种气象因子中,日照长度变化是季节变化最可靠的信号。北半球不同纬度地区随季节日照长度的变化见图9-9。

1. 光周期的反应类型

根据植物对光周期的反应不同,可将植物分为三大类。
(1)长日植物

长日植物(1ong-day plant,LDP)是指在昼夜周期中,日照长度长于某一临界值时才能开花的植物(图9-10之1)。如果延长日照缩短黑暗可促进其提早开花。相反,延长黑暗则延迟开花或不开花。常见的长日植物有小麦、大麦、黑麦、燕麦、油菜、甜菜、菠菜、洋葱、甘蓝、芹菜、胡萝卜、萝卜、白菜、杜鹃、天仙子等。

图 9-8 低温和外施赤霉素对长日照下生长的胡萝卜开花的影响（引自 Lang,1975）
1.对照　2.未低温处理,每天施用 0.01mg 赤霉素　3.低温处理 8 周

(2) 短日植物

短日植物(short-day plant,SDP)是指在昼夜周期中,日照长度短于某一临界值时才能开花的植物(图 9-10 之 2)。如果适当缩短日照延长黑暗可促进其提早开花,相反,如果延长日照则延迟开花或不开花。常见的短日植物有美洲烟草、大豆、菊花、苍耳、晚稻、蜡梅、大麻、紫苏、高粱、日本牵牛等。一些长日植物和短日植物的临界日长如表 9-2 所示。

(3) 日中性植物

日中性植物(day-neutral plant,DNP)是指在任何日照长度条件下都能开花的植物(图 9-10 之 3)。这类植物的开花对光照周期反应不敏感,只要其他条件适合,可在相当宽的光周期范围内,即在长日照或短日照条件下均可开花。常见的日中性植物有番茄、茄子、黄瓜、辣椒、四季豆、蒲公英、月季花和菜豆等。

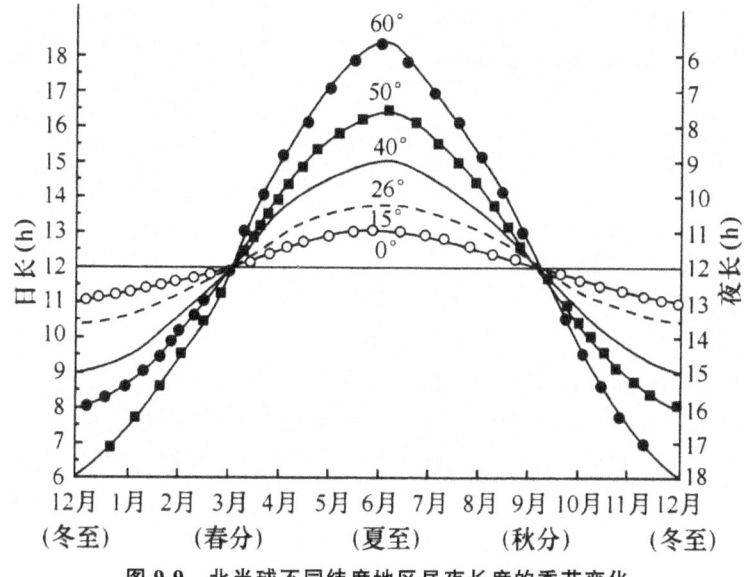

图 9-9 北半球不同纬度地区昼夜长度的季节变化

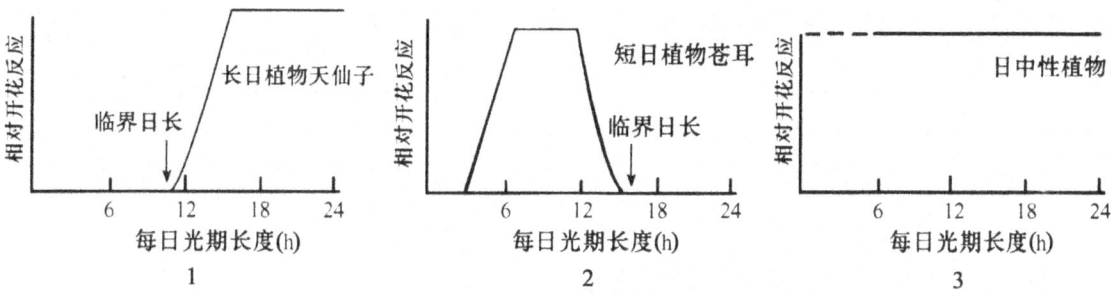

图 9-10 三种主要的光周期反应类型（引自曾广文等，2000）
1. 长日植物　2. 短日植物　3. 日中性植物

表 9-2　一些长日植物和短日植物的临界日长

长日植物	24h 周期中临界日长(h)	短日植物	24h 周期中临界日长(h)
木槿	12	落地生根	12
冬小麦	12	菊花	15
甘蔗	12.5	黄花波斯菊	14
天仙子	11.5	二色金光菊	10
红叶紫苏	约 14	鸡爪三七	12
蝎子掌	13	大豆早熟种	17
菠菜	13	大豆中熟种	15
白芥菜	14	大豆晚熟种	13～14
甜菜	13～14	苍耳	15.5
大麦	10～14	美洲烟草	14

续表

长日植物	24h 周期中临界日长(h)	短日植物	24h 周期中临界日长(h)
燕麦	9	一品红	12.5
毒麦	11	裂叶牵牛	14～15
拟南芥	13		

植物光周期现象反应类型除上述 3 种典型类型外,还有些植物,花诱导和花形成的两个过程很明显地分开,且要求不同的日照长度,这类植物称为双重日长(dual daylight)类型:一个是长短日植物(Long-short-day plant),如芦荟、茉莉,其成花诱导过程要求长日条件,而花器官形成要求短日条件,即要求夏季长日照和秋季短日照;另一个是短长日植物(Short-long-day plant),如白菜、风铃草,其花诱导需短日条件,而花器官形成需要长日条件,即经历春季短日照后再经历夏季的长日照。

2.光周期诱导的感受部位和开花刺激的传导

光周期反应敏感的植物只要在一定时期中接受一定天数的光周期刺激,就可以进行花芽分化,这种现象称为光周期诱导(photoperiodic induction)。因此,适宜的光周期处理只是对植物的成花反应起诱导作用,花芽的分化并不出现在光周期诱导的当时,而是大多出现在光周期诱导之后的一定时期。不同植物诱导成花所需的光周期处理天数不同,一般植物光周期诱导的天数为一至十几天不等。例如,大豆经三个以上适宜的光周期诱导即可开花,但开花节数随诱导天数的增加而增加(图 9-11)。

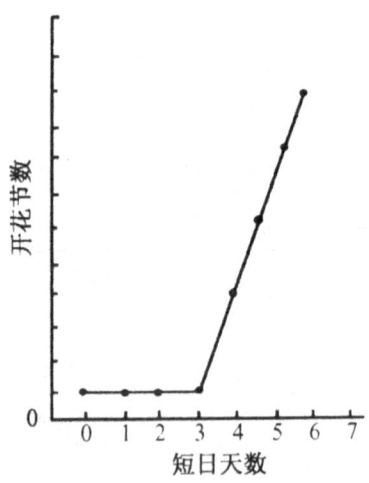

图 9-11　诱导天数对大豆开花节数的影响(引自曾广文等,2000)

植物感受光周期诱导的部位是叶片。Knott(1934)首先在长日植物菠菜中观察到这种情况。如果只对茎尖进行光周期处理,则植株不开花;只有当叶片暴露在适宜的光周期条件下,才能诱导植株开花。1936 年,苏联学者柴拉轩进行了试验:菊花是短日植物,在长日照条件下不开花,柴拉轩将菊的顶端用长日照处理,叶片作短日照处理,菊花开花,反过来将顶端用短日照处理,叶片用长日处理,菊花不开花(图9-12)。由此证明,菊感受短日照诱导的部位是叶片。

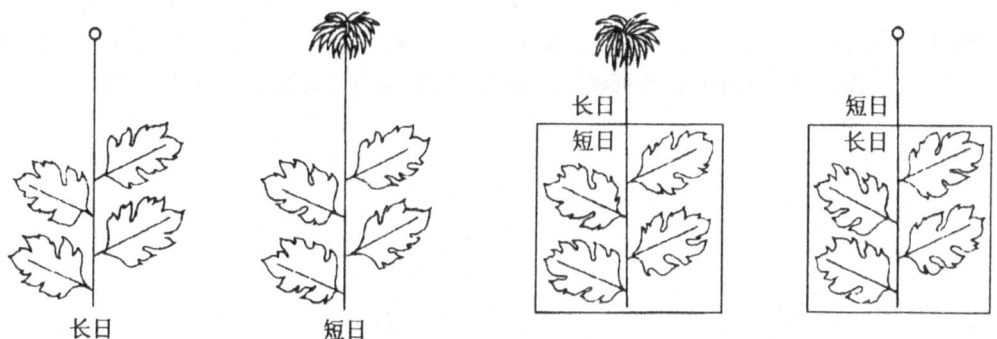

图9-12 叶片和顶芽以不同的光周期处理对菊花开花的影响(引自Chailakhyan,1937)

虽然感受光周期刺激的器官是叶片,但是诱导开花的部位是却茎尖端的生长点。叶和茎尖生长点之间隔着叶柄和一段茎,因此设想在合适的光周期诱导下叶片可能产生某种化学物质运输到茎尖生长点。20世纪30年代,柴拉轩用嫁接试验证明了这种设想。他将5株短日植物苍耳互相嫁接在一起,只把其中一株上的一片叶暴露在合适的光周期(短日照)下进行诱导,结果所有的植株都能开花(图9-13)。这组试验也说明叶子接受诱导后形成的开花刺激物,通过嫁接传导到另一植株,引起开花。人们把这种开花刺激物质称为"开花素"。从光周期诱导效应可以传递这方面看,光周期诱导的作用时产生"开花素"。

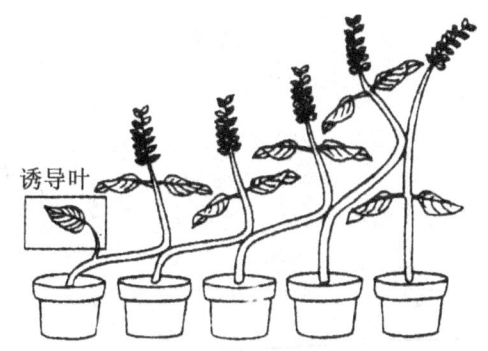

图9-13 苍耳开花刺激物的嫁接传递

多年以来,人们企图阐明开花刺激物的化学结构,但未能成功。因为人们没有从植物中分离出开花素,也没有发现一种植物激素在诱导植物成花过程中具有普遍的作用,而且植物的光周期诱导的性质还受温度的影响,因此种种迹象表明在光周期诱导下植物的成花转变是多因子控制的(图9-14),单一因子对植物开花的诱导作用都是有限的。

3.影响植物光周期诱导的因素

(1)暗期在光周期诱导中的作用

短日植物必须在长于临界夜长的条件下才能开花。如果在诱导暗期中间给予一个短时间的较低强度光照处理(短暂光),就会使短日植物不开花,处于营养生长状态;相反,可诱导长日植物开花。这一处理称为暗期的光间断或称夜间断。试验指出:诱导短日植物开花要求足够长的连续的暗期。例如,短日植物苍耳的临界暗期是 8.5h,只要连续暗期大于 8.5h 苍耳就能开花,而光期不一定要达到 15.5h。进行光期与暗期中断试验(图 9-15),也证明了暗期在光周期诱导中的决定作用。由此可知,短日植物即"长夜植物",长日植物即"短夜植物"。虽然暗期对植物成花反应起着决定性作用,但光期也是不可缺少的条件,因为花的发育需要光合作用提供足够的营养物质。

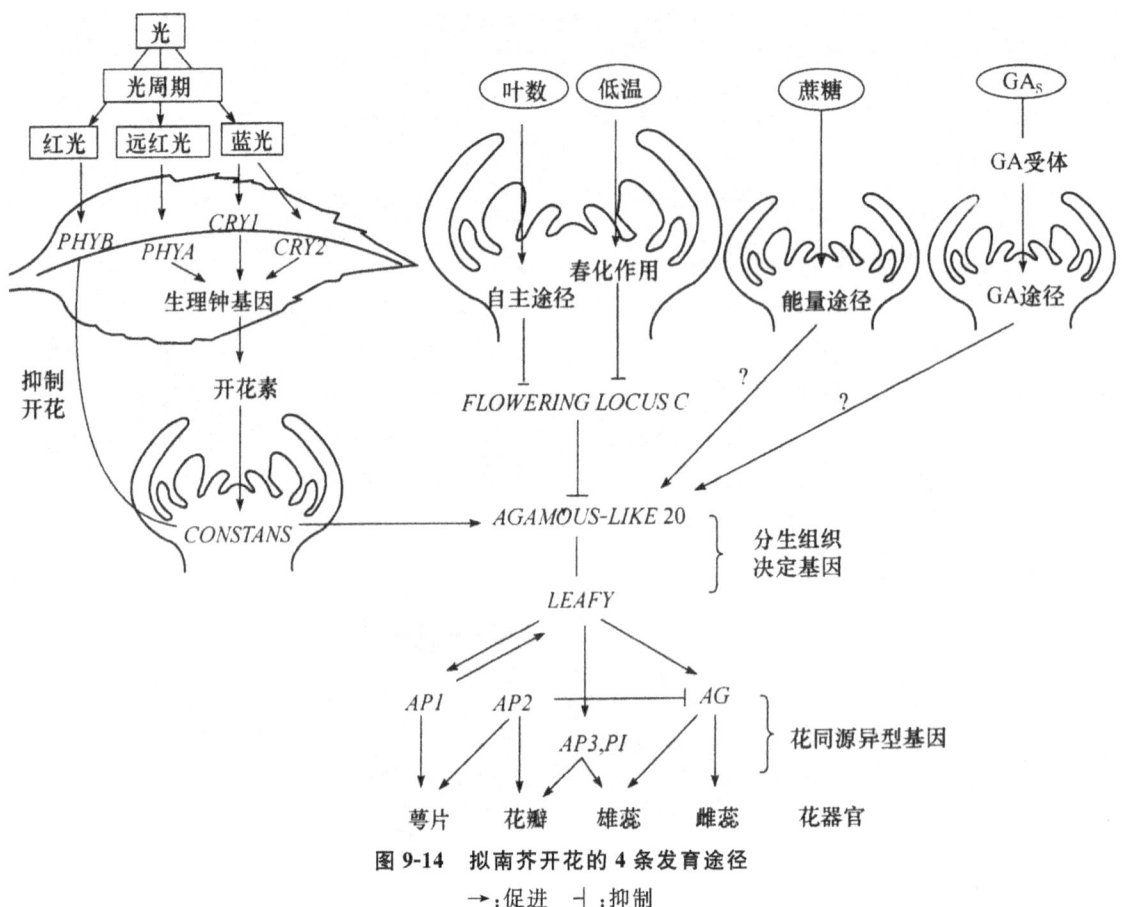

图 9-14　拟南芥开花的 4 条发育途径
→:促进　⊣:抑制

(2)光周期诱导的周期数

植物开花所需要光周期诱导的周期数因植物种类而异。有的植物如苍耳、日本牵牛、毒麦、菠菜等只要一个光周期(1d)的诱导处理,天仙子需要 2～3d,大麻要 4d。多数植物的光周期诱导需要几天、十几天至二十几天。

9.2.3　成花诱导的途径

成花诱导是一个由多种因子相互作用的复杂过程,包括植物激素、某些植物生长调节物质以及碳、氮化合物等的相对含量都影响成花过程。植物叶片产生的可传导的信号决定了茎尖的发育方向。以拟南芥为材料,应用现代遗传学手段,对成花诱导途径进行研究(图 9-16)。

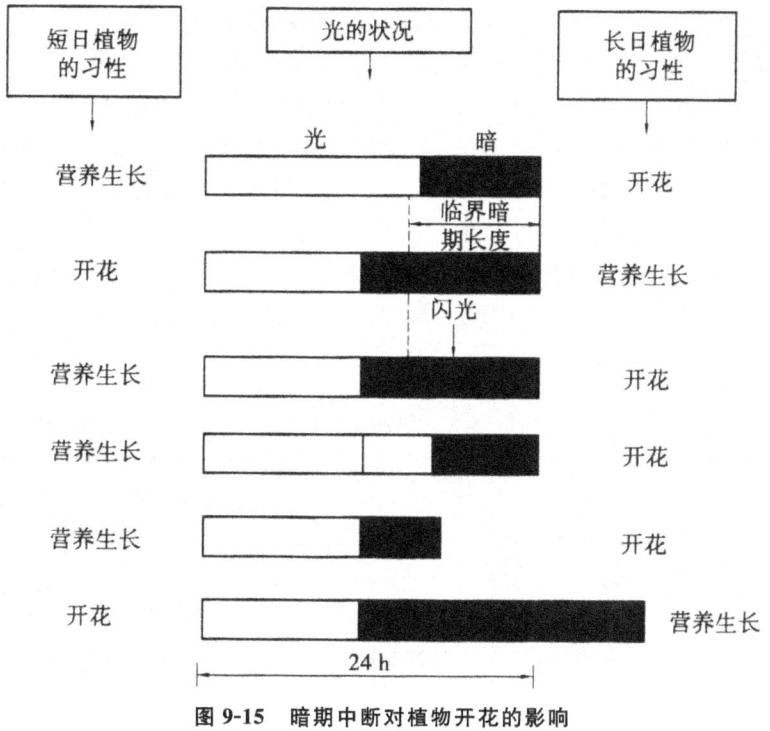

图 9-15 暗期中断对植物开花的影响

1. 赤霉素途径(gibberellin pathway)

赤霉素可诱导长日植物开花在非诱导条件下开花,并且在长日植物中符合"成花素"的特征。有关 GA 信号传导突变体的研究表明,GA 主要作为信号分子参与成花途径中基因表达的上调。当 GA 被受体接受之后,通过自身的信号转导途径,促进 *SOC1* 基因(整合因子基因)表达,促进拟南芥开花。赤霉素途径也涉及 GAMYB,它作为一个中间成分,可以提高 *LEF* 的表达,促进开花。

2. 自主途径(autonomous pathway)

要达到一定生理年龄的植株才可开花,称为自主途径。在自主途径中,*FCA*、*LD*、*FRI* 等基因的表达,从而抑制成花抑制基因 FLC 的表达而诱导成花。*FLC* 是 *SOC1* 表达的抑制子。

3. 春化途径(vernalization pathway)

在春化途径中,目前发现低温春化诱导起主要作用的转录因子是 *VIN3*、*VRN1*、*VRN2* 等,其中 *VIN3* 受低温诱导表达,能使染色质的组蛋白 H3 去乙酰化,进而使 H3 再甲基化,抑制 *FLC* 的表达而促进开花,也称为春化基因去甲基化假说。VRN2 基因编码一种 *PcG* 蛋白(一种转录抑制子),维持 *FLC* 的染色质状态,使 *FLC* 的表达下调。FLC 作为一个共同的目的基因,把春化途径和自主途径联系在一起。但两者的诱导成花的机制有所不同。

4. 光周期途径(photoperiodic pathway)

叶片感受光信号,光敏色素和隐花色素作为光受体参与了该途径,不同光受体之间相互作用，它们通过生理钟基因 CONSTANS(CO) 的表达，CO 编码一个转录因子，在韧皮部直接促进 FLOWERING LOCUST(FT) 基因的表达，FTmRNA 是韧皮部转运信号的重要成分，它被运送到茎顶端之后，翻译成 FT 蛋白，FT 和转录因子 FD 形成一个复合物，它再激活下游基因如 SUPPRESSOR OF CONSTANS1(SOC1) 基因和顶端分生组织决定基因 LEAFY(LFY) 表达，最终通过促进器官决定基因如 APETALA1(AP1) 等表达，刺激成花，形成花器官。在短日照的水稻中，CO 的同源基因 Hd1 是开花的抑制子，然而在短日照诱导下 Hd1 蛋白不能产生，从而引起韧皮部伴胞中 Hd3a 基因表达，Hd3amRNA 经韧皮部运输至顶端分子组织，翻译成蛋白，再激活下游基因 SOC1、LEY、AP1 等表达，刺激成花，形成花器官，从而完成对开花的调控。

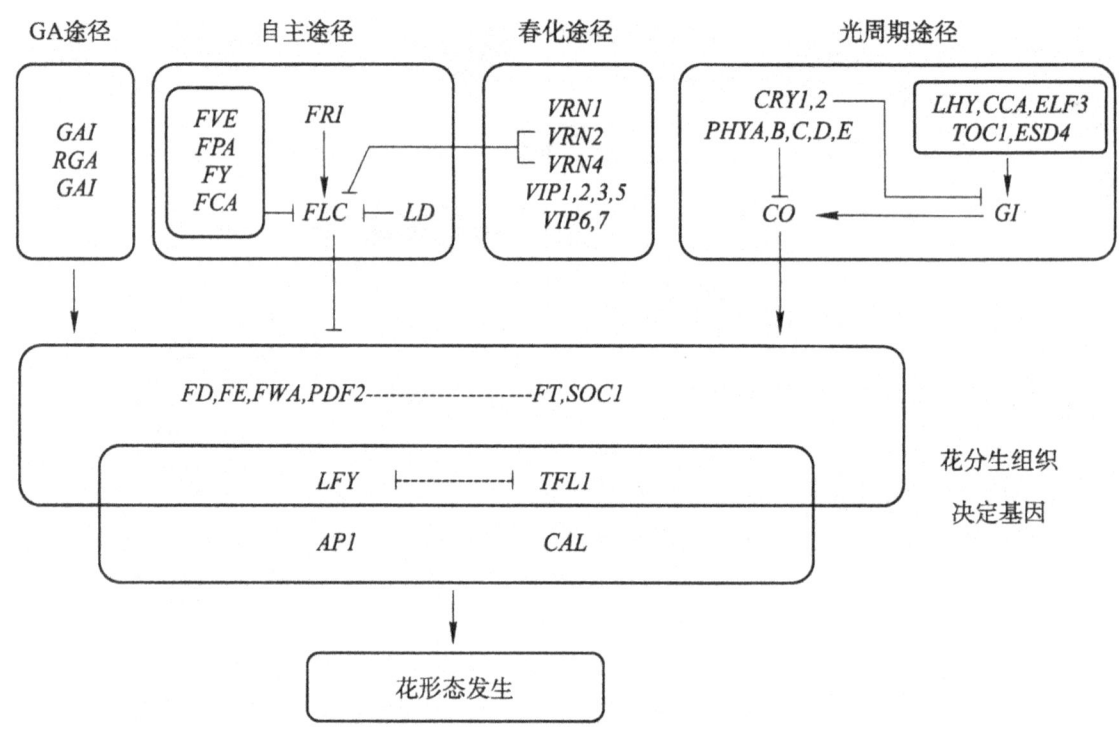

图 9-16　拟南芥开花的遗传代谢途径（引自 Komeda，2004）
→：促进　⊣：抑制　⋯⋯：相互作用不明确

5. 其他途径

此外，除了上述 4 条成花诱导途径之外，还提出了另外两条成花诱导途径，即光质量途径(light quality pathway)和糖类（或蔗糖）途径(carbohydrate or sucrose pathway)。它们都可直接通过激活或促进开花信号转导途径整合因子基因如 SOC1、FT、LFY 等的表达，促进开花。

以上各种成花诱导途径最终都是通过调节花分生组织决定(floral metistem identify，FMI)基因的表达，而使花形态发生(floral morphogenesis)。其中 FT 基因控制花的发端，LFY 基因控制花器官的发育(floral development)。

9.2.4 春化作用和光周期理论在生产中的应用

1. 春化作用在生产实践中的应用

(1) 人工春化处理

农业生产中给予萌动种子以低温处理,使之完成春化作用的措施称为春化处理,如将萌动种子置于罐中,密封后将其埋入土中,一定时间后取出作为补种使用,称为"闷罐法"。"闷罐法"很早就用于春天补种冬小麦;春小麦经低温处理后,可早熟5~10d,既可避免不良气候(如干热风)的影响,又有利于后季作物的生长。在冬性作物的育种过程中,进行人工春化处理,可在一年培育3~4代冬性作物,加速育种进程。

(2) 调种引种

由于不同地区的气候条件不同,我国北方纬度高。南方纬度低,所以在引种时必须事先了解该品种对低温的要求。例如,北方作物品种引种到南方,由于当地不能满足其对低温的要求,导致植物最终不能开花,只能进行营养生长而造成损失。

(3) 控制花期

在园艺作物生产中常利用解除春化效应来控制某些作物开花。例如,洋葱在前一年所形成的幼嫩鳞茎,在冬季或冷藏中就可以通过春化而提前开花,从而影响次年形成大鳞茎。在生产中,常在春季给予植物高温处理以解除其春化,即可防止它们在生长期抽薹开花。在花卉栽培中,若用低温处理,可使一年生、二年生草本花卉改为春播,当年开花。例如,用0℃~5℃低温处理石竹以诱导其通过春化,可促使其花芽分化。我国四川省种植的当归为二年生药用植物,当年收获的块根质量很差,不宜入药,往往需要第二年栽培。为此,第一年将当归块根挖出,贮藏在高温下使其不能通过春化,从而可减少第二年的抽薹率,又能提高块根的质量,增加药用价值。

2. 光周期理论在生产实践中的应用

(1) 育种

在杂交育种过程中,特别是不同光周期反应类型(地理远缘)的品种之间杂交,经常遇到花期不遇问题,可以通过人工调控光周期使作物提前或延迟开花,使品种间花期一致,以利于杂交授粉。例如,早稻和晚稻杂交育种时,可在晚稻秧苗4~7叶期进行遮光处理,缩短日照,促使提早开花,以便与早稻花期相遇,进行杂交授粉。

另外,利用我国不同地区光周期特点南北加代繁殖,缩短育种年限,如短日植物水稻和玉米可在海南加代繁育;长日植物小麦夏季在黑龙江、冬季在云南种植,都可满足作物发育对光温的要求,加速育种进程。

(2) 引种

农林生产上常常需要从外地引进优良品种,以便获得优质高产。对此,应该注意三点:第一,必须了解该作物原产地与引进地之间生长季节日照条件和温度条件的差异。第二,必须了解作物原产地与引种地生长季节日照条件的差异。如在我国将短日植物从北方引种到南方,会提前开花,如果所引作物是以生殖器官为收获对象,则应选择晚熟品种;从南方引种到北方,会推迟开花,则应选择早熟品种。第三,一些对日照条件要求较为严格的作物品种,若原产地与引进地区光周期条件差异太大,会造成过早或过晚开花而引起减产或颗粒无收,在生产中要加以注意。例如,将南方大豆引到北京种植时,因短日条件来得较晚而使开花推迟,生育期延长,由于开花时天气已变冷,造成结实不多,产量不高。东北大豆引种到北京时,生育期大大缩短,植株很小时就开了花,产量也不高。

(3)维持营养生长

生产上对以收获营养体为主的作物,可采取适当措施抑制其开花。例如,烟草为短日植物,原产热带或亚热带,南种北引(至温带)可提前至春季播种,利用夏季的长日照以及高温多雨,可提高烟叶产量。对于短日植物麻类,"南麻北植"可推迟开花,使麻秆生长较长,提高纤维产量和质量。甘蔗为短日植物,临界日长为10h,利用暗期光间断处理可抑制甘蔗开花,从而提高产量。

(4)控制开花时期

在园艺花卉栽培中,已经广泛地利用人工控制光周期的办法来提前或推迟花卉植物开花。例如,菊花是短日植物,在自然条件下秋季开花。为使其提早开花,可进行完全遮光处理,可在6~7月开花。对长日照花卉(如杜鹃、山茶花)进行人工光照,满足长日要求,能够提早开花。

9.3 成花启动和花器官形成生理

9.3.1 成花启动和花器官形成的形态及生理生化变化

植物在经过适宜条件的成花诱导之后,产生了成花反应,其明显的标志就是茎尖分生组织在形态上发生了显著变化,从营养生长锥变成生殖生长锥,经过花芽分化过程,逐步形成花器官。即它包括成花启动和花器官形成两个阶段。

大多数植物的花芽分化都是从生长锥伸长开始的,但伞形科植物在花芽分化时,生长锥不是伸长而是变为扁平状。无论哪种情况,花芽分化时,生长锥的表面积都明显增大。如小麦、水稻、玉米和高粱等禾本科植物和棉花、苹果等双子叶植物的花分化过程,都是从茎生长锥的伸长开始的。但胡萝卜等伞形科植物在花芽分化开始时,生长锥不是伸长而是变为扁平状。无论上述哪种情况,都使生长锥的表面积增大。由于生长锥表面和内部的细胞分裂速率不均匀,从而使生长锥的表面出现皱折,使在原来分化形成叶原基的地方形成花原基,再由花原基逐步分化产生花器官各部分的原基,进而形成花或花序。小麦在春化作用结束时,经过光周期诱导之后,生长锥开始伸长,其表面的一层或数层细胞分裂加速,形成的细胞小、原生质浓,而中部的一些细胞分裂较慢,细胞变大,原生质变稀薄,有的细胞甚至发生液泡化,这样由外向内逐渐分化形成若干轮凸起,在原来形成叶原基的位置,分别形成花被原基、雄蕊原基和雌蕊原基。短日照植物苍耳在接受短日照诱导后,生长锥由营养状态转变为生殖状态的形态变化过程如图9-17所示。首先是生长锥膨大,然后自基部周围形成球状凸起并逐渐向上部推移,形成一朵朵小花。

在生长锥开始形成和分化为花芽后,其内部也发生了一系列的生理生化变化,细胞代谢水平增高,有机物发生剧烈转化。例如,葡萄糖、果糖和蔗糖等可溶性糖含量增加;氨基酸和蛋白质含量增加;核酸合成速率加快。此时若用RNA合成抑制剂或蛋白质合成抑制剂处理植物的芽,均能抑制营养生长锥分化成为生殖生长锥,这说明生长锥的分化伴随着核酸和蛋白质的代谢变化。花器官分化和发育受基因调控,在拟南芥等植物的成花中,已发现有多种基因参与调控。试验表明,与花芽形成分化有关的特异mRNA的转录发生在茎端分生组织区域。

在高等植物的生活周期中，花芽分化是营养生长向生殖生长转变的转折点，标志着植物幼年期的结束和成年期的到来。

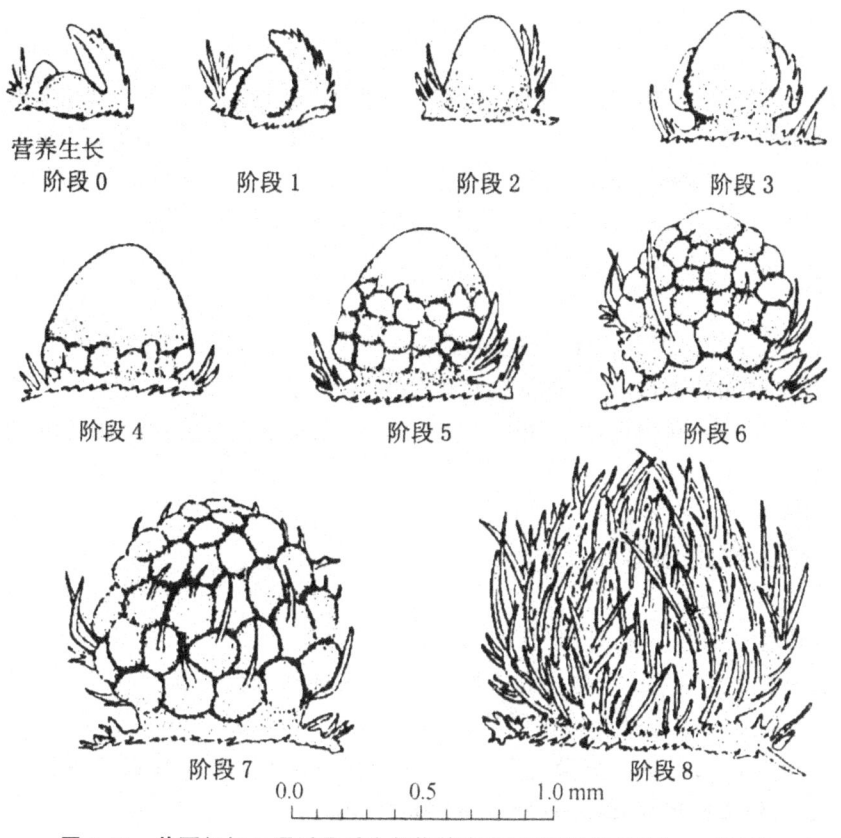

图 9-17　苍耳经短日照诱导后生长锥的变化过程（引自 Salisbury，1955）

9.3.2　影响花器官形成的条件

1. 光照

植物完成光周期诱导之后，光照长和强度大有利于合成成花所需的有机物，特别是碳水化合物的合成有利于成花。如果在花器官形成时期多阴雨，则营养生长延长，花芽分化受阻。在农业生产中，对果树的整形修剪，棉花的整枝打杈，可以避免枝叶的相互遮阴，使各层叶片都得到较强的光照，有利于花芽分化。

2. 水分

水分对花的形成十分重要，不同植物的花芽分化对水分的需求不同。在雌雄蕊分化期和花粉母细胞减数分裂期对缺水特别敏感。如稻、麦等作物孕穗期若水分供应不足会使幼穗形成延迟，并导致颖花退化。而夏季适度干旱可提高果树的 C/N 值，有利于花芽的分化。

3. 植物生长物质

花芽分化受植物内源激素的调控，外施植物生长调节剂也同样影响花芽的分化和花器官的发育。细胞分裂素、脱落酸和乙烯可促进果树花芽的分化,赤霉素则可抑制多种果树的花芽分化。而有些植物生长调节剂或化学药剂还会引起花粉发育不良,如乙烯可引起小麦花粉败育。

4. 温度

温度是影响花器官形成的另一个重要因素。以水稻为例,温度较高时幼穗分化进程明显缩短;而温度较低时明显延缓,甚至中途停止。尤其是在减数分裂期,若遇低温(如17℃以下),则花粉母细胞受损伤,进行异常分裂。同时,绒毡层细胞肿胀肥大,不能为花粉粒输送养料,形成不育花粉粒。在晚稻栽培中,若在减数分裂期遭受低温危害,会造成严重减产。

5. 矿质营养

土壤中氮肥过少不能形成花芽,氮肥过多造成枝叶旺长,消耗过多的养料,也使花芽的分化受阻;增施磷肥可增加花数,缺磷时则抑制花芽分化。因此,在施肥过程中应注意合理搭配施用氮、磷、钾肥,才能促进花芽分化,增加花的数目。此外,若能适当补充微量元素锰、硼、钼等,对花芽的分化则更为有利。

9.3.3 植物性别分化

高等植物中存在着性的差别,既有雌性器官和雄性器官之分,也有雌性个体和雄性个体之分。高等植物一般在个体发育后期才完成性别表达,其性别分化极易受到环境因素或化学物质的影响。大多数高等植物是雌雄同株同花植物(hermaphroditic plants)或雌雄异株植物(dioecious plants),表现为仅开雄花的雄性系(androecious line)和仅开雌花的雌性系(gynoecious line);也有一些是雌雄同株异花植物(monoecious plants)。

1. 雌雄个体的代谢差异

高等动物在受精的刹那即决定了其性别,且性别表现明显,不易逆转。而植物的性别表现一方面取决于自身的决定机制,即对某些植物来说,其性别在受精时便有雌雄配子上含有的物质决定。雌雄异株植物中,雌雄个体间的代谢存在差异。在番木瓜、大麻、桑等植物中,雄株组织的呼吸速率大于雌株,过氧化氢酶活性比雌株高50%~70%。银杏、菠菜等植物雄株幼叶中的过氧化物同工酶谱带数比雌株少。千年桐雌株叶组织的还原能力大于雄株。此外,雌雄株间内源植物激素含量也存在差异。例如,玉米的雌穗原基中IAA水平相对较高,而雄穗原基中则GA含量较高;在雌雄异株的野生葡萄中,雌株中CTK含量高于雄株。

此外,性别分化只是一种表型表现,并不改变植物的基因型。例如,黄瓜、南瓜等植物,同一株上的任何节位其基因型都是相同的,但一些节发育为雄花,一些节则发育为雌花,而此时的基因型并未因此而改变。

在生产中,可以根据这些差异,在早期对植物的性别加以鉴定,进行有目的的栽培,但这方面的问题有待于深入研究,如果能从种子就鉴定出植物性别则是最为理想的。

2. 环境对植物性别分化的影响

在雌雄同株植物中,雌花和雄花出现早晚不同。一般是雄花先开,然后是两性花和雄花混合出现,最后才是单纯雌花,说明植株的性别分化会随植株年龄而发生变化。例如,西葫芦最初只形成雄花,以后雌花、雄花同时出现,然后只形成雌花。但环境因子对性别的影响也很大,如光周期、营养因素、温度、植物激素等,往往改变植株雌花、雄花的分化比例,即影响植物的性别分化。

(1) 光周期

一般来说,短日照促进短日植物多开雌花,长日植物多开雄花;而长日照则促使长日植物多开雌花,短日植物多开雄花。如菠菜在经过长日诱导后,给予短日照处理,在雌株上可以形成雄花;玉米在光周期诱导后,继续处于短日条件下,可在雄花序上形成一个发育良好的小雌穗。

(2) 营养因素

通常水分充足、氮肥较多促进雌花分化;土壤较干旱、氮肥较少促进雄花分化。

(3) 温度

温度对花器官的形成影响很大,如水稻花序的发育在一定范围内随温度的升高而加快,温度降低则发育速度减缓甚至停止;在花粉母细胞减数分裂期,如遇到17℃~20℃以下的低温,则花粉母细胞进行异常分裂,四分体分裂不完全,花粉败育。玉米在顶花形成不久时如转入短日照,并进行低夜温处理,几乎整个花序不育。苹果、桃、李等的花是夏秋高温条件下形成的,但处于休眠状态,需要在冬季低温条件下解除休眠,于第二年春季开花。

(4) 植物激素

植物内源激素参与了性别表达的调控。据报道,不同性别植株或性器官内源植物激素含量有所不同(表9-3)。玉米矮生型突变体比野生型有较低的GA水平,造成雌穗中雄蕊发育。

表9-3 不同性别植株或性器官内源植物激素含量比较

植物激素	植物种类	器官	相对含量比较
生长素	黄瓜	茎尖	雌株>雌雄同株
	芦笋	幼花	雄株>雌株
细胞分裂素	芦笋		
	山靛		雌株>雄株
赤霉素	玉米	花序	雌花序>雄花序
	黄瓜	幼雄花	雌雄同株>雄株
脱落酸	大麻	叶片、花序	雌株>雄株
	黄瓜	叶片、茎端	雌株>雌雄同株
乙烯	黄瓜	花芽	雌花序>雄花序

外施生长物质可以有效地控制植物的性别表现。生长素和乙烯可促进黄瓜雌花的分化,而赤霉素则促进雄花的分化。对于丝瓜、瓠瓜也是如此。因此,生产中使用的三碘苯甲酸(抗生长素)和马来酰肼(生长抑制剂)可抑制黄瓜雌花的分化,而抗赤霉素的矮壮素抑制雄花的分化。烟熏植物可增加雌花,主要是烟中具有不饱和气体如CO、乙烯等,CO的作用是抑制IAA氧化酶活性,保持较高水平的IAA而有利于雌花的分化。机械损伤增加雌花数量也是因为增加了乙烯所致。三碘苯甲酸(TIBA)和马来酰肼可抑制雌花的产生,而矮壮素则能抑制雄花的形成,与GA相对抗。它们对植物性别分化的作用,可能是通过调节植物内源激素的水平和不同激素的

相对比例而起作用的。

9.3.4 调节花器官的基因控制

开花是有花植物最主要的发育特点,这一过程由环境信号和内源信号诱导,由许多基因控制。与植物开花有关的基因非常多,仅在拟南芥中就有近百个与开花有关的基因被克隆。这些基因包括三类,即开花时间决定基因、花分生组织特征基因和花器官特征基因(图9-18)。

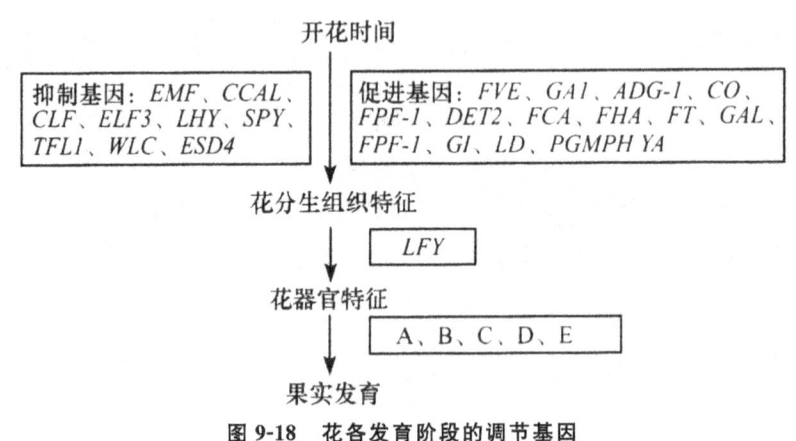

图 9-18 花各发育阶段的调节基因

在雌雄同花植物的花发育早期,茎尖花分生组织分为4个同心圆的花轮,不同的轮发育成不同的花器官,第一轮为花萼,第二轮为花瓣,第三轮为雄蕊,第四轮为雌蕊或心皮。近年来,以拟南芥和金鱼草的突变体为试验材料,根据对花器官发育的特异性基因研究发现,这些基因改变花器官特征而不改变花的发端,这类基因称为同源异型基因(homeotic gene)。同源异型基因的突变可导致花的某一重要器官位置被花的另一类器官所替代,如花瓣的部位被雄蕊替代等,这类个体叫同源异型突变体(homeotic mutant)。拟南芥的两性花由外到内的四轮排列为:花萼、花瓣、雄蕊和心皮,分别用1、2、3和4表示(图9-19)。

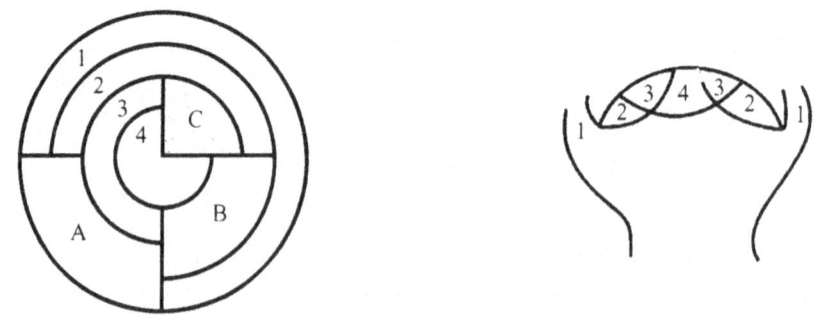

图 9-19 拟南芥花分生组织同源异型基因的 ABC 模型
(依据 Coen and Meyemwitz 1993;Buchannan 等 2000 年修改)
左:同源异型基因作用的四个花轮(1~4)和三个区(A~C)　右:花形期的花分生组织

9.4 受精生理

高等植物的有性生殖是植物个体发育过程中最重要的阶段,它关系到植物种的后代繁衍。在这个复杂的过程中,植物体内发生了剧烈的变化。高等植物的雄配子在花药中发育,雌配子在胚珠中发育成熟,花粉在柱头上萌发,花粉管沿花柱生长到达胚囊,释放出精子,与卵细胞融合,产生合子,完成植物的受精过程,开始新一代孢子体的发育。大多数农作物的产量就是其受精后发育成的种子或果实,因此受精与否及受精的质量直接影响着农作物的经济产量。如玉米的"秃顶"、小麦和水稻的空瘪粒、果树和棉花的落花与落果,一般都是因未完成受精引起的。

9.4.1 花粉和柱头的生活力

花粉是生活力也称花粉的寿命。在自然条件下,花粉的生活力因植物而有很大的差异,一般农作物花粉寿命较短,如水稻花粉,在田间条件下几分钟就有50%以上的花粉失去生活力,10~15min几乎完全失去生活力。小麦花粉在几小时内活力开始下降。玉米花粉的寿命为1~2d。果树的花粉寿命可达几周至几个月。向日葵花粉的寿命可达1年。而如蔷薇科的一些果树的花粉可在几年中保持活力。当然,花粉的寿命与外界条件有关,高温、高湿、极度干旱、氧分压过高或高光强等会降低花粉的生活力。

植物花粉生活力的大小直接影响其受精效率和种子与果实的产量。在杂交育种和人工辅助授粉过程中,若亲本花期不遇或异地植物间进行人工授粉,则需要采集花粉贮藏备用。因此,如何贮存花粉,延长花粉寿命,在理论和实践中都具有重要的意义。

花粉的生活力还受到环境条件的影响,一般干燥、低温、空气中CO_2浓度增加和O_2减少的情况下,有利于保持花粉的活力。

1. 温度

一般认为,贮藏花粉的最适温度为1℃~5℃。适当低温延长花粉寿命,原因是可降低花粉的代谢强度,减少贮藏物质的消耗。如小麦花粉在20℃时,只能存活15min左右,在0℃下可存活48h;玉米花粉在20℃时,只能存活25h,在5℃时,可存活56h,在2℃时则可存活120h。某些果树的花粉在贮藏时则要求更低的温度,如苹果花粉在-15℃下贮藏9个月,仍有95%的萌发率。

2. 湿度

对于大多数花粉,在20%~50%的相对湿度下,花粉代谢强度减弱、呼吸作用降低,有利于花粉较长时间保持生活力。如苹果花粉在3℃、相对湿度为10%~25%时,可保存350d,萌发能力仍在60%以上。但禾谷类植物花粉有些特殊,一般要求较高的湿度,如玉米花粉在干燥空气中只能存活24h,而在潮湿空气中能存活48h。

3. CO_2和O_2

增加贮藏容器中CO_2的含量,可延长花粉寿命。如在干冰(固体状态的CO_2)上贮存花粉,其寿命明显延长。近年来,采用超低温、真空及充氮等技术贮存花粉,使花粉的寿命大为延长。如苜蓿花粉在-21℃下真空贮藏,经11年后仍有一定的生活力。

4. 光

光照对花粉的贮藏力也有一定影响,一般以遮阳或在暗处贮藏较好。如苹果花粉在暗处贮藏的,其萌发率为33.4%,在散射光下为30.7%,而在直射日光下只有1.2%。

9.4.2 花粉和柱头的相互识别

植物通过花粉和雌蕊间的相互识别来阻止自交或排斥亲缘关系较远的异种、异属的花粉,而只接受同种的花粉。花粉落到柱头上后能否萌发,花粉管能否生长并通过花柱组织进入胚囊授精,取决于花粉与雌蕊间的亲和性(compatibility)和识别反应(recognition)。识别是细胞分辨"自己"与"异己"的一种能力,是细胞表面在分子水平上的化学反应和信号传递。花粉和柱头之间的相互识别的功能是植物在长期进化过程中形成的,如果双方是不亲和的,柱头的乳突细胞立即产生胼胝质(callose),阻碍花粉管穿入柱头,且花粉管尖端也被胼胝质封闭,花粉管无法继续生长,使受精失败(图9-20)。

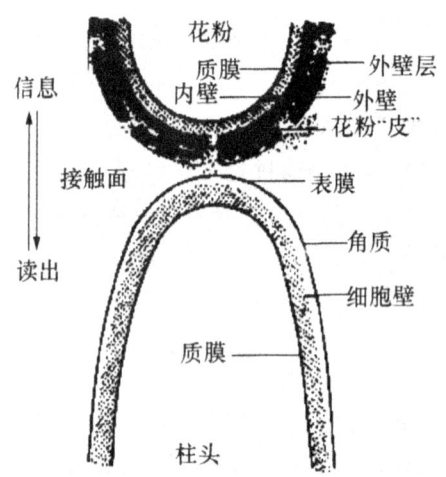

图9-20 花粉和柱头的相互识别
花粉壁蛋白质与柱头乳突细胞表面的蛋白质表膜相互识别

9.4.3 花粉管的伸长

花粉萌发时,酶活性明显增强,尤以磷酸化酶、淀粉酶、转化酶等活性增加更为显著,有时甚至比原来高6倍之多。这些酶除在花粉本身起作用以外,还分泌到花柱,以获取养料促使花粉管生长。因此,花粉萌发时,呼吸速率剧增,蛋白质合成加快。

花粉落在柱头上,经过识别之后,在适宜的条件下,花粉粒从柱头的分泌物中吸收水分,并很快发生水合作用,使其内部压力增大,花粉粒的内壁从外壁上的萌发孔向外突出形成花粉管,此过程称为花粉的萌发(图9-21)。花粉管长出后,在角质酶的作用下,穿过柱头乳突已被侵蚀的角质膜,经乳突的果胶质——纤维素壁,向下进入柱头组织的细胞间隙,向花柱生长。花粉管的伸长是定向的,总是朝向花柱、子房、胎座、胚珠、胚囊方向伸长。

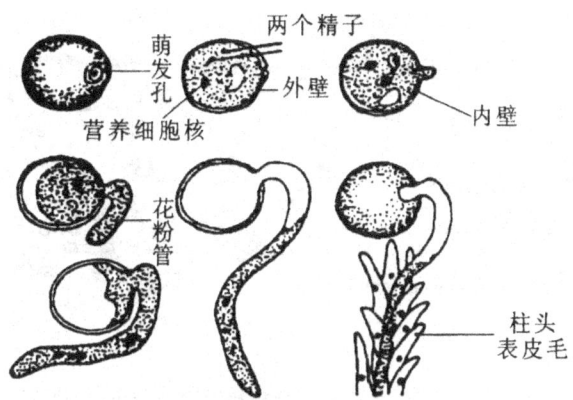

图 9-21 水稻花粉粒的萌发和花粉管的形成

花粉的萌发和花粉管的生长,表现出群体效应(population effect),即单位面积内,花粉的数量越多,花粉的萌发和花粉管生长越好(图 9-22)。

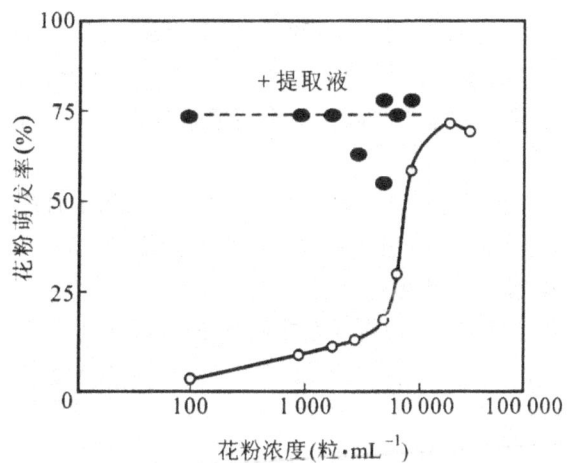

图 9-22 矮牵牛花粉不同密度对花粉萌发的影响

花粉管的生长方式是顶端生长,生长只局限于花粉管顶端区,花粉管生长时细胞器集中于顶端区(图 9-23),而管的基部则被胼胝体塞堵住。花粉管向子房生长的过程中,经过柱头细胞间隙进入花柱的引导组织(transmitting tissue),与它的胞外基质(extracellular matrix,ECM)紧密接触,ECM 由复杂的蛋白质混合物组成。

一些学者认为,生长的花粉管从顶端到基部存在着由高到低的 Ca^{2+} 浓度梯度。如有人在金鱼草中观察到,Ca^{2+} 的分布从柱头到胎座是递增的,这种 Ca^{2+} 梯度的存在有利于控制高尔基体小泡的定向分泌、运转与融合,从而使合成花粉管壁和质膜的物质源源不断地运到花粉管顶端,以保持顶端的极性生长。但在其他植物中未能证实 Ca^{2+} 的这种作用。硼对花粉的萌发和伸长也有显著的促进作用,如玉米花粉在体外培养很难萌发,但当培养基中加入一定量的硼和钙(0.01%硼酸,0.03%硝酸钙),能使花粉管萌发率高且生长好。还有人认为,花粉管的定向生长可能与生长素的梯度分布有关,这说明花粉管的向化性生长可能是多种物质共同作用的结果。

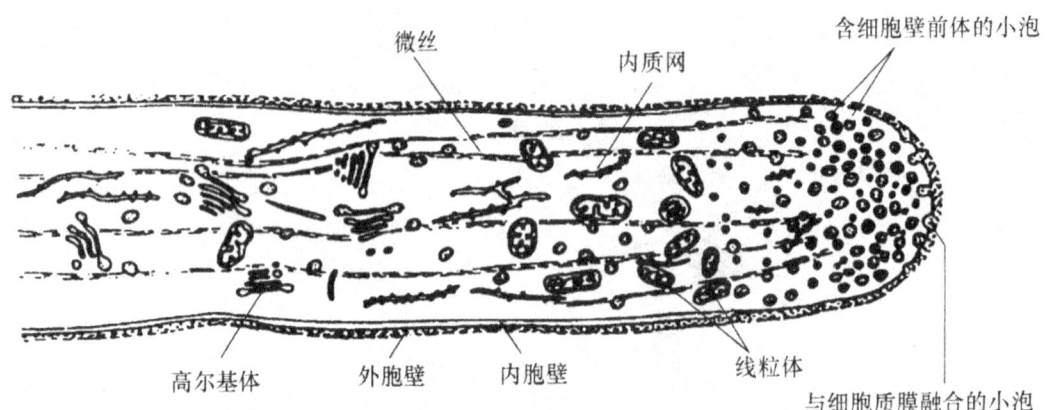

图 9-23　花粉管顶端生长区域,示意管壁结构和细胞器分布(引自 Mascanhas,1993)

9.4.4　受精过程中雌蕊的生理生化变化

当花粉管进入胚囊后,花粉管的先端破裂,这可能是由于胚囊分泌酶的作用,或是受胚囊的刺激而产生自溶作用的结果。破裂后的花粉管在胚囊中释放出两个精子,一个含质体较多的精子和卵细胞结合,形成具有 2n 的合子,随后发育成胚;另一个含线粒体较多的精子与中央细胞融合,形成具有 3n 的胚乳核,随后发育成胚乳。两个精细胞分别与卵细胞和中央细胞相融合的现象,称为双受精(double fertilization)。

不同植物从授粉到受精整个过程所需要的时间不同,多在几小时或几十小时之间,如小麦为 1~24h,棉花是 36h,烟草约 40h;有些植物例外,如橡胶草仅 10min 左右,兰科植物约需几个月时间才能完成受精,而栎属则需 1 年以上。

授粉后,花粉在柱头上吸水萌发,花粉管在花柱和子房壁中生长,雄性生殖器在胚囊中与雌性生殖器发生细胞融合。在这些过程中,花粉与雌蕊间不断地进行着信息与物质的交换,并对雌蕊的代谢产生激烈的影响。主要表现在以下几方面。

1. 呼吸速率的急剧变化

与未授粉时相比,授粉后雌蕊组织的呼吸速率一般表现出成倍增加的趋势。如棉花在受精时,雌蕊的呼吸速率增高 2 倍;兰科植物授粉 1d 以后,合蕊柱的呼吸速率和过氧化氢酶的活性约增加 1 倍;百合花受精后子房的呼吸速率出现两次高峰,一次是精卵结合时,另一次在胚乳游离核旺盛分裂期。

2. IAA 含量显著增加

由于花粉中含有催化色氨酸转变为 IAA 的酶系,在花粉管生长过程中分泌到雌蕊组织中,引起花柱和子房中合成大量的 IAA,使柱头到子房中的 IAA 含量顺次递增。如烟草授粉后 20h,花柱中 IAA 含量增加 3 倍多,而且合成部位从花柱顶端向子房转移(图 9-24)。受精后子房中 IAA 含量剧增是引起子房代谢剧烈变化的主要原因之一。由于受精后雌蕊组织的 IAA 含量和呼吸速率剧增,使更多的有机物被"吸引"到雌蕊组织中,子房便迅速生长发育成果实。

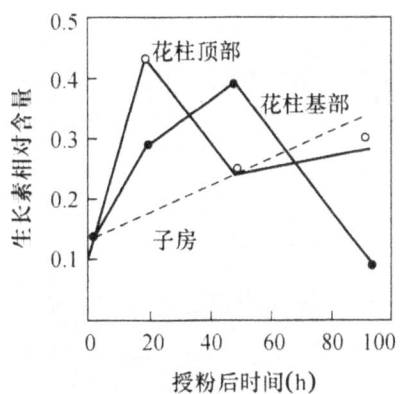

图9-24 烟草授粉后不同时间雌蕊细胞各部分生长素含量的变化

试验证明,花粉中除含有IAA外,还含有使色氨酸转变成吲哚乙酸的酶体系,花粉管在雌蕊组织中生长时,能将这些酶分泌到雌蕊组织中,促使雌蕊组织内的色氨酸合成吲哚乙酸。Lund (1956)的烟草试验证明,随着花粉管的伸长,雌蕊各部分IAA含量高峰按花柱顶部、花柱基部和子房的顺序出现。子房中IAA含量的迅速增加,会促使合子与初生胚乳核的分裂与生长,吸引营养物质从营养器官大量运往子房,使子房迅速膨大生长。生产上应用生长物质2,4-D、NAA、CTK等处理未受精子房,促进养分向子房输运,产生无籽果实。

3. 有机物质的转化和运输加快

由于呼吸速率和赤霉素含量的增加,子房代谢的变化,是使植物体内大分子物质转化为可运输的小分子,促进根系对水分与矿物质的吸收和利用,整个植株生命活力加强,大量的营养物质集中运向子房,子房膨大形成果实。如兰科植物传粉后,合蕊柱吸水增加1/3,N、P含量明显增多;而花被的N、P含量下降,蒸腾作用急剧增强,造成花被凋萎。如玉米在传粉后,大量的^{32}P由植株其他部位流入雌蕊,使雌蕊中的P含量增加约0.7倍。

受精不仅影响雌蕊代谢,而且影响到整个植株,这是因为受精是新一代生命的开始,随着新一代的发育,各种物质要从营养器官向子房输送,这就带动根系对水分与矿质的吸收,促进光合作用的进行,以及物质的运输和转化。

第10章 植物的成熟与衰老生理

10.1 种子的发育和成熟生理

10.1.1 种胚和胚乳的发育

1. 种胚的发育

种胚(embryo)作为种子最重要的组成部分,其发育是从受精卵形成合子开始,经过细胞分裂和分化发育为成熟的胚。从细胞结构来看,合子阶段即呈现极性,合子中细胞器呈不均等分布,核和大部分细胞质在合子细胞的上半部,而大的液泡占据细胞的中、下部,合子的不均等分布是其不均等分裂的细胞学基础。

在经过短期休眠后,合子分裂成两个大小不等的子细胞,上部顶端细胞体积小、细胞质浓密,下部基细胞体积大、液泡化。顶端细胞经过多次分裂先后形成原胚、球形、心形和鱼雷形胚等时期,最终发育为成熟胚。基细胞经几次细胞分裂发育成胚柄,它仅由少数细胞组成,具有维持胚的定位和定向作用,将原胚固定在胚囊和胚珠的组织上,并使原胚伸入胚乳体中吸取来自母体孢子体的营养,在心形期后胚柄开始逐步衰老、退化。分化出根分生组织和茎分生组织的种胚进入子叶期,此时RNA、蛋白质等的合成作用开始加强。在胚成熟后期,RNA、蛋白质等有机物质合成结束,种子失去95%以上水分,ABA含量增加,种胚进入休眠。

2. 胚乳的发育

胚乳的发育早于胚发育,被子植物种子的胚乳包括内胚乳、外胚乳、兼有内外胚乳和无胚乳(在种子发育过程中,胚乳被胚所吸收)等4种情况。禾谷类作物,如小麦、水稻等的种子具有内胚乳,染色体数为$3n$,是三倍体。禾谷类种子的受精极核在受精后即行分裂,其初生胚乳核以游离核分裂的方式在细胞化之前先分裂成许多游离核后,再细胞化形成胚乳细胞。而豆类种子,在胚发育时胚乳组织被吸收,故胚成熟时无胚乳,营养物质贮藏在子叶中。

10.1.2 种子发育过程中有机物质的变化

种子成熟过程,实质上是营养物质在种子中的转化和积累过程。种子成熟期间的物质变化,大体上和种子萌发时变化相反,植株营养器官的养料,以可溶性的低分子化合物状态(如蔗糖、氨基酸等形式)运往种子,逐渐转化为不溶性的高分子化合物(如淀粉、蛋白质和脂肪等),并且积累起来。

1. 糖类的变化

小麦、水稻、玉米等禾谷类作物的种子以贮藏淀粉为主,通常称为淀粉种子,种子中的淀粉来源于可溶性糖。淀粉种子在其成熟过程中,可溶性糖含量逐渐降低,而不溶性糖含量不断提高。禾谷类种子成熟过程中淀粉的积累,以乳熟期和蜡熟期最快。这类种子发育过程中,首先是大量光合产物以非还原糖(主要为蔗糖)和还原糖(果糖、葡萄糖等)可溶性游离糖形式从叶片输入种子,种子内淀粉合成酶活性升高,可溶性糖向淀粉转化,种子中淀粉含量不断增加(图10-1)。小麦种子成熟时胚乳中的蔗糖、还原糖含量迅速减少,而淀粉的含量迅速增加,同时也可积累少量的蛋白质、脂肪和各种矿质元素等。

2. 脂肪的变化

脂肪种子在成熟时,先在种子内积累糖分(包括可溶性糖及淀粉),然后糖分转化为游离的饱和脂肪酸,最后形成不饱和脂肪酸。油料种子完成这些转化过程后才充分成熟。若种子未完全成熟就收获,种子不仅含油量低,而且油脂的质量也差。另外,在油料作物的种子中也含有由其他部位运来的氨基酸及酰胺合成的蛋白质。油料种子中常含较多的蛋白质,是由营养器官运来的氨基酸或酰胺合成的(图10-2)。

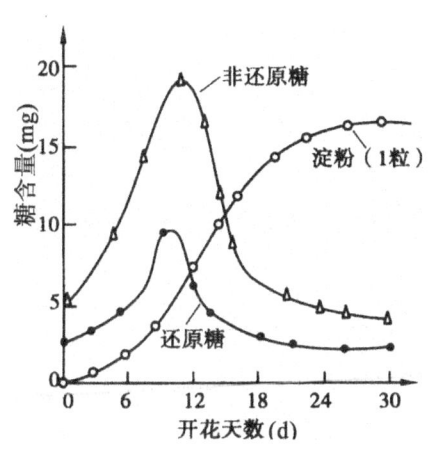

图10-1 水稻种子成熟过程中糖分的变化

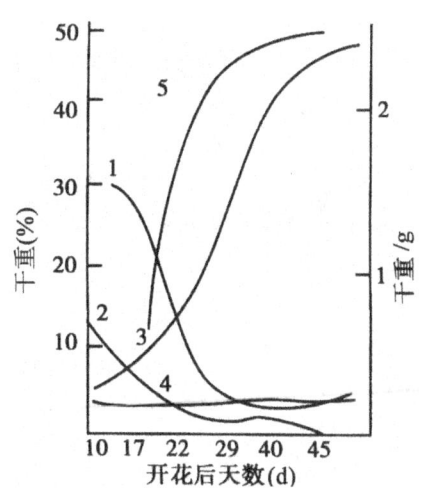

图10-2 油菜种子成熟过程中物质的变化
1.可溶性糖 2.淀粉 3.千粒重
4.含氮物质 5.粗脂肪

3. 蛋白质的变化

蛋白质种子(如豆类种子)在其成熟过程中,首先是由叶片或其他营养器官的氮素以氨基酸或酰胺的形式运到荚果,在荚皮中氨基酸或酰胺合成蛋白质暂时贮存,当种子快速发育时,又分解成酰胺,运入种子中形成氨基酸,最后再形成胚和贮藏在子叶中的蛋白质(图10-3)。贮藏蛋白基本没有生理活性,主要为种子萌发时胚的生长提供氮素营养。

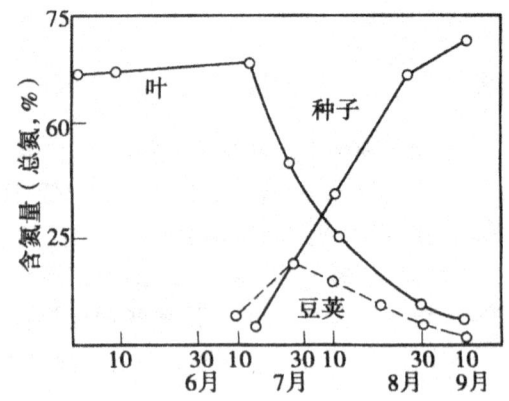

图 10-3 蚕豆中含氮物质由叶转移到豆荚再到种子的运输转化过程

10.1.3　种子成熟过程中其他生理变化

除主要有机物质发生变化外，种子的呼吸作用、含水量和内源激素也发生相应的变化。

1. 含水量降低

种子中有机物的合成是一个脱水过程，随着同化产物在种子细胞（主要是子叶和胚乳细胞）内的累积，种子的含水量降低，除胚细胞外，大部分细胞被贮藏物质充满。而种子成熟时，幼胚细胞具有浓厚的原生质而几乎无液泡，自由水含量极少。

2. 呼吸速率降低

种子成熟过程是有机物质合成与积累的过程，新陈代谢旺盛，呼吸作用也旺盛，种子接近成熟时，呼吸作用逐渐降低。在水稻谷粒成熟过程中，谷粒呼吸速率也发生显著变化，呈单峰曲线，水稻开花后 15d 内呼吸速率急剧上升，到第 15d 达到高峰以后逐渐下降（图 10-4），这个变化规律与淀粉等有机物积累有关。

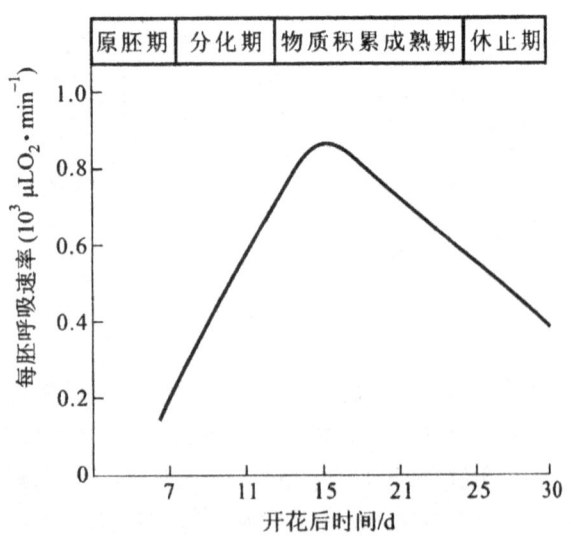

图 10-4　水稻胚发育过程中的呼吸速率

3. 内源激素的变化

种子成熟受多种激素调控,种子中的内源激素随种子发育进程而发生变化(图 10-5)。例如,玉米素在小麦受精之前含量很低,在受精末期达到最大值,然后减少;赤霉素在受精后 3 周达最大值,然后减少;生长素在收获前一周鲜重达最大值之前,达到最高峰,籽粒成熟时生长素基本消失。此外,脱落酸在籽粒成熟期含量大增。上述情况表明,小麦成熟过程中,首先出现的是玉米素,可能是调节籽粒建成和细胞分裂;其次是赤霉素和生长素,可能是调节光合产物向籽粒运输与积累;最后是脱落酸,可能控制籽粒的成熟与休眠。

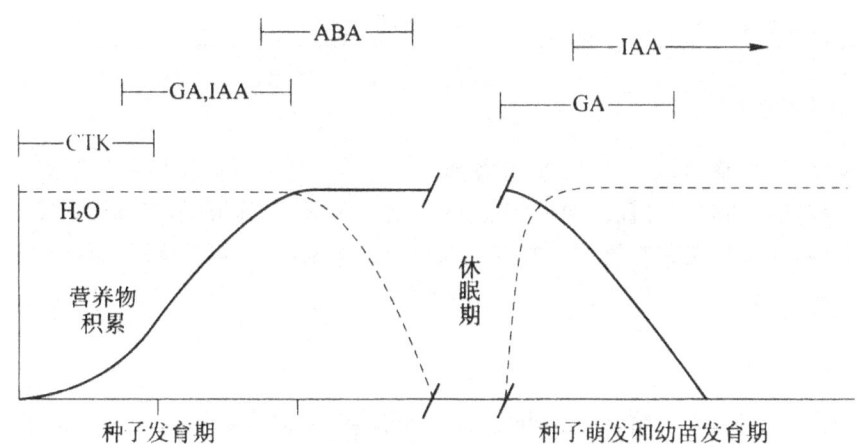

图 10-5 种子发育和种子萌发过程中内源激素、营养物质和水分动态变化
(引自 Hopkins 和 Hüner,2004;武维华,2008)

10.1.4 环境对种子成熟的影响

种子与果实的化学成分和粒重、饱满度、成熟期等生物学特性主要受遗传因素的控制,但又受外界环境条件的影响。

1. 光照

光照直接影响种子内有机物质的积累,如小麦籽粒 2/3 的干物质来源于抽穗后叶片及穗本身的光合产物,若此时光照强,叶片同化物多,那么产量就高;若小麦灌浆期连遇阴天,灌浆速率降低,粒重减轻,就会造成减产。我国小麦单产最高地区在青海,青海高原除日照充足外,昼夜温差大也是一个重要因素。此外,光照也影响子粒中蛋白质的含量和含油率。

2. 温度

温度高低直接影响油料种子的含油量和油分性质。成熟期适当低温有利于油脂的积累,而低温、昼夜温差大有利于不饱和脂肪酸的形成;反之,则利于饱和脂肪酸的形成。因此,最好的干性油是从纬度较高或海拔较高的地区生长的油料种子中获得的。水稻成熟期最适温度为 25℃～30℃,35℃以上的高温会使结实率和千粒重下降。晚稻成熟期间一般温度较低,这时成熟速度变慢,但接受同化物质输入的时间较长,营养物质积累比较充分、产量高、品质好。但温度过低也会推迟成熟,降低结实率和千粒重。

温度影响种子化学成分的含量,我国北方大豆种子成熟时,温度低,种子含油量高,蛋白质含量较低;而南方情况正好相反(表10-1)。

表10-1 不同地区大豆的品质

不同地区品种	蛋白质含量(%)	含油量(%)
北方春大豆	39.9	20.8
黄淮海夏大豆	41.7	18.0
长江流域春夏大豆	42.5	16.7

3. 空气相对湿度

在成熟期间,天气晴朗、空气较干燥、土壤水分充足等条件,有利于种子中营养物质的积累,也有利于种子成熟后的脱水过程。如果阴雨连绵,空气潮湿,蒸腾很弱,将推迟成熟。气候干旱,使植物水分亏缺,光合作用和有机物质的运输都会受到抑制,种子提早干缩,成熟期提前,但籽粒空秕、瘦小,产量降低。

4. 土壤含水量

土壤水分供应不足,种子灌浆较困难,通常淀粉含量少,而蛋白质含量高。我国北方雨量及土壤含水量比南方少,所以北方栽种的小麦比南方栽种的小麦蛋白质含量高。用同一品种试验,杭州、济南、北京和黑龙江的小麦蛋白质含量分别为11.7%、12.9%、16.1%和19.0%。若土壤水分过多,则会由于缺氧而造成根系损伤,种子不能正常成熟。

5. 矿质营养

矿质营养影响种子成熟过程。氮是蛋白质组分之一,适当施氮肥能提高淀粉性种子的蛋白质含量,氮肥过多,尤其是后期多氮,易引起贪青晚熟。钾肥能促进糖类的运输,增加籽粒或其他贮存器官的淀粉含量。合理施用磷肥对脂肪的形成有良好作用。矿质营养对种子化学成分也有一定的影响。例如,氮素多,可提高蛋白质含量;油料种子则降低含油率。磷、钾有利于糖和油脂的积累。

10.2 果实的生长和成熟生理

果实的生长从受精到完全长成,是由果实细胞分裂、增大和同化产物积累使果实不断增大和增重的过程。果实生长停止后,会发生一系列生理生化变化,包括色、香、味的形成和硬度变化,达到可食状态,这个过程即果实的成熟过程。果实成熟过程实质上是果实的生长发育及其内部发生的一系列生理生化变化的过程。果实成熟有利于种子的传播,有利于物种的延续。果实的成熟也决定了作为食品的水果和蔬菜的质量和商品价值。研究果实的成熟规律,对调控果实的成熟过程和提高果实的品质,正确决定采收期、延长其贮藏时间等都具有重要意义。

10.2.1 果实的生长特点

果实的生长过程与植株的生长大周期一样,生长速率表现为"慢—快—慢"的节奏,呈明显的 S 形曲线。果实的生长大周期主要有两种生长模式:单 S 形生长曲线和双 S 形生长曲线(图 10-6)。

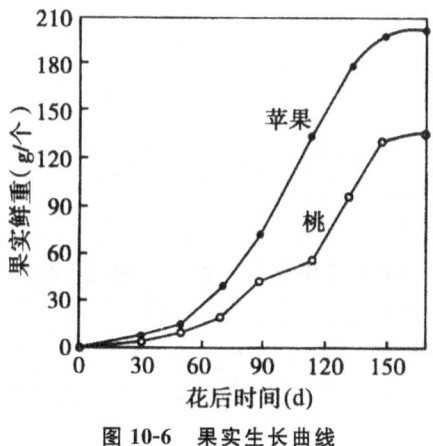

图 10-6　果实生长曲线

属于单 S 形生长模式的果实有苹果、梨、香蕉、板栗、核桃、石榴、柑橘、枇杷、菠萝、草莓、番茄、无籽葡萄等。这一类型的果实在开始生长时速度较慢,以后逐渐加快,达到高峰后又逐渐变慢,最后停止生长。

属于双 S 形生长模式的果实有桃、李、杏、梅、樱桃、有籽葡萄、柿、山楂和无花果等。这一类型的果实在生长中期出现一个缓慢生长期,表现出慢—快—慢—快—慢的生长节奏,一般是由于果皮或内部较大的种子和果核生长发育不一致导致。这个缓慢生长期是果肉暂时停止生长,而内果皮木质化、果核变硬和胚迅速发育的时期。果实第二次迅速增长的时期,主要是中果皮细胞的膨大和营养物质的大量积累。

10.2.2 果实成熟时的生理变化

1. 呼吸跃变和乙烯的释放

在细胞分裂迅速的幼果期,呼吸速率很高,当细胞分裂停止,果实体积增大时,呼吸速率逐渐降低,果实体积长成和进入成熟之前,呼吸又急剧升高,最后又下降。果实在成熟之前发生的这种呼吸突然升高的现象称为呼吸跃变或呼吸峰(respiratory climacteric)(图 10-7)。跃变型果实的生长及其呼吸进程如图 10-8 所示,呼吸跃变的出现标志着果实达到成熟可食的程度,也意味着果实即将进入衰老。

根据果实在成熟过程中是否出现呼吸跃变现象,可分为跃变型和非跃变型果实。跃变型果实有香蕉、梨、李、苹果、鳄梨、桃、猕猴桃、芒果、密瓜、番茄等;非跃变型果实有草莓、柑橘、葡萄、樱桃、柠檬、荔枝、菠萝等,这类果实在成熟期间没有明显的呼吸跃变。跃变型果实成熟较迅速,而非跃变型果实成熟较缓慢。

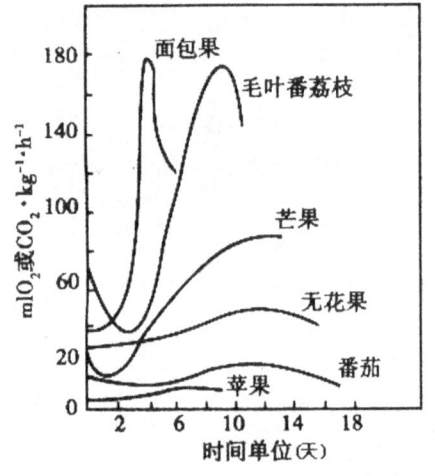 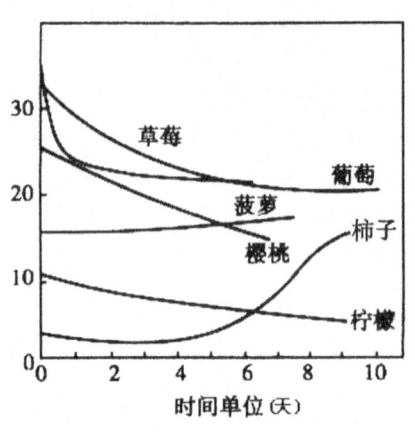

图 10-7　有呼吸高峰的果实（左）和无呼吸高峰的果实（右）

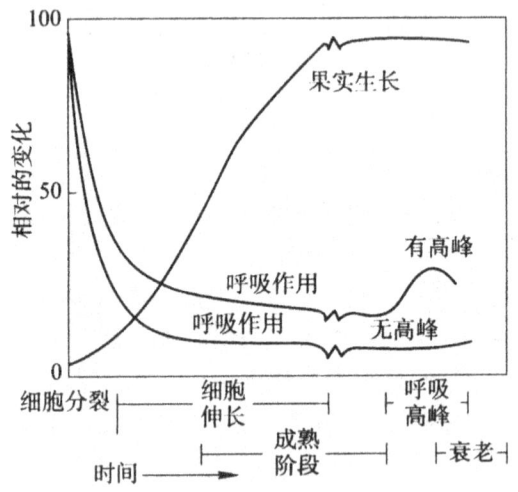

图 10-8　跃变型果实的生长及其呼吸进程

研究证明呼吸跃变与果实成熟过程中乙烯的产生和积累有关,跃变型果实中乙烯量较多(图10-9),当达到一定浓度(约0.1mg/L)时,便会产生呼吸跃变;而非跃变型果实在成熟期间乙烯含量变化不大。

跃变型果实和非跃变型果实的主要区别是,前者含有复杂的贮藏物质(淀粉或脂肪),在摘果后达到完全可食状态前,贮藏物质强烈水解,呼吸加强,而后者并不如此。在跃变型果实中,不同果实的呼吸跃变差异也很大。香蕉呼吸高峰值几乎是初始速率的10倍,淀粉水解过程很迅速,成熟也快;苹果呼吸高峰值是初始速率的2倍,淀粉水解较慢,成熟也慢一些(图10-10)。

2.有机物的转化

(1)甜味增加

在果实未成熟前,从叶片运入的糖多转化为淀粉储于果肉细胞中,所以幼果并无甜味。随着果实成熟,淀粉转化为可溶性的葡萄糖、果糖、蔗糖等并积累在细胞液中,使果实变甜。果实的甜度与糖的种类有关,如以蔗糖甜度为1,则果糖为1.03～1.5,葡萄糖为0.49。例如,香蕉在果实成熟过程中,在10天左右的时间里,淀粉可由20%～25%很快降低到1%,而可溶性糖则升至15%～20%。一般日照时间长,昼夜温差大,降雨量较低的地区和年份,其果实含糖量高,品质好。

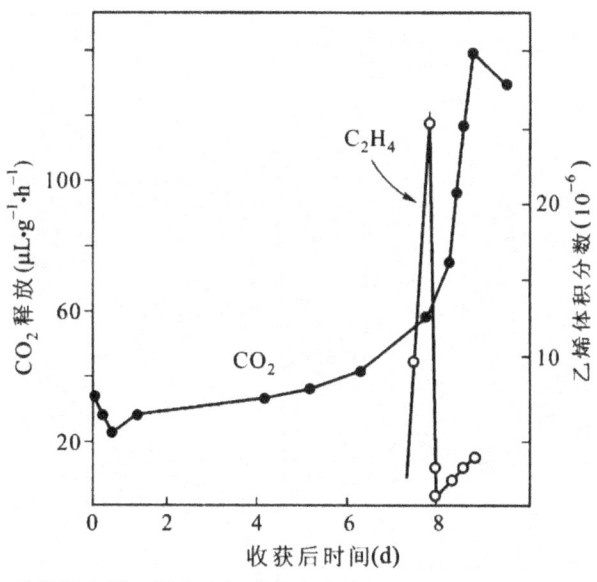

图10-9 香蕉跃变期乙烯产生与呼吸高峰的关系(引自 Taiz 和 Zeiger,2006)

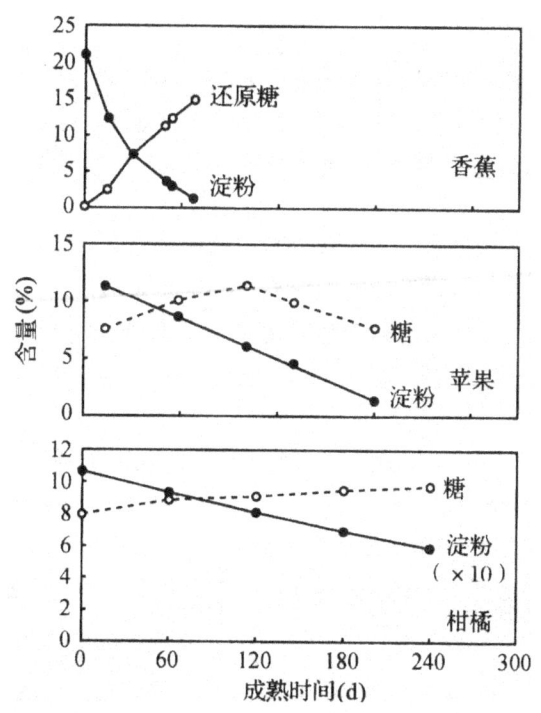

图10-10 香蕉、苹果、柑橘在成熟过程中淀粉的水解作用

(2)酸味减少

未成熟的果实中,在果肉细胞的液泡中积累很多有机酸。果实不同,所含有机酸的种类不同,便有其独特的风味,如柑橘、菠萝含柠檬酸,仁果类(苹果、梨)和核果类(如桃、李、杏、梅)含苹果酸,葡萄中含有酒石酸,番茄中含柠檬酸、苹果酸。有机酸可转化为糖或被呼吸消耗掉,还有一部分被细胞中的阳离子中和生成相应的盐,因此果实酸味明显降低。从图10-11可看出苹果成熟期中淀粉转化为糖及有机酸含量降低的情况。

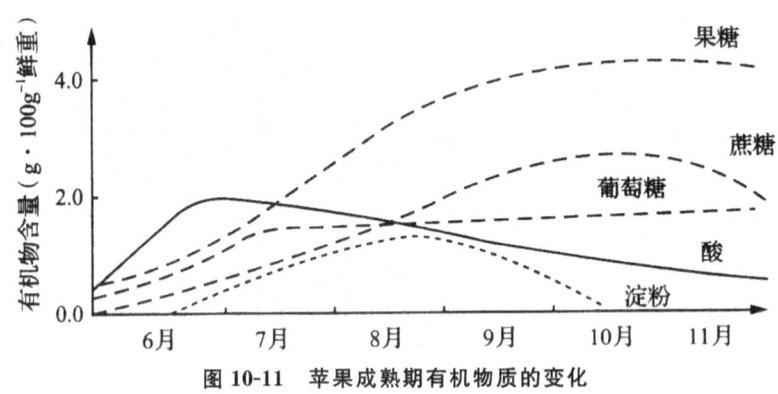

图10-11 苹果成熟期有机物质的变化

(3)涩味消失

某些未成熟果实由于单宁等物质的存在而有涩味。单宁是一种酚类物质,单宁与口腔黏膜上的蛋白质作用,使人的口腔产生苦涩感和麻木感。随着果实的成熟,单宁在过氧化酶的催化下被氧化或形成不溶性物质,果实涩味消失。

(4)香味产生

果实成熟过程产生一些具香味的挥发性物质,果实不同,挥发性香味物质不同,使不同种或不同品种果实产生各种特有的香味。挥发性香味物质多来源复杂,主要是一些酯、醛、醇、酮类小分子物质,如香蕉的特殊香味是乙酸乙酯,橘子的香味是柠檬醛,苹果是乙酸丁酯、乙酸乙酯等。

(5)果实变软

未成熟的果实因其初生细胞壁中沉积有不溶于水的原果胶,尤其是苹果、梨中的原果胶含量很高,果实很硬。随着果实的成熟,果胶酶和原果胶酶活性增强,将原果胶水解为可溶性果胶、果胶酸和半乳糖醛酸,果肉细胞彼此分离,于是果肉变软。此外,果肉细胞中的淀粉转变为可溶性糖,也是使果实变软的部分原因。果实变软是果实成熟的一个重要标志。

(6)色泽变艳

果皮中含叶绿素、类胡萝卜素和花色素三类色素。果实成熟前,由于存在大量叶绿素,果皮呈绿色;随着果实发育,叶绿素降解大于合成,逐渐减少,类胡萝卜素合成积累增加,果皮呈现黄色和橙色;而有些果实的液泡中积累了较多的花青素糖苷,由于pH的不同,花色素可呈现出红、紫、蓝等多种颜色。果实长大后,在阳光照射和较大的昼夜温差下,花色素的合成加强,使得果实向阳部分更加红润鲜艳。

(7)维生素含量增高

果实含有丰富的各类维生素,主要是维生素C(抗坏血酸)。不同果实维生素含量差异很大,以100g鲜重计算,番茄含维生素8~33mg,香蕉含1~9mg,红辣椒含128mg。

3. 内激素的变化

果实成熟期间,各种内源激素都有明显变化,生长素、细胞分裂素、赤霉素、脱落酸、乙烯都是有规律地参与代谢反应的。例如,苹果、柑橘等果实在幼果期,生长素、赤霉素和细胞分裂素的含量高,以后逐渐下降,果实成熟时降到最低点;乙烯、脱落酸的含量则在后期逐渐上升。如苹果在成熟时,乙烯含量达最高峰(图10-12),而柑橘、葡萄在成熟时,脱落酸含量达到最高。

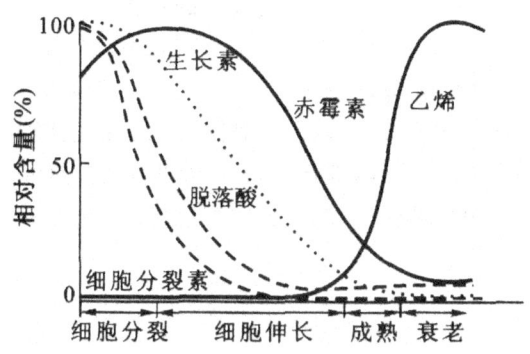

图 10-12 苹果果实各生育时期激素的动态变化

4. 硬度降低

在果实成熟过程中,果肉细胞中先形成的是不溶性的淀粉,后转化为可溶性的糖,硬度变小;同时,果肉细胞中果胶甲酯酶、多聚半乳糖醛酸酶、纤维素酶等水解酶含量逐渐升高,可催化分解构成细胞壁的高分子聚合物原果胶、纤维素等为可溶性果胶、果胶酸和半乳糖醛酸等,造成果肉细胞之间彼此连接减少,使果肉细胞相互之间可移动或分离变软,如桃、杏、柿、猕猴桃等变软程度明显。

10.3 植物休眠

植物只有与一定的环境条件相协调时才能维持生命,繁衍后代。在漫长的进化过程中,植物形成了适应多变环境的机制,在周期性的恶劣环境因子来临之前,植物以某些器官或整株植物进入生长暂时停顿的状态,以安全度过逆境,延存生命。例如,一年生植物通过开花结果以种子作为延存器官繁衍后代,而多年生植物除结果外,或以器官脱落,或以延存器官甚至整株进入休眠(dormancy)状态。一般植物的生命总是旺盛生长和暂时停顿周期性交替,一代又一代地延续。不管是种子休眠,还是营养器官休眠,其外部表现都为生长的暂时停顿,在休眠状态下,植物对外界不良环境条件的抵抗力大大增强,因此休眠是植物赖以生存的主动适应过程。

10.3.1 种子休眠的成因与调节

许多作物的延存器官是种子,有些成熟种子并不休眠。如成熟的豌豆种子,只要环境条件适宜就能萌发,但许多种子在成熟收获后进入深休眠状态,即使处于适宜的外界环境条件仍不能萌发,显示这类种子处于休眠状态,它们必须在满足某些特定条件时才能萌发。种子休眠主要指起因于内部的生理抑制或种皮的障碍而引起的生理休眠。

1. 种皮限制

种胚外有种皮、果皮以及一些其他附属物,它们对胚形成层层保护,同时也成为种子萌发的障碍,使种子处于休眠状态。一些种子种皮外有蜡质层或角质层,或由于坚硬而厚的种皮阻止胚对水分和氧气的吸收,并对胚造成机械约束。例如,豆科、锦葵科、藜科、百合科、茄科等多种植物的种子,种皮厚且坚实,农业上称为"硬实"。这些种子的种皮往往不透水、不透气,外界 O_2 不能透进种子内,CO_2 累积在种子中,抑制胚的生长而呈休眠状态。

在自然条件下,长期的空气氧化种皮组成物、微生物分泌的酶类水解种皮以及在其他环境因素作用下,种皮变软,透水、透气性增加,可以逐步破除休眠。在生产上,一般采用物理和化学方法来去除或破开种皮,使种皮透水、透气,破除休眠,提高发芽率,如可用硫酸浸泡棉花种子以解除休眠;核果类果树种子可采用机械破壳;在某些地区,自然的火烧可使某些植物的种子打破种皮的限制而萌发。

2. 胚未发育完全

一般植物种子成熟时,胚已经完成生长分化。但有些植物如白蜡、银杏、冬青、当归、人参等种子,虽然已经完成有机物质的输入,并已脱离母体,但胚的生长和分化未完成,采收后胚尚需从胚乳中吸取养分,继续生长,发育完全后方能萌发。银杏的种子成熟后从树上掉下时胚发育尚未完成。欧洲白蜡树种子脱离母体后,必须经过一段时间的种胚发育才能萌发(图 10-13)。

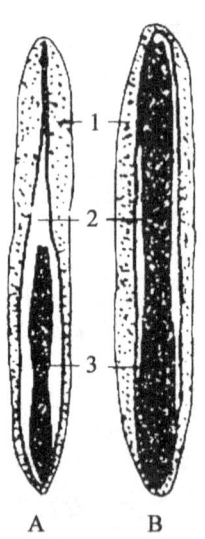

图 10-13 欧洲白蜡树种子的胚发育
A. 收获的(种胚未完成发育)　B. 在湿土中贮藏 6 个月
1. 胚乳　2. 黏液层　3. 胚

3. 种子未完全成熟

有些种子的胚已经发育完全,但在适宜的条件下仍不能萌发,它们一定要经过一段时间休眠,在胚内部发生一些生理生化变化,才能萌发,通常称为后熟(after ripening)过程。如蔷薇科植物(苹果、桃、梨、樱桃等)和松柏类植物的种子必须经低温处理,即用低温层积法处理,将种子分层堆积在5℃左右低温湿砂环境下1~3个月,后熟完成之后,萌发率可达90%以上。大麦、小麦、粳稻、棉花种子经过1~2个月的常温干藏,即可完成后熟,达到最高发芽率。

经过后熟作用的种子,种皮透气、透水性增加,酶活性和呼吸增强,有机物开始水解为可溶物,脱落酸含量下降,细胞分裂素含量先上升,以后随着赤霉素含量上升而下降。有些植物种子的后熟要求低温,而有些种子则在收获后的晒种干燥过程中完成后熟。

4. 抑制物的存在

有些植物的种子不能萌发,是由于种子或果实内含有抑制萌发的物质。它们可以存在于果肉(梨、甜瓜、柑橘等)、种皮(苍耳、甘蓝)、胚乳(鸢尾、苹果)或子叶(菜豆)中。抑制物质多数是一些低相对分子质量的有机物,如 HCN、NH_3、乙烯等,较复杂的有芥子油、精油等;酚类物质有水杨酸、没食子酸、阿魏酸、香豆素等;醛类化合物有柠檬醛、肉桂醛等;生物碱类有咖啡碱、古柯碱等;还有内源激素脱落酸。在种子储藏时,经过后熟过程中的生理生化变化,抑制物质分解转化,种子萌发抑制解除。

种子萌发抑制物质的存在有其生态意义,如许多生长在沙漠中的植物,种子中的抑制物质使其处于休眠状态,一旦充分降雨淋洗掉抑制物质,种子立即萌发,在短暂湿润的环境下迅速完成生长周期。抑制物质对种子萌发的抑制作用没有明显的专一性,一些种子的抑制物还可以抑制周围其他种子萌发,从而使这种植物在生存竞争中存活下来,这也是植物间的相生相克现象。

在生产实践中,有时需要延长种子的休眠时间,防止穗上发芽。例如,有些小麦、水稻的种子休眠期短,成熟后若遇到阴雨天气,就会出现穗发芽,影响产量和质量。春花生成熟后,土壤湿度大时,花生种仁会在土中发芽,给生产上造成损失,在其成熟时喷施 PP_{333} 可延缓萌发。

5. 种子休眠的调节

植物一般遇到恶劣环境如低温、干旱等会进入休眠状态,但有些植物遇低温环境进入休眠,同时又只有低温环境才能打破休眠,这被称为低温预冷(prechilling)。一些果树和裸子植物的种子需在低温、湿润和有氧条件下几周或数月才能打破休眠。不同植物有不同的低温要求,如苹果、梨、樱桃等在7℃以下经过7~9周,杏经过4~6周可从休眠中释放出来,而柿仅要求4d低温。有些种子的萌发要求变温,在恒定的温度下不萌发,但并不要求很大的温差,一般在5℃~10℃即可。如阔叶酸模的种子在恒温下不萌发,在每天16h的15℃以上温度和5℃温差条件下,90%的种子迅速萌发。

实践中可以通过层积(stratification)的方式打破休眠,层积是一种有效的人工处理方法,即用湿润的沙将种子分层堆埋在室外,经低温预冷来打破休眠;药剂处理也可打破休眠,促进萌发,常用的主要有 GA、6-BA、IAA 等。

光也为许多种子打破休眠所必需,去种皮后的种子胚易于萌发,说明种皮是胚接收光信号的障碍,光直接作用于胚。实验证明,由胚中的光敏色素接受光的信号,使胚根能突破种皮的障碍而启动萌发。

10.3.2 营养器官休眠的成因与调节

1. 芽休眠的成因与调节

绝大多数温带树木在冬季处于休眠状态,降低代谢以适应低温环境,增强抗寒性,作为树木生长的中枢,此时芽处于休眠状态,芽休眠往往发生在其他部分停止生长1~2个月之前,在引种栽培中,芽在秋季能否适时进入休眠,关系到树木能否安全越冬。在夏季高温干旱地区生长的某些植物,如橡胶草等,在夏季来临前落叶进入夏休眠。多数植物的芽休眠是典型的短日反应,在夏末秋初接受日照缩短、温度降低的信号,就发生了生理和形态变化,其节间缩短,芽停止抽出,在芽外部出现芽鳞片,防止失水,限制氧进入,保持一定的温度,保护芽过冬。

低温不仅是诱导休眠的重要因子,而且许多芽的休眠能被一段时间低温处理打破,如苹果要求在7℃下1 000~1 400h,这种对低温时间长度要求的机制,对确定某一品种的种植地区非常重要。一般植物对低温的感应定位在芽中而不被传递,如将休眠的紫丁香的一根枝条从窗口伸出,接受低温,则这一个枝条可打破休眠,而生长在温暖的室内的其他枝条不能打破休眠。

休眠芽的萌发是指经历了休眠过程的芽在合适温度下萌动的现象。芽萌动的早晚影响到其生长期长短、开花时间,又关系到其是否能够抵御春寒的侵袭。在果树需冷量(落叶果树打破自然休眠所需的有效低温时数)又称需寒量、低温需求量或需寒积温得到满足之后,芽开始萌发生长。

常利用高温刺激来打破芽休眠,如将丁香枝条在30℃~35℃温水中浸泡9~12h,可使花芽打破休眠,在冬天开放。也可用二氯乙醇等化学药剂和GA等打破果树的芽休眠。

2. 地下贮藏器官休眠的成因与调节

许多植物为了度过冬季严寒和炎夏高温、干旱季节,常以地下变态器官块茎、块根、鳞茎或球茎作为休眠器官。温度是诱导地下储藏器官休眠的主要因素,有些也受日照长度和水分状况的影响。一般块茎休眠受多种因素的控制,既与一些生长物质如赤霉素、脱落酸、细胞分裂素、生长素、乙烯、茉莉酸水平变化有关,又与激酶和一些蛋白因子的调控有关。

以马铃薯为例,它是由地下匍匐茎膨大形成的。马铃薯匍匐茎的发生可在较广的温度和日照条件下进行,由叶片感受温度和日照长度的变化,一般短日光周期和较大的昼夜温差下,传递信号至匍匐茎,促进其尖端膨大形成块茎。块茎的形成和发育与GA和细胞分裂素的动态变化有关,长日照条件下,体内较高的GA水平有利于匍匐茎的伸长;当短日照条件使GA水平下降后,匍匐茎停止生长而尖端膨大。从马铃薯叶片中分离出茉莉酸类化合物对其块茎形成的诱导非常有效。

生产上多采用赤霉素破除马铃薯块茎休眠,具体方法是:将种薯切成小块,冲洗后在0.5~1mg·L^{-1}的赤霉素溶液中浸泡10min,然后催芽。此外,可用晒种法,将收获的块茎晾干2~3d以减少薯块水分,阳光下翻晒,使薯块各部分受热均匀,两周左右,芽眼明显凸起时,休眠被破除,即可切块播种。

马铃薯在储藏期间,也会因超过休眠期而发芽,失去其商品价值,可用低温储藏、药剂处理等方法来延长其休眠的时间。一些花卉以鳞茎、球茎为繁殖器官,对其休眠的控制有重要经济价值。

10.4 植物的衰老生理

植物及其组织、器官经过生长、发育,最后都要过渡到衰老阶段,直至脱落死亡。衰老(senescence)就是指植物各部分功能发生不可逆衰退的过程。自然衰老受植物遗传基因控制,是植物正常发育的必经过程,环境条件可影响衰老的进程。衰老和老化(aging)不同,老化指植物发育过程中发生的不包括死亡的那些衰退事件,如种子储藏过程中生活力衰退劣变、发芽率降低等。

衰老不是简单的被恶劣的环境因子导致的被动死亡或坏死,而是植物发育进程中自身遗传程序控制的一个阶段,是一种主动控制的过程。在植物发育的一定阶段,老的叶片光合作用功能下降进入衰老程序,将物质运出,被新生的器官再利用。衰老也是一种对环境的适应,衰老程序的启动也被环境因子所诱导。衰老是不可避免的,但在生产上可以通过对引起衰老的原因分析而找出延缓衰老的办法。

10.4.1 植物衰老的类型和意义

植物进化的环境不同,生长习性不同,衰老方式也有差异,主要有4种方式(图10-14)。

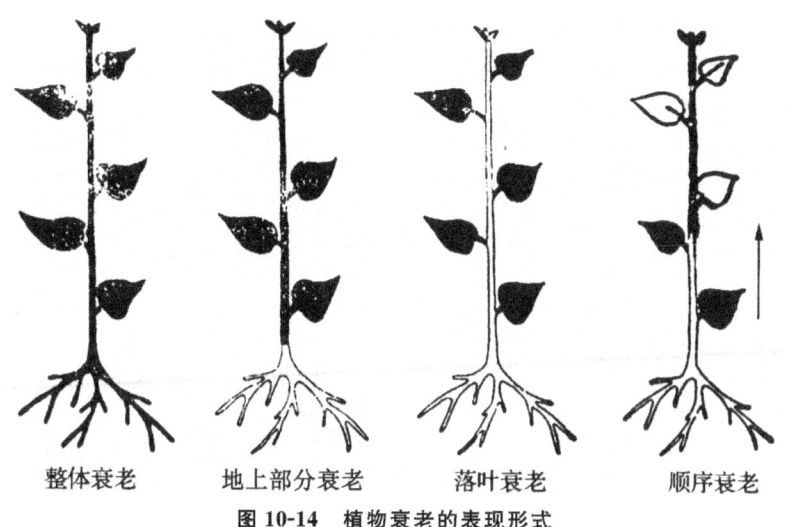

图 10-14 植物衰老的表现形式

1. 整体衰老

一生中只开一次花的植物在开花结实后不久,由于营养物质被生殖器官的生长发育消耗殆尽,造成植物整株衰老,直至死亡。这些植物包括主要的农作物,如小麦、玉米、水稻、大豆等。

2. 地上部分衰老

有些多年生植物,整个地上部分随着生长季节的结束而死亡,而地下根、茎继续生存,待第二年重新长出茎叶,开始新的一年的生长,如甘薯、茅草、莲等。

3. 落叶衰老

又称叶片同步衰老。落叶树木的叶片,在秋季或夏季发生季节性同时衰老脱落,如温带秋季和沙漠夏季的树木,脱落后植株便进入休眠状态,以度过接踵而至的恶劣环境。

4. 顺序衰老

植物体中较早产生的组织和器官会随时间的推移逐渐衰老脱落,并被新的器官所取代。如木质部导管、管胞、周皮中的木栓层、老的根毛等,不断新旧更替,花瓣、花丝、柱头在受精后很快衰老脱落,而整株植物仍处于旺盛的生长状态。一些常绿树木,叶片不是在同一时期衰老脱落,而是分批轮换的衰老脱落。

植物衰老既有其积极的一面,又有消极的一面。如一、二年生植物成熟衰老时,其营养器官贮存的物质降解,运转到发育的种子、块根、块茎等器官中,以利于下一轮生命周期的新器官的生长发育。多年生植物秋天叶子衰老脱落之前,输出大量物质到茎、芽、根中贮存,以供再分配和再利用,以适应秋去冬来不良的环境条件,有利于生存。一、二年生植物基部叶片受光不足,常常是养分的消耗者,叶片自基部向上依次衰老死亡,有利于植物保存和有效利用营养物质。

10.4.2 植物衰老过程中的生理变化

植物的正常衰老是由遗传基因控制的有序过程。在这一过程中,其内部发生一系列与衰老有关的复杂生理变化。植物衰老首先从器官的衰老开始,然后逐渐引起植株衰老。由于叶片是植物进行光合作用、制造有机物质的重要器官,因而叶片被广泛用于植物衰老的研究。植物叶片衰老过程中的生理生化变化表现在以下几个方面(图10-15)。

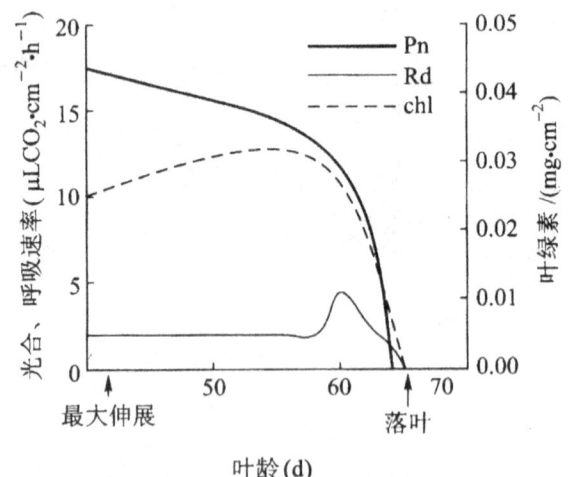

图 10-15　菜豆衰老叶片中生理生化变化(引自李合生,2002)

1. 水解酶活性下降

衰老过程中蛋白质代谢的总趋势是降解加速,蛋白质含量、mRNA 含量、DNA 含量显著下降,但也合成新的蛋白质,如蛋白水解酶、核酸水解酶等。衰老加剧脂类降解,参与脂肪降解过程的酶包括磷脂酶 D、磷脂酸磷酸酯酶、裂解酰基水解酶、脂氧化酶。

2. 光合速率和呼吸速率下降

在衰老组织细胞中，发生了一系列生理生化变化，以叶片衰老为例，最明显的标志是叶片失去绿色而呈现出黄色、红色或褐色，即叶绿素降解，光合作用迅速下降。在叶片衰老过程中，线粒体的结构相对比叶绿体稳定，呼吸速率下降较光合速率慢，直到衰老后期线粒体膜才出现损伤。有些叶片衰老时，呼吸速率先迅速下降，后又急剧上升，再迅速下降，出现呼吸跃变现象。核酸总含量下降，蛋白质分解大于合成（图 10-16）。大部分有机物和矿质元素从衰老部位向外撤退，转运到其他部位被再度利用。

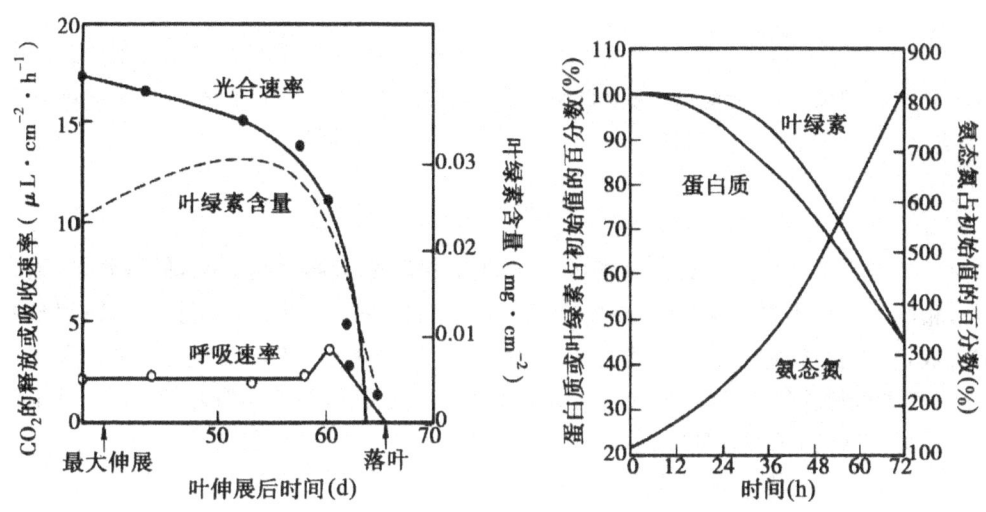

图 10-16　紫苏叶片衰老开始后各代谢降低、分解大于合成

3. 生物膜结构变化

衰老时构成细胞的生物膜逐渐失去弹性，老化降解，由正常的液晶态衰老为凝胶相、混合相等（图 10-17）；选择透性功能逐渐丧失，内容物发生渗漏，使植物体内各种代谢紊乱。膜的衰老是细胞衰老的诱因，而细胞衰老是植物组织、器官衰老的基础。

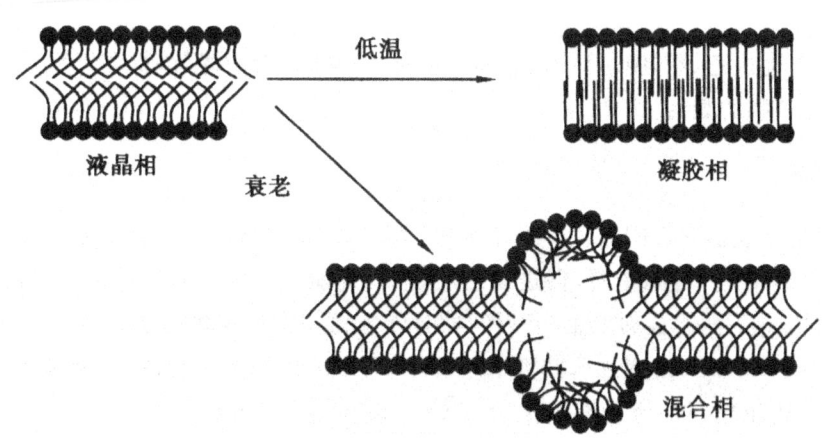

图 10-17　生物膜相变示意

4.植物内源激素的变化

在植物衰老过程中,植物内源激素有明显变化。已知植物几类内源激素都与衰老有关。一般情况下,在植株或器官的衰老过程中,吲哚乙酸、赤霉素和细胞分裂素含量逐步下降,而脱落酸和乙烯含量逐步增加。此外,叶片衰老过程中,会增加一些与水解酶、呼吸酶有关的 RNA 的合成,这些 RNA 可能具有调节衰老进程的作用。

10.4.3 环境因素对衰老的影响

1.温度

低温和高温都加速叶片衰老,诱发自由基产生、膜破坏等。高温下根系合成细胞分裂素减少,促进衰老。

2.光照

植物叶片在光下比在暗中衰老得慢,暗中产生的脱落酸引起气孔关闭,促进衰老、强光和紫外线促进植物体内产生自由基,诱发植物衰老。长日照促进赤霉素合成,利于生长;短日照促进脱落酸合成,利于脱落,加速衰老。光质对衰老也有不同的影响,红光可阻止叶绿素和蛋白质的降解,而远红光可消除红光的作用,可见衰老也是受光敏色素调控的。照射蓝光可以明显减少叶绿素和蛋白质的降解,延缓衰老。

3.气体

O_2 浓度过高会加速自由基的形成,自由基的产生超过自身的防御能力时引起衰老。O_3 污染环境可加速植物的衰老过程。气体 O_2 浓度过高时,呼吸和光呼吸加强,会引起衰老,设施栽培中,中午应有放氧过程;CO_2 适当升高(小于 10%)会降低呼吸,对衰老有一定的抑制作用,这一点在果蔬贮藏中得到应用,但不能过高,否则会过度抑制呼吸作用,引起原生质中毒变性。

4.水分

水分胁迫会促进乙烯和脱落酸形成,加速蛋白质和叶绿素的降解,提高呼吸速率,促进自由基的产生,加速植物的衰老。

5.矿质营养

矿质营养缺乏使器官之间的营养竞争加剧,其中 N、P、K、Ca、Mg 的缺乏对衰老影响很大。氮肥不足,叶片易衰老;增施氮肥,促进蛋白质合成,则能延缓叶片衰老。钙不仅是一种营养元素,影响着叶片、果实等器官的发生与衰老,而且作为植物生长发育的第二信使,外源 Ca^{2+} 处理不仅能够增加胞外 Ca^{2+},改变细胞间隙离子环境,而且可以调节细胞活力、抑制叶绿素降解、维持膜的稳定性,从而起到延缓衰老的作用。Ag^+($10^{-10} \sim 10^{-9}$ mg·L^{-1})、Ni^{2+}(10^{-4} mg·L^{-1})可延缓水稻叶片的衰老。

6. 植物激素

延缓衰老是细胞分裂素特有的作用。细胞分裂素可以显著延长离体叶片的保绿时间,赤霉素也能延缓叶片衰老、蛋白质降解;生长延缓剂如 CCC 和 B$_9$ 等也有延缓衰老的效应。脱落酸能促进叶片衰老,乙烯能促进花、果等器官衰老。

10.5 器官脱落生理

植物器官衰老的结局往往是脱落,但某一特定器官的脱落并不意味着整株植物都衰老了。叶片、花、果实、种子或枝条等植物的部分器官脱离母体的过程,称为脱落(abscission)。

10.5.1 脱落的类型和意义

根据引起脱落的原因,器官脱落可分为正常脱落、胁迫脱落和生理脱落三类。

1. 正常脱落

由于衰老或成熟引起的器官脱落是正常的脱落,植物各部分的正常脱落,有时是完成其生理功能后的必然发育过程,如受粉受精后,花各部分的脱落,树皮的脱落等;有时是植物对不良环境的适应方式,如果实、种子的成熟脱落,有利于物种的保存。

2. 胁迫脱落

因逆境条件(水涝、干旱、高温、低温、盐渍、病害、虫害、大气污染等)而引起的脱落称为胁迫脱落。

3. 生理脱落

是因植物自身的生理活动而引起的脱落,如营养生长与生殖生长的竞争,光合产物运输受阻或分配失调等均能引起生理脱落。

在生产上异常脱落现象普遍存在,常常给农业生产带来重大损失,如棉花蕾铃脱落率可达 70% 左右,大豆花荚脱落率也很高。因此,生产上采取必要措施减少器官脱落具有重要意义。

脱落的生物学意义在于植物种的保存,在不适合生长的条件下,部分器官的脱落可减少水分消耗,减少营养竞争,去除病虫害侵染源,有利于存留器官的发育成熟以延续种的生命,传播种子以繁殖后代。

10.5.2 器官脱落的机制及其影响因素

1. 离层与脱落

脱落发生在特定的组织部位——离区。离区是指分布在叶柄、花柄和果柄等基部一段区域中经横向分裂而形成的几层细胞。以叶片为例,叶柄基部离区细胞体积小,排列紧密。以后在离区范围内进一步分化产生离层(图 10-18)。

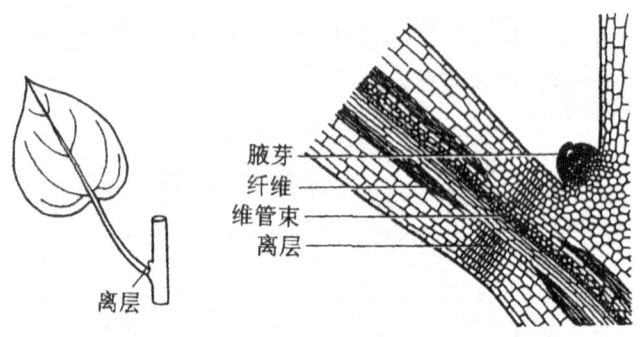

图 10-18 双子叶植物叶柄基部离层部分纵切面

多数植物叶片在脱落之前已形成离层,但处于潜伏状态。叶片行将脱落之前,离层细胞衰退,变得中空而脆弱,纤维素酶(cellulase)与果胶酶(pectinase)活性增强(图 10-19),细胞壁的中层分解,细胞彼此离开,叶柄只靠维管束与枝条相连,在重力与风力等的作用下,维管束折断,于是叶片脱落。器官脱落时离层细胞先行溶解,木本植物的叶片脱落,通常是位于两层细胞间的胞间层先发生溶解,于是相邻两个细胞分离,分离后的初生细胞壁依然完整(图 10-20 之 1);或者是胞间层与初生壁均发生溶解,只留一层很薄的纤维素壁包着原生质体(图 10-20 之 2);而草本植物通常是一层或几层细胞整个溶解(图 10-20 之 3)。

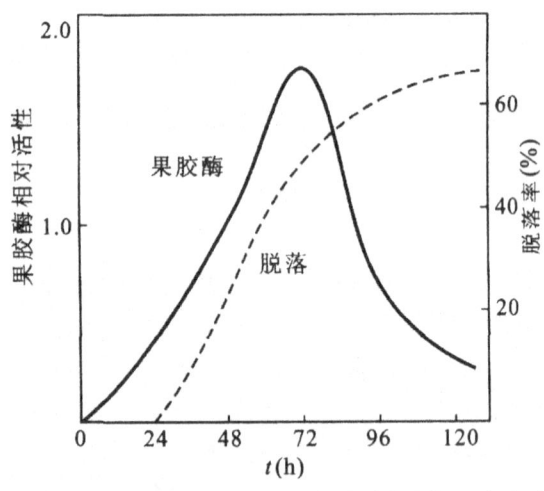

图 10-19 四季豆叶片去掉后,叶柄外植体的脱落率与果胶酶活性的关系

2.脱落与激素

脱落是植物衰老的结果,而衰老又与内源激素的变化密切相关。因此,器官的脱落必然受植物体内各种激素的调节与控制。

(1)生长素

生长素既可以抑制脱落,也可以促进脱落,它对器官脱落的效应与生长素使用的浓度、时间和施用部位有关。用四季豆切取具叶柄的茎段试验发现,如果处理离层远茎端(距茎远的一端)可降低脱落率;若生长素处理离层近茎端(距茎近的一端)可提高脱落率(图10-21)。这说明脱落与离层两端的生长素含量密切相关,这可用Addictt等于20世纪50年代提出的生长素梯度(auxin gradient)学说加以解释。

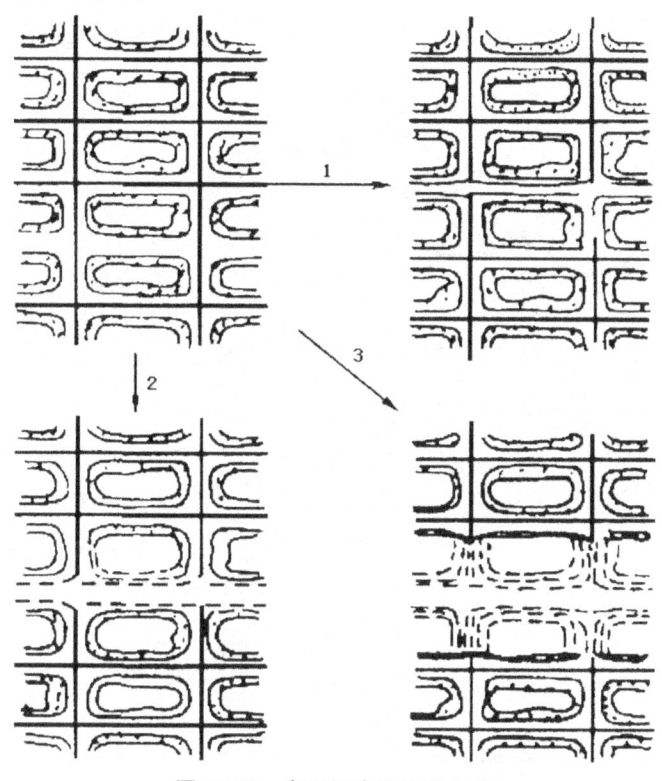

图10-20 离层细胞的溶解方式
1.仅胞间层溶解　2.胞间层及细胞壁溶解　3.整层细胞溶解

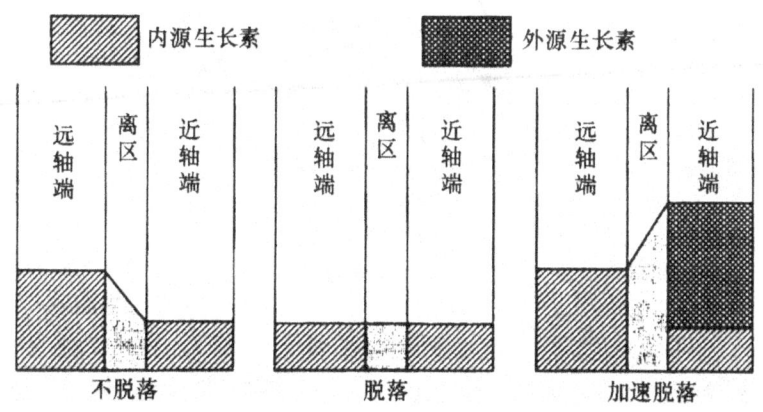

图10-21 叶片脱落与叶柄离层两侧生长素相对含量的关系

(2)赤霉素和细胞分裂素

这两种激素能抑制脱落,如杏、棉花和柑橘等植物上施用赤霉素能降低花果脱落,赤霉素对防止棉花幼铃脱落效果显著。细胞分裂素能延缓脱落,因其能抑制核酸和蛋白质分解,降低乙烯对植物产生的影响。生长素和赤霉素都有调运养分移向其所在的部位(图 10-22)的作用,而细胞分裂素能抑制所在部位有机物质的分解,所以三者在适宜浓度都能延缓衰老和脱落。

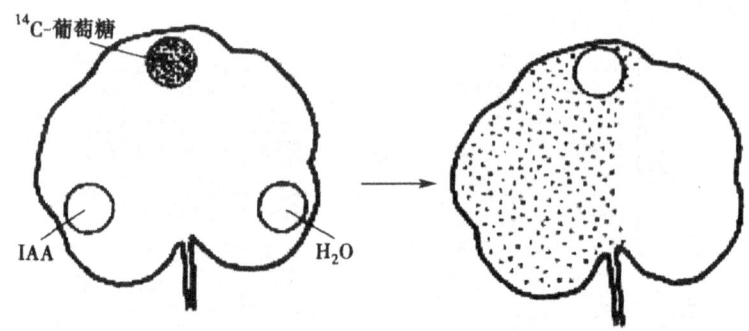

图 10-22 生长素调运养分的作用

(3)乙烯

乙烯加速离层细胞的衰老是控制脱落的主要因素。在一定的发育阶段和条件下,离层细胞对乙烯的敏感性增加,受乙烯的刺激而分裂扩大,同时诱导许多水解酶的合成和提高酶的活性,如果胶酶、纤维素酶和多聚半乳糖醛酸酶,并加速这些酶向细胞壁分泌,水解离层的细胞壁,从而引起器官的脱落。为了研究生长素和乙烯共同作用对植物的影响,Reid 提出激素控制脱落的模型(图 10-23)。

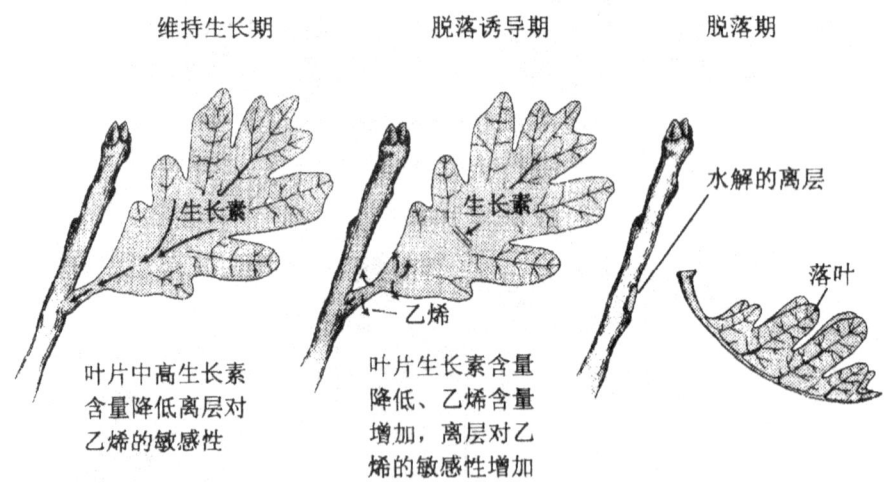

图 10-23 生长素和乙烯调控叶片脱落的作用模型(引自 Taiz and Zeiger,2006)

(4)脱落酸

生长的叶片内脱落酸含量少,而在衰老的叶片和即将脱落的幼果中,脱落酸含量高。然而,脱落酸并非是导致器官脱落的直接原因。脱落酸的主要作用是刺激乙烯的合成,并提高组织、器官对乙烯的敏感性,促进纤维素酶和果胶酶等的合成,加速植物衰老,引起器官脱落。脱落酸在脱落的棉铃中含量很高,导致其被发现和命名。脱落酸曾被认为是控制器官脱落的主要因子,但后来的证据说明,脱落酸能促进衰老,但仅能诱导少数植物器官脱落。引起脱落的激素主要是生长素和乙烯的平衡,而不是脱落酸。

3.外界条件对脱落的影响

(1)温度

低温和高温能导致生物膜相变,加速植物衰老、脱落。在田间条件下,高温常导致干旱而加速衰老脱落;霜冻常引起茎、叶细胞死亡脱落。

(2)光照

光能抑制或延缓脱落,弱光则促进脱落,如作物密度过大时,常使下部叶片过早脱落,原因是弱光下光合速率降低,糖类物质合成减少;短日照促进落叶而长日照延迟落叶,可能与赤霉素、脱落酸的合成有关。另外,不同光质对脱落也有不同影响,远红光增加组织对乙烯的敏感性,促进脱落,而红光则延缓脱落。

(3)水分

水分胁迫会导致器官脱落,树木在干旱时落叶,可减少水分的消耗,这是植物的保护性反应。缺水干旱时吲哚乙酸和细胞分裂素活性降低,而脱落酸和乙烯含量大大增加,从而启动脱落过程。淹水使土壤中缺氧,乙烯大量合成,也导致器官的脱落。

(4)氧气

氧气浓度影响脱落,氧气浓度在 $10\%\sim30\%$ 范围内,增加氧气浓度会增加棉花外植体脱落。高氧促进脱落的原因可能是促进了乙烯的合成。低氧抑制呼吸作用,降低根系对水分及矿质的吸收,造成花果发育不良,也会导致脱落。

(5)矿质营养

矿质营养缺乏时,代谢失调,器官易于脱落。碳水化合物等营养供应不足也会增加花和果实的脱落率。缺乏 N、Zn 能影响吲哚乙酸的合成;缺少 B 会使花粉败育,引起花而不实;Ca 是细胞壁中果胶酸钙的重要组分,外源 Ca 可通过硬化细胞壁降低细胞壁纤维素酶活性而抑制脱落。缺乏 B、Zn、Ca 皆会导致脱落。单稔植物开花结果后由于消耗过多营养而脱落死亡。糖类及矿质元素供应不足也会增加花果的脱落率。

综上所述,器官脱落受多种因素的综合影响,在农业生产中研究延迟或促进植物器官脱落的机制及其调节控制具有重要的意义。例如,苹果采收前的落果,不仅影响产量,而且影响品质。在生产上可以采用水肥供应,适当修剪,以改善花果的营养条件,达到保花保果的效果。

第11章 植物的适应性与逆境生理

11.1 植物的适应性

11.1.1 营养器官的变态与变态器官

植物营养器官的发育过程及形成的结构是大多数种子植物正常生长之后的结果,但有些植物的营养器官会出现一些特殊的生长方式和结构,称为异常生长和异常结构。有些植物的一部分营养器官还具有特殊的功能,其形态结构发生显著改变,这种现象称为变态,该器官称为变态器官(abnormal organ)。器官的变态是植物长期适应某种特殊环境条件的结果,通过自然选择和人工选择,这种特征已成为该物种明显而稳定的遗传性状。这种变态是一种健康、正常的现象,与病理上或偶然的变化不同。

1. 根的变态

很多植物的根在长期发展过程中,其形态和功能发生了变化,这种变化可以遗传给下一代,并成为这种植物的遗传特性。这种现象称为根的变态。

(1)地下根的变态

储藏根的主要功能是储藏大量营养物质,这类根通常肉质化。储藏根依来源不同可分为肉质直根和块根两大类。

①肉质直根。肉质直根由主根发育而成。一株植物上仅有一个肉质直根,并包括下胚轴和节间极短的茎。如萝卜、胡萝卜和甜菜等的肉质肥大的根部都属于此类,从外形上看,它们极其相似,但其实在结构上存在着很大的差异(图11-1)。

不同种类肉质直根的加粗方式不同,导致贮藏组织的来源和内部结构不同。如萝卜根的增粗主要是产生了大量次生木质部的缘故,木质部中有大量薄壁组织储藏了营养物质;胡萝卜根的增粗主要是由于维管形成层活动产生了大量次生韧皮部,其内发达的薄壁组织储藏了大量营养物质;甜菜根的增粗则是一种异常生长状态,在正常形成层之外,来源于中柱鞘和韧皮部的同心圆排列的形成层向内、向外分别产生木质部和韧皮部,其中含有大量薄壁组织。

②块根。块根(root tuber)和肉质直根不同,主要由侧根或不定根发育形成。在一株植物上可以形成许多块根。块根形状不规则,其膨大的原因多为异常生长所致,如甘薯,除正常位置的形成层外,还可以在各个导管群或导管周围的薄壁组织中发育,形成副形成层,副形成层活动产生三生结构。三生结构包括向着导管方向形成几个管状分子,背向导管产生几个筛管和乳汁管,同时在这两个方向上还有大量储藏薄壁组织细胞产生。

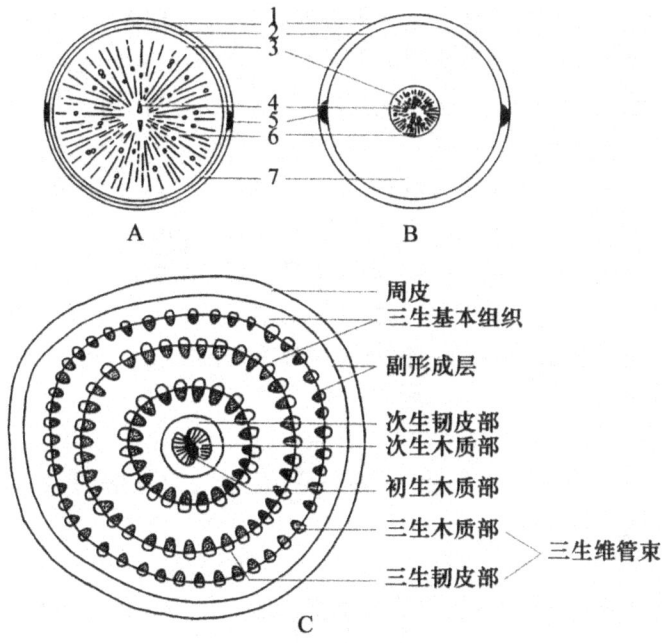

图 11-1　储藏根的结构

A.萝卜肉质根横切面结构　B.胡萝卜肉质根横剖面结构　C.甜菜肉质根横切面结构

1.周皮　2.皮层　3.形成层　4.初生木质部　5.初生韧皮部　6.次生木质部　7.次生韧皮部

2）地上根的变态

通常根生活在土壤中，但有些植物的根却生活在地面以上的空气中，如图11-2所示为常见的地上部分根的变态。

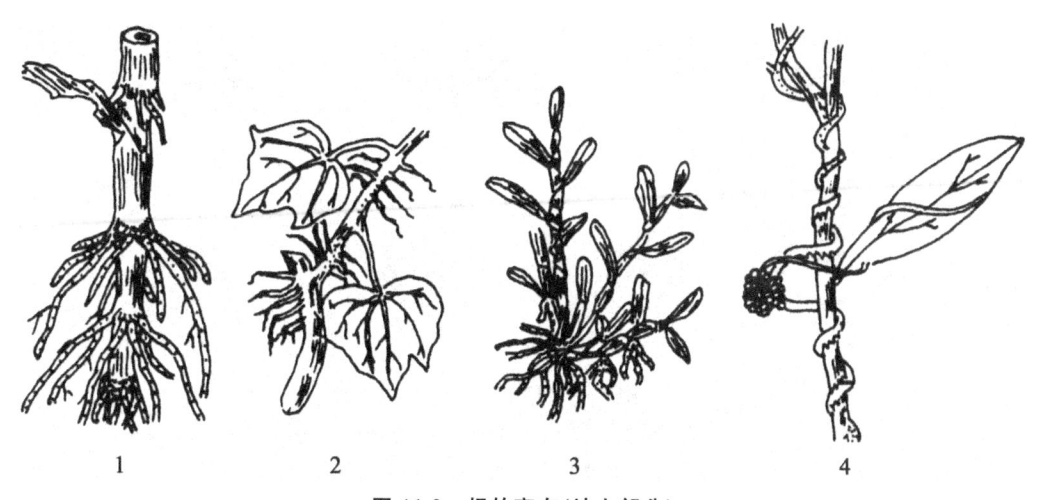

图 11-2　根的变态（地上部分）

1.支柱根（玉米）　2.攀缘根（常春藤）　3.气生根（石斛）　4.寄生根（菟丝子）

①支柱根。支柱根（prop root）是指在近地面茎节上的不定根不断延长，根先端伸入土中，并继续产生侧根，起到增强支持植物体的作用。如玉米、高粱、甘蔗、榕树等的根属于此类。玉米支柱根

的表皮往往角质化,厚壁组织发达。支柱根在土壤肥力高、空气湿度大的条件下能够大量发生。

②攀缘根。这类植物的代表主要为常春藤和络石。植物的茎干上生长出细长柔弱的不定根使植物攀附于石壁、墙垣、树干或其他物体上,这种具有攀附作用的根称为攀缘根(climbing root)。

③气生根。这类植物的代表主要为石斛、吊兰、榕树等。茎上生长的一些不定根,不伸入土中,而是在潮湿空气中吸收和贮藏水分,称为气生根(aerial root)。

④寄生根。一些植物,如菟丝子等的叶退化成鳞片状,茎缠绕在寄主的茎上,与寄主接触的一面生出数目很多的不定根并伸入寄主体内,它们的维管组织与寄主的维管组织相互联系,借此摄取寄主组织内营养物质如水分和养料等,这种根称为寄生根(parasitic root)。

2.茎的变态

有些植物的茎为了适应不同的功能,在形态结构上发生了一些可遗传的变化,称为茎的变态。常见的变态有下列几种类型。

(1)地下茎的变态

少数植物的茎生长在地下,这种茎称为地下茎。地下茎仍保持茎的基本特征,即有叶(一般退化成鳞片),有节和节间等,通常都贮有丰富营养物质,并可以繁殖。

地下茎的变态主要包括根茎、块茎、球茎和鳞茎4种(图11-3)。根茎常横卧地下,呈根状,节和节间明显。块茎肉质肥大呈不规则块状,节向下凹陷,节上具芽,叶呈小鳞片状或早期枯萎脱落,如天麻、半夏、马铃薯等。球茎肉质肥大呈球形或扁球形,节和节间明显。鳞茎极度缩短,称鳞茎盘,盘上生有许多肉质肥厚的鳞叶,鳞茎基部生不定根。

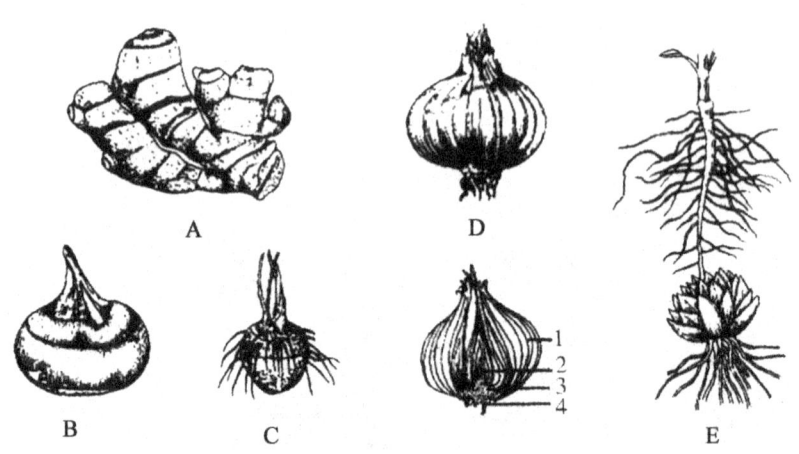

图11-3 地下茎的变态

A.根茎(姜) B.球茎(荸荠) C.块茎(半夏) D.鳞茎(洋葱) E.鳞茎(百合)
1.鳞叶 2.顶芽 3.鳞茎盘 4.不定根

(2)地上茎的变态

地上茎的变态与地下茎相比更为多样化。地上茎的变态包括茎刺、茎卷须、叶状茎等,如图11-4所示。由茎变态形成具有保护功能的刺称为茎刺(stem thorn),生于叶腋处,有维管组织与主茎相连,并可以有分枝,如皂荚、山楂的茎刺。茎卷须是一些植物部分枝条变态卷曲而成,其上不生叶，用以缠绕其他的物体，使细长的植物体向上生长。葡萄的卷须与花枝的位置相当，所以卷须与叶对生。南瓜的卷须生在叶腋。卷须有旋卷向触性运动，旋卷现象仅出现于幼嫩时期。茎扁化呈叶状称为叶状茎（phylloid），绿色，可以进行光合作用；但节与节间明显，节上能分枝、生叶和开花；叶完全退化或不发达，如假叶树、竹节蓼、天门冬等植物的茎。肉质茎主要指仙人掌科、大戟科的植物的绿色变态茎，肥厚多汁，不仅可以贮藏水分和养料，还可以进行光合作用。

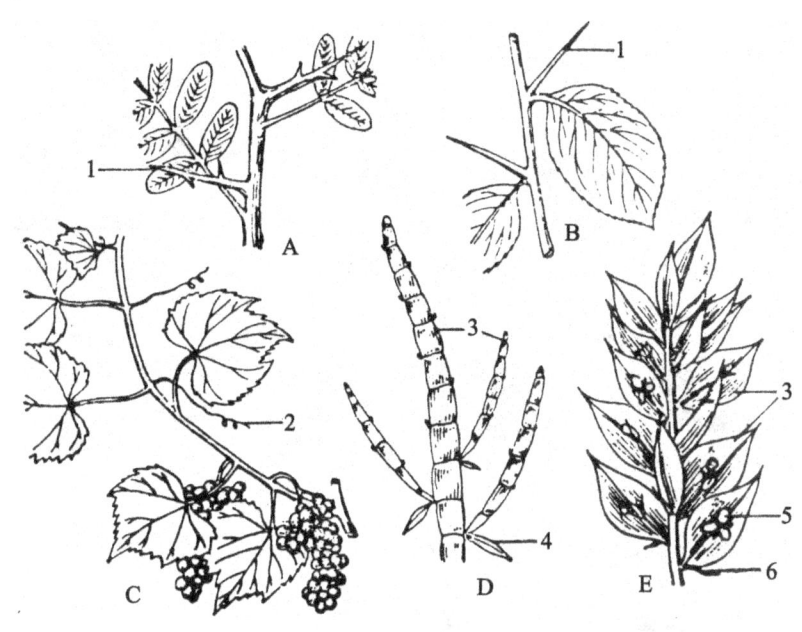

图 11-4　茎的变态（地上茎）
A,B.茎刺（A.皂荚，B.山楂）　C.茎卷须（葡萄）　D,E.叶状茎（D.竹节蓼，E.假叶树）
1.茎刺　2.茎卷须　3.叶状茎　4.叶　5.花　6.鳞叶

3.叶的变态

植物的叶为了适应不同的功能，形态结构上发生了一些变化，这些变化具有可以遗传的特征，称为叶的变态。常见的如图 11-5 所示。

(1)叶卷须

由叶或叶的一部分变成卷须，如西葫芦的整个叶片变为卷须，豌豆羽状复叶先端的一些小叶片变成卷须。

(2)叶刺

由叶或托叶变成刺状而形成，如仙人掌类和小檗属植物茎上的刺，刺槐的托叶变态为托叶刺。

(3)苞片和总苞片

生于花下的变态叶，称苞片（bract），一般较小，绿色，但也有大型而呈各种颜色的。数目多而聚生在花序基部的苞片总称为总苞片（involucre）。苞片和总苞片有保护花和果实的作用，有些还有吸引昆虫的作用，如鱼腥草大而白色的总苞片。苞片的形状、大小和色泽，因植物种类不同而异，可作为种属的鉴别依据。

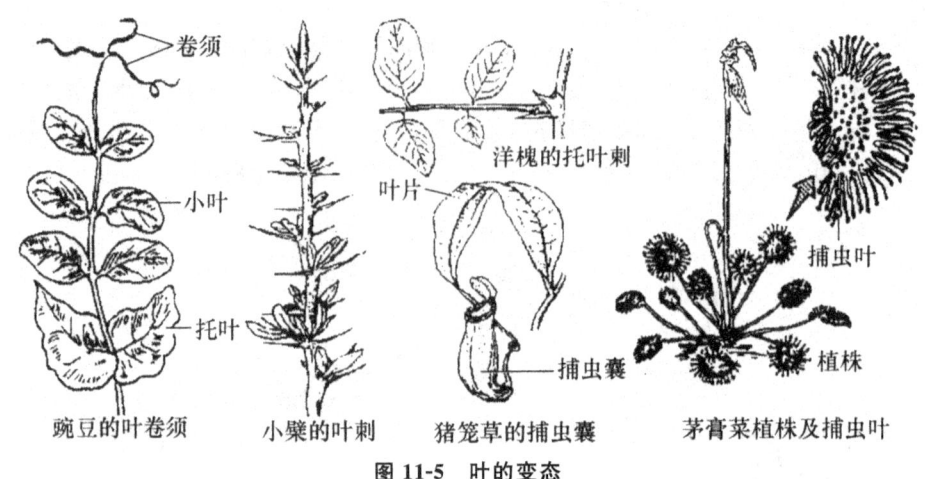

图 11-5 叶的变态

(4)鳞叶

有些植物茎上的叶变成肉质多汁或膜质干燥的鳞叶(scale leaf),肉质的鳞叶如洋葱、百合的鳞叶,含有丰富的贮藏养料;膜质干燥的鳞叶,如慈菇、荸荠的节上的鳞叶是退化的器官,有时对鳞茎和腋芽起保护作用。

(5)叶状柄

有些植物的叶片完全退化,而叶柄变为扁平的叶状体,称为叶状柄,如我国南方的台湾相思树。

11.1.2 植物营养器官的形态、结构与环境的关系

本节重点分析叶的结构与生态环境的关系。根据植物和水分的关系,可将它们分为旱生植物、中生植物和水生植物。根据植物和光照强度的关系,又将它们分为阳生植物、阴生植物和耐阴植物。

1. 旱生植物的叶

旱生植物的叶一般具有保持水分和防止水分过量蒸发的特点,通常向着两个不同的方向发展:一类是对减少蒸腾的适应,形成了小叶植物。其叶片小而硬,通常多裂,表皮细胞外壁增厚,角质层也厚,甚至形成复表皮。气孔下陷或局限在气孔窝内,表皮常密生表皮毛,栅栏组织层次多,甚至上、下两面均有分布。机械组织和输导组织发达,如夹竹桃的叶(图 11-6 之 A)。另一类是肉质植物,如马齿苋、景天和芦荟等,它们的共同特征是叶肥厚多汁,在叶内有发达的薄壁组织,贮存了大量的水分,以此适应旱生的环境。生长于盐碱土壤的猪毛菜属(Salsola)植物,叶片肉质,线状圆柱形,表皮内侧环生一层栅栏组织,再内侧为一圈贮藏黏液细胞,中央为具有贮水能力的薄壁细胞,大、小维管束贯穿于薄壁细胞之间(图 11-6 之 B)。

2. 水生植物的叶

整个植物体或植物体一部分浸没在水中的植物称为水生植物。按照水深浅不同,水生植物分为沉水植物、浮水植物和挺水植物 3 种类型。水生植物可以直接从周围环境获得水分和溶解

于水中的物质,却不易得到充分光照和良好通气。在长期适应水生环境的过程中,水生植物体内形成了特殊结构,叶片结构的变化尤为显著。

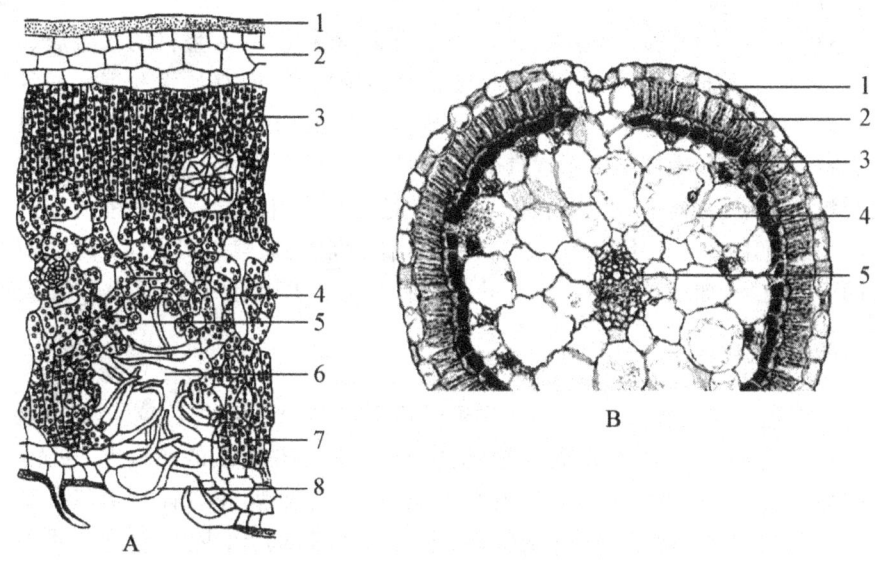

图 11-6　中生植物的叶

A.夹竹桃叶(1.角质层　2.复表皮　3.栅栏组织　4.海绵组织　5.气孔　6.气孔窝　7.栅栏组织　8.表皮毛)　B.藜科植物钾猪毛菜属(O_2^-)叶的横切(1.表皮　2.栅栏组织　3.黏液细胞　4.贮水组织　5.维管束)

沉水植物(submerged plant)是指整个植物体沉没在水下,与大气完全隔绝的植物。如眼子菜科、金鱼藻科、水鳖、茨藻科、水马齿科及小二仙草科的狐尾藻属等。沉水植物是典型的水生植物,叶片通常较薄,常为带形,有的沉水叶呈丝状细裂(如狐尾藻),有助于增加叶的吸收表面。由于水中光照弱,叶肉组织不发达,没有栅栏组织和海绵组织分化,叶肉全部由海绵组织构成,叶肉细胞中的叶绿体大而多。叶肉细胞间隙很发达,有发达的通气系统(如眼子菜科植物)(图 11-7),既有利于通气,又增加了叶片浮力。叶片中的叶脉很少,木质部不发达甚至退化,韧皮部发育正常。机械组织和保护组织都很退化,表皮上没有角质膜或很薄,没有气孔,气体交换是通过表皮细胞的细胞壁进行的。表皮细胞具叶绿体,能够进行光合作用。

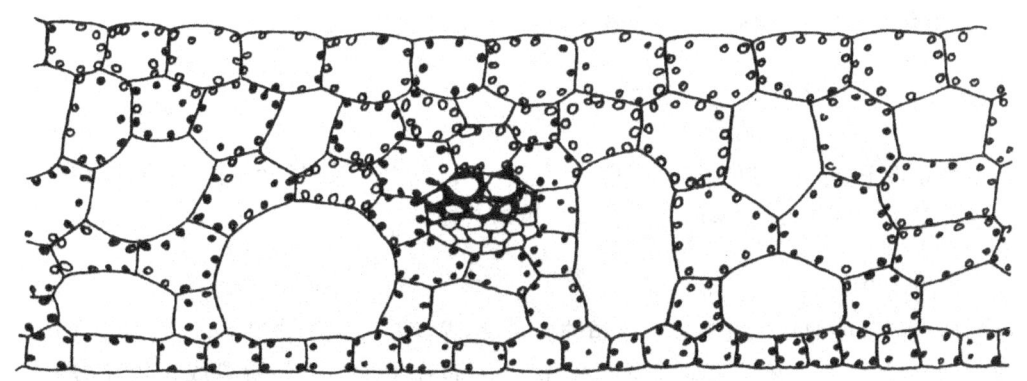

图 11-7　眼子菜属叶横切面(沉水植物的构造)

挺水植物(emerging plant)是茎叶大部分挺伸在水面以上的植物,如芦苇、香蒲等。挺水植物在外部形态上很像中生植物。但由于根部长期生活在水中,所以有非常发达的通气组织。

浮水植物(floating plant)是植物体浮悬水上或仅叶片浮生水面的植物。主要有满江红科、槐叶萍科、浮萍科、雨久花科的凤眼莲属、睡莲科的芡属和睡莲属、水鳖科的水鳖属、天南星科的大薸属、胡麻科的茶菱属及菱科植物。浮水植物常有异形叶性,即有浮水和沉水两种叶片,如菱除有菱状三角形浮水叶外,还有羽状细裂的沉水叶。浮水植物还有适应于浮水的特殊组织,如菱和凤眼莲(水葫芦)的叶柄,中部膨大形成气囊,以利植物体浮生水面。浮水植物上表皮细胞具有厚的角质层和蜡质层,气孔器全部分布在上表皮,靠近上表皮有数层排列紧密的栅栏组织,叶肉含有机械组织。靠近下表皮的叶肉细胞之间有大的细胞间隙,通气组织发达,下表皮细胞角质层薄或无。有的浮水植物,如王莲,叶片很大,叶脉中有发达的机械组织,保证叶片在水面上展开。

3. 阳地植物、阴地植物和耐阴植物的叶

阳地植物长期生活在光线充足的地方,受光受热比较多,周围空气比较干燥,蒸腾作用较强,因此阳地植物的叶倾向于旱生叶的特征。阴地植物长期生活在荫蔽的环境下,在光线较弱的条件下生长良好而不能忍受强光。阴地植物叶片大而薄,角质层薄,单位面积上气孔数目少;栅栏组织不发达,海绵组织发达,有发达的细胞间隙;细胞中叶绿体大而少,叶绿素含量多,有时表皮细胞也有叶绿体;机械组织不发达,叶脉稀疏。这些特点均有利于光的吸收和利用,因而能适应光线较弱的环境。耐阴植物是介于阳地植物与阴地植物之间的植物,它们一般在全日照下生长最好,但也能忍耐适度的荫蔽。

由于叶是直接接受光照的器官,因此光照强弱的影响容易反映在叶的形态和结构上。实际上同一植株中,树冠上面或向阳一面的叶呈阳生叶特征,而树冠下部或生于阴面的叶因光照较弱呈现阴生叶的特点。

11.2 植物逆境生理概述

对植物生存与生长不利的环境因子称为逆境(environmental stress),也称为环境胁迫或胁迫(stress)。逆境的种类很多,就其性质可划分为两大类,即理化逆境(physicochemical stress)和生物逆境(biotic stress)。抗性生理的主要研究内容有两个方面:一是逆境对植物造成怎样的伤害,二是植物如何适应和抵抗这些伤害。

11.2.1 植物对逆境的生理响应

在逆境条件下,环境胁迫直接或间接地引起植物体发生一系列的生理生化变化,包括有害变化和适应性变化,不同胁迫引起的变化存在一定的共性。

1. 生长速率变化

植物地上部分的伸长生长对环境胁迫非常敏感,尤其是在干旱胁迫下,还未检测到光合速率的变化时,叶片的伸长生长已经变缓甚至停止。然而,在干旱的开始阶段或在较轻的干旱胁迫下,根系的发育受到促进。

2. 水分亏缺与渗透调节

许多环境胁迫都能导致植物体的水分亏缺,如在冰冻、低温、高温、干旱、盐渍及病害发生时,直接影响植物的水分吸收,导致植物吸水力降低,蒸腾量降低。植物应对水分亏缺的重要生理机制之一就是进行渗透调节,即积累可溶性的渗透调节物质,降低细胞水势,增强吸水和保水的能力。

3. 光合作用的变化

在各种逆境胁迫下,植物的光合作用都呈现出下降的趋势,同化产物供应减少,如干旱、寒害、高温、盐渍、涝害等均可使光合酶活性下降、气孔关闭,造成CO_2供应不足而使光合下降,这就是光合作用的非气孔限制。此外,环境胁迫也使植物生长受到抑制,叶面积减小而限制光合作用。光合作用降低导致植物碳素营养的不足。

4. 呼吸作用的变化

在环境胁迫下,植物呼吸作用的明显变化,主要表现在3个方面:第一,植物呼吸作用对不同逆境胁迫的反应不同,如冻害、热害、盐渍和涝害时,植物的呼吸速率明显下降;而冷害、旱害时,植物的呼吸速率先升后降;植物发生病害时,植物呼吸显著增强。第二,呼吸的效率降低,由于线粒体在逆境下的结构和功能改变,导致氧化磷酸化解偶联,ATP的合成减少,以热形式释放的呼吸能量增加。第三,植物的呼吸代谢途径也发生变化,如在干旱、病害、机械损伤时PPP所占比例会有所增大。

5. 物质代谢的变化

在各种逆境下,植物体内的物质分解大于物质合成,水解酶活性高于合成酶活性,大量大分子物质被降解,淀粉水解为葡萄糖;蛋白质水解加强,可溶性氮增加。

11.2.2 植物对逆境的适应

植物自身对逆境的适应能力叫作适应性(adaptability),植物对逆境的适应方式是多种多样的,分为避逆性和抗逆性(图11-8)。

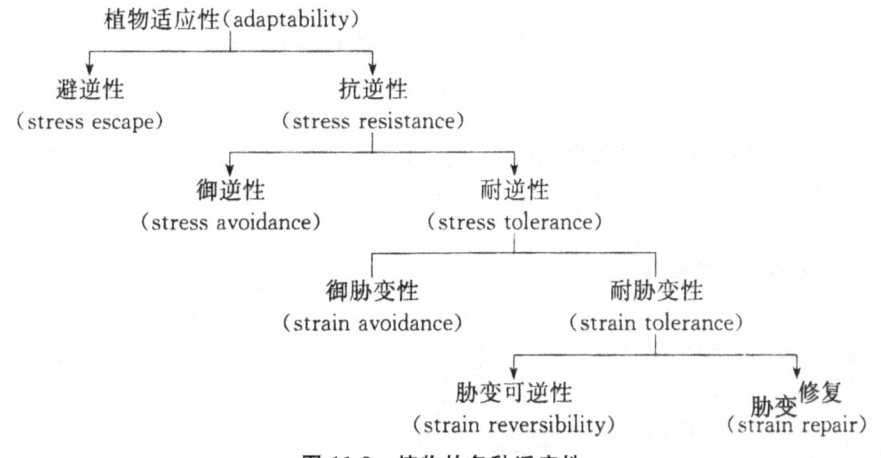

图 11-8 植物的各种适应性

避逆性(stress escape)是指植物整个生长发育过程不与逆境相遇,而是在逆境到来之前已完成其生活史,如沙漠中短命植物只在雨季生长。

抗逆性(stress resistance)是指植物对逆境的抵抗能力或耐受能力,简称抗性,包括御逆性和耐逆性。御逆行(stress avoidance)是指植物通过各种途径摒拒逆境对植物产生的直接效应,维持植物在逆境条件下正常生理活动的能力(表11-1)。耐逆性(stress tolerance)是指植物体虽然经受逆境的直接效应,但可通过代谢反应阻止、降低或修复逆境造成的伤害的能力,它包括御胁变性和耐胁变性。御胁变性(strain avoidance)是指植物在逆境作用下能降低单位胁迫所引起的胁变,起着分散胁迫的作用,植物细胞膜稳定性强、蛋白质间的键合能力强及保护物质多等可以提高植物的抗性。耐胁变性(strain tolerance)又可分为胁变可逆性和胁变修复两种。胁变可逆性(strain reversibility)是指植物在逆境作用下产生一系列生理生化变化,当逆境解除后,各种生理生化功能迅速恢复正常。胁变修复(strain repair)是指植物在逆境作用下通过代谢过程修复被破坏的结构和功能。应该指出,同种植物对逆境的适应性的强弱取决于胁迫强度、胁迫时间、胁迫方式和植物自身的遗传潜力。

表 11-1 逆境对植物产生的直接效应及御逆性与耐逆性的比较

逆境种类	逆境的直接效应	植物的反应	
		御逆性	耐逆性
低温	植物体降温	植物体不降温	植物体降温
高温	植物体升温	植物体不升温	植物体升温
干旱	植物体含水量降低	植物体含水量不降低	植物体含水量降低
盐碱	植物体含盐量升高	植物体含盐量不升高	植物体含盐量升高
水涝	植物体缺氧	植物体不缺氧	植物体缺氧
辐射	植物体吸收	植物体不吸收	植物体吸收

由此可见,植物对各种逆境胁迫的适应性常常是相互关联的。植物在经历了某种逆境后,对另一些逆境的抵抗能力也会增强,这种现象称为植物的交叉适应。

11.3 温度逆境与植物抗性

温度是影响植物生长剂分布的重要生态因子之一。低温对植物的影响包括冻害和冷害,而高温对植物的伤害是复杂的、多方面的。

11.3.1 植物的抗寒性

1. 寒害的类型及机制

(1)冷害

很多热带和亚热带植物不能耐受零上低温,虽无结冰现象,但能引起喜温植物的生理障碍,使植物受伤甚至死亡,这种现象称为冷害(chilling injury)。在我国,冷害常发生于早春或晚秋季节,主要危害发生在作物的苗期和籽粒后果实成熟期。如遇到春季寒潮,就可能烂秧;水稻开花前遭受冷空气侵袭,就会产生较多空秕粒。又如,在华南生长的三叶橡胶树,冬季碰上不定期寒流侵袭,枝条便会干枯甚至全株受害,影响橡胶树安全越冬和向北扩大栽培面积。由此可见,冷害是很多地区限制农业生产的主要因素之一。

冷害对植物的伤害大致分为两个步骤:第一步是膜相变,第二步是由于膜损坏而引起代谢紊乱,严重时导致死亡(图11-9)。

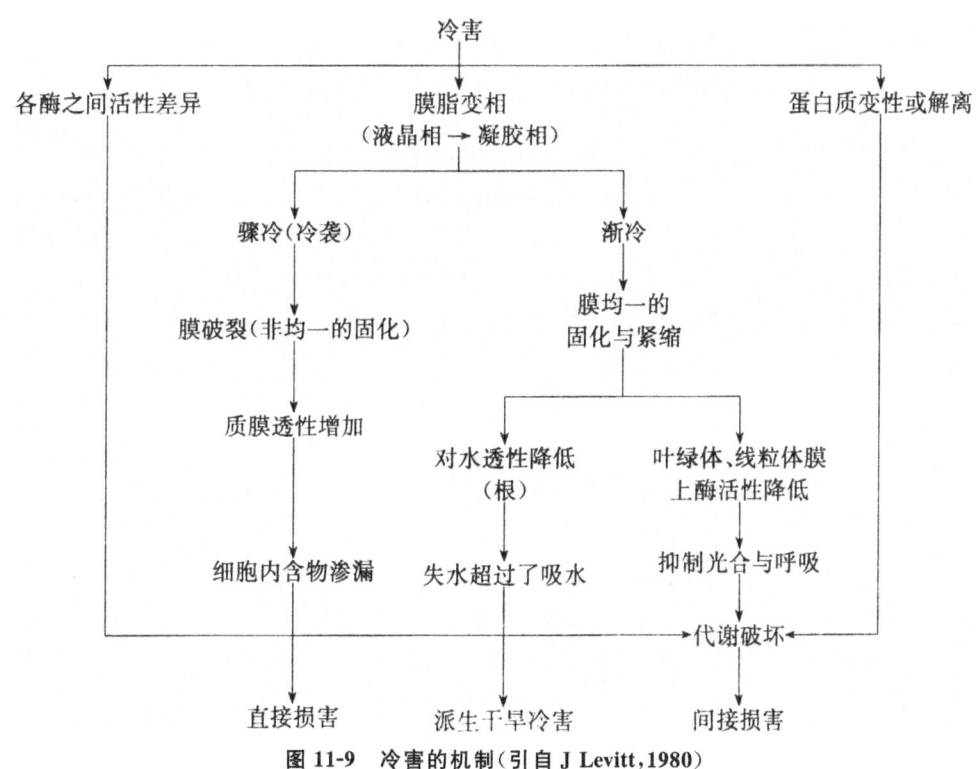

图 11-9　冷害的机制(引自 J Levitt,1980)

在正常情况下,细胞膜处于液晶态(相),随着温度的降低,由液晶相向固相转变,这种变化称为膜脂相变,发生转变的温度称为相变温度。如果冷温突然来临,膜及其组分的收缩可能是不均匀的,这将导致机械损伤,使膜产生断裂或裂缝,出现离子和其他可溶性物质的渗漏,造成植物体直接的损害。另一方面引起植物生理生化方面的异常变化,蛋白质变性或解离,于是细胞代谢紊乱,积累一些有毒的中间产物,时间过长,细胞核组织死亡。由于膜的相变短时间是可逆的,但如果在冷温下的时间延长,膜的损伤是不可恢复的,则会发生组织受伤死亡。

(2)冻害

当温度下降至0℃以下,植物体内发生冰冻,因而受伤甚至死亡,这种现象称为冻害(freezing injury)。我国北方晚秋及早春时,寒潮入侵,气温骤然下降,造成果木和冬季作物的冻害比较严重。冻害在我国各地是普遍存在的,对农业生产的影响是巨大的,应予重视。

当环境温度缓慢降低,使植物组织内温度降到冰点以下时,细胞间隙的水开始结冰,即所谓的胞间结冰(图11-10)。但无论是胞间结冰或胞内结冰,都与细胞质过度脱水,损伤蛋白质结构有直接关系。解释脱水损伤蛋白质的假说有多种,这里着重介绍硫氢假说。

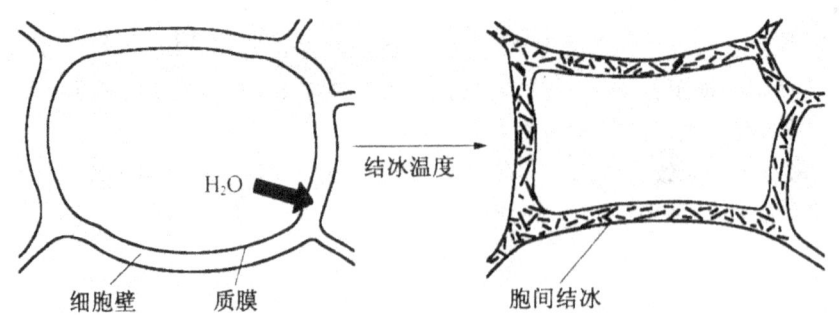

图 11-10　零下低温细胞胞间结冰示意(引自 Buchanan 等,2002)

Levitt(1962)提出结冰对细胞的伤害主要是低温下破坏了蛋白质空间结构(图 11-11)。当受冻的原生质脱水时,蛋白质分子外面的水层变薄,因而彼此靠近,两个相邻肽链外部的—SH接触,氧化脱氢而形成—S—S—键;也可通过一个肽链外部的—SH 与另一个肽链内部的—SH 形成—S—S—键。经过前述变化,蛋白质分子凝聚。当解冻再度吸水后,肽链松散,氢键处断裂,双硫键还保存,肽链的空间位置发生变化,蛋白质分子的空间构象就改变。结冰破坏蛋白质分子的空间构象,就会引起伤害和死亡。

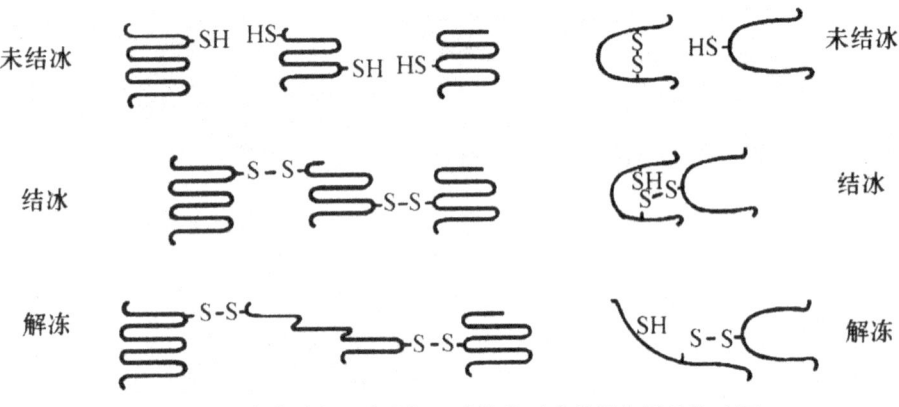

图 11-11　冰冻时由于分子间二硫键的形成使蛋白质结构破坏

2.提高植物抗寒性的途径

植物对严寒的抵抗是逐步形成的一种适应性,不论哪种植物,抗寒性都不是固定性状的,而是在一定的环境条件下经过一定的锻炼过程才形成的。

(1)农业措施

除选育抗冻品种外,许多农业措施也能在一定程度上提高植物的抗冻性。如光照、降水、温度变幅等都可影响抗冻性强弱,因此要采取有效农业措施,加强田间管理,防止冻害发生。比如及时播种、培土、控肥、通气,促进幼苗健壮,防止徒长,增强秧苗素质;寒流霜冻来前实行冬灌、熏烟、盖草,以抵御强寒流袭击;合理施肥,提高钾肥比例,也可用厩肥与绿肥压青,提高越冬或早春作物的御寒能力;早春育秧,采用薄膜苗床、地膜覆盖等对防止冷害和冻害都有很好的效果。

(2) 化学调控

用植物生长调节剂处理植物,可以提高植物的抗逆性。如生长延缓剂 AMO-1618、多效唑广泛用于果树,使其矮化,促进花芽分化。同时,这些生长延缓剂能抑制赤霉素的合成,提高树木的抗寒性。用 CCC 处理小麦、水稻、油菜等可以提高其抗寒性也已在生产上应用。

(3) 抗冻锻炼

在霜冻到来之前,缓慢降低温度,使植物逐渐完成适应低温的一系列代谢变化,增强抗冻能力。例如,番茄幼苗移出温室之前,经 1~2d 的 10℃ 预处理,栽后即可抵御 5℃ 左右的低温;黄瓜幼苗经 10℃ 锻炼则可抵御 3℃~5℃ 的低温。

11.3.2 植物的抗热性

由高温引起植物伤害的现象称为热害(hear injury),而植物对高温胁迫(high temperature stress)的适应则称为抗热性(heat resistance)。产生热害的温度临界值很难界定,因为不同种类的植物对高温的忍耐程度有很大差异。在某些地区(如南方)热害是由于太阳暴晒所致,而在另一些地区(如西北和华北)则是因干热风造成的。导致热害的温度因植物种类而异,有些植物在 45℃ 以上就受到伤害,称为适度喜温植物,如陆生高等植物、某些隐花植物;有些植物则在 65℃~110℃ 才受害,称为极度喜温植物,如蓝绿藻、真菌等。有些植物是中生植物,如水生和阴生的高等植物、地衣和苔藓等,生长温度为 11℃~30℃,超过 35℃ 就会受伤。但有些是喜冷植物,例如某些藻类、细菌和真菌生长温度为 0℃ 以上低温(0℃~20℃),当温度在 15℃~20℃ 以上即受高温伤害。

植物的热害症状是:叶片出现明显的死斑,叶绿素破坏严重,叶色变成褐黄;器官脱落;木本植物树干,尤其是向阳部分干燥、开裂;鲜果(如葡萄和番茄等)发生灼伤,以后在受伤部位与健康部位之间形成木栓,有时甚至整个果实死亡;出现雄性不育、花序或子房脱落等异常现象。

1. 高温对植物的伤害

高温对植物的伤害是复杂而多方面的,归纳起来可以分为直接伤害和间接伤害。

(1) 直接伤害

高温直接影响组成细胞质的结构,在短期(几秒至几十秒)内出现症状,并向非胁迫部位传递蔓延。其伤害实质较复杂,可能原因如下。

① 蛋白质变性。由于维持蛋白质空间构型的氢键和疏水键的键能较低,因此高温易使这些键断裂,破坏蛋白质的空间构型,失去二、三级结构,使蛋白质分子展开,失去原有的生理活性。蛋白质的变性最初是可逆的,但在持续高温作用下很快能转变为不可逆的凝聚状态。

$$\text{自然状态} \underset{\text{正常温度}}{\overset{\text{高温}}{\rightleftharpoons}} \text{变性状态} \xrightarrow{\text{持续高温}} \text{凝聚状态}$$

② 膜脂液化。生物膜主要是由脂类和蛋白质组成的,脂类和蛋白质之间是靠静电或疏水键联系的。在高温作用下,构成生物膜的蛋白质与脂类之间的键断裂,把膜中的脂类释放出来,引起离子的渗漏增加。膜脂液化程度与脂肪酸的饱和程度有关,饱和程度越高越不易液化,则耐热性越强。如高温易导致叶绿体类囊体上 OEC 失活、PSII 非光化学荧光增加等都与膜伤害有关。

(2)间接伤害

间接伤害是指高温导致代谢异常,渐渐使植物受害,其过程是缓慢的。产生间接伤害的原因可能有以下几方面。

①水分代谢失调。高温常引起叶片过度地蒸腾失水,导致细胞脱水而出现一系列的代谢失调和生长发育不良。

②代谢性饥饿。植物光合作用的最适温度一般低于呼吸的最适温度,在生理上通常把光合速率与呼吸速率相等时的温度称为温度补偿点(temperature compensation point)。如果植物处于温度补偿点以上的较高温度,呼吸速率大于光合速率,贮藏的营养物质消耗加快,造成饥饿,较长时间处于高温环境下必然导致植物死亡。C_3植物由于乙醇酸氧化酶温度系数高,在高温下因光呼吸增加更易造成饥饿现象。

③生理活性物质缺乏。高温能抑制某些生化代谢环节,致使植物生长所必需的某些生理活性物质(如维生素、核苷酸和生物素等)不足,引起代谢紊乱。许多试验表明,腺嘌呤、维生素、核酸、IAA及麦角固醇等有提高某些植物抗热性的效果。其原因可能与降低氧化酶的热稳定性有关。氧化酶在高温下失活,会减轻对维生素C和谷胱甘肽的破坏,使代谢过程基本正常,因而提高植物的抗热性。

④蛋白质合成受阻。高温下不仅蛋白质降解加速,而且合成受阻。其原因在于,高温使细胞产生自溶的水解酶类或溶酶体破裂释放的水解酶类均使蛋白质分解;高温破坏呼吸电子传递与氧化磷酸化的偶联作用,不能产生ATP,使蛋白质无法合成;高温还破坏核糖体与核酸的生物活性,从根本上降低蛋白质的合成能力。

⑤有毒物质积累。高温使植物组织内的氧分压降低,使无氧呼吸相对加强,积累乙醛、乙醇等有毒物质。如果提高氧分压则可显著减轻热害。处在30℃~50℃下的中生植物,如氧分压为5%时即表现出典型的热害,如氧分压在20%时则可避免热害。此外,高温下蛋白质的分解大于合成,形成游离NH_3而致害。提高植物体内有机酸的含量可减轻NH_3毒害。仙人掌类等肉质植物有机酸代谢旺盛,有利于消除NH_3的毒害,因而抗热性较强。

2. 植物抗热性的生理基础

一般来说,生长于干燥和炎热环境的植物,其抗热性高于生长在潮湿和冷凉环境的植物。C_3与C_4植物相比,C_4植物起源于热带或亚热带地区,故其抗热性高于C_3植物,C_3植物光合最适温度在20℃~30℃,C_4植物光合最适温度在35℃~45℃,因此两者温度补偿点不同,C_4植物在40℃以上高温时仍有光合产物积累,而C_3植物在温度达30℃以上时已无净光合产物生产。

植物不同的生育时期、不同器官,其抗热性也有差异。成熟叶片的抗热性大于嫩叶,更大于衰老叶;休眠种子抗热性最强,随着种子吸胀萌发,其抗热性逐渐降低;油料种子的抗热性高于淀粉类种子;果实随成熟度增加抗热性也增强;细胞汁液含水量(自由水)越少,蛋白质分子越不易变性,则抗热性越强。

植物的抗热性还与自身的代谢有关。抗热性强的植物体内的蛋白质对热稳定,即在高温下仍能维持一定的正常代谢。蛋白质热稳定性主要取决于内部化学键的牢固程度和键能大小。疏水键、二硫键越多的蛋白质其在高温下越不易发生不可逆的变性与凝聚。高温下诱导合成的热激蛋白,使植物表现出较好的抗热性。一价离子可使蛋白质结构松弛,使其抗热性降低,二价离子可加固蛋白质分子结构,增强热稳定性,提高其抗热性。同时,抗热植物体内的核酸也具备一定热稳定性,这样可以维持正常的蛋白质合成,从根本上保证蛋白质的代谢与更新。研究发现,植物的抗热性还与有机酸的代谢强度有关,因为有机酸可以消除因蛋白质分解而释放的 NH_3 的毒害。例如,生长在沙漠和干热山谷中的植物有机酸代谢旺盛,抗热能力相对较高。

3. 提高植物抗热性的途径

(1) 培育和选用耐热作物或品种

培育、引用、选择耐热作物或品种是目前防止和减轻作物热害最有效、最经济的方法。在干热风经常发生的春麦区选育生育期短的品种,避开后期不利的干热条件。

(2) 化学制剂处理

例如,喷洒 $CaCl_2$、$ZnSO_4$ 和 KH_2PO_4 等可增加生物膜的热稳定性。给植物引入维生素、核酸、生物素、激动素及酵母提取液等生理活性物质,能够防止高温造成的生化损伤,但作为制剂大面积应用尚不可能。

(3) 改善栽培措施

采用灌溉改善气候,促进蒸腾,有利于降温;采用间种套作,高秆与低秆、耐热作物与不耐热作物适当搭配;人工遮阴可用于经济作物(如人参)栽培;树干涂白可防止日灼等,这些都是行之有效的方法。

(4) 高温锻炼

高温锻炼能够提高植物的抗热性。例如,把鸭跖草属的一种植物在28℃下栽培5周,与生长在20℃下5周的对照相比,其叶片耐热性从47℃提高到51℃。

11.4 盐逆境与植物抗性

我国有大面积的盐碱地,主要集中在西北内陆及沿海,各类型盐碱地总面积达3 300万 hm^2,其中盐渍化耕地800万 hm^2 左右。盐碱地改良的一项重要生物措施就是种植耐盐牧草。选育耐盐牧草品种对改良土壤、扩大作物播种面积及生态治理有着重要意义。

一般习惯上把含 Na_2CO_3 和 $NaHCO_3$ 为主的土壤叫碱土,而把含 $NaCl$ 和 Na_2SO_4 为主的土壤叫盐土,但二者往往同时存在,因此统称为盐碱土。通常,土壤含盐量在0.2%~0.5%即不利于植物的生长,而盐碱土的含量却高达0.6%~11%,严重地伤害植物。

11.4.1 盐胁迫对植物的伤害

土壤盐渍化是现代农业生产所面临的主要问题之一。植物为了抵御盐分胁迫,它们积极地适应生存环境,产生了一系列生理生化的改变以调节水分及离子平衡,维持正常的光合作用。

一般将植物的盐害分为原初盐害和次生盐害。原初盐害是指盐胁迫对质膜的直接影响,如膜的组分、透性和物质运输等发生变化,使膜结构和功能受到伤害。次生盐害是由于离子间的竞争而引起某种营养元素的缺乏,进而影响植物的新陈代谢过程(图 11-12)。

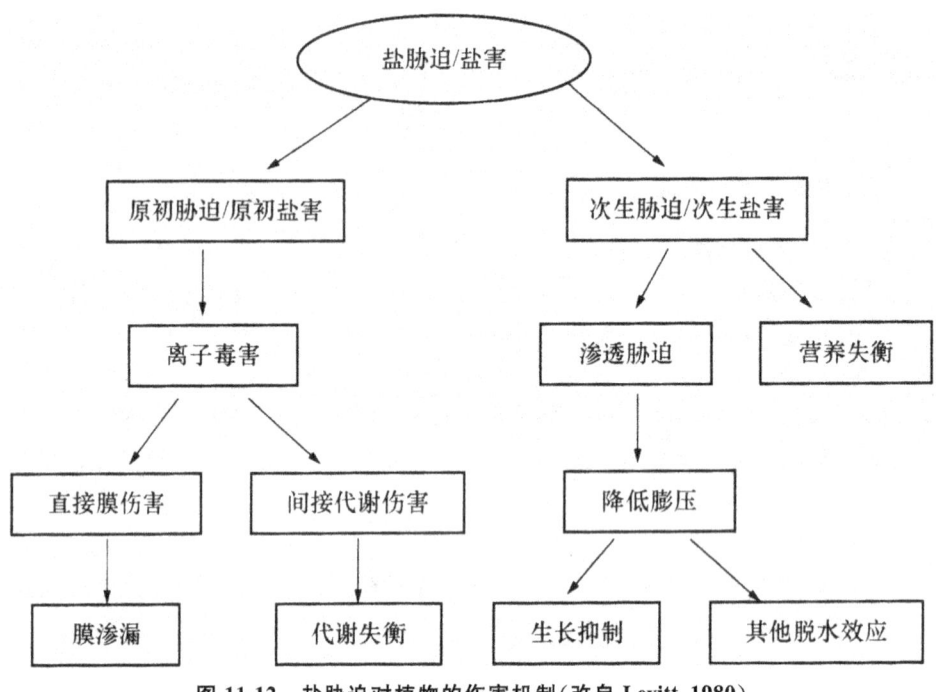

图 11-12　盐胁迫对植物的伤害机制(改自 Levitt,1980)

盐胁迫引起一系列生理生化变化,包括有害反应和植物的适应性反应。

1. 积累有害物质

盐胁迫使植物体内积累有毒物质,如大量积累氮代谢的中间产物(包括氨),以及由一些游离氨基酸转化而成的腐胺和尸胺,它们可以氧化为 NH_3 和 H_2O_2。所有这些有毒物质都对植物细胞造成一定的伤害。

盐胁迫对植物多方面的伤害最终表现为对植物生长发育过程和生物产量的综合影响。盐胁迫对耐盐性不同的植物的相对作物产量产生的影响不同(图 11-13)。

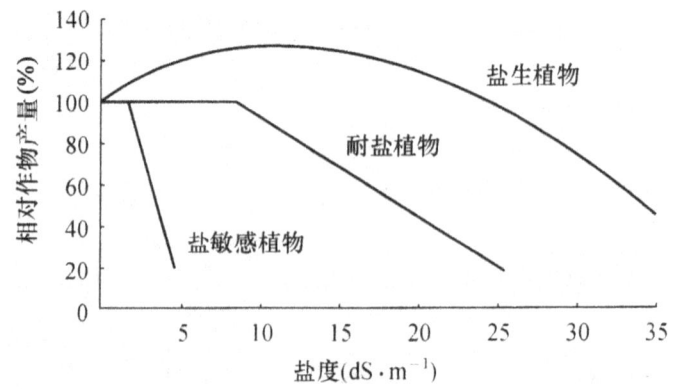

图 11-13　三类植物产量对盐度的反应(参照 Breckle,2002)

2. 光合作用下降

盐分过多使PEP羧化酶和Rubisco活性降低,叶绿体中类囊体成分与超微结构发生变化,进而受到破坏而分解。叶绿素和类胡萝卜素的生物合成受到抑制,气孔关闭,从而造成植物光合强度降低,最终植物因不能通过光合作用获取足够的物质和能量而使生长受到抑制,甚至因"饥饿"致死。

3. 吸收水分能力降低

由于土壤含盐量高,土壤溶液水势低,植物吸水困难,植物组织的含水量降低,即引起生理干旱,从而引起一系列的生理异常。例如,Na^+、Cl^-和Mg^{2+}等离子的浓度过高,使营养元素K^+、NO_3^-和Ca^{2+}等吸收减少,使植物出现缺乏症状。或者由于盐分过多使许多植物蛋白质合成受阻,降解加快,抑制植物的生长发育,严重时导致植物萎蔫或死亡。

4. 生理代谢紊乱

盐分过多可抑制叶绿素合成及各种光合酶的活性,使光合速率下降。低盐促进呼吸,高盐抑制呼吸。盐胁迫降低呼吸作用的效率,使电子传递和氧化磷酸化解偶联。

5. 膜选择透性改变

由于盐胁迫对植物产生的脱水效应和离子胁迫,破坏细胞膜结构,导致膜的选择透性的减弱或丧失,可溶性内含物质外渗,对植物产生伤害。

11.4.2 植物的抗盐性

1. 植物对盐渍环境的适应机制

植物对盐渍环境的适应机制主要有两种方式。

(1)御盐

有些植物虽然生长在盐渍环境中,但细胞质盐分含量不高,因而避免了盐分过多对植物的伤害,这种对盐渍环境的适应能力称为御盐性(salt avoidance),它们可以通过拒盐、排盐和稀盐3种途径来达到避免盐害的目的。

①拒盐。拒盐是指某些植物不让外界的盐分进入体内,从而避免盐分的胁迫。例如,不同品种大麦生长在同一浓度的盐溶液中,抗盐品种积累的Na^+与Cl^-明显低于不抗盐品种。

②排盐。也称泌盐,指植物将吸收的盐分主动分泌到茎叶的表面,而后被雨水冲刷掉,防止过多盐分在体内积累。盐生植物排盐主要通过盐腺(salt glands,图11-14之a)和盐囊泡(salt bladders,图11-14之b)把盐排出体外。例如,滨藜属植物具有由一个囊泡组成的盐腺。柽柳、大米草等常在茎、叶表面形成一些$NaCl$、Na_2SO_4的结晶。

③稀盐。稀盐是指某些盐生植物将吸收到体内的大量盐分,以不同的方式稀释到对植物不会产生毒害的水平。植物稀盐有两种方式,一是通过快速生长,细胞大量吸水或增加肉质化程度使组织含水量提高;二是通过细胞的区域化作用将盐分集中于液泡,使水势下降,保证吸水。

(2) 耐盐

植物通过生理或代谢的适应来忍受已进入细胞内的盐分称为耐盐(salt tolerance)。植物有多种耐盐的方式。

①耐渗透胁迫。通过细胞的渗透调节以适应由盐渍而产生的水分逆境。例如,小麦等作物在盐胁迫时,可以将吸收的盐分积累于液泡中,降低细胞水势来防止脱水。

②营养元素平衡。有些植物在盐渍时能增加对 K^+ 的吸收,有的蓝绿藻能随 Na^+ 的增加而加大对 N 的吸收,所以它们在盐胁迫下能较好地保持营养元素的平衡。

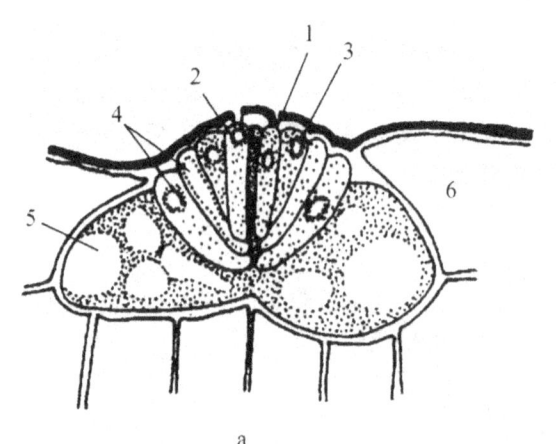 

图 11-14　泌盐植物二色补血草
a.盐腺结构(Limonium bicolor)　b.盐囊泡滨藜(Atriplex spongiosa)
1.分泌孔　2.分泌细胞　3.毗邻细胞　4.杯状细胞　5.收集细胞　6.表皮细胞
B.气球状囊泡细胞　S.柄细胞

③具有解毒作用。有些植物在盐渍中诱导形成二胺氧化酶以分解有毒的二胺化合物(如腐胺、尸胺等),消除其毒害作用。

④代谢稳定性。某些植物在较高的盐浓度中其代谢仍具有一定的稳定性,这种稳定性与某些酶类的稳定性密切相关。例如,大麦幼苗在盐渍时仍保持丙酮酸激酶的活性。

2.植物抗盐的分子机制及信号转导

人们对植物体内盐胁迫信号转导途径的研究主要集中在渗透胁迫信号转导途径和有关离子胁迫的盐过敏感调控(Salt Overly Sensitive,SOS)途径两个方面。其中渗透胁迫信号转导途径又包括依赖 ABA 介导的信号转导和不依赖 ABA 介导的信号转导两类(图 11-15)。

SOS 信号系统是指调控细胞内外离子均衡的信号转导途径,盐胁迫下介导细胞内 Na^+ 的外排及向液泡内的区域化分布,调节离子稳态和提高耐盐性。Na^+ 通过 SOS_1 Na^+-H^+ 的反向运输体穿过质膜外排,在高 NaCl 情况下,SOS_1 被激活,并且通过 Ca^{2+} 信号转导的 SOS 途径介导。

目前已鉴定了 5 个耐盐基因,即 SOS_1、SOS_2、SOS_3、SOS_4 和 SOS_5。SOS_1、SOS_2 和 SOS_3 参与介导盐胁迫下植物细胞内离子稳态的信号转导途径,揭示了盐胁迫下细胞内 Na^+ 的外排和 Na^+ 向液泡内的区域化分布以及细胞对 K^+ 吸收的改善。SOS_1 基因编码质膜 Na^+/H^+ 逆向转运因子;SOS_2 基因编码丝氨酸/苏氨酸蛋白激酶;SOS_3 基因编码钙结合蛋白。

在根中，SOS 蛋白除了具有维持 Na$^+$ 平衡功能外，还具有新的作用，如 SOS 蛋白在细胞骨架动力学中起作用。在轻度盐胁迫环境下，SOS$_3$ 基因通过生长素梯度和最大值，对植物侧根发育起着重要的作用（图 11-16）。

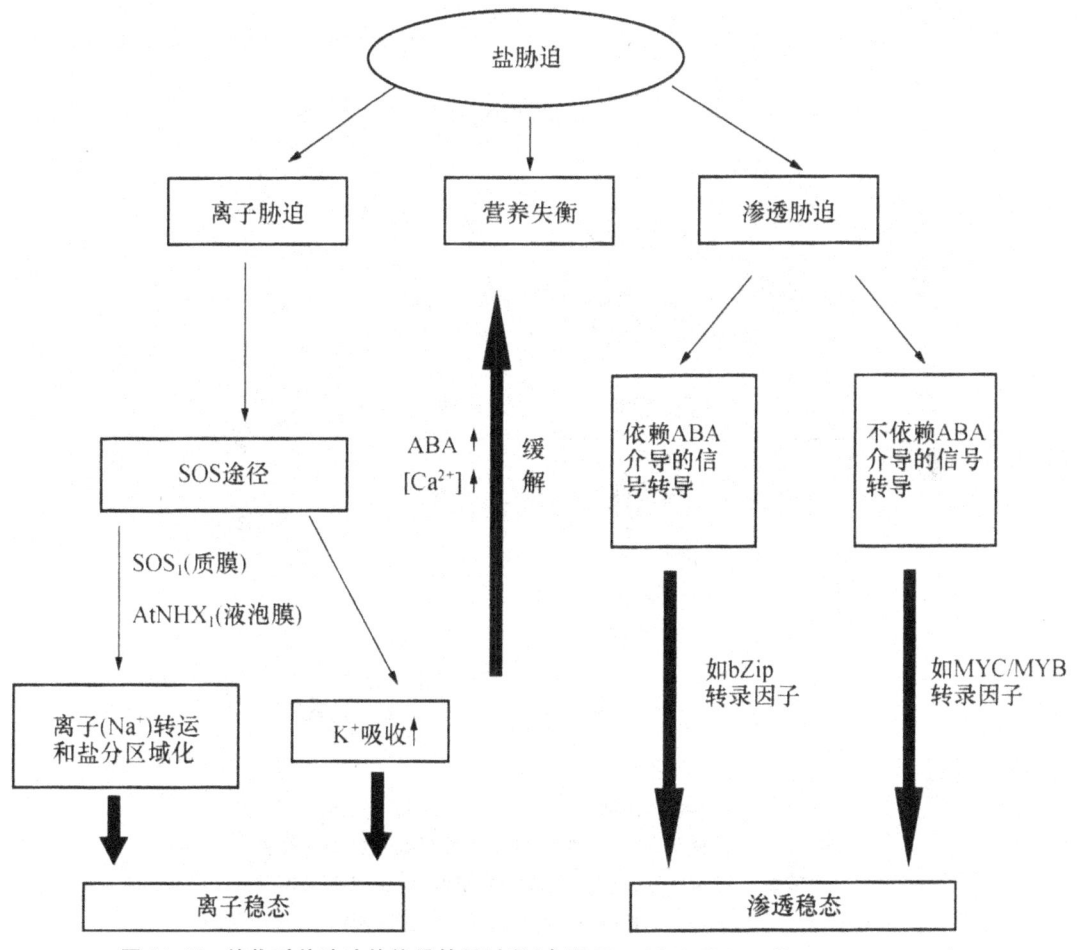

图 11-15　植物对盐胁迫的信号转导过程（参照 Zhu，2003；Shipim 和 Narendra，2005）

3. 提高植物抗盐性的途径

(1) 盐水浸种提高耐盐性

植物自身的快速生长是很重要的抗盐机制之一。植物耐盐能力常随生育时期的不同而异，且对盐分的抵抗力有一个适应锻炼过程。种子在一定浓度的盐溶液中吸水膨胀，然后再播种萌发，可提高作物生育期的抗盐能力。例如，玉米种子可在播种之前用 3% NaCl 和 0.2% MgSO$_4$ 溶液浸种，长出的植株耐盐性较高，而且其叶子中单糖的含量较低，根与茎中单糖含量均较高。

(2) 培育抗盐品种

不同作物和同一作物不同品种的抗盐性有很大差异，因而可通过选择或培育抗盐品种来提高栽培作物的抗盐性。现在人们已经运用杂交育种、组织培养、遗传工程和分子育种等技术并相互结合，把其抗性基因导入栽培植物并进行选育，这是提高植物抗盐性最有效的办法。目前人们用转基因技术已培育出抗盐的番茄品种。

(3) 改良盐碱地

其措施有合理灌溉,泡田洗盐,增施有机肥,盐土种稻,种植耐盐绿肥(田菁等),种植耐盐树种(白榆、沙枣、紫穗槐等),种植耐盐碱作物(向日葵、甜菜等)。

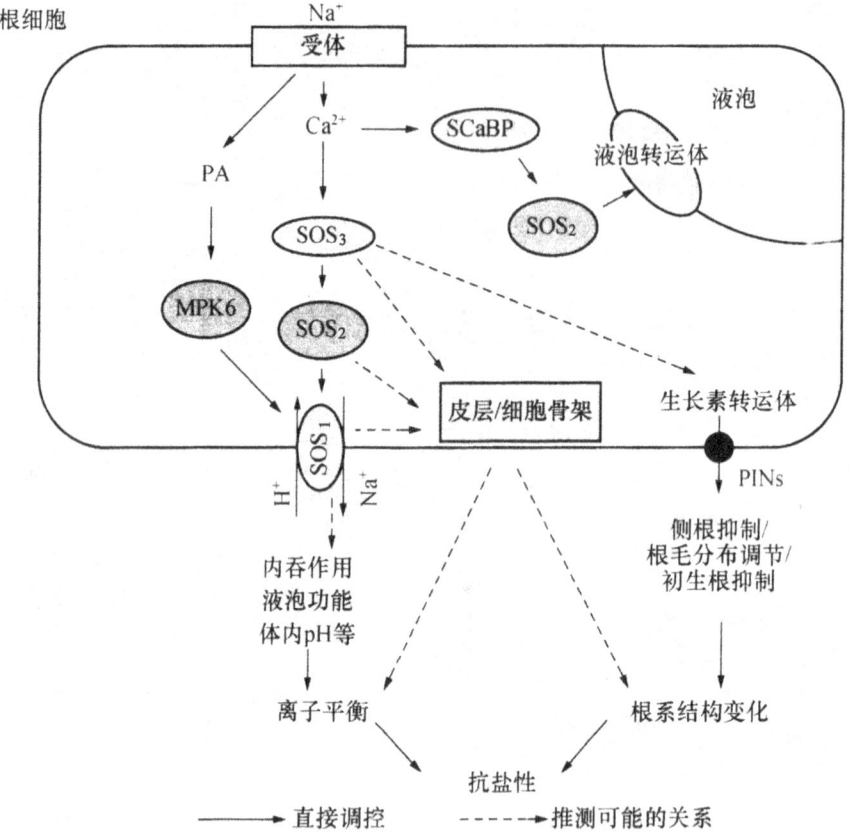

图 11-16 根皮层/表皮细胞中的 SOS 信号在维持离子平衡、
调节多种细胞过程及侧根发育中的作用(引自 Ji 等,2013)
PINs. 生长素转运体　MPKs. 有丝分裂原活性蛋白激酶　PA. 磷脂酸

11.5　水分逆境与植物抗性

水分胁迫(water stress)包括旱害和涝害。当植物耗水大于吸水时,就使组织内水分亏缺(water deficit)。水分过度亏缺的现象,称为干旱(drought)。旱害(drought injury)则是指土壤水分缺乏或大气相对湿度过低对植物的危害。

11.5.1　植物的抗旱性

1. 干旱对植物的伤害

(1) 膜受损伤

当植物失水时,细胞膜透性增加,细胞内电解质和氨基酸、糖分子等有机物外渗。外渗的原因是脱水破坏了原生质膜脂类双分子的排列。因为正常状态下膜内脂类分子呈双分子层排列，这种排列主要靠磷脂极性同水分子相互连接，而把它们包含在水分子之间(图 11-17)。所以膜内必须束缚一定量水分才能保持膜中脂类分子的双层排列，当干旱使细胞严重脱水直至不能保持膜内必需水分时，膜结构即发生变化。

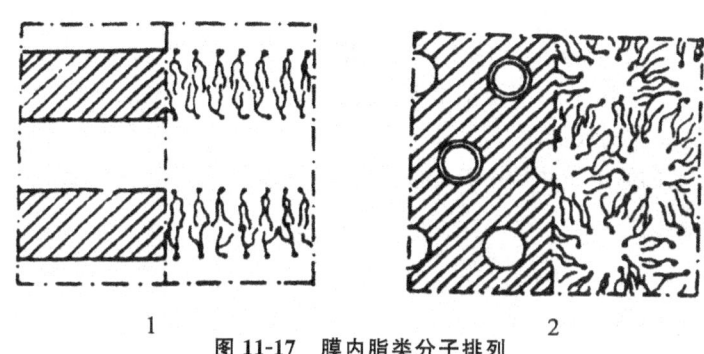

图 11-17　膜内脂类分子排列
1.在细胞正常水分状况下双分子分层排列　2.脱水膜内

（2）光合作用减弱

研究发现，随土壤水势降低，光合速率显著下降(图 11-18)。干旱胁迫时，光合受抑的原因既有对 CO_2 同化的气孔性限制，又有非气孔性限制。气孔性限制指水分亏缺使气孔开度减小，气孔阻力逐步增大最终导致气孔完全关闭，这样在减少水分丢失的同时，也明显限制对 CO_2 的吸收，因而光合作用减弱；非气孔性限制指水分胁迫使叶绿体的片层结构受损，希尔反应减弱，PSⅡ 活力下降，电子传递和光合磷酸化受抑制，RuBP 羧化酶和 PEP 羧化酶活力下降，叶绿素含量减少，叶绿体的光合活性下降。有证据表明，在缺水时叶绿体中的 Mg^{2+} 浓度可能影响光合作用。在离体叶绿体中，光合作用对增加 Mg^{2+} 浓度非常敏感，在缺水诱导的细胞缩小的过程中，可能发生类似的过程。用含有不同浓度的 Mg^{2+} 的营养液培养向日葵植株时，当叶片脱水时具有较低 Mg^{2+} 浓度的植株能维持较高的光合作用速率。

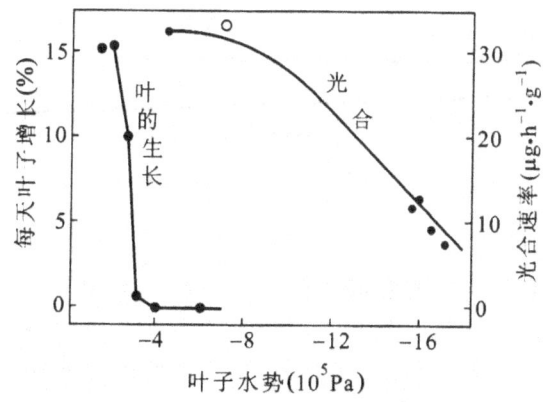

图 11-18　盆栽向日葵水分亏缺对叶片生长速率和光合速率(干重计)的影响

（3）水分重新分配

水分不足时，不同器官或不同组织间的水分，按各部分水势大小重新分配。干旱时，幼叶从老叶夺取水分，促使老叶死亡，减少了光合面积。有些蒸腾强烈的幼叶向分生组织和其他幼嫩组织夺水，影响这些组织的物质运输。干旱严重时，干旱的幼叶从花蕾或果实中吸水，这样就会造成秕粒和落花落果等现象。

(4) 机械性损伤

干旱对细胞的机械性损伤可能是植株快速死亡的重要原因。当细胞失水或再吸水时，原生质体与细胞壁均会收缩或膨胀，但由于它们弹性不同，两者的收缩程度和膨胀速度不同，造成挤压和撕裂。正常条件下，生活细胞的原生质体和细胞壁紧紧贴在一起，当细胞开始失水体积缩小时，两者一起收缩，到一定限度后细胞壁不能随原生质体一起收缩，致使原生质体被拉破。相反，失水后尚存活的细胞如再度吸水，尤其是骤然大量吸水时，由于细胞壁吸水膨胀速度远远超过原生质体，使黏在细胞壁上的原生质体被撕破，再次遭受机械损伤，最终可造成细胞死亡(图11-19)。

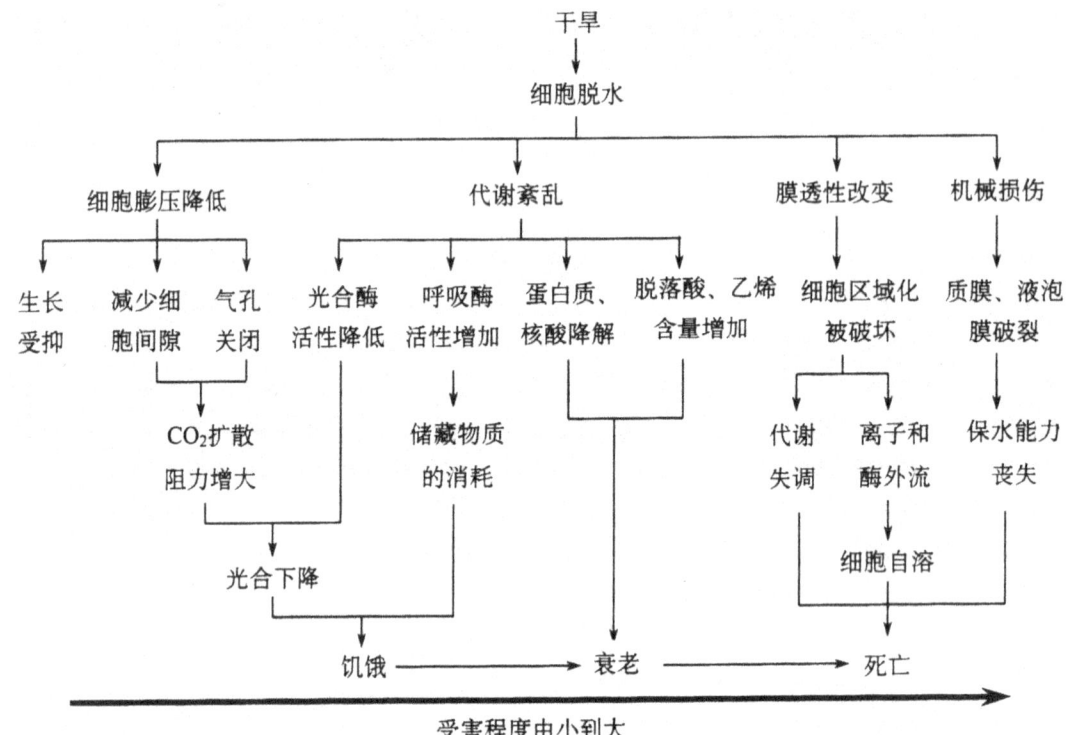

图 11-19　干旱引起植物伤害的生理机制

2. 植物抗旱的生理和发育机制

(1) 旱害的机制

植物受到旱害后，细胞失去紧张度，叶片和幼茎下垂，这种现象即称为萎蔫(wilting)。萎蔫可分为两种类型：夏季炎热的中午，蒸腾强烈，水分暂时供应不上，叶片与嫩茎萎蔫，到夜晚蒸腾减弱，根系又继续吸水，萎蔫消失，植物恢复挺立状态，这就是暂时萎蔫(temporary wilting)；当土壤已无可供植物利用的水分，引起植物整体缺水，根毛死亡，即使经过夜晚也不会恢复，这就是永久萎蔫(permanent wilting)。永久萎蔫会造成原生质严重脱水，引起一系列生理生化代谢紊乱，如果时间持续过久，就会导致植物死亡。

(2) 植物抗旱的分子和细胞机制

植物无论在生理上还是在发育水平上，对干旱的抗性都与植物体内的基因表达有关。

有研究认为，植物以组氨酸激酶(Histidine Kinase 1,HK1)感受干旱胁迫，然后通过3条途径活化组成型转录因子。①可能通过 MAPKKK 引发的级联(cascades)磷酸化反应。MAPK (mitogen-activated protein kinase)是分裂原激活蛋白激酶，在细胞信号转导过程中起着重要的作用。这个途径中的其他蛋白激酶是 SIMKK/SIPKK 和 SIMK(stress-induced MAPK,胁迫诱导的分裂原激活蛋白激酶)/SIPK(salicylic acid induced protein kinase,水杨酸诱导蛋白激酶)。②通过磷脂酶 C(phospholipase C,PLC)、三磷酸肌醇(inositol-1,4,5-triphosphate,IP3)和依钙的蛋白激酶(calcium-dependent protein kinase,CDPK)途径。③通过 PLC、甘油二酯(1,2-diacylglycerol,DAG)和活性氧(reactive oxygen species,ROS)途径。组成型转录因子活化后再通过依赖 ABA 和不依赖 ABA 的途径诱导抗旱相关基因的表达，从而引起抗旱反应。

植物对干旱胁迫反应的细胞转导途径见图 11-20。

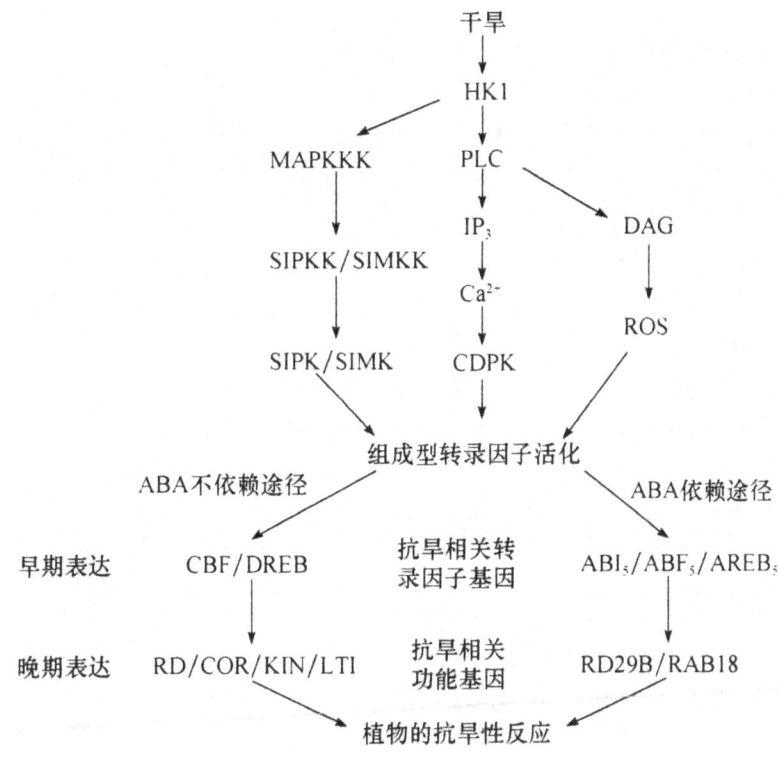

图 11-20 植物对干旱胁迫反应的细胞信号转导

DREB1 代表脱水响应元件结合因子 1(dehydration-responsive element-bindingfactor 1)

CBF 代表 C-重复序列结合因子(C-repeat binding factor)

RD 代表脱水响应蛋白(responsive to dehydration protein)

COR47 代表冷调节蛋白(cold regulated protein)　KIN 代表冷诱导蛋白(cold induced protein)

LTI 代表低温诱导蛋白(1ow-temperature induced protein)

ABI 代表 ABA 不敏感基因蛋白(ABA-insensitive gene)

ABF 代表 ABA 响应元件结合因子(ABA-responsive element binding factor)

AREB 代表 ABA 响应元件结合蛋白(ABA-responsive element binding protein)

RD22 和 RD29B 代表脱水响应基因蛋白(dehydration responsive gene)

RAB 代表 ABA 响应基因蛋白(ABA-responsive gene)

3.提高植物抗旱性的途径

提高植物抗旱性的最根本途径就是选育抗旱性强的品种。从植物生理学的角度出发,可采取一些措施提高植物的抗旱性。

(1)抗旱育种

采用基因工程技术提高作物抗旱能力和培育抗旱品种。鉴定、克隆、转化与抗旱相关的目的基因并加以利用,已经成为培育抗旱品种的重要途径之一。

(2)合理施肥

合理施肥可使植物的抗旱性提高。磷、钾肥能促进根系生长,提高保水力。磷能促进蛋白质合成,提高原生质胶体的水合度;钾能改善碳水化合物的代谢,并增加原生质的水合度;硼和铜也有助于作物抗旱力的提高。但施氮素过多会促进植物过度生长对作物的抗旱不利。一般枝叶徒长的作物,蒸腾失水增多,易受干旱的危害。

(3)节水、集水、发展旱作农业

旱作农业是指较少依赖灌溉的农业生产技术,其主要措施有:收集保存雨水备用;采用不同根区交替灌水;以肥调水,提高水分利用效率;采用地膜覆盖保墒;掌握作物需水规律,合理用水。

(4)抗旱锻炼

在种子萌发期或幼苗期进行适度的干旱处理,可增强其对干旱的适应能力。如播种前的种子锻炼用"双芽法"处理,即将吸水 24h 的种子在 20℃萌动,然后风干,反复 3 次后播种,经过锻炼的种子,原生质弹性、黏度和保水性均有提高。

我国农民在玉米、棉花、谷子等作物的栽培中,采用"蹲苗"提高作物的抗旱性,即在苗期适当控制水分,抑制生长,以锻炼其适应干旱的能力。蔬菜幼苗出土后适当萎蔫一段时间再栽植,称为"搁苗"。甘薯剪下的藤苗很少立即扦插,一般要放置阴凉处一段时间,称为"饿苗"。除"蹲苗""搁苗"和"饿苗"外,还有播前的种子抗旱锻炼。

11.5.2 植物的抗涝性

水分过多对植物的不利影响称为涝害,植物对积水或土壤过湿的适应力和抵抗力称为抗涝性。涝害常给农业生产带来很大损失。涝害一般有两层含义,即湿害和涝害。涝害的核心问题是缺氧给植物的形态、生长和代谢带来一系列不良影响。

1.水涝对植物的危害

水分过多对植物的危害,并不在于水分本身,因为植物在营养液中也能生存。涝害的核心问题是液相缺氧。淹涝胁迫对植物的伤害并非仅仅因为水分过多而引起的直接效应,往往是淹涝诱导的次生胁迫给植物的形态、生长和代谢带来一系列的不良影响(图 11-21)。

(1)水涝对植物代谢的效应

涝害使植物光合速率显著下降,其原因可能与阻碍 CO_2 的吸收及同化产物运输受阻有关。涝害时,无氧呼吸加强,ATP 合成减少,许多代谢不能正常进行。水涝缺氧还使线粒体数量减少,体积增大,嵴数减少;如果缺氧时间过长则导致线粒体失活。涝害时,乳酸积累是导致细胞酸中毒的重要原因。涝害时,有氧呼吸的 O_2 供应不足,在乳酸脱氢酶(LDH)作用下,把丙酮酸发酵形成乳酸(图 11-22)。有人建议,用乙醇脱氢酶和乳酸脱氢酶活性作为作物涝害的主要生理指标。

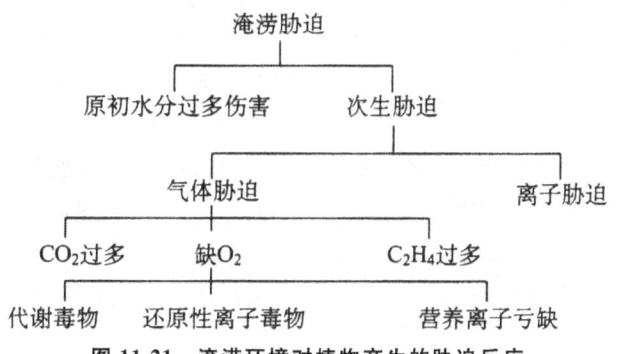

图 11-21　淹涝环境对植物产生的胁迫反应

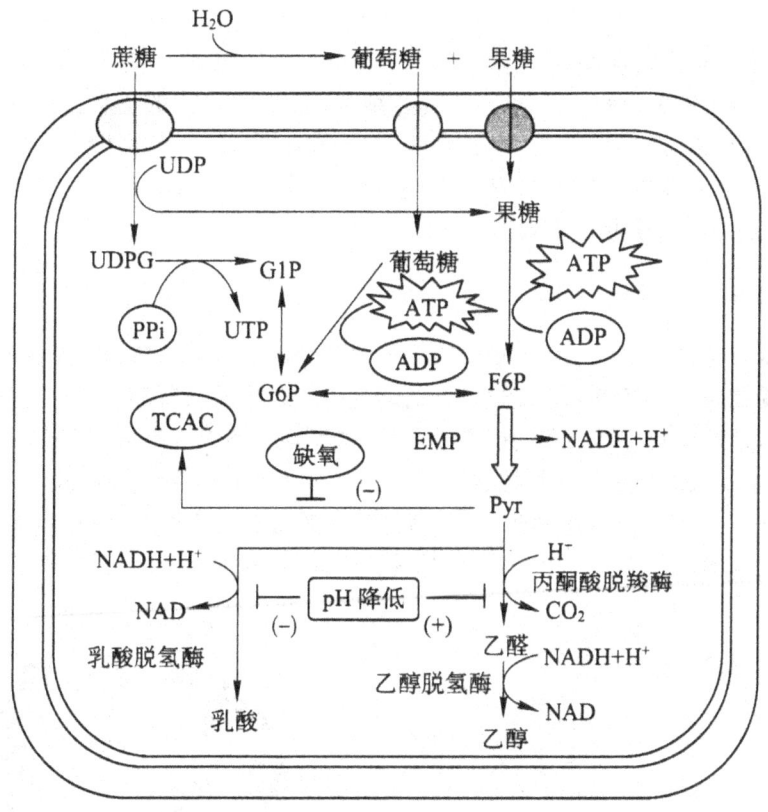

图 11-22　缺氧期间,糖酵解产生的丙酮酸最初发酵为乳酸(改编自 Taiz L 和 Zeiger E,2006)

(2)水涝对植物形态与生长的效应

水涝缺 O_2 既降低植物地上部分的生长,又降低根系的生长。例如,苋菜和玉米生长在含 O_2 量为 4% 的环境中,20d 后干物质产量分别降低 57% 和 32%～47%。受涝的植株矮小,叶色变黄,根尖变黑,叶柄偏上生长。水涝缺 O_2 还影响细胞的亚显微结构。例如,小黑麦根细胞因

缺 O_2 使线粒体数量减少，体积增大，嵴数减少；如果缺 O_2 时间达 24h 以上，可导致线粒体解体。

（3）水涝引起乙烯增加对植物的效应

在淹水条件下，植物体内乙烯含量明显增加。例如，水涝时美国梧桐体内乙烯含量提高 10 倍左右。高浓度的乙烯可引起叶片卷曲、叶柄偏上生长、叶片脱落、花瓣褪色等。研究表明，水涝时促使植物根系大量合成乙烯的前体物质 ACC，它上运到茎叶后接触空气即转变为乙烯。

（4）水涝引起的水分亏缺效应

涝害的第一个症状就是叶片的萎蔫。由于田间渍水，O_2 不足，能量供应减少，有毒物质乙醇、乙醛等产生并积累，细胞分裂素、赤霉素等激素合成减少，根系吸收能力降低并腐烂，造成地上部分缺水，间接地引起水分亏缺。

（5）水涝引起的活性氧积累效应

水涝时叶片仍处在有 O_2 环境中，为 O_2 的还原提供了可能。水涝时植物的叶绿体、线粒体的结构和功能受到伤害，O_2 产生 O_2^- 和 H_2O_2 等活性氧的产生量增加，清除能力减弱，使活性氧积累造成伤害。

（6）水涝引起的营养失调效应

由于缺氧使得土壤中的好气性细菌（如氨化细菌、硝化细菌等）的正常生长活动受到抑制，影响了矿质营养供应；相反，土壤中的厌气性细菌（如丁酸细菌）活跃，从而增大土壤溶液的酸度，降低其氧化还原势，使土壤内形成大量有害的还原性物质（如 H_2S、Fe^{2+}、Mn^{2+} 等），使必需元素 Mn、Fe 等易被还原流失，引起植株营养缺乏。

2. 植物的抗涝性

植物对积水或土壤过湿的适应和抵抗能力称为植物的抗涝性。植物抗涝性的强弱取决于植物对缺氧的耐受能力。许多植物常通过发达的通气组织以提高缺氧部位的氧气浓度，或者转化、忍耐因无氧呼吸而产出的有毒物质的能力较强等，从而能在氧含量较低的环境中正常生活。如和小麦相比，水稻幼根的皮层细胞呈柱状排列，空隙大，而小麦的根则为偏斜状排列，空隙小（图 11-23）；水稻的根皮层细胞随着植物生长大量解体，小麦的根则变化不大（图 11-24）。另外，水稻体内的乙醇氧化酶的活性高，能减少乙醇的积累。因此，水稻的抗涝性较强，属于湿生植物。

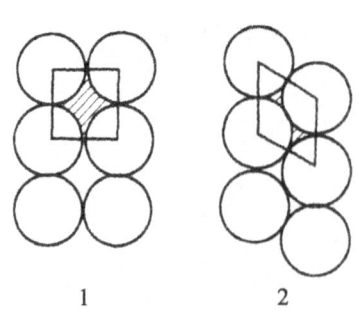

图 11-23 根皮层细胞的排列
1. 柱状排列（水稻） 2. 偏斜状排列（小麦）

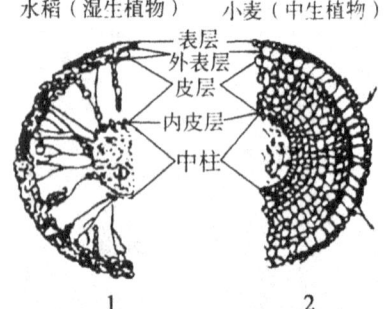

图 11-24 水稻与小麦的根结构
1. 水稻根的结构 2. 小麦根的结构

11.6 病虫害生理与植物抗性

11.6.1 病害与植物抗病性

植物病害(disease injury)是指植物受到病原物的侵染,生长发育受阻的现象,是致病生物与寄主(感病植物)之间相互作用的结果。植物抵抗病原物侵染的能力称为抗病性(disease resistance)。引起植物病害的寄生物称为病原物(pathogenetic organism),若寄生物为菌类,称为病原菌(disease producing germ),被寄生的植物称为寄主(host)。在作物病害中,病原物种类繁多,主要有真菌、细菌、病毒、类菌原体、线虫等,其中80%以上病害是由真菌寄生引起的。

1. 病原微生物对植物的伤害

植物受病原物侵染后,从完全不发病到严重发病,在一定范围内表现为连续过程(图11-25),因此同一植物既可以认为是抗病的,也可以认为是感病的,这要根据具体情况而定。植物感染病原后,其代谢过程发生一系列的生理生化变化,直至最后出现病状。

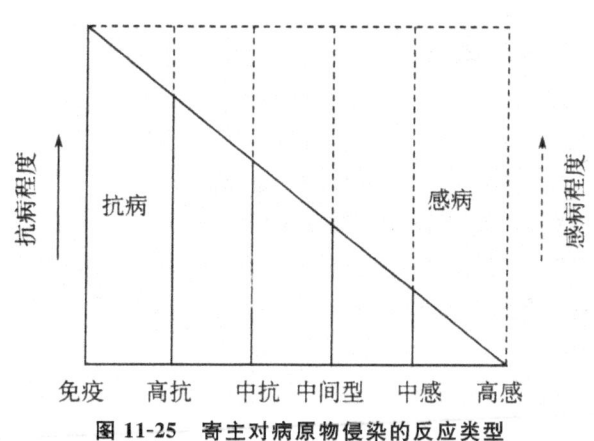

图 11-25 寄主对病原物侵染的反应类型

(1)水分平衡失调

植物受病菌感染后,首先表现出水分平衡失调,常以萎蔫或猝倒为特征。造成水分失调的原因主要有:根被病菌损坏,不能正常吸水;维管束被病菌或病菌引起的寄主代谢产物(胶质、黏液等)堵塞,水流阻力增大;病菌破坏了原生质结构,使其透性加大,蒸腾失水过多。

(2)呼吸作用加强

染病作物的呼吸作用大大加强,染病组织的呼吸一般比健康组织增加10倍。呼吸加强的原因,一方面是病原微生物本身具有强烈的呼吸作用;另一方面是寄主呼吸速率加快。

(3)光合作用下降

植物感病后,光合速率即开始下降,其直接原因可能是叶绿体受到破坏,叶绿素合成减少。随着感染的加重,光合作用更弱,甚至完全失去同化CO_2的能力。

(4)激素发生变化

某些病害症状(如形成肿瘤、偏上生长、生长速度猛增等)都与植物激素的变化有关。组织在染病时大量合成各种激素,其中以 IAA 含量增加最突出,进而促进 ETH 的大量生成。如锈病能提高小麦植株 IAA 含量。

(5)同化物运输受干扰

植株感病后,同化物比较多地运向病区,糖输入增加和病区组织呼吸提高是相一致的。水稻、小麦的功能叶感病后,严重妨碍光合产物输出,影响籽实饱满。

2.植物的抗病机制

从植物生理学的观点来看,植物对病原物是有一定的抵抗力的,它是植物形态结构和生理生化等方面在时间和空间上综合表现的结果,它是建立在一系列物质代谢基础上,通过有关抗病基因表达和抗病调控物质产生来实现的。植物抗病的生理基础主要表现在以下方面。

(1)植物形态结构屏障

有些植物在组织表面有蜡被,叶毛可以阻止病原菌到达角质层,减少侵染。有些植物具有坚厚的角质层能阻止病原菌侵入植物组织,如三叶橡胶老叶具有坚厚的角质层保护,能抵抗白粉病菌的侵染。

(2)氧化酶活性增强

作物感病后呼吸氧化酶的活性增强,以抵抗病原微生物。植物呼吸作用与抗病能力呈正相关。原因有以下三点:①分解毒素。病原菌侵入作物体后,会产生毒素(如黄萎病产生多酚类物质,枯萎病产生镰刀菌酸),把细胞毒死。旺盛的呼吸作用能把这些毒素氧化分解为二氧化碳和水,或转化为无毒物质。②促进伤口愈合。作物感病后,植株表面可能出现伤口。而旺盛的呼吸作用能够促进伤口附近形成木栓层,使得伤口愈合速度加快,具有隔开健康组织和受害组织的作用,从而避免伤口的继续发展。③抑制病原菌水解酶活性。病原菌靠本身水解酶的作用,把寄主的有机物分解,供它本身生活之需。寄主呼吸旺盛,就抑制病原菌的水解酶活性,因而防止寄主体内有机物分解,病原菌得不到充分养料,病情扩展就会受到限制。

(3)促进组织坏死

有些病原真菌只能寄生在活的细胞里,在死细胞里不能生存。抗病品种细胞与这类病原菌接触时,受侵染的细胞或组织就会迅速地坏死,使病原菌得不到合适的环境而死亡,病害就被局限于某个范围而不能发展。越来越多的事实表明受侵染的细胞的死亡是编程性细胞死亡(apoptosis)。因此,组织坏死是一个保护性反应。

(4)植物体内的抗病物质

当病原微生物侵入植物体时,植物体内产生一些对病原微生物有抑制作用的物质,因而使植物有一定的抗病性。主要有下列几种类型。

①植保素。也称植物防御素或植物抗毒素,是植物受侵染后才产生的一类低分子质量的抗病原微生物的化合物。例如,从豌豆荚内果皮中分离出来的避杀酊,从马铃薯中分离出的逆杀酊等等。

诱导植保素产生的因子为激发子(elicitor),激发子是指能够激发或诱导植物寄主产生防御反应的因子。激发子通常由病原物产生,寡糖素、糖蛋白、蛋白质或多肽都可称为激发子。激发子被细胞膜上的激发子受体(一种能与激发子特异结合的蛋白)接受,通过细胞的信号系统转导,诱导抗病基因活化,从而使细胞合成与积累植保素(图11-26)。

②木质素。植物感染病原微生物后,木质化作用加强,增加木质素以阻止病原菌进一步扩展。由于异黄酮类植物防御素和木质素的生物合成都必须经过苯丙氨酸解氨酶(PAL)的催化,所以PAL活性与抗病性密切有关。

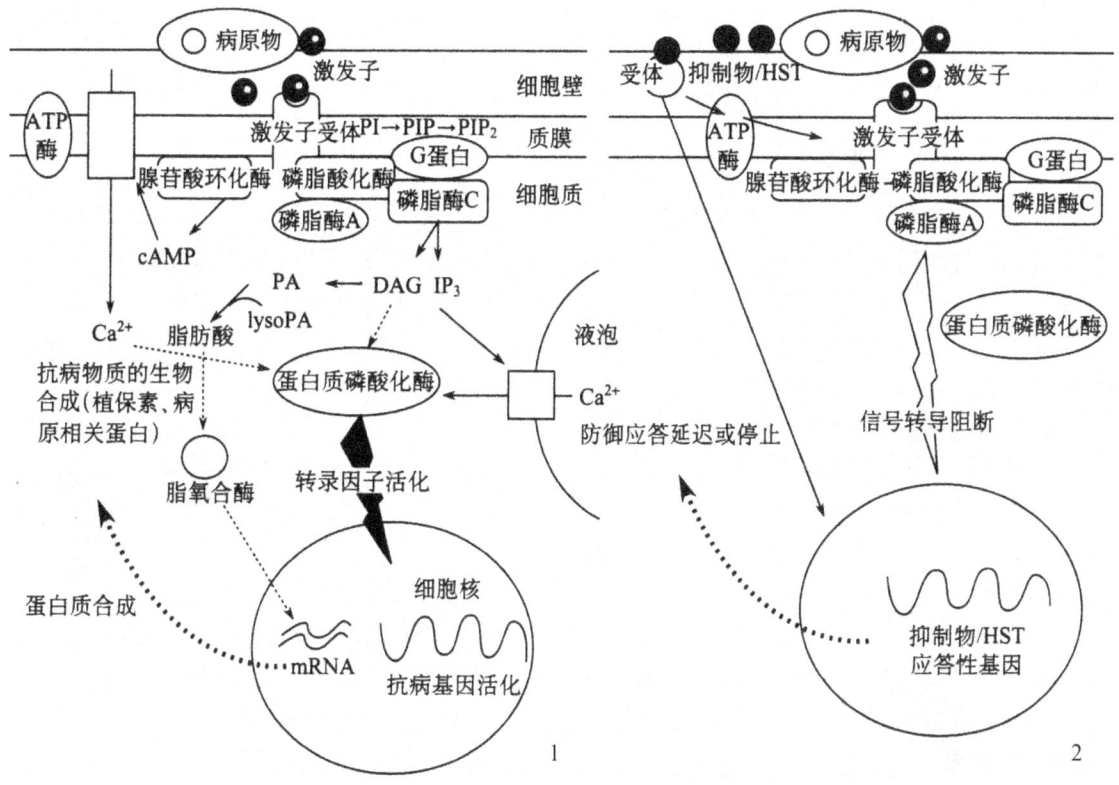

图11-26 植物对病原物产生的激发子与抑制物的反应(王忠,2000)

1. 抗性寄主的抗病反应:抗性寄主能识别病原物产生的激发子,识别反应后激活信号转导系统(如肌醇磷脂信号系统、钙信号系统、环核苷酸信号系统),引起Ca^{2+}的释放和蛋白酶的磷酸化,诱导抗病基因活化,导致植保素、病原相关蛋白等抗病因子的生物合成,从而引起防御病原物的侵染

2. 寄主的感病机制:病原物产生的抑制物,如寄主特异毒素(Host-Specific Toxin,HST),能抑制质膜上ATP酶的活性,使质膜中信号转导系统丧失功能,不能对病原物的侵染及时做出反应,即抗病基因不活化,细胞不合成抗病因子,也可能病原物产生的抑制物直接抑制抗病的基因表达,从而使寄主感病

PI.磷脂酰肌醇　PIP.磷脂酰肌醇-4-磷酸　PIP2.磷脂肌醇二磷酸　PA.磷脂酸　DAG.二酰甘油　lysoPA.可溶性磷脂酸　IP3.肌醇-1,4,5-三磷酸　cAMP.环腺苷酸

③抗病蛋白。当病原微生物侵染寄主植物时,植物能生成一些抗病蛋白质和酶,以抵御病原体的伤害。抗病蛋白包括几丁质酶、β-1,3-葡聚糖酶、植物凝集素以及病原相关蛋白等。

3. 提高植物抗病性的途径

通过传统和分子生物学的方法培育抗病品种是提高作物抗病性的根本途径,其他栽培和化学调控措施在一定程度上也能提高作物抗病性。如合理施肥,增施磷、钾肥;开沟排渍,降低地下水位;保证田间通风透风,降低温度;施用生长调节剂(水杨酸、乙烯利等)诱导抗病基因表达。

11.6.2 虫害与植物抗虫性

在农业生产中,虫害是造成农作物产量及品质巨大损失的主要原因。植物不同种类,同一作物的不同品种对害虫具有不同的反应能力和适应方式。在植物—昆虫的相互作用中,植物用不同机制来避免、阻碍或限制昆虫的侵害,或者通过快速再生来忍耐虫害。植物对昆虫的抵抗能力称为植物的抗虫性(pest resistance)。

1. 植物抗虫性及其抗虫机制

抗虫性一般可划分为生态抗性和遗传抗性两大类。生态抗性(ecological resistance)是指由于环境条件(特别是非生物因素)变化的影响制约害虫的侵害而表现的抗性。遗传抗性(inheritance resistance)是指植物可通过遗传方式将拒虫性、抗虫性、耐虫性传给子代的能力。抗虫性是由于植物体内有毒的代谢产物,可以抑制害虫的生存、发育及繁殖,直至中毒死亡的特征。植物抗虫的机制表现在以下方面。

(1)抗虫性的形态解剖特性

解剖特性主要是通过物理方式干扰害虫的运动,包括干扰昆虫对寄主的选择、取食、消化、交配及产卵。如棉花叶、蕾、铃上的花外蜜腺含有促进昆虫产卵的物质,无花外蜜腺的棉花品种至少减少昆虫40%的产卵量,是一个重要的抗虫性状。

(2)抗虫性的生理代谢特性

有些昆虫具有偏嗜食物的弱点,当植物体分泌对昆虫有毒害的物质时,就可成为抗虫特性之一。如烟草腺体毛分泌的烟碱、新烟碱、降烟碱等对蚜虫有毒。植物体内的番茄碱、茄碱等生物碱对幼虫取食起抗拒、阻止作用,直至昆虫饥饿死亡。抗虫棉的棉酚、棉子醇和单宁,可抗红铃虫、棉铃虫和棉蚜等。

植物的抗虫性不是绝对的,经常受到气候条件和栽培条件的影响,如光照弱或温度过高、过低都会使植物抗虫性明显降低,甚至会丧失抗虫性。栽培过密,通风透气差也会导致植物抗虫性下降,害虫就会大量发生。

2. 提高植物抗虫性的途径

采用生物技术培育抗虫品种将成为21世纪提高作物抗虫性的重要手段,如转 Bt 基因的抗虫棉、转 Bt 基因玉米等,将成为提高作物抗虫性的重要手段;栽培密度适当,控制氮肥使用,保证田间作物通风透光,健壮生长,可有效提高作物抗虫性,缺钾、缺钙都会降低植物的抗虫性。因此,合理施肥是提高植物抗虫性的重要措施。另外,根据某些害虫的危害物候期,可通过适当早播或迟播来提高植物的抗虫性。

11.7 环境污染伤害生理与植物抗性

随着经济的飞速发展,环境污染变得日益严重。就污染的因素来说,可分为大气污染、水体污染和土壤污染等。其中以大气污染和水体污染对植物的影响最大,不仅范围广,接触面积大,而且容易转化为土壤污染。

11.7.1 大气污染与植物抗性

大气污染是指有害物质进入大气,对生物和生态环境造成危害的现象。大气污染包括各种气体、尘埃颗粒、农药、放射性物质等。

植物叶片是植物与周围大气进行气体交换最活跃的部分,有害气体通过气孔进入叶片,如果积累浓度超过了植物敏感阈值,就会造成对植物的伤害。大气污染对植物的危害不仅与有害气体的种类、浓度和持续时间有关,还同植物的种类、发育阶段、生长状况及其他环境条件有关(图11-27)。

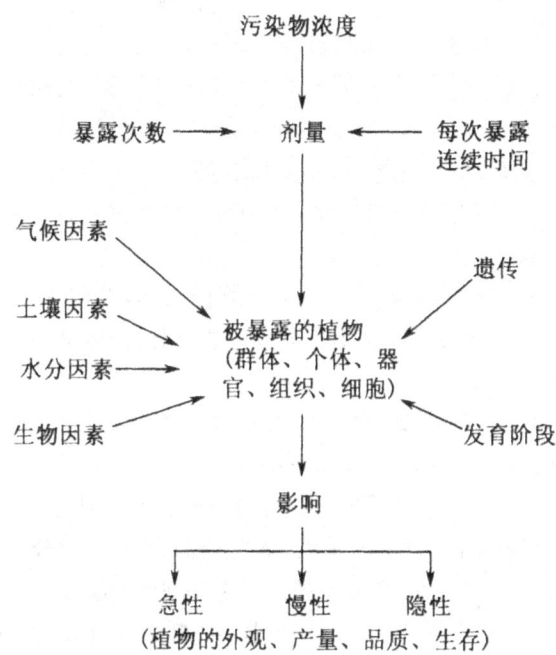

图 11-27　环境污染对植物的伤害程度及影响因素(引自刘祖祺和张石城,1994)

污染的伤害按程度可分为三类:急性危害、慢性危害和隐性危害。急性危害是指植物在短期内接触高浓度的污染物所造成的危害,如叶片出现伤斑、枯萎、脱落,甚至植株死亡。慢性危害是指低浓度的污染物在长时间作用下造成的危害,如叶片发黄到缺绿变白、生长发育受影响。隐性危害是指植物外表生长发育正常,无肉眼可见症状,只是由于有害物质积累使代谢受到影响,导致作物品质和产量下降。另外,大气污染不仅会给植物造成直接的伤害,还会使植物因生长发育不良、抗逆性减弱而产生一些间接伤害,如易受病虫的侵袭等。

1. 大气污染对植物的生理效应

(1) SO_2 对植物的伤害

SO_2 是各种含硫石油和煤燃烧时的产物之一,是我国目前最主要的大气污染物,排放量大,对植物的危害也比较严重。硫也是植物必需的矿质元素之一,植物所需要的硫 90% 来自大气中,因此一定浓度的 SO_2 对植物是有利的。但大气中含硫如超过了植物可利用的量,就会对植物造成伤害。据研究，SO_2对植物慢性伤害阈值为$25\sim150\mu g/m^3$。

高浓度的SO_2对植物会产生急性危害。SO_2侵入植物体后，首先从气孔周围的细胞扩散到叶肉海绵组织，再到栅栏组织，破坏细胞的叶绿体。使叶脉之间以及叶的边缘变成白色，使组织脱水，叶组织死亡。SO_2浓度较低时，植物受害部位的细胞失去绿色，逐渐变为浅褐色或白色。SO_2对植物伤害的典型特征是坏死斑与健康组织间的界限十分明显。总的来说，草本植物的敏感性大于木本植物，木本植物中针叶树比阔叶树敏感，阔叶树中落叶树比常绿树抗性弱，C_3植物比C_4植物敏感。一般$0.05\sim11.0$mg/L SO_2就可能危害植物。

(2)氟化物对植物的伤害

大气氟污染的主要来源是炼铝厂和磷肥厂。在造成大气污染的氟化物中，排放量最大、毒性最强的是HF，对农业生态系统的危害仅次于SO_2。当植物受到氟化物危害时，叶尖、叶缘出现伤斑，受害叶组织与正常叶组织之间形成明显的界限（有时呈红棕色）。表皮细胞明显皱缩、干瘪，气孔变形。未成熟叶片更易受害，枝梢常枯死，严重时叶片失绿、脱落。不同植物抗氟能力差异很大，同种植物的不同器官甚至同一器官在不同生育期也存在差异。氟引起植物伤害的机制可能有：①氟是植物体内的一些酶（烯醇化酶、琥珀酸脱氢酶等）的抑制剂；②氟可能与Ca^{2+}、Mg^{2+}等结合成难溶性的化合物，从而影响某些酶的活性；③氟也可使叶绿素合成受阻，破坏叶绿素的结构。

(3)光化学烟雾对植物的伤害

光化学烟雾是一种以一氧化氮和烯烃类为主的混合气体，在阳光的紫外线作用下发生各种化学反应，形成O_3、NO_2、醛类和硝酸过氧化乙酰等有害气体物质，再与大气中的硫酸液滴、硝酸液滴接触成为淡蓝色的烟雾。

①O_3。O_3是光化学烟雾中的主要成分，氧化能力极强。当大气中O_3浓度为0.1mg/L，且延续$2\sim3$h，对氧敏感的植物如菠菜、蚕豆和烟草等就会出现伤害症状。O_3伤害的典型症状是在叶面上出现密集、细小的斑点，有的植物上表皮出现褐色、红色或紫色，严重的大面积出现失绿斑块。O_3氧伤害植物的机制如下：①破坏质膜，氧化质膜的组成成分，如蛋白质和不饱和脂肪酸，增加细胞内物质外渗。O_3导致的损害主要是质膜中脂类的过氧化和ROS的生成（图11-28）；②O_3使植物体的防御酶系失活，O_3不是自由基，但能与O_2作用生成自由基，使活性氧防御体系的一些酶失活或活性下降；③O_3抑制氧化磷酸化水平，同时抑制糖酵解，促进戊糖磷酸途径；④O_3还能抑制光合作用，随O_3浓度增加，光合作用呈直线下降状态。

②氮氧化物。氮氧化物包括NO_2、NO和硝酸雾，NO_2是主要成分，毒性最大。氮氧化物伤害时，最初叶子表面出现不规则水渍状斑点，随后扩展到全叶，并产生不规则白色、黄褐色的坏死小斑点。这些症状与SO_2、O_3的伤害极为相似。

③硝酸过氧化乙酰。硝酸过氧化乙酰有剧毒，在空气中浓度只要在20mg/L以上时就会伤害植物。症状是，初期叶背呈银灰色或古铜斑点，好像被上釉一样，随后叶背变皱、扭曲，呈半透明状。更严重时，叶片两面都坏死。硝酸过氧化乙酰能抑制植物的光合作用、影响磷酸戊糖代谢途径以及影响植物细胞壁的合成。

2.大气污染危害植物的生理机制

大气污染危害植物的生理机制如下：较长时间暴露于污染的大气下，植物细胞的膜结构受到破坏，选择透性丧失；妨碍光合电子传递系统，抑制CO_2固定和还原；呼吸作用异常，氧化磷酸化效率降低；过氧化物酶活性增强；刺激活性氧和乙烯的产生，抑制抗氧化酶的活性。

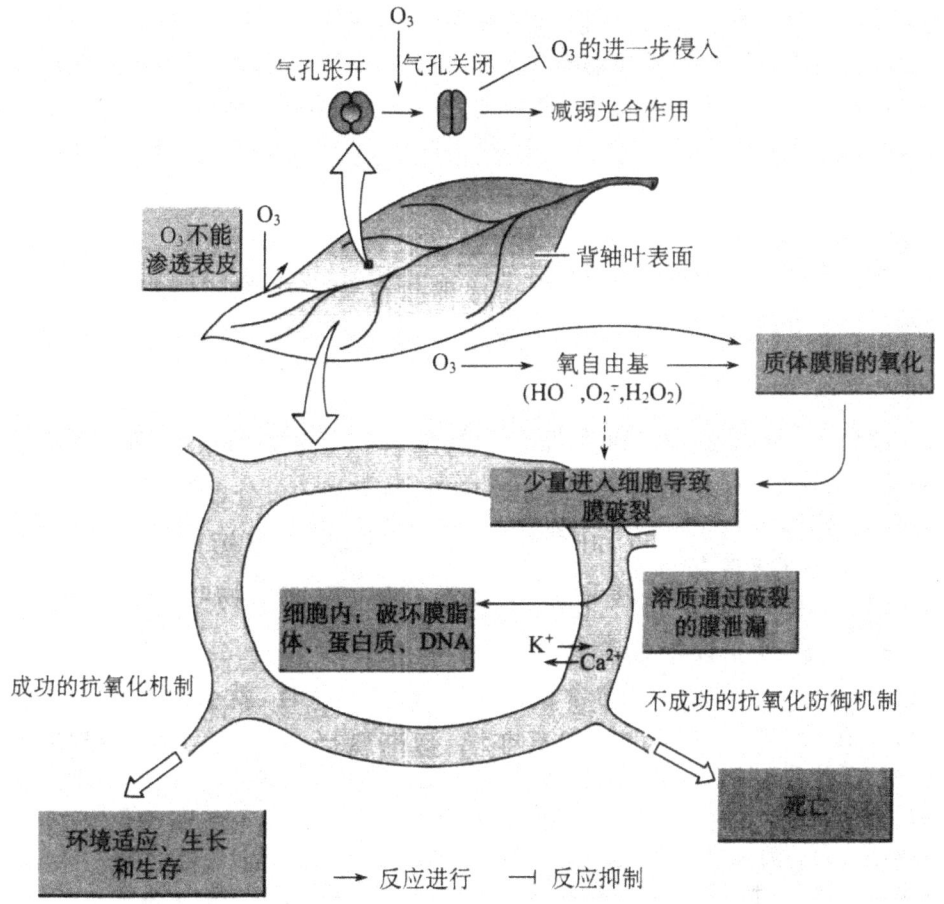

图 11-28 O₃ 的作用和植物的反应（引自 Buchanan et al.，2000）

因为 O₃ 的极性和亲水性物质，它不能够渗透到皮层中，仅能微弱地侵入质膜中；由于气孔的关闭，O₃ 进入质膜空隙可以消失；O₃ 的破坏发生最初结果是质膜脂体的过氧化反应和刺激活性氧产物；O₃ 可以激活植物体细胞内的抗氧化防御机制；抗氧化防御机制是否有效取决于 O₃ 的浓度、植物体忍耐能力、植株年龄和基因型

11.7.2 水污染与植物抗性

1. 水污染对植物的效应

水体一般是指水的积聚体，通常指地表水体，如溪流、江河、池塘、湖泊、水库、海洋等，广义的水体也包括地下水体。水体污染是指由于人类的活动改变了水体的物理性质、化学性质和生物状况，使其丧失或减弱了对人类的使用价值的现象。

造成水体污染的物质种类繁多，如金属污染物质（汞、镉、铬、锌、镍和砷等）、有机污染物质（酚、氰、三氯乙醛、苯类化合物、醛类化合物和石油等）和非金属污染物质（硒和硼等）。对植物危害较大的是酚、氰化物、汞、铬和砷，即平常所说的"五毒"。它们的浓度分别达到酚 50mg/L、氰化物 50mg/L、汞 0.1~4mg/L、铬 5~20mg/L 和砷 4mg/L 时就会对植物产生危害。例如，氰化物可以抑制植物体内多种金属酶的活性,抑制呼吸作用,在其胁迫下,植株矮小,分蘖少,根短而稀疏,甚至停止生长,枯干死亡;汞抑制光合作用,在其胁迫下,叶片黄化,分蘖受抑制,根系发育不良,植株变矮。铬可使水稻叶鞘出现紫褐色斑点,叶片内卷,褪绿枯黄,根系细短而稀疏,分蘖受抑制,植株矮小。

2. 植物的水污染抗性

植物对水污染有较强的抗性,有机污染物进入体内后,经过生化机制转化为有毒物质。其他机制与抗盐性类似,这里不再详述。

3. 植物在水污染净化中的作用

由于一些植物对水污染有较强的抗性,植物修复已经成为水污染净化的重要手段。水葫芦、浮萍、金鱼藻及黑藻等有吸收水中酚和氰化物的作用,也可吸收汞、铅、镉和砷。特别需要注意的是,对已积累金属污染物的水生植物,一定要进行特殊处理,不能作为饲料和绿肥,以免引起污染物转移和积累,影响人畜健康。

11.7.3　土壤污染与植物抗性

土壤污染是指土壤中积累的有毒、有害物质超出了土壤的自净能力,使土壤理化性质改变,土壤微生物的活动受到抑制和破坏,进而危害作物生长和人畜健康。

土壤污染物主要有各种金属(如汞、铬、铅、锌和铜等)、无机化合物(如砷化物和氰化物等)、有机化合物(如烃类、酚类、醛类和胺类等),以及酸和碱。土壤污染对植物的危害除了大气、水体污染物的伤害外,还能引起土壤酸碱度的变化,破坏土壤结构,从而影响土壤微生物的活动和植物的生长发育。例如,水泥厂附近农田土壤的碱度较高。土壤中重金属具有潜在的危害性,它被微生物分解,可以富集植物体内并逐渐积累。

植物对土壤污染也有较强的抗性,抗性机制与水污染抗性和抗盐性类似。植物对土壤污染物的吸收积累和转化功能目前正在用于污染土壤的修复。

第 12 章　园林植物的资源配置

12.1　园林植物人为分类法

我国园林植物众多,为了更好地利用园林植物,使其更加有效地显示出园林植物的价值,对园林植物进行正确识别和科学分类显得十分重要。站在不同的角度对园林植物进行分类,园林植物存在不同的类型。

12.1.1　按生物学特性分类

1.草本园林植物

植物的茎为草质,木质化程度低,柔软多汁易折断。大多数园林花卉属于草本植物。草本植物根据生活周期分为三类。

(1)一年生植物

在一年内完成全部生命活动(播种、开花、结实、死亡)的植物称为一年生植物。一年生植物一般原产于热带或亚热带,故不耐 0℃ 以下的低温。通常在春天播种,夏、秋季节开花、结实,冬季到来之前枯死,故一年生植物又称春播植物,如凤仙花、百日草、万寿菊、鸡冠花、麦秆菊、波斯菊等。

(2)二年生植物

在两年内完成生活史的植物称二年生植物。当年只生长营养器官,翌年开花、结实、死亡。二年生植物多数原产于温带或寒冷地区,耐寒性较强。通常在秋季播种,次年春、夏开花,故常称为秋播植物,如紫罗兰、须苞石竹、金鱼草等。

(3)多年生植物

多年生植物相对于一年生和二年生的植物而言,其个体寿命超过两年,并能够多次开花、结实。多年生植物依其地下部分的形态变化不同,可分为两类。

①球根观赏植物。球根观赏植物的地下部分具有肥大的变态根或变态茎,按形态的不同分为五类。

球茎类:球茎类植物地下部分的茎短缩肥大,呈球形或扁球形,顶端着生有主芽和侧芽,如唐菖蒲、香雪兰、番红花等。

鳞茎类:鳞茎类植物地下茎极度缩短,在茎的周围有肥大的鳞片状叶包裹,这类植物比较典型的有郁金香、水仙、百合、风信子等。

块茎类:块茎类植物地下部分的茎呈不规则的块状,块茎顶部有几个发芽点,如马蹄莲、大岩桐、彩叶芋等。

根茎类：根茎类植物地下茎肥大呈根状，具有明显的节，节部有芽和根，如美人蕉、鸢尾、荷花等。

块根类：块根类植物地下根肥大呈块状，其上部不具芽眼，只在根茎部位有发芽点，如大丽花、花毛茛等。

②宿根观赏植物。宿根观赏植物相比于球根观赏植物而言，其地下部分没有发生变态，形态正常，宿根存在于土壤中，并可在露地越冬。这类植物比较典型的有芍药、玉簪、萱草、菊花等。

2.木本园林植物

木本园林植株的茎部木质化，枝干坚硬，难以折断，根据形态分为三类。

(1)乔木类

树体高大，有明显的主干，分枝繁盛，树干和树冠的区别十分明显，如广玉兰、银杏、悬铃木、雪松、冷杉、桂花等。

(2)灌木类

灌木类植物一般植株较矮，其地上部分无明显主干，靠近地面处生出许多枝条，呈丛生状，如紫丁香、绣线菊、牡丹、月季、蜡梅等。

(3)藤木类

藤木类植株比较典型的特点是其茎木质化，长而细弱，因此藤木类植物一般不能直立，必须要缠绕或攀缘在其他物体上才能进行正常的生长，该类植物比较典型的有凌霄、金银花、山葡萄、紫藤等。

3.水生园林植物

水生园林植物顾名思义是指生长在水中或潮湿土壤中的植物。我国水系众多，水生园林植物资源非常丰富，仅高等水生园林植物就有300多种。在园林中，根据其生活习性和生长特性，水生园林植物可分为五类。

(1)挺水植物

挺水植物其茎叶伸出水面，根和地下茎埋在泥里，一般生活在水岸边或浅水环境中，常见的有黄花鸢尾、水葱、菖蒲、蒲草、芦苇、荷花、雨久花、半枝莲等。

(2)浮叶植物

浮叶植物是指其根生长在水下泥土之中，而叶片生长在水面上，叶柄细长的植物，常见的浮叶植物有睡莲、满江红、金银莲花、菱等。

(3)沉水植物

沉水植物是指根生在水中的泥土之中，茎、叶全部沉没于水中的植物，常见沉水植物有大水芹、菹草、黑藻、金鱼草、玻璃藻、竹叶眼子菜、苦草、狐尾藻、水车前、石龙尾、水筛、水盾草等。

(4)漂浮植物

漂浮植物的根系漂浮在水中，茎和叶露在水面生长，该类植物生长的地方并不固定，随水流的变化而发生变化。常见的漂浮植物有浮萍、萍蓬草、大漂、凤眼莲等。

(5)滨水植物

滨水植物是指在水域的周边生长的植物，短期内可以忍耐被水淹没的环境。常见的滨水植物有水杉、池杉、落羽杉、竹类、垂柳、水松、千屈菜、辣蓼、木芙蓉等。

4. 多浆、多肉类园林植物

这类植物又称为多汁植物,植株的茎、叶肥厚多汁,部分种类的叶退化成刺状,表皮气孔少且经常关闭,以降低蒸腾作用,减少水分蒸发,并有不同程度的冬眠和夏眠习性。该类植物大多数为多年生草本或木本植物,有少数为一二年生草本植物,如仙人掌、燕子掌、虎刺梅、生石花等。

12.1.2 按植物的观赏部位分类

按园林植物的花、叶、果、茎、芽等具有观赏价值的器官进行分类,可分为以下几类。

(1)观花类

植株开花繁多,花色鲜艳,花型奇特而美丽,以观赏其花色、花形、花香为主的植物。如牡丹、广玉兰、菊花、梅花、大丽花等。

(2)观茎类

以观赏茎枝为主的植物,植株的茎、分枝形态奇特、婀娜多姿,具有独特的观赏价值。如白桦、红瑞木、佛肚竹、仙人掌、光棍树等。

(3)观叶类

以观赏叶形、叶色为主的植物。植株的叶形、叶色多种多样,色泽艳丽并富于变化,具有很高的观赏价值。如红枫、黄栌、紫叶李、卫矛、八角金盘、变叶木、花叶芋、彩叶草、竹芋、万年青、朱蕉等。

(4)观果类

以观赏果实为主的植物。植株的果实形状奇特,果色鲜艳,挂果期长,能装点秋冬季节室内外环境。如花楸、金银忍冬、佛头花、火棘、石榴、佛手、金橘、乳茄等。

(5)观根类

以观赏根为主的植物。植株主根呈肥厚的薯状,须根呈小溪流水状,气生根呈悬崖瀑布状。如榕树、根榕盆景等。

此外,还有观赏其他部位或器官的植物,如银芽柳主要观赏芽,马蹄莲、火鹤主要观赏佛焰苞,一品红、叶子花等主要观赏苞片,雪松、龙柏、龙爪槐等主要观赏姿态。

12.1.3 按园林用途分类

按园林植物在园林中配置的位置和用途分类,可分为以下几类。

(1)行道树

行道树一般是比较大的乔木,其遮阳的效果比较好,一般成行种植在道路两旁。比较典型的有樟树、杨树、七叶树、悬铃木、广玉兰等。

(2)庭荫树

庭荫树顾名思义是指可供遮阳乘凉休息的树,一般孤植或丛植在庭院、广场或草坪上。一般可做庭荫树的有榕树、榉树、槐树、鹅掌楸、柞树等。

(3)花灌木

栽植花灌木的目的一般是观花、赏花,花灌木一般是小乔木或灌木,比较典型的有丁香、玉兰、梅花、桃、桂花等。

(4)绿篱植物

绿篱植物一般是具有代替护栏起保护或装饰作用的植物,由耐修剪的植物成行密植而成。绿篱植物比较典型的有黄杨、女贞、水腊、海桐、榆树等。

(5)垂直绿化植物

垂直绿化植物是指攀缘植物,该类植物可以绿化山石、棚架、廊和墙面。比较典型的垂直绿化植物有常春藤、南蛇藤、爬山虎、紫藤等。

(6)花坛植物

花坛植物是指能够栽植在花坛内组成各种花纹和图案的植物,该类园林植物一般采用观花、观叶的草本植物和低矮灌木。比较典型的有一串红、万寿菊、月季、金盏菊、金叶女贞、郁金香、紫叶小檗、百合、五色苋等。

(7)草坪植物及地被植物

栽植草坪植物及地被植物的主要目的是覆盖地面,起防尘降温和美化作用,该类植物一般是低矮的木本植物或草本植物。比较典型的有麦冬、野牛草、早熟禾、翦股颖、紫羊茅、紫金牛、三叶草等。

(8)室内装饰植物

用盆花或切花来美化室内环境,或专为各种集会、展览场所进行美化。如散尾葵、绿萝、蕨类植物、兰花、凤梨等。

(9)片林

片林顾名思义是指较大面积成片栽植的植物,在实际生活之中,片林比较常见,如工矿区的防护林带、自然风景区的风景林、城乡周围的林带、公园外围的隔离带等。适合片林种植的植物有松、柏、杨等。

12.1.4 按气候类型分类

园林植物的种类很多,其原产地的环境条件也存在着巨大的差异,园林植物的原产地主要分布于热带、亚热带和温带,寒带植物用于园林植物的种类较少。处于不同原产地的园林植物,其生长发育规律存在着显著的差别。

1. 大陆东岸气候型

此气候型的特点是冬寒夏热,年温差较大。我国的华北及华东地区属于这一气候型,另外属于大陆东岸气候型的地区还有北美洲东部、非洲东南部、大洋洲东部、巴西南部、日本等。大陆东岸气候型又可以依据冬季气温高低划分为温暖型与冷凉型气候。

(1)温暖型

属于温暖型气候的地区主要有中国长江以南(华东、华中、华南)、大洋洲东部、北美洲东南部、日本西南部、非洲东南部、巴西南部等地区。在该地区适宜生长的园林植物有中国石竹、中国水仙、报春、一串红、百合类、天人菊、麦秆菊、美女樱、山茶、杜鹃、蔷薇类、非洲菊、南天竹、矮牵牛、半支莲、三角花、石蒜、福禄考、马蹄莲、唐菖蒲、猩猩草等。

(2)冷凉型

属于冷凉型气候的地区主要包括中国北部、北美东北部、日本东北部等地。在该气候型生长的可用作园林植物比较典型的有醉鱼草、菊花、荷兰菊、翠菊、蛇鞭菊、牡丹、鸢尾、百合类、荷包牡丹、芍药、金光菊等。

2. 大陆西岸气候型

大陆西岸气候型又称欧洲气候型,属于该气候的地区主要有新西兰南部、北美西北部、欧洲大部分、南美西南部等。该气候型的特点十分明显,冬暖夏凉,降雨量较少,而且降雨较均匀,全年气温一般都在15℃～17℃之间。适宜在该气候下生长的园林植物有霞草、铃兰、雏菊、勿忘草、毛地黄、矢车菊、三色堇、羽衣甘蓝、喇叭水仙、紫罗兰等。

3. 地中海气候型

该气候型以地中海沿岸气候为代表,处于该气候的地区自秋季至次年春季末处于主要降雨期,该时期降雨较多,而该气候型下的夏季极少降雨,为干燥期,冬季无严寒,最低温度为6℃～7℃,夏季凉爽,气温为20℃～25℃。因夏季气候干燥,多年生花卉常呈球根形态。如香豌豆、仙客来、花菱草、鹤望兰、小苍兰、水仙类、天竺葵、羽扇豆、酢浆草、花毛茛、唐菖蒲、风信子、石竹、麦秆菊、郁金香、金盏菊、金鱼草、蒲包花、鸢尾类、君子兰等园林植物属于这一气候型。

4. 热带高原气候型

热带高原气候型包括热带及亚热带高山地区。该地区的气候特点是全年温度为14℃～17℃,温差小,降雨量会因为地区的差异而存在明显的差异。中国云南、墨西哥高原地区、非洲中部高山地区、南美洲的安第斯山脉等地属于这一气候型。生长在该类气候型下的可作为于园林植物的主要有云南山茶、大丽花、蔷薇类、晚香玉、一品红、旱金莲、百日草、波斯菊、中国樱草、万寿菊、球根秋海棠等。

5. 热带气候型

热带气候型全年高温、温差小,有的地方年温差不到1℃;雨量大,空气湿度大,有雨季和旱季之分。如美人蕉、虎尾兰、花烛、蟆叶秋海棠、鸡冠花、彩叶草、竹芋、牵牛花、变叶木、秋海棠、非洲紫罗兰、卡特兰、长春花、大岩桐、红桑、朱顶红、万带兰、凤仙花、紫茉莉、水塔花等园林植物属于这一气候型。

6. 沙漠气候型

沙漠气候型全年气候变化极大,昼夜温差大,降雨量少,气候干旱,土壤质地多以沙质或沙砾质为主。这些地区只有多浆、多肉类植物分布。属于这一气候型的地区有非洲、大洋洲中部及南北美洲的沙漠地带。仙人掌类、芦荟、龙舌兰、十二卷、松叶菊等多浆、多肉类园林植物属于这一气候型。

7. 寒带气候型

处于寒带气候型的地区主要包括西伯利亚、阿拉斯加、斯堪的纳维亚等,其气候特点主要是气温低,光照充足,冬季漫长而寒冷,夏季短促而凉爽。生长在这一气候型地区的植物植株低矮,生长缓慢。如龙胆、雪莲、镜面草、细叶百合、绿绒蒿、点地梅等园林植物属于这一气候型。

12.1.5 按栽培目的分类

(1)观赏用

是以布置园林绿地和进行室内外装饰为主要目的栽培的植物。包括花坛植物、盆栽植物、切花植物、园林绿化植物等。

(2)香料工业用

园林植物可以作为香料工业的原料。例如,代代、茉莉、玫瑰、白兰、栀子等都是在香料工业中十分重要的植物,是制作"花香型"化妆品的高级香料。

(3)医药用

自古以来观赏植物就是我国中草药的重要组成部分。李时珍的《本草纲目》记载了近千种植物的性、味、功能及临床药效。桔梗、牡丹、芍药、金银花、连翘、菊花、茉莉及美人蕉等100多种观赏植物均为常用的中药材。

(4)食用

有些观赏植物的茎、叶和花可以食用。如白兰、茉莉、菊花的花可用于熏制花茶,食用百合、食用美人蕉、桂花、兰花、梅花等可用于生产食品、食品添加剂和花粉食品。

12.2 园林植物(观赏树木和花卉)的配置

12.2.1 园林植物配置的原则

园林植物的配置包括两个方面:一方面是各种园林植物相互之间的配置,应充分考虑园林植物种类的选择,树丛的组合,平面的构图、色彩、季相以及园林意境;另一方面是园林植物与其他园林要素相互之间的配置。

从维护生态平衡和美化环境角度来看,园林植物是园林绿地中最主要的构成要素。在通常情况下,园林绿地应以植物造景为主,小品设施为辅。园林绿地观赏效果和艺术水平的高低,在很大程度上取决于园林植物的配置。因此,搞好园林植物配置,是园林绿地建设的关键。

1. 坚持满足园林树木生态需求的原则

各种园林植物在生长发育过程中,对光照、土壤、水分、温度等环境因子都有不同的要求。在园林植物配置时,只有满足这些生态要求,才能使植物正常生长和保持稳定,表现出设计效果。

不同的树种生态习性不同,不同的绿地生态条件也不一样,在树种的选择上做到适地适树,有时还需创造小环境或者改造小环境来满足园林树木的生长、发育要求(如梅花在北京就需要小气候,要求背风、向阳)从而保持稳定的绿化效果。除此之外,还要考虑树木之间的需求关系,如若是同种树,配置时只考虑株距和行距。不同树种间配植需要考虑种间关系,即考虑上层树种与下层树种、速生与慢生树种、常绿与落叶树种等关系。

2. 坚持符合园林绿地功能要求的原则

园林树木的种植要符合园林绿地的性质，满足其功能的要求。园林植物配置时，首先应从园林绿地的性质和功能来考虑。如为体现烈士陵园的纪念性质，营造一种庄严肃穆的氛围，在园林植物种类选择时，应选用冠形规整、寓意万古流芳的青松翠柏；在配置方式上多采用对植或行列式栽植。园林绿地的功能很多，但就某一绿地而言，则有其具体的主要功能。例如，街道绿化中行道树的主要功能是庇荫减尘、美化市容和组织交通，为满足这一具体功能要求，在园林植物选择时，应选用冠形优美、枝叶浓密的树种；在配置方式上应采用列植。再如，城市综合性公园，从其多种功能出发，应有供集体活动的大草坪，还要有浓荫蔽日、姿态优美的孤植树和色彩艳丽、花香果佳的花灌丛，以及为满足安静休息需要的疏林草地或密林等。总之，园林中的树木花草都要最大限度地满足园林绿地使用和防护功能上的要求。

3. 坚持突出园林艺术特色的原则

园林树木有其特有的形态、色彩与风韵之美，园林树木配置不仅有科学性，还有艺术性，并且富于变化，给人以美的享受。在植物景观配置中应遵循对比与调和、均衡与动势、韵律与节奏三大基本原则。

植物造景时，既要讲究树形、色彩、线条、质地及比例都要有一定的差异和变化，显示多样性，又要保持一定的相似性，形成统一感，这样既生动活泼，又和谐统一。在配置中应掌握在统一中求变化，在变化中求统一的原则，用对比的手法来突出主题或引人注目。

植物配置时，将体量、质地各异的植物种类按均衡的原则配置，景观就显得稳定、顺畅。如色彩浓重、体量庞大、数量繁多、质地粗厚、枝叶繁茂的植物种类，给人以重的感觉；相反，色彩淡雅、体量小巧、数量简少、质地细柔、枝叶疏朗的植物种类，则给人以轻盈的感觉。根据周围环境，在配置时常运用有规则式均衡和不对称的均衡手法，在多数情况下常用不对称的均衡手法。如一条蜿蜒曲折的园路两旁，若在路右边种植一棵高大的雪松，则在临近的左侧需植以数量较多，单株体量较少，成丛的花灌木，以求均衡，同时又有动势的效果。

植物配置中有规律的变化，就会产生韵律感，在重复中产生节奏感。一种树等距排列称为"简单韵律"；两种树木相间排列会产生"交替韵律"，尤其是乔灌木相间效果更加明显；树木分组排列，在不同组合中把相似的树木交替出现，称为"拟态韵律"。

4. 坚持结合园林绿地经济要求的原则

树木配置时要力求用最经济的投入来实现满足使用功能、保护城市环境、美化城市面貌等目的。与此同时，还可结合生产，增加经济收益。因此，园林植物配置在不妨碍满足功能、艺术及生态上的要求时，可考虑选择对土壤要求不高、养护管理简单的柿子、枇杷、山里红等果树植物和核桃、油茶、樟树等油料植物，也可选择观赏价值很高的桂花、茉莉、玫瑰等芳香植物，还可选择具有观赏价值的杜仲、合欢、银杏等药用植物以及既可观赏又可食用的荷花等水生植物。选择这些具有经济价值的观赏植物，可以充分发挥园林植物配置的综合效益，达到社会效益、环境效益和经济效益的协调统一。

5. 其他方面的原则

园林植物配置的品种多样性是以生态学理论为基础的,品种多样性有利于形成稳定的植物群落,这种多样性要视具体的绿地和环境来确定。如在住宅区应配置一些具有保健作用的植物,如杜仲、杨梅、榉树、枫杨、白玉兰、溲疏等;在公共绿地可配置一些蜜源植物和鸟嗜植物来吸引大自然的生物,如枇杷、棕榈、南天竹、柑橘等。

在园林植物配置中,要明确城市的性质,例如是政治文化中心、工业生产中心、海港贸易中心或风景旅游中心等。好的植物配置,应体现出不同性质城市的特点和要求。

在园林设计和植物配置中应注重人性化设计,利用设计要素构筑符合人体尺度和人的需要的园林空间,特别在对居住区、街旁绿地、城市公园、学校、医院等场所的植物设计过程中,更要注重"以人为本"的设计原则。

12.2.2 多树种配置的树群培育技术

栽植和培育多树种混交的园林树木群体,关键在于正确处理好不同树种的种间关系,使主要树种尽可能多受益、少受害。

第一,合理确定不同树种的比例和配植方式。栽植前,在慎重选择主要树种的基础上,确定合适的树种比例和配植方式,避免种间不利作用的发生。

第二,合理安排株行距。栽植时,通过控制栽植时间、苗木年龄,合理安排株行距来调节种间关系。实践证明,选用生长速度悬殊、对光的需求差异大的树种,以及采用分期栽植方法,可以取得良好的效果。

第三,采取合理措施对种间结构进行调控。在树木生长过程中,为了避免或消除不同树种种间对空间及营养等资源的竞争可能造成的不利影响,需要及时采取人为措施进行定向干扰以实现对结构的调控。如当次要树种生长速度过快,其树高、冠幅过大造成主要树种光照不足时,可以采取平茬、修枝、疏伐等措施调节,也可以采用环剥、去顶、断根和化学药剂抑制等方法来控制次要树种的生长。如当次要树种与主要树种对土壤养分、水分竞争激烈时,可以采取施肥、灌溉、松土等措施,缓和推迟矛盾的发生。

12.2.3 园林植物配置的方式

园林树木配置的方式,就是指园林树木配置的方式、搭配的样式,是运用美学原理,将乔木、灌木、竹类、藤本、花卉、草坪植物等作为主要造景元素,创造出各种引人入胜的植物景观。园林植物的配置方式主要有两种:中国古典园林和较大的公园、风景区中,园林植物配置通常采用自然式;但在局部地区,特别是主体建筑物附近和主干道路旁侧也可采用规则式。

1. 园林植物的自然式配置

园林植物的自然式配置,形式自然、灵活,参差有致,不要求株距或行距不变,不按中轴对称排列,不论组成树木的株数或种类多少,均要求搭配自然。多用于休闲公园,如综合性公园、植物园等。一般多选树形或树体部分美观或奇特的品种。如山岭、岗阜上和河、湖、溪涧旁的植物群落,具有天然的植物组成和自然景观,是自然式植物配置的艺术创作源泉。

园林植物的自然式配置方法主要有孤植、丛植、群植、带植、对植等几种。

(1)孤植

孤植又叫单植,是指单株树孤立栽植的一种园林植物栽植方式。在规则式种植中也可采用。种植时选择比较开阔的地点,如草坪、花坛中心、道路交叉或转折点、岗坡及宽阔的湖池岸边等重要地点种植。孤植树具有强烈的标志性、导向性和装饰性作用。

孤植树在园林中有两个主要用途。

①作为园林中独立的庇荫树,也作观赏用。无论以遮阴为主,还是以观赏为主,都是为了突出树木的个体功能,但必须注意其与环境的对比与烘托关系。要求树冠宽大,枝叶浓密,叶片大,病虫害少,以圆球形、伞形树冠为好。

②单纯为了构图艺术上的需要,主要显示树木的个体美,常作为园林空间的主景。要求姿态优美,色彩鲜明,体形略大,寿命长而有特色,周围配置其他树木,应保持合适的观赏距离。在珍贵的古树名木周围,不可栽植其他乔木和灌木,以保持它的独特风姿。

植物选择应以阳性和生态幅度较宽的中性树种为主,一般情况下很少采用阴性树种。如白皮松、黄山松、圆柏、侧柏、雪松、水杉、银杏、七叶树、鹅掌楸、枫香、广玉兰、合欢、海棠、樱花、梅花、碧桃、山楂、国槐等。

(2)丛植

丛植是指三株以上不同树种的组合,即一个树丛由三五株至八九株同种或异种树木不等距离地栽植在一起成一整体的一种园林植物栽植方式。

丛植是园林中普遍应用的方式,用作主景或配景,也可用作背景或隔离措施。配置宜自然,符合艺术构图规律,务求既能表现园林植物的群体美,也能表现树种的个体美。

丛植因树木株数不同而组合的方式各异,不同株数的组合设计要求遵循一定的构图法则。

①三株一丛。三株树组成的树丛,三株的布置呈不等边三角形,最大和最小树种靠近栽植成一组,中等树稍远离成另一组,两组之间在动势上应有呼应。树种的搭配不宜超过两种,最好选择同一种而体形、姿态不同的树进行配置。如采用两种树种,最好为类似树种,如红叶李与石楠。

②四株一丛。四株树组成一丛,在配置的整体布局上可呈不等边的四边形或不等边三角形,四株树中不能有任何三株呈一直线排列。四株树丛的配置适宜采用单一或两种不同的树种。如果是同一种树,要求各植株在体形、姿态和距离上有所不同;如是两种不同的树,最好选择在外形上相似的不同树种。

③五株一丛。五棵树组成的树丛,在配置的整体布局上可呈不等边三角形、不等边四边形或不等边五边形,可分为两种形式,即"3+2"式组合配置和"4+1"式组合配置。在"3+2"配置中,注意最大的一棵必须在三棵的一组。在"4+1"配置中,注意单独的一组不能是最大株,也不能是最小株,且两组距离不能太远。五株一丛的树种搭配可由一个树种或两个树种组成,若用两种树木,株数以 3∶2 为宜。

(3)群植

群植是指以一两种相同或相近的乔木树种为主体,与数种乔木和灌木搭配,组成较大面积的树木群体组合的一种园林植物栽植方式。树木的数量较多,表现的是整个植物体的群体美,观赏整个植物体的层次、外缘和林冠等,具有"成林"之趣。

根据需要,群植以一定的方式组成主景或配景,起隔离、屏障等作用。如采用以大乔木如广玉兰,亚乔木为白玉兰、紫玉兰或红枫,大灌木为山茶、含笑,小灌木为火棘、麻叶绣球所配植的树群中,广玉兰为常绿阔叶乔木,作为背景,可使玉兰的白花特别鲜明,山茶和含笑为常绿中性喜暖灌木,可作下木,火棘为阳性常绿小灌木,麻叶绣球为阳性落叶花冠木。群植的植物搭配要有季相变化,如以上配植的树群中,若在江南地区,2月下旬山茶最先开花;3月上中旬白玉兰、紫玉兰开花,白、紫相间又有深绿广玉兰作背景;4月中下旬,麻叶绣球开白花又和大红山茶形成鲜明对比;此后含笑又继续开花,芳香浓郁;10月间火棘又结红色硕果,红枫叶色转为红色,这样的配植,兼顾了树群内各种植物的生物学特性,又丰富了季相变化,使整个树群生气勃勃。

(4)列植

列植,也称带植,是指以带状形式成行成带栽植数量很多的各种乔木、灌木的一种园林植物栽植方式。带植的林带组合原则与树群一样,是规划式园林以及广场、道路、工厂、水边、居住区、办公楼等绿化中广泛应用的一种形式。如用作园林景物的背景或隔离措施,一般宜密植,形成树屏。

列植在平面上要求株行距相等,立面上树木的冠形、胸径、高矮、品种则要求大体一致,形成的景观比较单纯、整齐。列植可以是单行,也可以是多行,其株行距的大小决定于树冠的成年冠径,期望在短期内产生绿化效果,株行距可适当小些、密些,待成年后间伐,来解决过密的问题。

列植的树种,从树冠形态看最好是比较整齐,如圆形、卵圆形、椭圆形、塔形的树冠。枝叶稀疏、树冠不整齐的树种不宜用。由于行列栽植的地点一般受外界环境的影响大,立地条件差,在树种的选择上,应尽可能采用生长健壮、耐修剪、树干高、抗病虫害的树种。在种植时要处理好和道路、建筑物、地下和地上各种管线的关系。列植范围加大后,可形成林带、树屏。适用于道路两侧列植的树种有银杏、悬铃木、银白杨、枫杨、朴树、香樟、水曲柳、白蜡、栾树、白玉兰、广玉兰、樱花、山桃、杏、梅、光叶榉、国槐、刺槐、合欢、乌桕、木棉、雪松、白皮松、油松、云杉、冷杉、柳杉、大王椰子、棕榈等。

(5)对植

对植是指对称地栽植大致相等数量的树木的一种园林植物栽植方式。在自然式栽植中,不要求绝对对称,对植时也应保持形态的均衡。

对植有以下两种形式。

①对称式对植。要求在构图轴线的左右,如园门、建筑物入口、广场或桥头的两旁等,相对地栽植同种、同形的树木,要求外形整齐美观,树体大小一致。对植形式强调对应的树木全量、色彩、姿态的一致性,进而体现出整齐、平衡的协调美。

②非对称式对植。常见于自然绿地中,不要求绝对对称,如树种相同,而大小、姿态、数量稍有变化。对植多用于构图起点,体现一种庄重的气氛,如宫殿、寺庙、办公楼和纪念性建筑前。

对植树种的选择因地而异,如在公园、游园、办公楼等地,多选用桂花、广玉兰、银杏、杨树、龙爪槐、香樟、刺槐、国槐、落叶松、水杉、大王椰子、棕榈、针葵等;在宫殿、寺庙和纪念性建筑前多栽植雪松、龙柏、桧柏、油松、云杉、冷杉、柳杉、罗汉松等。一些形态好、形体大的灌木,如木槿、冬青、大叶黄杨等也可对植。

2.园林植物的规则式配置

园林植物的规则式配置,形式整齐、严谨,具有一定的株行距,且按固定的方式排列。特点是有中轴对称,多为几何图案形式,植物对称或拟对称,排列整齐一致,体现严谨规整、壮观、庄严的气氛,多用于纪念性园林、皇家园林。一般多选择枝叶茂密、树形美观、规格基本一致的同种树或多种树。

园林植物的规则式配置方法主要有行植、正方形栽植、三角形栽植、长方形栽植、环植、带状栽植等几种。

(1)行植

行植是指在规则式道路、广场上或围墙边沿,呈单行或多行的,株距与行距相等的一种园林植物栽植方式。

(2)三角形栽植

三角形栽植是指株行距按等边或等腰三角形排列的一种园林植物栽植方式。正三角形方式有利于树冠与根系的平衡发展,可充分利用空间。

(3)多角形配置

多角形配置包括单星形、复星形、多角星形、非连续多角形等。

(4)正方形栽植

正方形栽植是指按方格网在交叉点栽植树木,栽植株行距相等的一种园林植物栽植方式。实际上就是两行或多行配置。正方形配置的树冠和根系发育比较均衡,空间利用较好,仅次于正三角形配置,便于机械作业。

(5)长方形栽植

长方形栽植是正方形栽植的一种变形,其特点为株行距不等。

(6)多边形配置

多边形配置是按一定株行距沿多边形种植,它可以是单行的,也可以是多行的;可以是连续的,也可以是不连续的多边形。

(7)环植

环植是指按一定株距把树木栽为圆环的一种园林植物栽植方式。圆形配置多用于陪衬主景或障围花坛或开阔平地。这种方式又可分成圆形、半圆形、全环形、半环形、弧形及双环、多环、双弧、多弧等多种变化方式,由一种或多种树木搭配。

(8)带状栽植

带状栽植是指用多行树木栽植成带状,构成林带的一种园林植物栽植方式。一般采用大乔木与中、小乔木和灌木作带状配置。

3.园林植物的混合式配置

混合式配置,指在某一植物造景中同时采用规则式和不规则式相结合的配置方式。该形式规划灵活,形式有变化,景观丰富多彩。多以局部为规则式,大部分为自然式植物配置,是公园植物造景常用形式。在实践中,一般以某一种方式为主而以另一种方式为辅结合使用。要求因地制宜,融洽协调,注意过渡转化自然,强调整体的相关性。

12.2.4 不同应用途径园林植物的配置

1.行道树的配置

行道树一般采用行植,常见的是同一树种、同一规格、同一栽植株行距、行列式栽植。包括对称式和非对称式,如果道路两边条件相同,则采用对称式;反之,则采用非对称式,同时根据我国的习惯将行道树配置于道路两侧。

行道树的株行距一般为 5～8m,在郊区的道路上株行距可适当小些,以便很快形成绿化效果,等树木长大后进行间伐,以求先绿。

对于人流量较大的道路,为使行道树正常生长,可将行道树栽在路边的植树带内或树池内。植物带宽度不小于 1.5m,上铺草皮,有利于美化和生长。树池规格可采用 1.25m×1.25m 或 1.5m×1.5m,池边应有高出地面 10cm 的边牙。为避免池中土壤被行人踩踏,可设置与地面相平的金属或水泥透孔池盖。建筑物北侧日照短,绿带可窄些;建筑物南侧日照长,绿带可宽些。在狭窄的东西向街道上,为了创造行道树的效果,可在南墙内种大乔木。行道树的定干高度取决于道路的性质、距车行道的距离和树种分枝角度。距车行道近的可定为 3.5m 以上,距车行道远而分枝角度小则可适当低些,但不要小于 2m。如果人行道上电线太低,可把树冠主枝修剪成"Y"字形,使电线穿过,以保证树木和电线的安全。如行道树不影响行车和电线,可任其自然生长。街道旁的建筑物和地下设施对行道树影响较大,要求保持适当的距离。

对于城市中心的繁华街道,只让行人活动或休息,不准车辆通过的街道称步行街。其绿化美化的主要目的是增加街景,提高行人的兴趣。由于人流量较大,绿化可采用盆栽或做成各种形状的花台、花箱等进行配置,并与街道上的雕塑、喷泉、水池、山石、座椅、凉亭等相协调。

对于较窄的街道,行道树在两侧可以交错排列,或者在一侧种植。东西向街道,在南侧栽;南北向街道,可在两侧交叉种植。如两边人行道很窄,靠近建筑的基础栽植要服从于建筑面,可在建筑墙面上进行垂直绿化。行道树应留有 1.5m 宽的种植带,以保证树木正常生长。

对于较宽阔的道路,将绿化地带布置于道路当中或两侧。形成林荫的街道称林荫道,它具有避免太阳直射、防风防尘、阻隔或消除噪声的作用,并可供人们休息、散步和观赏。林荫道还可以弥补城市绿地不足和分布不均匀的缺陷,从而扩大城市绿化的面积和比重,还具有小游园的作用。林荫道的宽度,根据道路宽窄和功能而定,一般为 15～40m,但不少于 8m。林荫道在道路上的位置,可有以下几种安排。

(1) 设在道路中间的林荫道

可以是在道路中央设置一条林荫道,如宽度为 8m,则中间步道宽 4m,两侧绿化带各栽一行乔木、一行灌木或绿篱,宽度各为 2m,或乔灌相间栽植,外侧配以绿篱。

也可以是在道路间布置两条绿化带,中间为快车道,两侧为慢车道,这种布置适用于街道宽阔的情况。

(2) 设在道路一侧的林荫道

在受地形影响的情况下,如街道的一侧滨河、傍山或地形起伏时,可以借景河、湖、山、林,创造更加优美安静的休息环境,则将林荫道设在滨河、依山的一侧,如上海外滩的绿化,松花江畔的滨江林荫道等。

(3) 分设在道路两侧的林荫道

在人行道上设置林荫道,优点是行人或居民不必穿越车行道即可进入林荫道,比较方便,在人行道较宽的街道适用;缺点是绿化带占地较宽,一般不易做到。在较宽的林荫道的步道中央可分段设置花坛、水池,两侧设置座椅及遮阴树、花灌木等。靠车行道的两侧除栽植乔木外,还应有较高的绿篱或花灌木丛,以取得较好的隔离效果。

2. 庭荫树的配置

庭荫树常孤植,或丛植在庭院、场地或草坪内,或3~5丛散植在开朗的湖畔、水旁,供游人在树荫下纳凉;也可作建筑小品的配景栽植;还可为了规整景区造景需要而特意栽植。注意常绿树与落叶树合理搭配,距建筑物不宜过近。

3. 绿篱植物的配置

绿篱植物的配置多采用行植。绿篱植物的配置一般采用自然式和规则式。自然式任其自然生长,到一定时期更新复壮,多用于花灌木绿篱。规则式以人工修剪作型,如球形、杯形、三角形,纵断面剪成平墙式、城垣式或波状式等。

现实生活中,为使绿篱活泼、亮丽、多彩,一般可采用以下几种方法。

(1)不同园林植物组合

需要在配植上实现多种园林植物组合,在一条绿篱上应用多种植物。可以采用几种不同的树种,如针叶树种、大叶树种、小叶树种各作为绿篱的一段。

常绿植物与开花植物搭配组合还能形成鲜花烂漫、气味芳香、五彩缤纷的花篱。在配植中,特别要注意尽可能做到三季有花,并且花色多样、花朵繁密、花味芳香,如用花期长、花色多的夹竹桃或花香浓郁的茉莉与常绿树种相结合。

一条绿篱由红叶植物、黄叶植物、绿叶植物或者深浅绿色植物相间组成,使绿篱更加多彩、艳丽。如一段金叶女贞、一段墨绿侧柏、一段红叶五彩变叶木、一段花叶假连翘重复相间组成的绿篱。

(2)不同的宽度、高矮或造型相结合

在一条同一树种或不同树种的绿篱上,有宽有窄,宽窄度不一样,一段宽、一段窄,宽窄相间,看过去好像一条曲线,增加美感。

在一条绿篱中修剪成一段高、一段矮,这样高高低低,很像城墙的垛口,显得很别致。

在一条绿篱上按照不同植物的长势制作不同的造型。把绿篱修剪成各种艺术造型,有高有低,分割出不同场地,组成不同境界的空间。例如,一段修剪成平顶的植物(如黄杨)夹着一棵修剪成圆形或椭圆形的植物(如侧柏);一段修剪成稍高一些的矩形(如福建茶)接一丛较矮的大网形(如小叶黄杨)。在一条绿篱上有方形、网形、椭圆形以及三角形,立面上也是高低错落,显得非常活泼、多姿。

(3)篱笆与绿篱植物相结合

绿篱的另外一种形式是用篱笆(可采用铁栅栏、混凝土浇注的栅栏等)与植物一起构成的垂直绿化形式,这既可迅速实现防御功能,又可实现绿色植物的生态功能及美化功能。

(4)与地形、环境相结合

自然式绿篱在增强或减缓地形变化方面很有功效,特别是椭圆形或圆形的自然式绿篱更容易与形状相似的土丘相统一。利用多种植物组成的混合自然式绿篱更能体现生态效益,减少人工痕迹。如在人工河边缘栽植迎春、连翘等,用优美的弧线柔化了僵硬的边缘硬角。而且自然式的植物景观更容易营造气氛,或宁静深邃,或活泼可人。

绿篱的栽植密度根据使用的目的、不同树种、苗木规格和栽植地带的宽度及周边环境而定。在人行步道、花坛、喷水池边沿,因范围较小,可设为单行。在苗圃、果园四周作为防护绿墙时,需多行栽植。双行或多行栽植时一般栽植株行距为30~40cm,三角形定植为宜,绿篱的起点和终点应作尽端处理,从侧面看来比较厚实美观。对于某些单位或庭院营造蔓篱,1~2年便可形成。目前,为了栽植后马上体现绿篱效果,许多绿化工程的绿篱苗木通风透光差,造成下部枝叶干枯,病虫害滋生严重,部分苗木死亡,反而影响绿化效果,这是不可取的。因此,栽植苗木时就要注重长远效果,科学地规划栽植株行距,要因地、因时、因苗制宜,不宜盲目操作。对于自然式绿篱的植物搭配要先定一个基调树种,再进行配置,要丰富多彩而不显杂乱。

(5)结合养护管理水平进行配置

养护管理水平的不同也是配植中要考虑的一个问题,对于养护管理水平较高的地方可设置需要精心管护(如需经常人工修剪控制其形状和高度,经常水肥管理等)的观赏模纹篱或造型绿篱等。在一些养护管理水平较低的地方,配植宜选用生长慢、抗逆性强、病虫害少的园林植物进行自然式绿篱配置。

此外,想要发挥绿植不同的作用,也应进行不同配置。要营造作为雕像、小品等背景的绿篱时,就要选用高度与雕像或小品的高度相称、色彩没有反光的暗绿色树种,栽植为常绿的高篱及中篱;要应用园林植物进行人工造型时,就要选用枝叶密集和不定芽萌发力强的树种,并根据功能要求进行整形;要建以欣赏为目的的绿篱时,就要选用花、叶、果观赏价值高的绿篱植物,在配置时宜设置观花篱、彩叶篱、观赏模纹篱、观果篱等形式;要设置具有防护功能的绿篱时,常选用带刺的绿篱植物,并采用高篱或树墙的形式进行配置。

4. 草坪与地被植物的配置

绿色的草坪与地被植物是城市景观最理想的基调,是园林绿地的重要组成部分。如同绘画一样,草坪与地被植物是画面的底色和基调,因此草坪与地被植物的配置一般采用块状或片状(正方形栽植、长方形栽植、三角形栽植等),如果以草坪与地被植物为背景时将在草坪中点缀孤植树、树丛、树群、花灌木、花卉相配;如果以草坪与地被植物为主景时应该把树丛、树群、花灌木配置于草坪的边缘,增加草坪的开朗感,丰富草坪的层次;用花卉布置花坛、花带或花境时,一般要用环植或带状栽植的草坪做镶边或陪衬来提高花坛、花带、花境的观赏效果,使鲜艳的花卉和生硬的路面之间有一个过渡,显得生动而自然,避免产生突兀的感觉。

5. 片林(林带)植物的配置

片林(林带)多采用群植或带植,包括复层混交、小块状混交、点状混交,但要注意混交树群种类不宜超过10种,还要注意群落生态和季相变化。

(1)疏林的配置

疏林指水平郁闭度在0.4~0.6的风景林,设为纯乔木林,其舒适、明朗,适于游人活动,适合人们在林下野餐、听音乐、游戏、练功、日光浴、阅览等。

疏林按游人密度的不同,可设计成三种形式。

草地疏林的配置是在游人密度不大,游人进入活动不会踩死草地的情况下设置。在草地疏林设计中,树木株行距应在10~20m,不小于成年树冠直径,其间也可设林中空地。树种选择要求以落叶树为主,树荫朗朗的伞形树冠较为理想,树木生长健壮,对不良环境,特别是通气性能差的土壤适应性强,树木以花、叶、干色彩美观、形态多变或具芳香味为好。所用草种应含水量少,组织坚固、耐旱、耐踏,如禾本科的狗牙根和野牛草等。

花地疏林的配置是在游人密度大,不进入活动的情况下设置。设置时乔木间距要大,以利于林下花卉植物生长。林下花卉可为单一品种,也可进行多品种混交配置,或选用一些经济价值高的花卉,如金银花等。花地疏林内应设自然式道路,以便游人进入游览。道路密度以10%～15%为宜,沿路可设座椅、石凳或花架、休息亭等,道路交叉处可配置花丛。

疏林广场的配置是在游人密度大,又需要进入疏林活动的情况下设置,林下全部为铺装广场。

(2)密林的配置

密林指水平郁闭度在0.7～1.0的风景林。单纯密林由一种树种组成,配置时尽量利用起伏地形和异龄树疏密相间造林。其外缘适当配置些树群、树丛和孤植树。林下可选用耐阴、半耐阴的草花或低矮灌木为地被。混交密林是具有多层结构的植物群落,其垂直结构一般为3～6层。

6.藤本类(攀缘)植物的配置

在立体空间下方或上方栽植攀缘或悬垂植物来装饰庭院、墙面、栅栏、篱笆、矮花墙、护坡、道路桥梁两侧的坡地、立杆、立柱等立体空间。垂直绿化植物的配置不拘泥于一两种方式,而是要根据绿化的场所不同,采用不同的配置方式。

(1)住宅垂直绿化配置

住宅垂直绿化除墙面绿化外,还有天井、晒台、阳台绿化。阳台光线充足,宜选用喜光、耐旱的攀缘植物。天井光照条件差,宜选耐阴的落叶攀缘植物。栽植地点一般沿边或角隅处,以免影响居民生活,天井、晒台、阳台垂直绿化要设支架,或让攀缘植物沿阳台棚栏、透空围杆生长。

(2)庭园垂直绿化配置

庭园垂直绿化一般于棚架、网架、廊、山石旁,栽植清香典雅或有经济效益的木香、紫藤、金银花、葡萄、猕猴桃等植物,创造幽静的小环境。

(3)墙面垂直绿化配置

墙面垂直绿化包括对楼房、平房与围墙墙面绿化。要求根据建筑物的高度及艺术风格选择攀缘植物。一般选用具有吸盘或吸附根、无须其他装置便可攀附墙面的植物,如爬山虎、常春藤等。建筑物正面垂直绿化需要注意与门窗的距离,一般在两窗或两门的中心栽植,墙上可铰入直条形或横条形铁丝,选用藤本蔷薇、木香、金银花等作植物材料。不高的围墙除选用爬山虎、五叶地锦外,还可应用低矮的多年生藤本植物,如金银花等。墙面垂直绿化种植间距一般为1～1.5m,若用小苗定植,可适当缩小距离,或1穴植2株,长大后抽稀。

(4)土坡、假山垂直绿化配置

根系庞大、牢固的攀缘植物用于土坡可稳定土壤,美化土坡外貌。斜坡较陡时,可开水平台阶栽植攀缘植物。外形奇特的假山石可欣赏其体形,也可种植一些适宜的攀缘植物点缀其上,以增强自然生气。但不要影响山石的主要观赏面,以防喧宾夺主。外形不美观的石头,可以用攀缘植物覆盖。

7.盆景类植物的配置

盆景类植物可以孤植盆栽,也可以采用几种生长习性相似的观赏植物组合盆栽。

8.花灌木的配置

花灌木一般采用块状或片状(正方形栽植、长方形栽植、三角形栽植)、环状(环植)与带状(带状栽植)围边或花篱等配置形式,这些色彩亮丽的色块与色带和起伏的地形一起,营造出了宏大的园林植物景观。

不过,近年来大型绿地在快速发展中,花灌木的使用几乎是清一色的块状或带状应用形式,使绿地的植物景观格局显得生硬呆板。为了打破其呆板的块状或带状格局,形成自然、柔和的植物景观群落,化整为零是其有效的解决手段,具体措施如下。

第一,将花篱、绿地围边、绿地中分割空间等的条带或环带化为灌丛条带或环带状的花灌木栽植形式,如锦带、月季等组成的建筑边线花篱,金丝桃、茶梅、杜鹃等组成的绿地围边或分割线,这些花灌木条带在绿地中出现过多,就使绿地格局显得生硬。可因地制宜,将生硬的条带或环带分解成多个自然形态的灌丛,使之成列,或将花灌木嵌植于绿地边缘自然后退的弧形林缘线上,形成自然和谐的丛状花灌木景观。

第二,化片块为组团块状或规模化片状的应用形式,如在较大的绿地或林下空间中,块状、片状形式应用过多,会使得植物景观过于单调与刚硬。可打破大面积的色块格局,形成 $10m^2$ 左右的灌木组团,由多个花灌木品种形成的不同组团,以自然的方式散落于绿地空间中,从而柔化和丰富绿地或林下空间的植物景观。

第三,采用孤植,无论在园林的下层空间、大片的通透地,还是绿地、建筑等的围边,均可采用花灌木的孤植手法,配合自然式的养护管理方式,充分利用自然开展的个体形态,达到点景效果,起到柔化边线的作用。

9.切花及室内装饰植物的配置

室内装饰植物一般装饰门厅、走廊,多采用对植、多株列植或栽植于立式花坛中,室内绿化一般选用观赏性较强的植物盆栽孤植,室内花槽采用行植,室内庭院采用丛植或群植。

切花及室内装饰植物是室内环境设计中不可分割的组成部分。室内环境的审美特征,主要是它的环境气氛、造型风格和象征含义,切花及室内装饰植物是突出三种主要审美特征的有效方法。

切花及室内装饰植物的布置原则如下。

第一,主次分明,中心突出。室内园林植物一般孤植1~2种形态奇特、姿色优美、色彩绚丽、体型较大的花卉做主景,放在醒目的位置,构成视觉中心。

第二,比例适当,色彩协调。一般来说,用于室内装饰的植物不应超过室内高度的5/6。太高会产生一种压抑感,但在较大空间放置几盆小盆花则显得空旷。室内园林植物色彩的选用首先应考虑室内环境的色彩,如墙面、地板、家具的色彩。环境是暖色的应选偏冷色花,反之则用暖色花。这样,既协调又能产生对比,视觉反差明显。另外,空间大、聚光度好的室内宜用暖色花,反之宜用冷色花。最后考虑应与季节时令相协调。夏季可多放些像冷水花等冷色花卉,使人感到清凉爽快。严冬与喜庆的节日,布置盛开的鲜花,以增添温暖欢愉的气氛。

第三,配置要均衡布置。室内园林植物配置,除面积较大的共享空间需要营造自然园林景观外,更多的是结合家具的陈列,在平面上和立面上都要注重构图均衡,充分合理地利用室内空间进行配置。大中型园林植物如巴西铁、发财树等宜在角隅、沙发旁等处直接摆放在地面上。中、小型观叶植物如凤梨类、彩叶芋等可摆放在窗台、家具几架上。台面上可放小型盆花或切花,爬蔓类植物则可适当悬在室内空中或柱廊旁边。

10. 花坛植物的配置

花坛就是在一定几何形状平面轮廓的花池中，将各种低矮的观赏植物栽植成各种图案。花坛植物的配置不拘泥于一两种方式，而是要根据绿化的场所不同，采用不同的配置方式。一般中心部位较高，四周逐渐降低，倾斜面在 5°～10°，以便排水，边缘用砖、水泥、瓶、磁柱等做成几何形矮边。在城市园林绿地中，为了提高花坛的观赏效果，尽可能扩大花坛面积和倾斜度，应经常注意修整纹样。常用的观叶植物有虾钳菜、红叶苋、半边莲、半支莲、香雪球、矮藿香蓟、彩叶草、石莲花、五色草、松叶菊、生长草、景天、蒐草等。

花丛花坛的表现主题是草本花卉花朵盛开时的花形和花色的群体美。要求所选用的花卉必须花期一致，开花时间长，植株低矮，呈丛生状，花朵繁茂，盛花期见不到叶；适应性强，耐移栽，生长健壮。花丛花坛植物配置时，应注意色彩构图。红色、黄色、橙色花卉，通常给人热情、活泼、温暖的感觉，适用于繁华地区或寒冷季节。蓝色、绿色、紫色通常给人悠闲、安静、凉爽的感觉，适用于安静休息区或炎热季节。对比色使人兴奋，调和色显示平静。花坛的线条、纹样间要防止出现顺色现象。组成花丛花坛的花卉，要中间高、四面低，互不遮挡视线。

毛毡花坛多布置在草坪或庭园当中，直径大小不一。花纹图案较多，或镶成文字，从四周看都可均匀对称。所用材料：中间强调材料可用龙舌兰、芭蕉、美人蕉、棕榈、苏铁、雪松、云杉等。中高以不超过花坛半径的 1/2 为宜。内部花纹材料可以用五色草、彩叶草、佛甲草，周边以景天、石莲花、马蔺或较低矮的金老梅、银老梅镶边。

立体花坛布置在大门入口、路口或建筑物前。打好基础，以竹木、铁线构筑骨架，做成花篮、火箭、时钟等图形，还可装饰点缀鲜花、横雕等。

带状花坛以长条形为主，布置在路边、园边或草地边，或布置在大门或入口的两侧或布置在前边低、后边高的缓坡上。较复杂的带状花坛常与街心绿化带相配合，参与街心小游园的布置。在人多的宽阔地带，可布置组群花坛，以发挥花卉与灌木配置的观赏效果。

12.2.5　不同栽植地园林植物的配置

1. 公共休闲绿地植物的配置

公共休闲绿地要合理搭配乔、灌、草，多栽植大乔木特别是乡土树种，园林绿化才能有骨架，在乔木的空间适当栽植各种花卉、灌木作为点缀，再在林下的空旷地栽植草坪，使园林绿化立体化、多层次化。

2. 居住区植物的配置

居住区的绿化，是城市中分布最广、最接近居民且最经常使用的绿化地带。它的主要任务是为居民创造舒适、安静的室外活动空间，改善住宅区周围的小气候、环境卫生条件以及美化街道与小区建筑艺术面貌。在栽植上可采取规则式与自然式相结合的植物配置手法。一般居住区内道路两侧各植 1～2 行行道树，同时可规则式地配置一些耐阴花灌木，裸露地面用草坪或地被植物覆盖。其他绿地可采取自然式的植物配置手法，组合成错落有致、四季不同的植物景观。

在实际绿化工作中，对居住区的绿化植被进行配置时，一定要分类进行配置。

(1)居住区集中绿地

在建筑群中根据空间组合不同或为了利用不同的地形,常在住宅比较集中的地方布置1~3处集中绿地,其功能主要是供儿童活动和成人散步。可布置成小游园形式,或点缀几株乔木遮阴,再适当配置一些花灌木及休息凳椅等。

(2)住宅区道路园林植物配置

小区内的道路绿化是组织和联系小区内各项绿地的纽带,并与城市其他绿地相连接。小区内的道路以人行为主或人车共用,因此应采用整齐的行列式配置并要求有一定的遮阴效果。由于车辆很少,因而可选用一些分枝点较低的树种如垂柳、合欢、刺槐、糖槭、元宝枫等。株行距不宜过密,一般以4~5m为宜。

自然线形的人行步道两侧栽植竹林和吉祥草地被,适用于别墅排屋区及高层区楼栋宅间、庭院等人行步道,竹林小径营造悠闲、私密的居住环境,且绿化成本低。住宅区外围景观道路,两侧对称栽植规整式绿化带,灌木色带横向层次为夏鹃,加上与列植行道树乐昌含笑、樟树、水杉等间种的红叶石楠球、金叶女贞球等,形成具有纵向韵律和空间层次,且引导感强烈的景观道路。

(3)居住区庭园绿化

居住区主要是在住宅前后或两幢住宅之间进行绿化。由于庭园占小区绿地的大部分,因而庭园绿化是小区绿化的关键。庭园绿化最好在外围有绿篱镶边,角隅适当栽植花灌木丛,而庭园植树则应散植于院落中,为人们创造一个安静的环境条件。为了不影响房屋的通风透光,乔木树种要距离有窗建筑前5m左右。另外,对日晒窗前要考虑栽植高大乔木以取得遮阴效果。

3.机关、学校植物的配置

机关单位作为一个严肃、有序的办公场所,决定其附属绿地的植物配置宜采用规则式、有规律的植物布局,为办公楼等建筑建立绿色减噪防污屏障,创造较为幽静的办公环境。

单位入口处对植园林植物应醒目大方,运用植物强化入口景观,发挥入口与主建筑之间的联系和缓冲作用,主入口的庄重感通过绿地延续,使人的视觉及心理得以平缓过渡。

如果绿地面积较大,宜采用大乔木—小乔木—灌木—地被植物,如栾树、雪松—紫叶李、白玉兰、西府海棠—月季、红王子锦带、迎春—草坪等;如果绿地面积较小,则宜采用小乔木—灌木—地被植物,如樱花、碧桃—月季、紫薇—草坪等,尽可能做到四季有景。

靠近建筑附近的绿地一般采用基础栽植形式,选用外形较为整齐的或修剪过的植物,如大叶黄杨、金叶女贞等。因地制宜栽植不同生态习性的植物,组成不同功能和审美要求的空间,如食堂、厕所周围宜栽植一些既能抗污染、净化空气,又能遮挡的植物,如臭椿、早园竹等,既净化大气,又美化环境。

机关单位还应重视围墙和墙面绿化、屋顶绿化、棚架绿化等立体绿化。绿化的实施与建筑物结构及设计有密切联系,在单位建筑物建造时,应作为一项必要的基建配套设施,事先予以考虑和安排。立体绿化植物的选择:屋顶绿化考虑屋面的承重等因素,土层较浅,宜选择栽植草坪、地被植物及小灌木等,如早熟禾、景天类建草坪;围墙墙面及棚架绿化,可根据墙体朝向、结构及棚架的使用功能等选择合适的爬山虎、紫藤等藤本植物。

选择植物时不仅要考虑到绿地近年的景观效果,还要顾及长远的效果,对植物间的距离要有充分的估计。为了体现绿地上植物多姿多彩的风格韵味,必须依据植物的树形、叶形、叶色、花期、季相变化等进行合理栽植,充分体现植物春花、夏荫、秋果、冬绿的景观特色。

校园景观设计中常采用的植物栽植方式有孤植树、树丛、花坛、树群、绿篱及绿墙等配置形式，充分突出主景、配景、借景、障景、隔景、框景等造景作用。校园入口区的大门两侧宜配置成形态优美的对植树，在校门前区配置多年生色叶灌木为主的模纹花坛，可透视栏杆下的裸地片植草坪、对植灌木球和攀缘花灌木。校门内侧正中开阔地配置花丛花坛，在花坛两侧片植草坪和散植疏林，道路两侧对植或行植高大的行道树。行政办公区门前以片植草坪并摆放盆栽花卉为主。教学区在不影响教室采光的前提下，可以打造专类园，将园林景观与教学相结合。学生生活区与教工宿舍区楼前以规则式栽植为主，在入口处配置低矮花灌木为主的花坛，楼后、墙西面、绿地边缘行植或带植高大乔木，墙体可用爬山虎垂直绿化。

4. 高速公路植物的配置

高速公路不同于一般公路，主要是由于行车速度。由于速度对观景的影响，高速公路的绿化设计强调简洁、大气、美观，也有采用自然配置的方法。另外，还要满足工程技术和交通安全的要求。

（1）中央隔离带绿化园林植物配置

高速公路中央隔离带可栽植修剪整齐、具有丰富视觉韵律感的大色块模纹绿带。在绿篱中每隔10m栽一株比绿篱要高的花灌木或小乔木。但不能选用冠幅太大的树种，以免影响交通。中央隔离带绿化可以减弱路面色彩的单调感，减轻驾驶员长时间注视路面引起的疲劳。修剪整齐的绿篱与平坦的路面相协调，等距离种植的花灌木给人以强烈的节奏感，中间可以点缀一些球形、柱形、锥形等单株或组合造型苗木。高速公路预留带绿化都要达到一定的规模，实现乔灌相结合，植物配置以行列式为主。

（2）边坡绿化园林植物配置

高速公路植被边坡绿化使用草坪喷播、草坪植生带等新手法，多铺植多年生宿根草或栽植地被植物。边坡绿化是高速公路绿化的重要组成部分，它包括路肩、挖方边坡和填方边坡上的绿化。

首先是路肩上绿化树种的选择与栽植。高速公路是封闭式管理，不像普通公路那样需为行人提供绿荫。在树种选择上，多选用一些低矮成球状的树种，使其不遮挡视线。如在一些空旷地带的笔直路段，驾驶员很容易对速度产生错觉，造成不安全因素。如果在路旁栽植树木，则加强速度感。另外，在一些路旁景物不好的地段可以通过种植乔木进行遮挡，也可以采用美丽的景色加以强化。

高速公路给周边居民带来许多不良的影响，如噪声、污染、景观破坏等。特别是修筑的时候，往往对当地的自然地形、地貌、植被有很大的破坏，体现在边坡上。对边坡的处理有两种形式，如图12-1所示。

边坡处理两种形式
- 装饰性处理：利用植物材料和一些硬质材料在边坡绿化的同时进行图案美化
- 自然化处理：修筑公路时对边坡进行修整，使边坡与自然地形衔接，尽量不破坏自然地形、地貌和植被，在进行绿化时多采用本土植物自然式种植，使其恢复成与周边一样的植被

图12-1　边坡处理的两种形式

边坡绿化不但要考虑美化功能，还要考虑吸尘、隔音、净化有害气体和防止雨水冲刷坡面，保

护边坡和路基的功能。

(3)互通及立交桥绿地园林植物配置

在高速公路交叉口或出入口都有互通。互通绿地造景要避免雷同,要求体现个性和地域性及连续性。体现地域性可与当地人文或自然特征联系起来进行造景。高速公路互通绿化形式主要有两种,如图 12-2 所示。如果绿化面积够大,还可以将两种形式穿插结合使用,一般是从外向内配置草坪、地被模纹、花灌木组团、乔木林排列。

高速公路互通绿化两种形式 {
- 大型的模纹图案:以大面积草坪为背景,根据不同的线条造型配置花灌木模纹地被和孤植树木,形成大气简洁的植物景观
- 苗圃景观模式:自然或规则地密植乔、灌、草,在发挥其生态和景观功能的同时兼顾经济功能,为城市绿化发展所需的苗木提供有力保障

图 12-2　高速公路互通绿化的两种形式

高速公路服务区绿化应充分体现美化功能,宜乔、灌、花、草相结合,乔木多选用观赏树种,以营造浓郁的绿色环境。

5. 厂矿区植物的配置

厂前区园林植物的配置多数采用规则式和混合式相结合的布局,可以栽植观赏价值较高的常绿树,也可以布置色彩绚丽、姿态婀娜、气味香馥的晚香玉、百合、牡丹、月季、紫薇等花卉。要注意不能对交通造成妨碍。

厂区道路选用冠大荫浓、生长快、耐修剪的乔木,一般道路在两侧对植,如果道路狭窄不能两侧都栽树或者一侧管线太多时,可采用在道路一侧行植;如果路较宽,车行道和人行道能分开时,可以设计成多种形式以突出绿化效果。

生产车间是工厂的主体,是厂区绿化的重点,其中应以满足功能上的要求为主。不同性质的生产车间在绿化方面可采取的具体措施不同。①高温车间周围的绿化,应充分利用其附近空地,片植或群植高大的落叶乔木和灌木,以构成浓荫蔽日、色彩淡雅、芳香沁人的凉爽和幽静环境,便于消除疲劳,并且为避免火灾隐患,应不种或少种针叶类及含油脂的树种;②对产生污染物和噪声等有害物质的厂矿车间,应选择生长迅速、抗污染能力强的树种进行多行密植,形成多层次的混交。有条件的工厂应留有绿化带空地。在栽植设计时,林带和道路应选用没有花粉、花絮飞扬的树木整齐栽植,其余空地可大面积铺栽草坪,适当点缀花灌木,用绿化来净化空气,增加空气湿度,减少尘土飞扬,形成空气清新、环境优美的工作环境。

生产用水量大的企业,尤其是一些特殊工业企业本身有贮水池及河湖等,对于水源地的绿化,尤其是工厂污水处理场的绿化,要做到保护水源的清洁卫生,还要通过好水源的绿化处理来改善厂区的环境。因此,要选择抗性强的园林植物,如能吸收有害物质的水葱、田蓟、芦苇等水生植物,以杀死水中细菌。利用处理净化后的废水可种树、栽花、养鱼,不仅绿化环境,而且还可通过植物对环境污染和治理效果进行生物监测,起到良好作用。

12.2.6　园林植物配置的艺术效果

通过园林植物的配置能够达到的艺术效果是多方面的、复杂的,不同树木的不同配置组合能

形成千变万化的景观。

1. 丰富感

园林植物种类多样化能给人丰富多彩的艺术感受,乔木与灌木的搭配能丰富园林景观的层次。在建筑物墙基周围的种植称为"基础种植"或"屋基配植",低矮的灌木可以用于"基础种植"种在建筑物的四周、园林小品和雕塑基部,既可用于遮挡建筑物墙基生硬的建筑材料,又能对建筑物和小品雕塑起到装饰和烘托点缀作用,如苏州留园华步小筑的爬山虎,拙政园枇杷园墙上的络石。

2. 平衡感

平衡分对称的平衡和不对称的平衡两类,如图 12-3 所示。

平衡
- 对称的平衡：用体量上相等或相近的树木在轴线左右进行完全对称配植,以相等的距离进行配植而产生的效果,给人庄重严整的感觉,如花坛、雕塑、水池的对称布置;园林绿地建筑、道路的对称布置
- 不对称的平衡：用不同的体量、质感以不同距离进行配植而产生的效果,如门前左边一块山石,右边一丛乔灌木等的配置

图 12-3　平衡

3. 稳固感

配植了植物后使得在园林局部或园景一隅中的一些设施物增加稳固感。如园林中的桥头配植,在桥头植物配植前,桥头有秃硬不稳定感,而配植树木之后则感觉稳定,能获得更好的风景效果。

4. 肃穆感

应用常绿针叶树,尤其是尖塔形的树种,常形成庄严肃穆的气氛。例如,纪念性的公园、陵墓、纪念碑等前方配植的松、柏(如冷杉)能产生很好的艺术效果。

5. 欢快感

应用一些线条圆缓流畅的树冠,尤其是垂枝性的树种,常形成柔和欢快的气氛。例如,杭州西子湖畔的垂柳。在校园主干道两侧种植绿篱,使入口四季常青,或种植开花美丽的乔木间植常绿灌木,给人以整洁亮丽、活泼的感觉。

6. 韵味感

配植上的韵味效果,颇有"只可意会,不可言传"的意味。只有具有相当修养水平的园林工作者和游人能体会到其真谛。

可见,要想发挥树木配植的艺术效果,应考虑美学构图上的原则、了解树木的生长发育规律和生态习性要求,掌握树木自身和其与环境因子相互影响的规律,具备较高的栽培管理技术知

识,并要有较深的文学、艺术修养,才能使配植艺术达到较高的水平。

12.3 园林植物生长的环境类型

12.3.1 园林绿地的概念和类型

绿地,是对生长绿色植物的地块的统称。它既包括天然植被和人工植被,也包括观赏、游憩绿地和农林牧业生产绿地,观赏、游憩绿地又称为园林绿地。

由于城市中各种因素的特性和分布特点,城市的不同区域和部位具有明显差异的局部环境条件,从而形成不同类型的园林绿地。园林绿地可以按照不同的标准进行分类,如图12-4所示。

园林绿地的类型
- 根据使用要求分类
  - 观赏绿地:对造景要求较高,强调观赏性
  - 休憩绿地:注重休闲空间的创造,重点在坐享空间处理方面
  - 多功能绿地:设有停车场、游乐场或各种专类园,注意组合各种装饰造景因素,巧妙布局,发挥整体功能
- 根据园林绿化风格与形式分类
  - 规则式绿地:强调整齐、对称和均衡,有明显的中轴线,给人以庄严、雄伟、整齐、明朗和富丽堂皇的感觉,但缺乏自然美,不够含蓄
  - 自然式绿地:以自然山水作为园林风景表现的主要题材,全园无中轴线,不讲究对称,而是以构成连续序列布局的主要导游线控制,地形起伏变化,水体轮廓自然
  - 混合式绿地:综合了规则式和自然式两种形式的特点
- 根据立面形式分类
  - 平地式绿地:基本处于同一平面上,布局相对简单,只需考虑景物平面之间的关系
  - 台地式绿地:多处于地形变化较大的地方,要考虑到几个平面之间的相互衔接以及景物平面之间的相互关系,其观赏层次丰富,景观更具主体化与空间感

图12-4 园林绿地的类型

12.3.2 园林植物生长的环境

不同类型的园林绿地为园林植物生长营造了不同的环境,掌握不同环境的特点有利于更好地进行园林植物栽培及防护,从而根据不同类型园林绿地的特点选择合适的园林植物,创造出优美的绿化环境。

1. 公共绿地

公共绿地是指供全体居民使用的绿地。它是市内人们文化、娱乐、游憩的场所,有时还起到

防灾、避灾的作用。根据居住区不同的规划组织结构类型,设置相应的中心绿地,包括居住区入口绿地、居住区公园、小游园、组团绿地、儿童游乐场和其他的块状、带状公共绿地等。

公共绿地的特点是:面积大小不一,有较多的植物覆盖水面和裸露的土面;光照条件较好,蒸发量和蒸腾量较大,空气湿度较高,冬季气温偏低;游人踩踏土壤较坚实,环境也受污染的影响,自净能力较弱,属于半自然状态。适合生长的树种较多,选择植物树种应灵活多样,要注意选择较耐土壤紧实、抗污染的树种。

2. 建筑绿地

建筑绿地是指在建筑之间的绿化用地,其中包括建筑前后、建筑本身及建筑基础的绿化用地。建筑基础绿地是指各建筑物或构筑物散水以外,用于建筑基础美化和防护的绿化用地。

建筑绿地的特点是立地条件较差、管网密集、光照分布不均、空气流动受阻、人为活动多样。园林植物生长受到环境因子的影响,所以在植物的选择与配植方面要考虑生态、景观和实用3个方面。

3. 单位附属绿地

单位附属绿地是指专属某一部门或某一单位使用的绿地,如机关、部队、团体、学校、医院、工矿企业、仓库、公共事业单位、私家庭园等绿地,不对外公开开放。工矿企业、仓库等绿地,是为了减轻有害物质对工厂及附近居民的危害,调节内部空气温度和湿度,降低噪声、防风、防火、美化环境等所建的绿地。公用事业绿地,是指停车场、水厂、污水及污物处理厂的绿地。公共建筑庭园,如机关、学校、医院、影剧院、体育馆、博物馆、展览馆、图书馆、商业服务等公共建筑旁的附属绿地。

4. 广场绿地

广场绿地主要是街道两旁的绿带、街心花园、林荫道、装饰绿带、桥头绿地,以及一些未绿化而覆盖沥青、水泥、砖石的公共用地和停车场等。

广场绿地的特点是:气温较高,相对湿度较小;阳光充足,蒸发蒸腾耗热少,在温度最高的地段,风速与郊区近似或略小。广场是一个微缩的生态系统,植物应选用耐旱、耐高温的树种,做到乔、灌、草相结合。在管理上应注意抗旱、防日灼等。

5. 道路绿地

道路绿地指由市政府投资建设的、居住区道路级别以上的街道绿化用地。道路绿化是绿化重要的组成部分,是城乡文明的重要标志之一。它包括道旁绿地、交通岛绿地、立体交叉口绿地、桥头绿地、公共建筑前装饰绿地及河、湖水旁绿地。道旁绿地,是指城市道路两旁栽植乔灌木的绿地,包括道路旁停车场、加油站、公共汽车站(台)等地段绿地。交通岛绿地,是为控制车辆行驶方向和保障行人安全,在车道之间设置的高出路面的岛状设施,包括"分隔岛""中心岛""安全岛"上的绿地,一般人们不得进入。立体交叉口及桥头绿地,即城市街道立交路口、桥头绿化地带。另外,还有公路、铁路的防护绿地及对外交通站、场的附属绿地。道路绿地不同于其他绿地类型,带状特点尤为突出,从起点到终点的路段较长,有的可达数千千米。

道路绿地的环境特点如下:一是复杂性,如道路在穿越山川、河流、田野、村庄和城镇时,沿线的环境不同,其绿化树种的选择和配置应因地制宜;二是立地条件差、肥力低;三是绿地建设、绿化施工的难度大,因为道路绿地涉及生态保护和恢复的技术要求越来越高;四是道路绿地的养护管理较难。道路绿地环境的特殊性决定了绿化的特殊性,要综合考虑各种因素,因地制宜地进行绿化。

6. 生产绿地

生产绿地是指为城市园林绿化提供苗木、花卉、种子和其他园林产品的苗圃、花圃、果园、竹园、林场,是城市绿化所需要的植物材料的生产基地,也可定期供游人观赏游览。

生产绿地的环境特点是:常位于郊区,在土壤和水源较好、交通方便的地段,以利于培育管理、节约开支;光照条件好,蒸发作用强,空气湿度较大,土壤侵入体较少,污染较轻。生产绿地适合生长的树种较多。

7. 风景区及森林公园

风景区位于城市郊外,有大面积风景优美的森林或开阔的水面,其交通方便,多为风景名胜和疗养胜地。

风景区的特点是:一是受城市影响很小,无论是热量平衡还是水分循环都更多地表现为自然环境的特点;二是气温明显低于市区,空气湿度较大;三是土壤保持了自然特征,层次清楚,腐殖质较丰富,结构与通透性较好,在圈套程度上保留了天然植被;四是部分地段还会受到旅游活动的污染。植物的选择应根据园林景观的需要决定取舍,多选适生树种。

8. 防护绿地

防护绿地是指市区、郊区以隔离、卫生、安全防护等为目的的林带和绿地。它的主要功能是改善城市的环境、卫生条件、通风或防风、防沙,特别是夏季炎热的城市结合水系河岸形成楔形林带、透风走廊,使郊区的新鲜空气吹进城区。常遇台风的城市,可建立垂直于常年风向的150~200m宽的防风林带。另外,还有卫生防护林、防风沙林、农田防护林、水土保持林等。

12.4　园林植物的选择

12.4.1　园林植物选择的意义

树木在系统发育过程中,经过长期的自然选择,逐步适应了自己生存的环境条件,对环境条件有一定要求的特性即生态学特性。树种选择适当与否是造景成败的关键因素之一。不但如此,选择的树种是否合适还直接关系到园林绿化的质量及其各种效应的发挥。树种选择合理,不仅可以大大提高绿化、美化效果,还可以节约建设资金投入与后期的养护管理费用。如果选择不当,树木栽植成活率低,后期生长不良,不仅影响树木观赏性的正常发挥,也起不到保护环境、维持城市生态系统平衡的作用。园林树种的选择,一方面要考虑树种的生态学特性,另一方面要使栽培树种最大限度地满足生态与观赏效应的需要。

12.4.2 园林植物选择的原则

1. 目的性

绿化总是有一定的目的性,植物在园林中各具用途,除美化、观赏外,还应从充分发挥树木的生态价值、环境保护价值、保健休养价值、游览价值、文化娱乐价值、美学价值、社会公益价值、经济价值等方面综合考虑,有重点、有秩序地以不同植物材料组织空间,在改善生态环境、提高居住质量的前提下,满足其多功能、多效益的目的。

如侧重庇荫要求的绿地,应选择树冠高大、枝叶茂密的植物;侧重观赏作用的绿地,应选择色、香、姿、韵俱佳的植物;侧重吸滤有害气体的绿地,应选用吸收和抗污染能力强的植物。

2. 适用性

城市的生态环境与造林地相比,有很多不利于植物生长的因素存在,园林植物选择首先要满足树木的生态要求,在树种选择上要因地制宜,适地适树,保证树木能正常生长发育和抵御自然灾害。

其次要与绿地的性质和功能相适应,与园林总体布局相协调。如街道两旁的行道树宜选冠大、荫浓的速生树;园路两旁的行道树宜选观赏价值高的小乔木。一般速生树易衰老、寿命短,慢生树见效慢,但寿命较长。只有合理地搭配,才能达到近期与远期相结合的目的,做到有计划地、分期分批地使慢生树取代速生树。

3. 经济性

在发挥植物主要功能的前提下,植物配置要尽量降低成本,节约并合理使用名贵树种,多用乡土植物。因为乡土树种最适应当地的气候及土壤条件,具有抗性强、耐旱、抗病虫害等特点,具有较高的观赏价值,也能体现地方特色,应选为城市绿化的主要树种。

同时,要考虑绿地建成后的养护成本问题,尽可能使用和配置便于栽培管理的植物。

园林结合生产的树种适合于综合利用,适当种植有食用、药用价值及可提供工业原料的经济植物,可获得适当比例的木材、果品、药材、油料、香料等产品。如种植果树,既可带来一定的经济价值,还可与旅游活动结合起来。

4. 合理性

这里是说数量与比例的合理性。

首先,要重视选择基调树种与骨干树种。基调树种是在城市中分布广、数量大的少数几种树,其品种数视城市绿地规模而定,一般小型城市基调树种3~5种。骨干树种是城市各类园林绿地中常用的、种类多、数量少的一些主要树种。

其次,要确定合理的主要树种比例。

乔木与灌木的比例:以乔木为主,一般占70%以上。

落叶与常绿的比例:落叶树由于年复一年地落叶,对有害气体和灰尘的抵抗能力强,所以在北方以落叶树为主。一般落叶树占60%左右,常绿树占40%左右。在南方应注意选择适生的落叶树种,加大其比例,以丰富季相色彩。

大力发展草坪植物及地被植物：城市绿地中除乔、灌木及花卉外，还要加大地被植物的配置，做到"黄土不见天"，使城市绿化提高到一个新的水平。

12.4.3 园林植物适地适树的途径方法

适地适树是使栽植树种（或品种）的生态学特性与栽植地的立地条件相适应，即选择合适的树种以适应场地自然条件的种植。适地适树是充分发挥土地和树种的潜力，使园林树木的生长发育达到当前经济技术条件下最高水平的基础。

园林植物适地适树的途径主要有3种。

1. 适地适树

适地适树是指使树种的生态学特性与园林栽植地的环境条件相适应，达到地与树的统一，使树种正常生长。如栽植观花果的树木，应选择阳光充足的地区；工业区应选择抗污染强的树种；商业区土地昂贵，人流量大，应选择占地小而树冠大、阴蔽效果好的树种。

它又包括两类：选树适地和选地适树。

前者是为特定立地条件选择与其相适应的园林植物，是绿地设计与植物栽培中最常见的。具体而言，就是在给定绿化地段生态环境条件下，全面分析栽植地的立地条件，尤其是极端限制因子，同时了解候选树种的生物学、生理学、生态学特性等园林树木学基本知识，选择最适于该地段的园林树木。首选的应是乡土树种。另外应注意，选择当地的地带性植被组成种类可构筑稳定的群落。

后者是为特定植物选择能满足其要求的立地，是偶尔得到某种栽植材料时所采用的，是最简单也是最可靠的方法。选地适树是指树种的生态位与立地环境相符，即在充分调查了解树种生态学特性及立地条件的基础上，选择的树种能生长在特定的小生境中。如对于忌水的树种，可选栽在地势相对较高、地下水位较低的地段；对于南方树种，极低气温是主要的限制因子，如果要在北方种植可选择背风向阳的南坡或冬季主风向有天然屏障的地形处栽植。

2. 改地适树

改地适树是指在特定的区域栽植具有某特殊性状的树种，而该栽植地有限制该树种生长的生态因子，则可采取适当的措施如整地、换土、灌溉、排水、施肥、遮阴、覆盖等加以改善。如通过客土可改变原土壤的持水通透性，通过改造地形来降低或提高地下水位，通过施肥改变土壤的pH，通过增设灌排水设施调节水分等措施，使树种能正常生长。改地适树适用于小规模的绿地建设，除非特别重要的景观，否则不宜动用大量的投入来改地适树，因为可供选择的树种很多，选择替代树种会减少不必要的投资。

3. 改树适地

改树适地是当"地"和"树"在某些方面不相适应时，通过选种、引种、育种等方法改变园林植物的某些特性，从而使其适应特定立地条件。如可通过增强树种的耐寒性、耐旱性或抗盐性，使其适应在寒冷、干旱或盐渍化的栽植地上生长，这是一个较长的过程。还可通过选用适应性广、抗性强的砧木进行嫁接，以扩大树种的栽植范围。如毛白杨在内蒙古呼和浩特一带易受冻害，在当地很难种植，如用当地的小叶杨作砧木进行嫁接，就能提高其抗寒力可安全在该市越冬。

12.4.4 几种不同应用途径园林植物的选择

1. 行道树的选择

在行道树选择上,不要盲目,首先应该考虑当地的环境特点与植物的适应性,要根据当地的生态环境特点来选择适合当地的优良树种作为行道树。全国各大城市的代表性行道树各不相同,如北京的国槐、海南的椰树、南京的雪松等,各地应该多栽植经实践证明适合当地栽植的代表性行道树。

我国南北气候存在很大差异。南方地区温度高,湿度大,雨量充沛,植物常年生长,行道树种类繁多,适宜栽植的行道树可以选择香樟、榕树、广玉兰、雪松、桂花、银杏、马褂木、七叶树、枫树及水杉等园林树木。而北方地区干旱少雨,气候干燥,适宜栽植的行道树相对少一些,可以选择悬铃木、国槐、银杏、栾树、柳树、雪松等园林树木。

在同一条道路上行道树的定干高度必须一致,以 3～10m 为宜;株行距要根据品种确定,一般株行距为 5～8m,栽植苗木的胸径一般为 8～10cm。

在不同种类的道路及道路的不同位置,选择的行道树也应该有所不同。例如,高速路双向车道中间可选择黄杨、毛叶丁香等矮株形的园林植物,以减少对面车灯的干扰;路口处为确保安全,避免阻挡视线,要选择有足够枝高的园林树木;道路最外侧,为防尘降噪,可选择不同株形的多层组合。

2. 独赏树的选择

独赏树又称孤植树、标本树、赏形树或独植树。主要表现树木的体形美,可以独立成景。适合做独赏树的条件:一般树冠应开阔宽大,树形优美,呈圆锥形、尖塔形、垂枝形或圆柱形等;寿命较长的,可以是常绿树,也可以是落叶树;常选具有美丽的花、果、树皮或叶色的种类。适合做独赏树的树种见表 12-1。

表 12-1 适合做独赏树的树种

姿态优美或体形高大雄伟或冠大荫浓的树	圆球形	海桐、大叶黄杨、苏铁等
	尖塔形	雪松、南洋杉、松、冷杉、云杉等
	伞形	合欢、凤凰木、棕榈、龙爪槐等
	垂枝形	垂柳等
	树大荫浓	梧桐、悬铃木、香樟、椿树等
叶色美丽的树	红色叶	红枫、紫叶李、紫叶桃等
	银灰色叶	桂香柳、银桦等
	蓝色叶	绒柏、蓝桉等
	秋叶红色	枫香、元宝枫、栎类、乌桕、鸡爪槭、红枫等
	秋叶黄色	银杏、马褂木、无患子、金钱松等
	叶色镶嵌状	金心(金边、银心、银边)大叶黄杨等

续表

花大、色艳、芳香的树	观花效果显著	广玉兰、白玉兰、凤凰木、栾树、樱花、梅花、海棠、茶花等
	花有芳香的	白兰花、桂花、波斯丁香等
果实有特色的树	果实形状奇、巨、丰	枸骨、接骨木、金银木、柚子、柿树
树干颜色突出的树	树干白色	柠檬桉、白皮松、白桦
	枝条红色	红瑞木等

3. 庭荫树的选择

庭荫树是指以遮阴为主要目的的园林树木。选择树冠浓密的庭荫树时一定要综合考虑其观赏效果和遮阴功能,可以选择榕树、榉树、樟树等园林树木作为庭荫树。

在庭园中最好不用过多的常绿庭荫树,否则易致终年阴暗有抑郁之感,距建筑物窗前亦不宜过近以免室内阴暗。庭荫树在园林中占有很大比重,在配植应用上应充分发挥各种庭荫树的观赏特性,在树种选择上应因景区而异。为尽快达到孤植树的景观效果,最好选用胸径 8cm 以上的大树,能利用原有古树名木更好。

4. 绿篱植物的选择

绿篱是指用灌木或小乔木成行密植成低矮的林带,组成的边界或树墙。绿篱树种应选择耐修剪整齐,萌发性强,分枝丛生,枝叶繁茂;适应性强,耐阴、耐寒、对烟尘及外界机械损伤抗性强;生长缓慢,叶片较小;四季常青,耐密植,生长力强的树种。

5. 草坪与地被植物的选择

草坪是指由人工建植或人工养护管理,起绿化美化作用的草地;地被植物是指那些株丛密集、低矮(自然生长或通过人为干预将高度控制在 100cm 以下),经简单管理即可用于代替草坪覆盖在地表,防止水土流失,能吸附尘土、净化空气、减弱噪声、消除污染并具有一定观赏和经济价值的园林植物。草坪草也是一种特殊的地被植物。地被植物是为覆盖裸地、林下、空地,起防尘降温作用的植物,可以根据当地土壤、气候条件选择杜鹃花、栀子花、枸杞等灌木类地被植物,三叶草、马蹄金、麦冬等草本地被植物,凤尾竹、鹅毛竹等矮生竹类地被植物,常春藤、爬山虎、金银花、蔓长春、诸葛菜等藤本及攀缘地被植物,凤尾蕨、水龙骨等蕨类地被植物,慈姑、菖蒲等耐水湿的地被植物和蔓荆、珊瑚菜、牛蒡等耐盐碱的地被植物。

6. 片林(林带)植物的选择

园林上的片林是指成片栽植的树林。城市园林中的片林一般出现在大的公园、林荫道、小型山体、较大水面的边缘等,可在林中散步的树林,多选具秋色叶特性、树干光滑、无病虫害的种类,如杨、白桦、柠檬桉、枫香、银杏、无患子、栾树、元宝枫等;有花的海洋般的片林,如桃花、樱花、梅花、山桃、杏、梨等。林带是指在连绵山体、江河两岸及道路两侧一定范围内,营建的具有多层次、多树种、多色彩、多功能、多效益的园林绿化带。片林(林带)植物的选择应该要结合公园外围隔离或公园内部功能区分隔功能,选择以带状栽植或按单群、混交树群栽植的优良乡土树种为主,如毛白杨、栾树、侧柏等。

7.藤本类(攀缘)植物的选择

藤本类树木在园林中用途广泛,可用于各种形式的棚架、建筑及设施的垂直绿化。我国城市人口集中,建筑密集,可供绿化的面积有限,因此利用攀缘植物进行垂直绿化和地面覆盖,是提高城市绿化覆盖率的重要途径之一。

根据功能要求的不同选择藤本类(攀缘)植物。用于降低建筑物墙面及室内温度,应选择枝叶茂密的攀缘植物,如爬山虎、五叶地锦、常春藤等。用于防尘时尽量选用叶片粗糙且密度大的攀缘植物,如中华猕猴桃等。

不同攀缘植物对环境条件要求不同,因此要注意立地条件。用于墙面绿化时,西向墙面应选择喜光、耐旱的攀缘植物;北向墙面应选择耐阴的攀缘植物,如中国地锦是极耐阴植物,用于北墙垂直绿化生长速度快,生长势强,开花结果繁茂。

藤本类树种要与攀附建筑设施的色彩、风韵、高低相配合,如灰色、白色墙面,可选用秋叶红艳的攀缘植物。

8.盆景类植物的选择

盆景类植物多选择较苍劲古朴且耐寒的银杏、五角枫、元宝枫、火棘、五针松、黑松、罗汉松、雀舌罗汉松、锦松、金钱松、滇柏、刺柏、孔雀柏、璎珞松、水杉、南方红豆杉、梅花、蜡梅、迎春、紫荆、贴梗海棠、垂丝海棠、西府海棠、紫薇、枸杞、枸骨、南天竹、石榴、六月雪、木瓜、九里香、朱砂根、金雀、木兰、胡颓子、山楂、苹果、梨、桃、佛手、山茶花、丝棉木、瑞香、桂花、马醉木、杜鹃、金弹子、苏铁、榕树、小檗、黄杨、白蜡、福建茶、红枫、十大功劳、黄栌、金银花、常春藤、葡萄、鸡血藤、五味子、络石、扶芳藤、南蛇藤、佛肚竹、凤尾竹、紫竹、棕竹、文竹、伞竹、朱蕉、吊兰、芦荟、菊花、沿阶草、虎耳草等园林植物,其中松柏类、海棠类、山茶花、苏铁、榕树、小檗、黄杨、白蜡、福建茶、六月雪、络石、竹类、沿阶草等园林植物较易管理,还可以选择以仙人掌科植物为主的组合盆栽,不但省时省力,而且还省水。

9.花灌木的选择

花灌木是指以观花为主的灌木类植物,应考虑植物的开花物候期,进行花期搭配,尽量做到四季有花。选择喜光或稍耐庇荫,适应性强,能耐干旱瘠薄的土壤,抗污染、抗病虫害能力强,花大色艳、花香浓郁或花虽小而密集、花期长的植物。在树丛旁或树荫下栽植时选择杜鹃、含笑、棣棠、槛木等。在空旷地栽植可选梅花、海棠、紫薇、月季、玉兰、金丝桃、黄刺玫、丁香等。

10.切花及室内装饰植物的选择

切花可以选择月季、菊花、康乃馨、芍药、唐菖蒲等,在植物开花时,将植物体上的花朵、花枝、叶片切下来用于插花或制作花束、花篮等供室内装饰;室内装饰植物可选择春羽、海芋、花叶艳山姜、棕竹、蕨类、巴西铁、荷兰铁、伞树、马拉巴栗、美丽针葵、鸭脚木、观赏凤梨、龟背竹、琴叶喜林芋、散尾葵、丛生钱尾葵、麒麟尾、变叶木、吊兰、吊竹梅、常春藤、白粉藤、文竹、黄金葛、心叶喜林芋、鹿角蕨、菊花等栽植在室内墙壁、柱上专设的栽植槽(架)内,供观赏。

12.4.5 不同栽植地园林植物的选择

1. 公共休闲绿地植物的选择

公共休闲绿地的园林植物应尽量丰富多彩，千姿百态。依大小乔木、大小灌木、宿根花卉、地被植物、藤本植物的生态群落模式，根据当地自然条件及小气候环境特点配植，充分利用乡土园林植物及已引种成功的外来园林植物，以起到模拟自然、回归自然的良好效果。同时，在园林植物选配上，还应考虑色相、季相、生长周期等因素，以保持公共休闲绿地良好的观赏效果及长久的生命周期。

2. 住宅区植物的选择

居住绿化区与居民日常生活最为密切，应在遵循功能性原则、适用性原则及经济性原则的基础上，还要考虑居住环境条件和风格等。绿化树种选择的重点落叶乔木有银杏、毛白杨、垂柳、旱柳、刺槐、臭椿、栾树、绒毛白蜡、毛泡桐等；常绿乔木有油松、白皮松、桧柏等。重点落叶灌木有珍珠梅、丰花月季、榆叶梅、黄刺梅、碧桃、木槿、紫薇、连翘、紫丁香、金银木等；常绿灌木有大叶黄杨、黄金榕、海桐、福建茶、九里香、鹅掌柴等。一般树种有玉兰、杂交马褂木、杜仲、紫叶李、五叶槐、元宝枫、七叶树、雪松、侧柏、龙柏、金叶桧、粉柏、雀舌黄杨、紫叶小檗、贴梗海棠、红瑞木、金叶女贞、小叶丁香、欧洲丁香等。

3. 机关、学校和医疗机构内植物的选择

机关单位园林植物选择要切实满足本单位实际功能需求。机关单位多为临街建筑，其前庭是与外界广泛接触的部分，又是衬托建筑的绿地，因而应作为绿化重点。首先，以选择易于成活并且节水性好的本地植物为主，如银杏、桧柏、法国梧桐、龙柏、华山松等耐旱能力强的园林植物，在缺水的城市环境下成活率高，选择它们作为主打园林植物，有利于节省绿化成本，建设节约型机关。其次，选择能吸收有害气体、降低噪声、除尘能力强的植物。如在靠近铁路、公路的附近，栽植阻尘和隔声效果良好的高大杨树，对小环境内空气质量的改善和降低噪声可起到良好作用。

学校要形成安静、清洁、美观、庄严的教学环境，可多选用一些观赏性强的园林植物，如观干、观叶、观花、观果植物以及一些彩色植物，以培养孩子们的观察力和想象力。在树种的选择上可以多样化，常绿树与落叶树、乔木与灌木、观花树、观叶树、观果树，以及各种草花均可采用。在这些地方，应尽量避免使用带刺的及分泌有害物质的园林植物，如红叶小檗、夹竹桃等，以防发生意外。

在医院、疗养院中，可选择栽植松柏类、黄栌、大叶黄杨、合欢、刺槐、玫瑰、广玉兰、桂花等园林植物，这些植物分泌的挥发性物质具有较强的杀菌作用。

4. 广场绿化植物的选择

广场是作为城市的职能空间，提供人们集会、集散、交通、仪式、游憩、商业买卖和文化娱乐的场所。广场上丰富的植物树种对提高城市的绿地覆盖率，改善城市的环境有着重要意义。因此，广场绿化树种的选择是多样的，广场道路列植树如悬铃木、枫杨、香樟、雪松、广玉兰、棕榈科植物如大王椰、棕榈等;广场绿篱树如珍珠梅、海桐、福建茶、九里香等。

5. 高速公路植物的选择

高速公路中央隔离带在进行绿化苗木树种选择时,应选择抗性强、枝叶浓密、株形矮小、色彩柔和的花灌木,如蜀桧、刺柏、小叶女贞、大叶黄杨、月季、栀子等。点缀式绿化最好选择单株或组合造型苗木,按等距离散植。植物造型宜简忌繁,多用球形、柱形、锥形等造型,常见的品种有卫矛球等。

高速公路预留带绿化要达到一定的规模,实现乔灌相结合。通常选择树体高大、树形优美的玉兰、香樟、水杉、杜英、杨、桉、重阳木等乔木作为骨干,灌木可选择杜鹃、茶花、小叶女贞、月季、栀子、茶花、七里香、夹竹桃、美人蕉等,植物配置以行列式为主。

高速公路植被坡一般使用草坪喷播、草坪植生带等新手法,多铺植矮生天堂草、狗牙根草、假俭草等多年生宿根草类植物,或栽植大小叶爬山虎、凌霄、迎春、金钟、常春藤、藤本月季等地被植物。非植被坡(石质坡)的绿化常采用藤本攀缘类植物。下护坡(由土石方堆填路基所形成路面以下两侧的坡面)由于是人为的土方压实坡,坡度较上护坡小,硬化处理少,主要选择紫穗槐、爬山虎等园林植物,以池槽绿化为主。

高速公路互通桥多栽植草花地被,辅以少量月季、杜鹃、小叶女贞等矮小植被造景点缀。主要绿化形式有 3 种:一是开阔式,即以大面积草坪为主,再配置模纹地被和孤植树木;二是平植式,即自然或规则地密植乔灌木;三是复合式,即开阔式和平植式两者穿插结合使用,一般是从外向内配置草坪、地被模纹、花灌木组团、乔木林排列。

高速公路服务区绿化应充分体现美化功能,宜乔灌花草相结合,乔木多选用香樟、银杏、桂花、广玉兰、白玉兰、垂柳、雪松、棕榈等观赏树种,以营造浓郁的绿色环境。

6. 工矿区植物的选择

工矿区绿化树种的选择应具备防噪声、防污染,能吸收有害气体、抗辐射的功能,同时考虑选择生长快、树冠大、叶面积指数高的树种,以增强树木对污染物的吸收、滞留作用。常见的抗 SO_2 的树种有大叶黄杨、海桐、山茶、小叶女贞、合欢、刺槐等;抗氯气的有侧柏、臭椿、杜仲、大叶黄杨、女贞等;抗 HF 的有大叶黄杨、杨树、朴树、白榆、夹竹桃等树木。

以下可供参考:选择观赏和经济价值高,有利于环境卫生的树种;选择适应当地气候、土壤、水分等自然条件的乡土树种,特别是应选择对有害物质抗性强或净化能力较强的树种;位于沿海的工厂选择的绿化树种要有抗盐、耐潮、抗风、抗飞沙等特性;工厂的厂址往往土壤瘠薄,要选择既能耐瘠薄,又能改良土壤的树种;因工厂土地利用多变,还应选择容易移植的树种。

7. 城市废弃场地绿化树种选择

城市废弃地由于废弃沉积物、矿物渗出物、污染物和其他干扰物的存在,土壤中缺少自然土中的营养物质,使得土壤的基质肥力很低。另外,由于有毒性化学物质的存在,导致土壤物理条件不适宜植物生长。一般包括粉煤灰、炉渣地;含有金属废弃物的土壤;工矿区废物堆积场地;因贫瘠而废弃的土地等。在选择绿化树种时,应选抗污染、耐瘠薄、耐干旱的树种。如在以粉煤灰为主的废弃地中,抗性较强的树种有桤木属、柳属、刺槐、桦属、槭属、山楂属、金丝桃属、柽柳属等。

12.5　古树名木的养护管理

古树名木是指在人类的发展历史中保存下来的、历史悠久的树木,它们具有珍贵的历史价值、文化价值、艺术价值,或者是濒危的珍稀树种。古树名木一般包含以下几个含义:已列入国家重点保护野生植物名录的珍稀植物;天然资源稀少且具有经济价值;具有很高的经济价值、历史价值或文化科学艺术价值;关键种,在天然生态系统中具有主要作用的种类。对古树名木进行养护管理具有重要意义。

12.5.1　保护和研究古树名木的意义

1. 古树名木是历史的见证

我国传说有周柏、秦松、汉槐、隋梅、唐杏(银杏)、唐樟,这些既可以成为我国历史独特的时代标签,又可以成为我国历史文化的闪光点。景山上崇祯皇帝上吊的古槐(目前之槐已非原树)是记载农民起义伟大作用的丰碑;北京颐和园东宫门内有两排古柏,八国联军火烧颐和园时曾被烧烤,靠近建筑物的一面从此没有树皮,它是帝国主义侵华罪行的记录。

2. 古树名木为文化艺术增添光彩

不少古树名木曾使历代文人、学士为之倾倒,并借以抒发他们内心的情感,古树名木在我国的文化历史上具有独特的地位和作用。我国很多以古树名木为主体的画作与诗篇,如"扬州八怪"中的李鲤,曾有名画《五大夫松》,是泰山名木的艺术再现。

3. 古树名木是历代陵园、名胜古迹的佳景之一

古树名木苍劲古雅,姿态奇特,使万千中外游客流连忘返,如北京天坛公园的"九龙柏",团城上的"遮荫侯",香山公园的"白松堂",戒台寺的"活动松"等,它们把祖国的山河装点得更加美丽多娇。

4. 古树名木是研究古自然史的重要资料

树木的年轮能够反映树木的生长状况和气候的变化情况,是研究古代气候的重要资料。此外,植物学家可以通过古树名木来研究古树存活下来的原因。古树名木中有各种孑遗植物,如银杏、金钱松、鹅掌楸、伯乐树、长柄双花木、杜仲等,这些在历史变迁、气候变化、地质变动过程当中存活下来的古树,对气候、地质研究具有极为重要的意义,尤其在气候研究中的作用尤为突出。

5. 古树对于研究树木生理具有特殊意义

树木的生命周期很长,相比之下人类的寿命则十分有限,人们在研究树木时并不能完整地观察到树木完整的生命周期,而古树的存在使我们能够看到树木更多的生长状态和生命阶段,这对于我们了解树木具有重要的意义。

12.5.2　古树名木的养护管理技术

在古树的生长过程中,一定要做好护理与养护工作,这是保证古树健康成长的重要条件。古树的养护管理是园林工作的日常项目,一年四季都不能间断,否则容易让之前的努力付诸东流,并且会对古树造成伤害。在古树的养护过程中,管理人员要逐步掌握古树的生物学特性和其生长发育的规律,结合当地的生态环境和气候特点,对园林古树养护条例进行适时的完善和补充。

1. 古树名木的调查、登记、存档

古树名木是我国的历史遗产,是一种特殊的文物,对我们来说具有不可估量的历史文化价值。大部分古树数量都很稀少,它们分布散乱大大小小的区域,每一棵古树都是无价之宝,各省市应该组织专门人员进行调查,明确我国古树资源的分布。

一般来说,进行古树资源调查的主要内容包括以下几个方面。

①分布区的基本情况,包括古树生长的地理环境、位置信息、气候条件、土壤条件以及生态环境等。

②群落的特征,古树群落的特征调查主要包括古树群落的生态系统类型、目的树种在群落中的生态地位、群落主体树种以及伴生植物、古树内部组成结构的内容。

③母树资源情况,主要包括古树树种、树龄、树高、树冠、胸径、生长势、开花结实等基本情况,对母树资源情况的调查是了解古树的基础。

④资源和利用情况,主要包括可以利用的古树种子、古树幼苗状况、抽穗状况以及可利用程度评估。

⑤其他资料。古树名木对观赏和生物、气候研究具有重要的意义,要注意做好养护措施。同时,调查小组还要搜集古树的历史资料,为确定古树的树龄和年代做铺垫。

总之,在古树调查活动中,要充分发挥和调动每一个人的积极性,建立健全我国古树资源档案,为我国古树资源的保护提供助力。

我们应该在调查和分级的基础上,对古树进行分级养护与管理。对于生长一般,观赏价值和研究价值较低的古树,要根据其生长的具体环境采取一般级别的养护管理措施;对于年代久远、树姿奇特,并且有很高历史文化价值的古树,要设立专门的养护基金,由专人负责养护。

2. 古树名木复壮养护管理技术

古树是经过成百上千年的生长创造的奇迹,它们一旦死亡就无法再现,是一种不可再生的资源,因此我们必须重视古树的养护工作,保证它们安全、健康地生长,避免发生不可挽回的损失。

(1) 地下复壮措施

古树地下部分复壮的目标是促进古树根部的生长和发育,一般来说是通过土壤管理和新根嫁接方式进行的。古树的地下复壮主要有以下几个方面的措施。

①深耕松土。操作时要注意深耕的范围,一般来说,深耕的范围要大于树冠的垂直投影,深度要求在 40cm 以上,并且这一过程要充分进行两次,才能达到理想的效果。如果园林在山上,不能进行深耕,要与松土结合,为古树根部覆盖新的土壤,为古树根部的生长提供充足的营养。

②埋条法。分为放射沟埋条和长沟埋条两种。放射沟埋条法是指在树冠垂直投影的外侧,

挖几条(根据具体情况挖4~12条不等)宽40~70cm、深80cm、长120cm的深沟,并在沟内填入10cm左右的肥沃土壤,然后将树枝扎捆平铺,并施入肥料,为古树的生长提供充足的营养。

③开挖土壤通气井(孔)。在古树林中,挖一条深1m,砌砖后高40cm、宽40cm的孔洞,然后覆盖水泥,铺好浅土和植草。当然各地可以根据植被情况,合理就地取材,比如在多竹地区,可以选用1m长的去节竹筒合理插埋,如果是有裂缝的旧竹筒,竹筒不用打孔可以腐烂后直接作为肥料,效果很好。

④地面铺梯形砖和草皮。在地面上铺置上大下小的特制梯形砖,砖体之间不留缝隙,但要留下通气孔道,在砖池之内填入熟土肥料。这样可以有效防止有人践踏古树,对古树的恢复和生长具有很好的效果。

⑤耕锄松土时埋入聚苯乙烯发泡。将废弃的塑料撕成乒乓球大小,数量不限,以埋入土中不露出土面为度。聚苯乙烯分子结构稳定,并且不会对植物的根系产生不良的作用,埋入土中可以大大提高土壤的通气性,促进古树根部的生长和发育。

⑥挖壕沟。一些名山大川上生长的古树,由于所在位置比较特殊,不易截留水分供植物生长,古树长期处于干旱之中,对于这种情况我们可以在距离树上方10cm的位置挖水平壕,深至风化的岩层,形成人工水坝,在沟内填入杂草、树叶等,待其腐烂后会形成更好的贮水效果,改善古树的生长环境。

⑦换土。古树几百上千年生活在一个地方,缺水和缺肥的状况长期存在,加上各种人为破坏,古树生活的土壤条件十分恶劣,因此对古树生长的土壤环境进行改良,并适时更换肥沃的熟土,对改善古树的生长条件十分必要。

⑧施用生物制剂。施用生物制剂的主要目的是刺激植物根系的生长,为古树提供更加稳定的养料来源,并增强古树的抗灾能力。

(2)地上部分复壮措施

古树地面以上部分树体的复壮,主要是指对古树的树干、枝叶等部分进行养护管理,促进其生长,从而改善古树整体长势,但是古树的复壮根部的养护是必不可少的一个部分。

①抗旱与浇水。古树由于生长的时间非常长,其根系范围十分广阔,如果生长环境不是十分恶劣,基本能够为树体的生长提供生长所需的水分和养料,则无须频繁地浇水管理,否则容易造成植物根部的腐烂。如果古树的生长环境较差,处于干旱地区或人为粉尘污染严重的区域,要定时浇水,并冲洗树叶上的灰尘,保证古树光合作用的正常进行。一般来说,在为古树浇水时要谨遵以下几个原则。

不同气候和不同埋藏对浇水和排水要求不同。一般来说,在气候干旱和植物生长旺季需要及时浇水,因为天然降水不一定能够满足古树生长所需要的水分,需要人工浇水进行水分补充,保证园林植物和古树的正常生长;而在湿润季节或植物休眠阶段则不需要人工浇水,频繁浇水反而会影响土壤的通气性,造成园林植物和古树根本的腐烂,影响其正常生长。

树种不同、年限不同浇水要求不同。古树名木数量大,种类多,想要对古树进行全面、及时的人工浇水是不现实的,因此要根据古树的特点合理确定不同树种浇水的次数和频率,一般来说,对于生长快、需求量大的古树要进行多频次的人工浇水,而对于生长需水少,耐干旱的树种要根据古树的具体情况合理减少人工浇水的频次。

根据不同的土壤情况进行浇水。浇水不仅要根据古树的生长状况和气候状况来判断,还要充分考虑古树生长的土壤条件,根据古树生长土壤的蓄水能力、肥力状况等因素来确定古树浇水的频次。一般来说,在沙质土壤中生长的古树,由于生长土壤的保水能力差,要合理浇水并配合人工施肥;而对于生活在黏土中的古树来说,要适当减少浇水的次数,因为黏土的保水能力强,频繁浇水会使植物根部因长期浸泡的水中而腐烂,影响古树的正常生长。

浇水应与施肥、土壤管理等相结合。植物浇水不仅仅是单纯为古树提供生长所需水分,结合施肥和土壤管理进行,能够最大限度地改善植物生长的土壤条件,为植物根系生长和地上部分的复壮打下良好的基础。将肥料溶解在水中为古树浇水,便于植物对营养物质的吸收,但要注意用肥的数量,不宜过多,否则会造成土壤肥力过大,对植物根系产生损伤。

此外,浇水还应该与中耕除草、培土、覆盖等土壤保护与改良措施结合,多方面对古树生长的土壤进行维护与管理。古树的浇水保墒是促进古树复壮的两个重要手段,保墒措施做得好,可以有效减少浇水的次数,增强土壤的肥力,而浇水是保持土壤墒情的重要方式。

根据以上原则,古树名木在春旱和夏季生长期间需要浇水防旱,在秋季和初冬需要浇水防冻。如果遇到特殊气象年份,比如雨水充足的年份可以减少或者取消夏季灌溉,雨水不足的年份要根据古树的长势和需求合理增加浇水的次数。在浇水时,一般注意以下几点。

第一,切忌贴近树干挖沟浇水,需与树干保持一定距离,通常挖沟的位置在树冠垂直投影的边缘,这是因为靠近主树干的主根主要作用是固定树体,外围的须根才是吸收水分的主要部位。

第二,浇则浇透,尤其对于抗旱性质的浇水,一定要彻底。浇水可以分为几次进行,因为一次浇水很难彻底缓解旱情。通常来说土壤水分含量达到饱和就可以在很大程度上缓解旱情,土壤饱和的标志为其不再渗水。

第三,抗旱是一个连续的过程,应该长期坚持,如果抗旱不彻底,可能会导致所有的工作失去意义。

第四,坡地的蓄水能力差,水分难以被截留,因此在对坡地植物进行抗旱浇水时,要达到理想的效果,需要比平地更多的水。

②抗台防涝。台风是一种破坏力极强的自然灾害,对古树的危害很大,沿海地区很多古树因为台风而死亡。台风过境前后,古树养护与管理人员要及时对树木进行检查,清除断枝、加固树体,做好暴雨排水工作,避免积水对古树根部造成危害,一般来说防涝保树都会采取这几个措施。特别是对于耐水能力不强,容易倒伏的树木,更要做好保护工作,避免台风和大雨对古树造成损害。

③松土施肥。根据树木生物学特性和栽培的要求与条件,其施肥的特点如下。

第一,古树名木都是生长了很长时间的植物,它们长期在一个地点生长,土壤中主要以有机肥料为主,在树木养护过程中,适当加入化学肥料对古树急需的营养元素进行补充,对古树的复壮能够起到很好的效果。

第二,古树名木种类繁多,作用不一。有些古树主要用来观赏,有些古树可以用来研究,也有些古树具有极大的经济价值。古树施肥需要参考其作用,通过对应的营养元素补充,突出其特点。

第三,古树名木生长地的环境差异很大。有些古树生长在平原地区,有些古树生长在高山上,有些古树则生长在建筑群落里,不同的生长条件给施肥带来了不便,在施肥时我们应该根据古树的生长环境和特点,采取合理的施肥方式,既要保证园林的景色不被破坏,又要保证施肥的效果。

④修剪、立支撑。古树生活年代过于久远,树体的主干和主枝有些已经中空或者死亡,树冠

由于失去支撑平衡,造成树体倾斜。有些枝叶感染病虫害,有些无用的枝条消耗古树的营养,这需要管理人员对古树枝条进行修剪,合理分配古树的营养,避免营养浪费,保护古树的生长;有些古树由于树体的衰老,枝条开始下垂,因此要对下垂的枝干进行适当的支撑,保护古树枝干。

在古树复壮的过程中,是要修剪枝条,保证树冠枝条分布的均匀性、透气性与合理性,并且要加强古树的同化作用,保证树冠形态的端正与良好。对于一些长势比较弱的古树,还要注意树势的状况,合理减轻树体的重量,台风过后一定要及时修剪,对伤损枝干进行固定支撑,保护树体。对于树体历史意义并不重大的古树枯木,过去都是一概挖除,这对风景资源造成了极大的破坏,积极的做法是对干枯的树体进行防腐处理,并进行必要的加固和支撑,然后在树干内部边缘适当位置纵刻裂沟,补植幼树并使幼树主干与古木干嵌合,外面用水苔缠好,再加细竹,然后用绳绑紧,等幼树成长起来,掩盖切口,就会出现枯木逢春的景象。

⑤堵洞、围栏。古树上的树干和骨干枝上,经常会因为病虫害、自然灾害或者人为损伤形成伤口,如果不对这些伤口及时进行保护和处理,在细菌感染和雨水的侵蚀下,伤口会逐渐腐烂形成树洞。因此,在树体伤口形成时一定要及时进行处理,补好树洞,避免伤口恶化形成树洞,导致古树的生长受到影响,甚至引起整个树干的病变,造成古树的死亡。

一般来说,树洞填补的方法主要有以下3种。

填充法:大部分木质没有受到严重侵害,保持完好的局部树干洞孔都可以采用填充法对树洞进行处理。具体步骤是先仔细将树洞里的杂物清理干净,将腐烂的木质清理掉,铲除树洞中的虫卵等异物,然后涂抹由假漆、煤焦油、木焦油、虫胶、接蜡等制作的防水层,然后再用1%浓度的甲醛溶液消毒,市场出售的甲醛溶液浓度为35%,需用3~5倍水稀释后使用。也可用1%波尔多液(硫酸铜10g+生石灰10g+2L水混合而成)或用硫酸铜溶液(硫酸铜水10g搅拌溶解后再加10L水调和即成)消毒。消毒后再填入木块、砖、混凝土等物质,树洞填满后用水泥封好。如果树洞的宽度不够,可以先涂抹防水层,形成新的生长组织,从而保护树体。填洞这项工作最好在树液停止流动时,一般来说为秋季树木落叶后,以及春季树木发芽前,但是有两个方面的问题需要注意。

一是水泥。树洞的涂层,要比树干的皱皮层低一些,但边缘要修削平滑,并要将水泥等填充物冲洗干净。

二是树洞要修削平滑,并要修削成竖直的梭子形。这样可以使周皮层下、韧皮部上形成的新细胞按照切线的方向分裂,从而将伤口包裹起来,这也是一定要保证伤口边缘整洁光滑的原因。

开放法:如果树洞不深,或者树洞过大通常采用开放法对树洞进行处理。比如,树体伤口不深,没有必要进行填充的树体损伤,可以按照伤口处理的一般方法进行处理,保护树体。具体做法是利用锋利的刀将伤口的四周刮净削平,使皮层边缘呈弧形,然后用药剂(2%~5%硫酸铜溶液,0.1%升汞溶液,石硫合剂原液)消毒。修剪造成的伤口,应先将伤口削平然后涂以保护剂,选用的保护剂要求容易涂抹,黏着性好,受热不融化,不透雨水,不腐蚀树体组织,同时又有防腐消毒的作用,如铅油、接蜡等均可。

如果树洞很大并且造型奇特,可以经过处理之后,作为特殊的观赏景观。处理方法是将洞内腐烂木质部彻底清除,刮去洞口边缘的死组织,直至露出新的组织为止,用药剂消毒并涂防护剂。同时,改变洞形,以利排水,也可以在树洞最下端插入排水管。以后需经常检查防水层和排水情况,防护剂每隔半年左右重涂一次。

封闭法:对树洞进行清污、消毒处理之后,用板条将树洞封住,然后用油灰和麻刀灰封闭(油灰是用生石灰和熟桐油以 1∶0.35 的比例制成的,也可以直接用安装玻璃的油灰),再涂以白灰乳胶、颜料粉末,以增加美观性,还可以在上面压树皮状纹或钉上一层真树皮。

⑥防治病虫害。古树名木因为长势衰退,很容易发生病虫害,不仅会直接影响树体的美观,削弱古树的观赏价值,同时也会给古树的正常生长造成十分不利的影响。因此,我们在古树养护的过程中,要安排专人定期对古树进行病虫害检查,做好病虫害防治的基础工作。在发现病虫害后,管理养护人员要根据古树的长势采取合理的病虫害消除措施,比如人工清除、药物清除以及生物清除等。

⑦装置避雷针。根据调查和记录,千年古树大部分都曾遭受过雷击,对树体造成了严重的伤害,同时也对古树的长势造成了恶劣的影响,有些古树在雷击后由于未及时采取措施,很快死亡。因此,对于没有避雷装置的古树,要尽快安装避雷、防雷装置,避免雷击对古树造成不可挽回的损伤。

第13章　园林植物的生长发育规律

13.1　园林植物生长发育的生命周期

对园林植物的生长发育规律进行研究分析,有助于根据植物各个生长阶段的特点,采取相应的栽植技术和养护措施,从而更好地满足园林绿化的要求。园林植物的生命周期是从园林植物的种子萌发开始,经过幼苗、开花、结实及多年的生长,直至死亡的整个时期。

生长是指植物体积与重量的增加,即量的增大,通过细胞的分生、增大和能量积累的量变体现出来,是细胞的分裂和延伸,表现为植物高度及直径的增加。发育则是细胞的分化,通过细胞分化形成植物根、茎、叶、花、果实,由营养体向生殖器官转变,植物开花结实,发育即成熟。

园林植物的种类很多,寿命差异很大,无论是何种类型的植物,从生命开始到终结必然会经历不同的生长阶段。

13.1.1　草本植物的生命周期

个体发育,是指某一个体在其整个生命过程中所进行的发育史。它是任何生物都具有的一种生命现象。植物的个体发育是从雌雄性细胞受精形成合子开始,到发育成种子,再从种子萌发、展叶、开花、结实等生长直到个体衰老死亡的全过程。

研究植物的个体发育是从种子萌发开始,直到个体衰老死亡的全过程。一年生植物的一生是在一年内完成的。例如,翠菊、牵牛花和鸡冠花等一般在春季播种后,可在当年内完成其生命周期。通常它们的生命周期与年周期同步,个体发育的时期是短暂的。二年生植物的一生是在两年(严格地说是两个相邻生长季)内完成的。如瓜叶菊、三色堇、雏菊和金盏菊等二年生花卉,一般秋季播种,萌芽生长,经越冬后于次年春夏开花结实和死亡。

1. 一年生草本植物的生命周期

一年生草本植物,是指在播种的当年形成植株并开花结实完成生命周期的草本植物。例如,鸡冠花、凤仙花、一串红、万寿菊、百日草等都为一年生花卉植物。

一年生草本植物的生长发育分为4个阶段。

(1)胚胎期

胚胎期,是指一年生草本植物从卵细胞受精发育成合子开始至种子发芽为止的时期。在栽植时,要注意选择发芽能力强而饱满的种子,保证最合适的发芽条件。

(2)幼苗期

幼苗期,是指一年生草本植物从种子发芽开始至第一个花芽出现前为止的时期。幼苗生的好坏直接影响着其日后的生长及发育。要注意尽量创造适宜的环境条件,培育适龄壮苗。生产上要保持健壮而旺盛的营养生长,有针对性地防止植株徒长或营养不良,抑制植株生长现象,以及时进入下一时期。

(3)成熟期(开花期)

成熟期(开花期),是指一年生草本植物从植株显蕾、开花结果到生长结果为止的时期。成熟期根、茎、叶等营养器官继续迅速生长,同时不断开花结果。因此,此时存在着营养生长和生殖生长的矛盾。成熟期要精细管理,以保证营养生长与生殖生长协调平衡发展,如对枝条进行摘心或扭梢,促使萌发更多的侧枝并开花,一串红摘心1次可延长开花期15天左右。

(4)衰老期(种子收获期)

衰老期(种子收获期),是指一年生草本植物种子逐渐成熟,至植株枯死的时期。这是种子收获期,种子成熟后应及时采收,以免散落。

2. 两年生草本植物的生命周期

两年生草本植物,是指播种当年为营养生长,通过冬季低温,翌年春夏季抽薹、开花、结实的草本植物。例如,大花三色堇、桂竹香等属于两年生草本植物。

两年生草本植物多耐寒或半耐寒,营养生长过渡到生殖生长需要一段低温过程,通过春化阶段和较长的日照完成光照阶段而抽薹开花。因此,其生命过程可分为明显的两个阶段。

(1)营养生长阶段

营养生长阶段,是指两年生草本植物从播后发芽至花芽分化前的时期。营养生长前期经过发芽期、幼苗期及叶簇生长期,不断分化叶片,增加叶数,扩大叶面积,为产品器官形成和生长奠定基础。进入产品器官形成期,一方面根、茎、叶继续生长,另一方面同化产物迅速向贮藏器官转移,使之膨大充实,形成叶球、肉质根、鳞茎等器官。两年生园林植物产品器官采收后,一些种类存在程度不同的生理休眠,但大部分种类无生理休眠期,只是由于环境条件不宜,处于被动休眠状态。

(2)生殖生长阶段

生殖生长阶段,是指两年生草本植物从花芽分化至种子成熟为止的时期。花芽分化是植物由营养生长过渡到生殖生长的形态标志。对于两年生园林植物来讲,通过了一定的发育阶段以后,在生长点引起花芽分化,然后现蕾、开花、结实。需要说明的是,由于两年生园林植物的抽薹一般要求高温长日照条件。因此,一些植物虽在深秋已开始花芽分化,但不会马上抽薹,而须等到翌年春季高温长日照来临时才能抽薹开花。

3. 多年生草本植物的生命周期

多年生草本植物,是指1次播种或栽植以后,可以采收多年,不需每年繁殖的草本植物。如草莓、香蕉、石刁柏、菊花、芍药和草坪植物等属于多年生草本植物。多年生草本植物的生命周期与木本植物类似,只不过寿命仅为10余年,因此每个生长发育阶段都比木本植物要短。一般来说,多年生草本植物在播种或栽植后当年即可开花、结果或形成产品,当冬季来临时,地上部枯死,完成一个生长周期。由于其地下部能以休眠形式越冬,次年春暖时重新发芽生长,进行下一个周期的生命活动,这样不断重复,年复一年。

草本植物的生命周期是会因为环境条件、栽植技术等的不同而有较大变化的。如金鱼草、瓜叶菊、一串红、石竹等花卉原本为多年生植物,而在北方地区常作1~2年生栽植。

各类植物的生长发育阶段之间并没有严格的界限,这是一个渐进的过程。植物本身系统发育特征及环境对各阶段的长短都有着直接的影响。在栽培过程中,运用合理的栽培措施,能够在一定程度上控制某一阶段的长短。

13.1.2　木本植物的生命周期

木本植物具有连年开花结实的特性,这是它与草本植物的不同之处。另外,木本植物的幼年期长,一般要经历多年生长发育后才开始开花结实。树木的寿命较长,通常要经过十几年或数十年,甚至成千上万年才趋于衰老。如榆树约 500 年,樟树、栎树约 800 年,松、柏、梅可超过 1 000 年。可见,树木一般都要经过多个年发育周期,完成总发育周期需要的时间更长。不同树种,或不同环境下的同一树种之间,都存在很多的不同之处。

1. 园林树木的个体发育

有性繁殖的树木个体,其个体发育包含了植物正常生命周期的全过程。树木个体发育周期分为胚胎发育期、幼年期、成熟期、衰老期这 4 个不同的发育时期。

根据植物细胞具有全能性,能够将植物的单细胞或原生质体培养成遗传上与母体相似的独立植株。把树体部分营养器官(枝、根、芽、叶等),通过扦插、嫁接等无性繁殖的方法,能够培育成独立的植株。这些植株与母体有着相似的生命活动,进行着个体的生长发育。

对树木生命周期进行研究,目的是能够更好地掌握其生命周期的节律性变化,并以此为依据采取相应的栽培管理措施,调节和控制树木的生长发育,使其健壮生长,绿化美化功能和生态功能等能得到充分发挥。

这里引入一个无性系的概念,它是指从一棵实生树上通过无性繁殖方法得到的植株组成的群体。它们的遗传基础相同,发育阶段相同或相似,甚至在形态特征、生长发育所需的条件以及产生的反应等方面都极为相似。

接下来讨论实生树与营养繁殖树个体发育的年龄问题。实生树是以个体发育的生物学年龄表示的;营养繁殖树则是以营养繁殖产生新个体生活的年数,以假年龄表示。而它的实际个体发育年龄则应包括从种子萌发起,到从该母株采穗开始繁殖时所经历的时间。它的发育是原母树发育的继续。因此,营养繁殖树的发育特性,依营养体的起源、发育阶段的母树和部位而定。

取自成熟阶段的枝条,包括取自发育成熟时期的无性起源的母树枝条,或取自成年母树树冠成熟区外围的枝条繁殖的个体。它们的发育阶段是采穗母树或母枝发育阶段的继续与发展,在成活时就具备了开花的潜能,不会再经历个体发育的幼年阶段。除接穗带花芽者成活后可当年或第二年开花外,一般都要经过一定年限的营养生长才能开花结实。从现象上看似乎与实生树相似,但实际上开花结实比实生树早。

取自幼年阶段的枝条,包括取自阶段发育比较年轻的实生幼树,或取自成年植株下部干茎萌条或根蘖条进行繁殖的树木个体。它们的发育阶段是采穗母树或采穗母枝发育阶段的继续与发展,同样处于幼年阶段,即使进行开花诱导也不会开花。采穗前的发育进程和以后的生长条件决定着这一阶段将要经历的时长。如果原来的发育已接近幼年阶段的终点,则再经历的幼年阶段时间短,否则就长。不过一般来说,它们的幼年阶段都要短于同类条件下、同种类型的实生树,当其累计发育的阶段达到具有开花潜能时就进入了成年阶段。以后经多年开花结实后,植株开始衰老死亡。所以这类营养繁殖树既有老化过程也有性成熟过程。

2.园林树木的生命周期

木本植物的整个生命周期可以划分为不同的年龄时期,下面分别对其特点和栽培措施予以讨论。

(1)幼年期

幼年期,是指从种子萌发到植株第一次开花的时期。这一时期植物地上、地下部分进行旺盛的离心生长。光合作用面积迅速增大,开始形成地上的树冠和骨干枝,逐步形成树体特有的结构,树高、冠幅、根系长度和根幅生长很快,同化物质积累增多,从形态上和内部物质上为营养生长转向生殖生长做好了准备。

幼年期的长短,因树木种类、品种类型、环境条件及栽培技术而异。有的植物如月季仅1年,桃、杏、李等3~5年,银杏、云杉、冷杉等长达20~40年。

幼年期的栽培措施如下。

①加强土壤管理,强化肥水供应,促进营养器官健壮地生长。

②对于绿化大规格苗木培育,应采用整形修剪手法,培养良好冠形、干形,保证达到规定的主干高度和一定的冠幅。

③对于观花、观果的园林植物,应促进其生殖生长,在树冠长到适宜的大小时采用喷布生长抑制物质、环割、开张枝条的角度等措施,促进花芽形成,从而缩短幼年期。

(2)青年期

青年期,是指从植株第一次开花到大量开花之前,花朵、果实性状逐渐稳定的时期。这一时期树冠和根系迅速扩大,是一生中离心生长最快的时期,能达到或接近最大营养面积。树体开始形成花芽,不过质量较差,坐果率低。开花结果数量逐年上升,但花和果实尚未达到该品种固有的标准性状。

青年期的栽培措施如下。

①给予良好的环境条件,加强肥水管理。

②对于以观花、观果为目的的园林植物,可采用轻剪、施肥措施,使树冠尽快达到最大营养面积,促进花芽形成,加快进入壮年期。

③要注意缓和树势。对于生长过旺的树,要适当控制水肥,应多施磷、钾肥,少施氮肥,必要时使用适量的化学抑制剂,以缓和营养生长;对于生长过弱的树,要注意加强肥水供应,促进树体生长。

(3)成熟期

成熟期,是指从植株大量开花结实时开始,到结实量大幅度下降,树冠外沿小枝出现干枯时为止的时期。这一时期根系和树冠都扩大到最大限度,开花结实量大,品质好。对于观花、观果植物而言,是一生中最具观赏价值的时期。不过,由于开花结果数量大,消耗营养物质多,逐年有波动。因此,容易出现大小年现象。

成熟期的栽培措施如下。

①加强肥水管理,早施基肥,分期追肥。

②细致地进行更新修剪,均衡配备营养枝及结果枝,使生长、结果和花芽分化达到稳定平衡状态。

③疏花疏果,及时去除病虫枝、老弱枝、重叠枝、下垂枝和干枯枝,改善树冠通风透光条件。通过一系列措施最大限度地延长成熟期,长期地发挥观赏效益及生态效益。

(4)衰老期

衰老期,是指从骨干枝、骨干根逐步衰亡,生长显著减弱到植株死亡为止的时期。这一时期骨干枝、骨干根大量死亡,营养枝和结果母枝越来越少,树体生长严重失衡,树冠更新能力很弱,抗逆性差,病虫害严重,木质腐朽,树皮剥落,树体衰老,逐渐死亡。

不同树木的衰老速度各异,而衰老标志大致相同。例如,当树木衰老时一般表现为代谢降低,营养和生殖组织的生长逐渐减少,顶端优势消失,枯枝增加,愈合缓慢,心材形成,容易感染病虫害和遭受不良环境条件的损害,向地性反应消失以及光合组织对非光合组织的比例减少等。

①枝干生长。幼树枝干年生长量一连多年增加,但在树木一生的早期,当枝干年生长量达到最高速率后就开始渐渐降低。

②形成层的生长。不同树种或不同环境条件下的树木随着衰老,其形成层生长的速率会朝着一定的方向变化。形成层的生长,在若干年内是逐年加快的,当达到最高点后,就开始下降;下一年的年轮总比上一年窄;当年轮达到最大宽度以后,作为衰老现象的年轮变窄。随着树木的衰老,树木茎的下部有出现不连续年轮的趋势,常常不产生木质部。

③根的生长。在树木生长幼年期,根量迅速增长,直到一定年龄后为止,此后增长的速度逐渐缓慢。当林分达某一年龄时,吸收根的总量达到正常数值。此后,新根的增长大体与老根的损失平衡。不同年龄的树木,其扦插产生不定根的能力也是会变化的。当树木年龄达到某个临界值以后,生根的能力迅速下降。

④干重增长量。随树木年龄的增长,树木群体和个体干物质总量的增长及单株的增长和单株增长量的分布的变化都具有一定的规律性。当人工林开始成林时,单位土地面积上干重的增加量是非常之低的,但当树冠接近郁闭,土壤将被全部根系占据时,生产率就达到最高水平;当林分接近成熟时,年增长量下降。

⑤树冠、茎和根系相对比例。随着树木年龄的变化,树木的树冠、茎和根系的相对比例也是不断变化的。在老树中,主干占最大干重,其次是树冠和根系。而在欧洲赤松幼树中,根几乎占了总干重的一半,在老树中,根所占的比例大大降低。

衰老期的栽培措施为:对于一般花灌木,可以进行截枝或截干,刺激萌芽更新,或砍伐重新栽植。对于古树名木,应在进入衰老期之前采取复壮措施,尽可能地延长其生命周期,直至无可挽救,失去价值时,才予以伐除。

上面是对有性繁殖树木生命周期的发育阶段的研究,而无性繁殖树木生命周期的发育阶段没有胚胎阶段,幼年阶段时间也相对缩短或者没有。无性繁殖树生命周期中的年龄时期也大致分为上述4个时期,各个年龄时期的特点及其管理措施与实生树相应时期基本相似或完全相同。

13.2 园林植物的年生长周期及物候观测

植物的年生长周期,是指植物每年随季节变化而出现的形态和生理上与之相适应的生长和发育的规律性变化。年周期是生命周期的组成部分,它可作为园林植物区域规划以及制定科学栽培措施的重要依据。研究植物的年生长发育规律对于植物造景和防护设计、不同季节的栽培管理等都具有重要价值。

13.2.1　草本植物的年生长周期

园林植物年周期中表现最明显的有两个阶段,即生长期和休眠期。但是,由于园林植物的种类极其繁多,原产地立地条件也极为复杂,因此年周期的变化也很不一样。

一年生植物由于春天萌芽后,当年开花结实,而后死亡,仅有生长期的各时期变化而无休眠期,因此年周期就是生命周期,且短暂而简单。

二年生植物秋播后,以幼苗状态越冬休眠或半休眠。多数宿根花卉和球根花卉则在开花结实后,地上部分枯死,地下贮藏器官形成后进入休眠状态越冬(如萱草、芍药、鸢尾,以及春植球根类的唐菖蒲、大丽花等)或越夏(如秋植球根类的水仙、郁金香、风信子等在越夏时进行花芽分化)。

还有许多常绿多年生园林植物,在适宜的环境条件下,周年生长,保持常绿状态而无休眠期,如万年青、书带草和麦冬等。

13.2.2　木本植物的年生长周期

1.落叶树木的年周期

由于温带地区在一年中有明显的四季,所以温带落叶树木的季相变化很明显。落叶树木的年周期可明显地区分为生长期和休眠期。在这两个时期中,某些树木可因不耐寒或不耐旱而受到危害,这在大陆性气候地区表现尤为明显。在生长期和休眠期之间,又各有一个过渡期。因此,落叶树木的年周期可以划分为4个时期。

(1)休眠转入生长期

休眠转入生长期,是指树木将要萌芽前,即当日平均气温稳定在3℃以上,到芽膨大待萌发时止。一般,以芽的萌动,芽鳞片的开绽作为树木解除休眠的形态标志。不过真正的解除休眠要从树液流动开始算起。

合适的温度、水分和营养物质是树木从休眠转入生长期的必备条件。不同的树种有不同的温度要求。树液开始流动时有些树种还会出现非常明显的"伤流"现象。

解除休眠后,树木的抗冻能力显著降低,在气温多变的春季和晚霜等骤然下降的温度易使树木,尤其是花芽受害,为此要注意做好防霜危害。

(2)生长期

生长期,即从春季开始萌芽生长,至秋季落叶前的时期。它包括整个生长季,是树木年周期中时间最长的一个时期。在此期间,树木随季节变化气温升高,会发生一系列极为明显的生命活动现象。如萌芽、抽枝展叶或开花、结实等,并形成叶芽、花芽等许多新的器官。

通常,人们将萌芽作为树木生长开始的标志,其实根的生长比萌芽还要早。不同树木,条件不同,每年萌芽的次数也各异。由于经历了一年的营养物质积累、贮藏和转化,为萌芽做好了充分的准备,因此越冬后表现出一次整齐的萌芽。

每种树木在生长期中,都按其固定的物候期顺序进行着一系列的生命活动。不同树种物候的顺序也存在差异。有的先萌花芽,而后展叶;有的先萌叶芽,抽枝展叶,而后形成花芽并开花。此外,树种或品种、环境条件和栽培技术的不同,也决定着树木各物候期的开始、结束和持续时间的长短。

成年树的生长期表现为营养生长和生殖生长两个方面。这个时期不仅体现树木当年的生长发育、开花结实情况,也对树木体内养分的贮存和下一年的生长等各种生命活动有着重要的影响,同时也是发挥其绿化作用的重要时期。可见,生长期是栽培中养护管理工作的重点,要努力创造良好的环境条件,满足肥水的需求,以促进树体的良好生长。

(3)生长转入休眠期

生长转入休眠期的重要标志是秋季叶片的自然脱落。在正常落叶前,新梢必须经过组织成熟过程,才能顺利越冬。早在新梢开始自下而上加粗生长时,就逐渐开始木质化,并在组织内贮藏营养物质。新梢停止生长后,这种积累过程继续加强,同时有利于花芽的分化和枝干的加粗等。结有果实的树木,在果实成熟后,养分积累更为突出,一直持续到落叶前。

树木落叶进入休眠的主要因素为秋季气温降低、日照变短。树木开始进入该期后,由于形成了顶芽,结束了高生长,依靠生长期形成的大量叶片,在秋高气爽、温湿条件适宜、光照充足等环境中,进行旺盛的光合作用,合成的光合产物供给器官分化、成熟的需要,使枝条木质化,并将养分向贮藏器官或根部转移,进行养分的积累和贮藏。此时,树木体内水分逐渐减少,细胞液浓度提高,使树木的越冬能力增强,为休眠和来年生长做好了充分的准备。

过早落叶和延迟落叶对于养分积累和组织成熟而言都是不利的,对树木越冬和翌年生长都会造成不好的影响。干旱、水涝、病虫害等是造成早期落叶的主要原因,甚至还会引起再次生长,危害很大。树叶该落不落说明树木未做好越冬的准备,这就容易导致发生冻害和枯梢,在栽培中要注意防范。

树木的不同器官和组织并非是在同一时间进入休眠的。一般,地上部分主枝、主干进入休眠较晚,而以根颈最晚,故根颈最易受冻害。生产中常用根颈培土法来防止冻害。不同年龄的树木进入休眠早晚不同,幼年树进入休眠的时间比成年树晚。

刚进入休眠的树木处于浅休眠状态,并没有足够强的耐寒力。有时候遇初冬间断回暖会使休眠逆转,令越冬芽萌动(如月季),导致在遇到突然降温时冻害的发生。对于这类树木,不宜过早修剪,并且在进入休眠期前合理控制水量。

(4)相对休眠期

相对休眠期,是指树木在落叶后,至翌年开春树液开始流动前为止的时期。休眠期是植物为适应冬季低温等不利的环境条件,而处于一种休眠状态。树木休眠期内,虽然没有明显的生长现象,但树体内仍然进行着呼吸、蒸腾、芽的分化、根的吸收、养分合成和转化等各种生命活动,只不过这些活动比较微弱和缓慢,所以说休眠是一个相对概念。

落叶休眠是温带树种在进化过程中对冬季低温环境所形成的一种适应性,能使树木安全度过低温、干旱等不良条件,以保证下一年能进行正常的生命活动,并使生命得到延续。没有这种特性,正在生长着的幼嫩组织就会受到早霜的危害,并难以越冬而死亡。

在生产实践中,为了达到某种特殊需要可以采取人为降温,然后加温的措施,提前解除休眠,促使树木提早发芽开花。

2. 常绿树木的年周期

常绿树终年有绿叶存在,是因为叶的寿命相对较长,多在一年以上,且没有集中明显的落叶期,每年仅有一部分老叶脱落并能不断增生新叶。常绿树在外观上并没有明显的生长和休眠现象,也没有明显的落叶休眠期。各物候的动态表现极为复杂。

常绿针叶树类中,松树的针叶可存活 2～5 年,冷杉叶可存活 3～10 年,紫杉叶甚至可存活 6～10 年,它们的老叶多在冬春间脱落,刮风天尤甚。

常绿阔叶树的老叶多在萌芽展叶前后逐渐脱落。热带、亚热带的常绿阔叶树木,各种树木的物候差别很大,难以归纳,如马尾松分布的南带,一年抽 2～3 次新梢,而在北带则只抽 1 次新梢;幼龄油茶一年可抽春、夏、秋梢,而成年油茶一般只抽春梢。又如柑橘类的物候,一年中可多次抽生新梢(春梢、夏梢、秋梢),各梢间有相当的间隔。有的树种一年可多次开花结果,如柠檬、四季橘等,有的树种,果实生长期很长,如伏令夏橙春季开花,到第二年春末果实才成熟。

常绿树木老叶的脱落并不是为了适应改变的环境条件,而是由于叶片的老化使其失去正常功能,新老叶片交替的一种生理现象。

13.2.3 物候观测

1. 物候的概念和应用

物候或物候现象,是指植物在一年中随着气候的季节性变化而发生的萌芽、抽枝、展叶、开花、结实及落叶、休眠等规律性变化的现象。

物候期,是指与物候现象相适应的植物器官的动态变化时期,称为生物气候学时期。物候期是地理气候、栽培树木的区域规划以及为特定地区制定树木科学栽培措施的重要依据。

物候相,是指不同物候期树木器官所表现出的外部形态特征。

物候是植物在长期的进化过程中,形成的在一年中与周期性变化的环境相对应的形态和生理功能周期性的变化规律。通过物候的研究能够掌握树木生理功能与形态发生的节律性变化及其与自然季节变化之间的规律,从而为园林树木的栽植与养护提供更好的服务。

我国物候观测至今已有 3 000 多年的历史,北魏贾思勰的《齐民要术》一书记述了通过物候观察,了解树木的生物学和生态学特性,直接用于农、林业生产的情况。该书在"种谷"的适宜季节中写道:"二月上旬及麻、菩杨生种者为上时,三月上旬及清明节、桃始花为中时,四月中旬及枣叶生、桑花落为下时。"林奈于 1750—1752 年在瑞典第一次组织全国 18 个物候观测网,历时 3 年,并于 1780 年第一次组织了国际物候观测网,1860 年在伦敦第一次通过物候观测规程。我国从 1962 年起,由中国科学院组织了全国物候观察网。通过长期的物候观察,能对物候变动的周期有一个很好的掌握,从而可以为长期天气预报奠定良好的基础。不但如此,多年的物候资料对于指导农林生产和制定经营措施也具有重要意义。

利用物候预报农时,比节令、平均温度和积温准确。因为节令的时期是固定的,温度虽能通过仪器精确测量,但对于季节的迟早无法直接表示。积温固然可以表示各种季节冷暖之差,但必须经过农事试验。而物候的数据是从活的生物上得来的,能准确反映气候的综合变化,用来预报农时就很直接,而且方法简单。准确的农时是指导园林植物育苗、栽植、养护管理的依据。

了解和掌握当地园林植物的物候期,可以为合理地指导园林生产提供科学依据。

2. 物候期观测方法

(1)选定要观测植物的种类,确定观测地点

观测地点要开阔,环境条件应有代表性,如土壤、地形、植被等要基本相似。观测地点应多年不变。

(2)木本植物和草本植物的观测

木本植物要定株观测,盆栽植物不宜作为观测对象。被选植株必须生长健壮,发育正常,开花 3 年以上。同种树木选 3~5 株作为观测树木。

草本植物必须在一个地点多选几株,由于草本植物生长发育受小地形、小气候影响较大,观测植株必须在空旷地。观测植物要挂牌标记。

(3)观测应常年进行

植物生长旺季,可隔日观测记载,如物候变化不大时,可减少观测次数。冬季植物停止生长,可停止观测。观测时间以下午为好,因为下午 1~2 时气温最高,植物物候现象常在高温后出现。对早晨开花植物则需上午观测。若遇特殊天气应随时观察。

(4)统一观测标准和要求

确定观测人员,集中培训,统一标准和要求。观测资料要及时整理、分类,进行定性、定量的分析,撰写观察报告,以便更好地指导生产。

3. 园林植物物候特性

每种植物都有自己的物候期。由于植物种类、品种遗传特性等不同,再加之地理环境条件的影响,致使不同植物的物候存在着明显差异。此外,不同的栽培措施也会改变或影响物候期,如落叶树有明显的休眠期,而常绿树则无明显休眠期;多数植物先展叶后开花,而有些植物先开花后展叶,并且同一植物、同一品种的物候期在同一地区,可因各年份的气候条件变化而出现提前或错后的现象,在不同地区这些现象更加明显。

(1)乔灌木各物候期的特征

乔灌木植物物候期观测记录如表 13-1 所示。

表 13-1 乔灌木物候期观测记录

植物名称		编号		观测人		天气情况	
学名		栽植地点		土壤		地形	

物候期	芽膨大开始期	芽开放期	展叶期	花蕾出现期	始花期	盛花期	末花期	幼果出现期	果实成熟期	果实脱落期	春梢停止生长期	夏梢生长期	夏梢停止生长期	秋梢开始生长期	秋梢停止生长期	秋叶开始变黄期	开始落叶期	落叶末期	休眠期	备注
日期																				

①芽膨大开始期。芽膨大开始期的标志为芽鳞开始分离,侧面显露淡色线形或角形。

如木槿芽凸起出现白色毛时,就是芽膨大期。裸芽不记芽膨大期,如枫杨。玉兰在开花后,当年又形成花芽,外部为黄色绒毛;在第二年春天绒毛状外鳞片顶部开裂时,就是玉兰芽膨大期。松属当顶芽鳞片开裂反卷时,出现淡黄褐色的线缝,就是松属芽开始膨大期。

花芽与叶芽应分别记载,如花芽先膨大,即先记花芽膨大日期,后记叶芽膨大日期。如叶芽先膨大,花芽后膨大,也应分别记载。芽膨大期观察较困难,可用放大镜观察。

②芽开放期。芽鳞裂开,芽的上部出现新鲜颜色的尖端,或形成新的苞片而伸长。隐芽能明显看见长出绿色叶芽;裸芽或带有锈毛的冬芽出现黄棕色线缝时,均为芽开放期。

如玉兰在芽膨大后,细毛状外鳞片一层层裂开,在见到花蕾顶端时,就是花芽开放期,也是花蕾出现期。

③开始展叶期。芽从芽苞中发出卷曲着的或折叠着的小叶,出现第一批有1~2片的叶片平展;针叶树是当幼叶从叶鞘中开始出现时;复叶类只要复叶中有1~2片小叶平展。

④展叶盛期。展叶盛期为植株上有半数枝条上小叶完全平展;针叶树是新针叶长度达老针叶一半的时期。

⑤花蕾、花序出现期。花蕾出现期为凡在前一年形成花芽的,当第二年春季芽开放后露出花蕾或花序蕾的时期。如桃、李、杏、玉兰等先花后叶植物。

花蕾或花序出现期为凡在当年形成花序的,出现花蕾或花序蕾雏形的时期。如月季、木槿、紫薇等先叶后花植物。

⑥始花期。在观测的同种植株上,有一半以上的植株上有一朵或几朵花的花瓣开始完全开放;在只有一棵单株时,只要有一朵或同时有几朵花的花瓣开始完全开放,即为始花期。

⑦盛花期。开花盛期,主要指在观测的植株上有一半以上的花蕾都展开花瓣,或一半以上的花序散出花粉,或一半以上的葇荑花序松散下垂的时期。

针叶树不记开花盛期。

⑧末花期。开花末期,是指观测植株上留有5%的花的时期。

针叶树类和其他风媒树木以散粉终止时或葇荑花序脱落时为准。

⑨第二次、第三次开花。第二次开花、第三次开花都要记录,如月季,并分别注明与没有第二、三次开花的植株在生态环境上的不同之处。

⑩果实和种子成熟期。是当观测的树上有一半的果实或种子变为成熟颜色的时期。

⑪果实和种子脱落期。松属当种子散布时;柏属球果脱落时;杨属、柳属飞絮;榆属、麻栎属种子或果实脱落等。有些荚果成熟后,果荚裂开则应记为果实开始脱落期。

有些树种的果实和种子,当年留在树上不落的,应在果实脱落末期栏中记"宿存",并在翌年记录中把它的果实或种子的脱落日期记下来。

⑫新梢开始生长期。可分为春梢、夏梢和秋梢,即营养芽或顶芽展开期。

⑬新梢停止生长期。营养枝形成顶芽或新梢顶端橘黄不再生长,如丁香。

⑭秋叶变色期。秋叶变色期是指秋季叶子颜色发生改变的时期。它不同于因夏季干旱或其他原因引起的叶变色。这里的变色,是指正常的季节性变化,树上出现变色的叶,其颜色不再消失,并且新变色之叶在不断增多至全部变色。

秋叶变色期分为两个阶段:第一阶段为秋叶开始变色期,是指当观测树木的全株叶片有5%开始呈现为秋色叶时;第二阶段为秋叶全部变色期,是指全株所有的叶片完全变色时。

可供观赏秋色叶期:以部分(30%～50%)叶片呈现秋色叶观赏起止日期为准。

⑮落叶期。落叶期可分为3个阶段:第一阶段为落叶开始期,是指秋天无风时,树叶自然落下,或轻轻摇动树枝,有5%叶片脱落时;第二阶段为落叶盛期,是指全株有30%～50%的叶片脱落时;第三阶段为落叶末期,是指全株叶片脱落达90%～95%时。

(2)草本植物物候期特征

草本植物物候期观测记录如表13-2所示。

表13-2 草本植物物候观测记录

植物名称		编号		观测人		天气情况	
学名		栽植地点		土壤		地形	

物候期	萌动期		展叶期		开花期				果熟期			黄枯期			备注
	地下芽出土期	地面芽变绿色期	开始展叶期	展叶盛期	花蕾或花序出现期	开花始期	开花盛期	开花末期	二次开花期	果实始熟期	果实全熟期	果实脱落期	果实全落期	开始黄枯期	普遍黄枯期	全部黄枯期	
树种																	

①萌动期。萌动期是指草本植物地面芽变绿或地下芽出土时。

②展叶期。展叶期包括开始展叶期和展叶盛期。前者指植株上开始展开小叶时;后者是指植株上有一半的叶子展开时。

③花蕾或花序出现期。花蕾或花序出现期是指当花蕾或花序出现时。

④开花期。开花期包括3个阶段,第一阶段为开花始期,这时植株上有个别花瓣完全展开;第二阶段为开花盛期,这时植株上有一半花的花瓣完全展开;第三阶段为开花末期,这时花瓣快要完全凋谢,植株上只留有极少数的花。

⑤果实或种子成熟期。果实或种子成熟期有3个阶段。植株上的果实或种子开始变成成熟初期的颜色,为开始成熟期;有一半成熟为全熟期。

⑥果实脱落期。果实脱落期指果实开始脱落时。

⑦种子散布期。种子散布期指种子开始散布时。

⑧第二次开花期。是指草本植物在春夏花后,秋季第二次开花的时间。

⑨黄枯期。黄枯期以植株下部基生叶为准,基生叶开始黄枯时开始。

4.植物物候期的基本规律

(1)顺序性

植物物候期的顺序性是指植物各个物候期有严格的时间先后次序的特性。在年生长周期中,每一物候期都只能在前一物候期通过的基础上才能进行,同时又为下一个物候期的到来打下基础。如萌芽必须在花芽分化的基础上才能发生,同时萌芽又为抽枝、展叶做好准备。

植物只有在年周期中按一定顺序顺利通过各个物候期,才能完成正常的生长发育。同一植物的物候期的先后顺序是相同的,但在时间上会因环境条件的变化而变化;不同植物,甚至不同品种,这种物候的顺序是不同的。如碧桃、白玉兰、榆叶梅、梅花、蜡梅、紫荆等为先花后叶型;而紫丁香、紫薇、木槿、石榴等则是先叶后花型。

(2)不一致性

植物物候期的不一致性是指由于植物各器官的分化、生长和发育习性不同,同一植物不同器官物候期在一年中通过的时期是不相同的,具有重叠交错出现的特点,也称不整齐性、重叠性。简而言之,就是同一时间、同一植株上可同时表现多个物候期。如橘类的枝条在春天可萌发春梢,又可开花,表现为开花和春梢生长两个物候期重叠进行;石榴、贴梗海棠等在夏季果实形成期,既有结果,又有开花的现象。

另外,同一植物的花芽分化以及新梢生长的开始期、旺盛期、停止生长期各不相同,会有重叠。如同是生长期,根和新梢开始或停止生长的时间并不相同。根的萌动期一般早于芽。同时,根与梢的生长有交替进行的规律,一般梢的速生期要早于根。有些树种可以同时进入不同的物候期,如油茶可以同时进入果实成熟期和开花期,人们称之为"抱子怀胎",其新梢生长、果实发育与花芽分化等几个时期可交错进行。金柑的物候期也是多次抽梢、多次结果交错重叠通过的。

(3)重演性

植物物候期的重演性是指由于外界环境条件变化的刺激和影响如自然灾害、病虫害、高温干旱、栽培技术不当等因素,植物的某些器官发育终止而另一些器官受刺激再次活动,在一年中出现非正常重复的特性,如二次开花、二次生长等。如月季、金柑、葡萄的新梢抽发与开花等物候期在一年内可以重演多次。

重演现象是在一定条件下发生的,它是植物体代谢功能紊乱与异常的反映,对正常营养积累和翌年正常生长发育都具有不良影响。

13.3 园林植物各器官的生长发育及其相关性

13.3.1 园林植物各器官的生长发育

1.根系的生长

根是植物的重要器官,全部根系约占植株总重量的25%～30%。它是所有植物在进化中适应定居生活而发展起来的,发挥着重要作用。

(1)根系的组成及延伸方向

园林植物的根系通常由主根、侧根和须根构成,主根由种子的胚根发育而成。并不是所有的植物都有主根,一般扦插系列的植株就没有主根。侧根是指主根上面产生的各级较粗大的分支。生长粗大的主根和各级侧根构成根系的基本骨架,称为骨干根和半骨干根,主要起支持、输导和贮藏的作用。须根是指在侧根上形成的较细分支。有些如棕榈、竹等单子叶植物,没有主根和侧根之分,只有从根颈或节发出的须根。

根系在土壤中分布范围的大小和数量的多少,对于植物营养与水分状况的好坏,以及其抗风能力的强弱都有着重要影响。

根系在土壤中的伸展方向不同,可分为水平分布和垂直分布两种。

水平分布的根多数沿土壤表层呈平行生长。根在土壤中的分布深度和范围,依地区、土壤、植物及繁殖方式不同而变化。杉木、落羽杉、刺槐、桃、樱桃、梅等树木水平根分布较浅,多在40cm的土层内;苹果、梨、柿、核桃、板栗、银杏、樟树、栎树等树木水平根系分布较深。在深厚、肥沃及水肥管理较好的土壤中,水平根系分布范围较小,分布区内的须根特别多;而在干旱瘠薄的土壤中,水平根可伸展到很远的地方,但须根很少。

垂直分布的根是大体垂直向下生长。根大多是沿着土壤裂隙和某些生物体所形成的孔道伸展,其入土深度取决于植物种类、繁殖方式和土壤的理化性质。在土壤疏松、地下水位较深的地方伸展较深;在土壤通透性差、地下水位高、土壤剖面有明显粘盘层和沙石层的地方则伸展较浅。银杏、香榧、核桃、柿子等树木的垂直根系较发达,而刺槐、杉木和核果类树木的垂直根系不发达。

植物水平根与垂直根伸展范围的大小,直接决定着植物的营养面积和吸收范围的大小。凡是根系伸展不到的地方,植物难以从中吸收土壤水分和营养。因此,只有根系伸展既深又广时,才能最有效地吸收营养和矿物质。

根系水平分布的密集范围,一般在株冠垂直投影外缘的内外侧,扩展范围多为冠幅的2～5倍,扩展距离至少能超过枝条1.5～3倍,甚至4倍,此为施肥的最佳范围。根系垂直分布的密集范围,一般在40～60cm的土层内,而其扩展的最大深度可达4～10m,甚至更深。

(2)根系的年生长动态

根系的伸长生长在一年中是有周期性的。根的生长周期与地上部分不同,其生长与地上部分密切相关且往往交错进行,情况比较复杂。在一年中,根系生长出现数次高峰,表现出不同的强度,这与树种、年龄等有关。一般根系生长要求温度比萌芽低,因此春季根开始生长比地上部分要早。在春季根开始生长后,即出现第一个生长高峰。这次生长程度、发芽数量与树体贮藏营养水平有关。然后是地上部分开始迅速生长,而根系生长趋于缓慢。当地上部分生长趋于停止时,根系生长出现一个大高峰,其强度大,发根多。落叶前根系生长还可能出现一个小高峰。

树木种类、砧穗组合、当年地上部分生长结实状况,以及土壤的温度、水分、通气及无机营养状况等,都直接影响着树根在年周期中的生长动态。也就是说,这些因素的综合作用导致了树木根系生长高峰、低峰的出现,但在一定时期内,有一个因素起主导作用。树体的有机养分与内源激素的累积状况是根系生长的内因,而夏季高温干旱和冬季低温是促使根系生长低谷的外因。在整个冬季,虽然树木枝芽进入休眠,但根并非完全停止活动。这种情况因树种而异。松柏类一般秋冬停止生长;阔叶树冬季常在粗度上有缓慢增长。在生长季节,根系在一昼夜内的生长也有动态变化,夜间的生长和发根数量多于白天。

(3)根系的生命周期

在植物的一生中,根系也会经历生长、死亡的过程。

树木生命周期中根系的生长速度也是变化的。不同类别的树木以一定的发根方式(侧生式或二叉式)进行生长。树木幼年期根系生长很快,一般都超过地上部分的生长速度。这期间根系领先生长的年限因树种而异。随着树龄的增加,根系生长速度趋于缓慢,并逐年与地上部分的生长保持着一定的比例关系。

在整个生命过程中,根系始终发生局部的自疏与更新。吸收根的死亡现象,从根系开始生长一段时间后就发生,逐渐木栓化,外表变为褐色,逐渐失去吸收功能;有的轴根演变成起输导作用的输导根,有的则死亡。至于须根,自身也有一个小周期,从形成到壮大直至衰亡有一定规律,一般只有数年的寿命。须根的死亡,初期发生在低级次的骨干根上,其后发生在高级次的骨干根上,以致较粗骨干根的后部出现光秃现象。根系的生长发育,很大程度受土壤环境的影响,各种树种、品种根系生长的深度和广度是有限的,受地上部分生长状况和土壤环境条件的影响。当根系生长达到最大幅度后,也发生向心更新现象。由于受土壤环境影响,更新不那么规则,常出现大根季节性间隙死亡现象。更新所发生之新根,仍按上述规律生长和更新,但随着树体的衰老而逐渐缩小。有些树种,进入老年后常发生水平根基部的隆起,显示出露根之美。当树木衰老,地上部分濒于死亡时,根系并没有立刻死亡,而是仍然会保持一段时期的寿命。

(4)根系生长的习性及影响因素

根系的生长具有一定的习性,具体表现如下。

①植物的根系都有向地生的习性。无论是实生苗,还是扦插苗,在根生成之后,必然向地下深处伸长,生长中露出地面的根也会重新向下弯曲钻入土壤。

②根系在土壤中生长的方向,都有向适合于自己生长环境钻行的趋适性,如趋肥、向暖、趋疏松等。在生产实践中,我们经常看到植物的根系沿土壤裂隙、蚯蚓孔道及腐烂根孔起伏弯曲穿行,甚至成极扁平状沿石缝生长。由此可见,根系具有很强的可塑性。

③根系生长中因土壤阻碍而发生断裂和扭伤时一般都能愈合,且在愈合部附近再生出许多新根,扩大根系的伸展范围。

树木根系生长势的强弱和生长量的大小,与土壤的温度、水分、通气与树体内营养状况及其他器官的生长状况有着极其密切的关系。

土壤温度:树种不同,开始发根所需要的土温也是不一样的。一般原产温带寒地的落叶树木需要温度低;而热带、亚热带树种所需温度较高。根的生长都有最适温度和上、下限温度。温度过高或过低对根系生长都不利,甚至造成伤害。由于土壤不同深度的土温随季节而变化,分布在不同土层中的根系活动也不同。

土壤湿度:土壤湿度与根系的生长也有密切关系。过干易促使木栓化和发生自疏;过湿则缺氧而抑制根的呼吸作用,影响根的生长,甚至造成烂根死亡。通常最适合根系生长的土壤含水量,约等于土壤最大田间持水量的60%~80%。因此,选栽树木要根据其喜干、喜湿的特性,并正确进行灌水和排水。

土壤通气:土壤通气对根系生长影响很大。通气良好处的根系密度大、分支多、须根也多。通气不良处发根很少,生长慢或停止,易引起树木生长不良和早衰。城市由于铺装路面多、市政工程施工夯实以及人流踩踏频繁,造成土壤紧实,影响根系的穿透和发展;内外气体不易交换,引起有害气体(二氧化碳等)的累积中毒,影响根系的生长并对根系造成伤害。土壤水分过多影响土壤通气,从而影响根系的正常生长。为使植物正常生长,一般要保证土壤的孔隙率在10%以上。

土壤营养:在一般土壤条件下,其养分状况不至于限制根系的生长。但根有趋肥性,有机肥有利于树木发生吸收根,适当施无机肥对根的生长有好处。如施氮肥通过叶的光合作用能增加有机营养和生长激素,以促进发根;磷和微量元素(硼、锰等)对根的生长都有良好的影响。可见,土壤营养状况会影响根系的质量,如发达程度、细根密度、生长时间的长短等。

在土壤通气不良的条件下,土壤中的有些元素还会转变成有害的离子(如铁、锰会被还原为二价的铁离子和锰离子,提高了土壤溶液的浓度),使根受害。

树体有机养分：根的生长与发挥其功能是依赖于地上部分所供应的碳水化合物。土壤条件好时，根的总量取决于树体有机养分的多少。叶受害或结实过多，根的生长就受阻碍，即使施肥，一时作用也不大，需要保叶或通过疏果来改善。

此外，土壤类型、土壤厚度、母岩分化状况及地下水位高低等对根系的生长也有一定的影响。

2. 枝芽的生长

园林树木的树体枝干系统及所形成的树形决定于各树种的枝芽特性。而了解和掌握树木枝条和树体骨架形成的过程和基本规律，对于树木整形修剪和树形维护等具有重要意义。

(1) 茎枝的生长与特性

芽萌生成茎枝。多年生树木，尤其是乔木，茎枝的生长构成了树木的骨架——主干、中心干、主枝、侧枝等。枝条的生长，使树冠逐年扩大。每年萌生的新枝上，着生叶片和花果，并形成新芽，使之合理分布于空间，充分接受阳光，进行光合作用，形成产物并发挥绿化功能作用。

树木地上部分茎枝的生长与地下部分根系的生长相反，表现出背地性的极性，多数是垂直向上生长，也有少数呈水平或下垂生长。茎枝一般有顶端的加长生长和形成层活动的加粗生长；而禾本科的竹类不具有形成层，只有加长生长而无加粗生长，且加长生长迅速。

树木的分枝方式不是一成不变的。许多树木年幼时呈单轴分枝，生长到一定树龄后，就逐渐变为合轴或假二叉分枝。因而，在幼青年树木上，可见到两种不同的分枝方式，如玉兰等，可见到单轴分枝与合轴分枝及其转变痕迹。

了解树木的分枝习性，对研究观赏树形、整形修剪、提高光能利用或促使早成花等都有重要的意义。

(2) 干性与层性

树木的干性，简称干性，指树木中心干的强弱和维持时间的长短。顶端优势明显的树种，中心干强而持久。凡是中心干明显而坚挺并能长期保持优势的，则称为干性强。这是乔木的共性，即枝干的中轴部分比侧生部分具有明显的相对优势。当然，乔木树种的干性也有强有弱，如雪松、南洋杉、广玉兰等树种干性强，而紫薇、番石榴以及灌木树种则干性弱。树木干性的强弱对树木高度和树冠的形态、大小等有重要的影响。

树木的层性，简称层性，指由于顶端优势和芽的异质性的缘故，使强壮的一年生枝的着生部位比较集中，尤其在树木幼年期，使主枝在中心干上的分布或二级枝在主枝上的分布，形成明显的层次的现象。如黑松、马尾松、广玉兰等树种，具有明显的层性，几乎是一年一层。这一习性可以作为测定这类树木树龄的依据之一。层性是顶端优势和芽的异质性综合作用的结果，一般顶端优势强而成枝力弱的树种层性明显，如油松、南洋杉等。顶端优势越弱，成枝力越强，芽的异质性越不明显，则植物的层性越不明显。有些树种的层性，一开始就很明显，如油松等；而有些树种则随树龄增大，弱枝衰亡，层性逐渐明显起来，如苹果、梨等。具有层性的树冠，有利于通风透光。但层性又随中心干的生长优势和保持年代而变化。树木进入壮年之后，中心干的优势减弱或失去优势，层性也就消失。

不同树种具有不同的干性，层性的强弱也不同。雪松、龙柏、水杉等树种干性强而层性不明显；南洋杉、黑松、广玉兰等树种干性强，层性也明显；悬铃木、银杏、梨等干性比较强，主枝也能分层排列在中心干上；香樟、苦楝、构树等树种幼年期能保持较强的干性，进入成年期后，干性与层性都明显衰退；桃、梅、柑橘等树种自始至终都无明显的干性和层性。树木的干性与层性在不同的栽植环境中会发生一定的变化,如群植能增强干性,孤植会减弱干性。

(3)枝的生长

茎以及由它长成的各级枝、干是组成园林树木树冠的基本部分,也是扩大树冠的基本器官,枝干是长叶和开花结果的部位,枝干是整形修剪的基础。保持枝与干的正常生长是园林植物栽培中的一项重要工作。

枝和干的形成与发展来自芽的生长与发育。在一定条件下,芽的生长点发生快速的细胞分裂,产生初生分生组织,经过分化与成熟,形成具有表皮、皮层、韧皮部、形成层、木质部、中柱鞘和髓等各种组织的嫩枝或嫩茎,开始年周期内枝的生长活动。

①枝条的加长生长。枝条的加长生长,一般是通过枝条顶端分生组织的活动——分生细胞群的细胞分裂伸长而实现的。加长生长的细胞分裂只发生在顶端,伸长则延续至几个节间。随着距顶端距离的增加,伸长逐渐减缓。在细胞伸长过程中,也发生细胞大小形状的变化,胞壁加厚,并进一步分化成各种组织。

②枝条的加粗生长。树干、枝条的加粗,都是形成层细胞分裂、分化、增大的结果。加粗生长比加长生长稍晚,其停止也稍晚,在同一株树上,下部枝条停止加粗生长比上部枝条晚。春天当芽开始萌动时,在接近芽的部位,形成层开始活动,然后向枝条基部发展。由于形成层的活动,枝干出现微弱的增粗,此时所需要的营养物质主要靠上年的贮备。随着新梢不断地加长生长,形成层活动也持续进行。新梢生长越旺盛,则形成层活动的越强烈。秋季叶片积累大量的光合产物,枝干明显加粗。当加长生长停止、叶片老化至落叶时,形成层活动也随之逐渐减弱至停止。因此,为促进枝干的加粗生长,必须在枝上保留较多的叶片。

(4)影响新梢生长的因素

新梢的生长除决定于树种和品种特性外,还受砧木、有机养分、内源激素、环境与栽培技术条件等的影响。

①砧木嫁接。植株新梢的生长受砧木根系的影响,同一树种和品种嫁接在不同砧木上,其生长势有明显差异,并使整体上呈乔化和矮化的趋势。

②贮藏养分。树木贮藏养分的多少直接影响着新梢的生长。贮藏养分少,发枝纤细。春季先花后叶类树木,开花结实过多,消耗大量贮藏养分,新梢生长就差。

③内源激素。叶片除合成有机养分外,还产生激素。新梢加长生长受到成熟叶和幼嫩叶所产生的不同激素的综合影响。幼嫩叶内产生类似赤霉素的物质,能促进节间伸长;成熟叶产生的有机营养(碳水化合物和蛋白质)与生长素类配合引起叶和节的分化;成熟叶内产生休眠素可抑制赤霉素。摘去成熟叶可促进新梢加长生长,但不增加节数和叶数。摘除幼嫩叶,仍能增加节数和叶数,但节间变短而减少新梢长度。

④母株所处部位与状况。树冠外围新梢较直立,光照好,生长旺盛;树冠下部和内膛枝因芽质差、有机养分少、光照差,所发新梢较细弱,但潜伏芽所发的新梢常为徒长枝。以上新梢的枝向不同,其生长势也不同,与新梢顶端生长素含量高低有关。

母枝的强弱和生长状况对新梢生长影响很大。新梢随母枝直立至斜生,顶端优势减弱。随母枝弯曲下垂而发生优势转位,于弯曲处或最高部位发生旺长枝,这种现象称为"背上优势"。

⑤环境与栽培条件。温度高低与变化幅度、生长季长短、光照强度与光周期、养分和水分供应等环境因素对新梢生长都有影响。气温高、生长季长的地区,新梢年生长量大;低温、生长季热量不足,新梢年生长量则短。光照不足时,新梢细长而不充实。

同时,施氮肥和浇水过多或修剪过重,也会引起过旺生长。一切能影响根系生长的措施,都会间接影响到新梢的生长。应用人工合成的各类激素物质,也能促进或抑制新梢的生长。

3.叶和叶幕的形成

(1)叶片的形成和生长

叶片是由叶芽中前一年形成的叶原基发展起来的,其发育自叶原基出现以后,经过叶片、叶柄(或托叶)的分化,直到叶片的展叶和叶片停止增长为止,构成了叶片的整个发育过程。前一年或前一生长时期形成叶原基时的树体营养状况和当年叶片生长条件决定着叶片的大小。

树木叶片具有相对稳定性,但是栽培措施和环境条件对叶片的发育特别对叶片大小有明显影响。叶的大小和厚度以及营养物质的含量在一定程度上反映了树木发育的状况。在肥水不足、管理粗放的条件下,一般叶小而薄,营养元素的含量低,叶片的光合效能差;在肥水过多的情况下叶片大,植株趋于徒长。叶片营养物质含量的多少,常作为叶分析营养诊断的基础。

不同叶龄的叶片在形态和功能上差别明显,幼嫩叶片的叶肉组织量少,叶绿素浓度低,光合功能较弱,随着叶龄的增大,单叶面积增大,生理活性增强,光合效能大大提高,直到达到成熟并持续相当时间后,叶片会逐步衰老,各种功能也会逐步衰退。

(2)叶幕的形成

叶幕是指园林树木的叶片在树冠内集中分布的群集总体,它具有一定的形状和体积,如图13-1 所示。

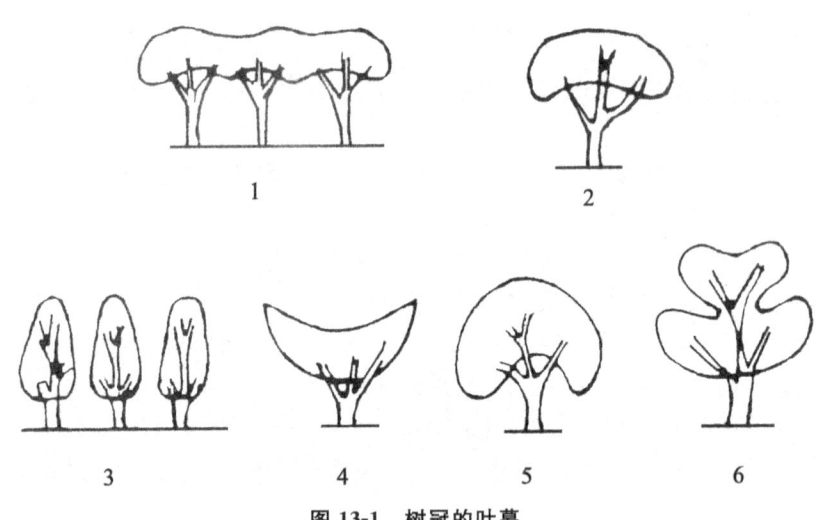

图 13-1 树冠的叶幕
1.平面形 2.杯形 3.篱壁形 4.弯月形 5.半圆形 6.层状形

树冠叶幕的形成过程与新梢和叶的生长动态基本一致。落叶树的叶幕,在年周期中有明显的季节变化。树种、品种、环境条件和栽培技术不同,叶幕形成的速度也不同。在一般情况下,树势强、年龄幼的树,或以抽生长枝为主的树种、品种,长枝比例大,叶幕形成的时间较长,叶面积高峰期出现晚;树势弱、年龄大或短枝型的树种、品种,其叶幕形成的时间短,高峰期也早。落叶树木的叶幕,从春天发叶到秋季落叶,大致保持5～8 个月的生活期;而常绿树木,由于叶片生存时间长(可达一年以上),而且老叶多在新叶形成之后脱落,故叶幕相对比较稳定。对落叶树木来说,理想的叶面积生长动态应该是前期叶面积增长较快,中期保持合理,后期保持时间较长,防止过早下降。树种不同其叶面积的季节生长有不同的形式。有些树种一年只抽一次梢,在生长季节早期就达到了最大叶面积,当年不能再产生任何新叶;有些树种可通过新叶原基的继续生长和扩展,或通过几次间歇性的突发生长(包括生长季节中芽的重复形成与开放)增加叶面积。

(3)叶面积指数

叶面积指数(LAI),即一株植物叶的面积与其占有土地面积的比率。植物的大小、年龄、株行距等因素都对叶面积指数有影响。园林植物栽培中,叶面积指数常用来作为衡量叶片生长状况的标志。

许多落叶木本植物的叶面积指数为3~6;常绿阔叶树高达8。大多数裸子植物的叶面积指数比被子植物高得多(可达16)。沙漠植物的叶面积指数较低,而一些速生被子植物的叶面积指数可比上面所述的高得多。例如,在集约栽培下的某些杂种杨,依据株行距不同,叶面积指数竟高达16~45。

从植物生产的角度看,群植树木的生产量与叶面积指数密切相关,即在一定叶面积指数范围内,其总初级生产量(GPP)和净初级生产量(NPP)随叶面积指数的增加而增加,到一定指数值后,总初级生产量增长缓慢,逐渐维持在一个比较稳定的水平,而净初级生产量从缓慢增长到逐渐下降,即单位土地面积上的产量就会逐渐下降。掌握了这一规律,有利于生产实践中利用各种技术措施保持叶面积指数在一个最佳范围内。

4.花芽的分化和开花

(1)花芽的分化

植物的生长点可以分化为叶芽或花芽。所谓花芽分化,是指这种生长点由叶芽状态开始向花芽状态转变的过程。

根据不同植物的花芽分化的特点,可分为5种类型。

①夏秋分化型。一年夏秋(6~10月份)间开始花芽分化。绝大多数早春和春夏见开花的观花植物,如海棠花类、樱花、迎春花、玉兰、丁香、牡丹、枇杷、杨梅、山茶等均属此类。

②冬春分化型。原产温暖地区的植物,从12月份到次年2月份期间分化花芽,其分化时间比较短。如柑、橘、柚、龙眼、荔枝等植物。

③当年开花型。许多夏秋开花的植物,如木槿、槐、紫薇等都是在当年新梢上形成花芽并开花,不需要经过低温,此类分化类型称为当年分化开花型。

④一年多次分化型。在一年中能多次抽梢,每抽一次梢,就分化一次花芽并开花,如茉莉、月季、无花果、柠檬、四季桂等。

⑤不定期分化型。热带原产的乔木草本植物,如番木瓜、香蕉等属于这种类型。

花芽分化的因素分为内部因素和外部因素。其中,内部因素主要有4点:一是植物枝叶繁茂,才能制造大量的有机营养,这是形成花芽的物质基础。只有健康旺盛生长,叶面积多,制造的有机营养物质才多。二是绝大多数植物的花芽分化,又都是在新梢生长趋于缓和或停长后开始的。因此,在植物生长初期,枝叶旺盛生长,快分化花芽时枝叶生长减慢,或新梢摘心或去幼叶都有利于花芽分化,摘心和去幼叶可降低生长素(IAA)和赤霉素(GA)的含量,抑制新梢的生长,促进营养物质的积累,并促进花芽分化。三是开花和结果会消耗大量营养物质,过度的开花会影响新梢和根系的生长,从而影响花芽分化。因此,植物开花有"大小年"现象,"大年"应适当疏花疏果。四是根系的生长也与花芽分化成正比关系,植物吸收根多,开花也多。外部因素主要有3点:一是光照。光照对植物花芽形成的影响是很明显的,如有机物的形成、积累与内源激素的平衡等,都与光有关。强光抑制新梢生长素的合成,抑制新梢的生长,促进花芽的形成。另外,短日照植物必须减少日照长度才能形成花芽,而长日照植物必须日照长度大于临界日长才能形成花芽。二是温度。温度影响植物的光合作用、根系的吸收及蒸腾等,并且影响激素水平,间接影响花芽分化。三是水分。水分过多不利于花芽分化,在花芽分化临界期短期适度控制水分(60%田间持水量)可抑制新梢生长,有利于光合产物积累,促进花芽分化。反之,水分过多,会形成徒长枝,对花芽分化不利。

(2)开花

开花,是指一个正常的花芽,在花粉粒和胚囊发育成熟后,花萼和花冠张开露出雌蕊和雄蕊的现象。开花时雄蕊的花丝挺立,花药呈现该植物花朵特有的颜色;雌蕊柱头分泌黏液以利于接受花粉。园林植物开花的好坏对园林种植设计美化的效果有直接关系。

园林植物的开花习性是植物在长期系统发育过程中形成的一种比较稳定的习性。开花习性主要受花序的结构、花芽分化程度的影响。

开花期是指植株上花开始开放到花谢落的时期。习惯上将开花期划分为4个阶段:初花期,植株上有5%~25%的花开放;盛花期,每株有25%~75%的花开放;末花期,75%以上的花开放;落花期,花瓣全部凋谢。

植物种类不同,开花期不同。具纯花芽的植物,花期最早;而具混合芽的植物花期最晚。长江以南常见木本植物花期早晚顺序一般是梅、樱桃、李、桃、梨、柑橘、猕猴桃、柿、板栗、石榴、枇杷。同种植物不同品种花期迟早有一定差别,如碧桃中的早花白碧桃3月下旬开花,亮碧桃4月中下旬开花。同一植株不同的枝条类型,花期也有先后之别。

不同的植物开花和新叶展开的先后顺序也各不相同,概括起来可分为三类。

①先花后叶类。此类植物在春季萌动前已完成花芽分化,花芽萌动不久即开花,先开花后展叶,如银芽柳、迎春花、连翘、桃、梅、杏、李、紫荆、玉兰、木兰等,常形成一树繁花的景观。

②花、叶同放类。此类植物的花器分化也是在萌芽前完成的,开花和展叶几乎同时,如榆叶梅、桃、紫藤的某些品种。

③先叶后花类。此类植物是由上一年形成的混合芽抽生相当长的新梢,于新梢上开花,花器多数是在当年生长的新梢上形成并完成分化的,一般于夏秋开花,如刺槐、木槿、紫薇、苦楝、凌霄、槐、桂花、珍珠梅等。

导致花期长短不同的原因是多方面的,概括起来主要有以下几种。

一是种类和品种的影响。园林植物种类繁多,几乎包括各种花器分化类型的植物,加上同种植物品种多样,同地区植物花期延续时间差别很大。如杭州地区,开花短者6~7d(白丁香6d,金桂、银桂7d);长的可达100~240d(茉莉可达112d,六月雪可达117d,月季最长可达240d)。一般春夏开花型,花期短而整齐;夏秋开花型,花期长。

二是植物年龄、株体营养的影响。同一植物,年轻植株比年老植株开花早、花期长,株体营养状况好,开花延续时间长。

三是天气状况、小气候条件的影响。花期遇冷凉、潮湿天气可以延长,遇干旱、高温天气则缩短。在不同的小气候条件下,花期长短不同。阴坡阴面和树荫下,阴凉湿润,花期比阳坡阳面和全光下长。

植物每年开花的次数也受多种因素的影响,如植物种类、品种、株体营养状况、环境条件等。多数植物种类或品种每年只开一次花,但也有一些种类或品种每年有多次开花的习性,如茉莉花、月季、柽柳、四季桂、佛手、柠檬等。紫玉兰中也有多次开花的品种。

此外,一年只开一次花的植物,有时发生二次开花的现象,如桃、杏、连翘、梨、甜橙等。其主要由两种情况引起:一是花芽发育不完全或因植株营养不足,而延迟到春末夏初开花;另一种情况是秋季发生第二次开花现象,这种现象既可以由"不良条件"引起,也可以由"条件的改善"引起。

5.授粉受精

开花以后,花药裂开,花粉粒通过各种方式传到雌蕊柱头的过程称为授粉。授粉是植物生殖生长过程的重要环节,花粉只有落到柱头上以后,雌、雄配子才有可能实现彼此接近和完成受精作用。受精就是花粉中的精核与子房胚囊里的卵核、极核融合的过程。影响授粉和受精的因素有以下几个方面。

(1)传粉媒介

传粉的媒介有的是风,借助风力进行授粉;有的是虫,借助昆虫进行授粉。但是风媒和虫媒并不是绝对的,有些虫媒植物如椴树、白蜡也可借风力传播。虫媒中以蜜蜂传粉效率最高,蜂身绒毛多,每分钟访问花朵数多。

(2)授粉适应

在长期自然选择过程中,植物对传粉有不同的适应。同花、同品种或同一植株(包括无性系)雄蕊的花粉落到雌蕊柱头上,称为自花授粉。自花授粉并结实,不论种子有无,称为白花结实,如大多数桃、杏的品种,部分李、樱桃品种和具完全花的葡萄等。白花授粉无种子者称为白花不育。不同品种或不同植株间(包括无性系)的传粉称为异花授粉。能自花授粉的植物经异花授粉后,产量更高,后代生活力更强。除少数能在花蕾中进行闭花授粉(如豆科植物和葡萄等)外,许多植物适应异花授粉,其适应性状有以下几个方面。

①雌雄异株,如杨、柳、杜仲、羽叶槭、银杏、构树等。

②雌雄异熟,有些植物雌雄同株或同花,但常有雌雄异熟的适应性。如核桃为雌雄同株异花,多为雌雄异熟型。还有些植物,如柑橘虽雌雄同花,但常为雌蕊先熟型,可减少自花授粉的机会。

③雌雄不等长,有些植物雌雄虽同花同熟,但其雌雄不等长,影响自花授粉与结实,如杏、李的某些品种。

④柱头的选择性,柱头分泌液在对不同花粉的刺激萌发上有选择性,或抑或促。

(3)营养条件对授粉受精的影响

凡是直接或间接影响植株贮藏营养与氮素营养的因素都不利于授粉受精。植株的营养状态影响花粉发芽、花粉管伸长速度、胚囊寿命以及柱头接受花粉时间。植株氮素不足,花粉管生长慢,且胚囊失去功能前未达珠心。硼、钙能促进花粉萌发和花粉管的伸长。施磷可提高坐果率。缺磷的植物,发芽迟,花序出现迟,降低了异花授粉的概率,还可能降低细胞激动素的含量。

(4)环境条件的影响

温度影响花粉发芽和花粉管的伸长与花的寿命。但不同植物或品种,要求的最适宜温度不同。温度不足,花粉管伸长慢,而胚囊寿命有限,授粉受精受影响;温度太高、风大、湿度小,不利于花粉的吸附与发芽。低温不利于昆虫传粉,对虫媒花影响授粉受精效果。花期遇大风(风速

17m/s),使柱头干燥蒙尘,不利于花粉发芽,不利于昆虫活动。过旱影响授粉,如枣树开花遇高温干旱,坐果率低,喷水对授粉有好处。阴雨潮湿使花粉不易散发或易失去活力,也不利于传粉,还会冲掉柱头上的黏液。大气污染会影响花粉发芽和花粉管生长。

6. 坐果与落花落果

坐果是经过授粉、受精后,子房膨大以及子房外的花托、花萼发育成果实。开花数并不等于坐果数,坐果数也不等于成熟的果实数。因为中间还有一部分花、幼果要脱落,这种现象叫落花落果。

(1) 落花落果的原因

引起落花的原因是多方面的,如花器官在结构上的缺陷,雌蕊发育不健全,胚珠的退化等。所有的花全部坐果是不可能的,如桃、杏为 5%~10%;梨为 15%;柑橘为 5%。由此看来,大多数植物的花数与坐果数差距较大,很多原因都会导致植物落花落果。坐果以后,在生长发育过程中,还有部分幼果要脱落。

(2) 防止落花落果的方法

①改善植株营养。改善营养是减少过多落果的物质基础,即加强土、肥、水管理和植株的管理与保护。

加强土、肥、水管理后,植株营养得到改善,可提高芽的质量,促进花器官发育完全,有利于受精坐果。特别是由于营养不良而引起的落果,如能分期追肥、合理灌水,则可明显地减少落果。加强植株管理和保护方面,主要是合理修剪以调整生长和结实的关系,保持适当的枝果比,改善植物的通风透光条件。

②创造授粉的良好条件。植物前期落花落果,授粉受精不良是主要原因之一。因此创造良好的授粉条件,是提高坐果率,减少落花落果的有效措施之一。配置适当的授粉植株,通过放蜂都是比较好的措施。

对个别植物或个别地段可用花期喷水提高坐果率的方法。如枣的花粉发芽条件以温度 $24℃\sim26℃$、湿度为 70%~80%最好。因此,枣树花期喷水对提高坐果率效果最好。异花授粉坐果率高,果形正,质量好。特别是有些果树自花授粉坐果率低,或雌雄花不一致,或授粉树不足,或花期气候不良等,都应进行人工辅助授粉。这一技术已在果树生产中被普遍采用。

③利用环剥、刻伤技术。有些果树,如枣树落花落果特别严重,在河北和山东的枣产区,群众早已应用这一技术,也称"开甲",已有 2 000 年的历史,可提高坐果率 50%~70%。但这一技术的应用必须因树制宜,并掌握时期。一般的要求是对成年树、旺树、旺枝应用,如枣树"开甲"应在植株进入盛期、树干直径应达 10~12cm、枣花盛开(开花已达 80%左右)时最好。"开甲"不但可减少落花落果,还能增进果实品质。

7. 果实的生长发育

果实生长发育的好坏,直接影响园林中观果植物的观赏效果。园林中对果实的观赏,需要果实满足以下 4 个方面的要求。

"奇",指果的外形奇特,如佛手、脐橙、串果藤等。

"丰",指看上去给人以丰收的景象。园林观景强调树体外围表现结果,尽管实际产量并不高,但能给人以丰收的景象。

"巨",指果大给人以惊异的感觉,如木菠萝,果大如肥羊,有的两个果一般人挑不动。

"色",指果色鲜艳,如公园欲种苹果,可选红金丝、锦红、倭锦等果色鲜艳的品种,并要创造条件,用肥合适,光照充足,使果色充分表现。其他观果植物各色均有,如忍冬类,果实虽小,但艳红的颜色很是可爱;紫球果呈黑紫色也很好看等。

果实生长发育的规律如下。

①果实生长发育所需的时间。果实生长发育已达到该品种固有的形状、风味、质地等成熟特征时,称为果实成熟。果熟期长短与很多因素有关,比较典型的影响因素有果树的品种、果树生长的自然环境、对果树的栽培与养护管理。这些因素共同影响着果树的生长发育规律,影响着果树的果熟期。例如,一般晚熟品种发育所需的时间较早熟品种发育所需的时间要长;果实如果不能得到良好的养护和管理,在受外伤或被虫蛀食后成熟所需的时间就会相对减少;果树在高温干燥的环境下生长,其果熟期缩短,反之则长。

②果实生长。果实生长包括体积的增大和重量的增加,从幼小的子房到果实成熟其增长的原因主要是细胞的分裂与膨大。有些植物和品种在整个果实生长发育过程只有一次细胞分裂,即花前子房的分裂,但多数果实有两个分裂期,即花前分裂与花后幼果期分裂。细胞的数目和大小是决定果实最终体积和重量的两个重要因素,它们可以反映果实的外观品质。果实外形可用果形指数来表示,即果实纵径和横径之比。

③果实的生长动态曲线。一般有两种类型,即单"S"形和双"S"形生长曲线,如图13-2所示。

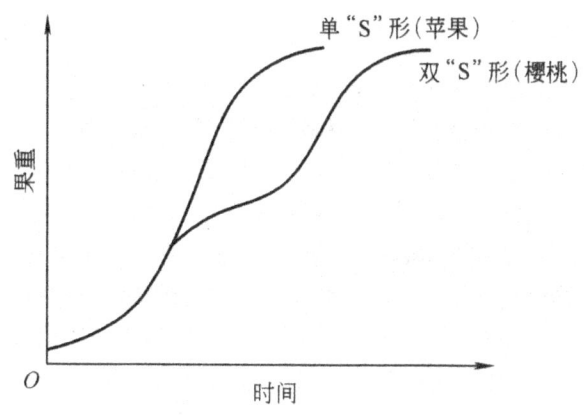

图 13-2 果实的生长动态曲线

在单"S"形生长中,果实开始呈指数增长(即缓慢与快速生长),随后则呈"S"形下降。属于这种曲线类型的有苹果、梨、柑橘、山楂、木瓜、石榴、椰枣、杧果、柠檬等。这种曲线的主要特点是3个发育时期(阶段)的界限不够明显,基本上是一个连续的增长过程,只是生长速率不太一致而已。

在双"S"形生长中,果实的增长动态有明显的前、中、后3个时期(阶段)。前期和后期生长迅速,中期生长较慢,前后出现2次生长高峰,使曲线呈双"S"形的图形。属于这种类型的有无花果、樱桃、桃、杏、梅、柿等。第一期从盛花后至胚出现或核层硬化,日生长量很大,如桃平均日增长为0.0585cm,葡萄达0.083cm,纵径生长显著大于横径。至本期末,种子及内含各器官可发育到近于成熟时的大小,但原胚仍处于潜伏状态,果实生长量占成熟果实的比例达50%以上。第二期生长较缓,果径无大的增长或基本不长(如山桃),但横径的生长多大于纵径,主要生长表现于胚的发育与核（内果皮）层的硬化。核果类的硬核期即在此期末出现，胚亦基本形成。胚形成持续天数，可反映品种成熟期的早晚。第三期为胚形成后的继期，但生长明显大于第二期，以横径的增长为主。有的树种（如桃）在熟前15～30d内果径有一个跃增期，果实生长量占成熟果实总量的20%～30%。此期持续天数因树种与品种而异，长者如欧洲李达67d，短者如土杏仅15d。

虽然单"S"形和双"S"形是果实生长的两种主要类型，但在某些浆果、梨果、单果和聚合果的生长中，可能还有其他类型的生长曲线。

④果实的着色。果色因种类、品种而异，由遗传特性决定。同时，色泽的浓淡和分布受环境条件影响较大。决定果实色泽的物质主要有叶绿素、胡萝卜素、花青素以及黄酮素等。随着果实发育，绿色减退，花青素增多，但也有随果实发育接近成熟而果皮内花青素下降的，如菠萝。影响红色发育的环境条件，主要有可溶性碳水化合物的积累、光、矿物质营养、水分、温度、植物生长调节剂等方面。

13.3.2 园林植物各器官生长发育的相关性

园林植物是统一的生物有机体，所谓相关性，是指在园林植物生长发育的过程中，各器官和组织的形成及生长表现出的相互促进或相互抑制的现象。

1. 地上部分和地下部分的相关性

树木地上部分树冠的枝叶和地下部分根系之间具有相互联系和相互影响的辩证统一关系，这从人们常说的"根深叶茂，本固枝荣"这句话就可得到充分的证明。

植物的根与茎在生长过程中既相互促进又相互抑制。枝叶主要功能是制造有机营养物质，为植物各部分的生长发育提供能源。枝叶在生命活动和完成其生理功能的过程中，需要大量的水分和营养元素，必须借助于根系的强大吸收功能。根系发达而且生理活动旺盛，可以有效地促进地上部分枝叶的生长发育。同样，根系的良好生长，必须依靠叶片光合作用提供有机营养与能源，繁茂的枝叶可以促进根系的生长发育，提高根系的吸收功能。当枝叶受到严重的病虫危害后光合作用功能下降，根系得不到充分的营养供应，根系的生长和吸收活动就会减弱，从而影响到枝叶的光合作用，使树木的生长势衰弱。另外，根系生长所需要的维生素、生长素是靠地上部分合成后向下运输供应的，而叶片生长所需要的细胞分裂素等物质，又是在根内合成后向上运输供应的。

根冠比是指地上部分与地下部分的相对生长强度。在土壤比较干旱、氮肥少、光照强的条件下，根系的生长量大于地上部分枝叶的生长量，则根冠比大；反之，土壤水分较多、氮肥多、光照弱、温度高的条件下，地上枝叶生长量高于地下根系生长量，则根冠比小。

2. 营养器官和生殖器官的相关性

植物的营养器官和生殖器官具有不同的生理功能。不过，它们的生长和发育基本是一致的。生殖器官所需的营养物质是由营养器官供给的，良好的营养生长是生殖器官正常生长发育的基础。一株瘦小的植株是很难开出硕大的花朵和结出丰满的果实的。通常，两者的生长是协调的，有时候也会因养分的争夺，造成生长和生殖的矛盾。

在肥水供应不足的情况下,枝叶生长不良,而使开花结实量少或不良,或是引起树势衰弱,造成植株过早进入生殖阶段,开花结实提早。当水分和氮肥供应过多时,不仅会造成枝叶徒长,而且会由于枝叶旺长消耗大量营养物质而使生殖器官生长得不到充足的养分,出现花芽分化不良、开花迟、落花落果或果实不能充分发育。生产中,常采取一系列措施来防止营养生长对生殖生长的抑制。

生殖生长也会影响营养生长。一般情况下,当植株进入生殖生长占优势时,营养体的养分便集中供应生殖器官。一次开花的植物,当开花结实后,其枝叶因养分耗尽而枯死;多次开花的植物,开花结实期枝叶生长受抑制,当花果发育结束后,枝叶仍然恢复生长。

13.4 环境因素对园林植物生长发育的影响

园林植物的生长发育受到多方面因素的影响,比较典型的有园林植物的基因、园林植物的生存环境、对园林植物的栽培与养护管理等。其中环境是植物生存的基本条件,是植物生存地点周围一切空间因素的总和。植物的生长发育究其实质而言是细胞的分裂与分化,这个过程从根本上来讲是在遗传(基因)的作用下进行的,但是该过程的发生与植物所生存的环境有着莫大的联系。环境因子的变化,能够直接影响植物的生长发育。植物只有在适宜的环境中,才能进行良好的生长发育,才能实现植物的各种价值。

13.4.1 气候因子对园林植物生长的影响

气候因子属于直接因子,对园林植物的生长发育有着直接且十分重要的影响,气候因子主要是指光照、温度、水分和空气等。

1. 光照

植物生长过程中所积累的干物质,90%～95%来自光合作用。可见,光对植物生长发育的影响最重要的是影响光合作用的进行,另外引起植物的向光性、耐荫性及短日性等。光对植物生长发育的影响是通过光质、光照强度、光照时间三方面来实现的。

(1)光质对园林植物生长发育的影响

地球上接收到的太阳光根据是否可被人的肉眼看见分为可见光和不可见光,其波长范围在150～3 000nm,其中不可见光主要是红外线和紫外线。可见光是人眼能看见的白光,其光谱波长在390～760nm之间,是植物进行光合作用的能源。白光正如雨后出现的彩虹一样,分红、橙、黄、绿、青、蓝、紫7种颜色,组成光带。叶绿素吸收红光最强烈,其次是蓝紫光和黄橙光,绿光则几乎全被反射,这说明了叶绿素对光线的吸收是有选择性的。

波长不同的光对园林植物生长发育有着不同的影响。一般而言,红光、橙光能够促进植物碳水化合物的合成,并对长日照植物的发育有促进作用,对短日照植物的发育有抑制作用,蓝紫光的作用则恰恰相反。因此,栽培上为培育优质的壮苗,可人为地调节可见光成分,如可以选用不同颜色的玻璃或塑料薄膜覆盖。

紫外线属于不可见光,其波长短于390nm。紫外线的作用主要是能促进花青素的形成和抑制茎的伸长。因此,高山上的植物生长慢,植株矮小,而花朵的色彩比平地艳丽,热带植物花色浓艳也是因为紫外线较多之故。紫外线还能促进种子发芽、果实成熟、杀死病菌孢子等。

红外线也是不可见光,其波长大于760nm,它是一种热线,可觉察它的存在。红外线能够被地面吸收转变为热能,进而使气温和地温升高,满足植物生长所需要的热量。

(2)光照强度对园林植物生长的影响

光照强度单位为勒克斯(lx),能够表示单位面积上所接受到的可见光的能量关系,光照强度简称照度。地球上的各种植物都要求在一定的光照强度下生长,但是不同的园林植物对光照强度的反应不一样,如月季、碧桃、仙人掌等,光照充足时,植株生长健壮;有些园林植物如含笑、珊瑚树、红豆杉等强光下生长不良,在半阴条件下健康生长。园林植物不同的生长发育时期对光照强度的要求也不同。

各种植物由于长期所处的环境不同,其器官在发展过程之中逐渐形成了较大的差异,这些差异导致各种植物对维持生命活动所要求的光照强度不相同,故每种植物的光饱和点不同。根据园林植物正常生长发育对光照强度的需要,可将其分为3种类型。

①喜光园林植物。这类园林植物在全光照下生长最好,其光饱和点为全光照的50%~70%。此类园林植物叶绿素a/b比值大,光合作用一般以红光为主,在明显缺乏光照的条件下不能很好地进行生长发育。该类比较典型的植物有月季、串红、牡丹等。

②耐荫园林植物。这类园林植物生长发育需光少,并喜一定的荫蔽,其光饱和点小于全光照的50%。此类园林植物叶绿素a/b比值小,即叶绿素b的含量相对较多,能充分地利用蓝紫光而生长在荫蔽的环境中。光照过强,叶片会显得暗淡、苍老,没有光泽,甚至会导致整株植物的死亡。栽培中应保持50%~80%的荫蔽度,该类植物比较典型的有兰花。

③中性园林植物。中性园林植物是一类比较喜光,又能耐荫的植物。该类植物一般季节能够在全光照下生长,但光照过强常超过其光的饱和点时,易灼伤而影响其生长。故对于该类植物的养护与管理应该注意盛夏合理遮阴。合理遮阴是在保持一定遮阴效果的前提之下,注意一定的光照强度,因为过分荫蔽会削弱光合作用,造成植株的营养不良,比较典型的中性园林植物有白兰、花柏等。

当植物处在不同的生长发育阶段时,植物对光照的需求量是不一样的。如木本植物在幼年期和营养生长为主的时期需光量稍小,稍能耐荫,而进入成年后和生殖生长时期,特别是在由枝叶生长转向花芽分化的临界时期,木本植物对光照要求较多,此时如果光照不足,则会发生植物花芽分化困难,不开花或少开花的现象。需要注意的是,植物在休眠期的需光量较少。另外,植物的喜光性也会随着栽培地点的改变而发生相应的变化,比较典型的是原产热带、亚热带的喜光园林植物被引到北方后,随着栽培环境的改变,喜光性会发生很大的变化,其夏季不能在全光照下生长,而是需要适当遮阴。原因是原产地(热带和亚热带)雨水较多,空气湿度相对较大,光经过空气到达植物会有很大部分的损耗,相对于多晴少雨、空气干燥的北方,其光照强度要弱得多。因此,在北方栽植南方的喜光植物时,如铁树、橡皮树等,夏季应适当遮阴。

(3)光照时间对园林植物生长发育的影响

除了光质和光照强度外,园林植物的生长发育也会受到光照时间长短的影响。研究光照时间对园林植物生长发育的影响需要明白两个基本的概念:光周期和光周期现象。其中光周期是指一日中昼夜长短的变化。光周期现象是指长短的昼夜交替对园林植物开花结实的影响。植物对光周期的需求不同,光周期现象也存在着巨大的差异。有些园林植物只能在昼短夜长的秋冬季开花,有些园林植物却只能在昼长夜短的夏季开花。根据园林植物开花对光照时间的反应和要求,可将其分为以下四类。

①长日照园林植物是指每天的日照时间必须大于12h,一般原产于温带和寒带的植物。只有满足该光照时间的条件才能进行正常的生殖生长,花芽才能顺利地分化和发育,否则不能开花,而只能进行营养生长,典型的长日照园林植物有紫茉莉、荷花、美人蕉、唐菖蒲等。

②短日照植物相对于长日照植物而言,每天要求的光照时间小于12h,即在24h中需一定时间的连续黑暗(一般需14h以上),这类园林植物多原产于热带和亚热带地区。只有满足该光照条件的短日照植物才能形成花芽,否则便不开花或明显推迟花期,并且在一定时间范围内,黑暗时间越长,开花越早。在自然栽培条件下,在深秋和早春开花的植物通常是短日照植物,如一品红、菊花、三角花、蜡梅等。短日照植物虽然开花要求光照时间短,但当光照时间小于6h,则生长不良,花芽质量差。

③中日照植物是指只有在昼夜时间相当的时候才能开花进行生殖生长的植物。这类植物既不能在白昼时间长于黑夜的条件下开花,也不能在白昼时间短于黑夜的条件下开花。

④中间性植物是指对光照时间长短并不十分在意,只要其他的条件满足就可以开花的植物。比较典型的中间性植物有香石竹、紫薇、月季、大丽花等。

需要说明的是,上述各类植物虽然对光照时间的要求不一样,但是其开花和发芽都需要光照,一旦花芽形成,则对日照时间不再有反应。如果光照时间不能满足其要求,则始终维持营养生长。表面上看,花芽形成需要一定的光照期,实质上,植物要完成花芽分化需要连续的黑暗期。

光周期现象在很大程度上与原产地所处的纬度有关,是植物在进化过程中对日照长短的适应性表现,也是决定其自然分布的因素之一。因此,在引种时,特别在引种以观花为主的植物时,必须考虑它对日照长短的反应,因为不同纬度地区,即使同一季节日照长短也可能有较大的差别,更要特别注意光周期对开花迟早的影响。

另外,在园林植物的生长和发育上,可以利用植物的光周期现象,通过人为控制光照强度、光质和光照时间等条件,来达到控制开花时间的目的。如欲使菊花、一品红、叶子花等短日照植物在国庆节开花,就必须利用黑色罩子对花卉进行遮光处理,白天只给8~9h的光照,其他时间完全遮光,20天后即可显蕾。叶子花和蟹爪莲可在预定开花前45天左右进行处理。同样,要使长日照植物冬季能显蕾开花,应在温室内用日光灯或白炽灯等人造光源,每天补充3h以上的补充光照。相反,可进行长日照处理来延迟短日照植物的开花,抑制花芽形成,同样,进行短日照照射长日照植物来抑制开花。光暗颠倒,可改变观赏植物的开花习性。

(4)光照对花色的影响

花卉着色主要是靠花青素,花青素只能在光照条件下形成,在散射光下形成比较困难。因此,室外花色艳丽的植物,移入室内栽培后,即渐褪色。若想保持白菊的纯白色,需适当遮光抑制花青素形成,否则白花瓣易变成淡紫红色,失去种性。绿色菊花品种,在花蕾开放前即应放置阴处,以保持美丽的绿色。光线的强弱还与花朵开放时间有关,如昙花、含羞草在黑暗下花蕾绽开;午时花、半支莲中午强光下开花,光线变弱后即闭合,雨天不开;紫茉莉傍晚开花;牵牛花在光照强度1600lx以上时也关闭。

2.空气

地球的表面笼罩着一层厚厚的大气,经过研究发现,其主要成分是氮气(78%)和氧气

(21%),以及少量的二氧化碳及稀有气体。而今,随着现代化和工业化建设,各地与大气的相互作用、相互影响也是越来越频繁,大气的成分和比例在不同的时间和不同的地区会发生一定的变化,例如,在工矿区、城镇还混有大气污染物、烟尘等。园林植物的正常生长发育过程需要时时有大气的参与,大气成分和大气之中各种成分的比例对园林植物的生长发育有着十分重大的影响。

(1)空气污染对园林植物的影响

现代化和工业化进程对于大气的污染已是越来越严重,这些有毒有害气体在大气之中不仅对人的健康产生重大的影响,而且对植物的生长发育也会产生一些不可逆的影响。大气之中的污染物主要有以下几种类型。

①二氧化硫(SO_2)。二氧化硫(SO_2)主要是含硫化石燃料和含硫化合物的燃烧所致。当空气中二氧化硫含量增至0.002%甚至为0.001%时,便会对植物产生严重的危害,而且空气之中的二氧化硫含量越高,对植物的危害作用越大,甚至会直接导致植株的死亡。二氧化硫对植物的伤害过程主要是从气孔及水孔进入叶部组织,使细胞叶绿体受到破坏,组织脱水并坏死。表现症状即在叶脉间发生许多褪色斑点,受害严重时,使叶脉变为黄褐色或白色。

②氨(NH_3)。在保护地中大量施用有机肥或无机肥常会产生氨,土壤之中氨浓度维持在一定浓度时能够促进植物的生长发育,因为氨在一定条件下能够转化为植物可以利用的硝酸盐和亚硝酸盐,进而合成植物完成生命活动所需的蛋白质。但是当氨含量过多,对园林植物反而有害。当空气中氨含量达到0.1%~0.6%时就可发生叶缘烧伤现象;含量达到0.7%时,质壁分离现象减弱;含量若达到4%,经过24h,植株即中毒死亡。施用尿素后也会产生氨,为了防止氨害的发生,最好在施氨肥后盖土或浇水。

③氯气(Cl_2)。空气之中的氯气对植物的伤害要远远大于二氧化硫,当空气之中的氯气维持在较小的浓度时就能很快破坏叶绿素,最终会使叶片褪色、漂白、脱落。氯气对植物的伤害初期,伤斑主要分布在叶脉间,呈不规则点或块状。受害组织与健康组织之间没有明显的界限,所以很难将受害组织直接除去,这也是氯气对植物的伤害与二氧化硫对植物伤害的较大差异之处。

④氟化氢(HF)。空气之中的污染物氟化氢主要来源于炼铝厂、磷肥厂及搪瓷厂等厂矿地区,是氟化物中毒性最强、排放量最大的一种。氟化氢对植物的危害首先表现在危害植株的幼芽和幼叶,先使叶尖和叶缘出现淡褐色至暗褐色的病斑,而且这种病态会逐渐向内扩散,并最终会使整株植物出现萎蔫的现象。氟化氢还能导致植株矮化、早期落叶、落花及不结实。

⑤烟尘。空气之中的污染物烟尘对园林植物的危害属于间接危害,其一般通过堵塞植物的气孔,覆盖在叶面,进而抑制植物的光合作用、呼吸作用以及蒸腾作用而对植物的生长发育产生影响。对于烟尘的影响,在实际的园林植物栽培与养护管理过程之中,可以采取用水浇灌植物的方法予以解决。

综上所述,各种有害气体对植物的危害程度受到很多因素的影响。例如,会受到植物种类、环境因子、生长发育时期等多重因素的影响。一般而言,在晴天、中午、温度高、光线强的条件下,有害气体对植物的危害要强于阴天和早晚时;空气湿度达到75%以上时,叶片气孔张开,对于有害气体的吸收量大,会造成园林植物严重受害。生长旺季和花期的园林植物抵抗力稍弱,有害气体对植株的影响要比平时更加严重。另外,植物离有毒气体及烟尘源的距离、风向、风速的不同,对园林植物的危害也存在着明显的差异。

(2)风对园林植物生长的影响

轻微的风能够促进园林植物的生长发育,如可以加强园林植物的蒸腾作用,帮助传播花粉,促进二氧化碳的交流与运转,提高根系对水的吸收能力,风摇树枝可以让里层的树叶接触到更多的阳光。

然而和微风能够促进园林植物的生长发育不一样的是,大风伤害植物的正常生长发育。例如,花、果期刮大风,会造成大量的落花落果;冬季刮大风,会带走植物周围的水汽和加强蒸腾作用,易引起植物生理干旱;如果发生强风时,有可能会造成枝条和树干折断,尤其是发生风雨交加的台风天气时,土壤含水量高,树木在这种情况下极易倒伏。

3. 温度

(1)气温与植物生长的关系

适宜的温度也是植物生存的必要条件之一,只有满足植物对温度的要求,植物才能进行良好的生长发育。温度对植物生长发育的影响,主要表现在以下几个方面。

①温度影响植物的地理分布。我国以≥10℃的气温累计值(有效积温)、最冷月平均气温及极端最低气温3个指标为依据,将我国由北到南划分了不同的气候带,各个气候带上分布着不同的植物,自然状况下有一定的分布界限。原产北方的植物对温度要求较低,而热带、亚热带地区的植物对温度要求较高。把热带和亚热带植物移到寒冷的北方栽培,该热带或亚热带植物会因为气温太低而不能进行正常生长发育,甚至会发生植株冻死的现象;而将北方植物移至气温较高的南方,也会因为温度的关系影响植株的正常生长发育和开花结果。栽培上根据园林植物对温度的要求,可将其划分为喜热植物如羊蹄甲、三角花、榕树等;喜温植物如杜鹃、桂花、池杉等;耐寒植物如丁香、连翘、锦带花、云杉等。

②温度影响植物生长发育的速度。不同植物对温度的适应性存在着明显的差异,但是不论何种植物,其生长发育对温度的适应性都表现为三基点,即最低温度、最高温度和最适温度。一般而言,植物正常生长发育所需的最适温度为20℃~35℃,植物种类及发育阶段的差异性会影响植物适应性的最低和最高温度。一般植物光合作用最适温度为20℃~30℃,最低为5℃~10℃,最高为45℃~50℃;呼吸作用最适温度为30℃~40℃,最低为0℃,最高为40℃~50℃。植物只有在最适温度范围内才能生长发育良好。不同的植物对温度三基点的要求是不相同的,如原产北方的植物比南方植物生长要求的温度整体上要稍低;同一植物在不同的生长发育阶段对温度的适应性也表现出明显的差异性,如早春开花的梅、海棠等开花期比叶芽萌发期耐低温。自然界昼夜温度从整体上看每天都在进行周期性和节奏性的变化,昼夜温度的这种变化称为温周期。温周期对植物生长发育的影响十分广泛,一般植物夜间生长比白天快,因为夜间温度降低,呼吸减弱,水分充足,白天制造的养料集中在根部,供给夜间细胞的分裂和伸长,植物发生的这种现象就是温周期现象。处在不同环境下的植物其温周期现象的强弱也存在着明显的差别,一般而言在温带植物上的温周期现象反应比热带植物上明显。据研究表明,温周期现象以昼夜温差8℃最明显。

③温度影响植物的开花。我国劳动人民在很早的时候就发现了温度对植物的发育有深刻的影响。例如,在实践中发现许多植物(一般不指一年生的植物)会经历春化阶段,即植物为了花芽分化、开花结实必须要经过一定时间的低温。

④温度影响植物花芽分化。温度不仅影响植物的生长,对植物的花芽分化也会产生明显的作用,而且不同的植物完成正常的花芽分化阶段对温度的要求存在显著的差异。比较典型的是,水仙完成正常的花芽分化所需的温度为13℃~14℃,杜鹃为19℃~23℃,郁金香为20℃,八仙

花需在 10℃～15℃且光线充足时才能进行花芽分化；山茶花则要求白天温度 20℃以上，夜间温度 15℃以上时才能进行花芽分化。可见温度是观赏植物形成花芽的主要因素。因此，在生产中创造适宜的温度，保证花芽顺利地分化，能够使园林植物按照实际需求大量开花，提升园林植物的价值。

在园林植物栽培上，可以通过控制温度来人为地推迟或提前开花时间。若适当地提高温度可使大多数喜温观赏植物提前显蕾开花，如月季、瓜叶菊杜鹃等。当花芽形成且经过一段低温处理后，为了使它们安全越冬，而且能傲霜怒放，可以在冬季利用温室增温。有些观赏植物在适宜的温度下有连续开花的习性，只是在进入秋冬季节之后，会随着温度的降低而停止开花。对于这类园林植物，为了能使其不断地开花，需要在冬初降低温度之前及时将它们移入温室加温，并进行合适的管理，比较典型的植物有非洲菊、茉莉、凌霄花等。若推迟开花，可通过降低温度以延长休眠。如杜鹃，春季温度还未回升前，将其移入 8℃以下的室内（注意不能使其受冻），令其继续休眠，推迟开花。在预定的开花日期到来之前 20d 左右将其移出，即可使之开花。

⑤温度影响花色。温度对于花色的影响只是针对某些植物，温度并不影响所有植物的花色。大丽花在温暖地区栽植时，夏季高温炎热，花小、色暗淡，甚至不开花，秋后才开出鲜艳夺目的花朵来，而在寒冷的地区，夏季仍花大艳丽。蓝白复色的矮牵牛花，颜色会随着温度的变化发生明显的变化，在 15℃以下时会呈白色，在 15℃～30℃之间时则呈蓝白复色，而在比较高的温度 30℃～35℃时，花呈蓝色或紫色。比较典型的受温度影响花色变化比较大的植物还有菊花、翠菊等，其在高温下花色暗淡，在较低温度下花色浓艳、活泼。形成这种变化的主要原因是温度影响植物花青素的形成。

(2)土温与植物生长的关系

除少数水生植物之外，植物的根系一般生长在土壤之中，土壤的温度变化会直接影响根系，进而影响整株植物的生长发育。根系如果处在适宜的土壤温度之下，生长会十分旺盛，并不断形成新根。

需要注意的是，在对土壤进行管理的过程之中，土温变化切忌过快。特别是在炎热的夏季，土壤吸热很多，温度较高，尤其在中午前后，土壤的温度一般达到了全天的最高温，此时若给植物浇灌冷水，土温会在短时间之内下降很多，生长在土壤之中的根系温度也会随之下降，根系温度的这种急剧变化会直接导致根系对水分的吸收能力急剧下降，植物在炎热的夏天不能吸收充足的水分满足蒸腾作用对水分的蒸发，植物体内水分供应失衡，会出现暂时性的萎蔫。北方地区冬季比较严寒，土壤冻结层很深，在这种条件下，根系无法吸收充足的水分以满足蒸腾作用消耗的水分，植株在这种情况之下一般会发生生理干旱。为了缓解冬季植物的生理干旱，需要适当提高土壤温度，可以在入冬后，将雪堆放在植物根部或在根部适当盖草。

(3)极端温度（高温）对植物的伤害

高温伤害是指当植物生存环境的温度超过植物生长所能适应的最高温度之后给植物带来的伤害。高温能够直接阻碍植物的生长发育，甚至直接导致植物死亡，对植株产生十分严重的影响。

一般而言，如果植物生存环境的温度达到 35℃～40℃时，植物会停止生长，因为在这种温度下，植物光合作用和呼吸作用不能维持平衡，呼吸作用会远远强于光合作用，植物营养物质的消耗大于积累。如果植物生存环境的温度达到 45℃以上时，高温会直接影响植物体内酶的活性，酶是生物生命活动不可缺少的物质，缺乏酶的植物会形成局部伤害或全株死亡。另外，温度过高使蒸腾作用加强导致整株植株萎蔫枯死的现象和使叶片过早衰老减少有效叶面积的现象也是时有发生。高温还会灼伤树皮,使观花类植物花期缩短或花瓣焦灼。观叶植物在高温下叶片褪色失绿、根系早熟与木质化,降低植物根系的对营养物质和水的吸收能力进而影响植物的生长。生长于沙土地上的植物幼苗,常因土壤温度过高,根茎和苗干受日灼而死亡。

自然界中存在着形形色色的种类各异的植物,各种植物耐高温的能力有着明显的差异。例如,米兰只有夏季高温下才能花香浓郁,生长旺盛;而水仙、仙客来和吊钟等,在夏季会因高温而进入休眠期。一些秋播花草,在夏季来临前即干枯死亡,而以种子的形式度过夏天。同一植物处在不同的生长发育时期,其耐高温的能力也存在着明显的差异,一般来说,种子期的耐高温能力最强,而开花期耐高温能力最弱。在进行植物的栽培与养护管理的过程之中,应该尽量让植物处于最适合的生长温度,在高温的情况之下,需要适时采取降温措施以帮助植物安全越夏。

(4)极端温度(低温)对植物的伤害

不仅高温能够对植物产生严重的伤害,低温对植物的伤害同样需要引起重视。低温伤害是指当植物生存环境的温度降到植物所能忍受的最低温度以下时,对植物造成的伤害。低温伤害就其实质来说有3种,一是冻害,即冬季温度低于0℃时,造成植物体内结冰给植物组织造成的伤害。二是霜害,是指空气之中的饱和水分因气温降低在叶片周围凝结成霜,对植物造成的伤害。如早春植物发芽后易遭突如其来的晚霜伤害。三是寒害,又称冷害,是指气温在0℃以上的低温对植物造成的伤害,寒害一般发生在热带和亚热带地区,寒带地区植物一般能够忍受。

低温对植物造成伤害的程度与多种因素有关,首先与植物本身的抗寒能力有关,其次与低温持续的时间、温度降低的幅度和发生的季节有着明显的联系。一般南方植物忍受低温能力要比北方植物差,如扶桑、茉莉等在10℃~15℃的气温下即受冻,而珍珠梅、东北山梅花可耐-45℃左右的低温。在栽培过程中,应采取保护性措施,如涂白、灌水、埋土、根茎堆土、束草把、搭风障、防霜等防止低温伤害。

4. 水分

水乃生命之源,与植物的生长发育和生存有着莫大的联系。

(1)植物对水分的需要

水对植物的生命活动很重要。这种重要性体现在多方面。

其一,水是植物体的基本组成成分,植物体内的绝大部分是水。

其二,水参与植物体内的生命活动过程。

其三,水参与土壤中矿物质的溶解和被根系吸收过程,促进植物对营养物质的吸收。

其四,水还能维持植物体的体温,维持细胞的渗透压,保持植物的固有姿态。可见植物生长离不开水分,没有水植物就不能良好地生长与开花。实践表明,植物每合成1g干物质需水125~600g。植物吸收的水分,只有1%用于光合作用,其余99%均由蒸腾作用散失于周围空间。但是不同的植物及同一植物在不同的发育阶段对水分的需要量是不相同的,一般耐荫植物要求较高的湿度,喜光植物对水分要求相对较少。同种植物往往在生长的前期需水量较大,后期相对较少。根据植物对水需求量的差异可以将植物划分为旱生植物、湿生植物、中生植物和水生植物四类。

①旱生植物。旱生植物顾名思义是指耐旱能力较强,能够在水分较少的环境下生存的植物。比较典型的旱生植物有柽柳、胡颓子、桂香柳、仙人掌类等。

②湿生植物。这类植物适宜生长在空气与土壤湿润的环境中。土壤短期积水时,也可以正常生长,但干旱则会导致植物缺水死亡,比较典型的湿生植物有水杉、秋海棠类、垂柳、蕨类植物等。

③中生植物。中生植物是一类比较多的植物,自然界中的大多数植物均属于该类,这类植物适宜生长在干湿适中的环境下,在过度干旱和过度潮湿的环境中,植物都不能正常地进行生长发育。

④水生植物。这类植物只能生长在水中,如荷花、红树等。

以上几类植物的划分不是绝对的,它们之间并没有明显的界限。一般认为土壤水分保持在田间持水量的60%~80%时,根系可以正常地生长、吸收、运转与输导。

同一种植物年发育周期中,处在不同的物候期,对水的需求量呈现明显的差异性。一般而言,植物在早春萌芽阶段对水的需求并不多,而当植物进入枝叶生长期时需要较多的水分来满足植物的生长发育,花芽分化期和开花期需水较少,结实期需水较多。在植物的生命周期中,植物体内的含水量会逐渐增多,但到一定数值后又开始递减。

水分不足会对植物生长造成许多不利影响。一般植物当土壤水分含量达10%~15%时,地上部分凋萎,光合作用迅速降低,地上部分停止生长,影响花芽的分化与形成;当土壤含水量低于7%时,根系停止生长,并木栓化,同时因土壤溶液浓度过高,根系发生外渗现象,引起烧根甚至死亡。

春季干旱时,新栽树木发根困难,不利成活,春季开花的植物开花差或者难以开花;夏季干旱时,植株凋萎,枝叶下垂,同时植物体内调节温度能力差,易引起日灼、叶子焦边,影响植物固有的风姿,降低了植物的观赏效果和绿化效益,严重干旱时,引起生理落叶。到秋季水分条件好转时,易发生枝叶再生长,秋季生长过旺,老熟度差,易引起冻害。秋季干旱时,木本植物加粗生长减缓,地上部分提早封顶(出现顶芽)和提早落叶,影响光合产物积累,营养水平下降,不利于安全越冬。对于观果植物来说,秋旱易引起生理落果,既降低产量又削弱观赏价值,同时也不利于秋栽花木的成活。冬季干旱同样对植物产生不利影响,常因蒸腾与吸水之间的矛盾,造成抽条及常绿植物落叶或死亡。

当土壤中的含水量过高时,会阻碍土壤与空气之间的交换,影响土壤之中的含氧量,使得根系呼吸困难,常导致植物根系窒息、腐烂、中毒而死亡。

(2)水分对植物花色的影响

水分多少对植物的开花和花色均有显著的影响。开花期内的植物需要大量的水分,若开花期内水分不足,花朵将难以完全展开,不能充分显示出品种固有的花形与花色,而且花期也会随之缩短,影响观赏效果。不仅如此,土壤水分的含量,对花朵色泽的浓淡也会产生很大的影响。一般而言,花朵在水分不足的情况之下颜色会变浓。所以,在进行园林植物栽培与养护管理的过程之中,应及时进行水分调节,避免植物缺水现象的产生。

13.4.2 土壤因子对园林植物生长的影响

土壤是指陆地表面具有肥力的疏松层,它是园林植物生长的基础,是水、肥、气、热的源泉,既是生态系统中的一个因子,又是自然界物质和能量转化的场所,所以是一个独立的生态系统。

1. 土壤种类

通常按照矿物质颗粒直径大小将土壤分为沙土类、黏土类和壤土类。

(1) 沙土类

沙土类土壤质地较粗,含沙粒较多,土粒间隙大,土壤疏松,通透性强,排水良好。但保水性差,易干旱;土温受环境影响较大,昼夜温差大;有机质含量少,分解快,肥力强但肥效短,常用作培养土的配制成分和改良黏土的成分,也常用作扦插、播种基质或栽培耐旱园林植物。

(2) 黏土类

黏土类土壤质地较细,土粒间隙小,干燥时板结,水分过多又太黏。含矿物质元素和有机质较多。保水保肥力强且肥效长久,但通透性差,排水不良,土壤温度基本保持不变,昼夜温差小,需要注意的是,由于早春土温上升慢,会影响园林植物对土壤温度的要求,严重抑制了园林植物的幼苗生长。除少数黏性土园林植物外,大部分植物不适应此类土壤,如果使用该类土壤作为植物的培养土,需要在该类土壤之中加入其他的基质。

(3) 壤土类

壤土类土壤性状介于沙土和黏土之间,质地均匀,有机质含量较多,土温比较稳定,既有良好的通气排水能力,又能保水保肥,对植物生长有利,能满足大多数园林植物的要求。

2. 土壤的质地与厚度

土层深浅决定园林植物根系的分布。通常土层深厚根系分布深,且能吸收较多的水分和养料,并能增强其适应性和抗逆性。土层过浅,植物生长不良,植株矮小,枝梢干枯、早衰或寿命短。

土壤质地的好坏关系着土壤肥力的高低,含氧量的多少,对园林植物生长发育和生理功能都有很大的影响。根系正常的生长和更新需要土壤含氧量达到12%以上,故大多数园林植物对土壤的要求是土质疏松、肥沃。

园林植物种类繁多,不同的园林植物耐瘠薄能力存在着很大的差别。如梅花、梧桐、樟树、核桃等喜肥沃深厚土壤的植物应栽植在深厚、肥沃和疏松的土壤上。而油松、马尾松等耐瘠薄的植物可在土质稍差的地点种植。需要注意的是,耐瘠薄的植物虽然可以在耐瘠薄的土地上进行正常的生长发育,但是如果将该类植物移植到肥沃、疏松和质地深厚的土地上进行种植,该类植物生长得将会更好。

3. 土壤的酸碱度

土壤酸碱度是土壤重要的理化性质之一,对植物的生长发育有着重大的影响。土壤的酸碱性一般是通过影响植物根系的吸收影响植物的生长发育。例如,在碱性土壤上,铁元素一般会沉积,以离子的形态存在的铁很少,植物对铁元素的吸收较少,植物铁元素吸收不足直接导致植物失绿症。

不同的植物对土壤的酸碱度要求不一样,在实际的栽培与养护管理过程之中,应该根据植物对土壤酸碱度的不同要求合理种植植物。根据园林植物对土壤酸碱度的要求,将园林植物划分为以下3种类型。

① 喜酸性植物。要求土壤pH在6.8以下才能正常生长的植物,比较典型的喜酸性园林植物有兰科、山茶、棕榈科、杜鹃、栀子花等。

②喜碱性植物。要求土壤 pH 在 7.2 以上才能正常生长的植物。比较典型的喜碱性园林植物有香豌豆、石竹类、侧柏、扶郎花、紫穗槐等。

③喜中性植物。要求土壤 pH 在 6.8～7.2 之间才能正常生长的植物。就目前而言,适合在中性土壤中生长的植物占大多数,比较典型的喜中性园林植物有菊花、杨、百日草、矢车菊、杉木、雪松、柳等。

4. 盐碱土对园林植物的影响

盐碱土对植物的生长发育影响十分广泛。盐碱土包括盐土和碱土两大类。盐土是指含盐量较高的土壤,盐土系滨海地带土壤,一般由海水浸渍而成,以含氯化钠、硫酸钾为主。碱土是指土壤中以碳酸钠和重碳酸钠为主的可溶性物质含量较高,导致土壤呈现强碱性,碱土多发生在干旱、少雨的内陆。盐土和碱土是两类不同的土壤,一般盐土不呈现碱土反应,就我国而言,我国有广袤的海岸线,导致我国盐土面积较大,碱土面积较小。

植物在盐碱土上一般生长比较困难,将不耐盐碱的植物种植在盐碱土地上之后甚至会直接死亡。主要是这些盐类使土壤溶液的浓度大于细胞液浓度,迫使细胞液反渗透,造成质壁分离。另外,各种盐类对根系有腐蚀作用,致使植株凋萎枯死。植物种类不同,抗盐碱能力不同,如紫穗槐、乌桕、柽柳、苦楝等抗盐碱能力强,可以有选择地种植。

另外,土壤温度状况、透气状况、水分状况对根系的生长及微生物的活动都产生着重要的影响。

5. 园林植物栽培的其他基质

现代社会随着科技的快速发展,人们培养园林植物的方式正在发生着巨大变化。而今,很多园林植物已经使用培养土进行培养。该类培养土为了满足植株正常的生长条件,应具备以下条件:无异味、有毒物质和病虫滋生;保水保肥能力强;营养成分完整且丰富;通气透水好;酸碱度适宜或易于调节。

实际的园林栽培中,常用的培养土有以下几种。

(1)堆肥土

用植物的残枝落叶、青草或有机废弃物与田园土分层堆积 3 年,每年翻动 2 次,经充分发酵堆积而成。含有丰富的腐殖质和矿物质,pH 6.5～7.4,原料易得,但制备时间长。制备时,应保持潮湿、堆积疏松,使用前需消毒。

(2)腐叶土

用阔叶树的落叶、厩肥或人粪尿与田园土层层堆积,经 2 年的发酵腐熟而成,每年注意翻动 2～3 次。这种土土质疏松,营养丰富,腐殖质含量高,pH 4.6～5.2,为应用最广泛的培养土,适用于栽培多种花卉。注意堆积时应提供有利于发酵的条件,贮存时间不宜超过 4 年。

(3)草皮土

由草地或牧场上层 5～8cm 表层土壤经 1 年腐熟而成。含矿物质较多,腐殖质含量较少,pH 6.5～8,适于栽培玫瑰、菊花、石竹等花卉。

(4)松针土

用松、柏等针叶树的落叶或苔藓类植物经大约 1 年时间的堆积腐熟而成。属强酸性土壤,pH 3.5～4,腐殖质含量高,适宜于栽培喜酸性土的植物,如杜鹃花等。

(5)沼泽土

取沼泽地上层 10cm 土壤直接做栽培土或用水草腐烂而成的草炭土代替。沼泽土为黑色,腐殖质丰富且呈强酸性反应,pH 3.5～4。草炭土一般为微酸性,用于栽培喜酸性土的花卉及针叶树。

(6)泥炭土

取自山林泥炭藓长期生长并炭化的土壤。一般有两种:一是褐泥炭,黄至褐色,富含腐殖质,pH 6～6.5,具有防腐作用,适宜于加河沙后作扦插床用土;二是黑泥炭,矿物质含量丰富,有机质含量较少,pH 6.5～7.4。

(7)河沙及沙土

取自河床或沙地,养分含量很低,但通气透水性好,pH 7。

(8)腐木屑

由锯末或碎木屑腐化而成,有机质含量高,保水、保肥性好,如果加入人粪尿腐化更好。

(9)蛭石、珍珠岩

无营养物质,但保肥水,通透性好,卫生洁净,一般做扦插用的插壤,利于成活。

(10)煤渣

煤渣含矿物质,卫生洁净,通透性好,多用于排水层。

13.4.3 生物因子对园林植物生长的影响

生物因子对园林植物的影响也存在着明显的差异,影响园林植物生长发育的具体生物因子主要有人、动物、植物及微生物,其中有些对园林植物的生长有益,称为有益生物。如蜜蜂、七星瓢虫等。有些对园林植物生长有害,称为有害生物,如有害昆虫,导致植物生病的细菌、真菌、病毒、线虫及寄生性种子植物等。另外,人为的活动也会影响园林植物的生长。

1. 园林植物发生病害的原因

园林植物发生病害的原因有 3 个方面:病原、感病植物和环境条件。

(1)病原

引起园林植物发病的病原有两大类:一类是生物性病原,另一类是非生物性病原。生物性病原主要包括真菌、细菌、病毒、线虫等,其引起的病害称为侵染性病害,可以相互传染。非生物性病原主要包括营养不适合、土壤水分失调、温度过高或过低、日照不足或过强、毒气侵染、农药化肥使用不当等。由非生物性病原引起的病害,称为非侵染性病害或称生理病害。

(2)感病植物

当病原侵染植物时,植物本身要对病原进行积极抵抗。病原的存在不能导致植物一定生病,这与植物的抗病能力强弱以及对植物的管理和养护有关。因此,选育抗病品种和加强栽培管理,是防治园林植物病害,尤其是侵染性病害的重要途径之一。

(3)环境条件

当病原和寄主植物同时存在的情况下,病害的发生与环境条件的关系十分密切。对侵染性病害而言,环境条件可以从两个方面影响发病率。

①直接影响病原菌,促进或抑制病原菌的生长发育。

②影响寄主的生活状态,增强寄主植物的抗病性或感病性。

因此,如果环境条件对病原菌有利而不利于寄主植物,病害发生和发展的概率会大大增加;反之,环境条件不利病原菌而有利于寄主植物时,病害发生和发展的概率会大大受到影响。例如,贴梗海棠锈病,如遇早春多雨,有利于冬孢子吸水膨大,萌发产生担孢子进行侵染,使病害发生严重。反之,如果早春干旱,则不发病或发病较轻。

综上所述,病原、感病植物和环境条件是园林植物病害发生发展的三个基本因素,它们之间存在着比较复杂的关系。

2.病虫害对园林植物生长的影响

园林植物病害是园林植物由于所处的环境不适或受到生物的侵袭,使得正常的生理功能受到干扰,细胞、组织、器官受到破坏,甚至引起园林植物植株的死亡。引起植物病害的病原有很多。有些是由于真菌、细菌、病毒、支原体、寄生性种子植物、藻类以及线虫和蜗类等的生物性病原引起的。有些是由于环境温度、土壤水分、空气湿度、光照等因子不适合园林植物的生长引起的。园林植物虫害主要是由危害园林植物的动物所引起的,主要有昆虫、蜗类和软体动物等,其中以昆虫为主。

我们可以采取一些措施来防治园林植物的病虫害,如应合理选择树种,做到适地适树。加强对园林植物的栽培管理,使树木生长健壮旺盛,这样对病虫的抵抗力就强。在植物配置时,要避免将两个转生寄主邻近栽植,以减少病虫害的发生和交叉感染。要加强整形修剪,清除枯枝、病虫枝、衰弱枝等,改善树冠的透风透光性,减少病虫害发生的机会。城市园林绿地中的病虫害应以生物防治为主,以免造成环境污染。生物防治是利用生物及其代谢物质来控制病虫害的一种防治方法。可以利用啄木鸟等以捕食昆虫为主的鸟类消灭害虫,可以利用害虫的天敌昆虫消灭害虫等方法。但如果病虫害发生后更要及时地喷药、捕杀、摘病叶等。在公共绿地喷药时,要考虑环境卫生及安全,若使用有毒药品,要设置警戒区,禁止游人接近。

13.4.4 地形、地势因子对园林植物生长的影响

地形、地势因子对植物的影响主要是通过引起相关因子如光照、温度、水分等的变化间接影响植物的生长发育。比较典型的地形、地势因子有海拔高度、坡向、坡度等。

1.海拔高度影响温度、湿度和光照

海拔能够直接影响温度,一般海拔每升高1 000m,气温降低4℃～6℃。降雨量、相对湿度在一定范围内,也会随海拔的增高而增加。另外,海拔升高,日照增强,紫外线含量增加,这些因素都会影响植物的生长与分布。由于不同植物对温度、光照、水分、空气等生存因素存在着不同的要求,在长期的进化过程之中,逐渐形成了各自的"生态最适带",这种随海拔高度成层分布的现象,称为树木的垂直分布。在进行山地园林建设的过程之中,应按海拔垂直分布规律来进行栽培与养护管理以形成符合自然规律的雄伟景观。

2.坡向和坡度

坡向水热条件的差异,形成了不同的小气候环境。一般而言,阳坡较阴坡的日照时间长,接

受的辐射多,气温较高,蒸发量大,大气和土壤较干燥。在北方由于降水少,一般阴坡植被较阳坡茂盛。在南方由于雨量充沛,阳坡植被较茂盛。

坡度通常分六级,平坦地<5°,缓坡为6°~15°,中坡为16°~25°,陡坡为26°~35°,急坡为36°~45°,险坡>45°。坡度的缓急不但会形成小气候的变化,关键是对水土流失有影响。坡度越大,水土流失量也越大。因此,坡度也会影响到植物的生长和分布。

总之,在不同的地形、地势条件下配置植物时,应在充分考虑地形和地势造成的各种因素,如温度、湿度和光照等的差异的基础之上,结合植物的生态特性,合理栽培管理园林植物。

13.4.5　城市环境因子对园林植物生长的影响

现代社会城市化的进程已是越来越快,人们在享受城市化建设带来的好处时,也应该想到过度的城市化给我们的自然环境或生态系统带来的危害。在原有江河周围、山谷、平原等地修建城市以及城市的配套基础设施,改变了原有地区的地形地貌。城市的各种建筑物以及配套基础设施取代了原有的植物层,原有的河流、湖泊被迫被填埋和改道,直接影响原有的生态系统。因此,城市绿化建设时必须根据城市环境的特殊情况加以考虑。

1.城市气候特点对园林植物生长的影响

(1)城市气温

城市气温比较周边地区来说温度较高。因为城市具有高度密集的人口,在一个有限地区进行生产和生活的结果就是使集中的能量放出大量的热。城市下垫面的热容量大,蓄热较多,在日落后仍能使空气温度继续增高。城市雾障使城市下垫面吸收累积和反射的热量以及生产、生活能源释放的热量不易得到扩散。尤其夏日傍晚,天气由晴转阴时和夜间更显得闷热。城市中由于夜间气温也较高,就造成了昼夜温差变小的现象。昼夜温差变小、温度较高,对园林植物的生长有不利的影响。园林植物白天在较高的温度下进行光合作用,积累有机物质,夜间植物利用白天制造的养料进行较快的生长。如果夜间温度过高,呼吸作用旺盛,消耗过量的营养物质,必然削弱植物的生长,对园林植物的生长是很不利的。

(2)城市热岛效应

城市热岛效应(urban heat island effect)是在城市中普遍存在的一种现象,随着城市化的建设进程,城市越来越大,这种现象将越来越明显。城市热岛效应具体是指城市中的气温明显高于外围郊区的现象。在近地面温度图上,可以明显地发现,郊区气温变化很小而城区则是一个高温区,就像突出海面的岛屿,由于这种岛屿代表高温的城市区域,所以就被形象地称为城市热岛。城市热岛效应使城市年平均气温比郊区要明显的高出1℃以上,夏季甚至高出6℃以上。

城市热岛效应形成的原因主要有以下几点。

①城市下垫面特性的影响。城市内有大量的人工构筑物如混凝土、柏油路面,各种建筑墙面等,改变了下垫面的热力属性。这些人工构筑物吸热快而热容量小,在相同的太阳辐射条件下,它们比自然下垫面升温快,因而其表面温度明显高于自然下垫面。

②人工热源的影响。工厂生产、交通运输以及居民生活都需要燃烧各种燃料,每天都在向外排放大量的热量。

③城市中绿地、林木和水体的减少。随着城市化的发展,城市人口的增加,城市中的建筑、广

场和道路等大量增加,绿地、水体等却相应减少,缓解热岛效应的能力被削弱。

④城市中的大气污染。城市中的机动车、工业生产以及居民生活,产生了大量的氮氧化物、二氧化碳和粉尘等排放物。这些物质会吸收下垫面热辐射,产生温室效应,从而引起大气进一步升温。

(3)城市湿度特点

城市当中虽然云多、降雨多,但城市所降的雨大部分被下水道排走而且下垫面多为硬质铺装,雨水很难渗透到土壤中。城市中温度高,蒸发量又大,所以空气湿度较小。这样就使城市非雨季的夏日显得非常燥热。对园林植物尤其是生长在北方的植物影响很大,夏季降雨少,空气湿度低,温度又高,很容易出现失水的症状。

(4)城市辐射特点

大气中来自工业生产、交通运输以及日常生活中的污染物在城区浓度特别大,它像一张厚厚的毯子覆盖在城市上空,大大地削弱了太阳直接辐射。而且城市建筑密度大,遮挡阳光,仅有少部分直射光能照到地面。所以城市中太阳辐射强度减弱,日照持续时间减少。另外,建筑物两侧接受光照的时间有长有短,建筑物的南向或东南向,阳光充足。建筑物的北向或西北向,日照很少。很多花灌木只有阳光充足,才能花朵繁茂,建筑遮阴面过多,影响花灌木的生长发育。

(5)城市风的特点

由于城市热岛效应的普遍存在,市中心温度升高,气压低,气流上升,形成城市风。但由于建筑物本身对风有阻挡或减弱作用,城市空气运动并不像正常没有遮挡的情况下那样强烈,明显有减速现象。为了加强城市风的运动,减小城市热岛强度,需要设置合理的道路系统和绿地系统,增强城市通风。

2.城市栽植土壤对园林植物生长的影响

园林植物的栽植地点主要在城市。由于人类的活动,对环境产生一定的影响,与大面积的荒山和宜林地相比,有其特殊生态环境,并表现出许多不利于植物生长的因素。

(1)地面铺装对树木生长的影响

①影响水分吸收。地面铺装影响土壤水分渗入,导致城市园林树木水分代谢失衡。地面铺装使自然降水很难渗入土壤中,大部分排入下水道,以致自然降水量无法充分供给园林树木,满足其生长需要。地下水位的逐年降低,使根系吸收地下水的量也不足。城市园林树木水分平衡经常处于负值,进而表现生长不良,早期落叶,甚至死亡。

②影响根系呼吸。地面铺装影响植物根系的呼吸,影响园林树木的生长。城市土壤由于路面和铺装的封闭阻碍了气体交换。植物根系是靠土壤氧气进行呼吸作用产生能量来维持生理活动的。由于土壤氧气供应不足,根呼吸作用减弱,对根系生长产生不良影响。这样就破坏了植物地上和地下的平衡,会减缓树木生长。

③改变地表下垫面的性质。地面铺装加大了地表及近地层的温度变幅,使植物的表层根系易遭受高温或低温的伤害。一般园林树木受伤害程度与材料有关,比热小、颜色浅的材料导热率高,园林树木受害较重;相反,比热大、颜色深的材料导热率低,园林植物受害相对较轻。

④近树基的地面铺装会导致干基环割。随着树木干径的生长增粗,树基会逐渐逼近铺装,如果铺装材料质地脆而薄,会导致铺装圈的破碎、错位和凸起,甚至会破坏路牙和挡墙。如果铺装材料质地厚实,则会导致树干基部或根颈处皮部和形成层的割伤。这样会影响园林植物生长,严

重时输导组织会彻底失去输送养分的功能而最终导致园林树木的死亡。

(2)侵入体对树木生长的影响

土壤侵入体来源于多方面,有的是战争或地震引起的房屋倒塌,有的是因为老城区的变迁,有的是因为市政工程,有的是因为兴修各种工程、建筑或填挖方等,都可能产生土壤侵入体。有的土壤侵入体对树木有利无害,如少量的砖头、石块、瓦砾、木块等,但数量要适度,这种侵入体太多会致使土壤量少,会影响树木的生长。而有的土壤侵入体对树木生长非常有害,如被埋在土壤里面的大石块、老路面、经人工夯实过的老地基以及建筑垃圾等,所有这些都会对种植在其土壤上面的树木生长不利,有的阻碍树木根系的伸展和生长,有的影响渗水与排水。下雨或灌水太多时会造成土壤积水,影响土壤通气,致使树木生长不良,甚至死亡。有的如石灰、水泥等建筑垃圾本身对树木生长就有伤害作用,轻者使树木生长不良,重者很快使树木死亡。

(3)土壤紧实度对树木生长的影响

人为的践踏、车辆的碾压、市政工程和建筑施工时地基的夯实及低洼地长期积水等均是造成土壤紧实度增高的原因。在城市绿地中,由于人流的践踏和车辆的碾压等使土壤紧实度增加的现象是经常发生的,但机械组成不同的土壤压缩性也各异。在一定的外界压力下,粒径越小的颗粒组成的土壤体积变化越大,因而通气孔隙减少也越多。一般砾石受压时几乎无变化,沙性强的土壤变化很小,壤土变化较大,变化最大的是黏土。土壤受压后,通气孔隙度减少,土壤密实板结,园林树木的根系常生长畸形,并因得不到足够的氧气而根系霉烂,长势衰弱,以致死亡。

3.城市水文环境特点对园林植物生长的影响

城市水体具有重要的作用,它能促进城市生态环境的平衡与优化,促进城市经济增长和美化城市形象。因此,城市合理地利用水不仅事关园林建设,更事关城市发展。

城市土壤总的来说处于干旱状态,这主要有以下两方面的原因。

第一,城市下垫面中道路、广场、建筑物等所占的比例高,这些土壤在市政建设的过程之中会进行坚实化处理,加上这些土壤一般受到水泥、建筑物等的阻碍,不能与外界进行水交换。

第二,我国大多数城市还面临着水资源短缺的局面,但目前许多城市的地下水资源在开发利用时,缺乏长远规划和严格的管理,造成地下水位持续下降。漏斗面积不断扩大,地面沉陷,河流干涸,加剧了城市区域生态环境的恶化,加速了土壤沙化、盐渍化的产生,导致湿地面积减少、水域面积缩小等现象。

因此,城市中栽植的园林植物常会受到水分亏缺的威胁,在实际的栽培与养护管理过程之中必须要考虑这种因素。

4.城市环境污染对园林植物生长的影响

城市环境污染是指人们在生产和生活活动过程之中向自然界排放的污染物超过了城市自然环境本身的净化能力而遗留在自然界,并导致自然环境各种因素的性质和功能发生变异,破坏生态平衡,破坏城市人类的生存环境、损害人类健康的环境污染。近几年在城市化建设的过程之中,随着城市规模逐渐扩大,城市工业化逐渐加快,城市人口急剧增多,城市里面的原有植物、河流遭到破坏,各类能源消耗量超负荷膨胀,三废排放增加,改变了城市大气、水和土壤等。人类生存将受到自身发展带来的威胁,城市环境污染日趋严重。

(1)大气污染

一个城市环境、空气质量的好坏与居民身体的健康是息息相关的。据统计,目前全球只有20%的城市居民呼吸空气达到可接受的标准,而约有80%的城市居民呼吸着含有过高二氧化硫、烟尘的空气。大气污染是指大气中污染物的浓度超过了自然本身的净化能力,并达到危害的程度。

我国城市的大气污染源,主要来源于各种矿物燃料的燃烧。主要污染物的种类比较繁多,氯化氢、臭氧、氟化氢、氮的氧化物、氯、二氧化硫、光化学污染、一氧化碳等是其中比较典型的大气污染物。

中国城市大气污染是以二氧化硫、颗粒物质为代表的煤烟污染。中国能源结构中煤炭占76.12%,工业能源结构中烧煤占73.9%。中国城市空气污染的特点是北方比南方严重,按城市规模分,大城市的污染最严重,其次是特大城市,再次是中等城市和小城市。按城市功能分,从空气污染总体程度排序,工业城市>交通稠密城市,交通城市>综合性的混合城市,风景旅游城市和经济尚不发达城市污染最轻。

大气之中的污染物对植物的危害主要是从叶片气孔侵入到叶肉组织,并通过植物体内的筛管组织运输到植物体其他部位,对叶片的内部构造造成严重的损害,影响气孔关闭,对植物的基本生理活动——光合、蒸腾和呼吸作用产生严重的危害,并破坏植物体内酶的活性。同时,有毒物质在树木体内依赖于植物体内的物质进一步分解或参与合成过程,产生新的有害物质,对机体的细胞和组织产生严重的影响,甚至直接导致树木的死亡。

大气污染物在一定的浓度范围之内,植物能够吸收大气污染物净化空气,但是植物所能够忍受的污染物的浓度是有一定限度的,超过了这个限度,植物便不能正常地生长发育,这就是植物对大气污染的抗性。

不同树种和同一树种在不同的生长发育阶段显出明显的抗性差异性,现将一些常见树种对有毒气体抗性分级列于表13-3。

表13-3 常见树种对有毒气体的抗性分级

有毒气体	强抗性树种	中等抗性树种	弱抗性树种
二氧化硫	臭椿、女贞、国槐、刺槐、桑、丁香、夹竹桃、银杏、合欢、棕榈等	木槿、五角枫、白蜡、冷杉	泡桐、苹果、香椿、文冠果、红芪木
氟化氢	丁香、女贞、沙枣、柑橘、樱桃、李、拐枣	三角枫、泡桐、苹果、桃	刺柏、胡桃、臭椿、白蜡、杜仲
氯气	黄杨、女贞、臭椿、合欢、棕榈、夹竹桃、板栗、广玉兰	刺槐、黄檀	法桐、梨、刺柏、白蜡、杜仲
臭氧	银杏、柳杉、樟、海桐、夹竹桃、冬青、连翘、悬铃木	梨、樱花	胡枝子、垂柳

在进行环境保护时,可以利用对大气污染物比人敏感的树种来监测大气的污染情况。当二氧化硫浓度达到$1 \sim 5 \times 10^{-6} \mu g/L$时,人才能闻到气味,当浓度达到$10 \sim 20 \times 10^{-6} \mu g/L$时,会刺激引起咳嗽、流泪,相比于人类,某些敏感的树木植物在$0.3 \times 10^{-6} \mu g/L$浓度下几小时就出现明

显症状。甚至有些树种对无色无味的有毒气体能够立即出现反应。利用某些树木对有毒气体十分敏感的特性来监督大气污染,指示大气污染的程度具有十分重要的环保价值。例如,当空气中的二氧化硫浓度过高时,红松、雪松叶发黄枯萎;空气之中存在汽车废气时,丁香、蔷薇会马上感觉到。具体的可以见表13-4。

(2)土壤污染

城市的现代工业发展造成的污染沉降物和有毒气体,随雨水进入土壤。部分的有害物质能够被土壤自身的净化能力净化,但是当土壤中的有害物含量超过土壤本身的净化能力时,就发生土壤污染。土壤污染会引起土壤结构、系统成分和功能产生变化,肥力降低或逐步盐碱化。土壤污染破坏土中微生物系统的自然生态平衡,还会引起病菌的大量繁衍和传播,造成疾病蔓延。土壤被长期污染会导致土壤丧失正常的功能,影响园林植物的正常生长发育,严重的甚至导致土壤成为不能生长植物的不毛之地。

表13-4 对污染物能够起监测作用的树木

污染物质	树种
二氧化硫	李、葡萄、落叶松、雪松、杨树、泡桐、枫杨、云杉、柳杉、核桃
氟化氢	雪松、云南松、落叶松、杏、樱桃、苹果
氯气	杨树、刺柏、落叶松
臭氧	女贞、垂柳、山定子

污染土壤的重金属离子(如砷、镉、过量的铜和锌等)及某些有毒物质,能直接影响植物生长和发育。空气之中聚集的二氧化硫等酸性气体随降雨能够形成"酸雨",酸化土壤。酸雨的直接危害是使氮不能转化为能够被植物所吸收的硝酸盐或铵盐,且会使磷酸盐、铁形成不能被植物吸收利用的难溶性沉淀物,植物基本营养元素在不能得到满足的情况下,其生长发育将会受到严重的影响。碱性粉尘能使土壤碱化,碱化的土壤能严重影响植物对水分和养分的吸收利用,进而能够导致植物生长发育不良和缺绿症。

一般很难在短时间之内消除土壤污染,且很难采取大规模的消除措施。如有些污染物特别是氟化物、重金属污染物等能被土壤吸持积累,不仅直接影响植物的生长发育,而且可在体内积累经食物链危害人、畜。

(3)水体污染

污染物进入水中,其含量超过水的自净能力时,引起水质变坏,用途受到影响,称为水体污染。在现代化和工业化进程快速发展的今天,工业废水和生活污水的排出量远远超过了大自然的自然净化能力,水体污染现象十分严重。据统计,有占87%左右的城市河段受到不同程度的污染,使城市用水受到严重危害。随着工业化进程逐渐向乡镇转移,加上小城镇地区基本的水处理设施不完善,小城镇的环境污染也是越来越严重。污染水可直接毒害动、植物和人或积累在动、植物体中,经食物链危害人体健康。也可流入土壤,改变土壤结构,影响植物生长,进而影响人、畜的健康。

有些污水流经一定距离后,在某些微生物转化下而自净或经水生植物的吸收富集或分解和转化毒物而净化。有些经处理过的污水在不超出土壤及作物自净能力的原则下,可用于灌溉。

但水中污染物能够抑制甚至破坏树木正常的生理生化活动,影响树木正常的生长发育,如许多重金属离子能破坏酶的活性。

(4)辐射污染

城市辐射污染中光污染辐射对园林植物的生长影响较大。城市照明设备齐全而复杂,特别是随着城市规模的扩大,"不夜城""灯火通明"是大都市的一个重要标志。然而夜间灯光的长时间辐射会影响植物的正常生长发育。总结而言,光辐射污染对植物的不利影响主要体现在以下3个方面。

①破坏植物正常的生物钟节律。植物作为生命体,同其他生物一样,具有明显的生长周期性。光污染会使植物一直处在光的照射之下,植物一直处在光照之下就会一直进行光合作用,会破坏植物的日长夜息的规律,进而破坏植物体内生物钟的节律,不仅不会促进植物的生长,反而会阻碍植物的正常生长。夜里长时间、高辐射能量作用于植物,就会使植物的叶或茎变色乃至枯死。

②影响植物正常的花芽分化。当植物处在长时间、大剂量的夜间灯光照射环境之下,植物有可能过早形成花芽。

③影响植物休眠和冬芽的形成。植物在夜间的休眠作为植物的正常生命现象能够增强植物的抵抗力,减少病虫害的发生以及能够使植物完成正常的生命活动,但是当植物处在夜间的强光高能量光照射的环境之中时,植物的正常休眠会受到严重影响,会引起冬芽的形成和落叶形态的失常,并会使植物的抗性降低,间接地增强了其他污染。

第14章 植物病害的诊断与防治

14.1 植物病害的发生原因及危害

14.1.1 植物病害的危害

1. 植物病害对植物的影响

植物的器官包括营养器官(根、茎、叶)和生殖器官(花、果实和种子)。植物的这六大器官对植物个体发育起着至关重要的作用。植物发生病害,影响了植物的正常生长发育,对植物无疑是有害的。植物根系是支持植物和吸收水分、营养的部分,根部生病后有些引起死苗或幼苗生长衰弱,如小麦根腐病、稻烂秧病等;有些根部肿大形成瘤状物,影响根的吸收能力;有些引起运输贮藏器官的腐烂等。叶片是光合作用和呼吸作用的部分,叶部生病,造成褪绿、黄化、变红、花叶、枯斑、皱缩等,均影响光合作用。茎部有输导水分、矿质元素和有机物的作用,茎部受害后导致萎蔫或致死、腐烂等,影响水分、养分的运输。植物病害对花和果实的危害可以直接影响植株繁育下一代。

2. 植物病害对农业生产的危害

植物病害是严重威胁农业生产的自然灾害之一。病害严重时,可以造成农作物严重减产和农产品品质变劣,影响国民经济和人民生活。带有危险性病害的农产品不能出口,影响外贸,少数带病的农产品,人、畜食用后会引起中毒。

(1)影响产量和降低质量

据联合国粮农组织的估计,植物遭受病害后所造成的损失,平均为总产量的10%~15%。我国粮食作物上的主要病害如小麦条锈病、稻瘟病、马铃薯病毒病等仍是生产上的重要病害,粮食作物平均每年损失6%以上,经济作物损失达10%以上。从品质方面来看,少数感染病害的农产品,食用后可引起人、畜中毒,如发生麦角病的黑麦、燕麦和牧草等。

(2)影响栽培面积和种类

由于病害的发生,限制了某一种作物在某一地区的栽培面积,也会限制原本能在很多地理区域生存的植物的种类。

(3)影响运输和贮藏过程中果蔬的品质

果蔬和薯类等在运输和贮藏过程中的腐烂,损失也很大,并且限制了产品供应的期限和地区。

病害造成的损失,除了以上谈到的以外,还有为防治病害而需要制造农药,增加成本投入,增加了环境污染和公害等。因此,防治植物病害对减少国民经济损失,提高人民生活水平都具有重要的意义。为了保证人类的繁荣就必须努力保护农作物的健康,在很大程度上,植物病理学对于植物来说和医生对于人,兽医对于动物相似,因此植物医学和人类医学肩负着同等光荣的任务。

14.1.2 植物病害发生的原因

引起植物偏离正常生长发育状态而表现病变的直接因素,统称为病原。植物发生病害的原因是多方面的,一些是因为植物自身的遗传因子异常所造成的遗传性疾病,如白化苗、先天不孕等,它与外界环境无关,也没有外来生物的参与。由生物因素影响到植物的正常生长发育,进而引起病害,这类引起植物发生病害的生物,统称为病原生物。

绝大多数的场合是只要有一种病原生物侵害,植物就会发生病害,但也有两种或多种病原生物共同影响植物而引起病变的。

有时仅有病原生物和植物两方面存在还不一定发生病害,因病原物可能无法接触到植物,或不能发挥其作用,也就不能影响植物,因此还需要有合适的媒介和一定的环境条件来满足病原生物的需要,才能对植物构成威胁。这种需要有病原生物、寄主植物和一定的环境条件三者配合才能引起病害的观点,称为病害三角(disease tdangle)关系,它由林传光先生在20世纪50年代提出。病害三角在植物病理学中占有十分重要的位置,在分析病因、侵染过程和流行以及制定防治对策时,都离不开对病害三角的分析。以后有人提出四角关系或三角锥关系(图14-1)。这是因为,在自然或野生的植病体系中,人类没有参加生产活动时,植物病害虽然发生,但它的发生是维持在不发生—发生—不发生的动态平衡中。而在农业植病系统中,人在病害发生中具有很大的作用,很多重要病害的发生是由人为因素造成的。但在防治病害上,人类也起着十分重要的作用。由此可见,农业植病系统中人的作用是很大的,有时它可以对病害的控制或流行起着决定性的作用。因此,把这个概念与人类的活动结合起来,将有助于提高防治水平。

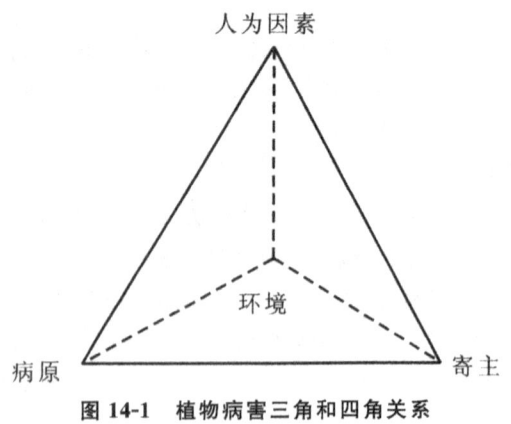

图 14-1 植物病害三角和四角关系

14.1.3 病原物的寄生性与致病性

自然界的生物,有些可以合成其自身所需的营养,是一种自给自足的自养生物;有些生物只有依靠从其他的生物上获取营养物质,才能维持自身生长发育和繁殖的需要,被称为异养生物。

异养生物可分为腐生物和寄生物两类。腐生物(saprophyte)是以无生命的有机质,如死亡生物体及其分解物、动物排泄物、植物的残败物等作为有机营养的来源;寄生物(parasite)则直接在活的生物体上寄生获取营养,其生长发育过程往往与寄主的生理生化活动交织在一起。这些生物的种类较多,如真菌、细菌、病毒、线虫等都是寄生物,它们也是引起各种植物病害的病原物。从概念上讲,寄生物和腐生物在营养方式上存在明显的不同,但在自然情况下两个类群之间并无绝对的界限,在两种类型之间还存在着一系列的过渡类型。因此,许多异养生物往往同时具有某种程度的寄生性和腐生性。

一般认为,寄生物是从腐生物逐步演化来的。因此,寄生物比腐生物有更强的寄生能力,也是一种更为高等的进化形式。但寄生物只是具有寄生能力,还不足以成为一种病原物。能成为病原物的寄生物,还需要有诱使植物发生病变的致病性。寄生性和致病性是病原物具有的共同特征。

1. 寄生性

寄生性(parasitism)是指寄生物从寄主体内夺取养分和水分等生活物质,以维持其自身生存和繁殖的能力。植物病害的病原物都是寄生物,但是寄生的程度并不一致。有的是只能从活的植物细胞和组织中获得所需要的营养物质,称为专性寄生物(obligate parasite),也称活体寄生物(biotroph),其营养方式为活体营养型(biotrophe)。有的植物病原物除可以生活在活的植物体上外,还可在死的植物组织上生活,或以死的有机质作为生活所需要的营养物质,这种类型的病原物称为非专性寄生物(nonobligate parasite)或称兼性寄生物(facultatire parasite);还可以把先杀死寄生主而后从死亡的有机体获取营养来源的病原物称为死体营养型(necrotrophe);只能从死的有机体上获得营养的病原物称为腐生物。

专性寄生物必须从生活着的寄主细胞中获得所需的营养物质。当寄主的细胞或组织死亡之后,其寄生生活在这一范围内也就被终止了。病毒、线虫和寄生性种子植物都是专性寄生物。有些真菌,如霜霉菌、白粉菌、锈等也都属于这一类型。随着研究的深入,一些过去被认为是专性寄生的真菌,现在已可以在特定的人工培养基上培养并生长繁殖。

非专性寄生物的寄生习性与腐生习性兼而有之。绝大多数的植物病原真菌和植物病原细菌都是非专性寄生物,寄生能力的强弱也各有不同。寄生能力很弱的接近于腐生物,寄生能力很强的则接近于专性寄生物。例如,一些叶斑病菌黑星孢属(Fusicladium)、尾孢菌(Cercospora)等,自然条件下在活的植物细胞和组织上的寄生能力很强,但病组织死亡后,还能以腐生方式再生存一段时间。另外,像黑粉菌、外子囊菌、外担子菌等,可以作为寄生性最强的非专性寄生菌的代表。许多病原真菌,随着寄主植物不同生长发育时期营养条件的改变而发生发育阶段上的转变,即由无性阶段转入有性阶段,这一现象通过改变人工培养基的碳源、氮源等营养条件而得到证实。这类寄生物也称为兼性腐生物(facultative saprophyte)或半活体寄生物(hemibiotroph)。

在自然界中还存在像引起树皮腐烂病的黑腐皮壳菌(Valsa)、引起棉花立枯病的丝核菌(Rhizoctonia)、引起棉花枯萎病的镰孢属(Fusarium)等,主要危害植物的抗逆性或生活力较弱的非绿色部分,而对于那些抗逆性强的绿色部分的危害能力很小,所以往往作为另一类寄生性较弱的非专性寄生菌的代表。这类寄生物也称为兼性寄生物(facultative parasite)或死体寄生物(necrotroph)。

了解病原物寄生性的强弱对制定由其引起的植物病害的防治措施至关重要。例如,培育抗病品种是很有效的防治措施,但一般是针对寄生性较强的病原物所引起的病害。而对于许多弱寄生物引起的病害,就很难选育出理想的抗病品种。对于这类病害的防治,应着重于提高植物抵抗被病原侵染的能力或采取其他防治方法,从而达到理想的控制效果。

2. 致病性

致病性(pathogenicity)是指病原物在寄生过程中侵染和危害植物,能使之发病的能力的总称,它是病原物的另一重要属性。致病性与毒性(virulence)不同,前者是质的属性,是一种特定的病原物对一种特定的植物或者能致病,或者不能致病的特性;而后者是量的属性,指病原物诱发病害的相对能力,一般用于寄主品种和病原物小种相互作用的范围。

寄生物从寄主上吸取水分和营养物质,对寄主的生长和发育起着一定的破坏作用。但是,一种病原物的致病性并不能完全从寄生关系来说明,它的致病作用是多方面的,病原物可分泌各种酶、毒素、生长调节物质等,直接或间接地破坏植物细胞和组织,使寄主植物发生病变。

作为病原物的一种属性,致病性和致病作用相对来说有较为固定的性状,有的病原物引起叶斑,有的病原物则引起组织腐烂。同一种病原物的不同小种、菌系、株系或群体,致病力的强弱可能有所不同;同一种病原物致病力的强弱针对不同的寄主也有所不同。例如,小麦叶锈菌的某一个生理小种,对不同的小麦抗叶锈病基因如 Lr38、Lr10 表现出不同的致病力。

寄生性和致病性是病原物统一的特性,但是两者的发展方向并不一致。一般来说,病原物都有寄生性,但并不是所有的寄生物都是病原物。例如,植物的菌根菌(VAM)是寄生物,但它们的代谢物也是植物更好生长所需要的营养物质,因此并不是病原物。另外,有些寄生物虽然也具有寄生性,但没有或只有极微弱的致病性,使植物不表现或只表现轻微的症状。因此,寄生物和病原物并不是一个概念,寄生性也不等于致病性。寄生性的强弱和致病性的强弱并没有相关性。专性寄生的锈菌,其致病性并不一定比非专性寄生菌强。例如,活体营养的专性寄生物,它们一般从寄主的自然孔口或直接穿透寄主的表皮细胞侵入,侵入后形成特殊的吸取营养的机构(如吸器),伸入到寄主细胞内吸取营养物质,如锈菌、霜霉菌和白粉菌。甚至有的病原物生活史的一部分或大部分也是在寄主组织细胞内完成,这些病原物的寄主范围一般较窄,寄生能力很强,但是对寄主细胞的直接杀伤作用并不大。而引起腐烂病的病原物大多都是非专性寄生的,有的寄生性虽弱,但是它们的破坏作用却很大。例如,死体营养的非专性寄生物,从伤口或寄主植物的自然孔口侵入后,往往只在寄主组织的细胞间生长和繁殖,通过产生酶或毒素等物质的作用,使寄主的细胞和组织很快死亡,然后以死亡的植物组织作为它们生活的基质,再进一步破坏周围的细胞和组织。这类病原物对寄主植物细胞和组织的直接破坏作用比较大,而且作用很快,在适宜条件下,有的只需几天甚至几小时就能破坏植物的组织。

14.2 植物病害的诊断基础

14.2.1 植物病害诊断的基本条件

要对植物病害做出准确的诊断,基本条件是从事诊断的人员必须具有良好的专业素质,同时具备必要的仪器设备和资料信息。

1. 诊断者素质

诊断者必须具有坚实的植物病害专业知识基础和丰富的实践经验，熟知常见植物病害的症状特征和发生规律，了解作物生产实际情况。同时，熟练掌握植物病害诊断与病原鉴定的技能，具备良好的综合分析能力。有时对于一个新病害的诊断，还需查询当前国内外最新资讯。一个成熟的诊断者，能从各方面把握相关信息，并善于分析判断。

2. 常用仪器设备

植物病害诊断常用的采集用具包括小铲、解剖刀、剪刀、锯、塑料袋和标签等。野外观察记录的用品有放大镜、照相机、海拔仪、记录本、记号笔、铅笔等。室内常用诊断仪器有解剖镜、显微镜、恒温培养箱、冰箱、酶标仪、接种与保湿装置、镊子、挑针、刀片等。

3. 必要的资料信息

植物病害诊断必要的资料包括诊断手册、参考书以及与病害有关的信息和资料，后者包括发病植物的品种、种子或无性繁殖材料的来源、所处自然环境、近期内的天气变化，以及施肥、施药、灌排水等农事操作情况。

14.2.2 植物病害诊断的依据

植物病害诊断主要依据传染特征、症状学、病原学等方面。

1. 传染特征

引发植物病害的原因很多，既有不适宜的环境因素，又有生物因素，还有环境与生物相互配合的因素。植物病害的诊断，首先要区分是属于侵染性病害还是非侵染性病害。

侵染性病害是由生物引起的，特征是：①病害有一个发生发展即逐步扩展或传染的过程。②在特定的品种或环境条件下，病害轻重不一。③在病株的表面或内部可以发现其病原物的存在。④它们的症状也有一定的特征。引起侵染性病害的病原物种类很多，主要有菌物、原核生物、病毒、线虫、寄生性种子植物以及原生动物等。由病原生物侵染引起的病害在植物个体间可以相互传染，能够在田间传播、扩散、蔓延。

非侵染性病害是由非生物因素引起的，特征是：①病植物上看不到任何病原物，也不可能分离到病原物。②这类病害往往大面积同时发生。③发病时间短。④病害只限于某一品种发生。⑤没有相互传染和逐步蔓延的现象。非生物性病原除了植物自身遗传性疾病外，主要是不利的环境因素所致，如营养失调（缺乏某种元素）、水分失调（干旱、水涝）、温度（日灼、冷冻）、有害物质（化肥或农药、空气污染或废水污染）等。如果环境条件改变，许多非侵染性病害可以得到恢复。

2. 症状学依据

每类植物病害乃至每一种植物病害都有其特有的症状特征，包括发病植物的内部症状和外部症状，后者又包括病状、病征、症状的变化等。因而这些特征就可以作为诊断植物病害的重要依据。

病状类型主要有5种,即变色(discoloration)、坏死(necrosis)、腐烂(rot)、萎蔫(wilt)和畸形(malformation)。病征类型主要有6种,即霉状物、粉状物、粒状物、索状物、脓状物以及寄生性植物等。病征一般在植物发病的后期才出现,气候潮湿有利于病征的形成。

植物病害的症状具有复杂性,可表现出种种变化。多数情况下,一种植物在特定条件下发生一种病害以后只出现一种症状。但有不少病害并非只有一种症状或症状固定不变,可以在不同阶段或不同抗性的品种上,或者在不同的环境条件下出现不同的症状。其中常见的一种症状,就称为典型症状。例如,烟草花叶病毒侵染普通烟后,寄主表现花叶症状,但它侵染心叶烟后,植株却表现枯斑症状。有的病害在一种植物上可以同时或先后表现两种或两种以上不同类型的症状,即综合征(syndrome)。例如,稻瘟病菌侵染叶片出现梭形病斑,侵染穗颈部导致穗颈枯死,侵害谷粒则表现褐色坏死斑。当植物发生一种病害的同时,有另一种或另几种病害同时在同一植株上发生,可以出现多种不同类型的并发症(complex disease)。如柑橘发生根线虫病时常并发缓慢性衰退病。而当植物感染一种病害以后,又继续发生另一种病害,这种继前一种病害之后而发生的病害称为继发性病害(succeeding disease)。如大白菜感染病毒病后,极易发生霜霉病。当两种病害在同一株植物上发生时,可以出现两种病害各自的症状而互不影响,但有时这两种症状在同一个部位或同一器官上出现,就可能彼此干扰,发生拮抗现象,即只出现一种症状或很轻的症状;也可能出现相互促进、加重症状的协生现象,甚至出现完全不同于原有两种各自症状的第三种类型症状。因此,拮抗现象和协生现象都是指两种病害在同一株植物上发生时出现症状变化的现象。隐症现象(masking of symptom)也是症状变化的一种类型。有些植物病害还有潜伏侵染现象(latent infection),即病原物侵入寄主后长期处于潜伏状态,寄主不表现或暂不表现症状,而成为带菌或带毒植物。引起潜伏侵染的原因很多,可能是寄主有高度的耐病力,或者是病原物在寄主体内发展受到限制,也可以是环境条件不适宜症状出现等。

掌握了大量的病害症状表现,尤其是综合征、并发症、继发性病害以及潜伏侵染与隐症现象等症状变化后,就可以根据症状类型、病征及病害症状的变化特点对植物病害进行综合分析,做出客观准确的判断。症状是识别和诊断病害的重要依据,但由于症状表现出的复杂性,对某些病害不能单凭症状进行诊断,特别是不常见的或新发生的病害更不能只根据一般症状下结论,必要时应进行病原鉴定。

3.病原学依据

广义的病原也称病因,是指引致植物发病的原因,包括生物因子和非生物因子。用于植物病害诊断的病原学依据应包括生物病原和非生物病原两个方面。生物病原方面的依据包括对病原物进行形态特征、生物学特性、侵染性试验、免疫和分子生物学检测鉴定等。非生物病原方面的依据包括对病原进行化学诊断、治疗试验和指示植物鉴定等。

14.2.3 植物病害诊断的程序和要点

1.植物病害诊断的程序

在诊断时,首先要求熟悉病害,了解各类病害的特点;其次要求全面检查,仔细分析;最后注意下结论要慎重,要留有余地。诊断的程序一般包括以下内容。

(1)症状的识别与描述

观察和了解植物病害田间的群体和个体表现以及相关情况。群体表现,包括病害在整个田间如何分布,其时间动态和空间动态如何变化,是个别零星发生还是大面积成片发生,是由点到面发展还是短时间同时发生,发病部位是随机的还是一致的,开始发病时间、株龄和生长发育阶段等。个体表现,包括症状的局部和整株、地上和地下、内部和外部、病症和病状表现及症状的变化、气味等。田外表现,相邻田块和整个当地的发生情况,不同类型作物发生情况,不同品种的田块发生情况等。相关情况,询问病史看以前是否发生过,查阅资料看是否有相关报道。了解品种及栽培管理情况,包括品种来源、名称、播期、施肥、灌溉和农药使用情况等。调查生长环境及气象条件,包括土壤环境、周围生态(地势、工厂、生物、水源等)及近期或更早时间的温度、湿度、降雨等变化情况。

通过以上调查,结合各种病害特点,可以初步确定病害类型,即确定是属于侵染性病害还是非侵染性病害。缩小进一步诊断的范围,对其做出大致的估计。这是诊断的第一步。对于病征不明显或者明显但又不能断定是否由病原生物引起的病害,就要进行第二步采样检查。

(2)采样检查

首先主要观察和了解是否有病原物。观察方法因病原而异,菌物、线虫及部分病毒内含体可直接通过普通光学显微镜观察,细菌用油镜观察,菌原体、病毒粒体及部分病毒内含体用电镜观察。观察时应注意:①采样要典型,症状必须表现明显,症状不明显的可以在25℃~28℃下保湿培养1~2天;②时间要适宜,太早观察不到,太迟腐生菌干扰或病原孢子飞散或释放;③发病部位要完整,包括主要部位、其他部位甚至整株;④制片要正确,病部正背面、内外部、刮切兼顾,要多取几个部位,多做几个切片观察;⑤观察要仔细,注意光线的调节,注意病原物与杂质、植物组织等的区别,注意观察病原物不同部分,不能仅仅根据观察到的孢子或其他某个部位就下结论,而应通过一系列试验过程来确定病原,即对病原进行鉴定。先了解所要鉴定病原物的有关性状,再通过查阅资料进行对照比较,如和资料中某个种相符就可确定,若资料中没有则可能是新种或新病害。确定一个种需要有完备的资料。各种病原物鉴定依据不同,菌物、线虫主要依据形态特征,细菌、病毒主要依据其综合生物学性状及生理、生化等特点。在试验过程中遵循的一个重要法则就是柯赫氏法则(Koch's rule),该法则是通过对致病性的测定来确定某种生物是不是病原物。

通过以上试验验证和病原鉴定,可以确定侵染性病害中是菌物、病毒、细菌还是线虫或其他病原物侵染引起,非侵染性病害中是营养失衡还是环境不适等其他原因引起。

(3)专项检测

由于病害和症状的复杂性,任何典型症状都可能有例外。为了及早、准确、快速诊断病害,常将生物、物理、化学及分子方法应用于病害诊断,形成针对不同病害或病原物特点的专项检测技术。

①噬菌体方法。噬菌体即侵染细菌的病毒,它侵染细菌,引起细菌细胞破裂,使细菌培养液由浊变清或使含菌的固体培养基上出现透明的噬菌斑。噬菌体和寄主细胞间大多存在专化性相互关系。因此,可利用专化噬菌体从病组织中检测细菌,10~20h就可看到反应结果,是一种快速的诊断方法。

②血清学技术。抗原和抗体特异性结合的反应技术,可以快速地鉴定病原及生物类群间的亲缘关系。常用的方法有沉淀反应、凝集反应、琼脂双扩散法、免疫电镜技术、放射免疫测定和酶联免疫吸附反应等。

③核酸杂交。也叫核酸探针技术,已知的核酸片段和未知核酸在一定的条件下通过碱基配对形成异质双链的过程称为杂交,其中预先分离纯化或合成的已知核酸序列片段叫作核酸探针(probe)。核酸杂交可以在 DNA 和 DNA 之间以及 DNA 和 RNA 之间进行,不仅可以检测到目标病原物的核酸,而且还可以检测出相近病原物间的同源程度,是从核酸分子水平上鉴定病原物的方法。

④聚合酶链式反应(PCR)。是一种体外扩增特异性 DNA 的技术,用于扩增位于两段已知序列之间的 DNA 区段。首先从已知序列合成两段寡聚核苷酸作为反应的引物,然后经过 DNA 加热变性、引物退火和引物延伸三个过程重复循环,在正常反应条件下,经 30 个循环可扩增至百万倍。应用 PCR 扩增技术可将很少的病原微生物核酸扩增放大,用于病害的早期诊断;也可产生大量的核酸探针,用于病害的诊断。

通过以上专项检测,可进一步确定病原物的分类地位。

(4)逐步排除法得出适当结论

一般性病害确诊必须做到症状吻合,病原鉴定吻合。

2.植物病害的诊断要点

总的原则是,严格按植物病害的诊断程序进行。包括全面细致地观察检查病植物的症状、调查询问病史和相关情况、采集样品对病原物形态或特征性结构进行观察、进行必要的专项检测、综合分析病因。同时,要注意综合征、并发症、继发症、潜伏侵染与隐症现象等的辨析。病原鉴定按柯赫氏法则进行。

14.2.4 柯赫氏法则

从植物上发现一种病原物,如果原来已知这种病原物能引起某种病害,就可以参考专门手册鉴定这种病原物,病害的诊断即告完成。但如果看到的这种生物可能是引起病害的病原物,而以前又没有资料来支持这个结论,那就需要采用柯赫氏法则来证明这种推测。

柯赫氏法则又称证病律,通常是用来确定侵染性病害病原物的操作程序,其具体步骤为:①在病植物上常伴随有一种病原生物的存在;②该生物可在离体的或人工培养基上分离纯化而得到纯培养;③所得到的纯培养物能接种到该种植物的健康植株上,并能在接种植株上表现出相同的病害症状;④从接种发病的植物上再分离到这种病原生物的纯培养,且其性状与原来分离的相同。如果进行了上述 4 个步骤,并得到确实的证明,就可以确认该生物为该病害的病原物。

柯赫氏法则常用于侵染性病害的诊断、鉴定,特别是新病害的鉴定。非专性寄生物,如绝大多数植物病原菌物和细菌所引致的病害,可以很方便地应用柯赫氏法则来进行诊断、鉴定。至于一些专性寄生物如植物线虫、病毒、植原体、霜霉菌、白粉菌和锈菌等,由于目前还不能在人工培养基上培养,以往常被认为不适合于应用该法则,但现在已证明该法则也同样适用于这些生物所致的病害,只是在进行人工接种时,直接从病株组织上取线虫、孢子,或采用带病毒或植原体的汁液、枝条、昆虫等进行接种。但病毒和植原体的接种需要搞清传播途径。当接种株发病后,再从该病株上取线虫、孢子,或采用带病毒或植原体的汁液、枝条、昆虫等,用同样方法再进行接种,当得到同样结果后才可证实该病的病原为这种线虫、这种菌物、这种植原体或这种病毒。因此,所有可疑侵染性病害的诊断、鉴定都应参照柯赫氏法则来验证。

柯赫氏法则同样也适用于非侵染性病害的诊断,只是以某种怀疑因素来代替病原物的作用。例如,当判断是缺乏某种元素引起病害时,可以用适当的方法补施该种元素,如果处理后植株症状得到缓解或消除,即可确认病害是因缺乏该元素所致。

14.3 植物病害的检测技术

植物病害诊断最重要的内容是要准确地鉴定致病因素。植物病害的诊断技术实际上是在病害诊断过程中检测和鉴定病原因素的技术。传统的植物病害诊断是通过在植物病害症状出现之后进行症状观察和进行病原物分离鉴定而确诊病害。病原物的分离培养和鉴定过程常常相当烦琐,且许多专性寄生性病原物还不能进行人工离体培养,这使得病害诊断比较困难。现代生物技术的发展和应用,不仅可以诊断各种病原物所致的病害,而且在病害显症之前便可进行诊断,还能做到简便快捷,大大缩短病害诊断所需的时间。植物病害的诊断技术主要包括病原物的分离培养及接种鉴定技术、电子显微镜检测技术、生物学检测技术、生物化学测定技术、免疫血清检测技术、分子生物学鉴定技术及专家系统与网络远程诊断技术等。

14.3.1 病原物的分离培养和接种鉴定技术

病原物的分离培养和接种鉴定是病害诊断鉴定的最常用技术之一,其包括消毒灭菌、培养基的制作、病组织材料的选取与病原物的分离培养、纯化保存及接种鉴定技术等。

1. 消毒灭菌

在病原物分离前需要将所用的培养皿、试管、玻璃杯和三角瓶等放入烘箱中高温(160℃~180℃,2h)干燥灭菌;剪刀、镊子、手术刀、接种针/环等可用70%乙醇及火焰灭菌;吸水纸、纱布和棉球等可放入玻璃容器(如培养皿)中,在高温(160℃,2h)烘箱中灭菌;超净工作台在使用前可先喷洒70%乙醇,再打开紫外光灯照射30min消毒;配制好的培养基和蒸馏水等可用消毒锅高温高压灭菌(0.1~0.2MPa,121℃,20~30min);分离用的植物病组织表面消毒可用70%乙醇和0.5%次氯酸钠溶液(一般市售漂白剂含5%氯酸钠)。

2. 培养基的制作

最常用培养基有用于真菌培养的马铃薯琼脂葡萄糖培养基(PDA)和用于细菌培养的肉汁胨培养基(NA),此外还有多种较广谱性的培养基和适于一些特殊病原物类群或种类的专用培养基。制作时先按配方比例配制培养基液,分装于250mL或500mL三角瓶中,瓶口用棉塞封口,高温高压灭菌,冷却到45℃~50℃时按需要倒入消毒培养皿或试管中制成平板或斜面培养基。一次可配制若干升培养基,经高压灭菌后置于冷藏箱中低温保存,临用时用水浴、微波炉或电磁炉加热熔融后,倒制平板或斜面培养基。

3. 病组织材料的选取和病原物分离培养

病原物的分离应采用具有典型症状的新鲜植物器官,用自来水冲洗干净。对于果实、块茎、块根和茎秆等较大的发病器官,可在无菌超净工作台中剖开后直接挖取小块内部病组织放于平板上培养;对于病叶和花瓣等,可用打孔器或手术剪刀取病斑周围病健交界处的组织小块,放入消毒液中表面消毒,再用清水漂洗掉表面的消毒液,而后植入平板培养基上培养;对于侵染并大量产孢的病组织,可以将病组织小块在消毒研钵中加适量无菌水捣碎,病菌在水中悬浮后取少量液滴至培养基上培养。培养温度一般可设置在23℃～28℃,培养2～7d,随时观察。

4. 病原物的纯化保存及接种鉴定

病组织培养后每天观察,一旦病原物长出,就应立即纯化,方法是用火焰灭菌的挑针挑取具有典型特征真菌的菌落边缘的菌丝体或典型细菌菌落边缘的细菌体,转移到新的培养基平板上,在适宜温度下培养。待转移纯化的菌落长出后,再转移到试管斜面培养基上,在适温下生长一定时间后低温下保存备用。

经过纯化的病原菌,往往需要进行接种测定,以证明其致病性。其方法是用灭菌水将纯化的病原菌制成一定浓度的孢子或细胞悬浮液,用针刺、涂抹或喷雾等方法给寄主植物接种,让接种的植物在温室或培养箱中适宜于侵染发病的条件下继续生长,在此期间定时观察记录发病情况。另一方面,在显微镜下观察病原菌形态,鉴定病原物的种类。最好用数码相机和显微成像系统拍摄下病害症状和病原物形态。

14.3.2　镜检测技术

1. 光学显微镜和解剖镜镜检

若田间调查病部都没有病征,或不能确诊是真菌和细菌病害时,可将典型的新鲜病样带回,通过切片、制片,在显微镜下检查有无喷菌现象。先将细菌和真菌病害或病毒病害等分开,如果在病部可见有病征,就可以采取挑、刮、切、粘等方法制片,直接检查病原物特征,根据真菌的形态和结构进行诊断。对于细菌病害的诊断,除了症状诊断以外,镜检病组织有无喷菌现象,十分关键。

2. 保湿培养后镜检

如果病部没有明显的病征,则可进行保湿培养,待病原物长出以后进行镜检。有时病部观察到的真菌,可能不是真正的病原菌,而是与病害无关的腐生菌,要注意鉴别和排除。

3. 电镜技术

电子显微镜的问世和生物电镜样品制备技术的日趋完善,使电镜技术广泛应用于植物病害的诊断和鉴定中,不但可以观察真菌、细菌、病毒和线虫的基本形态和结构,而且还可以观察病原菌的发育过程和特征、病原菌在寄主上的侵染过程、寄主植物在细胞和亚细胞水平上的相应反应及其形态结构变化等。

根据电镜的种类和制样技术特点,样品的制备技术可分为透射电镜和扫描电镜两大类。用于透射电镜的负染色技术、超薄切片技术和免疫电镜技术等主要用于病毒粒子形态与结构的观察与鉴定;扫描电镜的表面喷镀技术、临界点干燥技术和离子蚀刻技术等主要用于病毒、细菌和真菌形态的观察与鉴定。

(1)透射电镜与负染检测法

电子的透射能力很差,用透射电镜观察的样品必须很薄(10~100nm)。所以,在透射电镜生物样品的制备技术中,超薄切片技术是最重要、最常用的一种技术,是其他一些电镜技术的基础。超薄切片的制作程序包括取材、固定、脱水、包埋、切片和染色等步骤。良好的超薄切片应薄而均匀,无皱折刀痕、震颤和染色沉淀等缺陷,而且细胞精细结构保存良好,并具有良好的电子反差。

负染色技术是指通过重金属盐在样品周围的堆积而加强样品外周的电子密度,使样品四周形成一个黑暗的背景,即显示负的反差,而在样品内部不能沉积而形成一个清晰的亮区,衬托出样品的形态和大小,其图像如同一张照相的底片,故称为负染色。目前广泛用于病毒、植原体病原的快速鉴定。常用的负染液是1‰~3‰磷钨酸或0.5‰~1‰醋酸铀溶液。

(2)扫描电镜法

扫描电子显微镜并不是以电子透射和放大样品,而是以电子束在试样表面逐点扫描,将得到的电信号放大后用显像管显像。较厚样本的细微结构只有用扫描电子显微镜才能看到,且样品的制备比较简单,有的不经处理就可直接观察,扫描出来的图像又有立体感,故在生物学上的用途十分广泛。如应用扫描电子显微镜观察动植物的组织结构,真菌、细菌和线虫的细微结构和形态,以及病原物的侵入现象等。

(3)免疫电镜法

免疫电镜技术是把免疫学反应的特异性和透射电镜形态学观察相结合的一种技术。该技术将免疫学中抗原抗体反应的特异性与组织化学中形态的可见性,结合电镜的高分辨能力和放大本领,在超微结构和分子水平上研究各组织器官细胞的形态和功能,在微生物研究中,主要是研究不同病毒株系相互间的免疫同源性,也可观察细菌、病毒等病原物的形态、结构和性质,进行细胞内抗原的定性定位研究。

14.3.3 生物学测定技术

生物学检测法(bioassay)主要是根据病原物的某种生物学特性对病害做出诊断鉴定。对于不同类型的病原物,可采用不同的生物检测方法。

(1)传播介体检验

许多植物病毒可以通过介体传播,主要的传毒介体有昆虫、螨类、线虫和放线菌等。有些病毒的介体传播具有特异性,一种病毒只能由一种介体传播,这种传毒特异性可以用于病毒病的诊断鉴定。例如,玉米粗缩病毒(MRDV)只能由灰飞虱传播,如果玉米上发生的症状被怀疑是该种病害,就可以将不带毒的灰飞虱接到病植株上饲养一定时间获毒,然后将其转移到健康玉米上饲养传毒。如果经过一段时间后健康植株发病,即可证明该玉米症状为粗缩病。另外,检测时要注意介体昆虫获毒的时间,以及传毒的持久性和非持久性等因素。

(2)鉴别寄主检验

某些病毒侵染某一种或几种植物后表现相当特殊的典型症状,因此可以用这些植物作为鉴别寄主来诊断此病毒病。植物病毒的常用鉴别寄主有千口红、普通烟、心叶烟和曼陀罗等。但对于不同的病毒,有其特殊的一套鉴别寄主,如检测黄瓜花叶病毒属(Cucumovirus)病毒,可用黄瓜、心叶烟、菊花和花生等作鉴别寄主;检测烟草环斑病毒(TRSV),可用苋色藜、黄瓜、烟草、菜豆、豇豆等作鉴别寄主。在进行鉴别寄主检验中,不同的病毒需要采用不同的接种方式(如汁液摩擦接种、介体接种等)。另外,对于新的或少见的病毒,先要通过试验选择确定其接种方法和适当鉴别寄主,然后再进行鉴别寄主检验。

(3)噬菌体检验

噬菌体是寄生于细菌的一类病毒。在细菌培养中,部分菌落中的菌体被噬菌体寄生后消解,在平板培养基上出现透明的噬菌斑。噬菌体与寄主细菌之间大多存在专化性关系,不同的噬菌体只能寄生特定的细菌,因此可以利用专化性噬菌体来检测植物组织上的细菌种类和数量。其具体方法是利用已知的病原细菌检测目标噬菌体,或者利用已有的噬菌体检测分离到的细菌,都能对细菌病害做出诊断。例如,用这种方法检验水稻植株上的白叶枯病、稻田中水的带菌量及种子的带菌量。由于噬菌体检测细菌只需要 10~20h,所以这种技术诊断的速度很快。在进行噬菌体检验时要注意,日光、紫外线、表面活性物质、酸、碱和强氧化剂等对噬菌体具有钝化作用。

14.3.4　生理生化测定技术

主要应用在细菌的诊断和鉴定,但在真菌、线虫相似种或种下分类单元上也常有应用。

在细菌病原的诊断和鉴定中,传统的方法是除根据其形态特征、培养性状外,还根据一系列生理生化反应和测定,如革兰氏染色反应和抗酸染色反应等,细胞壁结构和组分,色素和毒素的生化性状、代谢类型,对碳源、氮源和大分子物质的利用能力和分解产物等。通过代谢功能进行鉴定,是细菌鉴定的一种最基本方法。但这种方法比较费时和费工。近年来根据细菌利用碳源能力的差异建立了一些快速、准确、自动化的检测和鉴定技术。如 Goor 和他的同事们(1984)所建立的 API(Appareilset Procedesed Identification)鉴定系统,是应用范围广、鉴定种类最多的系统之一。根据细菌的生化反应,可鉴定的细菌超过 550 种。Garland 等根据酵母菌、放线菌和细菌对 95 种碳源利用能力的差异,建立的 BIOLOG 鉴定系统,是一种更为快速、相对准确且标准化程度更高的鉴定系统,结果经计算机处理后并与数据库内标准菌株相比较,即可实现对待测菌的快速鉴定及检测。此外,脂肪酸甲酯分析(FAMES)也常用于对病原细菌的快速检测,它是通过应用气相色谱分析细菌代谢产物中的脂肪酸成分,实现对细菌进行分类鉴定的一种方法。

同工酶技术已应用于植物线虫的诊断上,最成功的应用是对南方根结线虫(*Meloidgyne incognita*)、北方根结线虫(*M. hapla*)、花生根结线虫(*M. arenaria*)和爪哇根结线虫(*M. iavanica*)等 4 种根结线虫的酯酶(EST)分析,不同种根结线虫的酯酶表现出非常显著的酶谱带差异。

14.3.5　免疫血清检测技术

免疫检测是根据抗原与抗体间特异性结合原理建立的病原物检测技术,可用于病毒、细菌和线虫的诊断鉴定。抗原是能够刺激动物产生抗体并能与抗体专化性结合的大分子物质,如蛋白质、多糖、脂类。植物病毒、细菌细胞和真菌细胞都可以作为抗原。抗体则是由抗原刺激动物肌体的免疫活性细胞生成的,存在于血清或体液中,能够与该抗原发生特异性免疫反应的免疫球蛋白。在进行免疫学检测之前应制备好各种待测病原物的抗体,先从病组织中分离获得某种病毒或细菌的纯体悬浮液,用此悬浮液注射兔子,经过一定时间后从兔子中抽取血液,最后从血液中提取获得该病原物的抗体。现在所用的免疫检测方法有多种,根据反应中是否加入标记物可分为标记分析和非标记分析两大类。

(1) 凝聚反应

这是指细菌或病毒颗粒性抗原与相应的抗体相结合,在电解质参与下形成肉眼可见的凝聚沉积,是一种非标记分析方法,其可以借助于载玻片完成:在载玻片上分开放置两滴生理盐水配成的细菌悬浮液,用移植环取少量抗血清与其中一滴悬液混合,另一滴不加抗血清作为对照。静置3～5min后可以看到加入抗血清的菌悬液中的细菌凝聚成块,对照则不发生变化。凝聚反应还可以在试管或培养皿中完成。

(2) 免疫电泳检测

这也是一种非标记免疫测定。将抗体和待测的病原物悬浮液分别置于凝胶板的正负极小孔内,通电后病原物颗粒向正极移动,而抗体颗粒向负极移动,若在两孔间合适的抗原抗体浓度处形成一条沉淀线则为阳性反应,否则为阴性反应。

(3) 胶体金免疫技术(CGIA)

胶体金染色技术是利用金离子还原后的胶体金与抗体(或 A-蛋白)形成稳定胶体金抗体(蛋白)复合物,通过与抗原的特异性结合后,金颗粒附于同源病毒粒体的周围,从而可很容易地观察检测到病毒。这是一种标记性免疫学检测方法,除病毒外,还可用于检测植物病原细菌。

(4) 酶联免疫吸附检验(ELISA)

该检验技术将抗体与抗原的特异性结合与酶的高效催化作用结合起来,使得检测的灵敏度大为提高。其原理是:通过化学方法将酶和抗体形成酶标抗体,将抗原附着于固体表面,用酶标抗体和抗原结合形成酶标结合物,然后加入酶的反应底物,通过酶催化的生化反应生成有色产物,用肉眼或酶标仪即可判断和检测到结果。ELISA现在被广泛地应用于植物病原病毒、细菌、真菌和线虫的检测。

目前,一些实验室已研制出基于ELISA或CGIA的各类病原物检测试剂盒。在检测试剂盒中使用的抗体是通过用特定病原物的相关抗原注射兔子,再从产生的抗血清中纯化出的抗体蛋白质。将此抗原蛋白固定到检测盒中的塑料板或相近的检测板上。检测时先将样品在两片砂纸之间磨碎,而后放入瓶中的提取液中提取,再将提取液滴入检测板孔中。若样品中含有病原物,特异性抗体就会与病原物相关的蛋白质结合而黏着到检测板孔底,再加入显色标记的抗体并与病原物相关蛋白结合。该检测板孔若为阳性(显色)则说明样品中带有病原物,若病原物相关蛋白不存在,颜色标记抗体就不能与抗体结合而被洗刷掉,而使得反应呈阴性。

14.3.6　分子生物学鉴定技术

分子生物学鉴定技术现在已被用于各类植物侵染性病害的诊断,应用此类技术可以对植物病害或其病原物做出快捷而准确的鉴定。

(1) 核酸杂交技术

将一个预先分离纯化或合成的已知核酸序列用同位素或非同位素标记成核酸探针(probe),核酸探针可以用来探测待测病原物标本核酸中是否具有互补的碱基序列,如果两者互补而成功杂交,其结果呈阳性;如果两者无关而杂交失败,结果为阴性。由于大多数植物病毒的核酸为RNA,其探针为互补的DNA(cDNA),称为cDNA探针。典型的核酸杂交技术是将少量的核酸点在硝酸纤维膜上,将其浸入含有特异性探针的杂交液中,通过放射性自显影或者酶标颜色反应来检测。

(2)分子标记技术

目前常用的分子标记有随机扩增多态性 DNA 标记(randomly amplified polymerphic DNA marker,RAPD)、限制性片段长度多态性(restriction fragment length poly morphism,RFLP)、扩增片段长度多态性(amplified fragment length polymorphic DNA,AFLP)和微卫星标记(microsateltite marker)技术等。通常不同病原物的 DNA 序列之间存在差别,运用分子标记技术可以找出靶标病原物的特异性 DNA 多态性谱带或片段,它们可用于该病原物的检测和鉴定。

(3)聚合酶链反应(PCR)鉴定技术

PCR 是一种模拟天然 DNA 复制过程及选择性体外扩增 DNA 或 RNA 的技术,其包括 3 个基本步骤:①变性(denature),目的双链 DNA 或 RNA 片段(引物)在较高温度(94℃)下解链。②复性(anneal),两种寡核苷酸引物在适当温度(50℃左右)下与模板上的目的序列通过氢键配对。③延伸(extension),在 Taq DNA 聚合酶合成 DNA 的最适温度下,以目的 DNA 为模板进行合成。由这 3 个基本步骤组成一轮循环,理论上每一轮循环将使目的 DNA 扩增 1 倍,这些经合成产生的 DNA 又可作为下一轮循环的模板继续复制,所以经 25~35 轮循环就可使 DNA 扩增达 100 万倍以上。PCR 产物经琼脂糖凝胶电泳后即可观察到特异的扩增条带。

该技术的关键是设计靶标病原菌特异性引物。目前常用的引物设计策略有:①根据 rDNA 转录间隔区(internal transcribed spacer,ITS)或基因间隔区(intergenic spacer,IGS)内的差异 DNA 序列设计。②根据靶标病原特异性 DNA 分子标记片段设计。③从一些高度保守的基因片段中设计。利用设计出的特异性引物,可通过 PCR 扩增出靶标病原物特异的 DNA 片段而达到鉴别病原菌的目的。与常规的检测手段相比,PCR 鉴定技术具有操作简便、灵敏度高的特点,常可检测出少至 1pg 的目标 DNA。目前常用 PCR 技术有常规 PCR、实时 PCR、反转录 PCR、一步法 PCR、多重 PCR 和免疫 PCR 等。它们正越来越广泛地应用于各类植物病原微生物的检测和定量分析中。

14.3.7 专家系统与网络远程诊断技术

植物病害诊断的专业性和技术性很强,涉及的理论知识范围很广,又需要丰富的实践经验,是植物病理学中较难掌握的内容。即使是一些知名的植物病理学专家和权威也很难对各种植物病害做出完全正确无误的诊断鉴定。电子计算机和网络信息技术的发展给植物病害诊断带来了极大的便利。近年来,植病工作者研制开发出了多种植物病害诊断鉴定专家系统,其中部分专家咨询系统都挂在了互联网上,可供病害诊断时查询使用。这些网络专家系统使用起来非常方便可靠,我们在植物病理学学习、植物病害研究和控制病害的实践中,都要尽可能利用这些有用的资源。

14.4 植物病害诊断专家系统

随着计算机技术和网络技术的发展,人们把农业领域的专家知识、经验与信息技术、网络技术相结合,研制出许多专家系统。其中植物病害诊断专家系统为现代农业生产提供了先进的植保技术服务,农户能及时得到正确的诊断结果,并采取病害防控对策,减少了因病害造成的经济损失,植物病害诊断专家系统将成为未来植保服务的重要分支之一。

14.4.1 农业专家系统的发展概况

专家系统是采用基于知识的程序设计方法建立起来的计算机系统,它综合集成了某个特殊领域专家的知识和经验,能像人类专家那样运用这些知识,通过推理模拟做出决定,来解决人类专家所能解决的复杂问题。专家系统由知识库、推理机、知识获取、解释界面等部分组成,知识库和推理机是它的核心。建立知识库的关键是如何表示知识,推理机用于确定不精确推理的方法,解释界面是用户的一个窗口,能够处理各种咨询问题。

20世纪60年代中期,美国斯坦福大学的DENDRAL计划以及麻省理工学院的MAC-SYMA计划开始研制首批专家系统,一直持续到70年代中期,较完善地提出了专家系统的含义。从60年代到80年代的20多年里,专家系统广泛应用于医学、地质、生物化学、故障诊断、工程、数学问题求解、教育、军事等领域,取得了很大的进步。进入80年代,人们对专家系统有了新的认识,专家系统研究进入高速发展阶段,也出现了许多农业生产管理专家系统,如Lemmon于1986年开发的棉花生产管理专家系统,Saputro于1991年开发的农业生产空中漂移物专家系统(研究喷洒农药对环境的影响)等,在实际应用中收到很好的效果。

1996年,在荷兰瓦赫宁根召开的计算机农业应用国际会议上,展示了上百种农业专家系统软件,包括作物生产管理、灌溉、施肥、品种选择、病虫害控制、温室管理、土壤保持、粮食贮存、环境污染控制、农业机械故障检测等方面,几乎无所不有。许多系统已经得到应用,一部分已成为商品进入市场,用户是农民、农技人员和农业顾问。

我国于20世纪70年代末期开始研究专家系统,80年代初期开始研究农业专家系统。1980年浙江大学与中国农业科学院蚕桑研究所合作,开始研究家蚕育种专家系统;1983年中国科学院合肥智能研究所与安徽省农业科学院合作,开发黑土小麦施肥专家系统。90年代,国际上举办了多次有关农业专家系统的会议,我国专家系统的研究更是蓬勃发展,到2004年为止,出现了许多农业专家系统,如小麦高产技术专家系统,基于规则和图形的苹果、梨病虫害诊断及防治专家系统,生态农业投资项目外部效益评估的专家系统,基于生长模型的小麦管理专家系统,亚热带果树病虫害动态咨询网站的构建等。这些农业专家系统促进了农业科技成果的应用与推广。

20世纪90年代以来,农业专家系统不仅在智能化方面得到增强,还采用面向对象的程序设计(object-oriented programming,OPP)、多媒体(multi-media technique,MMT)、信息网络等技术,并开始与虚拟现实(virtual reality,VR)、3S等高新技术集成,不仅界面友好、操作简便,而且数据共享、维护方便,信息也更加丰富。

现在Internet已成为全球最大的网络互联环境,软件开发应用都不可避免地向网络靠拢,与Internet连接越来越紧密,这是软件发展史上的一次彻底变革。农业专家系统除在智能化、系统集成化方面继续增强外,在网络应用方面,使用先进的浏览器/服务器(Browse/Server,B/S)技术模式将是其发展的必然趋势。

14.4.2 植物病害病原鉴定计算机辅助系统

1. 菌物的分类鉴别

如何对描述性和数量性的性状描述项目进行计算机比较分析,是建立菌物鉴定计算机系统所面临的关键问题。

在建立白粉菌性状数据库基础上,已经建立了适于在计算机上运行的菌物分类鉴定计算机系统模式。系统采用多种比较判断标准进行鉴定,在一定的概率下产生鉴定结论,从而克服了计算机呆板地比较判断的致命弱点。系统具有完善的检索、查询和统计分析等多种辅助功能,向用户提供有关分类鉴定的信息,为进一步分析鉴定结果提供各种服务。

性状描述的规范化是组建知识库的重要环节之一。简明扼要的描述以及避免同义词的出现,需要对白粉菌的分类特征有深刻的了解。为此,在建库前应先收集大量的分类资料确定一部分标准描述词。在将各属分类资料输入数据库时,遇到同义词即以标准描述词输入,如白色斑块与白色斑片是同义词。同时,也允许在没有标准描述词可取代时,先以非标准描述词输入。整个数据库的内容输入完毕后,调用打印描述表模块,对各个字段的记录内容进行扫描,列出所有的描述词,发现同义词再予以合并,最后确定合理的描述词集合。这不仅在输入、修改时方便快速,更有利于查询检索和分类鉴定。

权重值是数值分类中最敏感的问题,系统的性状数据库中每一个项目都对应有一个权重值字段,存放某性状项目的权重值。系统中有一个专门的权重表生成模块进行管理,以人机对话形式建立和修改。

2. 细菌分类鉴定计算机辅助系统

细菌分类鉴定的计算机化进程较快,提出了很多实用软件。因为细菌分类性状大多是以"+"和"−"两种值表示,即数据型是"逻辑型"的,易于用计算机进行比较判断,采用数值分类方法实现计算机化鉴定。细菌数值分类研究较多,并报道了成功的例子。在《伯杰氏细菌学分类手册》(第9版)中作了专题论述,标志着在微生物学领域数值分类已进入实用阶段。

我国微生物界的数值分类研究始于20世纪70年代中期,陆续报道了在枯草杆菌、大肠杆菌、根瘤菌、放线菌等方面的研究工作。中国科学院微生物研究所已提出了中国微生物资源数据库细菌性状子库的数据结构与检索功能的设计。

3. 病毒病诊断数据库系统

20世纪90年代初,我国开始了以数据库为支撑的植物病毒鉴别计算机辅助系统的研究工作,广泛收集植物病毒的相关资料。

"植物病毒组"数据表收集了50个植物病毒组(注:当时通用的分类系统)的资料,包含33个字段,根据其中"昆虫介体""持久性""主要症状""寄主范围""血清特异性"和"内含物"等字段,在鉴别时能快速定位到所需查找的病毒记录,再比较其他字段的描述,可以准确地诊断出检测病毒的归属。

"植物病毒"数据表收集了454个植物病毒资料,每个记录包含42个字段,与上述在"植物病毒组"数据表中鉴别查询类似,实现诊断的功能。

4. 植物病原计算机检索软件的原理和使用技术

二叉表检索模式是植物病原诊断中较为成熟的模式,只要将成功的检索表放到数据库中,可以实现快速无误的检索。常规的检索表可有效利用二叉式选择,沿着查找路径进行检索。在计算机中实现检索表查询的原理是:将二叉法检索表存放到数据库中,每条记录存放一对二叉分支的信息。字段"描述1"和"描述2"分别存放两个分叉的描述内容,"转检索号1"和"转检索号2"字段则分别存放选择"描述1"和"描述2"后所指向的记录指针,由此控制检索路径。为了方便用户、避免差错,可以增加"向导"字段,在显示二叉描述时,屏幕上出现该记录"向导"字段的内容,帮助用户做出正确的选择。另外,设置一个变量存放用户选择的各个步骤信息,当得出检索结果时,计算机向用户解释推理过程和结论,随后体现在"查询结果"后面。采用这样的结构很容易引导用户进行正确的检索。

半知菌检索子系统采用的就是这种二叉式选择检索模式。病原检索数据表的字段十分简要明确(表14-1)。

表14-1 病原检索表的结构组成

字段名称	数据类型	字段大小	备注
检索号	文本	10	
描述1	文本	110	病原特征描述
转检索号1	文本	10	
描述2	文本	110	病原特征描述
转检索号2	文本	10	

运用计算机实现对植物病原的检索,可以是网络信息化病原检索模式,也可以是单机操作下的检索模式,一般采用 Visual Foxpro 或 Visual Basic 进行程序设计来实现。

植物病原的鉴别是认识植物病害从而有效防治病害的关键。利用计算机技术实现对植物病原的检索鉴别,体现了信息化时代现代科技与学科之间的有效结合。

14.4.3 植物病害诊断专家系统的研究

目前在植保领域应用的专家系统种类基本上以模型专家系统和数据库专家系统为主,为用户提供有关植物病虫草害的诊断、预测预报、综合治理及植物检疫、农药管理等方面的服务,诊断和识别成为专家系统在植保领域的主要特征,各类专家系统的有效组合将是植保专家系统的开发方向。

随着计算机技术、通信技术和网络技术的快速发展,信息系统渗透到社会的各个领域,作为其核心和基础的数据库技术也必然得到广泛的发展和应用。数据库技术是目前计算机处理与存储数据信息最有效、最成功的技术。因此,与数据库相结合的植物病原信息检索和诊断系统必然会有广阔的发展前景。

遥感技术已经在大面积发生的特殊病害检测中发挥作用，计算机图像识别技术也开始应用在病害诊断方面，而所有这些技术的开发，都要依赖于具有专业知识的植保专家。计算机人工智能还需要在专家指导下逐步完善，我们在了解计算机辅助诊断系统的同时，更应当努力学习植物病害诊断的基础知识，掌握病害诊断的关键技术。

农业专家系统的研制、开发、推广、应用将是传统农业向现代化农业转变的重要标志，是科教兴农的重大突破。病害症状如形态特征、颜色特征等，文字描述往往难以达到满意的效果，利用网络技术和多媒体技术的优势，采用图文诊断的方式进行病害的诊断决策，是今后农作物病害专家系统发展的方向。

1. 大豆病害诊断专家系统

大豆病害诊断专家系统的主要工作模块包括人机接口、规则知识库管理系统、动态数据库管理系统、推理机和解释系统。知识库是专家系统的核心，可以采用 AC-CESS 数据库，这种存储结构便于管理、查询和使用。推理机利用知识库中的知识和动态数据库中的证据，完成用户的咨询过程。

采用规则知识表示法表示大豆病害诊断知识，则易于使用简单的推理机实现诊断，如：
if(病斑位置＝茎)&(病斑颜色＝黑色)&(病斑特征＝微小黑点状囊壳)
then(疾病＝茎溃病)CF＝0.8

2. 豆类病害远程诊断系统

作为远程诊断的实例，这是目前较为成功应用的网络咨询专家系统。该系统收集了豆类常见病害的相关资料。在植物病害的诊断界面下，以复合条件查询的模式进行植物病害的诊断，在已知观察资料的基础上，利用相关的查询功能就可以迅速定位到我们想要查询的病害上面，从而在动态网页上可以找到诊断结果。该模块设置了植物常见病害的 5 个查询条件：发病时期、发病部位、病斑颜色、病斑形状、病征，且这些条件是以复合式查询整合到一起的。在已知植物病害某一项或某几项条件的前提下，利用复合式查询方式就可以迅速鉴别诊断出该病害。使用者可以根据以上提到的植物病害的发病时期、发病部位、病斑颜色等不同查询条件的下拉选项式菜单进行查询。

通过下拉菜单选择，系统逐步缩小符合条件的记录，最后得到诊断结果。为了确定诊断结果是否正确，可以点击详细资料的超级链接，转入相应的病害资料页面。在该网页中提供了诊断结果病害的名称、拉丁学名、症状、病原、病害循环、发病条件、防治措施、农药处方以及有关该病的图片资料。

3. 病害彩色图谱识别诊断模式

在病害彩色图库收集了大量的病害图片资料，其目标是通过大量的图片让用户对比识别，直接获得所需诊断的病害。在"病害图数据库"中设立了"症状类型"字段，用户可以根据类别选择，快速将查询目标锁定到一定范围，也便于比较类似的症状，避免混淆而造成误诊。实际应用表明，这种将图文结合进行检索的模式，既简单可行，又深受基层农技人员的欢迎。图库的检索功能使大量的彩色图像成为病害诊断的强有力后盾。

4.作物病害网站导航系统

通过广泛的网络搜索,将相关网站的信息收集在数据库中,从而具有全文检索功能。根据植保专业的特点,分别从病害类别、作物类别、农药和研究方向等方面在数据库中建立多个检索字段,根据用户输入的条件,查找数据库中匹配的记录,将相应的网址显示在客户端,点击后即快速转到相应网站,实现网络导航。网站采用了 ASP.NET 技术、ADO.NET 技术和 C♯编程等新技术,提高了系统的整体性能。

14.5 植物病害防治原理

植物病害的防治是以作物为中心,基于病害发生流行规律,科学运用各种措施,创造一个有利于寄主生长发育,不利于病原菌繁殖扩展的生态条件,有效预防和控制病害的发生发展,将病害所造成的损失控制在经济水平允许之下,确保农作物安全生产和农产品质量符合无公害要求。植物病害防治采取的各项措施主要是针对病原物、寄主和环境条件,强调协调、合理使用各种措施,使之有效阻止或切断病害侵染源。不同防病措施的作用方式和原理不尽相同,但目的一致,均是以消除或降低病害初侵染源,控制病原菌侵染与扩展蔓延,促进植物健壮生长,增强其抗病性,将病害的发生危害降低至最低限度为目标。

防治病害的措施很多,按照其作用原理,通常区分为回避(avoidance)、杜绝(exclusion)、铲除(eradication)、保护(protection)、抵抗(resistance)和治疗(therapy)6 个方面。每个防治原理下又发展出许多防治方法和防治技术,分属于植物检疫、农业防治、抗病性利用、生物防治、物理防治和化学防治等不同领域。从主要流行学效应来看,各种病害防治途径和方法不外乎通过减少初始菌量、降低流行速度或者同时作用于两者来控制病害的发生与流行(表 14-2)。

表 14-2 植物病害防治途径及其流行学效应

植物病害防治原理	防治措施	主要流行学效应
回避(植物不与病原物接触)	1.选择不接触或少接触病原体的地区、田块和时期 2.选用无病植物繁殖材料 3.采用防病栽培技术	1.减少初始菌量,降低流行速度 2.减少初始菌量 3.降低流行速度
杜绝(防止病原物传入未发生地区)	1.种子和苗木的除害处理 2.培育无病种苗,实行种子健康检验和种子证书制度 3.植物检疫 4.排除传病昆虫介体	1.减少初始菌量 2.减少初始菌量 3.减少初始菌量 4.减少初始菌量,降低流行速度
铲除(消灭已发生的病原体)	1.土壤消毒 2.轮作,降低土壤内病原体数量 3.拔除病株,铲除转主寄主和野生寄主 4.田园卫生措施 5.植物繁殖材料的热处理和药剂处理	1.减少初始菌量 2.减少初始菌量 3.减少初始菌量,降低流行速度 4.减少初始菌量 5.减少初始菌量,降低流行速度

续表

植物病害防治原理	防治措施	主要流行学效应
保护(保护植物免受病原物侵染)	1. 保护性药剂防治 2. 防治传病介体 3. 采用农业防治措施,改良环境条件和植物营养条件 4. 利用交互保护作用和诱发抗病性 5. 生物防治	1. 降低流行速度 2. 降低流行速度 3. 降低流行速度 4. 降低流行速度 5. 降低流行速度
抵抗(利用植物抗病性)	1. 选育和利用具有小种专化抗病性的品种 2. 选育和利用具有小种非专化抗性的品种 3. 利用化学免疫和栽培(生理)免疫	1. 减少初始菌量 2. 降低流行速度 3. 降低流行速度
治疗(治疗患病植物)	1. 化学治疗 2. 热力治疗 3. 外科手术(切除罹病部分)	1. 降低流行速度 2. 减少初始菌量 3. 减少初始菌量,降低流行速度

植物病害的种类很多,发生和发展的规律不同,防治方法也因病害性质不同而异。有些病害只要用一种防治方法就可得到控制,如用无病种子或种子消毒来控制种子传播病害,但大多数病害都要由几种措施相配合,才能得到较好的效果。过分依赖单一防治措施可能无明显效果、或者导致灾难性的后果,如长期使用单一的内吸性杀菌剂,病原物容易产生抗药性,进而导致防治失败。大面积栽培抗病基因单一的小种专化抗病性品种,因毒性小种在病菌群体中可能积累成为优势小种,会造成品种抗病性"丧失",病害重新流行。

"预防为主,综合防治"的植保工作方针,我国早在 20 世纪 50 年代就已经提出,在综合防治中,要以农业防治为基础,因时、因地制宜,合理运用化学防治、生物防治、物理防治等措施,兼治多种有害生物。后来又多次对综合防治的概念做了修改与补充,中国植保学会于 1986 年又将有害生物综合防治(IPM)解释为:"综合防治是对有害生物进行科学管理的体系,是农田最优化生产管理体系中的一个子系统。它从农业生态系统总体出发,根据有害生物和环境之间的相互关系,充分发挥自然控制因子的作用,因地制宜地协调应用必要的措施,将有害生物的危害控制在经济损害允许水平之下,以获得最佳的经济、生态和社会效益。"这一综合防治的定义与国际上常用的有害生物综合治理(Integrated Pest Management,IPM)、植物病害管理(Plant Disease Management,PDM)的内涵一致。

开展病害综合防治或综合治理首先应规定治理的范围,在研究病害流行规律和危害损失基础上提出主治和兼治的病害对象,确定治理策略和经济阈值,发展病害监测技术、预测办法和防治决策模型,研究并应用关键防治技术。为了不断改进和完善综合防治方案,不断提高治理水平,还要有适用的经济效益、生态效益和社会效益的评估指标体系和评价办法。

植物病害的防治方法大体上可分为法规防治(植物检疫)、农业防治、品种防治、生物防治、物理防治和化学防治 6 个方面。这六类方法各有长短,相互作用,相互影响。在具体应用中,应结合当地实际情况全面考虑,有些病害采取单项措施就可解决问题,大多数病害必须多项措施协调应用才能达到目的。

14.6 抗病性品种的利用

利用品种的自然抗病性控制植物病害发生危害是最为经济、最为安全,也是最为有效的措施。植物病害的发生流行受多种外界因素的影响和制约,其中病原物和寄主的互作,是影响病害发生危害的关键因素。当病原物侵入寄主植物后,若寄主的抗性能克服病原物的进一步侵染与繁殖扩展,病害就不发生,或者发病很轻,不足以造成明显危害;反之,病害发生较重,损失较大。在植物病害防治中,化学农药的大面积使用,虽然对控制不同作物病害的发生流行发挥了重要作用,但农药残留对环境的污染、自然生态平衡的破坏以及对食品安全的影响,已成为一个严重的社会问题。因此,植物病害的无害化防治,尤其是培育和选用抗病良种就显得特别重要。

14.6.1 选育抗病品种

育种学家研究植物抗病遗传规律已有近百年历史。Biffen(1905)在小麦抗条锈病杂交育种中,证实了小麦品种对条锈病的抗性是由一个隐性的单基因控制。Flor(1946)在研究亚麻与亚麻锈菌的遗传关系时,首先提出了基因对基因学说。Van der Plank(1963)根据寄主与病原物的互作关系,提出了垂直抗病性和水平抗病性的概念。不同学者在不同时期根据研究结果所提出的有关假说,揭示了植物抗病遗传的基本规律,为抗病品种的选育提供了理论依据。

现代分子生物学的发展,不但提高了植物病理学的研究水平,而且也为抗病育种提供了一条崭新的途径。一个好的优良品种应该是对某种重要病害具有较好抗性,并能兼抗其他病害,同时还应有较好的经济性、丰产性和良好品质,这也是抗病育种工作者的主攻目标。

植物抗病育种与常规育种并无本质差别,其重点是将育种材料或不同品种的抗病基因与某些优良性状,通过不同方法融为一体,使得选育的品种抗性好,经济性状和品质优良。不同育种工作者可根据具体情况和相关条件,采用不同的技术方法和途径实现这一目标。

抗病优良品种的成功选育,直到生产实际应用,是一个周期性很长的过程。在具体的操作过程中,不仅要求育种工作者具有扎实的育种理论知识,熟练的操作技术,还应了解病原菌的相关特性。在育种过程中,确保所选材料的稳定抗病性,显得尤为重要。

植物抗病育种的原理、途径及方法与一般植物育种相同,但在育种目标中,除高产、优质和适应性等外,还必须提出有关抗病性的具体要求。

(1) 引种

是指从外地或外国引入抗病良种直接利用或经驯化后应用,或从外地或外国引入抗病材料(抗源)用作杂交亲本。引种时应注意,品种引入地的纬度、环境和土壤条件应与原产地相近;由于原产地和引入地病害种类和病原物小种(菌系或株系)可能不同,原产地的抗病品种引入后可能表现感病,而原产地的感病品种也可能表现抗病。因此,应先引入少量种子,在当地病害流行条件下试种,在确定其抗病性和适应性后,再扩大引进。

(2) 系统选育

又称单株选育法。利用作物品种群体中存在的遗传异质性,从引入品种、杂交品种和栽培品种等群体中选择抗病单株、单铃、单穗、单个块根或块茎以及单个芽变后产生的枝条、茎蔓等,经多年田间种植、抗性鉴定和不断选择,最后形成抗病品种。

(3)杂交育种

这是抗病育种最重要的途径,即通过人工有性杂交,创造抗病新品种。通常参与杂交的亲本之一为综合性状好的当地适应品种即农艺亲本,另一个为抗病亲本。多亲本复交有利于综合各亲本的优良性状,提高杂交后代的遗传多样性,并可能育成抗多种病害或抗多个小种的品种。杂交育种可分为品种杂交、回交和远缘杂交等。品种间杂交是最常用的杂交育种方法,即选择两个或多个品种间杂交。回交是以一个综合性状优良的品种作为轮回亲本与一个抗病亲本杂交,获得杂种后,再与轮回亲本多次回交,最后获得抗病并具轮回亲本性状的新品种。如果在回交程序中,采用一个适应性强的亲本与几个抗病亲本通过聚合回交,则可育成综合性状好的多抗品种。远缘杂交是选择抗病的农作物近缘野生种或属的材料,与栽培种杂交,选育出高抗和多抗品种。

(4)诱变育种

利用各种理化诱变因子(如 X 射线、γ射线、紫外线、激光、超声波、秋水仙素、环氧乙烷等),单独或综合处理植物种子、花粉或愈伤组织等,可诱导良种产生抗性突变,或诱导抗病材料产生优良农艺性状的突变等。产生的突变体经鉴定、筛选后可作为抗病亲本用于杂交育种,少数综合性状优良、抗病性显著提高的突变体可直接用于生产。

(5)生物技术育种

随着科学的发展,现代生物技术被广泛应用于抗病育种工作,如单倍体育种、体细胞杂交、体细胞抗病变异体的筛选和利用以及通过基因工程技术获得转基因抗病品种等。目前已获得了马铃薯、烟草、番茄、小麦、水稻和玉米等重要农作物转基因抗病品种,这些品种可以抵抗这些作物上的多种重要病害。

14.6.2 植物抗病性鉴定

抗病性鉴定的主要任务是在病害自然流行或人工接种发病的条件下,鉴别植物材料的抗病性类型和评定抗病程度。抗病性鉴定主要用于植物抗原筛选、杂交育种的后代选择和作物品种、品系的比较评定。

农作物品种的抗病性是由其抗病基因所决定的。但抗病基因的作用只有当寄主植物与病原物在一定环境条件下相互作用,人们通过调查发病程度才认识。因而抗病性鉴定实际上是用一定的病原物,在适宜的发病条件下,通过比较供试品种与已知抗性品种的发病程度来评定供试品种的抗病性。鉴定结果应能代表该品种在病害自然流行条件下的病害水平和损失程度。为此,除要求所用的鉴定方法准确可靠外,还应保持发病适度,不能过重或过轻。在抗病性鉴定时,要对病原物接种体和环境条件进行严格的控制,要对发病程度进行准确的定性或定量评定,要有合理的试验设计,以便于分析病原物和环境因子对抗病性表达的影响,还要使用已知的感病和抗病的对照品种。

植物抗病性鉴定的方法很多。这些方法按鉴定的场所区分有田间鉴定法和室内鉴定法;按植物材料的生育阶段或状态区分有成株期鉴定法、苗期鉴定法和离体鉴定法;按评价抗病性的指标区分有直接鉴定法和间接鉴定法。

田间鉴定是在自然条件下进行,是最基本的抗病性鉴定方法。通常在特设的抗病性鉴定圃,即病圃(disease nursery)中实施。依初侵染菌源不同,病圃有天然病圃与人工病圃两种类型。

天然病圃依靠自然菌源造成病害流行,应设在病害常发区和老病区,要采用调节播期或增施水肥等措施来促进发病。人工病圃需接种病原物,造成人为的病害流行,因此多设在不受或较少有自然菌源干扰的地块。田间鉴定能在植物群体和个体两个层次认识抗病性,可以通过病害发生的系统调查,揭示植株各发育阶段的抗病性变化,有助于全面揭示抗病性的类型和水平。但是,田间鉴定周期长,受生长季节限制。在田间不能接种危险性新病原或新小种,通常也难以分别鉴定对多个病害或多个小种的抗病性。

室内鉴定是在温室、植物生长箱等人工设施内鉴定植物抗病性。室内鉴定不受生长季节和自然条件的限制,且主要在苗期鉴定,省工省时,可以在较短时间内进行大量植物材料的初步比较和筛选。在人工控制条件下更便于使用多种病原物或多个小种进行鉴定,还可以精细地测定单个环境因子对抗病性的影响和分析抗病性因子。室内鉴定也有明显的缺点,由于受空间条件的限制,难以测出群体水平表达的抗病性、避病性和耐病性,也难以测定植株不同发育阶段的抗病性变化。因此,室内鉴定结果不能完全代表品种在生产中的实际表现。在室内鉴定中,对植物材料的培育、病原物接种方法、接种后环境条件的控制等都要有严格的要求。

离体鉴定是用植物离体器官、组织或细胞作材料,接种病原物或用毒素处理来鉴定抗病性,因而只适用于鉴定能在器官、组织和细胞水平表达的抗病性。离体叶片、枝条、茎、穗等是最重要的离体材料。离体材料需用水或培养液培养,并补充植物激素,以保持其正常的生理状态和抗病能力。植物离体材料对病原菌毒素的抵抗能力,能代表植株抗病性,因而可利用毒素处理代替病原菌接种。例如,玉米小斑病菌的T毒素已被用于处理玉米离体叶段,通过比较叶段上水浸斑出现的速度和大小,就可以判定其抗病性水平。另外,T毒素还用于处理离体根冠细胞,抗病品种的细胞存活率较高。毒素和病原菌培养滤液还用于处理植物原生质体或组培愈伤组织,筛选抗病变异体。

间接鉴定是以一些生理的、生物化学的、形态的性状为指标来间接地测定抗病性水平,这些性状可能与病原物侵染和抗病性表达有一定的关系,也可能没有病理学意义,而仅仅与抗病性水平之间有显著的相关性。间接鉴定是一种辅助鉴定方法,不能完全取代各种直接鉴定方法。

在上述鉴定方法中,田间鉴定是最重要的鉴定方法,是评价其他方法鉴定结果的主要依据。为迅速、准确、全面地评价抗病性,应提倡田间鉴定与室内鉴定相结合,自然发病鉴定与人工接种鉴定相结合,根据需要灵活运用多种方法,发挥各种鉴定方法的优点。

14.6.3 抗病品种的合理利用

在同一地区,相同环境条件下,因品种不同,有些病害的危害表现出明显差异。我国农业生产上,不同时期、不同作物上病害发生种类及主次的变化,在较大程度上与品种的抗性和病原菌致病力的改变有直接关系。大量事实证明,一个抗病品种在生产上推广几年后,往往就变成感病品种,其原因除品种自身衰退外,病原菌生理小种组成发生变化是重要因素。有些新育成的品种,一旦投入生产应用,该类作物上原来不足以造成明显危害的某些次要病害,会严重发生流行,并上升为主要病害,这就是育种时忽视了品种的多抗性。如何保持抗病品种的使用年限,培育能兼抗多种病害的优良品种,是抗病育种工作长期而艰巨的任务。

合理有效利用抗病品种,延长品种的使用年限,使其在病害综合防治中最大限度地发挥主导作用,这是育种工作者和植物病理工作者的共同期望。在抗病品种的合理利用方面,通过不同的策略和技术方法使品种的抗病遗传保持异质性,遗传的异质性可避免抗病的单一性,从而就可以利用寄主群体的抗病性控制病原物群体组成的变化,以保持二者间的相对平衡,防止寄主的抗病性和病原物的变异性在短时间发生较大的不可逆变化。在生产实践中,采用下面的几种方法或技术途径对这一目标的实现具有重要意义。

(1)抗病品种的合理布局

我国不同地区,不同作物对象品种类型繁多,不同品种对同一病害或不同病害的抗性反应表现出明显差异。同一品种在不同地区,因病原菌群体组成的不同,其抗病性反应也不尽一致。国内外大量病例说明,一个抗病品种在生产上大面积推广几年后,往往因为病原菌生理小种致病性的改变而成为严重感病。因此,不同作物种植区,应避免品种单一化,根据当地实际,对不同抗病性的品种进行合理搭配种植,使该类植物抗病的基因型呈多样化,这就可以起到阻止或延缓病原菌群体组成发生变化,从而使不同抗病性的品种在不同层面各自发挥其作用,保持寄主的抗病基因与病原菌的致病基因的动态平衡,以维持品种的持久抗性。

抗病品种的合理布局,又称基因布局(gene development),其前提是应具备一定数量抗性品种类型,了解不同抗性品种的遗传基础。同时,还应注意监测病原菌群体组成的动态变化,最好通过品种布局,使得病原菌小种群体中各小种比例趋于一致,无优势小种可言,若能做到这些,抗病品种搭配种植的实际应用意义更大,防病效果更好。

(2)抗病品种轮换种植

抗病品种轮换种植的目的是利用不同抗性基因品种控制病原菌优势致病生理小种的形成,这种方法也称为基因轮换。在自然条件下,一个抗病品种投入生产应用后,随着种植时间的延长,病原菌会逐渐形成新的优势致病小种,从而导致其抗性丧失。为了克服这一现象,在不同时期推广具有不同抗病基因的品种,当某一抗病品种种植一段时间后,其抗性尚未明显下降,优势致病小种形成之前就停止使用该品种,改换另一抗病品种,如此反复几个轮回,然后再回到先前的抗病品种,这种轮换方式既阻止了病原菌群体组成发生变化,又进一步延长了不同抗病品种的使用年限。

(3)选用多抗品种

多抗品种是指具有多种抗性基因的品种。在育种过程中把多种抗性基因集中到一个品种中称为基因累积。该类品种表现为不仅可以抵抗病原菌的多个生理小种,也可兼抗几种病害或虫害,甚至还可以抵抗不良环境条件。例如,国际水稻所选育的 IR 等系中的有些水稻品种,具有较好的抗病性和抗虫性。在多抗品种选育方面,我国有些育种工作者,在注重抗病性的同时,也开始重视抗旱品种和抗寒品种的选育。

(4)慢病品种的利用

慢病品种是指病害在自然条件下发病较慢的一类品种。这类品种也是抗病的一种表现,由多基因控制,抗性比较稳定和持久。其特点是个体和群体发病较慢,尤其是植物生长中后期,病害整体发病速度缓慢,作物受害程度较轻,经济损失较小。在小麦锈病、白粉病和稻瘟病抗病品种利用方面,都有慢病品种的实际应用,并获得了较好的防病效果。

此外,合理利用耐病品种和避病品种,不断探索多系品种和混合品种的选育与利用,对充分发挥不同抗病品种的防病作用,均具有重要意义。

14.7　植物检疫

植物检疫(plant quarantine)是为了预防或杜绝某些危险性有害生物传播蔓延,国家以立法形式颁布的重要农业法规,也是有害生物综合治理的重要组成部分,目的是防止危险性有害生物通过不同途径传入和输出,确保农业安全生产。

14.7.1　检疫的重要性

在农业生产历史过程中,由于对某些危险性病害认识不足,检疫制度不完善,导致有些病害肆意传播蔓延,给农业生产造成了严重危害,曾有过多次惨痛教训。在19世纪30年代,欧洲从秘鲁引进种用马铃薯,从而使马铃薯晚疫病迅速扩展蔓延。1815年在爱尔兰引起了毁灭性危害,饿死和逃离家园的人数以百万计,造成了历史上著名的大饥荒。棉花枯萎病和甘薯黑斑病,分别由美国和日本传入我国,目前这两种病害在我国棉花和甘薯产区,普遍严重发生。20世纪50年代,水稻白叶枯病仅在我国南方部分省(区)局部地区发生,其后随着水稻品种的频繁调动,检疫不严,导致此病在全国水稻产区的广为传播,现已成为我国水稻"三大病害"之一,流行年份损失惨重。此外,松材线虫随包装材料、木制品中的天牛传带,柑橘溃疡病随种苗的调动,疫区仍在扩大,在局部地区对松林和柑橘园造成毁灭性危害。

植物检疫的特点是具有法制性、全局性、长远性和经济性。植物检疫工作者必须熟知国内和国际检疫对象、相关法规,掌握植物检疫技术方法与手段。在具体实施过程中,重事实,重证据,严格科学执法。

植物检疫作为有害生物"综合治理体系"的一个重要组成部分,它与其他措施既有内在关联,在某种意义上讲,又不同于其他防病措施。植物检疫的关键重在预防和铲除。所谓"预防",就是在物品流通过程中,严防危险性有害生物从国外传入和国内输出,并防止在国内地区间传播扩散。所谓"铲除",就是物品流通后因检疫把关不严等因素,使某种危险性有害生物从境外传入,或国内地区间仅限于局部范围发生,一旦发现,立即通过强制法规手段,采取有效技术措施,进行彻底铲除,不留后患。

国内外历史的教训和现实的事例反复证明,重视植物检疫,严格植物检疫制度,对杜绝和控制某些危险性病害的传入和输出,做到未雨绸缪,防患于未然,确保农作物安全生产和农业的可持续发展,具有十分重要的意义。

14.7.2　检疫的任务

植物检疫的目的是防止人们在进行经济活动和物品的流通与交换过程中,人为地将某些危险性有害生物传入和输出,确保本国或本地区农业健康有序发展。在物品流通前、流通中和流通后,严格按照有关法规,实行法规、行政和技术管理相结合,预防危险性有害生物随种子、苗木、无性繁殖材料及有害生物的载体,如包装物、运输工具、植物产品等,由境外传入或境内输出。鉴于植物检疫的性质和特点,植物检疫的任务主要体现在3个方面:一是严禁危险性有害生物传入或输出;二是对国内局部地区已发生的某种危险性有害生物尽最大努力将其封锁在最小范围内,严防传入尚未发生的地区;三是一旦发现某种危险性有害生物传入新区,应立即采取一切紧急措施,就地彻底铲除销毁。植物检疫工作事关我国农业安全生产和可持续发展,认真做好这项工作,不仅是植物检疫工作者和相关管理部门的职责,而且更重要的是要增强生产者和经营者的全局观念和法律意识,真正做到对危险性生物能拒之于境外,境内一旦发现就要彻底铲除。

14.7.3　进出境检疫

就植物病害检疫而言,并非所有重要病害都要实行植物检疫,有些病害虽然危害较重,但不一定是检疫对象,如稻瘟病、小麦赤霉病等。确定植物病害为检疫对象,其依据有3个基本条件:①国内尚未发现或仅局部范围发生。②危害性大,一旦传入将对农业生产造成严重威胁,且难以根除。③人为传播,病原物通过种子、种苗或无性繁殖材料,在物品的流通过程中,经人为途径传播。根据上述3个条件,制定并发布我国对内和对外植物检疫对象名单。

进出境检疫也称"外检",包括进境、出境和过境检疫,携带和邮寄物的检疫以及运输工具检疫。其检疫对象和范围包括种子、种苗和无性繁殖材料、植物及植物产品,包装物及运输工具等。对从事上述物品交流和经营活动的相关单位和人员,在物品流通前,必须到有关部门报批、报检,经检疫及检疫处理,并出具合格证明后,方可签证放行。

我国的进出境检疫是根据全国人民代表大会常务委员会通过颁布相关法律、法规、条例及对外检疫危险性有害生物名录实施。同时,根据我国所掌握的世界有关国家和地区某些危险性病害发生的分布情况,明确规定禁止从某些国家和地区进口相关种子、种苗、种用植物块茎及无性繁殖材料等,以防止某些危险性病原生物传入我国。因此,这就要求对外检疫工作者既要掌握我国的植物检疫法规及具体检疫对象,也要了解与我国进行农产品贸易相关国家和地区危险性植物病害的发生和危害情况。在国际贸易交往的经济活动和物品交流过程中,在维持正常贸易交往的同时,始终把国家的利益放在首位,以确保我国农业安全生产和稳健发展。

14.7.4　境内检疫

境内检疫也称"内检"。如果说进出境检疫的主要任务是将某些危险性有害生物拒之于国门之外的话,那么境内检疫的主要目的是将国内局部地区已发生的某种危险性有害生物控制在最小的范围内,严防进一步扩散。它与进出境检疫特征相似,任务相同,目的一致。二者均具有法制性和强制性,均以农业安全生产和农业可持续发展为最终目的。

境内检疫的实施是依据国务院颁布的植物检疫条例执行。我国的境内植物检疫,目前分为农业植物检疫和森林植物检疫,分别由国家农业和林业部门主管,各省、市、自治区的农林职能部门主管本地区检疫工作,省属县级以上各级农林主管部门分别设有相应的检疫机构和专(兼)职检疫人员,负责执行国家和本地区的检疫工作。各级农林检疫人员除要掌握国家农林主管部门分别颁布的"植物检疫对象和应实施的植物及植物产品名单"和"森林及森林植物检疫对象和应实施的森林植物及其名单"外,还应熟悉本省(市)人大通过的相关补充性植物检疫条例,以确保检疫工作在不同环节、不同部门得以顺利实施。

境内植物病害检疫工作者的主要任务是:掌握国内和本地检疫性病害的种类及分布与变化

动态；一旦发现局部发生检疫对象，应采取封锁、铲除措施，防止传出；凡从本地运出的种子、种苗及无性繁殖材料等，必须严格按照相关检疫程序，经检疫合格后才能签证放行；从境外引进的种子、苗木或繁殖材料，应监督隔离试种，确保不带危险性病害后，方可大面积种植。

14.8 植物病害防治方法

14.8.1 农业防治

农业防治是通过一系列的耕作栽培管理措施，合理调控寄主、病原物及农田生态环境之间的关系，创造一种有利于寄主生长发育，增强抗性，而不利于病原菌侵染、繁殖和扩展的环境条件，从而达到控制病害发生危害的目的。农业防治是植物病害综合治理的重要内容，同利用抗病品种防病一样，也是一种经济、安全、有效的措施。农业防治内容很广，包括产前、产中、产后各个环节的管理与耕作栽培技术措施等。

1. 选用无病种子、种苗

很多由种子、种苗或无性繁殖材料带菌（毒）的植物病害，在很大程度上都是由于生产者使用了这些带菌材料而引发。因此，确保生产用种、种苗或无性繁殖材料不带菌（毒）是有效防治这类病害的关键。一般通过下列途径可获得无病种苗。

（1）建立无病留种田

无病留种田或无病繁殖区应与一般生产田隔离，隔离距离因病原物的移动性和传播距离而异。同时，应加强无病留种田和无病繁殖区的病虫害防治和其他田间管理工作，确保提供真正的无病种苗。

（2）种子处理

带病种子需进行种子处理。可采用机械筛选、风选和盐水或泥水漂选等方法汰除种子间混杂的菌核、菌瘿、虫瘿、病植物残体及病、秕子粒等。对于表面和内部带菌的种子则需进行热力消毒或杀菌剂处理。

（3）脱毒组织培养

许多植物病毒通过营养繁殖器官传播，但通常植物茎尖生长点分生组织不带病毒。利用茎尖脱毒技术，即在无菌条件下切取茎尖进行组织培养，得到无病毒试管苗，再进行扩繁，便获得无毒苗用于生产。

在生产实践中，要真正做到确保种子、种苗或无性繁殖材料不带菌（毒）传病，除采用上述相关技术措施外，生产者或经营者建立无病留种田或无病种苗繁殖基地，并加强检测，严防带菌（毒）材料在生产环节中流通，这具有其他措施不可替代的作用。

2. 建立合理的耕作制度

某些植物单循环病害的发生、流行，往往与耕作制度有密切关系。这类病害的特点是从发病开始到病害流行，通常有一个年限周期，且最初零星发病，易被忽视，随着该作物种植年限的延长,田间菌源数量不断累积,病情逐年加重,直到最后病害严重流行。病害发生流行程度除与品种抗性有关外,田间土壤中菌量累积越多,病情也相应越重。因此,合理轮作是防治土传类病害的一项经济有效、简便易行的重要措施。

合理的耕作制度既可调节农田生态系统,改善土壤肥力和理化性质,有利于作物生长发育和土壤中有益微生物的繁衍,又能降低病原物的存活,切断病害循环,减轻病害发生。值得注意的是,耕作制度的改变会引起相应的农田生态条件和生物群落组成的变化,这些变化可导致一些病害的减轻和另一些病害的加重。因此,当大面积耕作制度和种植方式发生改变后,要密切注意可能引起的病害相应变化,并及时进行调整或采取相应的有效措施。

轮作是一项经济、易行、有效的控制土传病害的措施。合理轮作除有调节土壤肥力、有利于作物生长、提高作物抗病力的作用外,还可使有一定寄生专化性的病原物因没有适宜寄主而丧失生活力,或其生长发育因作物根际和根围微生物区系的改变而受抑制。轮作作物必须是病原物的非寄主,轮作年限和轮作方式因病害而异。一般病害轮作2~3a。如果病原物腐生能力强或能产生抗逆性强的休眠体,在寄主缺乏时也可长期存活。在这种情况下,只有长期轮作才能控制病害。通常水旱轮作是最理想的轮作方式,其控病效果明显,轮作周期可缩短。例如,防治茄子黄萎病和十字花科蔬菜菌核病需连续种植非寄主作物5~6a,但若与水稻轮作,则只需1a。

各地自然条件和作物种类不同,种植方式和耕作制度也很复杂,各种耕种措施如轮作、间作、套作、土地休闲和少耕免耕等对不同病害的影响不尽一致。因此,必须根据当地具体情况,兼顾丰产和防病控病的需要,建立合理的耕作制度。

3. 加强栽培管理

良好的栽培管理措施,不仅有利于寄主植物的健壮生长发育,增强抗病性,而且可以改善田间小气候生态环境条件,控制病原菌的侵染与繁殖,减轻病害的发生。植物从播种到收获及收获后不同环节田间管理措施与病害的危害具有密切关系。重视和加强以下栽培管理措施对植物病害防治具有重要意义。

(1)适时播种

播种时的温、湿度条件是影响种子发芽势和病菌萌发侵入的重要因素。某些通过种子或土壤带菌的苗期病害,病菌的萌发和侵入往往在低温高湿条件下容易发生,若播种时温度偏低,阴雨天较多,不利于种子的发芽,而有利于病菌的侵入,通常发病较重。如棉苗立枯病、早稻烂秧(绵腐病)等。对这类病害,适当推迟播种可在一定程度上减轻病害的发生。

(2)科学肥水管理

根据不同作物在不同生育阶段对肥水的要求,实行科学的肥水管理措施,不仅有利于增产增收,而且对控制许多病害的危害具有显著作用。

在肥料方面,不论什么作物对象,重视氮、磷、钾肥的配合使用,施足基肥,合理追肥,后期避免重施偏施氮肥,有利于植物稳健生长,提高群体抗病性,减轻病害发生。

在管水方面,不论水作或旱作,均应科学管理。水作要防止长期深灌和漫灌,实行浅水勤灌,湿润管理,适时晒田。旱作既要防止田间涝渍,又要防止田间过于干旱,应做到雨后及时清沟排渍,久旱适时灌水。

(3)注意田园卫生

植物大多数病害的病原物都可残存在病残体上越冬或越夏,成为下季或下年的初侵染来源。

在植物生长期,结合农事操作,及时拔除病株,清除病材料,可减少病原数量,延缓病害发生。植物收获后,进行深翻耕、灭残茬,将遗留在田间的病残体清除田外。果园注意冬季修剪整枝,清除地面的枯枝落叶,并铲除果园或农田周围的杂草。这些简便易行的田园管理措施,可有效地减少病原物的初侵染源。

4. 保持田园卫生

田园卫生即是通过深耕灭茬、拔除病株、铲除发病中心和清除田间病残体等措施,减少病原物接种体数量,从而达到减轻或控制病害的目的。例如,在作物生长期间,及早拔除病株可减少水稻恶苗病菌对穗部的再侵染,从而减少翌年的初侵染菌源。多种植物病毒及其传毒昆虫在野生寄主上越冬或越夏,铲除田间杂草可减少毒源。梨锈菌必须通过其转主寄主桧柏才能完成其生活史,因而梨园周围不种或砍除桧柏可控制梨锈病。

作物收获后彻底清除、集中深埋或烧毁遗留田间的病残体可减少病菌的越冬或越夏菌源数量,这一措施对多年生作物或连作作物尤为重要。如果树落叶后,应及时清理枯枝落叶,并结合冬季修剪,剪除病枝,摘除病果,刮除病斑。在多茬种植的蔬菜栽培地,菌源残存多,应在当茬蔬菜收获后或下茬播种前清除病残体。深耕深翻可将表层病原物休眠体和病残体埋到土壤深处,加速其分解,减少田间有效接种体数量。水稻栽秧前,捞除水面混有菌核的烂茬,可减少引起初侵染的菌核量,减轻纹枯病的发生。此外,沤肥和堆肥等应充分腐熟,杀死其中病原物后方可施于田间。

14.8.2 物理防治

物理防治(physical control)是指利用物理原理和方法防治植物病害。物理防治的方法很多,包括热力处理、辐射处理、嫌气处理、汰除处理等。在实践应用中,可根据不同病害的带菌情况,选用不同的处理方法。

1. 热力处理

热力处理是利用寄主和病原物二者之间对温度抵抗力的差异,采用病原物不能承受而寄主可以忍受的温度处理植物材料,从而达到杀死或钝化病原物的目的。

(1)温汤浸种

通过种子带菌的某些病害,根据病原物的耐热力,在某一特定温度下处理一段时间,可有效地杀死病原菌。例如,带有恶苗病菌的水稻种子,用55℃温汤浸种30min具有较好的防治效果。

(2)蒸汽消毒

温室和苗床土壤带菌是很多植物病害的主要侵染源,解决土壤中的病原菌是防治这类病害的有效途径。以80℃~95℃蒸汽处理土壤30~60min,可有效地杀死绝大多数病原菌。虽然有少数耐高温的微生物仍能存活,但主体病原菌基本失活。若能辅以相关药剂处理措施,防病效果会更为显著。

此外,对某些带菌的苗木、块茎、接穗、块根等无性繁殖材料,进行热空气处理也会收到较好的效果。

2. 辐射和嫌气处理

(1) 辐射处理

辐射处理就是使用一定剂量的射线对相关材料进行处理，在一定安全剂量范围内具有抑制或杀死病菌的作用。常用的辐射源为 ^{60}Co-γ 射线，这一方法的特点是穿透强、效果好、成本低，一般多用于水果和蔬菜贮藏处理，达到防腐保鲜的目的。辐射也可以用于带菌种子的处理。例如，玉米种子经 ^{60}Co-γ 射线照射后，可有效地杀死种子内部的斯氏萎蔫病菌（*Erwinia stewartii*）。

(2) 嫌气处理

嫌气处理是在缺氧的条件下使病原菌窒息死亡。大多数植物病原物具有好氧特性，采用一定的方法使其因得不到维持正常生长发育的氧气而失去活性，从而达到防治病害的目的。在实践应用中，通常利用生石灰在水中吸收空气中的二氧化碳后，产生碳酸钙，在水面形成一层薄膜，使之与空气隔离而窒息病原物。例如，水稻种子和小麦种子在播种前，用生石灰水浸种，对水稻某些苗期病害和麦类黑穗病具有一定的防治效果。

3. 汰除处理

汰除处理就是清除以不同形式混杂于种子中的各类病原物。其基本原理是利用混杂物与种子的形状、大小和比重的差异，根据不同的病害，采用不同的方法而除去病原物。

筛选、风选、水选（清水、盐水、泥水）或机械汰除可有效清除混杂在种子中的菌核、菌瘿、虫瘿、菟丝子的种子及病种子和秕粒等。在实践中，应用相关汰除法清除小麦粒线虫虫瘿、小麦黑穗病菌菌瘿、小麦赤霉病粒及不同作物菌核病的菌核等，可有效降低这些病害的初侵染来源，减轻病害的发生危害。

上述各项措施是植物病害综合治理的具体内容，在实际运用操作过程中，应根据作物对象、病原物基本特性、病害循环特点及发生流行规律等因素综合考虑。不同地区，因作物对象、地域、环境条件不同，病害发生种类不尽相同；同一田块，因种植品种抗病性、栽培管理水平不同，同一病害发生危害也可表现出明显差异。因此，在实践中，应因时因地制宜，采取相应的对策，统筹考虑，制定切实可行的具体措施，力求做到以最经济有效的方法，取得最大的综合效益。

我国的植保方针是"预防为主，综合防治"。这一方针内涵十分丰富，其基本特点是从总体农业生态系统出发，以作物安全生产为目的，强调"预防"，重视防病措施的综合协调运用，最大限度发挥各项措施的防病增产作用，将病害的危害控制在经济水平允许之下，以期获得最佳经济效益、社会效益和生态效益。

14.8.3 化学防治

随着科学技术的不断进步，使用高效、低毒、安全的选择性杀菌剂已成为控制重大植物病害流行的重要手段。目前使用的大多数杀菌剂不仅可以防治植物病害，而且有些还具有促进植物生长、增加产量和改善品质的作用。在人们生活水平日益提高，对食品安全、生态安全和环境安全越来越关注的情况下，低毒、低残留、环境友好的化学杀菌剂得到广泛应用。2005 年，化学杀菌剂销售额已经占整个农药市场的 24%，与杀虫剂（26%）接近，但我国植物病害化学防治的水平还很低，杀菌剂的销售只占农药销售的 10%，约为杀虫剂的 1/5。

1. 化学防治的原理

植物病害化学防治就是使用化学药剂处理植物及其生长环境,以减少或消灭病原生物或改变植物代谢过程,提高植物抗病能力而达到预防或阻止病害发生和发展的目的。根据不同杀菌剂在病害循环过程中的作用,植物病害的化学防治原理包括化学保护、化学治疗、化学铲除和化学节育等。

(1)化学保护

化学保护是指利用杀菌剂抑制孢子萌发、芽管形成或干扰病菌侵入的生物学性质,在病菌侵入寄主之前将其杀死或抑制其活动,阻止侵入,使植物免受病原物侵染而得到保护。采用化学保护原理防治植物病害必须强调的是在病原菌侵入寄主植物之前用药,主要有使用药剂消灭侵染来源、处理可能被侵染的植物或农产品表面及在病原物侵染前诱导寄主抗病性三种防治策略。

(2)化学治疗

化学治疗是指利用选择性杀菌剂的内吸性和再分布的特性,在病原物侵入以后至寄主植物发病之前发挥作用,抑制或杀死植物体内外的病原物,或诱导寄主产生抗病性,终止或解除病原物与寄主的寄生关系,阻止发病,恢复寄主植物的健康。具有内吸治疗作用的杀菌剂也称为治疗剂。化学治疗剂往往对病原菌的菌丝生长有强烈的抑制作用,可以在病菌侵入之前使用,也可以在侵入以后、发病之前使用。

(3)化学铲除

化学铲除是指利用杀菌剂完全抑制或杀死已经发病部位的病菌,阻止已经出现的病害症状进一步扩展,防止病害加重危害。采用化学铲除防治植物病害主要有局部化学铲除、表面化学铲除和系统化学铲除三种策略。

(4)化学节育

化学节育是指利用杀菌剂抑制病菌繁殖,阻止发病部位形成新的侵染来源,控制病害流行危害。例如,新型的甲氧基丙烯酸酯类杀菌剂嘧菌酯(阿米西达)等和唑类杀菌剂三唑酮、戊唑醇、丙环唑及黑色素生物合成抑制剂三环唑等可以强烈抑制多种作物白粉病、稻瘟病等病斑上的分生孢子形成,嘧菌酯还能强烈抑制卵菌的孢子囊形成,抑制立枯丝核菌、油菜菌核病菌的菌核形成。

不同的杀菌剂具有不同的化学防治原理。大多数传统多作用位点杀菌剂只具有保护作用或局部和表面化学铲除作用,所以也常称为保护剂或铲除剂。现代选择性杀菌剂往往具备多种防治原理。例如,三唑类杀菌剂三唑酮、丙环唑等除了有极好的化学治疗作用以外,还具有较好的化学节育作用和一定的化学保护作用;甲氧基丙烯酸酯类的嘧菌酯杀菌剂除了具有极好的保护作用外,还具有很好的铲除作用和节育作用;内吸性杀菌剂三环唑防治稻瘟病的原理除了已知的保护作用以外,最近发现还能够抑制分生孢子的产生和释放,具有很好的化学节育作用。

2. 化学防治方法

化学防治必须遵循的基本原则,就是在把植物病害控制在经济阈值以下的同时,最大限度地降低农药在自然界的释放量。因此,植物病害的化学防治,首先应该综合考虑"药剂—病原物寄主植物环境"菱形关系的相互作用,然后再确定化学防治策略和方法,以达到高效、经济、安全的目的。简单地说,就是要根据病原物和病害循环的生物学特征、药剂的生物学及理化特性和对寄主及环境可能的影响,选用最安全、最有效、最经济的药剂品种和剂型;采用合理的使用剂量、最少的施药次数和最简便的施药方法。

植物病害化学防治的方法有多种,但在生产实践应用中,最主要的是采取种子处理、土壤消毒和叶丛喷药等。

（1）种子处理

种子处理包括浸种、拌种和包衣等方法。用化学药剂处理种子可以防治种传、土传和气传植物病害。采用保护性杀菌剂处理种子,可以消灭或抑制种子表面黏附的病菌或土传病菌,免遭种传和土传病菌的侵染,保护种子的正常萌发;采用内吸性杀菌剂处理种子,除上述作用外,还可以消灭潜伏在种子内部的病菌,治疗带病种子,残效期长的内吸性杀菌剂还可以通过种子吸收,进入幼芽并随着植株生长转移到植株的地上部位,保护枝叶免受气流传播的病菌侵染。

以种子带菌为唯一侵染来源的系统性病害,如禾谷类作物黑穗病、条纹病、水稻恶苗病、干尖线虫病、谷子白发病等,只有种子处理才是最有效的方法,一旦田间发病以后则无法再用药剂防治。一些以种子和其他途径同时传播的植物病害,如小麦腥黑穗病、赤霉病、大麦网斑病、水稻稻瘟病、胡麻斑病、白叶枯病、细菌性条斑病等,进行种子处理可以有效减少初侵染来源,推迟发病,降低病害流行程度。

种子处理防治病害的效果及安全性与药剂的种类及其处理剂量、处理时间、处理温度、病害种类与种子类型有关。有的作物不同品种的种子对同一种药剂的敏感性可能存在很大差异,敏感的品种容易出现药害。药剂处理种子之前,应该对药剂种类及其活性、种子类型和病菌所在种子部位进行全面考虑,大面积推广应用之前还应该做示范试验和参考文献经验,避免造成药害。

由于种子的体积小,比较集中,容易在人为控制条件下进行药剂处理,能够比较彻底地消灭病原菌,所以种子处理是植物病害防治中最经济、最有效、最简便的方法。

（2）土壤消毒

土壤是许多病原菌（包括线虫）栖居的场所,成为许多植物病害的初次侵染来源。例如,多种作物的猝倒病、立枯病、黄萎病、枯萎病、青枯病、根结线虫病等都是土传病害。显然,在目前尚缺乏共质体输导（向下输导）杀菌剂的情况下,土壤处理是防治这类病害最有效的方法。保护性杀菌剂在土壤中使用可以杀灭土壤中病原微生物,在播种前或播种时使用,可以保护种子萌发时的幼根和胚芽不被侵染,在植物生长期使用可以防止病菌的根部和茎基部被侵染。土壤处理除了可以防治土传病害外,对某些气传病害也有一定防治作用。

用于土壤处理的杀菌剂,不仅需要考虑其抗菌谱及其活性,而且也要考虑药剂的物理化学性能。土壤处理的效果与药剂在土壤中能否均匀分布有关,一般用于土壤处理的药剂需要有较高的蒸汽压和一定的水溶性,才能保证在土壤中具有良好的扩散或浸透作用。但是,在应用中要注意水溶性太强的药剂容易污染地下水的问题。不同的土壤种类和结构,由于吸附性能的不同,对药剂的扩散有很大影响。黏土中含水量高,可直接影响药剂气体扩散,还会由于土粒不易打碎而影响药剂的均匀性。有机质含量高的土壤,由于吸附性太强而使药剂分布不均匀。在土壤中施药后,药剂的气体向各个方向扩散,一般向上扩散比向下快,因此有时药剂仅存在于通气性强的表层土壤,并挥发到大气中,药剂在植物根际达不到足以杀菌的浓度,为了提高土壤处理的防治效果,施药后常常在土壤表面覆盖塑料薄膜。

大多数传统的土壤消毒剂没有选择性,对植物毒性高。因此,为了保证对植物的安全,土壤处理后需要有一定的候种期,即土壤用药与栽种作物之间的间隔期。间隔期长短依药剂、土壤种类、土壤温度和种苗对药剂的敏感性而定,一般应为2~4周。

由于土壤理化性质和微生物生态复杂,病原物又可能处于不同的土层或不同的形态,所以一般防治土传病害的成本高、效果低。常用的土壤处理方法有浇灌法、沟施法、撒播法(翻混法)和注射法等。

(3)叶丛喷药

叶丛喷雾是防治作物生长期气传病害最主要、最有效的施药方法。一般将可以均匀分散在水中的各种杀菌剂制剂如可湿性粉剂、可溶性粉剂、水分散粒剂、乳油、胶悬剂、水剂等,按单位面积有效用量用水稀释成乳液、悬浮液、胶体液或溶液后,使用喷雾器械对植物茎叶进行喷施。

气传病害的侵染来源具有持续性,因此防治气传病害的杀菌剂必须具备足够的持效期。虽然杀菌剂对病原菌直接作用的毒力或间接作用的毒力是有效防治植物病害的基础,但是喷雾防治气传病害的效果并不完全取决于药剂的毒力大小。如果一种化合物尽管有很高的杀菌或抑菌活性,但是药剂本身极易变性或挥发,则达不到理想的防治效果。所以,一些医用表面消毒剂不能用于喷雾防治植物病害。传统的非内吸性杀菌剂不仅在植物表面容易受环境因素影响,如光解、雨水冲刷等,持效期较短,而且不能保护新生嫩叶,一般需要5~7d喷施1次。内吸性杀菌剂在植物体内不受光解和雨水冲刷,持效期相对较长,可达1周至几周。但是,内吸性杀菌剂的持效期与喷施药液浓度、药剂的活性及在植物体内的代谢稳定性和病菌对药剂的生理反应等有关。

防治植物病害的喷药技术要求比防治害虫要高得多,要达到较好的防治效果,施药者应该了解杀菌剂的作用特点和所防治植物病害病原物的生物学特性,有针对性地进行喷洒。喷施非内吸性杀菌剂时,不仅需要保证药液能够喷施到所有需要保护的茎叶,并在茎叶表面能够形成均匀的药膜,而且对于在叶背面发生的病害,还要将药剂喷施到叶片背面。内吸性杀菌剂虽然具有在植物体内再分布的特性,但是常见的内吸性杀菌剂主要在质外体系输导,只有喷施到植物嫩茎和叶腋处的药剂才可以被吸收输导到上部叶片。喷施在叶面的药剂一般只能沿着叶脉方向朝叶尖和叶缘输导,不能从一片叶片向另一叶片传导。

叶面喷洒杀菌剂除了需要喷施均匀外,还要注意使药液尽可能多地沉积在植物的茎叶上。喷施的药液雾滴较小时有利于在叶面沉积,大雾滴容易在风的作用下从茎叶上滚落到土壤中。因此,一般喷雾器的喷孔直径应控制在0.7~1mm。小雾滴喷雾不仅有利于药液沉积,而且能够更好地分布均匀。

药剂喷洒的时间是决定防治效果的关键要素。保护性杀菌剂只能在病菌侵入之前发挥作用,在病害已经发生或即使没有发病但病菌已经侵入时,喷施保护性杀菌剂则没有效果。大多数内吸性杀菌剂具有保护和治疗作用,在病菌没有侵入之前或侵入以后没有发病之前喷施,可以有效防治植物病害。在病害发生以后进行化学防治,无论使用保护性杀菌剂还是治疗性杀菌剂,只能在一定程度上阻止病害的进一步蔓延和流行危害。

根据单位面积喷施的药液量,防治植物中下部病害常采用高容量喷雾,防治植物上部病害,可以采用低容量喷雾。在成片种植的农场、林场等和防治一些突发性流行病害,如小麦赤霉病、水稻穗颈瘟等,有条件的地区可以采用飞机喷施。

在作物生长期防治气传病害,除了喷洒的方法以外,还可以根据药剂性质、剂型和植物的类型采用其他施药方法。例如,防治果树、森林病害时,可采用内吸性杀菌剂对树干进行输液处理;防治保护的作物和森林气流传播的病害或收获后病害时,可以选用能燃烧发烟或加热挥发的杀菌剂,如硫黄、百菌清和三唑类杀菌剂,进行烟雾熏蒸;防治水果贮藏期病害可以用药液浸果处理,或通过处理包装材料防治病害;防治作物基部病害,如水稻和小麦纹枯病等,可以用大容量(如1 500kg/hm² 药液)进行喷淋或泼浇,也可以拌细土撒施。

随着具有优良生物学性状的杀菌剂及新剂型的开发,不断出现植物病害化学防治的新方法。例如,一些内吸性好的杀菌剂可以加工成颗粒剂、大粒剂、油剂等撒施到稻田,可以在水中迅速扩散和被水稻吸收,对水稻纹枯病等茎基部病害具有较好的防治效果。

3. 植物病原物的抗药性及其控制

(1)抗药性的定义和发生原理

植物病原物抗药性是指本来对农药敏感的野生型植物病原物个体或群体,由于遗传变异而对农药出现敏感性下降的现象。病原物抗药性术语包含两方面的含义:一是病原物遗传物质发生变化,抗药性状可以稳定遗传;二是抗药性突变体对环境有一定的适合度,即与同种敏感野生群体具有生存竞争能力。例如,越冬、越夏、生长、繁殖、致病力等方面有较高的适合度。

病原物和其他生物一样,可通过遗传物质修饰对环境中特殊因子的变化产生适应性反应,而得以生存。因此,通过遗传变异而获得抗药性,是病原物物种在自然界能够赖以延续的一种快速生物进化的形式。在病原微生物中对单一作用位点的杀菌剂一般存在着 $10^{-7} \sim 10^{-4}$ 的抗药性突变频率,这种突变不仅可发生在用药以后,也同样可以发生在用药之前;不仅可发生于靶标生物中,也可发生于非靶标生物中。

一些非选择性杀菌剂对病原物的毒理往往具有多个生化作用位点,病原物个体不容易同时发生多位点抗药遗传变异并保持适合度,因此病原物难以对非选择性杀菌剂产生抗药性。正是因为如此,波尔多液在生产上使用100多年来,也没有出现抗药性问题。

一些现代杀菌剂的毒理往往只对病原物所具有的特殊生化位点发生作用,具有符合人类需求的高效、安全、选择性强的生物学特性。但是这些单个生化位点往往是由单基因或寡基因调节的,病原物群体中只要发生单基因的抗药性遗传变异,就会导致杀菌剂的分子与靶标的亲和性下降或完全丧失。在高效杀菌剂的选择下,大部分敏感的病原物被杀死,群体中比例很小的抗药性个体则能够继续侵染和繁殖,从而大幅度提高了抗药病原物在群体中的比例,药剂防治效果下降。用户为了保持化学防治效果又往往加大用药剂量和用药频率,进一步增加的杀菌剂选择压力加速抗药性病原群体形成,在短期内可导致抗药性病害流行,药剂化学防治完全失效。

(2)病原物抗药性发生的现状

目前已发现产生抗药性的病原物种类有植物病原真菌、细菌和线虫。最常见的是植物病原真菌对杀菌剂的抗药性,其次是病原细菌的抗药性。随着植物病理学和农药科学的发展,先后应用于植物真菌病害化学防治的杀菌剂已达数百种之多,用药量也越来越多。尽管用于防治细菌病害的杀菌剂较少,但细菌变异频率高、繁殖速度快,也极易产生抗药性。南京农业大学等单位研究表明,一些产孢量大、繁殖快、引起多循环病害的病原菌在中国已经对常用的现代选择性杀菌剂产生了抗药性。例如,小麦、瓜类白粉病菌对三唑酮,稻瘟病菌对异稻瘟净和富士一号,小麦赤霉病菌、水稻恶苗病菌、瓜果蔬菜灰霉病菌、青霉、绿霉、炭疽病菌、甜菜和花生叶斑病菌、梨黑星病菌、油菜菌核病菌等对苯丙咪唑类杀菌剂,黄瓜霜霉病菌和马铃薯晚疫病菌对甲霜灵,水稻白叶枯病菌对农用链霉素和噻枯唑等杀菌剂均产生了抗药性,在生产上已造成了巨大经济损失。

(3)抗药性植物病害的控制

尽管病原物对选择性强的单作用位点杀菌剂产生一定频率的抗药性突变是不以人们意志为

转移的客观规律,但是在生产上能够造成原有药剂防治失败或抗药性病害流行的前提是,抗药性病原群体在自然界已经形成优势种群,或自然界具有足以导致病害流行的抗药性病原物绝对数量。这就意味着在病害流行年份,即使抗药性的群体在数量巨大的病原群体中只占较低频率(1‰~5‰),也可能在杀菌剂的选择压力下出现抗药性病害流行。

抗药性病原群体的形成速度或抗药性病原物的绝对数量积累,不仅取决于抗药性基因突变频率的固有因素,而且更重要的是取决于病害选择压力和药剂选择压力的客观因素。利于病害发生和流行的条件能够使自然界出现数量巨大的病原物,从而随机突变产生的抗药性个体的绝对数量增加,同时也迫使人们使用高效杀菌剂,抗药性的病原菌得到选择并进行再侵染和繁殖,迅速形成抗药性优势群体。连续使用相同作用机制的选择性杀菌剂,能够迅速增加抗药性病原物在群体中的比例,加速抗药性病原群体形成。因此,一切有利于控制植物病害发生和流行的生产措施,交替使用或混合使用具有不同作用位点的杀菌剂,均有利于控制抗药性植物病害的发生和流行。

14.8.4 生物防治

生物防治(biocontrol,biological control)是指在农业生态系中利用有益生物或有益生物的代谢产物来调节植物的微生态环境,使其利于寄主而不利于病原物,或者使其对寄主与病原物的相互作用发生有利于寄主而不利于病原物的影响,从而达到防治植物病害的各种措施。利用有益微生物(拮抗微生物或生防菌)或其活性代谢产物研制成的多种类型的生防制剂,通过调节植物周围的微生态环境来减少病原物接种体数量,降低病原物致病性和抑制病害的发生。有人称有益(微)生物为"生物农药"(注:FAO建议不使用这个术语)。由于近30年来化学农药不合理或过量使用,造成病原物产生抗药性、农产品中农药残留超标、环境污染严重和生态平衡受到破坏等问题,因此植物病虫害的生物防治日益受到广泛的关注。由于大多数生防菌的环境适应能力较低,生防制剂的生产、运输、储存又要求较严格的条件,生物防治效果不稳定以及适用范围较狭窄,其防治效益低于化学防治,是目前生产实践应用中亟待解决的问题。

1. 生物防治的机制

生物防治的机制是多种多样的,如抗生作用、竞争作用、重寄生、溶菌作用、交互保护作用、捕食作用和诱导抗性等。在田间复杂的实际条件下,很可能会有2种或3种机制同时在起作用,也可能是在植物不同部位或不同发育时期某一机制在起主要作用。

(1)抗生作用

抗生作用是目前植物病害生物防治中利用最多的一种机制,这是一些有益微生物通过其代谢产物抑制或杀死病原物,这种代谢产物被称为抗菌物质或抗生素。典型的例子是绿色木霉(*Tirchoderma viride*)通过产生胶毒素(gliotoxin)和绿色菌素(viridin),对立枯丝核菌(*Rhizoctonia solani*)等病原菌起到拮抗作用。

真菌、细菌、放线菌这3类微生物都可以产生抗生作用,但它们产生的抗生素不同。木霉主要产生胶霉素、木霉素、绿木霉素、胶绿木霉素和抗菌肽等。细菌主要产生细菌素、胞外多糖等。放线菌产生放线菌酮、链霉素等多种抗生素。人们通过提取这些抗菌物质,制成微生物农药,已成功地用于植物病害防治。一些农用抗生素,如井冈霉素、春雷霉素等,已用于防治水稻纹枯病、稻瘟病等真菌病害;农用链霉素、土霉素用于防治细菌病害;阿维菌素用于杀灭害虫、畜体内外寄生虫等。另外,活体微生物农药,如细菌类微生物农药苏云金杆菌,可用于防治小菜蛾、棉铃虫等多种鳞翅目害虫;真菌类微生物农药绿僵菌,可用于防治飞蝗和一些鳞翅目害虫;病毒类微生物农药,如苜蓿银纹夜蛾核型多角体病毒,可用于防治十字花科蔬菜等多种作物的甜菜夜蛾。

(2) 竞争作用

营养与空间的竞争是生物防治的一个经典机制。很多植物根际细菌通过长期定殖于植物的根部或根际土壤,比病原菌优先占领了这些有利的物理学位点和生物学位点,造成对病原菌侵染的物理阻隔或生态位的排斥,使病菌无法接近侵染位点而不能侵染寄主。利用荧光假单胞菌(*Pseudomonas* spp.)和芽孢杆菌(*Bacillus* spp.)防治腐霉根腐病、小麦全蚀病和马铃薯块茎软腐病,其作用机制就是由于有益细菌能很快地占据植物根际,大量消耗土壤中的氮素和碳素营养,以及对铁离子的竞争利用等从而抑制了根部病原菌。

(3) 重寄生作用

重寄生是指病原物被其他有益微生物寄生的现象。植物、真菌、动物中都存在重寄生生物。真菌的重寄生作用中,人们对木霉研究较多,并在生产中进行了应用。哈茨木霉(*T. harzianum*)和钩木霉(*T. humatum*)可以寄生于立枯丝核菌和齐整小核菌菌丝,因此豌豆和萝卜种子用木霉拌种可防治苗期的立枯病和猝倒病。木霉寄生于病原菌的菌丝上可以抑制其活性,寄生于菌核上可以有效地减少感染的数量。寄生菌靠趋化性与特异性植物凝集素的凝集作用来识别寄主,然后缠绕于病原菌的菌丝上或侵入菌丝内使菌丝死亡。

(4) 溶菌作用

溶菌现象在植物病原真菌和细菌中普遍存在,它导致病原物组织破坏或菌体细胞消解。溶菌现象包括自溶性和非自溶性。生物防治中的溶菌现象是非自溶性的,是由有益微生物产生的酶或抗菌物质所造成的。研究表明,中生菌素(农抗751)对马铃薯青枯病菌等多种植物病原菌具有溶菌作用;盾壳霉(*Coniothyrium minitans*)能通过溶菌作用、寄生作用、产生抗真菌物质等抑制病原物,可用于防治向日葵、莴苣等多种植物菌核病。

(5) 交互保护作用

交互保护作用指接种弱毒微生物诱发植物的抗病性,从而抵抗强毒病原物侵染的现象。这种现象在真菌、细菌、病毒中都存在。例如,利用烟草花叶病毒弱毒突变株系 N11 和 N14、黄瓜花叶病毒弱毒株系 S-52,接种辣椒和番茄幼苗,可诱导产生交互保护作用,用于病毒病害的田间防治。在植物细菌病害防治中,利用无致病力的放射农杆菌(*Agrobacterium radiobacter* K84)产生的交互作用进行果树根癌病(*A. turmefaciens*)的防治。

(6) 捕食作用

捕食作用是指在土壤中的一些原生动物和线虫可以捕食真菌、细菌等,从而影响土壤中病原菌的种群密度。食线虫真菌也可通过其菌丝体束缚线虫虫体使其逐步消解,或寄生在线虫虫体内使虫体瓦解。利用病原物的捕食性天敌进行生物防治,目前已有应用。在土壤中发现了上百种捕食线虫的真菌,其菌丝可特化为不同形式的捕虫结构。Arthrobotrys属捕食性真菌已投入商业化生产,其制剂可用于防治蘑菇的食菌线虫和番茄根结线虫。

(7) 诱导抗性

诱导抗性是指诱导植物体内产生抗性,以进行自然保护或抑制病原物的危害。例如,蚕豆、黄瓜、香瓜通过先接种产生局部病斑的侵染因子,以诱导出能系统保护免受真菌、细菌、病毒危害的抗性机制,这种保护作用能持续作物的整个生长期。研究表明,接种木霉可提高植物过氧化物酶、几丁质酶的活性,利用哈茨木霉处理黄瓜的根、叶,可明显诱导黄瓜的抗性形成。

2. 生物防治的措施和应用

植物病害的主要生物防治措施,一是大量引进有益的外源微生物,二是调节环境条件,使已有的有益微生物群体增长并表现拮抗活性。

在土传病害或植物根部病害等的防治中,可以把有益微生物直接加到土壤中去,改良土壤中微生物区系的组成。利用拮抗性木霉制剂处理农作物种子或苗床,能有效地控制由腐霉菌、疫霉菌、核盘菌、立枯丝核菌和小菌核菌侵染引起的根腐病和茎腐病。利用菟丝子炭疽病菌防治大豆菟丝子也取得了较好的效果。

对于一些由种子或土壤传播的苗期病害可以进行种子处理。使种子在萌芽时或胚根生长以后就比较容易地被这些有益微生物优先占领易受病原物感染的嫩芽幼根。苗木处理常用菌液浸蘸苗木的根部,如 K84 制剂用于桃树种子或树苗根系的细菌化处理以防治桃树冠瘿病。对于地上部的一些病害,可以用喷洒的方法,如采用加压喷雾法将黄瓜花叶病毒弱毒株系 S-52 接种辣椒和番茄幼苗以防治病毒病害。综合运用生防制剂和杀菌剂可以提高防治效果,降低杀菌剂用量。哈茨木霉与五氯硝基苯共同施用防治萝卜立枯病和菜豆白绢病,与瑞毒霉共同施用防治辣椒疫病和豌豆根腐病都是成功的实例。

调节土壤环境,增强有益微生物的竞争能力是控制植物根病的另一成功措施。向土壤中添加有机质,如作物秸秆、腐熟的厩肥、绿肥、纤维素、木质素、几丁质等,可以提高土壤碳氮比,有利于拮抗菌发育,能显著减轻多种根病。利用耕作和栽培措施,调节土壤酸碱度和土壤物理性状,也可以提高有益微生物的抑病能力。例如,酸性土壤有利于木霉孢子萌发,增强对立枯丝核菌的抑制作用,而碱性土壤有利于诱导荧光假单胞菌的抑病性。连作小麦多年的病田,全蚀病反而逐年减轻,甚至消失,是由于土壤内积累了大量荧光假单胞菌等有益微生物而成为抑病土。研究表明,抑病土在自然界是普遍存在的,其开发和利用是病害生物防治的又一重要领域。

第 15 章 植物资源开发与利用

15.1 开发与利用植物资源的意义

数以万计的植物和它们所拥有的基因以及它们与生存环境形成复杂的生态系统对人类具有极为重要的意义。

①野生植物在维护生态平衡中起着巨大的作用。
②野生植物给人们以美的享受。
③野生植物具有很高的经济价值和旅游资源价值。
④人类生活与植物息息相关,人们的衣食住行都离不开植物,所有人不论身处何方,都极其依赖植物资源。
⑤野生植物物种里存在丰富多彩的有价值的基因,其中包括食用、药用和工农业原料。

植物是人类赖以生存的基础。植物能够通过光合作用制造有机物,而人类和动物界的其他成员一样,必须直接或间接地从植物中获得营养成分。人类所吃的食物,大部分是直接从植物中获得的。当人们以马铃薯、胡萝卜及柑橘等作为食物时,就是直接利用植物的过程。如果人们吃以食用植物为生的动物的产品,如蛋类、肉类,这就是间接利用植物的过程。人类直接用以食用的植物资源包括粮食、蔬菜、水果、干果、饮料、甜味剂、调味品和天然色素等。

科学家推测全球至少有 8 万种可食用植物。其中水稻、大豆、小麦和粟等 30 种植物便构成人类营养来源的 90%,水稻更是全球一半人口的主要食粮。大自然为人类提供了不同的食用植物,可惜人类并没有加以充分合理利用。现代农业趋向使用单一、高产和开发成熟的物种。而目前还没有得到广泛种植的其余数万种植物就构成了人们将来可能要推广的作物品种,所以人类要义不容辞地保护好这些物种资源。

许多植物具有特定的药用价值,是制药的基本原料,如三七是云南白药的原料,用于预防和治疗疟疾的奎宁,是从金鸡纳的树皮中提取的。近年来,越来越多的药用植物用在了抗衰老、抗肿瘤和抗心脑血管疾病的治疗上。全球过半人口使用野生动植物研制的药物治疗疾病。以中国为例,入药的动植物物种超过 1 万种;在亚马孙河西北流域的人则采用 2000 多个物种入药。西方医药的情况也不相伯仲,美国约有 1/4 的处方药物含有萃取自植物的活性成分。阿司匹林和其他多种合成药物最初的原料也是源自野生植物。

植物也为人类提供品种丰富又物美价廉的生活用品。棉花、亚麻、大麻、黄麻等为人们提供服装、绳索、丝线等的纤维材料,各种树木提供建房的木料,也可以作为印书刊、报纸的纸张的原料。植物还给人类提供了各种香料、化妆品、橡胶、油漆以及其他无数产品。竹是人类最常用的植物之一。古人用幼竹枝和蚕丝制成书写工具,时至今日竹仍是造纸的常用材料;竹笋是中国人的上等蔬菜;竹板是热带地区的建屋材料;用竹片制成的中国手工艺品为我国带来了数百万美元外汇;竹根也是治疗高热的重要中药材。此外,还有我国几乎家家户户都用来吃饭的竹筷,还有竹椅、竹床等不胜枚举。

植物具有净化作用。植物是人类呼吸中需要的氧气来源,植物在光合作用中放出氧气。假若没有植物产生的氧气来补充大气中的氧气,那么氧气早就被耗尽了。植物可以通过叶片吸收大气中的毒气,减少大气的毒物含量。植物的叶片能降低和吸附粉尘。一些水生植物还可以净化水域。

植物能够保持水土。在那些有厚厚植被覆盖的地带,暴雨不容易直接冲刷土壤。此外,植物根系能够固结土壤颗粒,从而使土壤不易被雨水冲失。植物还能蓄涵水源,削减洪峰流量。沿海植被有助于保护海岸线,减少暴风和水灾对沿岸地区造成的破坏;森林则有助于调节气候和雨量,保持泥土肥沃,防止沙土流失。在沙漠周边人工栽种植被可以防止沙尘暴侵袭附近城市。

在旅游业,品种丰富的植物和自然景观吸引越来越多的人去观光游览,享受大自然。在加拿大,通过严格而合理的管理控制,每年自然保护区和国家公园通过生态旅游的收入高达60亿美元。

然而也有一些植物是毒品的原植物,罂粟、大麻、古柯为世界三大毒品海洛因、大麻和可卡因的原植物。这些植物除了少数作为麻醉药品用于医疗病痛外,其余大多数都是给人们身体健康和社会文明带来严重危害的毒品。因此,人们对植物加以开发和利用的同时也要考虑这些危害作用在内,并加以必要的防范和严格的控制。

正是由于丰富的植物资源对人们有诸多巨大的意义,所以要加强对我国现有植物资源的保护,并加以合理利用,这对维护中国粮食与生态安全、促进农业和农村经济社会可持续发展、建设社会主义新农村具有十分重要的意义。植物资源是人类生产生活的重要物质基础,人类的衣食住行都与其密切相关。同时,它还是重要的战略资源,保存着丰富的遗传基因多样性,为人类的生存与发展提供了广阔的空间。例如,1973年,袁隆平先生凭借普通野生水稻胞质不育株,培育出举世瞩目的杂交水稻品种,为解决中国乃至世界的粮食安全问题做出了巨大贡献。由此可见,如果野生稻资源完全丢失,那么人类就丧失了一次解决粮食安全的重大机遇。

由以上植物资源所蕴涵的功用和潜能来看,保护植物资源意义重大。人们在开发和利用植物的同时,一定要时刻记着对现有植物物种资源的保存和保护,以保将来需要时有所用。

15.2 我国植物资源开发与利用现状及保护措施

15.2.1 我国植物资源开发与利用的现状

我国是世界上植物种类最丰富的国家之一,植物总数达到4.3万种,其中种子植物就有2.5万种以上,仅次于马来西亚和巴西,居世界第三位。我国也是世界上经济植物最多的国家,许多植物原产我国,现已引种到国外。例如,全世界现有裸子植物12科,约800种,而我国就有11科,约240种,它们多是经济用材树种。我国的银杏、水杉、水松素有三大活化石之誉,1956年发现的银杉是又一种活化石。此外,还有很多特产树种,如金钱松、油杉、白豆杉等。

在被子植物方面,就经济植物来说,稻和小米早在数千年前已有栽培。豆类中的大豆原产于我国。果树中的桃、梅、梨、板栗、枇杷、荔枝、杨梅、橘、金柑皆原产于我国。蔬菜作物方面,我国是蔬菜种类最多的国家。在特产经济作物方面,原产我国的有茶、桑、油桐、大麻、香樟等。药用植物方面,人参及数千种中草药更是宝贵的财富。在蕨类、藻类、苔藓及真菌中,也有许多特产的属种。

我国地域辽阔,几乎可以看到北半球的各种植被类型。最北部的大兴安岭、长白山一带分布有落叶松、云杉、红松,林下还分布闻名中外的药材——人参。华北地区和辽东、山东半岛一带,是全国小麦、棉花和杂粮的重要产区,还盛产苹果、梨、桃、葡萄、枣、核桃、板栗等。广阔的亚热带地区,是水稻主要产区;还有银杏、水杉、银杉、毛竹、油茶、油桐、乌桕、漆树、杉木、马尾松等。粤、桂、闽、台和滇南部的热带地区,有菠萝、甘蔗、剑麻、香蕉、荔枝、龙眼、杧果,还有橡胶、椰子、咖啡、可可、胡椒、油棕、槟榔等经济作物;特别是花卉更是闻名于世。东北平原和内蒙古高原有一望无际的大草原,禾本科、豆科牧草营养价值高,是畜牧业的主要基础。青藏高原有青稞、冬小麦、荞麦和萝卜,新疆、甘肃、青海有我国最优质的长绒棉,还有葡萄、西瓜和哈密瓜;戈壁滩上有沙拐枣和麻黄。

随着新技术、新仪器的使用,我国对植物资源的开发利用研究不论是在深度上还是在广度上都取得了许多可喜的成就。总结来说,我国植物资源开发利用现状主要表现在以下几个方面。

(1)食用植物资源的开发与利用现状

野果作为营养功能性食品原料而广泛地应用于食品工业,并成为一项新兴的出口创汇产品。部分地区开发出了许多野果系列产品,获得了较为理想的经济效益。如吉林的通化山葡萄酒、甘肃的中华猕猴桃酒、河南的山楂系列食品和酸枣食品、陕西的沙棘汁和沙棘汽酒、黑龙江的黑加仑果汁和黑加仑酒等,这些产品均受到国内外消费者的欢迎。越来越多的野生果种类被发现和开发利用,这不仅为食品工业提供了新原料,同时也增加了新的栽培果树种类。在"返璞归真、回归自然"的今天,野果是生产新型无污染的营养保健食品的重要原料。因此,开发利用野果资源是调整我国食品结构的一个发展趋势,对我国营养保健食品的发展将起着重要作用,同时也是大有前途的创汇产业。

我国野菜资源的开发利用也逐渐受到重视,由原来的农民自采自食转向农民采集、工厂收购加工以及产品销售的阶段。黑龙江省尚志市与日本合资兴建的山野菜加工厂,生产出的保鲜蕨菜、蕨菜等野菜制品远销海内外。吉林省长白县山珍食品厂以刺五加、猴腿、桔梗、蕨菜等原料加工出的十余种野菜罐头,经济效益非常明显。目前,我国已开发出的野菜食品主要有保鲜菜、野菜干、野菜罐头、野菜饮料、盐渍品等,产品已出口到日本、韩国、欧洲、东南亚和中国香港等国家和地区。

我国野生香料植物为香料工业所用的天然品种达110种,其中许多大宗品种由于野生资源减少不能满足需求,而需进行大面积人工栽培,天然香料种植基地已有20多个。目前,我国香料工业虽形成了粗具规模体系,但对于产品配套的需要还无法满足,配制某些香精产品所用的香料种类仍然不足,每年还需进口一些原料及半成品。因此,进一步挖掘我国的野生香料植物资源仍是今后一项艰巨且重要的任务。

随着合成色素使用对人类健康造成不利的影响,天然色素尤其是植物性色素以其营养价值高、无毒副作用为优点日益受到人们的欢迎。近20年来,我国在植物性色素的开发利用方面也取得了一些进展,如从植物红花中提取了红花色素、可可壳中提取了可可色素、大金鸡菊中分离出了大金鸡菊黄色素、越橘果实中提取了宝石红色素等。除此之外,还研究和发现了一些新的食用油脂植物资源,如油瓜、文冠果、株木、破布木以及黑沙草等,其加工利用水平也在很大程度上得到了提高。我国也对几十种野生甜味剂植物资源进行了研究和开发,已开发出甜度大、口味好、安全实惠、使用方便的植物性甜味剂,如甘草的甘草甜素和甜叶菊中的甜菊素等。

(2)工业用植物资源的开发与利用现状

据统计,我国鞣料植物达300种,其中利用价值高、资源量大的有40余种。鞣料植物提取的栲胶主要用作制革工业的鞣皮剂,此外还能够用于锅炉去垢防垢剂、污水处理剂、涂料及电池的电极添加剂等。近二十多年来,又用栲胶研制出单宁做工程防渗加固的化学灌浆材料及新型的铸造辅料等。因此,栲胶是我国和许多国家国民经济中不可缺少的一种原料产品之一。

我国的树脂、树胶植物资源也非常丰富。开发的主要产品包括松脂、生漆、枫脂、络石树脂等,其中以松脂和生漆最为重要。松脂加工成松香和松节油在轻工业上有广泛的用途。生漆是一种很好的涂料,有非常理想的耐酸性、耐水性、耐油性、耐热性以及绝缘性,因而广泛涂刷于房屋、家具、船舶、机械设备上,其防腐性能远远超过其他油漆类,而且漆油光亮持久,有许多独特的优点。树胶由多糖类物质组成,主要种类有桃胶、阿拉伯胶、黄香胶以及半乳甘露聚糖胶等。特别是近十年来在长角豆、瓜儿豆中提取的半乳甘露聚糖胶在食品工业、纺织工业、造纸工业、石油、矿冶以及涂料等方面具有更重要的用途,因而被誉为"王牌胶"。我国近几年在引种这两种植物的同时,从田菁、胡芦巴、槐豆胚乳中也发现了这种半乳甘露聚糖胶,且含量高、质量好。田菁胶目前已在石油、造纸等领域得到了广泛的应用,并获得了较好的效果。

全世界的橡胶植物约有2 000种,广泛分布于热带、亚热带以及温带地区。我国除了三叶橡胶树外,还有许多野生或栽培的橡胶植物,如杜仲、橡胶草等。橡胶是重要的工业原料,广泛用于交通运输设备、建筑工程器材、国防设备、医疗卫生器具、电信器材、日常生活用品、文化体育用品和科学研究仪器等各个方面。从目前我国的橡胶植物利用情况不难看出,自产橡胶尚无法满足需要,还有待于进一步开发利用。

(3)观赏用植物资源的开发利用现状

观赏植物资源是指供人类观赏的一类植物资源。观赏植物在我国既有丰富多彩的种类,又有悠久的栽培历史,因而在世界上有"花园之母"的美称。我国在野生观赏植物资源的调查、引种和开发等方面做了大量的工作,如对木兰科、杜鹃属植物的专属引种取得了卓有成效的成绩,对宿根草花野生种的开发也取得了丰硕的成果。

(4)药用植物资源的开发利用现状

我国药用植物的种类和蕴含量极为丰富,素有"世界药用植物宝库"之称。截至目前,我国已发现的药用植物有2 000余种。我国对药用植物资源的开发利用,成绩显著。尤其是在抗肿瘤和神经药物的研究方面,发现了新的药源、有效成分和利用部位,使得药用植物的研究向综合利用方向发展,并找到了一批能够替代进口药的国产药物资源,且已大部分投产,形成了支柱产业。如1989年,湖北中医药研究院利用雷公藤为原料研制成"雷公藤片",此项成果被转让给当时濒临倒闭的黄石制药厂,使得该厂当年生产"雷公藤片"产值高达2 500万元。湖南绥宁县中药饮片厂利用本县十分丰富的绞股蓝资源研制出系列产品,产品销往广东、北京等十多个省市,部分产品还进入欧美市场。此外,从喜树植物分离的抗胃癌有效成分喜树碱和10-轻基喜树碱,从三尖杉、粗榧中分离出抗癌成分三尖杉醋碱和高三尖杉醋碱,对治疗淋巴系统恶性肿瘤有非常理想的效果。从广西美登木、蜜花美登木、云南美登木的根、茎、叶、果实中分离出美登素、美登普林和美登布丁3种大环生物碱,具有较好的抗癌活性。从洋金花植物中分离出的有效成分东莨菪碱是 M 型胆碱受体的阻滞剂,以洋金花为主药的中药麻醉的研究成功,促进了神经药理学的发展。

15.2.2 我国对植物资源的保护措施

我国经济植物物种非常丰富,但这并不意味着我们可以随意地采伐利用这些植物。根据可持续发展的需要,我们必须在开发利用植物资源的同时,对现有的植物资源加以有效的保护。我国在植物资源的保护方面已经采取了一些有效的措施,自然保护区的设置是保护重要物种的有效途径之一。

自然保护区是为了保护各种重要的生态系统及环境,拯救濒临灭绝的物种和保护自然历史遗产而划定的保护和管理特殊地域的总称。自然保护区在全球范围内的广泛建立,是当代自然资源保护和管理的一件大事。我国的第一个自然保护区——鼎湖山自然保护区由中国科学院于1956年在广东省肇庆市建立。目前,我国自然保护区已形成了较完善的保护网络,重点物种的90%主要栖息地得到有效的保护。我国非常重视野生植物的保护问题。当前国家林业局正全力实施"全国野生动植物保护及自然保护区工程建设",加强濒危物种拯救和种质基因保存,实施大熊猫、苏铁植物等15个大物种为主的拯救项目,大力加强科学研究,全面强化野生植物的保护措施,使野生动植物资源得到有效的保护。

20世纪以来,植物遗传资源的保护和利用受到了越来越广泛的重视。各国政府和有关国际组织为收集、研究和保护那些对粮食和农业发展至关重要的植物遗传资源做出了巨大努力。除开展广泛的考察收集和建立一些高标准的基因库外,还开展了资源保存技术、性状鉴定和利用研究。

1. 我国植物遗传资源保护的立法现状

我国颁布了一些与植物遗传资源有关的法律,如《中华人民共和国种子法》《中华人民共和国进出境动植物检疫法》;行政法规有《中华人民共和国野生植物保护条例》《中华人民共和国植物新品种保护条例》《植物检疫条例》《野生药材资源保护管理条例》《中华人民共和国自然保护区条例》等;部门规章有《珍稀濒危保护植物名录》《农业野生植物保护办法》《植物新品种保护条例实施细则》等。但是现行植物遗传资源管理规定是在其他法律法规下附带的,内容很不完善,也不具体,尤其是在植物遗传资源的取得、惠益分享方面基本是一片空白,无法同国际规则接轨。我国法律制度的不健全主要体现在以下几个方面。

一是我国缺乏一部关于植物遗传资源保护的专门性法律,现有法律法规比较分散,没有形成植物遗传资源保护的完整立法体系,并且现有法规仅仅局限于农作物(包括林木)遗传资源的管理,例如,《种子法》《植物新品种保护条例》《进出口农作物种子(苗)管理暂行办法》等,对于野生经济性植物、观赏性植物、药用植物等遗传资源的管理缺少法律规定。

二是对于野生植物物种来说,现有法律仅保护列入国家重点保护名录的珍稀濒危物种,而对未列入名录的野生植物物种的保护却没有明确规定。保护濒危物种固然重要,但是因此而忽视占大多数比例的其他普通植物物种的保护显然是不合理的。

三是现有法律重点放在国内植物种子的市场经营管理上,而对于控制种质资源的流失和遗传资源的进出境管理的内容比较薄弱,特别是对国际和国家间遗传资源的获取没有详细规定,也没有严格健全的管理制度。

四是对于植物遗传资源的知识产权保护制度还不完善。我国在生物技术专利保护上采取保守态势,我国的《专利法》把植物品种、微生物、基因的遗传物质排除在外。我国加入植物新品种保护联盟使用的是1978年文本,而不是更具反映现代生物技术特性的1991年文本。我国只对符合《植物新品种保护条例》的某些植物新品种予以保护,相对其他发达国家来说保护制度较弱。

五是我国现有法律与国际法规接轨程度较低,尚未能解决国际和国家间遗传资源获取的方式、程序、制度、商定条件和惠益分享的机制。

六是植物遗传资源的收集和保存制度、植物遗传资源保护基金制度等都很不完善。

我国目前植物遗传资源的管理体制也很不规范,多部门管理,各为其政,没有统一的对外管理体制和权威的管理机构。农业部种植业司负责作物种质资源的收集、整理、鉴定、保存和登记,农业部科教司(生态环境处)负责农作物野生资源保护;中国科学院品种资源所负责鉴定、保存、科研、信息、交换等;国家林业局主要负责林业遗传资源的管理;而观赏植物则由农业、林业、园林、中国科学院等四家各自管理部门内的有关研究和种质资源部门管理。上述各部门分工不明确,在工作上存在着交叉、重复和遗漏现象。一些职能部门既负责开发利用资源,又负责保护管理资源,缺乏有效的制约机制。也正由于目前我国还没有专门的植物遗传资源管理机构,遗传资源输入、输出也没有统一的法定程序和渠道,致使我国植物遗传资源不断无偿流失。

2. 国际植物遗传资源保护的立法动态对我国的启示

由于我国植物遗传资源保护法律体系的不健全,管理体制的不完善,植物遗传资源的输出渠道混乱,任何拥有植物遗传资源的单位和个人都可以提供遗传资源,导致我国植物遗传资源大量流失。现在,发达国家正凭借自身雄厚的经济和科技实力,采取合作研究、出资购买甚至偷窃的方式,大肆掠夺和控制发展中国家的生物遗传资源;利用先进技术,开发出新的药品或作物品种,再申请专利保护,并将成果以专利技术和专利产品的形式高价向发展中国家兜售,获取高额利润。所以在这种背景下,加强我国植物遗传资源保护的立法,并学习借鉴国际经验是非常有必要而且是非常紧迫的。

国际公约以及发达国家和其他发展中国家的立法,对完善我国植物遗传资源保护法律制度的启示体现在以下几个方面。

第一,制定专门的综合性的植物遗传资源保护的法律,增加对经济性植物、观赏性植物、药用植物和普通植物品种保护的管理规定。

第二,建立协调分工的遗传资源管理体制,统一管理全国遗传资源。在遗传资源综合管理机构下设植物遗传资源管理部门,统一管理植物遗传资源。由此部门牵头,其他农业、林业等部门配合协调管理全国植物遗传资源。

第三,建立与《生物多样性》等国际公约多边机制相接轨的法律制度。例如,确立植物遗传资源的国家主权原则、建立遗传资源获取事先知情同意程序和获取条件,制定遗传资源惠益分享机制。

第四,完善知识产权法律体系,加强对生物技术的知识产权保护。生物产业发展的关键就是对基因的占有和利用,不占有基因,发展就是一句空话。与其他国家不同的是,我国既有丰富的遗传资源,又有处于世界前列的基因技术。我国应该学习发达国家对生物技术的专利保护,采取积极的措施开发利用资源,使之尽快变成牢牢掌握在自己手中的自主知识产权,使资源丰富这一优势转化为我国生物领域高新技术和经济上的优势,这无疑是一个急迫而重要的任务。

第五,加强基因库和核心种质资源库的建设。利用生物技术保护植物遗传资源。丰富的遗传资源为遗传研究和育种工作提供了大量材料,但众多的遗传资源给保存、评价、鉴定和利用带来了一定的困难。核心种质资源就是用一定的方法选择整个种质资源中的一部分,以最少的资源数量和遗传重复最大限度地代表整个遗传资源的多样性(未包含于核心种质中的种质材料作为保留种质保存)方便了遗传资源的保存、评价和利用。

第六,加大生物科技研发投入,提升自主创新能力。与发达国家相比,我国科技研发投入明显不足,而且企业远未能成为科技创新的主体。所以必须增强研发投入,有计划地、战略性地联合攻关与产出农业生物技术专利,以抵御发达国家对我国农业生物技术领域的侵占,提升开发核心技术能力,提高生物产业的自主创新能力,掌握自主知识产权。

第七,开展植物遗传资源保护的宣传教育和培训,普及遗传资源保护知识。《生物多样性公约》第15条明确了各国对其自然资源(包括遗传资源)拥有主权的权利。提高广大公众对国家生物遗传资源财富的保护意识,特别是少数民族地区居民的遗传资源保护与利用意识的提高和参与,也是迫在眉睫的大事。另外,各地方政府的遗传资源保护和利用意识也亟待加强。

3. 植物园在植物多样性保护方面的对策

生物多样性保护,除了建立国家协调机制,加强立法和执法,加大投入,强化就地保护,重视宣传教育,推动全球合作,还要加强环境保护,控制污染,保护生态环境,控制外来物种,加强生物安全管理和遗传资源保护,积极履行《生物多样性公约》。我国植物园应该在以下几个方面发挥自身功能,加强对植物多样性的保护。

(1)加强宣传

植物园要充分发挥植物园的科普功能,充分利用广播、电视、报纸、网络等媒介,就我国生物多样性保护和履约热点问题,进行宣传教育和表彰好人好事,并对违法活动揭露曝光。联合宣传、教育部门,组织形式多样、丰富多彩、参与性强的生物多样性保护活动,加强生物多样性宣传,强调面向基层,面向广大公众,加大宣传、教育和培训力度,鼓励和发动公众广泛参与到生物多样性保护行动中来,特别应加强对中小学生的教育。继续利用"地球日""植树节""世界环境日""国际生物多样性日"等举行宣传周、新闻发布会、研讨会、画展。特别是针对青少年,结合《科学》或《生物》课堂教学,开展学生实习活动,让学生直观认识所学知识。增加趣味性讲座,播放专业录像,让他们了解宇宙与生命、生命的起源、动物与植物、人与植物的关系、植物的利用与可持续发展、神奇的植物等内容。加强生物多样性科学知识的交流和普及,通过环境、生物、伦理、道德等使每个公民都能改变行为方式以努力保持植物多样性,提高公众意识和参与生物多样性保护的积极性。

(2)加速建立各地植物多样性信息系统

保护生物多样性需要各种相关信息,包括人类利用、基础分类、分布、现状和发展趋势以及生态学关系等情况。南京中山植物园、中科院西双版纳植物园、武汉植物园、北京植物园、上海植物园等都逐步建立了植物信息系统。

植物园要利用计算机和网络技术,结合3S集成技术,建立起当地的植物多样性信息系统,进行植物园植物记录的数字化管理,加快我国生物多样性数据管理和信息网络化建设。利用计算机协助生物多样性保护研究工作,应用于植物的迁地保护,动态记录植物资源分布、生长及演化变迁状况。利用信息技术和网络的支持,促进植物园之间的信息交流,加强合作,最大限度实现资源共享,促进共同进步。还可以运用网络技术进行科普教育和生物多样性宣传。国家相关部门或植物园协会要制定有关数据格式标准,以利于数据信息交流。

(3)加强种质资源的保存

生物多样性包含遗传多样性、物种多样性和生态系统多样性3个层次。特别要加强濒危珍稀物种保护和具有某些优良性状和遗传特性的野生资源的保护,植物园应成为濒危物种迁地保护的重要基地,参与并指导植物就地保护,进行珍稀物种的繁殖推广。在植物园也要进行常规物种的保存,有条件的也可进行种子库保存和低温保存。

(4)加强植物多样性研究

植物多样性保护,科研要先行。植物园应充分发挥植物园的科研功能,加强植物多样性保护方面宏观和微观的研究,包括基因、细胞、器官、个体、种群、群落、生态系统等大小不同的组织水平或层次,开展研究工作,如植物之间的关系、植物与动物之间的关系、植物与人类的关系、植物资源利用与人类可持续发展、环境变化对植物多样性的影响、植物多样性价值评价方法、入侵植物、种群动态、生态系统功能等。有条件的还要重点研究现代生物技术(如基因工程和细胞工程)对植物多样性的影响,以及濒危植物的调查、鉴别、评价和致濒机制研究。植物多样性的保护需以植物学为基础,将植物分类学、生态学、遗传学、分子生物学等生物学科与政治、经济、法律、人口等社会学科进行学科的渗透和综合,形成一门新的学科。

(5)加强植物园间的合作与交流

植物园间要通过植物园协会和植物专委会开展各种专业会议,加强国际、国内合作与交流,不仅是植物品种的交流,还要交流生物多样性保护方面的经验、植物多样性研究方面进展情况,实现资源、技术、人才共享,提高植物园的整体作用。各地植物园要定期或不定期进行入侵植物信息通报和预警,加强本地植物引种指导,进行植物引种风险评估。

植物园还要加强与高校的联系与合作,优势互补,一方面为高校提供植物多样性实习和研究场地,另一方面便于高校研究与植物多样性保护紧密结合,服务于植物园建设和发展。

15.3 植物资源开发与利用中存在的主要问题及对策

15.3.1 植物资源开发利用中存在的问题

在植物资源开发利用中,有些是由于发展速度太快,条件没有具备,以及判断失误、决策不当或措施不力,违背了自然发展规律,从而造成了新矛盾、新问题,这些问题主要表现在以下几个方面。

1. 资源破坏严重

在开发利用野生植物资源中,缺乏科学技术的指导,片面追求资源的经济价值,对于资源的生态价值不够重视;注重对现有植物资源的利用,但忽视了对其野生资源的保护与建设。在个别地区还存在从狭隘的功利观念出发,着眼于暂时的局部利益,忽视长远的全局利益,使资源遭到不同程度的破坏。采用不适当的利用手段,抢购套购,转手倒卖,严重干扰了资源有计划的合理利用。

2. 盲目开发

在未探明社会需要量和资源生产量的情况下,一哄而起,盲目建立生产企业,引进大型生产线,加工能力超过资源本身的生产能力,从而造成资源破坏和经济损失。不掌握信息,缺乏科学的判断和科学的决策,"少了赶,多了砍",收购价非常不稳定,脱销与积压反复出现。

3. 植物资源的可持续利用基础与技术研究严重滞后

对许多重要野生植物种群的自然更新能力缺乏深入系统的研究,从而使得资源利用强度超过种群的自然增长能力,导致种群衰退。

4. 缺乏高质量、高品位的新产品

产品开发往往是在未完善加工工艺技术的情况下投入生产,细加工、深度加工等技术没有掌握,生产的产品大多数为半成品或低品位产品,在国内外商品市场上缺乏应有的竞争力。

5. 忽视综合开发与利用

尽管我国植物资源的种类繁多,但在开发中往往集中在少数几种,缺乏自己的名、特、优拳头产品,限制了资源优势的发展。另外,忽视每种植物资源的多功能综合利用,许多植物往往含有几种特殊的有效成分,只利用其中的1~2种,这样就造成了资源的浪费。

15.3.2 针对开发利用中存在的问题应采取的主要措施

进一步开展全国性的植物资源普查,摸清家底,评价各类资源的总体利用价值,对具有商品开发潜力的种类进行重点清查,查清资源分布范围、数量、产量水平、产区自然条件和社会条件,以及生产和产品流通的可靠信息,以便制定合理的开发方案。

加大科研投入力度,尤其是基础研究,如资源种群自然更新能力的研究,有用成分形成、积累和转化的生理机制研究,为植物资源可持续利用提供科学依据。

建立并完善各级保护机构和保护法规,建立保护区明确保护品种,特别是已有机构应发挥真正的职能作用,已有的法规、条例等应得到切实执行。国家应当根据地域生态差异,科学地制定出开发植物资源的区划,实现宏观控制,实行立法管理。

加强重要植物资源种类的驯化栽培研究,建立资源生产基地,开展优良资源性状选育研究,提高资源产量、质量和有用成分的稳定性。

要协调行业之间的关系,特别要协调资源建设和资源产品加工利用两个方面的利益,要把资源开发中所获得的经济收益,合理地反馈到资源建设上,使得资源得到恢复和发展,建立起稳定的工农业生产良性循环。

配套生产技术和加工工艺研究,在提高现有产品质量的基础上,积极研究深度加工、精加工技术,促进新产品开发和资源综合利用,开展国内外商品流通市场的动态研究,创造名牌产品,提高产品的竞争力。

加强保护植物资源的宣传教育,植物资源保护涉及各个层次的人员,因此务必保证加强宣传教育。首先是要提高领导干部的认识,并且使广大群众都知道保护植物资源不仅是保护植物资源本身的存在和发展,还是保护环境、维持生态平衡和人类生存所必需。增强全民族的资源保护意识,使有限的植物资源得到合理的利用与保护。

15.3.3 外来入侵植物对我国植物资源的影响及对策

植物外来种指的是在一个特定地域的生态系统中,通过不同的途径从其他地区传播过来的非本地自然发生和进化的植物。目前,在世界的许多地方出现植物的外来种,尤其以热带和亚热带地区为最多。我国也未能幸免,农业贸易的增长以及国际交流、旅游、边贸的不断增加,不可避免地增加了我国外来植物的传入。

不可否认,从积极的一面来讲,外来植物对我国的文明发展有过重大的贡献。除大豆等少数原产我国外,许多作物如陆地棉、玉米、菜豆、落花生、芝麻、番茄、马铃薯、番薯等都是从国外引进的。有的外来种是常见的行道树,如悬铃木;有些抗逆性强,可以利用土壤肥力为其他植物的生长奠定基础,如紫苜蓿;有些作为造林树种,如洋槐。但与此同时对生态环境造成了相当严重的影响。另外,近20年来,随着对外经济、贸易、科技、文化等交流在世界范围内的影响,我国引进植物物种的数量正在不断增加,但由于该项工作难度比较大,且相关人力短缺,以及大家对物种引入所产生的影响与后果所持有的态度不同,目前引种所带来的有害植物的准确数据还不能确定。可以说,外来入侵植物中大部分是作为有用植物而引进的,但之后却逐渐演变为对生物多样性、生态环境和生产具有危害的入侵物种。

不管是组织还是个人,他们中的相当一部分对引进的物种可能带来的危害缺乏足够的认识,他们在引进物种的同时只看到的其中的某种好处,而不会考虑其给生态环境所带来的危害。有些地方和部门,认为引进的物种就是比本地的好,因此在工作中相当热衷于引进物种,而忽略了本地物种的潜在价值,这种错误的观念增加了外来物种入侵的风险。

在我国,外来有害植物已经构成了对本地生物多样性的严重威胁。这些威胁主要表现在:①与本地植物竞争土壤、水分及生存空间,造成本地物种数量下降或灭绝。②严重威胁自然保护区的建设和发展。③外来有毒植物造成当地牲畜死亡或生存力下降。④其他方面的连锁反应,如气候、土壤、水分、有机物等一系列生态学变化。

治理外来有害植物,常用的有效对策有以下几种。

1. 植物检疫

这种方法是防止外来植物侵入的第一道防线。通常需要指定出检疫对象,严格检查从境外引入的作物种子、林木、花卉、有机肥料以及一些包装材料,防止危险性植物随上述材料传入。植物检疫具有将新的外来有害植物抵御于国境之外的优点,但对于已传入国境的、在国内传播的植物来讲,植物检疫就难以发挥更大的作用了。

2. 化学防除

化学除草剂具有效果迅速、杀草广谱的特点。但在防除外来植物时,除草剂往往也杀灭了许多本地植物,而且化学防除一般费用较高,在大面积山林及一些自身经济价值相对较低的生态环境(如草原)使用往往不经济、不现实。此外,对一些特殊环境如水库、湖泊,化学除草剂是限制使用的。对于许多种多年生外来杂草,大多数除草剂通常只杀灭地上部分,难以清除地下部分,所以需连续施用,防治效果难以持久。

3. 人工及机械防除

人工及机械防除有害植物对环境安全,短时间内也可迅速杀灭一定范围内的外来植物。但当发生面积大时,需要相当多的劳动力。而且人工或机械防除后,如不妥善处理有害植物残株,这些残株依靠无性繁殖有可能成为新的传播来源。

4. 生物防治

生物防治是指从外来有害植物的原产地引进食性专一的天敌将有害植物的种群密度控制在生态和经济危害水平之下。生物防治方法的基本原理是依据植物—天敌的生态平衡理论,试图在有害植物的传入地通过引入原产地的天敌因子重新建立有害植物与天敌之间的相互调节、相互制约机制,恢复和保持这种生态平衡。天敌一旦在新的生态下建立种群,就可能依靠自我繁殖、自我扩散,长期控制有害植物,因而生物防治具有控效持久、对环境安全、防治成本低廉的优点。但对于那些要求在短时期内彻底清除的有害植物,生物防治难以发挥及时良好的效果。因为从释放天敌到获得明显的控制效果一般需要几年甚至更长的时间。

由于上述各种方法单独应用都有其优缺点,而综合起来协调运用,发挥各自的长处,形成一套综合治理体系将会极大地提高防治效果,达到高效、持久、安全、低成本的目的。国内外众多成功的实例证明,采用以生物防治为主,辅以化学、机械或人工方法的综合防治体系是解决外来有害植物的最为有效的方法。

15.4 植物资源的合理开发和利用

据估计,自地球上出现生命至今,曾在地球上生存过的生物种类非常多,英国气象学家辛普森(Simpson)估计有 0.5 亿～40 亿种。海伍德(Heywood)等 1955 年估计,全球主要类群的物种(包括已科学描述过的 175 万种)只有 1 300 万～1 400 万种,表明有大量的物种不存在了。根据国际自然和自然资源联盟所设的保护监测中心估计,现存物种以每天一种的速度在消失,而每一个物种的消失常常导致另外 10～30 种生物的生存危机。自然力(冰川、森林大火、毁灭性大干旱、病虫害)的影响造成了物种的消失,而生物资源的过度开发、环境污染、全球气候变化、大规模兴建城市无疑使许多有价值的种质资源流失了。

人类的生活、繁衍和进步,同植物资源的开发、利用和保护息息相关。合理开发、利用和保护植物种质资源,已成为当今全球性的战略问题。

15.4.1 合理开发利用植物资源的意义

1. 实现保护与开发利用的统一

每个生态系统都具有一种内在的自动调节能力,以维护自己的稳定性,从而保持生态平衡。人类对植物资源的利用只要在其自动调节力范围内,就会使开发利用与保护得到统一。如果一味强调保护,让资源自生自灭,则是一种浪费。同时,离开资源开发利用和经济发展,植物资源的保护便成了无源之水。我国很多地区还很贫困落后,这就使得人们只顾眼前利益,由于生产力低下,经营方式落后,对植物资源的利用率低,人们往往以掠夺式开发方式破坏植物资源。但是,植物资源的负荷能力和生态系统自我调节能力有限,超过其范围,生态平衡就会被破坏,森林、草原等陆地生态系统就会朝着裸地方向演替,植物资源很快耗尽,开发利用无法继续下去。合理开发利用植物资源,可以将植物资源优势化为经济优势,使贫困地区人民群众生活得到改善,进而推动文化教育事业发展,使人们摆脱落后的思想观念,减少愚昧的环境资源破坏行为,植物资源才能得以保护,生态系统进入良性循环,社会经济走上可持续发展道路。

2. 实现经济效益、社会效益和生态效益的统一

过去,人们一般只注意植物资源变成商品后带来的经济效益,忽略了植物资源所发挥的生态效益中蕴含的经济效益和社会效益,这种效益是间接的,是通过阻止生态灾难所引起的经济损失表现出来的。森林及草原破坏后,首先表现出来的是林牧业生产下降,林牧副产品资源减少,而潜在的后果是水土流失、洪灾、旱灾、沙漠化、水库等水利设施受损、土壤肥力下降、生态系统内的食物链断裂、病虫害增加,而用于抵制这些灾害的投资是巨大的。按我国水土流失面积 150 万 km^2 估算,我国每年因水土流失所失去的肥分折合商品化肥至少有 400 亿 kg,从生产这些化肥所需的生产装置、能源开采及煤、化肥运输来计算,国家每年损失 144 亿元,这还不包括水库、河道淤积造成的损失,以及对农业、林业、畜牧业造成的损失。因此,合理开发利用我国丰富的植物资源,提高我国森林、草原等绿色植被覆盖率,从改善生态环境所直接获得的生态效益可以带来明显的经济效益和社会效益。

3. 实现资源的永续利用

野生资源并不是取之不尽用之不竭的,盲目地乱采滥伐,会造成资源枯竭。樟属植物是重要的芳香油资源,由于近年来盲目开采,除山苍子油有一定数量外,其余大多已不能列入稳定产量的商品。蕨类植物金毛狗(Cibotium barometz)由于其地下茎可以止血,有重要药用价值。另外,其根茎外形美观,适于制作工艺品,因此近年来遭到大量挖取,导致金毛狗资源严重匮乏,有关部门已经采取措施限制采挖和加以保护。由此可见,对有限植物资源,尤其是对濒临灭绝的珍稀植物资源应该合理开发利用,才能实现植物资源的永续利用。

15.4.2　植物资源合理开发利用的原则

在我国,合理利用与保护植物资源,要做到以下几个方面。

1. 要保护植物资源的恢复能力

在利用植物资源时,要考虑它们的恢复能力,绝不能"竭泽而渔"或"杀鸡取卵"。植物资源恢复能力的基础是植物的再生能力,当我们从野生植物上采收根、树皮、枝条或者采收一棵棵草本植株时,应考虑这些被采收的部分在来年或两三年内是否能再生出来。植物的再生能力是我们利用强度的主要依据。当我们保护一种资源植物的恢复能力时,除了考虑这种植物本身的再生能力外,还应该考虑它在生长环境中与其他植物之间所构成的生态关系。例如,砂仁需要彩带蜂

授粉,而彩带蜂又需要多种蜜源植物等。各种资源植物之间存在着种种联系,我们必须从群落学观点全面考虑,如果只从一种资源植物上寻找解决办法,往往效果不佳。

2. 掌握好采收植物的器官部位

需要以植物的根为原料时,我们应该只对其根进行采摘,同样地,当需要以植物的茎为原料时,应该只对其茎进行采摘。不能因为某种原因将植物的根、茎、叶、花、果实或者种子一起采摘下来,造成不必要的伤害,使植物很难恢复原状。在采摘过程中一定要保护好植物的器官,使对植物的伤害降至最低。

3. 要进行植物资源的综合利用

每种植物往往代谢积累多种产物,如松树产木材、松脂、松针和松子,分别具有不同的应用价值;橡子含丰富的淀粉,橡子壳(壳斗)却含丰富的单宁;山苍子果实可以提取芳香油,提取芳香油后的果核又可提取油脂,山苍子油脂含有大量月桂酸,是高级工业用油,等等。所以对植物资源进行综合利用,不仅可以提高经济效益,更重要的是能使植物资源得到充分利用。在自然界,一种资源植物常常伴生有其他资源植物。对这些植物资源进行综合利用,就可以大幅度提高单位面积的生产力。

4. 对植物资源应进行抚育管理

为了让植物资源得以永续利用,社会得以可持续发展,应该对植物资源进行抚育管理。例如,对野生药用资源植物实施改善生长环境和辅以施肥、灌溉、改良土壤及防治病虫害等人工管理过程,对于牧区草场应该对牲畜数量进行严格控制,不能超过牧区的承载范围,同时应该人工种植高产优质牧草,建立饲料基地;在森林经营中,对于同龄成熟树木应该采用轮伐的方法,对异龄树木采用择伐的方法,使森林不断出现局部更新,实现树木的永续利用。

5. 经济效益、生态效益和社会效益相统一

一定要合理开发与利用植物资源,在提高经济效益的同时,保护生态环境与生存环境,即保护其生态效益和社会效益。同时,环境的治理和生态保护,一定要和经济效益联系起来,挂起钩来,才能有良好的生态环境。如果没有经济效益,一味地强调生态效益和社会效益,生态效益和社会效益也不会得以很好的体现。保护也是为了利用,是为了长期稳定地利用植物资源。我们在利用植物资源的时候要兼顾经济效益、生态效益和社会效益,其实也就是兼顾局部利益和整体利益、眼前利益和长远利益。只要人类社会存在,人们对利益的追求就不会停止,目前的生态危机,就是人们在追求利益的过程中没有处理好这三个效益的关系所致。因此,要实现生态系统的正常运行和社会的可持续发展,必须处理好三个效益之间的关系,做到经济效益、生态效益和社会效益相统一。

6. 植物资源的永续利用

植物资源并不是取之不尽的,乱采滥挖,必将会造成资源枯竭。我国丰富的植物资源是各族人民的财富,在对其进行开发利用获得当前利益的同时,也不要忘记为我们的子孙后代负责,不要让未来的人们生活在资源匮乏的困境里。这就要求我们采取一些切实有效的措施,让资源得

以永续利用,社会得以可持续发展。

植物资源是典型的可更新资源,通过有性繁殖和无性繁殖不断产生新个体。但植物种群的增长能力是有限的,如果利用过度,种群的自然更新将受到负面影响,个体数量不断减少,导致种群衰退,许多大量开发利用的野生植物都受到了不同程度的威胁。

为了能够实现植物资源的永续利用,应该制定合理的采收制度,须做到以下几点。

①对植物进行采摘之前应该根据植物资源的最大年允收量和生长年限制订一个切实可行的计划,不要盲目开采。

②在森林经营中,对于同龄成熟树木应该采用轮伐的方法,给植物以休养生息的机会;对异龄树木采用择伐的方法,使森林不断出现局部更新,实现永续利用。

③挖大留小,维持一定的种群数量,森林采伐避免皆伐,采伐量不能超过生长量。

④把分散、面临枯竭的资源相对集中起来,加上繁育和人工培育手段,抚育管理,使之不但能够保护分散稀少的资源,同时又能建成原料种植基地,为市场提供数量稳定的优质产品,实现资源的永续利用。

7. 植物资源增长量与开发利用量相一致

在开发利用植物资源时,首先要找出该地区该植物资源的可采量,求出产量与最大经济效益的结合点。只有这样才能做到资源的可持续利用。

8. 植物资源综合利用、高效利用

在对野生植物进行开发利用的过程中,投入过多的人力、物力与财力,但往往达不到预期的效果,造成资源的不必要浪费。出现这种情况主要是因为生产加工技术比较落后,生产经营方式比较单一,没有对原料进行综合利用,所生产的大多是初级产品。因此,在条件允许的情况下要尽可能地引进新技术、新理论,对生产工艺进行改造,提高原料的综合利用率与产品的加工深度,降低运销成本,实现经济效益最大化。

9. 开发新资源,提高资源商品率

当某一植物资源品质好而资源又明显不足,在对其进行利用时,应尽可能地提高其利用率,并积极地寻找替代资源,这样既可以缓解现有资源的压力,使其尽可能地恢复到原有状况,又可以开发出新的产品,提高经济效益。

10. 发挥区域地方特色,立足发展本地资源优势

地区加工业的发展是建立在资源丰富的前提之下的。如果一个地区没有可利用的资源,那么加工业就失去了天然的优势,也不可能得到好的发展。所以,在对植物资源进行开发利用之前,要对该地区的植物资源情况有一个大致的了解,了解其优势与劣势,充分发挥其长处,把资源优势与加工业相结合,提高经济效益。

11. 建立产业基地,利用与保护并举

包括建立野生可持续利用基地和人工种植、引种驯化基地,为产业提供稳定而优质原料。

12.遵循循环经济"3R"原则

植物资源在开发利用的过程中,应遵循循环经济"3R"原则。植物资源"3R"原则如图 15-1 所示。

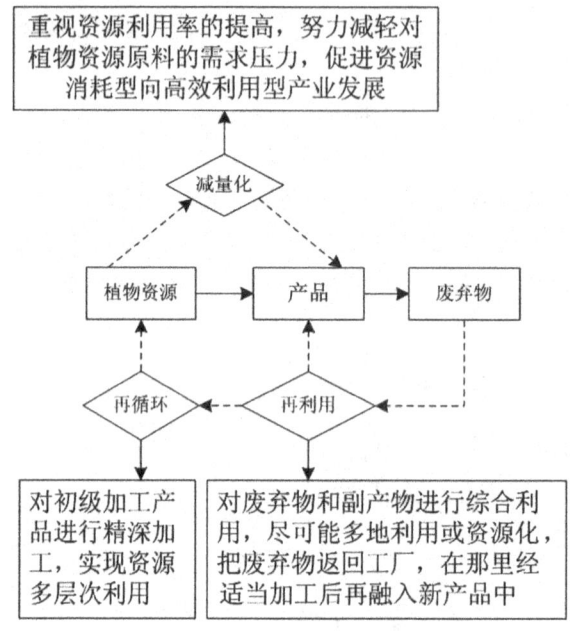

图 15-1　植物资源"3R"原则

15.4.3　植物资源开发利用的步骤与方法

1.建立植物资源数据库

开发利用植物资源,首先要对该地区植物资源分布情况有一个全面的了解,包括各类资源植物的种类、分布、生境、资源蕴藏量、生产及利用情况、民间利用经验等。其次,需要全面掌握国内外资源开发利用的最新信息。因此,应该建立一个植物资源数据库,数据库中不仅要收录该地区资源植物的基本资料,还要将国内外主要期刊最新研究成果编译入库。有了这样的数据库,就可掌握世界各国资源植物应用研究的种类、化学成分和用途等信息,然后筛选出经济价值大又适合人类需要的种类进行开发利用。

2.深度加工和综合利用

过去对植物资源的利用多为传统单一生产经营方式,提供给市场的植物产品常是原料、初级产品,运销成本高,经济效益差。在生产过程中,常产生大量余料,造成资源浪费,同时余料的处理还会造成环境污染。如在砍伐区剩余物和加工剩余物占采伐量的 1/3 或 1/2。这些剩余物给更新造林带来了困难。解决问题的途径就在于森林资源的综合利用,发展"树叶饲料""树皮肥料""人造板工业"和"木质燃料工业",从而提高产值。因此,提高产品加工深度,使同样经济收入所消耗的资源量大幅度下降,是植物资源开发利用的必由之路。

3. 因地制宜,充分发挥当地优势

沙棘果具有很高的营养价值,其枝叶茂盛,根系发达,在水土保持方面有明显作用。沙棘根系还有固氮作用,能改良土壤,所以沙棘已成为"三北"干旱、半干旱地区深受欢迎的资源植物。绞股蓝主产于我国南部,湖南绥宁县中药饮片厂利用该县丰富的绞股蓝资源研制出系列产品,销往国内十余个省区,部分产品已推向国际市场。

4. 不断从植物资源中研究和寻找新的有用种类

目前,人类赖以生存的粮食作物和当今社会上的许多重要产品,如橡胶、可可、咖啡、茶叶、三七、天麻等,都是从野生植物中发掘出来的。野生植物中还有许多很有希望的种类,至今仍被埋藏在深山老林中,需要我们去研究和挖掘。

5. 重视商品基地建设

植物资源分布往往具有明显的地域性,在自然状态下往往产量较低,过度开发容易引起资源枯竭,将其就地种植或迁地种植,实行集约化管理,建立商品基地,可实现品牌经营,达到生态效益与经济效益的统一。

15.5　扩大植物资源产量的方法与途径

成功开发植物资源后,市场的大量需求和野生资源的保护得到有效保证,扩大原料供应是可持续开发利用植物资源的重要保障。

15.5.1　野生植物的引种、驯化与栽培

野生植物的引种、驯化与栽培研究,建立人工栽培基地,实现集约化生产,提高植物原料的产量,是扩大植物资源供应的主要途径之一。

野生植物都有可栽培性的特点,但由于长期生活在大自然中,经过自然选择,已逐渐适应了它自己的生存条件,并形成了自己固有的遗传性。野生植物的引种、驯化与栽培,就是在尊重其固有生态适应性的前提条件下,使其在人为创造的栽培条件中,通过适应和人工管理等措施,转化为栽培植物的过程。

野生植物资源在自然界中的分布多数是零散的,大面积成片现象非常少见。在自然生长发育过程中常受到自然环境变化的影响,而产量与有用成分含量稳定性较差。另外,野生植物通过对不同生境条件的适应和自然杂交等,常存在各种变异个体或群体,也会影响资源产量和资源性状的一致性和稳定性。更重要的是野生植物一旦成为重要开发资源,仅靠野生资源很难满足市场的需求,在利用的压力下,极易遭到破坏,对物种生存构成直接威胁。因此,野生资源植物的引种、驯化和栽培研究是可持续开发利用植物资源,扩大原料供应的必然

结果。

通过野生植物的引种、驯化以及栽培研究，不但能够提供丰富的植物原料，而且可以通过优良资源性状的选育研究，发展新品系或新品种，进一步提高产量和资源产品的稳定性。还可以通过对野生植物有用成分与环境条件（如土壤、水分、温度、光照等）相互关系的研究，人为控制或选择适宜的环境条件定向生产有用成分，从而提高有用成分含量。如蛇床（Cnidium monnieri）是分布于全国各地的野生药用植物，但其所含有用成分呋喃香豆素类成分南北差异明显，北方（辽宁、河北）产，主要含角型呋喃香豆素；而南方（江苏）产，主要含线型呋喃香豆素。月见草种子油中的有效成分 γ-亚油酸含量，生长在较寒冷（吉林省北部）地区的要远远高于生长在较温暖（辽宁省南部）地区的。许多野生植物的各种资源特性都与生态环境有不同程度的相互关系，在资源生产中值得注意，深入研究，加以利用。

目前，从野生植物的驯化栽培方式上看，主要包括两种途径。一个是典型的农业栽培方式，另一个是仿生栽培方式。仿生栽培是指利用野生植物的原始生境条件，通过野生抚育、人工播种、营养繁殖、剔除竞争种等人为措施，扩大其生长面积、种群规模以及资源产量的一种半人工栽培技术。仿生栽培方式有充分利用自然条件、减少人工管护、较少破坏天然植被（特别是天然林）、不与农业争地、少农药化肥污染等优点，并在实施中亦可采取优良资源性状选育和生态定向生产等技术措施，在扩大原料生产中，是值得重视和研究的方向。

15.5.2 生物技术在扩大植物资源生产中的应用

生物技术（biotechnology）是 20 世纪 70 年代初，在分子生物学和细胞生物学基础上发展起来的新兴技术领域，该技术涉及组织培养或细胞工程、基因工程、酶工程和发酵工程等。其中组织培养或细胞工程已在扩大原料生产和种质保存等领域得到广泛应用。

组织培养技术是应用植物细胞的全能性原理，利用植物体某一部分组织或细胞，经过培养，在试管内繁殖试管苗（微繁殖）和保存种质。组织培养有不受季节限制，能够大量快速繁殖植物幼苗，进行工厂化生产，并可进行脱病毒和育种等优势。

吉林在越橘属野生浆果资源许多种或品种的组织培养繁殖方面获得了成功，并建立了组织培养繁育基地，进行种苗生产；山东怀地黄脱毒苗已在生产上应用，增产 5~7 倍；安徽、广西对石斛种子进行无菌萌发形成试管苗，并在产区移植成功。

生物技术应用于原料生产的另一个重要方面，是利用细胞工程生产次级代谢产物。这是扩大原料生产行之有效的途径，并已取得显著成果。如利用紫草培养细胞生产紫草素，利用人参根培养物生产食品添加剂等已进入商品市场；利用植物培养细胞产生黄连有效成分小檗碱、长春花成分蛇根碱、阿吗碱以及洋地黄成分地高辛等均已进入了工厂化生产阶段。

利用细胞工程生产次生代谢产物是在控制条件下进行的，因此可以通过改变培养条件和选择优良细胞系的方法得到超越整株产量的代谢产物，而且减少占用耕地，并不受地域性和季节性限制。培养是在无菌条件下进行的，因此可以排除各种污染源（农药及其他），提高产物质量；并能够深入探索有用物质的合成途径，生产出含量高、均一的有用成分，减少提取分离的难度。应用细胞工程技术生产有用成分的前提是要求细胞生长和生物合成的速度能在较短时间内得到较多产物，并可在细胞中积累而不迅速分解，最好能够自然释放到液体培养基中，并且培养基、前体及化学提取生产费用要尽可能低，这样一来，就能够获得最高的经济效益。

15.5.3 合成、半合成有用成分在扩大原料生产中的意义

原则上讲合成有用成分的途径并不属于扩大植物产量的范畴,而是采用化学工程手段直接生产有用成分。虽然,目前绝大多数植物有用成分还是来自于植物生产,但随着科学技术水平的不断提高和对有用成分结构的认识,化学合成途径是减少对野生或栽培植物资源的依赖,保护植物资源的重要手段之一。特别是对一些在植物体内含量较低的有用成分的化学合成,可很好地解决原料来源不足的困难,达到降低成本、保护野生资源的目的。但化学合成途径难度较大。

从除虫菊中提取的除虫菊酯制成杀虫剂,有广谱、低毒、易降解、少污染,且杀虫效果好等特点,由于资源需求量大,经化学合成研究,目前已人工合成出二十几种除虫菊酯类化合物,应用于农药生产,不仅合成了除虫菊体内原有的除虫菊酯成分,还人工创造出了一些新的化合物。

半合成是利用植物体内含量较高的半合成前体化合物合成有用成分的方法。半合成能够提高资源的利用率,扩大有用成分的利用范围。

如紫杉醇是新型有较好抗癌效果的成分,主要来自于红豆杉科红豆杉属的植物,但其在植物体内的含量仅有 0.05% 左右,即使其半合成前体的含量也只有 0.1%,并且野生资源量非常少,全世界仅有 11 种,且多为濒危物种。据估计,提取可以用于 1 名患者的 1g 紫杉醇,需要 3~6 株 60 年生大树的树皮才能得到,1991 年美国癌症研究所为了获得 25kg 紫杉醇,毁树 3.8 万株。可见紫杉醇抗癌效果虽好,但其生产的经济成本和生态成本之高,已达到无法利用的程度。目前,正在探讨细胞培养、半合成和利用红豆杉与真菌关系生产紫杉醇等途径,已取得一定进展。

扩大原料生产的另一途径,是通过对某一成分的修饰改变结构,使之成为需要化合物的方法,如元胡镇痛作用的有效成分延胡索乙素仅含 0.1%~0.2%,从黄藤(Fibraurea recisa)茎提取的巴马汀(palmatine),再经氢化为延胡索乙素则能够在很大程度上提高产量,降低成本。

15.5.4 未来的森林

世界著名的资源问题智囊集团 World Resource Institute(WRI)1997 年发表了题为 *The Last Frontier Forests* 的报告,报告将 8 000 年前的森林称为"原始森林",据推算其面积为 62 亿 hm²;现在维持近似"原始森林"状态,未受扰乱的森林则称"未开发森林",其面积只有 13 亿 hm²,是"原始森林"的 1/5,是现在森林面积(38.7 亿 hm²)的 40%。未开发森林的 70% 在俄罗斯、加拿大和巴西,其中有 50% 是北方森林,温带林只有 3%,可以说温带的未开发森林处于最危险境地。此外,处于温带森林和热带森林未开发森林的 75%,由于采伐、农业开发和其他人为活动而受到威胁。

R·A·Sedjo 预测 50 年后的森林资源主要由人工林提供。从需求看,世界工业用林需求在 20 世纪 80 年代后半叶停滞不前,为 15 亿~16 亿 hm²,50 年后将会增加 50%~75%。Sedjo 还对工业用材 2050 年不同供给源采伐量进行了预测。现在供给源的 22% 来自原始森林,34% 来自人工林,但 50 年后工业用材来自人工林的供给将增加 75%,而且 50% 成为速生林。此外,来自原始森林的供给将减少到 5%。Sedjo 估计今后速生树造林的增加将以亚热带地区为主,全世界速生树人工林面积将会达到 2 亿 hm²(占世界森林面积的 6%~7%)。由于来自人工林的供

给增加,来自天然林的工业用材供给仅限于部分特殊木材,大规模天然林经营维持着木材生产功能。

15.5.5 未来的农业生产

1. 全球范围内未来的农业生产

随着人口增长和人类生活水平的不断提高,对食品质量的要求也相应提高,人类将消费更多的高蛋白质食品,而生产高蛋白质食品需要大量谷物,如生产1加仑(1加仑=3.785升,美制)牛奶需要2.8磅谷物,1磅牛肉需要8~20磅谷物。这种变化对未来的经济、环境和人类健康等将产生一系列重要影响。有专家推断,如果全球人口增加1倍,同时富裕人口比例不断上升,土地产粮量势必要提高,土地的负担变得非常沉重。

(1)传统农业发展要经历的3个阶段

第一个阶段是农业生物技术阶段,其重点是依靠农艺学提高农作物潜力,如培育能够抗杂草、抵抗各种病原体和食肉动物侵害的农作物;第二个阶段是提高农作物质量阶段,如延长农产品储藏寿命、改善农产品味道和结构、提高农产品甜度等;第三个阶段为转基因食品阶段,它将占主导地位。

(2)生物技术引发农业革命

面对与日俱增的食品供应压力,传统农业的有限产出势必使人类走进一种尴尬境地。

始于20世纪40年代的绿色革命极大地提高了农业生产率,改变了亿万人的生存状态。以生物技术为基础的新一轮绿色革命,其影响将远远超出上一次。它将使人类有能力控制包括动物和植物在内的各种生命形式,农业生产率得到更大提高,食品产量足以满足全球快速增长的人口需求。

选择性育种、杂交、转基因技术提高了农作物产量;基因工程将一年生植物培育成多年生植物,可大大减少农作物种植面积,降低种植成本,人们可以重点培育和种植产量更高的其他农作物;生物技术使柑橘属果树发育成熟的周期从6年缩短为1年。随着技术发展,未来种植合成柑橘属果树将使传统果园歇业,在实验室的罐子里就可批量生产柑橘,从而节约大量土地;无菌生物反应器也可直接大量合成人们所需要的各种食物如橘子汁等,省去了加工环节。

毫无疑问,生物技术革命将给农业带来巨大发展潜力。某些转基因农作物的产量将比其所替代的天然农作物高出数万倍,不但可以节约大量耕地,更可以解放劳动力。预计2020年将成为基因工程农作物发展转折年。到那时,转基因农作物的耕种面积将超过天然农作物耕种面积,有专家甚至预言,到21世纪末全球种植的农作物将全部是转基因农作物。

(3)农业将走综合经营之路

未来直接从事农业活动的人数将大大减少。但是,从农业综合经营产业角度看,农业的其他下游产业的从业人数将非常庞大。

(4)未来的农业贡献更大

生物基因工程不仅可以增加农作物产量,还可使培育出的各种农作物具有不同特性,如可在恶劣环境下正常生长、抗干旱、抗酷热、抗霜冻、抗除草剂、抗病毒、抗虫害、抗紫外线辐射等,这将为人类带来巨大的经济效益。应对全球未来的食品供应压力,人类需要持续不懈的努力。

2. 中国农业生产的过去与未来

新中国成立以来,我国农业生产增长是国家发展和食物安全政策的主要成就之一。过去50年,中国农业生产增长速度总是超过了人口增长,使食物可获得性得到很大改善。到1990年,我国人均粮食占有量已经达到发达国家水平。从20世纪80年代中期开始,中国已经变成农产品净出口国,到90年代中期,我国已成为粮食净出口国。

过去的农业持续增长使人们充满了乐观态度,但未来中国农业依然面临许多挑战。在农产品生产方面,其年均增长率已经从20世纪80年代初期的7%下降到80年代中期以来的3%~4%,而粮食产量增长率下降更大,1996—2000年,中国粮食产量增长率几乎为零,在2000—2002年,粮食产量甚至出现负增长(国家统计局,2003)。在需求方面,收入提高促进了农产品需求,贸易自由化使中国农业面临新的挑战。中国加入世界贸易组织(WTO)对国内和世界经济的影响引起了广泛关注。加入WTO会对各个经济部门产生影响,对农业部门的影响更大。

资料统计表明,在未来20年,我国将继续经历食物需求结构和生产结构的显著变化。对劳动相对密集型产业,如畜牧业、园艺业和渔业,国内对这些产品的需求会显著增加,同时这些产品的国内自给率也会上升,但是我国在未来几十年中对饲料粮、糖类、油料作物和棉花等土地相对密集型产品的进口将不断增长。到2020年,玉米、大豆、食用油、糖类和奶产品中将有30%~40%来自进口。但牛、羊肉和小麦等的进口将处在一个比较低的水平。同时,中国将成为大米、蔬菜、水果、猪禽肉和水产品的主要出口国,这些比较有优势的农产品出口将会达到国内生产总量的5%左右。由于能够出口的农产品在未来农业总产值中的比例将高于需进口的那些农产品在农业总产值中的比例,中国在2020年依然会保持一个比较高的食物自给率。

第16章 植物保护研究

16.1 植物保护的意义

　　自从人类诞生以来,植物就提供了早期人类的一切需求。人类生活水平的不断提高和充实,在一定程度上可以说是建立在利用植物资源的基础上的。随着人口的快速增加,人类对粮食、医药和工业原料的需求日益增多。近年来,世界木材年贸易额达100亿美元,至少有6.25亿人以植物为主要的能源,在医药方面,有一多半的药物来自植物。目前,人们还在不断地从野生植物中发掘许多优良的食用、药用、油料、工业原料、饲料和观赏植物,如中华猕猴桃(Actinidia chinensis Planch)是原产我国的野生植物,被引入新西兰后,经过培育,其果实已成为风靡世界的保健食品;三叶橡胶树(Hevea brasiliensis Muell-Arg)从巴西热带雨林中引种出来,成为世界五大工业原料之一。此外,改良现有的栽培植物品种,培育新的优良品种等,也要借助于植物的野生种类。利用野生番茄与栽培种杂交的新品种,大大提高了糖分的含量;水稻、玉米、小麦、葡萄和木薯等的抗病性和抗逆性品种,以及大豆、甘蔗、油棕的高产品种,也多是利用野生种杂交而得到的。

　　然而,随着人口的快速增加和社会生产力的不断提高,人类对植物资源的开发和破坏逐渐加剧。由于大量砍伐森林、开荒种地,导致生态环境受到破坏,水土流失严重。热带雨林是世界上植物资源最为丰富的生态系统,那里生长着占地球植物总数一半以上的植物种类,许多种类至今尚未被人类所认识。据统计,目前市场出售的药物中有1/4的原料来源于热带雨林这个植物宝库。据研究人员估计,热带雨林中大约有1 400种植物在医治癌症上有潜在的疗效。但是,热带雨林目前正在以惊人的速度消失。在过去的几十年里,已经有40%的热带雨林被砍伐,现在每年仍要砍伐1 700万~2 000万 hm² 的热带雨林。据专家研究估计,如果依目前的砍伐速度,有9个热带雨林国家在30年内、3个热带雨林国家在55年内会将其境内的热带雨林全部砍光。一旦热带雨林被毁灭,将意味着世界上近80%的植物种以及400万种生物行将灭绝,其中有不少我们还没有认识,更谈不上开发利用了。由于森林、草原的面积不断减少,造成沙漠以每年新增面积600万 hm² 的速度增长,生态环境日益恶化,给人类的生存带来了严峻的挑战。严酷的现实,已经使越来越多的人认识到,保护大自然,保护包括植物资源在内的自然资源,就是保护人类自己。

　　植物资源与生态环境、与人类赖以生存的生活环境息息相关,因此对人类具有极为重要的意义。保护植物资源的意义如图16-1所示。

　　正是由于丰富的植物资源对人们有诸多巨大的意义,所以要加强对我国现有植物资源的保护,并加以合理利用,这对维护中国粮食与生态安全、促进农业和农村经济社会可持续发展、建设社会主义新农村具有十分重要的意义。

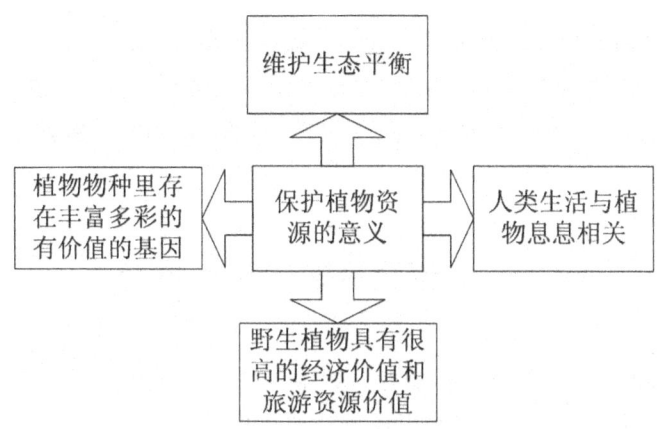

图 16-1 保护植物资源的意义

16.2 植物保护的研究对象

植物保护的对象通常是包括大田作物、果树、蔬菜、林木等与人类主要农业生产活动相关的目标植物及其相关产品。随着经济的发展和人类保护环境意识的加强，人们逐渐意识到保护森林、草原植被以及人居环境的园林植物的重要性，森林、植被、园林植物也成了重要的保护对象，其中单以保护森林为主要内容，就已形成了分支学科，即森林保护学。可见，植物保护有着广义和狭义的保护对象，前者是指在特定时间和地域范围内，人类认定有价值的不同目标植物及其产品，而后者则是指人类的栽培作物。在农业上所指的植物保护一般是指狭义的栽培作物保护。

植物保护的控制对象是有害生物（pests）。有害生物是指那些危害人类目标植物及其相关产品，并能造成经济损失的生物。这些生物包括植物病原微生物、寄生性植物、植物病原性线虫、植食性软体动物、植食性昆虫与螨类、杂草、鼠类、鸟类、兽类等。植物，尤其是绿色植物，作为能源物质的初级生产者，处于生物圈食物链的基层。以植物为寄主和食物的生物，其数量之大、种类之多都是相当惊人的，它们都可能给植物体造成伤害，并在条件适宜时大量繁殖，使伤害蔓延加重，对人类目标植物的生产造成经济上的损失。因此，这些生物都是潜在的有害生物。虽然环境中存在着数量众多的潜在有害生物，但绝大部分对目标植物的伤害都达不到经济危害水平，只有其中极少部分可以较好地适应了农业生态环境，造成目标植物或森林植被等明显的经济损失，甚至暴发性发生并给人类造成巨大的经济损失，这时的潜在有害生物才上升为真正有害生物，其所造成的灾害则称为生物灾害。由于农业生态环境的时间变化，在不同的地块中，通常总会出现不同的有害生物。一般来说，在同一地区的相同作物上，有些有害生物仅是偶尔造成经济危害，被称为偶发性有害生物；而有些则是经常造成经济危害，被称为常发性有害生物；还有一些虽然是偶发性的，但一旦发生，就暴发成灾，这一类又被称为间歇暴发性有害生物。后两者是植物保护的重点控制对象。

植物保护的依靠对象是在自然界对各种有害生物种群消长具有调控作用的天敌（natural enemies）。因此，为了充分发挥天敌的自然控制作用，需要研究天敌与有害生物间的相互关系及其自然控制作用。对自然控制作用强，且容易人工繁育的种类，还可对其进行人工繁育、人工释放与利用等方法,使其得到充分利用。可见,天敌也是植物保护的重要研究对象。

因此,植物保护工作的重点是研究特定生态系统中植物、目标有害生物及其天敌间的相互关系,并探索发挥依靠对象的自然控制作用,以把控制对象的种群数量控制在一定水平以下而不会给保护对象带来经济损失。在自然界中,尽管植物保护也涉及植物缺素、冻害和日灼等非生物影响因子,但主要是指控制植物的生物灾害。

16.3 植物保护的技术措施

植物资源不仅可以给人类带来直接的经济效益,同时也具有重要的生态效益,对人类的生存和发展起着直接和间接的作用。人类利用植物资源的历史悠久,并且也将越来越广泛和深入。但另一方面,植物资源的利用和保护之间的矛盾也越来越突出,特别是近几十年来大量有重要开发利用价值的资源植物遭到严重破坏,有的处于濒危状态或已经灭绝。所以,如果不重视植物资源的保护,人类既会失去直接的经济效益,同时也要失去赖以生存的环境。目前,植物资源保护的常用方法包括就地保护(insitu conservation)、迁地保护(exsitu conservation)和建立植物种质基因库(germplasm gene bank)。

16.3.1 就地保护

就地保护的显著特点是强调自然过程,最好的对策是建立自然保护区,保护对象主要包括有代表性的自然生态系统和珍稀濒危植物的天然集中分布区等。

自然保护区是国家采取重要措施保护的具典型意义或特殊价值的自然区域,保护对象有自然环境、自然资源及自然历史遗产等。自然保护区是保护和利用植物资源的战略基地,也是保护濒危物种最有效的一种方法,既是物种的天然基因库,又是科学研究的实验基地,既能对人类活动所产生的后果进行监测、评价和预报,亦能对人类进行文明美学教育。建立各类自然保护区是开展自然资源(也包括植物资源)工作的重要手段之一,是保护自然资源和环境的最根本有效的措施。

中国的自然保护区内部大多划分成核心区、缓冲区和实验区三部分。对保护区进行分区,不仅可有效保护生物资源,而且可实现教育、科研、生产、旅游等活动,并为社会创造财富。核心区是保护区内未经或很少经人为干扰过的自然生态系统,或是虽遭受破坏,但有希望逐步恢复成自然生态系统的地区,该区以保护种源为主,还是为保护和监测环境提供评价的来源地,核心区内严禁一切干扰。缓冲区是指环绕核心区的周围地区,只准进入从事科学研究观测活动。实验区位于缓冲区外围,可以进入从事科学试验、教学实习、参观考察、旅游以及驯化繁殖珍稀濒危野生动植物等活动,还包括有一定范围的生产活动,还可有少量居民点和旅游设施。

16.3.2 迁地保护

迁地保护是指为了保护植物资源,把因生存环境不复存在、物种数量极少或难以实现更新等原因,而使生存和繁殖受到严重威胁的植物种迁出原地,移入植物园,进行特殊的保护和管理。

迁地保护是对就地保护的补充,主要是活体的贮藏,如植物园、野外收藏和园内繁殖,它强调的是人为因素。通过迁地保护,可为就地保护的管理和检测提供依据。

植物园是植物迁地保护和引种驯化的重要基地。建于公元前2800年的"神农药圃"是全世界植物园的雏形;1929年在南京市建立的中山植物园是我国第一个正规的植物园。截至1994年,我国已建设植物园120个,其中12个隶属于中国科学院,如北京植物园、中山植物园、华南植物园、昆明植物园、西双版纳热带植物园、武汉植物园、庐山植物园、桂林植物园、鼎湖山植物园、吐鲁番沙漠植物园、沈阳树木园和华西亚高山植物园。

通过在园内进行引种驯化,可以深入研究和认识被保护植物的形态学特征、系统和进化关系、生长发育等生物学规律,并及时总结和推广引种驯化的科研成果,以得到社会和经济效益。如西安植物园引种栽培了分布在秦岭大巴山区至陕西黄土高原的37种珍稀濒危植物;南京中山植物园从鄂西山区引种一些珍稀植物进行迁地保护研究,掌握了红豆杉、天目木兰(Magnolia amoena Cheng)、连香树、珙桐、羽叶丁香(Syringa pinnatifolia Hemsley)等18种珍稀濒危植物的繁殖技术。

16.3.3 建立植物种质基因库

狭义的植物种质基因库是指用于以保存植物遗传为目的,保存植物种子和各种繁殖体的现代化设施。

1958年,美国建立了世界上最早的国际性种质基因库——国家种子贮藏实验室(NSSL)。现有的种质基因库大都以粮食作物和经济作物的遗传资源收集保存为主要任务,地方品种在种质基因库中所占份额最大,其次是野生祖先种和近缘种。中国医学科学院在北京建立了药用植物种质保存库,保存了900种药用植物;中国农科院在北京建立了一个容量达40万份种质材料的大型作物种质资源长期保存库,现保存有30多万份作物种质材料。

由于生物技术的发展,基因供体植物的范围正在扩大,于是与栽培植物相当远缘的野生植物也被吸收进种质基因库保存名单。由吴征镒院士建议,经国家发展改革委批准,2005年开始建设我国首座国家级野生生物种质资源库——中国西南野生生物种质资源库。资源库将收集保存云南省及周边地区和青藏高原的种质资源,以植物为主,兼顾动物和微生物。建成后的资源库包括种子库、植物离体种质库、DNA库、微生物种质库、动物种质库、信息中心和植物种质资源圃,将收集保存1.9万种19万份(株)种质资源。截至2012年年底已完成3 000种10 129份种质资源的标准化整理和整合,采集了15 028份重要野生植物种质资源,共享的种质资源信息超过10 000份,并实现了710种1 764份种质资源的实物共享。

种子贮存是保护植物种质资源最简单和最经济的方法,保存种子的种质基因库又叫种子库,其保存条件和可保存时间因植物种类不同而异。种子一般保存在5℃或更低温度条件下,或将含水量为5%~7%的种子保存于密闭容器,或保存于相对湿度低于20%的条件下,亦可保存在液态氮中(-196℃)。对保存的种子进行定期检测,当种子的发芽率低于20%时,就需要更新种子。Millennium Seed Bank位于英国皇家植物园邱园的Wakehurst Place,保存着数百万份植物种子,全英国1 400种植物已全部收集保存在该种子库,并且已保存来自世界各地的珍稀濒危植物11 000种,以及它们的种子60亿份。

16.4 植物保护的研究内容

植物保护学研究的内容包括基础理论、应用技术、植保器材和推广技术等，主要是要探明不同有害生物的生物学特性、与环境的互作关系、发生与成灾规律，建立准确的预测预报技术，以及科学、高效、安全的防治措施与合理的防治策略，并将其顺利实施。所涉及的研究与应用内容主要如下。

16.4.1 有害生物防治技术和策略

主要研究各类有害生物的防治策略和关键技术。研究重要有害生物控制的理论和方法，如开展病虫害无公害控制的基础生物学的研究、抗性及其相关基因的鉴定和抗病虫种质与品种的创制，转基因抗性植物的培育与安全性的评价、新型抗病抗虫药物及提高寄主抗性的药剂的研制、抗逆性天敌的培育等。针对不同保护对象及防治对象所需要采取的策略和防治技术，开展针对性的研究，建立经济、有效、与环境和谐的防治对策与措施。同时，研发高效适用的植物保护的器械也十分重要，以提高有害生物防治措施的实施效能。

16.4.2 有害生物及其天敌的形态学与分类学

主要研究各类有害生物和天敌的形态结构和功能，根据生物分类学的原理和方法，对有害生物和天敌的各种类群进行系统分类并命名。因为自然界生物类群数量巨大，形态各异，若不加分类，不立系统，便无从区别，难以研究利用。因此，形态学和分类学的研究是正确诊断或鉴别有害生物，以及保护利用天敌的基础。

16.4.3 有害生物的检验监测技术

主要根据有害生物形态学、生态学、生理学与分子生物学特征等，重点研究危险性有害生物的形态鉴别、生物学检测、免疫学检测方法、性信息素引诱检测、生物化学检测与分子检测等精确、快速的检验监测方法与技术，为防止危险性有害生物的入侵与蔓延提供技术保障体系。随着信息技术与生物技术的不断发展，将图像处理、多媒体技术、PCR 技术和基因芯片技术与有害生物的鉴别紧密结合，研发有害生物图文信息与鉴定系统，以及有害生物高通量分子检测技术平台等，提高检验监测的正确性与时效性，实现快速、实时检验监测。通过与化学生态学技术的结合，研发以信息素为载体的有害生物的高效诱集技术，以监测有害生物的数量信息。此外，还要研究有害生物抗药性的发生发展趋势，研究并建立抗性检验监测的生物学方法和分子检测技术体系，为防止抗性危险性有害生物的入侵与蔓延，或及时控制本土抗性有害生物种群增长提供技术保障。

16.4.4 有害生物及其天敌的生物学与生态学

主要研究各类有害生物与天敌的生活史、生活周期或侵染循环、生活习性、繁殖方式、生长发育与行为特性、抗逆性及其机制等,揭示有害生物成灾机制,找出其发生发展过程中的薄弱环节,为研发安全、高效、高选择性防治技术提供必要的依据和思路。同时,研究病原菌或害虫与寄主植物之间、病原菌与拮抗菌或害虫与天敌之间的互作关系,充分发挥寄主植物、天敌或拮抗菌的自然控制作用,为开发利用寄主植物本身、天敌或拮抗菌控制有害生物的防治方法提供理论依据。

16.4.5 有害生物控制技术的推广和实施

有害生物控制技术的推广是植物保护系统工程的重要组成部分,也是植物保护工作落实到位与否的关键所在。不同区域因农作物种植结构、栽培模式和气候条件等不同,其有害生物的种类以及发生发展规律是不同的。因此,探索适合于特定区域特点的有害生物控制实用技术推广体系和模式是极为必要的,只有这样才能使有害生物控制技术得到真正的实施。在推广上,不仅要将科学研究的技术成果推广应用,更要结合实际,通过研究和示范,将有关技术进一步实用化,使生产者更容易掌握和实际操作。

16.4.6 有害生物及其天敌的生理学和分子生物学

主要研究各类有害生物与天敌的生理学特性、遗传变异、重要基因结构与功能等,揭示重要有害生物致害性、变异性以及寄主抗性的生理生化与分子机制,天敌控制作用的生理生化与分子机制等,研究挖掘天敌的有益基因资源。同时,利用基因工程技术等,研究开发天敌利用的新途径与新技术等。

16.4.7 有害生物与灾害预测预报

主要研究各类有害生物的发生发展或流行规律、危害规律,以及各种环境因子(包括气候因子、寄主及天敌等生物因子,以及土壤、肥料等其他非生物因子)对其的影响。同时,开展有害生物的诊断或鉴别、监测与预测预报关键技术,以及有害生物调查的取样方法等研究,及时准确预测有害生物的发生期、发生量及危害损失程度,从而确保经济、合理、有效的防治措施得以及时实施。

16.5 植物保护体系的建立与发展

我国早在公元前239年的《吕氏春秋》中就已经提到适时播种、减轻虫灾。在公元304年的晋代,广东等地橘农就利用黄猄蚁防治柑橘害虫,开创了世界上最早记载的生物防治先河。但是,总的来看,在20世纪中期以前,防治手段还是比较落后的,技术含量十分低下。20世纪50

年代后,我国植物保护事业进入全面和快速的发展时期,在植物保护体系的建立与发展、植物保护技术的研究与应用、植物保护法律法规的建立与完善,以及重大有害生物的有效控制等方面,都取得了长足的进步。

16.5.1　农药研究开发体系

主要任务是研发新农药,开展农药登记、生物测定、残留检测和质量监督。目前设立了南、北两个新农药创制中心,创制了一批新农药;农药剂型加工与研究,以及农药残留研究得到了迅速发展,如研制了取代可湿性粉剂的水分散粒剂、高效农药助剂,建立了拟除虫菊酯杀虫剂在农产品中的多残留分析系统、茶叶农药残留检测技术和农药残留微生物降解技术等。

16.5.2　病虫预测预报体系

主要任务是预测病虫害未来的发生期、发生量、危害程度及扩散分布趋势,为开展病虫害防治提供情报信息和咨询服务。通过逐步发展,现已形成了从中央、省(自治区、直辖市)、地、县到乡级较为完善的病虫测报体系。

16.5.3　抗药性监测体系

主要任务是监测农作物病虫抗药性发生发展趋势。

16.5.4　植物保护教学科研体系

主要任务是培养植物保护专门人才,开展植物保护新理论、新技术及其应用等研究。目前,各省(自治区、直辖市)都有农业大学或相关学院,大都设有植物保护专业或方向。研究机构大多隶属农业科学院、所和高等院校,以及中国科学院部分所(室)。

16.5.5　植物保护社会化服务体系

主要任务是为农民提供技术咨询和统一防治等服务。近年来,各级植保部门联合有关企业,以服务为宗旨,采用"横向联,纵向统"的形式,通过设立植保医院、植保公司和专业服务队等模式,逐步组建了植物保护新技术推广网、信息服务网,加快了植物保护新技术、新产品的推广速度,提高了植物保护防灾减灾能力。

16.5.6　植物检疫体系

主要任务是依据国家法规,对危害植物及植物产品并能随其传播蔓延的危险性的病原微生物、害虫和杂草进行检验和处理,以防止人为传播蔓延。构建守卫我国各陆海空口岸的中国进出境植物检疫体系,以及肩负对内检疫任务的国内农业植物检疫体系和森林植物检疫体系。

16.6 植物保护的作用和地位

植物保护学是一门与人类生存和发展密切相关的科学,涉及有害生物的应急防治和事先预防、现有有害生物的防治和未来有害生物的预测、农业增产和食品安全、经济收入和人体健康、环境保护和持续发展、技术推广和执法管理等,在保障农业生产安全、食品安全、生态安全、公共安全乃至国家安全等方面有着重要的作用和地位。

16.6.1 植物保护与生物多样性保护

植物保护通过保护生态环境和防止外来生物入侵与蔓延等途径对生物多样性的保护也有很重要的作用。所谓生物多样性(biological diversity 或 biodiversity)是指一定空间范围内所有生物种类、种类遗传变异及生存环境的总称,包括所有不同的动物、植物、微生物及其拥有的基因,以及其与生存环境所组成的生态系统。其包含 4 个层次,即遗传多样性(genetic diversity)、物种多样性(species diversity)、生态系统多样性(ecosystem diversity)和景观多样性(landscape diversity)。由于生物多样性是人类社会赖以生存的物质基础,善加保护,才能使生物资源得以持续利用。这始终是人类社会确保持续发展的全球性战略任务。

有害生物暴发成灾,往往导致生物赖以生存的天然或人工植被受害,甚至毁灭,其后果是各种生物失去了生存的环境。植物保护通过采取控制生物灾害的有效措施,即能保障植被得以保护或恢复。当然,在植物保护措施的实施中,要求注重环境生态的保护与农业生态系统平衡的维护,充分发挥自然天敌作用,倡导不用或少用化学农药,以防止其对非目标生物的负面作用。植物保护措施的实施要有经济学的观念,要与环境生态相协调,不要将那些危害在经济损失允许范围内的生物"误"作有害生物而加以滥杀。如高山草原的田鼠、鼠兔以及旱獭有时作为有害生物被毒死。其实,这些哺乳动物是健康草原的必要组成部分,不仅具有通风排水、增加土地持水容量的作用,而且其洞穴还为许多鸟类繁殖提供隐蔽所,其本身还为许多重要的食肉动物提供食物。当这些啮齿动物和鼠兔遭受大量毒杀后,其后果是引起草原的严重退化,生物多样性丧失,甚至导致沙漠化。因此,植物保护在保护农业生产或保护天然植被的同时,要充分考虑维护生态平衡,充分发挥好保护生物多样性的功能。反过来,保护生物多样性对有效控制有害生物也是极为有益的。如丰富多样的天敌,当其自然控制作用得到充分发挥时,即能控制有害生物暴发成灾。又如,克服农业生态系统单一作物单一品种种植的局面,种植多种作物或多种品种,丰富农田生态系统中植物多样性,为天敌等提供不同的生存生境,在有害生物的控制中也能起到很好的成效或延缓有害生物产生种内变异。如利用水稻品种多样性间栽方法,即在不减少杂交稻基本苗的前提下,按一定的行比增加一行优质常规水稻品种,对稻瘟病的防治效果可达 81.1%~98.6%,并减少 60%以上的农药用量。

植物检疫是植物保护的重要措施之一,它是防止外来入侵生物(invasive alien species)的入侵与蔓延的重要保障。外来入侵生物对本土生物多样性的负面影响主要表现在以下几个方面:一是破坏景观的自然性和完整性;二是摧毁生态系统;三是危害生物多样性,如入侵的紫茎泽兰(*Eupatorium adenophorum*)、飞机草(*E. odoratum*)等可分泌化感化合物抑制其他植物发芽和生长，排挤本地植物并阻碍植被的恢复。又如，美洲斑潜蝇(*Liriomyza sativae*)于1993年在海南发现后，现已蔓延21个省(直辖市、自治区)，危害面积达130万 hm^2 以上，严重危害我国蔬菜生产；四是影响遗传多样性，如入侵物种可与同属近缘种，甚至不同属的种[如加拿大一枝黄花(*Solidago canadensis*)可与假蓍紫菀(*Aster ptarmicoides*)]杂交，其结果可导致遗传侵蚀。可见，植物检疫是防止外来生物入侵的重要手段，对保护本土生物多样性是至关重要的。

16.6.2 植物保护与人类健康

植物保护工作与人类的健康直接相关。随着无公害农业、绿色农业和有机农业的发展，植物保护更加强调使用农业防治、生物防治为主体的有害生物综合治理策略与技术，以尽量减少使用化学农药，即使使用化学农药，也要使用高效、低毒、低残留、高选择性农药，和那些控制生长发育和行为调节的药剂。另外，注重药剂使用技术，尽量减少农药对操作人员的毒害及对环境的污染。

此外，外来入侵生物不仅破坏生态环境、危及动植物安全，有些还直接引起人类过敏甚至死亡。如豚草所产生的花粉是引起人类花粉过敏症的主要病原，导致近年北方地区"枯草热"症逐年上升。有的携带人畜共患病原，如福寿螺携带寄生虫，麝鼠可传播野兔热，严重影响人类健康。在这方面植物保护通过植物检疫或有效防治措施，同样可发挥应有的作用。

16.6.3 植物保护与生态环境保护

植物保护在保护生态环境方面也有非常重要的作用。首先，植物保护不仅保护大田农作物，还保护人类生态环境的森林、草原植被和园林植物。人类为了改变生态环境栽种的人工林和草地等，因不具备原始森林那样稳定的生态系统，像大田作物一样容易受有害生物的危害，因此要对其专门实施植物保护。如我国为了阻止风沙蔓延而建立的生态工程——三北防护林，就经常遭受透翅蛾和天牛的危害，必须实施植物保护，才能达到预期目的。其次，植物保护通过植物检疫控制危险性有害生物的入侵、传播与扩散，保护人类的生态环境。这不仅是控制已知的有害生物，而且还避免引入的生物种群在新环境下演变成有害生物。如早年我国作为饲料和绿肥引进的空心莲子草，由于没能进行严格的安全评估，在引种后已演变成恶性杂草。

植物保护在控制有害生物，维护人类利益的同时，由于认识的局限，某些技术措施也会对自然界产生一定的负面影响。其中最典型的就是化学农药在环境中释放所造成的"3R"问题，即农药残留(residue)、有害生物再猖獗(resurgence)和有害生物抗药性(resistance)。化学农药开发的初期，一般仅考虑田间防治效果，导致一批高毒、高残留农药投入田间使用，并且由于当时对化学农药的过度依赖，致使"3R"问题迅速呈现。首先，由于一些农药毒性高、分解慢，残存在农产品中以及进入空气、土壤和水体中，导致人、畜中毒，直接或间接影响人体健康及安全，并在生态食物链中富集，影响自然生态，出现农药残留问题。其次，广谱杀生性农药的使用，对有害生物的天敌及有益生物的大量杀伤，严重破坏自然生态的控制作用，用药后残存的有害生物及一些次要有害生物种群数量急增，暴发危害，以致农田有害生物越治越多，形成再猖獗，使药剂防治次数不断增加。最后，在反复大量使用化学农药的人为选择压力下，有害生物适应进化形成了抗药性，使正常剂量的农药无法达到防治效果，导致用药量不断增加。药剂防治次数和用药量的增加又加重了化学防治的"3R"问题,形成恶性循环。

为了确保农业高产稳产,减少植物保护对生态环境的负面影响,人们逐步形成了采用多种有效技术措施进行有害生物综合治理的共识,以减少化学防治的负效应。各国政府成立专门机构控制农药的开发与使用,相继禁用了一批高毒、高残留以及具有三致(致癌、致畸、致突变)慢性毒性的农药,如六六六、DDT 等,并研发了一系列高效、低毒、低残留、高选择性农药品种,以及控制生长发育和行为调节药剂,减少农药使用量,加之多种综合防治措施的实施,使目前化学防治的"3R"问题得到很大改善。显然,植物保护在保护人类物质利益的同时,还要从生态学的角度出发,保护人类的环境利益。

16.6.4　植物保护与农产品贸易

植物保护可通过植物检疫控制经国际农产品贸易途径而入侵的外来有害生物或潜在有害生物,以及控制国内区域性检疫对象通过贸易流通扩散至其他区域。随着农产品贸易全球化和流通渠道多元化,外来有害生物入侵也在加重。据 2004 年农业部统计,入侵我国的外来生物已达 400 余种,近 10 年来,新入侵的种类达 20 余种,严重威胁农业生产。在我国,仅松材线虫、马铃薯甲虫和薇甘菊等十余种外来有害生物入侵所造成的直接损失,每年就超过 574 亿元。

面对外来有害生物随贸易和对外交流渠道进入我国的风险,植物检疫工作肩负重要的责任。在国际贸易中,有害生物入侵风险也可能被利用为贸易的技术壁垒之一。因此,为保护国家利益,在打破发达国家利用危险生物入侵问题所设置的贸易壁垒或所采取的歧视政策的同时,我们也必须通过植物检疫构筑自己的技术壁垒,以阻止有害生物入侵。

16.6.5　植物保护与农业可持续发展

有害生物在农业生产过程中不仅造成产量损失乃至绝收,而且还可直接导致农产品品质下降,出现腐烂、霉变等,营养和口感也变差,甚至产生有毒或有害物质影响人、畜的健康与安全。据联合国粮农组织估计,全球每年因病虫害损失约占粮食总量的三分之一,其中因病害、虫害和草害损失各占 10%、14% 和 11%。全球每年因有害生物所造成的经济损失达 12 000 亿美元。我国是世界上农作物病、虫、鼠、草等生物灾害发生较为严重的国家之一,常年发生以农作物为寄主的生物多达 1 700 多种,其中可造成严重危害的不到 100 种,有 53 种属全球 100 种最具危害性的有害生物。据统计,在 21 世纪初全国病虫草鼠害年均发生面积达 3.3 亿多 hm^2,较 20 世纪 80 年代增加 41%;虽经防治挽回大量经济损失,但每年仍损失粮食 4 000 万 t,其他农作物如棉花损失 24%,蔬菜和水果损失 20%～30%。可见,植物保护技术的先进性、可靠性及其推广实施的有效性对确保农业生产的可持续发展是极为重要的。

古代农业中,有害生物对作物造成的生物灾害是农业生产、人类发展和社会稳定的重要制约因素。在我国古代,蝗灾给中华民族造成巨大灾难。据史书记载,自唐朝后期至清朝末年的 1 000 年间,有 300 多年发生蝗灾。蝗虫暴发年份,飞蝗过处,草木一空,饥民流离,尸骨遍野。人们将蝗灾、旱灾和黄河水患并列为制约中华民族发展的三大自然灾害。在欧洲,1845 年马铃薯晚疫病大流行,其导致的爱尔兰饥馑举世闻名,25 万多人饿死,数百万人背井离乡,仅迁往北美大陆的就有 50 多万人。

近代农业中,因植物保护科学技术的发展,一些毁灭性的生物灾害得到了较好的控制。但是,高产精细耕作措施的出现以及农作物的集约化栽培为有害生物提供了更适宜发生的环境条件,病、虫、草、鼠等有害生物对农业生产的严重威胁仍是有增无减。其原因在于高产优质植物良种及多熟制为有害生物提供了充足而优良的食物和寄主;大面积单一品种及频繁的异地引种有利于有害生物暴发危害;精细耕作使农田物种群落高度简化,加之化学农药的广泛使用,杀伤天敌,致使有害生物失去了天敌等有效的生态控制;有害生物在长期持续的植物品种或化学农药选择压力下,产生的新生物型或抗药性群体又强化了其暴发危害的风险。显然,近代农业的发展不断对植物保护工作提出新的课题。

现代农业受到全球气候的变化、农业产业结构调整、农田耕作制度的变更以及害虫适应性变异等因素的影响,主要有害生物猖獗危害发生面积不断扩大、危害频率增加、灾害程度加重。在这种背景下,植物保护工作的重要性愈加突出。据农业年鉴记载,我国20世纪90年代中期,农业上每年病、虫、草、鼠等有害生物成灾面积均在 $3\times10^8\,\mathrm{hm}^2$ 以上,利用植物保护措施防治,挽回粮食损失超过 $5\times10^7\,\mathrm{t}$,棉花100多万吨,而实际损失仍达80亿元之多。事实上,这还是正常实施植物保护后的损失。可见,植物保护工作已成为现代农业生产必不可少的技术支撑。

现代农业是可持续发展的,是一种环境不退化、技术上应用适当、经济上能维持下去及社会可接受的农业生产方式,是一种生态健全、技术先进、经济合理、社会公正的理想农业发展模式。这种农业生产体系,要求做到保护生物的多样性;要求在农业发展过程中,保持人、环境、自然与经济的和谐统一,即注意对环境保护、资源的节约利用,把农业发展建立在自然环境良性循环的基础之上;要求生产无污染、无公害的各类农产品。针对这些要求,现代植物保护又注入了"可持续发展"新理念。其将过去仅针对危害作物生产的有害生物防治的传统植物保护,扩展到保护农业生产系统的可持续植物保护。其指导思想是从农业生态系统的整体功能出发,在充分了解农田生态系统结构与功能的基础上,加强发挥自然控制因素、生物防治、抗性品种栽培和有害生物与天敌(益菌)动态监测,综合使用包括防治措施在内的各种生态调控手段。

16.7 植物资源保护等级的划分及途径

16.7.1 物种受威胁及保护等级的划分

现在,大多数稀有性植物种的生存都处于受威胁的状况,亟须加以保护,但并不是只有稀有性物种需要保护。国际和国内有许多濒危物种等级的划分标准。根据所受威胁程度和状况的不同可以把受威胁的物种分为以下几类。

1. 灭绝的种类

灭绝的种类指曾在历史上有过记录,甚至曾经数量很多,但由于各种原因,现在其分布区范围内,已经找不到天然生长个体的那些种类。由于环境急剧改变,导致在某些区域内许多适应能力较弱的植物因不能生存而绝迹。我国许多模式标本的产地,现在已很难找到那些物种。但是,如果想弄清楚那些物种是否在整个分布区范围内已经灭绝,还必须开展较深入的研究,往往要经过多次调查才能确定某物种是否已经绝灭。

2.濒危的种类

濒危(即临危)的种类指其物种自然种群的数量已经极为稀少,它们在脆弱的生境中受到生存的威胁,有走向绝灭的危险。可能因为生殖能力很弱,其数量减少到快要绝灭的临界水平;或是它们生长所要求的特殊生境被破坏,或被剧烈的改变已经退化到不能适宜它们的生长,或由于过度开发,病虫害等原因所致。有些物种的数量或恢复程度,在及时排除了致危因素,并采取了保护恢复措施后,仍没有得到有效改善,如水杉、水松、银杉、杜仲等植物。

3.渐危的种类

渐危(即脆弱或受威胁)的种类指致危因素没有排除,在其作用下,在不久的将来确信能进入濒危种范围的物种。也就是指那些目前还未处在濒危的状态,但由于人为或自然因素,在其分布范围内,已经看出其种群有走向衰落迹象的物种,如发育不完整、幼株正在减少或缺乏等。显然,如果其生长和繁殖的不利因素继续存在,如过分的利用或其生境遭到广泛的破坏,在不久的将来,其完全可能被列入濒危的种类。这其中包括那些由于过度利用、生境极度破坏或其他环境干扰而致使多数种群或全部种群下降的物种;也包括那些种群数量仍然多,但却处于由分布区中各种不利因素而致的受危状态的物种;还包括那些种群已经严重衰竭或最终安全仍得不到保证的物种。广泛分布在我国广西西南部石灰岩山地的蚬木就是一个比较典型的例子,原来它是群落的建群种或优势种,分布相当广泛,更新能力也很强,但是因为采取皆伐方式进行过分的采伐,如今许多地方大树已经很少,环境越来越不适宜它的更新,陷入了一种十分脆弱的状态。经常与蚬木伴生的另一种优质用材树种金丝李的情况也大致相似,由于种群的发育总是受到种种限制,经常处在一种脆弱的状态,一旦遭遇不合理的采伐,马上就陷入濒危状态。

4.稀有的种类

稀有的种类指那些在全球范围内种群数量很少,虽然现在还不是濒危种或渐危种,但也处于危险之中的物种。即那些分布区比较狭窄,生态环境比较独特或者虽然分布范围广泛但比较零星的物种,它们当前距离濒危或渐危的状态很遥远,但是由于分布上的局限,分布区内只有很少的群体;或分布于非常有限的地区内,可能很快消失;或虽有较大分布范围,但只是零星存在的种类,一旦其分布区域发生对它生长和繁殖不利的因素,就很容易陷入渐危或濒危的状态,并且比较难以补救。在高山、深谷、海岛、湖沼上的许多植物常属于这一类。

5.未定种

未定种是指那些正处于受威胁状态,数量有明显下降,但未有明确数据显示其真实数量的种类。此类物种缺乏足够的资料说明,其他情况也不太清楚。

16.7.2 植物资源保护的方法途径

1.植物迁地保护,建立各种植物园、树木园和百草园等

迁地保护,又称易地保护,是指将珍稀濒危药用种类迁出其自然生长地,在其适宜生存的区

域建立保护区、植物园、种植园,进行引种驯化研究。通过引种,植物园内既保护了许多珍稀濒危物种,又扩大了种源。武汉植物研究所对长江三峡库区珍稀濒危植物物种(其中很多是药用植物)的易地保护就是一个很成功的例子。现在世界上多数发达国家都建有不同类型和功能的植物园,开发对植物基因资源的收集、保存和应用研究。

目前,我国建立的药用植物园或在植物园内设立的专门的药用植物种质资源圃,有中国医学科学研究院药用资源开发研究所植物园、重庆南川药用植物种植场、杭州药用植物园、南宁药用植物园、中国科学院武汉植物研究所药用植物种质资源圃等。这些园内引种了许多有重要价值的药用植物,是研究药用植物易地引种,保护药用植物资源的良好基础。药用植物资源易地保护还有另外一个重要途径,即变野生种类为家种种类,发展大规模的种植业。数以百计的野生药用植物,通过引种、野生转家种等方式,既扩大了药用资源,又起到了保护野生资源的作用。

植物迁地保护虽然已经取得了显著成效,但是从目前来看,还存在不足。一是迁地保护偏重于大型动植物种,忽略了其他生物;二是迁地后繁育的种群尚未得到充分利用,特别是绝大多数迁地繁育物种尚未实施野化引种试验。

2. 建立植物种质资源库,以长期保存种子、花粉及各种无性繁殖体

开发种子等繁殖体的生理生化特性等研究,使植物种质资源保护建立在更加稳固的基础上。中国农业科学院在北京市建立了一个现代化种子库,其任务主要是收集和保存农作物种子。

3. 建立原料基地

对已开发利用的野生植物种类,根据市场需求,分别建立原料基地,以免野生植物在开发利用中形成资源枯竭,种类灭绝。

16.8 植物多样性保护对策

16.8.1 植物多样性保护和建设的目标与指标

植物多样性的规划应以提高植物多样性保护、管理和利用水平,增加城市园林绿化植物种类,丰富景观内容,建设具有地域特色的国家园林城市和国家生态园林城市,实现城市可持续发展战略为目标。除了上述要求外,还应能够达到以下几点。

一是开发当地特色物种,促进乡土物种和特色物种的推广应用,带动城市发展。

二是优化城市树种结构,提高绿化水平,改善城市环境,完善城市景观功能。

三是引导城市绿化苗木生产发展,构筑合理的生态布局,营造绿色空间的艺术风貌,充分展现城市特色,实现城乡一体化的绿色生态网络体系。

四是满足市民科普教育、休闲娱乐、贴近自然的要求。

植物多样性规划时应切实根据地区的实际情况,通过以下各种途径丰富植物的多样性。

一是采取增加现有植物种类、丰富乡土植物的种类、适当引进外来植物等措施来丰富植物类型。

二是通过各种保护手段,保护地域的地带性植被。

三是园林植物乔灌草结合,常绿与落叶树搭配,丰富园林植物群落结构。

四是开展古树名木和珍稀濒危动植物的保护与研究,通过绿地植物群落物种的培育促进生物多样性,确保植物物种多样性指数在 0.5 以上。

16.8.2 植物多样性保护的区域划分和功能

按照我国的法律法规,根据地区特点和区域性质功能,一般可将植物多样性保护的区域划分为自然生态系统保护、人工生态系统保护和湿地生态系统保护 3 种类型。

1. 自然生态系统保护

自然生态系统保护主要指的是城郊森林生态区,主要功能是保护和恢复城郊森林生态系统,构建稳定的地带性森林植被群落,为各种生物提供栖息地。

据多样性指标的分析结果显示,森林的多样性指数最大,因此应充分认识到保护森林就是保护生物多样性,推进公益林建设,扩大森林植被资源,提高森林的稳定性,保护生物多样性与生态系统。

2. 人工生态系统保护

人工生态系统保护主要包括以下两种。

(1)都市环境生态调节区

都市环境生态调节区主要功能是满足园林景观和人文需求,以乡土植物为主,构建各具特色的地域园林,改善城市生态环境。

(2)城市干道生态廊道

城市干道生态廊道主要功能是以乡土植物为主,构建城市线形绿地复合群落结构生态廊道,改善城市生物流动环境。

针对城郊有保护价值的自然生态区与物种及其生境,设立自然保护区。同时,为了维护景观生态过程与景观格局的连续性以及各景观节点的连接度和网络度,建立水系廊道、绕城线林带廊道、道路廊道协调统一的景观网络系统。

要充分利用城郊相对完善的绿地系统,协调城市系统的平衡,创造环境良好、景观优美和谐的城市空间。

利用现有的公园、街头绿地等都已形成相对稳定的生物群落和生态系统,规划为环境生态控制区,用以保护现有的植物群落及生态系统,保护其生物多样性。

对正在规划实施的公园、广场、居住区、街道绿地、各道路廊道,应从生态城市的角度出发,尊重自然,尽量保留原有的自然景观和人文景观,保护其现有的生态系统,物种配置要以本土和天然为主,增加城市植物的多样性

3. 湿地生态系统保护

湿地生态系统保护主要指的是滨河生态廊道,主要功能是保护和恢复城市湿地生态系统,建设滨河生态廊道,构建自然和谐的城市、人、自然统一体。

滨河生态廊道中水生生物多样性好,生物多样性丰富,连通性高,故在建设过程中应控制水

道生态线,建设生态景观带。

16.8.3 植物多样性保护的措施

随着人们生活水平的提高和对人居环境越来越高的要求,应用植物美化环境已成为人类文明的标志,爱护和保护植物是人类的美德,且植物多样性保护关系到人们的切身利益,应通过多种渠道和形式,向人们广泛宣传保护植物多样性的重要意义,使人们提高意识,共同参与植物多样性保护。

1. 健全体系,加强管理

植物多样性保护是一项系统工程,涉及社会、经济、科技、政策等领域的协调与配合。部门与部门、行业与行业之间,需要建立一套目标管理机制,因为生物多样性保护涉及园林、林业、农业、环保、工业等部门的共同利益和责任,需要各部门共同参与,保护工作才能顺利进行,规划才能落到实处。

行政管理上,根据国家有关生态建设的法律法规,政府应出台有关动植物多样性保护的规范性文件,赋予园林、林业、农业、环保等管理部门相应的管理职责,指导植物多样性保护的行政管理工作,建立各项管理制度。

2. 加强检查、监督和指导

城市绿化主管部门对各管理责任单位的保护和养护工作进行检查、监督和指导,以保证各管辖范围的树木花草得到合适的保护和养护,包括松土、浇水、施肥、修剪、除杂草及防治病虫害,适时更新、补植和处理枯枝朽木及作业时留下的枝叶、渣土等。

3. 加大资金投入,确保规划顺利实施

为保证城市绿地建设的顺利进行,应拓展绿地建设的筹资渠道,建立多渠道、多方位、稳定的城市绿地建设投资体系。建议设立城市植物多样性建设基金,列专款保证城市绿地建设。提议建立森林生态效益补偿机制,在补偿资金中应确定一定比例用于野生植物资源的保护管理,使植物资源保护管理所需经费有主渠道加以保证。

4. 加强科学研究和学术交流

园林植物多样性保护涉及生物学的许多领域和研究基础,如植物分类学、花卉学、造园学、生态学、植物群落学、植物区系地理学、土壤学、植物栽培学、植物造景学等学科,是开展生物多样性研究和保护的基础理论。只有加强学科之间的合作,才能做到适地适树、科学引种、合理配置、有效保护,确保规划工作顺利实施。

16.8.4 植物多样性保护的生态管理对策

1. 加快城市绿地系统建设步伐

加快对绿地系统规划的实施和现有森林资源的有效保护,通过人工造林、封山育林,扩大绿色通道、江河景观带,使城市生态隔离带、森林公园与城郊生态公益林连成一个完整的森林生态整体,为野生动植物的生存繁衍提供广阔的空间。

2. 加强自然保护区建设与管理

选择自然条件好、野生动植物栖息繁衍较集聚的区域和典型的自然地带划为保护区和核心区,在区内禁止任何形式的开发建设,包括砍伐、放牧、狩猎、捕捞、采药、开垦、烧荒、开矿、采石、挖沙等活动。

3. 促进地带性植被恢复

改变以往商品林生产经营方式,按照生态公益林建设的要求,改造现有杉木人工林与马尾松纯林,通过人工造林与封山育林等经营措施,恢复以壳斗科、樟科、冬青科、木兰科、山茶科、金缕梅科等为主的地带性森林植被,促进森林植被向顶级群落演化。

4. 修建生物廊道

城市建设应加强城市绿化隔离带建设,确保城市绿化、森林间的有效连接。对新修建的城市道路,应开辟 8~12m 宽的动物走廊,用以连接被道路分割的森林,为动物活动提供通道。

5. 正确处理科学保护与合理利用之间的关系

加强对森林生态环境的保护,加强森林防火、森林病虫害防治,采取人工促进次生阔叶林恢复等措施,促进珍稀濒危野生植物生存、繁衍环境的巩固和恢复。此外,政府尽早公布有关的重点保护野生植物名录,扩大保护范围。根据植物濒危程度、经济价值等不同,以分类指导为原则,采取相应的保护措施。同时,对非濒危植物的保护也应提前采取相应的措施,防患于未然。

参考文献

[1]Lincoln Taiz,Eduardo Zeiger.植物生理学(第5版)[M].宋纯鹏,王学路等译.北京:科学出版社,2015.

[2]蔡庆生.植物生理学[M].北京:中国农业大学出版社,2014.

[3]藏穆,黎兴江.中国隐花(孢子)植物科属辞典[M].北京:高等教育出版社,2011.

[4]董炳友.作物育种技术[M].北京:化学工业出版社,2012.

[5]葛玉民.论植物多样性保护中营林技术措施的运用[J].湖南农机:学术版,2013(6):303—304.

[6]顾立新,崔爱萍.植物与植物生理[M].北京:中国农业出版社,2015.

[7]郭凤根,侯小改.植物生物学[M].北京:中国农业大学出版社,2014.

[8]郭振升.植物与植物生理[M].北京:中国农业大学出版社,2014.

[9]郝建军.植物生理学[M].北京:化学工业出版社,2013.

[10]郝玉兰.植物生物学基础[M].北京:气象出版社,2009.

[11]胡宝忠,张友民.植物学(第2版)[M].北京:中国农业出版社,2011.

[12]胡金良.植物学[M].北京:中国农业大学出版社,2012.

[13]黄威廉.再论棕榈科植物分类与地理分布[J].贵州科学,2016,34(3):1—10.

[14]贾东坡,冯林剑.植物与植物生理[M].重庆:重庆大学出版社,2015.

[15]蒋德安,朱诚,杨玲.植物生理学(第2版)[M].北京:高等教育出版社,2011.

[16]金银根.植物学(第2版)[M].北京:科学出版社,2010.

[17]李春奇,罗丽娟.植物学[M].北京:化学工业出版社,2012.

[18]李凤兰,高述民.植物生物学[M].北京:中国林业出版社,2010.

[19]李合生.现代植物生理学(第3版)[M].北京:高等教育出版社,2012.

[20]李景原.植物学[M].北京:科学出版社,2008.

[21]刘佃林.植物生理学[M].北京:北京大学出版社,2007.

[22]刘鹏.园林植物育种学[M].哈尔滨:黑龙江大学出版社,2013.

[23]刘奕清,夏晶晖.观赏植物学[M].北京:中国林业出版社,2011.

[24]马金双.中国植物分类学的现状与挑战[J].科学通报,2014(59):510—521.

[25]潘瑞炽.植物生理学[M].第7版.北京:高等教育出版社,2012.

[26]齐颜君,孙喜林.常用植物生产调节剂种类及其在农林生产中的应用[J].现代农作科技,2012(23):166—167.

[27]施海军,余文娟,蒋忠良.浅析园林种植工程植物种类选择与搭配[J].工程技术:引文版,2016(7):00227.

[28]孙广玉.植物生理学[M].北京:中国林业出版社,2016.

[29]王宝山.植物生理学[M].北京:科学出版社,2016.

[30]王建书.植物学[M].北京:中国农业科学技术出版社,2013.

[31]王全喜,张小平,赵遵田,等.植物学(第2版)[M].北京:科学出版社,2012.

[32]王三根.植物生理学[M].北京:科学出版社,2013.

[33]王文采.华西南毛茛科六新种和二新变种[J].广西植物,2013,33(5):579-587.

[34]武维华.植物生理学(第2版)[M].北京:科学出版社,2008.

[35]谢国文,李海生,郑毅胜,等.珍稀濒危植物的生物多样性研究:以双花木、秤锤树、掌叶木等属为例[M].广州:暨南大学出版社,2016.

[36]徐秉良,曹克强.植物病理学[M].北京:中国林业出版社,2011.

[37]徐世义,垾榜琴.药用植物学(第2版)[M].北京:化学工业出版社,2013.

[38]许玉凤,曲波.植物学[M].北京:中国农业大学出版社,2013.

[39]许志刚.普通植物病理学[M].北京:高等教育出版社,2009.

[40]严丽蓉.浅论植物多样性保护中营林技术的运用[J].中国农业信息月刊,2014(15):140.

[41]杨亲二.我国植物种级水平分类学研究刍议[J].生物多样性,2016,24(9):1024-1030.

[42]杨玉珍.植物生理学[M].北京:化学工业出版社,2013.

[43]叶庆华,增定,陈振端,等.植物生物学[M].厦门:厦门大学出版社,2012.

[44]易洪,罗蕴琪,吴菲,等.城市植物多样性保护研究综述[J].中国城市林业,2014,12(2):14-16.

[45]余超波.植物生物学[M].北京:经济科学出版社,2009.

[46]臧德奎.观赏植物学[M].北京:中国建筑工业出版社,2012.

[47]张立军,刘新.植物生理学[M].北京:科学出版社,2011.

[48]张新中,章玉平.植物生理学[M].北京:化学工业出版社,2011.

[49]张志良.现代植物生理学实验指导(第3版)[M].北京:高等教育出版社,2012.

[50]赵建成,李敏,梁建萍,等.植物学[M].北京:科学出版社,2013.

[51]郑炳松.高级植物生理学[M].杭州:浙江大学出版社,2012.

[52]郑彩霞.植物生理学[M].北京:中国林业出版社,2013.

[53]周云龙.植物生物学[M].北京:高等教育出版社,2011.

[54]宗兆峰,康振生.植物病理学原理[M].第2版.北京:中国农业出版社,2010.

[55]邹秀华,周爱芹.植物与植物生理[M].重庆:重庆大学出版社,2014.

[56]金银根.植物学[M].第2版.北京:科学出版社,2017.

[57]贺学礼.植物学(第2版)[M].北京:科学出版社,2017.

[58]赵桂仿.植物学[M].北京:科学出版社,2017.